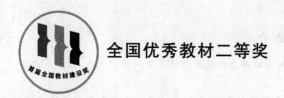

全国优秀教材二等奖

现代通信技术

（第 5 版）

主编 纪越峰

参编 （按姓氏笔画排序）

王文博　刘瑞曾　纪　红　孙咏梅

郭文彬　黄孝建　黄永清

U0290905

北京邮电大学出版社
www.buptpress.com

内 容 简 介

本书根据通信网络的分层结构,从端到端全程全网和网络融合的角度讲述先进的通信技术,重点是近年来涌现的新技术。

本书主要包括五个部分的内容:第一部分概述现代通信网与支撑技术;第二部分讲述业务与终端技术,包括多种通信业务和通信终端技术;第三部分讲述交换与路由技术,包括电路交换与分组交换技术、IP网技术和软交换与IMS技术;第四部分讲述接入与传送技术,包括同步数字传送网技术、光纤通信技术、无线通信技术和综合业务接入技术;第五部分讲述协同融合通信与网络技术,包括协同融合下的新型通信网络基本结构、主要特点、关键技术以及应用示例等。

本书注重选材,内容丰富,层次清楚,编写方法新颖,强化相互关联,科研教学结合,在加强基本概念、基本原理与必要的基本理论分析的同时,着重从通信网络的各个层面讲述目前先进通信技术的实现方式和研究成果。

本书可作为高等院校通信或电子信息专业类本科高年级学生用教材或教学参考书,也可供从事通信与网络工作的科研和工程技术人员学习和参考。

图书在版编目(CIP)数据

现代通信技术 / 纪越峰主编 . -- 5 版 . -- 北京:北京邮电大学出版社,2020.5(2022.1 重印)
ISBN 978-7-5635-5998-5

Ⅰ. ①现… Ⅱ. ①纪… Ⅲ. ①通信技术—教材 Ⅳ. ①TN91

中国版本图书馆 CIP 数据核字(2020)第 007056 号

策划编辑:彭 楠　　责任编辑:彭 楠　　封面设计:七星博纳

出版发行:北京邮电大学出版社
社　　　址:北京市海淀区西土城路 10 号
邮政编码:100876
发 行 部:电话:010-62282185　传真:010-62283578
E-mail: publish@bupt.edu.cn
经　　　销:各地新华书店
印　　　刷:保定市中画美凯印刷有限公司
开　　　本:787 mm×1 092 mm　1/16
印　　　张:29.75
字　　　数:797 千字
版　　　次:2002 年 3 月第 1 版　2020 年 5 月第 5 版
印　　　次:2022 年 1 月第 3 次印刷

ISBN 978-7-5635-5998-5　　　　　　　　　　　　　　　　　　　定价:69.00 元

前　言

　　本书分别于 2002 年 3 月、2004 年 1 月、2010 年 6 月和 2014 年 1 月发行了第 1 版、第 2 版、第 3 版和第 4 版，并在"现代通信技术"及同类课程中作为教材使用。通过收集实际使用后师生们的反馈意见，并根据近几年通信技术的发展与变化，作者再次对原书进行了修改与完善，便于读者更好地学习和掌握先进的通信技术。

　　通信为人类文明和社会生活带来了翻天覆地的变化，世界各国在通信领域投入了大量的人力和物力，并进行了大规模的建设，通信技术也因此成为高等院校通信工程、电子信息工程及计算机通信等专业学生必须具备的知识结构的重要组成部分之一。近年来，随着通信技术的更新速度加快，各种新需求与新技术不断涌现，在加强基础的同时，教材应能及时反映新技术的演进与变化，因此十分有必要根据新的通信网络结构和各类先进的通信技术来进一步组织修订本教材，使读者能够更好地建立起信息通信网络技术的整体概念。

　　1. 本教材的编写目的

　　本教材是为了适应现代通信技术发展的需要而编写的，其总体目标是通过对"现代通信技术"教学内容的深入分析，从端到端全程全网和网络融合的角度讲述先进的通信技术，力争构建具有系统性、新颖性和先进性的知识结构与内容体系，强调对学生工程方法论基本思想的学习与培养，不仅使其能够在网络分层概念的基础上学习到各类先进的通信技术知识，更重要的是使其掌握科学的研究方法和迅速学习新技术的意识与能力，为培养高素质的创新人才奠定相关基础。

　　2. 本教材的主要特点

　　(1) 注重网络结构与技术支撑的逻辑关联。随着通信技术的发展与用户需求日益多样化，现代通信网络正处在变革与发展之中，为了更清晰地描述现代通信网络结构和先进技术支撑，本教材改变以往的编写方法，面向网络发展需求，从网络的分层结构入手，强化网络技术的整体性与系统性。

　　(2) 注重基础性与前沿性、普适性与专业性相结合。为使读者能够更好地建立对现代通信技术与网络整体概念的认识并掌握相互关系，本教材对网络分层中所涉及的多种通信技术进行了较详细的论述，既强调面向普适性要求的基础性内容讲述，又补充面向专业性拓展的前沿性内容展望，在此基础上，读者可根据专业和个人情况，再就某一个专业技术方向进行更深入的学习。

　　(3) 注重科研反哺教学并相互促进。当前通信技术发展迅猛、日新月异，本教材努力将科学研究的最新技术适宜地反映到教材中去，如光纤通信、移动通信、协同融合网络等方面的先进技术及未来发展趋势。

　　(4) 注重学生素质培养与能力提升。本教材在论述知识的同时，力争渗入基于工程方法论的分析问题与解决问题的方法和思路，提升学生利用所学知识解决复杂工程问题的能力，使其了解科学与技术的基本研究思路并具备快速掌握新技术的基本素质。

　　(5) 注重各部分内容的融合性与整体性。本教材由多位教师合作编写，他们在相关通信技术的教学和科研工作中均取得了突出成绩,通过对教材的整体结构、内容处理、各章衔接及编写思路等方面的精心安排,体现了整体的融合性。

3. 本教材的主要内容

本教材根据通信网络的分层结构,从端到端全程全网和网络融合的角度全面系统地讲述了多种先进的通信技术,内容共 5 篇 12 章,其中第一篇(第 1 章)概述现代通信网与支撑技术;第二篇(第 2~3 章)讲述业务与终端技术,包括多种通信业务和通信终端技术;第三篇(第 4~7 章)讲述交换与路由技术,包括电路交换与分组交换技术、IP 网技术和软交换与 IMS 技术;第四篇(第 8~11 章)讲述接入与传送技术,包括同步数字传送网技术、光纤通信技术、无线通信技术和综合业务接入技术;第五篇(第 12 章)讲述协同融合通信与网络技术,包括协同融合下的新型通信网络基本结构、主要特点、关键技术以及应用示例等。

本书可作为高等院校通信专业类本科高年级相关课程的教材或教学参考书,课堂学时数为 51~68 学时,在进行不同专业或不同层次的教学安排时,教师可根据情况进行相应的学时调整和内容取舍。本书也可供从事通信与网络工作的科研和工程技术人员学习和参考。

4. 本教材的编写分工

本教材由纪越峰教授主编并最终统稿。具体分工如下:第 1 章和第 8 章由纪越峰教授编写;第 2~3 章由黄孝建教授编写;第 4~7 章由纪红教授和刘瑞曾教授编写;第 9 章由黄永清教授和纪越峰教授编写;第 10 章由王文博教授和郭文彬教授编写;第 11 章由孙咏梅教授编写;第 12 章由纪越峰教授和孙咏梅教授编写。

感谢李曦教授、顾仁涛教授、张杰教授、陈雪教授、赵永利教授、黄治同教授、张欣副教授、张佳玮副教授、王鑫博士等对本次修订提出宝贵意见。

由于作者水平所限,加之现代通信技术涉及面广,难免存在疏漏和不足之处,恳请同行和读者指正。

作 者

2020 年 1 月

目　录

第一篇　现代通信网与支撑技术概述

第二篇　业务与终端技术

第三篇　交换与路由技术

第四篇　接入与传送技术

第五篇　协同融合通信与网络技术

第一篇

现代通信网与支撑技术概述

通信技术的飞速发展为信息与网络技术提供了强有力的支持。本篇主要讲述现代通信网的构成要素、现代通信网的支撑技术和现代通信技术的发展趋势。

第一篇

现代通信网与支撑技术基础

第1章 现代通信网与支撑技术概述

当今社会正在经受信息技术迅猛发展浪潮的冲击,通信技术、计算机技术、控制技术等现代信息技术的发展及相互融合,拓宽了信息的传递和应用范围,使得人们在广域范围内随时随地获取和交换信息成为可能。尤其是随着网络化时代的到来,人们对信息的需求与日俱增,全球范围内各种新业务突飞猛进地发展,给传统电信业务带来巨大冲击的同时,也为现代通信技术的发展提供了新的机遇。本章主要讲述现代通信网的构成要素、现代通信网的支撑技术和现代通信技术的发展趋势。

1.1 现代通信网的构成要素

在信息化社会中,语音、数据、图像、视频等各类信息,从信息源开始,经过搜索、筛选、分类、编辑、整理等一系列信息处理过程,被加工成信息产品,最终传给信息消费者,而信息流动是围绕高速信息通信网进行的,这个高速信息通信网是以光纤通信、微波通信、卫星通信、移动通信等为接入与传输基础,并通过交换与路由系统和各类信息应用系统延伸到全社会的每个地方和每个人,从而真正实现信息资源的共享和信息流动的快速与畅通。

1.1.1 通信的基本概念

1. 通信的基本含义

人们通过听觉、视觉、嗅觉、触觉等感官,感知现实世界而获取信息,并通过通信在人与人之间传递信息,物体与物体之间通过所附加的功能器件实现彼此间的信息交互(物联网)。因此通信的基本定义是按照一致的约定传递信息,其基本形式是在信源(始端)与信宿(末端)之间通过建立一个信息传输(转移)通道(信道)来实现信息的传递,或者说通信是指人与人、人与自然、物体与物体之间通过某种行为或媒介进行的信息传递与交流。

过去的通信由于受技术与需求所限,仅限于话音。随着信息社会的到来,人们对信息的需求日益丰富与多样化,现代通信的发展为此提供了条件,因此现代通信所指的信息已不再局限于电话、电报、传真等单一媒体信息,而是将声音、文字、图像、数据等合为一体的多媒体信息。通过人的各种感官或通过传感器、仪器、仪表对现实世界的感觉,形成多媒体或新媒体(人的五官之外)信息,这些信息通过通信手段来进行传递,因此通信系统(电信系统)就是利用有线、无线等形式来传递电、光等信息的系统。

2. 通信系统的分类

通信系统可以从不同的角度来分类。

（1）按照通信业务分类

根据不同的通信业务,通信系统可以分为多种类型。

- 单媒体通信系统,如电话、传真等;
- 多媒体通信系统,如电视、可视电话、会议电话、远程教学等;
- 新媒体通信系统,如物体与物体之间的通信等;
- 实时通信系统,如电话、电视等;
- 非实时通信系统,如电报、传真、数据通信等;
- 单向传输系统,如广播、电视等;
- 交互传输系统,如电话、点播电视(VOD)等;
- 窄带通信系统,如电话、电报、低速数据等;
- 宽带通信系统,如点播电视、会议电视、远程教学、远程医疗、高速数据等。

（2）按照传输媒质分类

按照传输媒质分类,通信系统可以分为有线通信系统和无线通信系统。有线通信系统的传输媒质可以是电缆和光缆等。无线通信系统是借助于电磁波在自由空间的传播来传输信号,根据电磁波长的不同,又可以分为中/长波通信、短波通信和微波通信等。

（3）按照调制方式分类

根据是否采用调制,通信系统可以分为基带传输和调制传输两大类。基带传输是将未经调制的信号直接在线路上传输,如音频市内电话和数字信号的基带传输等。调制传输是先对信号进行调制,再进行传输。

（4）按照信道中传输的信号形式分类

按照信道中传输的信号形式分类,通信系统可以分为模拟通信系统和数字通信系统等。数字通信系统抗干扰能力强,有较好的保密性和可靠性,易于集成化,目前已得到了广泛应用。

1.1.2 通信系统的基本组成

通信的基本形式是在信源与信宿之间通过建立一个信息传输通道(信道)来实现信息的传递。由于信源与信宿之间的不确定性和多元性,一般在它们之间的信息传递方式不是固定的。为了便于分析,可通过通信系统的构成模型,将各种通信系统技术归纳并反映,如图1.1所示。点与点之间建立的通信系统的基本组成包括信源、变换器、信道、噪声源、反变换器及信宿6个部分。

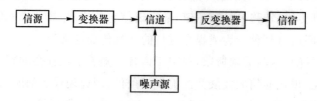

图1.1　点—点单向通信系统构成模型

（1）信源

信源是指产生各种信息(如语音、文字、图像及数据等)的信息源,可以是发出信息的人,也可以是发出信息的机器或器件,如计算机或传感器等。不同的信息源构成不同形式的通信系统。

（2）变换器

变换器的作用是将信源发出的信息变换成适合在信道中传输的信号。对应不同的信源和不同的通信系统，变换器有不同的组成和变换功能。例如，对于数字电话通信系统，变换器包括送话器和模/数变换器等，模/数变换器的作用是将送话器输出的模拟话音信号经过模/数变换、编码及时分复用等处理后，变换成适合于在数字信道中传输的信号。

（3）信道

信道是信号的传输媒介。按传输介质的种类，信道可以分为有线信道和无线信道。在有线信道中，电磁信号被约束在某种传输线（如电缆、光缆等）上传输；在无线信道中，电磁信号沿空间（大气层、对流层、电离层等）传输。按传输信号的形式，信道又可以分为模拟信道和数字信道。

（4）反变换器

反变换器的作用是将从信道上接收的信号变换成信息接收者可以接收的信息。反变换器的作用与变换器的正好相反，起着还原的作用。

（5）信宿

信宿是信息的接收者，他/它可以与信源相对应构成人—人通信或机—机通信，也可以与信源不一致，构成人—机通信或机—人通信。

（6）噪声源

噪声源是指系统内各种干扰影响的等效结果。系统的噪声来自各个部分，从发出和接收信息的周围环境、各种设备的电子器件，到信道所受到的外部电磁场干扰，都会对信号形成噪声影响。为便于分析问题，一般将系统内存在的干扰均折合到信道中，用噪声源表示。

以上所述的通信系统只是表述了两用户或两终端之间点到点的单向通信，而双向通信还需要另一个通信系统完成相反方向的信息传送工作。要实现多用户间的通信，则需要将多个通信系统有机地组成一个整体，使它们能协同工作，即形成通信网。多用户或多终端之间的相互通信，最简单的方法是在任意两用户之间均有线路相连，但由于用户众多，这种方法不但会造成线路的巨大浪费，而且也难以大规模实现。为了解决这个问题，以电话通信为例，引入了程控交换机，即每个用户都通过用户线与交换机相连，任何用户间的通信都要经过交换机的转接交换。由此可见，图 1.1 所示的只是两个用户间点到点的专线系统模型，而实际中，一般使用的通信系统则是由适宜的组网拓扑形式和多级交换的节点设施来实现端到端的业务传送。对于广播电视系统，并不是简单地采用如图 1.1 所示的点—点结构，而是由电台或电视台向千家万户以广播（或交互）的方式传送信息和提供服务。

1.1.3　通信网的基本组网形式

通信网的基本组网拓扑形式主要有网状型、星型、复合型、环型、总线型和树型等，如图 1.2 所示。

1. 网状型网

网状型网如图 1.2(a)所示，网内任何两个节点之间均有直达线路相连。如果有 N 个节点，则需要 $\frac{1}{2}N(N-1)$ 条传输链路。显然当节点数增加时，传输链路将迅速增大。这种网络结构的冗余度较大，稳定性较好，但线路利用率不高，经济性较差，适用于局间业务量较大或分局业务量较小的情况。图 1.2(b)所示为网孔型网，它是网状型网的一种变型，也就是不完全网状型网。其大部分节点相互之间有线路直接相连，而一小部分节点与其他节点之间没有线路直接相连。哪些节点之间不需直达线路，视具体情况而定（一般是这些节点之间业务量相对少一些)。网孔型网与网状型网相比,可适当节省一些线路,即线路利用率有所提高,经济性有所改善,但稳定性会稍有降低。

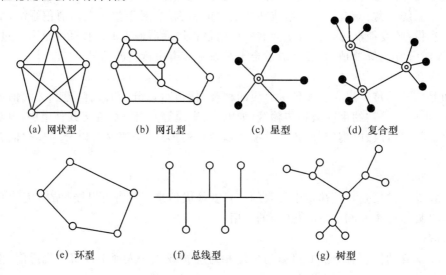

(a) 网状型　　　(b) 网孔型　　　(c) 星型　　　(d) 复合型

(e) 环型　　　　(f) 总线型　　　　(g) 树型

图 1.2　通信网的基本组网形式示意图

2. 星型网

星型网也称为辐射网,它将一个节点作为辐射点,该点与其他节点均有线路相连,如图 1.2(c)所示。具有 N 个节点的星型网至少需要 $N-1$ 条传输链路。星型网的辐射点就是转接交换中心,其余 $N-1$ 个节点间的相互通信都要经过转接交换中心的交换设备,因而该交换设备的交换能力和可靠性会影响网内的所有用户。由于星型网比网状型网的传输链路少、线路利用率高,所以当交换设备的费用低于相关传输链路的费用时,星型网与网状型网相比,经济性较好,但安全性较差(因为中心节点是全网可靠性的瓶颈,中心节点一旦出现故障会造成全网瘫痪)。

3. 复合型网

复合型网由网状型网和星型网复合而成,如图 1.2(d)所示。根据网中业务量的需要,以星型网为基础,在业务量较大的转接交换中心区间采用网状型结构,可以使整个网络比较经济且稳定性较好。复合型网具有网状型网和星型网的优点,是通信网中普遍采用的一种网络结构,网络设计应以交换设备和传输链路的总费用最小为原则。

4. 环型网

环型网如图 1.2(e)所示。它的特点是结构简单、实现容易,而且由于其可以采用自愈环对网络进行自动保护,所以稳定性比较高。另外,还有一种线型网的网络结构,与环型网不同的是其首尾不相连。

5. 总线型网

总线型网是所有节点都连接在一个公共传输通道——总线上,如图 1.2(f)所示。这种网络结构需要的传输链路少,增减节点比较方便,但稳定性较差,网络范围也受到限制。

6. 树型网

树型网如图 1.2(g)所示,它可以看成是星型拓扑结构的扩展。在树型网中,节点按层次进行连接,信息交换主要在上下节点之间进行。树型结构主要用于用户接入网或用户线路网中,另外,主从网同步方式中的时钟分配网也采用树型结构。

1.1.4　通信网的基本质量要求

1．一般通信网的质量要求

为了使通信网能快速、有效、可靠地传递信息,充分发挥其作用,对通信网一般提出 3 项要求:连接的任意性与快速性,信号传输的透明性与传输质量的一致性,网络的可靠性与经济合理性。本书所讲的各项通信技术实现的最终目标都是使通信系统达到这些质量要求。

(1) 连接的任意性与快速性

连接的任意性与快速性是对通信网的最基本要求。所谓连接的任意性与快速性是指网内的一个用户应能快速地接通网内任一其他用户。如果有些用户不能与其他一些用户通信,则这些用户必定不在同一个网内或网内出现了问题;而如果不能快速地接通,有时会使要传送的信息失去价值,这种接通将是无效的。

影响接通的主要因素如下。

① 通信网的拓扑结构:如果网络的拓扑结构不合理,会使转接次数增加、阻塞率上升、时延增大。

② 通信网的网络资源:网络资源不足的后果是增加阻塞概率。

③ 通信网的可靠性:可靠性降低会造成传输链路或交换设备出现故障,甚至使网络丧失其应有的功能。

(2) 信号传输的透明性与传输质量的一致性

信号传输的透明性是指在规定业务范围内的信息都可以在网内传输,对用户不加任何限制;传输质量的一致性是指网内任何两个用户通信时,应具有相同或相仿的传输质量,而与用户之间的距离无关。通信网的传输质量直接影响通信的效果,因此要制定传输质量标准并对资源进行合理分配,使网中的各部分均满足传输质量指标的要求。

(3) 网络的可靠性与经济合理性

可靠性对通信网至关重要,一个可靠性不高的网络会经常出现故障乃至中断通信,这样的网络是不能用的。但绝对可靠的网络是不存在的。所谓可靠是指在概率的意义上,使平均故障间隔时间(两个相邻故障间隔时间的平均值)达到要求。可靠性必须与经济合理性结合起来,提高可靠性往往要增加投资,但造价太高又不易实现,因此应根据实际需要在可靠性与经济性之间折中和平衡。以上是对通信网的基本要求,除此之外,人们还会对通信网提出一些其他要求,而且对于不同业务的通信网,上述各项要求的具体内容和含义将有所差别。

2．电话通信网的质量要求

电话通信是目前用户最基本的业务需求,对电话通信网的三项要求是:接续质量、传输质量和稳定质量。

接续质量是指用户通话被接续的速度和难易程度,通常用接续损失(呼损)和接续时延来度量。

传输质量是指用户接收的话音信号的清楚逼真程度,可以用响度、清晰度和逼真度来衡量。

稳定质量是指通信网的可靠性,其指标主要有失效率(设备或系统工作 t 时间后单位时间发生故障的概率)、平均故障间隔时间、平均修复时间(发生故障时进行修复所需的平均时间)等。

1.1.5　现代通信网的基本分层结构

业务需求驱动了现代通信技术和通信网络的发展,这里所说的通信网是指由一定数量的节点(包括终端设备、交换和路由设备)和连接节点的传输链路相互有机地组合在一起,以实现两个或多个规定点间信息传输的通信体系。也就是说,通信网是由相互依存、相互制约的许多要素和规程约定组成的有机整体,用以完成规定的功能。

传统通信网络由传输、交换、终端三大部分组成。其中,传输与交换部分组成通信网络,传输部分为网络的链路(Link),交换部分为网络的节点(Node)等。随着通信技术的发展与用户需求日益多样化,现代通信网正处在变革与发展之中,网络类型及所提供的业务种类不断增加和更新,形成了复杂的通信网络体系。

为了更清晰地描述现代通信网络结构,在此引入网络分层的基本概念。

由于传递信息的通信网络结构复杂,从不同的角度来看,人们会对通信网络有不同的理解和描述,例如,可以从功能、逻辑、物理实体和对用户服务的界面上等不同角度和层次对通信网络进行划分。为了比较客观和全面地描述信息基础设施网络结构,同时也为了更好地讲述和帮助读者理解,本书根据网络的结构特征,采用垂直描述并结合水平描述的方法对其进行介绍。所谓垂直描述是指为实现用户(端)与用户(端)之间的业务通信,从功能上将网络分为业务与终端、交换与路由和接入与传送(如图1.3所示);而水平描述是基于用户接入网络实际的物理连接来划分的,可分为用户驻地网、接入网和核心网,或局域网、城域网和广域网等。

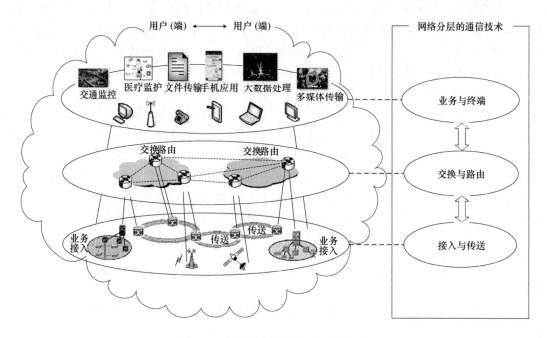

图1.3　网络分层结构中的通信技术

图1.3(左)描述的是在一个实际通信网络中,为实现端到端的业务传递(全程全网)所经历的业务—终端—接入—交换—路由—传送等的实现进程。图1.3(右)是根据逻辑功能对应的网络分层结构,上层表示面向用户的各种通信业务与通信终端的类型和服务种类,其功能与技术特征表现为"业务与终端";中层表示支持各种业务的提供手段与网络装备,其功能与技术

特征表现为"交换与路由";下层表示支持所接入业务的传送媒质和基础设施,其功能与技术特征表现为"接入与传送"。本书在后面的章节中采用这种垂直分层结构来讲述各种现代通信技术,从而将各种通信技术与通信网络有机地融合,并能清晰地显现各种通信技术在网络中的位置与作用,同时也避免了一种业务对应一个网络、一个网络对应一种技术、一种技术对应一门课程的传统描述方法(例如,单独讲述语音通信、数据通信等),体现了从网络分层和网络技术融合的角度来讲述先进通信技术的教学理念与方法(例如,将语音、数据等各种类型业务都汇集成待传递的信息,然后统一完成)。

网络的分层使网络规范与具体实施方法无关,从而简化了网络的规划和设计,使各层的功能相对独立,因此单独设计和运行每一层网络要比将整个网络作为单个实体设计和运行简单得多。随着信息服务多样化的发展及技术的演进,尤其是随着软件定义网络等先进技术的出现,现代通信网与支撑技术还会出现新的变化与新的发展。

1.2　现代通信网的支撑技术

如图 1.3 所示,现代通信网络采用分层的功能结构形式,每层都有不同的支撑技术,这些支撑技术是网络中的核心技术,并构成了现代通信的技术基础。本书在后面的章节中也采用这种网络分层结构来讲述各种现代通信技术,使通信技术和通信网络相互结合。

1.2.1　业务与终端技术

1. 通信业务

在现代通信系统中,不管采用什么样的传送网结构以及什么样的业务网承载,最终的目的都是为用户提供他们所需的各类通信业务,满足他们对不同业务服务质量的需求,因此通信业务是最直接面向用户的。通信业务主要包括模拟与数字音频和视频业务(如普通电话业务、卫星电话业务、IP 电话业务、移动电话业务、无线对讲与集群通信业务、广播电视业务等)、数据通信业务(如虚拟专网、网络商务、电子邮件等)、多媒体通信业务(如分配型业务和交互型业务等)、新兴通信业务(如 5G 时代的物联网业务和移动互联网业务等)。

2. 通信终端

通信终端设备是用户与通信网之间的接口设备,包括如图 1.1 所示的信源、信宿与变换器、反变换器的一部分。

终端设备有以下 3 项主要功能。

① 将待传送的信息和传输链路上传送的信号进行相互转换,在发送端,将信源产生的信息转换成适合传输链路上传送的信号,在接收端则完成相反的变换。

② 将信号与传输链路相匹配,由信号处理设备完成。

③ 完成信令的产生和识别,即用来产生和识别网内所需的信令,以完成一系列控制作用。

通信终端技术主要包括以下 5 种。

(1) 音频通信终端技术

音频通信终端是通信系统中应用最为广泛的一类通信终端,它可以是应用于普通电话交换网络 PSTN 的普通模拟电话机、录音电话机、投币电话机、磁卡电话机、IC 卡电话机,也可以是应用于 ISDN 网络的数字电话机,以及应用于移动通信网的无线手机。

（2）视频通信终端技术

如各种电视摄像机、多媒体计算机用摄像头、视频监视器以及计算机显示器等。

（3）数据通信终端技术

如 ISDN 终端设备等。

（4）多媒体通信终端技术

如多媒体计算机终端、机顶盒、电话会议终端、智能移动终端等。

（5）新兴通信终端技术

如物联网终端、智能音箱、智能机器人、车载智能终端等。

1.2.2　交换与路由技术

为在网络上实现向用户提供如电话、电报、传真、数据、图像等各种业务,在网络节点上要安装不同类型的节点设备,完成交换与路由功能,并形成不同类型的业务网。业务节点设备主要包括各种交换机(电路交换、X.25、以太网、帧中继、ATM 等交换机)、路由器和数字交叉连接设备(DXC)等。DXC 既可以作为通信基础网的节点设备,也可以作为 DDN 和各种非拨号专网的业务节点设备。业务网包括电话网、数据网、智能网、移动网、IP 网等,可分别提供不同的业务。交换设备是构成业务网的核心要素,它的基本功能是完成接入交换节点链路的汇集、转接接续和分配,实现一个呼叫终端(用户)和它所要求的另一个或多个用户终端之间的路由选择的连接。

1. 电路交换及分组交换技术

电路交换技术是通过为用户(终端)之间提供一条专用通道实现信息传输的一种技术,基于该项技术的网络主要包括公用电话交换网、综合业务数字网、智能网(IN)等。例如,如果需要在两部用户话机之间进行通话,只需用一对线将两部话机直接相连即可,但如果有成千上万部话机需要互相通话,就需要将每一部话机通过用户线连到电话交换机上,交换机根据用户信号(摘机、挂机、拨号等)自动进行话路的接通与拆除。

分组交换技术也称包交换,是将用户传送的数据划分成一定的长度(每个部分叫作一个分组),通过传输分组的方式传输信息的一种技术。基于该项技术的网络,主要包括 X.25 分组交换网、帧中继(FR)网、数字数据网(DDN)、异步转移模式(ATM)网等,基本方式是存储转发分组(包)交换方式。

2. IP 网技术

随着计算机联网用户的增长,数据网带宽不断拓宽,网络节点设备几经更新,在这个发展过程中不可避免地出现新老网络交替,多种数据网并存的复杂局面。在这种情况下,一种能将遍布世界各地各种类型数据网连成一个大网的 TCP/IP 协议应运而生,从而使采用 TCP/IP 协议的国际互联网(Internet 或 IP 网)一跃成为目前全世界最大的信息网络。

3. 软交换与 IMS 技术

软交换采用了开放的体系结构,主要完成呼叫控制、资源分配、协议处理、路由、认证、计费等功能,同时可以向用户提供现有电路交换系统所能提供的所有业务。

IP 多媒体子系统(IMS,IP Multimedia Subsystem)提供了标准化的体系结构,可支持语言、数据、多媒体等差异性业务。

1.2.3　接入与传送技术

业务接入与传送由许多单元组成,完成将信息从一个点接入并传递到另一个点或另一些点的功能,如传输电路的调度、故障切换、分离业务等。从物理实现角度看,接入与传送网技术包括传输媒质、传输系统、传输节点设备以及接入设备。

1. 传输媒质

信息需要在一定的物理媒质中传播,将这种物理媒质称为传输媒质。传输媒质是传递信号的通道,提供两地之间的传输通路。传输从大的分类上来区分有两种:一种是电磁信号在某种传输线上传输,这种传输方式称为有线传输;另一种是电磁信号在自由空间中传播,这种传播方式称为无线传输。

传输媒质目前主要有以下几种。

(1) 有线传输媒质——电线与电缆

主要包括双绞线、同轴电缆等。

(2) 有线传输媒质——光纤与光缆

光纤是光导纤维的简称,光缆是由多根光纤按照相关工艺制造而成的。光纤通信是以光波为载波、光纤为传输媒介的一种通信方式。光波的波长为微米级,紫外线、可见光、红外线属光波范围。目前光纤通信使用波长多为近红外区内,即波长为 1 310 nm 和 1 550 nm。光纤具有传输容量大、传输损耗低、抗电磁干扰能力强、易于敷设和材料资源丰富等优点,可广泛用于越洋通信、长途干线通信、市话通信和计算机网络等许多需要传输信号的场合。

(3) 无线传输媒质——自由空间

利用自由空间作为传输媒质的通信技术有移动通信、微波通信和卫星通信。

移动通信是指通信双方或至少有一方是在运动中通过自由空间的电磁波和相关的陆地设施进行信息交换的,它使用户随时随地快速、可靠地进行信息联络。

微波通信的频率范围为 300 MHz~1 000 GHz。微波在空间按直线传播,若要进行远程通信,则需在高山、铁塔或高层建筑物顶上安装微波转发设备进行中继通信。微波中继通信是一种重要的传输手段,它具有通信频带宽、抗干扰性强、通信灵活性较大、设备体积小、经济可靠等优点。其传输距离可达几千千米,主要用于长途通信、移动通信系统基站与移动业务交换中心之间的信号传输及特殊地形的通信等。

卫星通信是在微波中继通信的基础上发展起来的。它是利用人造地球卫星作为中继站来转发无线电波,从而进行两个或多个地面站之间的通信。卫星通信具有传输距离远、覆盖面积大、通信容量大、用途广、通信质量好、抗破坏能力强等优点。一颗通信卫星总通信容量可实现上万路双向电话和十几路彩色电视的传输。卫星通信工作在微波波段,与地面的微波接力通信类似,只不过是利用高空卫星进行接力通信。

2. 传输系统

传输系统包括传输设备和传输复用设备。携带信息的基带信号一般不能直接加到传输媒介上进行传输,需要利用传输设备将它们转换为适合在传输媒介上进行传输的信号,如光、电等信号。传输设备主要有微波收发信机、卫星地面站收发信机、基站设备和光端机等。为了在一定传输媒介中传输多路信息,需要有传输复用设备将多路信息进行复用与解复用。

传输复用设备目前可分为 3 大类,即频分复用、时分复用和码分复用。

(1) 频分复用

频分复用指多路信号调制在不同载频上进行复用,如有线电视、无线电广播、光纤的波分复用、频分多址的 TACS 制式模拟移动通信系统等。

(2) 时分复用

时分复用指多路信号占用不同时隙进行复用,如脉冲编码调制复用(PCM)技术、同步数字体系(SDH)技术等。

(3) 码分复用

码分复用指多路信息调制在不同的码型上进行复用,如码分多址(CDMA)数字移动通信技术等。

3. 传输节点设备

传输节点设备包括配线架、电分插复用器(ADM)、电交叉连接器(DXC)、光分插复用器(OADM)和光交叉连接器(OXC)等。

4. 接入设备

接入设备主要解决由业务节点到用户驻地网之间的信息传送,根据所采用技术的不同,有多种类型选择,如 ADSL 设备、PON 设备、无线接入设备等。

1.3　现代通信技术的发展趋势

通信技术与计算机技术、控制技术、数字信号处理技术等相结合是现代通信技术的典型标志,目前,通信技术的发展趋势可概括为"五化",即综合化、融合化、宽带化、智能化和泛在化。而其中的每一"化"都将体现"绿色"通信的基本要素,即通信系统的节能减排。

1. 通信业务综合化

现代通信的一个显著特点就是通信业务的综合化。随着社会的发展,人们对通信业务种类的需求不断增加,早期的电报、电话业务已远远不能满足这种需求。就目前而言,传真、电子邮件、交互式可视图文,以及数据通信的其他各种增值业务等都在迅速发展。若每出现一种业务就建立一个专用的通信网,必然是投资大、效益低,并且各个独立网的资源不能共享。另外,多个网络并存也不便于统一管理。如果把各种通信业务,包括电话业务和非电话业务等以数字方式统一并综合到一个网络中进行传输、交换和处理,就可以克服上述弊端,达到一网多用的目的。

2. 网络互通融合化

以电话网络为代表的电信网络和以 Internet 为代表的数据网络以及广播电视网络的互通与融合进程将加快步伐。IP 数据网与光网络的融合、移动通信与光纤通信的融合、无线通信与互联网的融合等也是未来通信技术的发展趋势和方向。

3. 通信传送宽带化

通信网络的宽带化是电信网络发展的基本特征、现实要求和必然趋势。为用户提供高速、全方位的信息服务是网络发展的重要目标。近年来,几乎网络的所有层面(如接入层、边缘层、核心交换层)都在开发高速技术,高速选路与交换、高速光传输、宽带接入技术都取得了重大进展。超高速路由交换、高速互连网关、超高速光传输、高速无线数据通信等新技术已成为新一代信息网络的关键技术。

4. 承载网络智能化

在通信承载网络中,采用开放式结构和标准接口结构的灵活性、智能的分布性、对象的个体性、入口的综合性和网络资源利用的有效性等手段,可以解决信息网络在业务承载、性能保障、安全可靠、可管理性、可扩展性等方面面临的诸多问题,尤其是人工智能、机器学习等先进技术在通信网络中得以应用,对通信网络的发展具有重要影响。

5. 通信网络泛在化

泛在网是指无处不在的网络,可以实现任何人或物体在任何地点、任何时间与任何其他地点的任何人或物体进行任何业务方式的通信。其服务对象不仅包括人和人之间,还包括物与物之间和人与物之间。尤其是随着 5G 网络的应用,各种新业务不断出现,并改变着社会的多种形态,如物联网、车联网、工业互联网等。

随着网络体系结构的演变和宽带技术的发展,传统网络将向下一代通信与信息网络演进,并突显以下典型特征:业务融合,高速宽带,移动泛在,兼容互通,安全可靠,高效节能,软件定义,智能互联等。尽管目前很多技术尚在研究与开发中,但已为我们展示出了美好的发展前景。

本 章 小 结

人们通过听觉、视觉、嗅觉、触觉等感官,感知现实世界而获取信息,并通过通信在人与人之间传递信息,物体与物体通过所附加的功能器件实现彼此间的信息交互(物联网)。因此通信的基本定义是按照一致的约定传递信息,其基本形式是在信源(始端)与信宿(末端)之间通过建立一个信息传输(转移)通道(信道)来实现信息的传递。

本章采用网络垂直分层的描述方法,将通信网络分为业务与终端、交换与路由、接入与传送 3 个功能层面,其中业务与终端层面表示各种通信业务与通信终端的类型和服务种类;交换与路由层面表示支持各种业务的提供手段与网络装备;接入与传送层面表示支持所接入业务的传送媒质和基础设施。这些层面都有不同的支撑技术,它们是通信网络中的核心技术,都有各自的作用,构成了现代通信的技术基础。

从发展趋势上看,未来通信技术将向高速、宽带和多功能发展,未来通信与信息网络将在互动性、可扩展性、实时性、健壮性和可用性方面有重大突破,并且向着更大、更快、更及时、更安全和更方便的方向发展。

习 题

1. 简述通信系统模型中的各个组成部分的含义,并举例说明。

2. 分析通信网络各种拓扑形式的特点。

3. 如何理解现代通信网络的分层结构及各层的作用？

4. 举例说明几种日常遇到的通信业务以及对应的通信终端。

5. 如何理解通信网络与通信技术之间的关系？

6. 就未来通信技术的发展趋势谈谈想法。

7. 举例说明 5G 时代的典型业务与应用场景。

第二篇

业务与终端技术

第一篇主要概述了现代通信网与支撑技术，主要包括基本概念与技术分类，重点是从网络分层结构描述所涉及的通信技术，而其中最直接面向用户的服务就是业务与终端。

本篇主要根据通信网络的分层结构（见图 1.3），从信息应用的角度讲述所涉及的多种通信业务的基础知识和通信终端的技术原理。

第2章 通信业务

本章主要讲述在现代通信系统中的主要通信业务以及这些业务所涉及的基本技术原理与通信流程。从一定意义上说，正是不断发展的业务需求驱动了现代通信技术和通信网络的发展。

2.1 基础通信业务

2.1.1 音频业务

在现代通信技术中，音频信息主要是指由自然界中各种音源发出的可闻声和由计算机通过专门设备合成的语音或音乐。按表示媒体的不同，此类声音主要有三类，即语音、音乐声和效果声等。音频信号是随时间变化的连续媒体，对音频信号的处理要求有比较强的时序性，即较小的延时和时延抖动。对音频信号的处理涉及音频信号的获取、编解码、传输、重建与播放、语音的识别与理解、语音与音乐的合成等内容。

1. 听觉特性与音频信号

（1）人的听觉特性

在音频业务中，通信系统的信宿是人耳，传输的信息最终要由人来收听，因此人的听觉特性对音频信息的描述起着至关重要的作用。人类对自身听觉特性的描述一般是通过对大量人群的主观测试，并加以总结分析而得出的某种统计规律。在通信系统中，人对声音强弱和声音频率的感觉、人类听觉的频响特性以及掩蔽效应是影响音频通信系统特性的关键因素。

1）人对声音强弱的感觉

人对声音强弱的感觉表现为音量的大小，当声音信号的强度按指数规律增长时，人会大体上感到声音在均匀地增强，即将声音声强取对数后，才与人对声音的强弱感相对应。根据人类听觉的这一特点，通常用声强值或声压有效值的对数来表示声音的强弱，称为声强级 L_I 或声压级 L_P，单位为分贝。

2）人对声音频率的感觉

人对声音频率的感觉表现为音调的高低，且当声音的频率按指数规律上升时，音调的感觉线性升高。这意味着只有对声音信号的频率取对数，才会与人的音高感觉呈线性关系。为了适应人类听觉的音高感规律，在声学和音乐当中表示频率的坐标经常采用对数刻度。音乐里为了使音阶的排列听起来音高变化是均匀的，音阶的划分是在频率的对数刻度上取等分得到的。

3）人类听觉的频响特性

人类听觉对声音频率的感觉不仅表现为音调的高低，而且在声音强度相同条件下声音主观感觉的强弱也是不同的,即人类听觉的频率响应不是平坦的。此外,人的听觉频响还随声压级的变化而变化。人类听觉频响的特点是:当声强处于人的闻阈与痛阈之间时,声压级越高,听觉频响越平直;随声音声压级的降低,听觉频响变坏,低频响应下降明显。对于高于 20 kHz 和低于 20 Hz 的声音信号,不论声压级多高,一般人都不会听到,即人的听觉频带为 20 Hz～20 kHz,在此频率范围内的声音称为"可闻声"。高于 20 kHz 的声音称为"超声",低于 20 Hz 的声音称为"次声"。不论声压级高低,人对 3～5 kHz 频率的声音最敏感。

4）人类听觉的掩蔽效应

在人类听觉系统中的另一个现象是一个声音的存在会影响人们对其他声音的听觉能力,使一个声音在听觉上掩蔽了另一个声音,即所谓的"掩蔽效应"。掩蔽效应常在电声系统中被加以利用,使有用声音信号掩蔽掉那些不需要的声音信号,并根据有用信号的强度来规定允许的最大噪声强度。此外,在音频信号数字编码技术中,还可利用人类听觉系统的掩蔽效应实现高效率的压缩编码。

（2）音频信号特性

对于不同类型的发声体来说,其声音信号的频谱分布各不相同。一般人讲话声音的主要能量分布较窄,以频带下降 25 dB 计大概为 100 Hz～5 kHz,因此在电话通信中每一话路的频带一般限制在 300 Hz～3.4 kHz,即可将语音信号中的大部分能量发送出去,同时保持一定的可懂度和声色的平衡。相对于语音频谱,歌唱声的频谱要宽得多,一般男低音可唱到比中央 C 低十三度的 E 音,其基频为 82.407 Hz,而女高音可唱到比中央 C 高两个八度的 C 音或更高,其基频为 1 046.5 Hz,它的第十次谐波已经超过 10 kHz。与人的发声器官相比,各种乐器发声的频谱范围则要宽得多,从完美传送和记录音乐的角度,电声设备的频带下限一般要到 20 Hz 以下,而其频带上限一般要到 20 kHz 以上。对于通信系统来讲,通常将音频信息的频率范围限制在可闻声的频率范围内加以传输。

实际声音信号的强度在一个范围内随时随刻发生着改变,一个声音信号的动态范围是指它的最大声强与最小声强之差,并用分贝表示。当用有效声压级表示时,一般语音信号大概在 20～40 分贝的动态范围,交响乐、戏剧等声音的动态范围可高达 60～80 分贝。当按峰值声压级表示时,有些交响乐的动态范围可达 100 至更高分贝。

2. 音频信号的数字化与编码

声音信息通过拾音器的采集形成的是模拟音频信号,它在时间上是连续的,而数字音频则需对应一个时间离散的数字序列。音频信息的数字化包括音频信息在时间上的离散化和音频信息电平值的离散化。对音频信号而言,采样就是使音频信号在时间上离散化。现代通信技术中通常选用的音频采样频率有 8 kHz、11.025 kHz、16 kHz、22.05 kHz、32 kHz、44.1 kHz 和 48 kHz 等。

经抽样后的音频信号只是一系列时间上的离散样值,每样值的取值仍是连续的,其数字化表示须将其转换为有限个离散值,该过程称为量化。数字系统中被量化后的音频信号其每个量化电平会被赋予一个二进制码字,称为编码。音频信号通常采用 8～20 bit 量化编码。

音频信号数字化后的数据速率较高,如双声道立体声信号,当采样频率为 11.025 kHz,8 bit 量化时,其数据速率达 176.4 kbit/s,其一分钟的信号存储容量需要 1.323 MB。而数字化激光唱盘的 CD-DA 红皮书标准是采用 44.1 kHz 采样频率,16 bit 量化,双声道一分钟其存储容量需 10.584 MB。因此为了提高信道利用率和在有限的信道容量下传输更多的信息,必须对音频数据进行压缩。一般来说,音频信号的压缩编码主要有以下几种主要类型。

（1）波形编码

波形编码是在信号采样和量化过程中考虑到人的听觉特性，使编码信号既尽可能与原输入信号相匹配，又能适应人的应用要求的一种编码方法，如全频带编码（包括脉冲编码调制 PCM，瞬时、准瞬时压扩 PCM，自适应差分 ADPCM 等），子带编码（包括自适应变换编码 ATC、心理学模型等），矢量量化。波形编码的特点是在高码率条件下可获得高质量的音频信号，适合于高保真度语音和音乐信号的压缩。

（2）参数编码

参数编码是一种将音频信号以某种模型加以表示，通过抽取恰当的模型参数和参考激励信号参数实现编码过程的一类编码方法；声音重放时，再根据这些参数重建即可，这就是通常讲的声码器。用此类方法构成声码器的有线性预测声码器、通道声码器、共振峰声码器等。参数编码压缩比很高，但计算量大，且不适合高保真度要求的场合。

（3）混合编码

混合编码是吸取了波形编码和参数编码的优点，进行综合处理的一类编码方法，如多脉冲线性预测、矢量和激励线性预测、码本激励线性预测、短延时码本激励线性预测编码、长时延线性预测规则码激励等。

3. 音频通信业务及流程

在音频通信业务中，最主要的两种业务形式是双向语音通信业务和音频广播业务。

（1）普通电话业务

普通电话业务是发明最早和应用最为普及的一种通信服务，它在基于电路交换原理的网络支持下提供人们最基本的点到点双向语音通信功能。提供普通电话业务的通信系统主要由用户电话机、用户接入线、中继线、交换机及交换网络构成。为了实现电话网络中任意两个用户间的语音信息交换，电话系统需要提供语音信息的采集、处理、传输、交换和语音重建，还要完成用户状态检测、被叫用户的寻址、发出提示音及振铃等功能。

普通电话业务的基本通信流程如下：主叫用户摘机，主叫侧用户交换机检测到用户摘机后发出提示音提示用户拨号；用户输入被叫号码，交换机及交换网络接收到被叫号码后根据号码规则寻找被叫地址，完成路由选择；被叫侧用户交换机向被叫用户电话机发出振铃音，提示被叫用户摘机；一旦被叫用户摘机，电话系统就为通信的双方建立起一条双向通信线路开始计费，用户可以开始通话。通话期间，用户电话机通过话筒采集用户语音，将声音转换为模拟语音电信号，通过用户线接入电话系统；通常现代电话网在用户交换机上会将模拟语音信号数字化，通过数字网络传送至通话另一方的用户交换机上，经过数模转换还原成模拟语音信号，再通过用户接入线送至通话另一侧的电话机上由其听筒完成语音电信号到声音信号的转换，供用户接听。数字化语音信号时，语音信号带宽被限制在 300～3 400 Hz，采样频率为 8 kHz，每样值 8 bits 量化，因此每话路的数据速率为 64 kbit/s。通话结束时，通话任意一方挂机，用户交换机检测到用户挂机，则通过信令系统完成资源释放，停止计费和结束通信进程。

通常普通电话业务是由传统电信部门来运营和管理的。从电信运营部门的角度，根据通信距离和覆盖范围，电话业务可分为市话业务、国内长途业务和国际长途业务。基于这样一个电话交换网络，除可以提供基本的点到点语音通信外，还可为用户提供来电显示、三方通话、转移呼叫、会议电话等增值功能；此外，还可以提供传真、互联网拨号窄带接入等功能。

（2）卫星电话业务

卫星通信系统是由空间部分的通信卫星和地面部分的通信地面站两大部分构成的。在这一系统中，通信卫星实际上是一个位于空中的通信中继站。通信卫星工作的基本原理是：从发端地面站发出无线电信号,该信号被卫星通信天线接收后在其转发器中进行放大、变频和功率放大,然后再由卫星的通信天线把放大后的无线电波重新发向接收端地面站,从而实现两个地面站或多个地面站的远距离通信。

卫星电话是一种基于卫星中继通信系统实现双向语音信息交换的通信业务,主要用来填补现有其他通信基础设施(有线通信、无线通信)无法覆盖区域的语音通信需求。例如,用户要通过卫星与大洋中航行的用户通话,先要通过电话局把用户线路与卫星通信系统中的本地地面站连通,地面站把通话信号发射到卫星,卫星接收到这个信号后通过功率放大器,将信号放大再转发到在海洋中航行器载有的卫星信号收发站,收发站把通话信号取出送给用户。在卫星电话业务中,不通过地面站可与卫星实现直接通信的用户需要使用专用的卫星通信终端完成通话功能。目前,卫星通信覆盖范围的特性尚无法被其他通信方式所替代。

(3) IP电话业务

IP电话业务是一种基于IP网络实现双向语音信息交换的通信服务。以语音通信为目的而建立的PSTN电话网采用电路交换技术,可以充分保证通话质量,但通话期间始终占用固定带宽,以通话的距离和时长作为计费依据。以数据通信为目的建立起来的IP网络采用分组交换技术,所有业务共享线路,大大提高了网络带宽的利用率,主要以流量作为计费依据。但由于传统数据网络中数据包的传输是非实时的,所以IP网络通常无法保证语音传输的质量。然而人们一直在寻求利用带宽利用率更高的IP网络进行语音传输的方法,因此IP电话应运而生。由于IP网络中采用"存储—转发"的方式传递数据包,不独占电路,并且IP电话对语音信号进行了压缩编码处理,占用带宽仅为 $8 \sim 10$ kbit/s,再加上分组交换的计费方式与距离的远近无关,大大节省了长途通信费用。此外,随着IP网络通信速率的不断提高,以及各种服务质量保障措施的引入,IP电话的服务质量已逐渐接近普通电话的服务质量。

(4) 移动电话业务

移动电话业务是一种经过由基站子系统和移动交换子系统等组成的蜂窝移动通信网为用户提供的点到点可移动状态下的双向语音信息交换服务,其主要特征是终端的移动性,并具有越区切换和跨网自动漫游功能。移动电话用户利用移动通信终端,既可实现与其他移动用户,又可实现与其他普通固定电话用户之间的语音通信。移动电话系统由无线收发信基站、电话交换网络和移动通信终端组成。在蜂窝移动通信系统中,把信号覆盖区域分为一个个的小区,通常是六角蜂窝状。每个小区基站均通过有线通信线路与电话交换中心连接,形成一个蜂窝移动电话网。移动电话网还与市内公用电话网以及国内、国际长途电话网相连,使移动电话用户不仅可以与网内的移动电话用户通电话,还可以与更大范围内的移动用户和固定用户通电话。移动通信终端通常有车载终端、便携机和手持机三种类型。

蜂窝移动电话与其他语音通信业务相比的最大特点是支持用户在高速移动状态下的语音信息交换,并且频率资源可在不同区域重复使用。在用户使用移动电话进行通信时,每个用户都要占用一个信道,同时通话的人多了,有限的信道就可能不够使用,于是便会出现通信阻塞的现象。采用蜂窝结构可使用同一组频率在若干个相隔一定距离的小区重复使用,从而达到节省频率资源的目的。经过适当安排,不同小区群的相同编号小区的频道组是可以被重复使用的。尽管这些小区基站所使用的无线电频率相同,但由于它们相隔较远,而电波作用范围有限,彼此不会造成干扰,这样一组频率就可被重复使用。

(5) 无线对讲与集群通信

无线电对讲机是最早被人类使用的无线移动通信设备之一,它是一种无线的可在移动中使用的一点对多点进行语音通信的终端设备,可使许多人能同时彼此交流,许多人能同时听到同一个人说话,但是在同一时刻只能有一个人讲话。这种通信方式和其他通信方式的不同之处是:即时沟通、一呼百应、无须其他通信基础设施支持,因而经济实用、运营成本低、不耗费通话费用,同时还具有组呼通播、系统呼叫、机密呼叫等功能。在处理紧急突发事件、进行调度指挥时,其作用是其他通信工具所不能替代的。

集群通信系统是一种专用调度通信系统,通常由基站、中央控制器、调度台和移动终端四部分组成。它是从一对一对讲机的形式、同频单工组网型式、异频单(双)工组网型式到单信道一呼百应以及进一步带选呼的系统发展到多信道自动拨号系统的。而近年来,专用调度系统又向更高层次发展,成为多信道用户共享的调度系统。集群移动通信系统主要用于专业调度通信,而语音通信只是其辅助功能。

(6) 模拟与数字音频广播

在音频业务中,除了上面提到的各种双向语音通信业务外,模拟音频广播业务则是出现更早的一类音频业务。模拟音频广播通过将音频信号调制在载频上通过发射台将音频信号广播发射出去,用户通过接收机接收后解调还原成音频播放供用户收听。在音频广播中,信号的调制方式分为调幅与调频两种;而在调幅广播中根据载波频率的不同,又分为短波、中波与长波广播。在广播信号接收质量上,调频广播明显优于调幅广播。

数字音频广播(DAB)是继调幅和调频广播之后的新一代音频广播业务,它采用数字处理方式进行音频广播,有杜比降噪功能,具有失真小、噪音低、音域定位准的特点,如果用户配备功放、音箱等设备便可享受高保真立体声音乐。DAB 广播方式主要有地面广播、卫星广播和地面卫星混合广播三种。数字音频广播系统与模拟调频立体声广播系统相比,具有音质好、频谱利用率高、免受多径传播干扰等优点,具有传送灵活的、多种节目的能力,在任何给定的同样的覆盖范围内,DAB 所需的发射机功率比调频发射机功率小。

2.1.2　视频业务

在现代通信技术中,视频信息主要是指活动或运动的图像信息,它由一系列周期呈现的画面所组成,每幅画面称为一帧,帧是构成视频信息的最基本单元。视频信息在现代通信系统所传输的信息中占有重要的地位,因为人类接收的信息约有 70% 来自视觉,视频信息具有准确、直观、具体生动、高效、应用广泛、信息容量大等特点。

1. 视频采集与视频信号

视频技术是利用光电和电光转换原理,将光学图像转换为电信号进行记录或远距离传输,然后还原为光图像的一门技术。

(1) 视频信号与图像扫描

视频技术中实现光学图像到视频图像信号转换的过程通常是在摄像机中完成的。当被摄景物通过摄像机镜头成像在摄像器件的光电导层时,光电靶上不同点随照度不同激励出数目不等的光电子,从而引起不同的附加光电导产生不同的电位起伏,形成与光像相对应的电图像。该电图像须经过扫描才能形成可以被处理和传输的视频信号。

客观景物图像对于人眼的感觉来说,可以被看成是由很多有限大小的像素组成的,每一个像素都有它的光学特性和空间位置,且随时间变化。根据人眼对图像细节的分辨能力和对图像质量的要求,要得到较高的图像质量,每幅图像通常要有几十万至几百万个的像素。显然,要用几十万至几百万个传输通道来同时传送图像信号几乎是不可能的,因此必须采用某种方式完成对图像的分解与变换,使代表像素信息的物理量能用时间的一维函数来表达。在电视系统中,对景物图像的像素分解与合成以及图像的时空转换是由扫描系统完成的。

利用人眼的视觉惰性,在发送端可以将代表图像中像素的物理量按一定顺序一个一个地传送,而在接收端再按同样的规律重显原图像。只要这种传送顺序进行得足够快,人眼就会感觉图像上的所有像素在同时发亮。在电视技术中,将这种传送图像的既定规律称为扫描。如图 2.1 所示,摄像管光电导层中形成的电图像在电子束的扫描下顺序地接通每一个像素,并连续地把它们的亮度变化转换为电信号;扫描得到的电信号经过单一通道传输后,再用电子束扫描具有电光转换特性的荧光屏,从电信号转换成光图像。在电视系统应用的早期,普遍使用的电真空摄像和显像器件均采用电子束扫描来实现光电和电光转换;而随着 CCD/CMOS 摄像机和平板显示器件的使用,利用各种脉冲数字电路便可实现上述扫描转换功能,基本消除了在图像采集和重建时产生的几何失真,使图像质量大大提高。

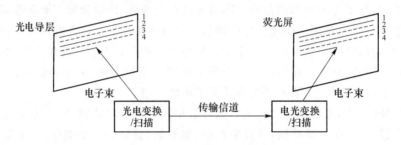

图 2.1　电视系统扫描原理示意图

对每一帧图像,电视系统是按照从左至右、从上到下的顺序一行一行地扫描图像的。扫描行数越多,对图像的分解力越高,图像越细腻;但同时视频信号的带宽也就越宽,对信道的要求也越高。和在电影中一样,为了能够得到连续的、没有跳跃感的活动图像,视频系统也需在每秒内传输 20 帧以上的图像,才满足人眼对图像连续感的要求。由于历史原因,目前国际上存在 25 帧/秒和 30 帧/秒两种主要的帧频制式。然而,每秒 20～30 帧的图像显示速率尚不能满足人眼对图像闪烁感的要求。为了在不增加电视系统传输帧率和带宽的条件下减小闪烁感,现有各种制式的电视系统均采用了隔行扫描方式。隔行扫描方式将一帧电视图像分成两场:第一场传送奇数行,称为奇数场;第二场传送偶数行,称为偶数场。隔行扫描方式的采用较好地解决了图像连续感、闪烁感和电视信号带宽的矛盾。

在电视系统中除传送图像信号本身以外,还需要传送行同步和场同步信号以标记图像行、场扫描的开始与结束。因此,图像信号、行场同步信号等经过合成,构成复合电视信号。

（2）彩色电视系统

根据人眼的彩色视觉特性,在彩色重现过程中并不要求还原原景物的光谱,重要的是获得与原景物相同的彩色感觉。彩色电视系统是按照三基色的原理设计和工作的。三基色原理指出,任何一种彩色都可由另外的三种彩色按不同的比例混合而成。这意味着,如果选定了三种标准基色,则任何一种彩色可以用合成它所需的三基色的数量来表示。彩色电视系统正是基于人眼机能和三基色原理,设计出了彩色摄像机和彩色显示器。

在通常的彩色电视摄像机中,模仿人眼中的三种锥状细胞利用三个摄像管分别拾取景物光学图像中的红、绿、蓝分量,形成彩色电视信号中的红、绿、蓝三个基色分量信号。加性混色法则构成了显示器彩色显示的基本原理。在传统彩色荧光屏的内表面涂有大量的、由红、绿、蓝三种颜色为一组构成的荧光粉点。荧光粉是一种受电子轰击后会发光的化合物,其发光强度取决于电子束的强度。图像重现时,将接收到的彩色电视信号中的红、绿、蓝分量信号分别控制三个电子枪轰击相应颜色的荧光粉点发光;由于荧光粉点很小,在一定距离观看时三种基色发出的光经过人眼的混合作用,看到的是均匀的混合色。而最终人眼所看到的颜色,则是由三种基色的比例所决定的。在混色原理方面,主动发光型的平板显示器件(如等离子显示)大致与彩色荧光屏相同;但被动发光型的平板显示器件(如液晶显示),其三种基色是由三种颜色的滤光片在白色背光的照射下发出的,三种基色信号通过控制每种基色滤光片的通光量实现混色。

在彩色电视发展的初期,由于已经存在了相当数量的黑白电视机和黑白电视台,为了保护消费者和电视台的利益并扩大彩色电视节目的收视率,要求彩色电视系统的设计必须考虑与已有黑白电视的兼容。为此,在彩色电视系统中不是传送彩色电视信号中的红、绿、蓝三个基色分量,而是传送一个亮度分量和二个色差分量。在发送端,亮度分量和二个色差分量通过对红、绿、蓝三个基色分量的矩阵变换得到;接收端再通过矩阵逆变换还原成三个基色分量显示。当黑白电视机接收到彩色电视信号时,它只利用其亮度分量实现黑白图像显示;而彩色电视机接收黑白电视信号时,它将黑白电视信号当作其亮度信号同样实现黑白图像显示,进而实现彩色电视与黑白电视的上下兼容。在彩色电视中,由三种基色 R、G、B 构成亮度信号的比例关系如下:

$$Y=0.299R+0.587G+0.114B \tag{2-1}$$

式(2-1)即为彩色电视系统的亮度方程。至于二个色差信号,则是分别传送红基色分量和蓝基色分量与亮度分量的差值信号,即 U 和 V。

$$U=k_1(B-Y)$$
$$V=k_2(R-Y) \tag{2-2}$$

式(2-2)中,k_1、k_2 为加权系数。

为满足彩色电视与黑白电视在传输时的兼容性,还需在原有黑白电视信道相同带宽下同时传送亮度信号 Y 和两个色差信号 U、V。由于人眼对彩色细节的分辨力低于对亮度细节的分辨力,因此色差信号 U 和 V 可以用比亮度信号窄的频带来传送。从数据压缩的角度来看,也希望传送的是 Y、U、V 而不是 R、G、B,因为 Y、U、V 之间是解除了一定相关性的三个量。彩色电视系统中的一个重大问题就是如何用一个通道来传送上述三个信号 Y、U、V。在模拟电视阶段,对这三个信号的不同传输方式形成了三种不同的彩色电视制式,即 PAL 制、NTSC 制和 SECAM 制,这三种制式的不同之处主要在于对色度信号传送所采取的不同处理方式。

(3) 视频信号频谱特点

电视系统是通过行、场扫描来完成图像的分解与合成的,尽管图像内容是随机的,但视频信号仍具有行、场或帧的准周期特性,其频谱结构呈现抽样信号的频谱特点。通过对静止图像电视信号进行频谱分析可知:它是由行频、场频的基波及其各次谐波组成的,其能量以帧频为间隔对称地分布在行频各次谐波的两侧。而对活动图像的电视信号,其频谱分布为以行频及其各次谐波为中心的一簇簇连续的梳状谱。对于实际的视频信号,谐波的次数越高,其相对于基波振幅的衰减越大。

在整个视频信号的频带中,没有能量的区域远大于有能量的区域。根据这一性质,模拟彩色电视系统利用频谱交错原理将亮度信号和色差信号进行半行频或 1/4 行频间置,完成彩色电视中亮度信号和色度信号的同频带传输。我国采用的 PAL-D 制彩色电视信号,亮度信号带宽为 6 MHz;在美国、日本等国采用的 NTSC 制电视系统中,亮度信号带宽为 4.2 MHz。由于人眼对色度信号的分辨率远低于对亮度信号的分辨率,因此在彩色电视系统中色度信号的带宽一般均低于 1.3 MHz,且将两个色差信号正交调制在彩色副载频上置于亮度信号频谱的高端,以减少亮色信号之间的串扰。

2. 视频信息的数字化与编码

视频信息的数字化首先需要解决其两方面的离散化,即图像信息在时间上及二维空间位置上的离散化,以及图像灰度电平值的离散化。上述过程涉及视频信号的采样与量化,为完成数字化表达还需对其样值进行二进制编码。

就视频图像而言,对其时间轴的离散化过程在视频采集时便已完成,采样频率由电视系统的帧频和场频所决定;对其二维空间的离散化包含了水平和垂直两个方向的离散化过程。实际上,在通过扫描系统进行视频信号采集时,便已经完成了图像信息垂直方向的离散化过程,其垂直方向的采样率由电视系统的每帧电视扫描行数所决定。因此,在已给特定制式视频信号的情况下,其离散化过程主要是完成视频信号在水平方向的离散化。对于视频信号的采样频率选择,既要考虑满足奈克斯特取样定律,以避免重建图像信号产生混叠;还要考虑取样图像的取样结构,以便于数字图像的后续处理。通常,为了后续图像处理上的方便常采用矩形取样结构,这就要求视频信号的采样频率必须与其行频保持正倍数的关系。

经过抽样后的视频信号,只是一系列时间或空间上的离散样值,而每个样值的取值仍是连续的,还需将它转换为有限个离散值称之为量化。在量化过程中,模拟值与量化值间的误差称为量化误差或量化失真。对图像信号而言,在图像亮度平坦区域这种量化噪声看起来像颗粒状,故称之为颗粒噪声;图像量化带来的另一种失真称为伪轮廓现象。显然,量化噪声与伪轮廓现象都与量化精度有关,量化越精细,量化噪声越小,伪轮廓现象就会减轻,但这是以增加电平数(码率)为代价的。被量化之后的视频信号其每个量化电平最终被赋予一个二进制码字,称为编码。视频信号通常采用 6～10 bit 量化编码。

视频信息数字化后数据量比音频信息更大,以分量编码的标准清晰度数字视频信号为例,其数码率高达 216 Mbit/s。在此情况下,1 小时的电视节目需要近 80 GB 左右的存储容量;要远距离传送这样一路高速率的数字视频信号,通常要占用很大的信道带宽。显然,这样大的数码率在现有的数字信道中传输或在现有的媒体上存储,其成本都是十分昂贵的。

虽然表示图像需要大量的数据,但图像数据本身是高度相关的,一幅图像内部以及视频序列中相邻帧图像之间均有大量的冗余信息,通过适当的算法解除其相关性去除冗余便可得到高效率的压缩编码。对于一幅二维图像,可以观察到图像中的许多部分的灰度或颜色差别并不是太大,某些区域是均匀着色或高度相关的。例如,图像的背景可能是一堵墙,它是均匀上色的或显示出规则的模式,这称为空间相关或空间冗余。对于没有场景切换或镜头快速推拉摇移的视频序列,画面中的背景一般并无变化,只有移动的物体产生画面的差异,因而各帧图像间的差别极小,即视频序列中的图像是高度相关的,这称为时间相关或时间冗余。静止图像压缩的一个目标是在保持重建的图像的质量可以被接受的同时,尽量去除空间冗余信息。对于活动视频压缩,在去掉空间冗余的同时去除时间冗余,可以达到较高的压缩比。

除空间冗余和时间冗余外,在一般的图像数据中,还存在着其他各种冗余信息,主要表现为以下几种形式。

(1)信息熵冗余

信息熵冗余也称为编码冗余。由信息论的有关原理可知,为表示图像数据的一个像素点,只要按其信息熵的大小分配相应比特数即可。然而对于实际图像数据的每个像素,很难得到它的信息熵,因此在数字化一幅图像时,对每个像素是用相同的比特数表示,这样必然存在冗余。

(2)结构冗余

在有些图像的部分区域内存在着非常强的纹理结构,或是图像的各个部分之间存在某种关系,如自相似性等,这些都是结构冗余的表现。

（3）知识冗余

在有些图像中包含的信息与某些先验的基础知识有关,例如,在一般的人脸图像中,头、眼、鼻和嘴的相互位置等信息就是一些常识,这种冗余称为知识冗余。

（4）视觉冗余

在多数情况下,重建图像的最终接收者是人的眼睛,为了达到较高的压缩比,可以利用人类视觉系统的特点得到高压缩比。人类的视觉系统对图像的注意是非均匀和非线性的,特别是人类的视觉系统并不是对图像中的任何变化都能感知。例如,图像系数的量化误差引起的图像变化,在一定范围内是不能为人眼所察觉的。

3. 视频业务

（1）模拟广播电视

模拟电视信号在通过地面无线广播发射或通过有线电视系统传输时,对图像信号采用残留边带调幅、对伴音信号采用调频的发送方式。我国规定地面开路广播电视每一套节目所占频带为 8 MHz,在 VHF 和 UHF 频段共划分 68 个频道,图 2.2 所示是其中一套节目占用的频谱分配结构示意图。地面广播电视将每一路电视节目所对应的视频和伴音分别以残留边带调幅和调频的方式调制到事先分配好的载频上,各路射频节目信号混合后统一送到发射台实现电视信号的视距广播电视节目覆盖。受发射天线高度等因素影响,通常地面广播电视节目的覆盖范围只有几十千米,一般局限在一个城市的范围。广播电视用户在接收节目时,可使用室外或室内天线接收电视信号,然后输入电视接收机对接收到的射频信号进行解调,恢复视频和伴音信号并播放供用户收听收看。

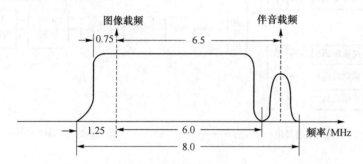

图 2.2 广播电视信号频谱分配结构示意图

在有线电视系统中,调制好的射频信号不再被送去广播发射,而是被送入有线电视网络进行节目信号的分配。有线电视系统是由有线电视前端、干线传输与分配网络,以及入户网络等部分组成。前端完成节目信号的调制和节目混合;干线传输与分配网络完成信号的远程传输、信号放大、信号分配,它既可以全部由同轴电缆和干线放大器构成,也可以由光纤和同轴混合网络构成;入户网络完成最后的信号入户接入,主要由入户同轴电缆和分支分配器构成。在地面开路广播电视中,各频段之间均留有一定的间隔,这些频率被分配给调频广播、电信业务和军事通信等应用。对于这些频率,开路广播电视是不能使用的,否则将造成电视与其他应用的相互干扰。此外,由于开路广播电视存在临频干扰问题,相邻频道不能安排节目,因此节目数量十分有限。但由于有线电视是一个独立的、封闭的系统,只要设计得当,不仅不会与其他通信业务产生相互干扰,还可以在相邻频道安排节目,因此可以大大扩展有线电视业务所能提供的节目数量。

除地面广播发射和有线电视传输两种视频广播业务,卫星电视则是另外一种覆盖范围更大的视频广播业务。卫星电视是一种利用地球同步卫星将电视信号转发传输到用户端的广播电视形式。卫星电视的传输过程一般为:通过卫星将地面基站发射来的微波信号远距离传输转发,用户使用定向天线接收并通过解码器解码后输出到电视终端收视。卫星电视主要有两种实现方式:一种是由有线电视台采用大口径天线集中接收送到前端,再将电视信号调制通过有线电视网络传送到用户家中;另一种是由用户通过小口径天线在家直接接收,用家庭卫星电视接收机解调后送入电视机观看。两种方式对卫星发射功率的要求差别较大。

(2)数字视频广播

数字视频压缩技术的发展使数字视频广播成了目前电视节目传播的主要方式。采用数字视频压缩技术和信道调制技术,可在一路模拟电视信号所占带宽内实现传送多路标准清晰度数字电视节目或一路数字高清晰度电视节目,大大提高了信道利用率,降低了每路电视节目的传输费用,并可使图像达到广播级质量。

数字视频广播与模拟电视广播一样有三种广播方式:一是使用卫星的数字卫星电视直播;二是采用有线电视网络传输的数字有线电视;三是地面无线广播的数字地面电视。为了最大限度地降低各种数字视频应用所需的成本,使其具有尽可能大的通用性,在数字视频广播的一系列标准中,其核心系统采用了对各种传输媒体(包括卫星、有线电缆与光缆、地面无线发射等)均适用的通用技术。图2.3给出了数字视频卫星传输系统发送和接收的信息流程图。

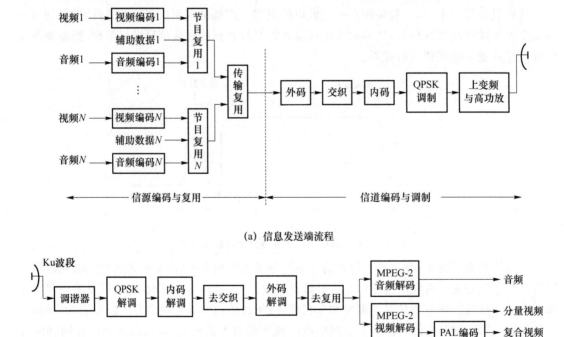

(a) 信息发送端流程

(b) 信息接收端流程

图2.3　卫星数字视频传输系统的信息流程图

数字视频广播的传输系统分为信源编解码和信道编解码两部分。信源编码采用 MPEG-2 码流,首先对音频和视频码流进行节目复用,然后再将多个数字电视节目流进行传输复用。在接收端进行相应的解复用和解码。信道编解码包括:前向纠错编码/译码、调制/解调和上/下变频三部分。卫星传输一般采用 QPSK 调制方式,有线传输采用 QAM 调制方式,地面传输采用 COFDM 或 16VSB 调制方式。

数字卫星电视直播系统是为了满足卫星转发器的带宽及卫星信号的传输特点而设计的。将视频、音频以及数据放入固定长度打包的 MPEG-2 传输流中,信号在传输过程中有很强的抗干扰能力,然后进行信道处理。通过卫星转发的数字视音频信号,经卫星电视接收机接收处理后输出给显示和播放系统。卫星直播方式传输覆盖面广、节目量大,通常采用四相相移键控调制 QPSK 对节目传输流进行信道编码,在使用 MPEG-2 的 MP@ML 格式时,用户端达到 CCIR601 演播室质量的码率约为 9 Mbit/s,达到 PAL 质量的码率约为 5 Mbit/s。

数字有线电视系统由于传输介质采用的是光纤和同轴电缆,与卫星传输相比抗外界干扰能力强,信号强度相对较高。调制方式通常采用 16、32、64QAM 三种方式,对于 QAM 调制而言,传输信息速率越高,抗干扰能力越低。采用 64QAM 正交振幅调制时,一个 PAL 通道的传输码率为 41.34 Mbit/s,可供多套节目复用。数字有线电视系统的特点是可与多种节目源相适配,所传送的节目既可来源于从卫星系统接收下来的节目,又可来源于本地电视节目,以及其他外来节目信号;既可用于标准清晰度数字电视,又可用于高清晰度数字电视。

数字地面视频广播系统是播出和接收环境最复杂的数字视频传输系统,通常采用编码正交频分复用(COFDM)调制方式,8 MHz 带宽内能传送 4 套标准清晰度电视节目。与卫星和有线数字视频广播不同,数字地面视频广播既支持固定接收,也支持移动接收,这使得用户使用数字视频广播业务的应用场景大大丰富,用户使用车载移动接收机或手持移动终端即可享用电视节目。

(3) 可视电话

可视电话业务是一种点到点的双向视频通信业务,它能利用通信网双向实时传输通话双方的活动图像和语音信号。由于可视电话能收到面对面交流的效果,实现人们通话时既闻其声、又见其人的梦想。可视电话由语音通话、视频采集、视频显示、视音频压缩编码以及中央控制器等部分组成。可视电话的话机和普通电话机一样用来进行语音信息交换;摄像设备的功能是摄取本方用户的图像传送给对方;接收显示设备的作用是接收对方的图像信号并在荧光屏上显示对方的图像。与语音通信业务一样,可视电话业务也可在各种业务网上加以实现,如基于 PSTN 的可视电话、基于 ISDN 的可视电话以及基于 IP 网络的可视电话。当然,不同业务网可提供的网络带宽和服务质量相差较大,因此基于不同网络实现的可视电话业务在语音质量、图像分辨率、图像帧率等方面也存在很大差异。

(4) 视频监控

视频监控是一种多点到一点的单向视频通信业务,它可以将多个分布在不同空间位置的监控图像集中传送到监控中心,完成对各监视点图像声音的集中监测、记录等功能。完整的视频监控系统是由摄像、传输、控制、显示、记录登记等部分组成。摄像机可分为网络数字摄像机和模拟摄像机两种,用以完成对前端视频图像信号的采集。摄像机通过网络线缆或同轴视频电缆将视频图像传输到控制主机,控制主机再将视频信号分配到各监视器及录像设备,同时可将采集的语音信号同步录入录像机内。通过控制主机,操作人员可发出指令,对云台的上、下、左、右的动作进行控制及对镜头进行调焦变倍的操作,并可通过视频矩阵实现多路摄像机的切换。利用录像处理模式,可对图像进行录入、回放、调出及储存等操作。

视频监控可分为两大类:网络数字视频监控系统和模拟信号视频监控。传统模拟闭路视频监控系统(CCTV)由模拟摄像机、同轴电缆、录像机和监视器等专用设备构成。摄像机通过专用同轴电缆输出视频信号,连接到专用模拟视频设备,如视频画面分割器、矩阵、切换器、卡带式或硬盘式录像机(VCR)及视频监视器等。

基于 IP 网络的视频监控系统采用 IP 摄像机,摄像机内置视音频压缩编码和 Web 服务器,通过以太网端口或 WiFi 与 IP 网络相连接。IP 摄像机生成 M-JPEG、MPEG4、H. 264 等格式的数据流,可供授权客户通过各种终端从网络中任何位置对其进行访问、监视、记录。

（5）视频点播

视频点播是一种双向不对称、受用户控制的视频分配和检索业务,观众可自由决定在何时观看何种节目。点播是相对于广播而言的,广播对所有观众一视同仁,观众是被动接受者;点播则把主动权交给了用户,用户可以根据需要点播自己喜欢的节目,包括电影、电视、音乐、卡拉 OK、新闻等任何视听节目。视频点播的最大特点是信息的使用者可根据自己的需求主动获得信息,它区别于信息发布的最大不同一是主动性、二是选择性。在视频点播应用系统中,信息提供者将节目存储在视频服务器中,服务器随时应观众的需求通过传输网络将用户选择的节目信息传送到用户端,用户通过计算机、智能电视或机顶盒等终端进行节目收看。

如图 2.4 所示,一般的视频点播 VOD 系统由节目内容提供者、管理中心、视频服务器、传输网络和终端等部分构成。视频点播的实现过程是:用户通过用户终端中的浏览器或应用程序发出点播请求;媒体服务系统根据点播请求将存放在视频服务器中的节目信息检索出来,以视频和音频流的形式通过高速传输网络传送到用户终端;由用户终端对视频和音频流进行解码并送到其显示和播放模块供用户观看收听。

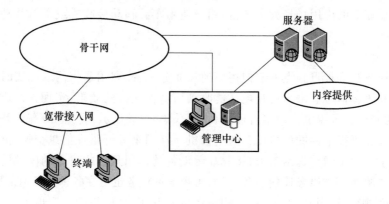

图 2.4　点播系统构成

2.1.3　数据通信业务

数据通信业务是随着计算机的广泛应用而发展起来的,它是计算机和通信相结合的产物。由于计算机与其外部设备之间,以及计算机与计算机之间都需要进行数据交换,特别是随着计算机网络互联的快速发展,需要高速、大容量的数据传输与交换,因而出现了数据通信业务。与传统的电信网络不同,根据网络覆盖的地理范围大小,数据通信网络被分为局域网（LAN）、城域网（MAN）、广域网（WAN）。

1. 数据通信的基本概念

所谓数据,是指能够由计算机或数字设备进行处理的、以某种方式编码的数字、字母和符号。利用电信号或光信号的形式把数据从一端传送到另外一端的过程称为数据传输,而数据通信是指按照一定的规程或协议完成数据的传输、交换、储存和处理的整个通信过程。

由于数据信号也是一种数字信号,所以数据通信在原理上与数字通信没有根本的区别,实际上数据通信是建立在数字通信基础上的。尽管数据通信与一般数字通信在信号传输方面有许多共同之处,如都需要解决传输编码、差错控制、同步以及复用等问题,但数据通信与数字通信在含义和概念上仍有一定区别。对数字通信而言,它一般仅指所传输的信号形式是数字的而不是模拟的,它所传输的内容可以是数字化的音频信号,可以是数字化的视频信号,也可以是计算机数据。由于所承载的信息内容不同,数字通信系统在传输它们时也会根据其信息特点采取不同的传输手段和处理方式。由此可见,数字通信是比数据通信更为宽泛的一个通信概念。相对于其他信息内容的数字通信,数据通信有以下特点:

① 数据业务比其他视听通信业务拥有更为复杂、严格的通信规程或协议;

② 数据业务相对于视音频业务实时性要求较低,可采用存储转发交换方式工作;

③ 数据业务相对于视音频业务差错率要求更高,必须采取严格的差错控制措施;

④ 数据通信是进程间的通信,可在没有人的参与下自动完成通信过程。

2. 数据通信业务

(1) 数字数据网(DDN)业务

DDN 是一个利用数字信道传输数据信号的数据传输网络,基于该网络,电信部门可向用户提供永久性和半永久性连接的数据传输业务,既可用于计算机之间的通信,也可用于传送数字传真、数字语音、数字图像或其他数字化信号。永久性连接的数字数据传输信道是指用户间建立固定连接、传输速率不变的独占带宽电路。半永久性连接的数字数据传输信道对用户来说是非交换性的,但用户可提出申请,由网络管理人员对其提出的传输速率、传输数据的目的地和传输路由进行修改。网络经营者向用户提供了灵活方便的数字电路出租业务,供各行业构成自己的专用网。

(2) 宽带 IP 业务

宽带 IP 业务是一种高速互联网接入业务,用户可通过宽带网络享受高速上网浏览、高速软件下载、播放视频点播节目、远程教育、视频会议、多媒体信息通信等信息服务。

宽带 IP 业务的用户数据以 IP 数据包的形式通过 IP 网络传输,用户接入 IP 网络的方式可以采用光纤接入(FTTx)、光纤同轴混合接入(HFC)、各种数字用户线接入(xDSL)以及无线接入等技术。

(3) 虚拟专网(VPN)业务

VPN 是指利用公共网络,如公共分组交换网、帧中继网、ISDN 或 Internet 等的一部分来发送专用信息,形成逻辑上的专用网络。目前,Internet 已成为全球最大的网络基础设施,几乎延伸到世界的各个角落,于是基于 Internet 的 VPN 技术越来越受到关注。

VPN 技术综合了传统数据网络的性能优点(安全和 QoS)和共享数据网络结构的优点(简单和低成本),能够提供远程访问,外部网和内部网的连接,价格比专线或者帧中继网络要低。而且,VPN 在降低成本的同时,满足了用户对网络带宽、接入和服务不断增加的需求。

2.2　多媒体通信业务

多媒体技术是一种能同时综合处理声音、文字、图形、图像和视频等多种媒体信息,并在这些信息之间建立逻辑联系,使其集成为一个交互式系统的技术。多媒体的关键特性在于信息载体的多样性,以及集成性、交互性和同步特性。信息载体的多样性体现在信息采集、传输、处理和显现的过程中,要涉及多种表示媒体、传输媒体、存储媒体或显现媒体,或者多个信源或信宿的交互作用。集成性和交互性在于,所处理的文字、数据、声音、图像、图形等媒体数据是一个有机的整体,而不是相互分立信息的简单堆积,多种媒体间无论在内容上、时间上还是在空间上都存在着紧密的联系,具有同步性和协调性。同时,用户对信息处理的全过程能进行完全有效的控制,并把结果综合地表现出来,而不仅是对单一数据、文字、图形、图像或声音的处理。多媒体通信业务将多媒体技术和通信技术相融合,改变了人们获取信息,以及工作、生活和相互交往的方式。

2.2.1 多媒体通信业务的类型及特点

在多媒体通信业务中,信息媒体的种类和业务形式多种多样,从不同的角度可以将其分成不同的业务类型。从所传输的信息媒体类型这一角度来看,不同业务由不同的媒体构成,一种业务也可能由视频、图像、音频、数据多种媒体组成,不同媒体有不同的统计特性,对网络的要求也相差很大。了解不同媒体的统计特性和服务质量 QoS 要求,可以在保证业务服务质量的情况下,通过合理分配资源实现较高的统计复用增益。

（1）多媒体信息服务

多媒体信息服务已成为互联网上的核心应用内容,其中包含了多媒体信息浏览、多媒体信息检索与查询等。随着声音和活动图像等实时信息的增加,互联网正在演变成世界范围内最大的多媒体信息服务系统。以通信方式而言,多媒体信息服务是点对点(信息中心对一个用户),或一点对多点(信息中心对多个用户)的双向非对称系统。从用户到信息源只传送查询请求和指令,要求的传输带宽较小,而从信息源传送到用户的数据则是大量的、宽带的。

为了向用户提供丰富的多媒体信息,信息提供者利用超文本技术将多媒体信息以超媒体系统的形式加以组织,以互联网为依托构成了 WWW 网络。用户在查询、检索和浏览这些信息时,利用搜索引擎软件和浏览器得到其所需信息内容。超文本以节点作为基本单位,节点可以是一个信息块,也可以是某一字符文本集合,还可以是屏幕中某一大小的显示区。节点中的数据不仅可以是文字,而且可以是图形、图像、声音、动画、动态视频,甚至可以是计算机程序或它们的组合,最终形成了超媒体系统。多媒体技术和超文本的结合大大改善了信息的交互程度和表达思想的准确性,多媒体的表现又可使超文本的交互式界面更为丰富。WWW 是在超媒体原理下发展起来的一系列概念和通信协议,它代表了世界范围内由互联网相互连接起来的众多的信息服务器所构成的巨大的数字化的信息空间。

浏览器作为一个用于浏览节点、防止迷路的交互式工具,可以帮助用户在网络中定向和观察信息是如何连接的,即帮助用户在网络中寻路、定位;而搜索引擎可帮助用户过滤无用信息、尽快找到所需信息。

（2）多媒体即时通信

多媒体即时通信是一个实时通信系统,允许两人或多人使用网络实时地传递文字消息、文件,以及实现语音与视频交流。多媒体即时通信不仅允许用户相互之间传递即时的多媒体信息,同时允许用户相互之间了解各自的状态和状态的改变,如在线、离线、繁忙、隐身等。目前,多媒体即时通信已经不仅仅是一个单纯的聊天工具,它已经发展成集交流、资讯、娱乐、搜索、电子商务、办公协作和企业客户服务等为一体的综合化信息平台。主流的多媒体即时通信工具包括微信、QQ、MSN、WhatsApp、Facebook、Line 等。

一般的多媒体即时通信系统采用客户端/服务器(C/S)结构,参与各方的信息需要通过服务器进行中间转接。当传输视/音频信息时,由于数据量大,服务器中转可能引起响应的不及时,此时可以在"聊天"双方建立直接连接,但这个连接的建立通常也需要在服务器的帮助下完成。由于服务器是多媒体即时通信系统的核心,用户必须先登录服务器才能接受各种服务,因此服务器了解各用户的状态及状态的变化,从而能够向一个用户提供其他用户的状态信息、了解其他人的在线情况,即提供"出席"服务。一个典型多媒体即时通信系统通常包含出席服务和即时消息服务这两种基本服务。

（3）多媒体会议与协同工作

可视电话和会议电视是早在多媒体技术出现之前就已经存在的人与人之间进行通信的手段,计算机支持下的协同工作也是很早就在计算机领域内提出的概念。多媒体技术的出现为这两种人与人的交流形式提供了结合的基础。参与者既能看得见、听得到,又能一起处理事务,使他们真正像聚集在同一个房间里面对面地交流与工作。这种通信系统和业务称为多媒体协同工作（MMC,Multimedia Collaboration）。MMC 系统是对通信系统要求很高的一种应用,它要求一点对多点,或者多点对多点的双向信息传输能力。为此,MMC 系统通常要包含多点通信单元和多点控制单元,或者要具备对单播、组播和广播三种通信方式的支持能力。

多媒体会议与协同工作系统主要有三种模式,即会议室型会议电视系统、桌面或手持终端会议电视系统以及多媒体协同工作系统。多媒体协同工作是三种模式中最为复杂的一种,其目标是使身处异地的人们,能够像处于同一房间内面对面一样地交谈、协商工作。如果将虚拟现实与协同工作结合起来,还可使人们在虚拟的三维环境之中协同工作。典型的多媒体会议与协同工作应用场合主要有多媒体远程会议、多媒体远程医疗、多媒体远程教学、多媒体协同办公等。

（4）流媒体与点播电视

流媒体（Streaming Media）是一种在互联网上实时顺序地传输和播放视/音频等多媒体内容的连续时基数据流,流媒体技术包括流媒体数据采集、视/音频编解码、存储、传输、播放等。与下载媒体文件到本地播放方式相比,媒体的流式传输具有显著的优点:一是大大地缩短了启动延时,同时也降低了对缓存容量的需求;二是可以实现现场直播形式的实时数据传输,这是下载等方式无法实现的,同时有助于保护多媒体数据的著作权。

流式传输技术又分两种:一种是顺序流式传输,另一种是实时流式传输。顺序流式传输是顺序下载,在下载文件的同时用户可以观看,但用户的观看与服务器上的传输并不是同步进行的,用户是在一段延时后才能看到服务器上传出来的信息,或者说用户看到的总是服务器在若干时间以前传出来的信息。在这过程中,用户只能观看已下载的部分,而不能要求跳到还未下载的部分,即没有对视音频内容进行控制的机制,不能快进、快退等操作。顺序流式传输比较适合高质量的短片段,并较好地保证节目播放的质量。在实时流式传输中,音视频信息可被实时观看到,在观看过程中用户可快进或后退以观看前面或后面的内容。实时流式传输可应用于大规模的点播电视。

（5）移动多媒体广播

移动多媒体广播业务是通过移动通信网络或无线广播电视覆盖网,向各种小屏幕便携终端提供数字广播电视节目和多媒体信息服务,满足人们随时随地听广播看电视以及接收信息的需求。

目前通过移动通信网络提供的多媒体广播业务可采用流媒体技术方式,通过点到点的连接把多媒体广播内容作为一种数据业务推送给用户。流媒体内容采用客户端/服务器模式,将连续的影像和声音信息存储于网络服务器上,服务器根据移动终端发出的请求发送数据流,移动终端通过移动网络边下载边播放,可支持点播与直播业务。流媒体采用的这种点对点方式传送在大量用户都需要下载高速数据时,信源与每个接收用户都有各自的链路,对移动网络资源消耗较大,并容易导致网络拥塞,对于实时电视或视频直播类业务其承载成本并无优势。但是流媒体方式可适合个性化要求强的业务,如视频点播类业务。移动通信网络中的多媒体业务还可应用组播和广播两种业务模式。广播模式接近于数字电视业务,而组播模式专注和定位于群业务。组播模式可以提供更好的计费特性,包括服务订阅、接入和推出功能,需要用户签约相应组播组,进行业务激活,并产生相应的计费信息;而广播业务不需要小区中所有用户都定制该业务便可以获得。由于组播和广播模式在业务需求上存在不同,导致其业务流程也不同。

通过无线广播电视覆盖网提供的移动多媒体广播业务通常称为移动广播电视业务。在我国移动多媒体广播系统采用"天地一体"的技术体系,即:利用大功率 S 波段卫星覆盖全国、利用地面覆盖网络进行城市人口密集区域有效覆盖、利用双向回传通道实现交互,形成单向广播和双向互动相结合、中央和地方相结合的无缝覆盖的系统。卫星方面,采用 S 波段卫星通过广播信道和分发信道实现全国范围的移动多媒体广播信号覆盖;地面覆盖方面,采用 S 波段地面增补网进行 S 波段卫星覆盖阴影区信号转发覆盖,采用 U 波段地面覆盖网在城市人口密集区实现移动多媒体广播信号覆盖。同时,在实现广播方式开展移动多媒体业务的基础上,利用地面双向网络逐步开展双向交互业务。移动多媒体广播系统主要由节目集成与播出、卫星传输、地面覆盖网络、加密授权、运营支撑、双向交互网络及移动多媒体终端等部分组成。移动终端在信号接收中,根据所处位置的信号情况及用户操作情况,可实现四种信号接收:一是直接接收 S 波段卫星信号,二是接收 S 波段地面增补信号,三是接收 U 波段地面覆盖信号,四是接收 U 波段地面覆盖同频转发信号。

移动多媒体技术是移动通信技术和多媒体通信技术发展融合的产物,通过向各种小屏幕便携终端提供数字广播电视节目和多媒体信息服务,可以满足人们随时随地接收多媒体业务的办公和生活需求。未来将利用移动网络和广播电视网络的融合或者共用统一的下一代核心网络,通过研究移动性管理、组播/广播模式和多媒体编码调制等关键技术,支持多种类型终端的不同接入方式和多种业务操作模式,从而实现对多媒体服务的随时随地高质量获取,满足用户不断增长的新业务需求和不断提高的服务质量要求。

2.2.2 多媒体通信业务的网络需求

多媒体通信业务对网络的主要需求如下。

(1) 具有足够的传输带宽,对信息采取必要的压缩措施

在多媒体通信中,信息媒体多种多样,数据量巨大,这就要求多媒体通信系统传输带宽要大或传输速率要高,必要时还要采用有效的信息压缩技术。然而高倍率的压缩往往是以损失原始数据中的信息为代价的,业务质量受到限制,因此真正的多媒体通信必须使通信网的能力足以满足多媒体信息巨大数据量的要求。

(2) 支持可变比特率业务

多媒体信息源通常具有动态的特性,在不同的时间周期会产生数目不定的数据,信息数据常常以突变和跳变的形式出现。为了获得连续、真实的效果,网络的传输速率也要随时间的变化而变化,这样的网络传输方式称为可变比特率(VBR)传输。多媒体网络不但要具有通常的恒定比特率(CBR)传输能力,能很好传输以恒定比特率产生的数据,而且还要能以可变比特率传输突发数据。

(3) 多媒体通信的实时性要求

多媒体通信的实时性要求除了与网络速率相关,还受通信协议的影响。例如,语音通信

时,偶尔的误码不去纠正,用户往往觉察不到,若要纠错重发使语言停顿,反而会使用户感到不舒服。另外,电路交换方式时延短,但占用专门信道,且不易共享;而分组交换方式时延长,不适合数据量变化大的场合应用。

对于语音传输,最大可接受的延迟为 0.25 s,使用分组交换方式传输时的分组之间延迟应小于 10 ms,否则就会感到说话声不连续。对语音来说,数据的传输速率可以相对低些,如使用 64 kbit/s 信道即可,可接受位错率和包错率相对来讲可以高一些。对静止图像而言,时延长短对业务服务质量影响较小,但对误码特性要求较高,特别是对包的差错率更为敏感,因为错一个分组在图像中就会影响一块,这是不能容忍的。对数据传输而言,不允许出现任何错误,但对时延影响不敏感。

影响多媒体通信实时性的因素还有系统中许多处理环节增加了端到端延迟,如语音视频图像传输系统中的采样、编码、打包、传输、缓冲、拆包、译码、表现等环节。对于多媒体通信,由于媒体之间特性很不一致,必须采用不同的传输策略。例如,采用服务质量(QoS)描述,那么对语音可利用短延迟、延迟变化小的传输策略,而对数据传输则采用可靠保序的传输策略等。

(4) 支持点到点、点到多点和广播方式通信

在多媒体宽带业务中,普通电话、可视电话、信息检索等是一些点到点业务,会议电视等是典型的点到多点业务,而传统的有线电视和数字视频广播则是广播式业务。多媒体通信系统必须满足上述各种业务的通信要求。

(5) 支持对称和不对称方式连接

Internet 接入、交互式视频娱乐等需要典型的双向不对称通信能力,要求下行具有比上行宽得多的带宽。因而多媒体通信系统应支持这种对称和不对称连接方式。

(6) 在一次呼叫过程中可修改连接的特性

在多媒体业务的连接过程中,用户有可能改变连接的某些特性,如对 QoS 提出新的要求等,系统应支持这种连接特性的改变。

(7) 呼叫过程中可建立和释放一个或多个连接,多个连接间应保持一定的同步关系

例如,会议电视业务中允许会议成员随时加入或退出会议,并为其建立和释放相应的连接。

2.3　新兴通信业务

2.3.1　物联网业务

物联网是通过二维码识读设备、射频识别、红外感应器、全球定位系统、激光扫描器、环境传感器、图像感知器等信息传感设备,按约定的协议把任何物品与互联网连接起来进行信息交换和通信,以实现智能化识别、定位、跟踪、监控和管理的一种网络。物联网是对现有通信网络、互联网络的延伸和应用拓展,它利用感知技术和智能装置对物理世界进行感知识别、智能监控,通过网络传输互联进行数据计算、处理、知识挖掘和分析决策,实现物与物、人与物、人与人信息交互和无缝链接,达到对物理世界进行实时控制、精确管理和科学决策的目的。

和传统的互联网相比,物联网有其鲜明的特征。首先,它是对各种感知技术的广泛应用。物联网上部署了海量的多种类型传感器,每个传感器都是一个信息源,不同类别的传感器所捕

获的信息内容和信息格式不同。传感器获得的数据具有实时性,按一定的频率周期性地采集信息、更新数据。其次,它是一种建立在互联网上的泛在网络。物联网技术的重要基础和核心仍旧是互联网,传感器通过各种有线和无线网络与互联网融合,将物体的信息实时准确地传递出去。物联网上的传感器定时采集的信息数量庞大,形成了海量信息。在传输过程中为了保障数据的正确性和及时性,必须适应各种异构网络和协议。再有,物联网不仅仅提供了传感器的连接,其本身还具有智能处理的能力,可对物体实施智能控制。物联网将传感器和智能处理相结合,利用云计算、模式识别等智能技术对传感器获得的海量数据进行分析、加工和处理,提取有价值的信息来适应用户的不同需求。

物联网技术在智能交通、环境保护、公共服务、公共安全、智能家居、智能消防、工业监测、智慧农业、智慧医疗等许多领域有广泛的应用。

(1)智能家居与智能社区

智能家居是指家庭中各类消费类电子产品、通信产品、信息家电等通过物联网进行通信和数据交换,实现家庭网络中各类电子产品之间的互联互通,从而实现随时随地对智能设备的控制。智能家居以住宅为平台,利用物联网技术将家中的各种设备连接到一起,实现智能化家居生态系统。智能家居包含的子系统有:家居布线系统、家庭网络系统、中央控制管理系统、家居照明控制系统、家庭安防系统、背景音乐系统、家庭影院与多媒体系统、家庭环境控制系统等。智能家居可以利用有线或无线网络来监视、操作户内外电器的运行状态,还可实现迅速定位家庭成员位置等功能,实现对家庭生活的控制和管理。

智能社区主要是以信息网、监控网和电话、电视网为中心的社区网络系统,通过高效、便捷、安全的网络系统实现信息高度集成与共享,实现环境和机电设备的自动化、智能化监控。智能社区可以通过社区综合网络进行暖通空调、给排水监控、公共区照明、停车场管理、背景音乐与紧急广播等物业管理,以及门禁系统、视频监控、入侵报警、火灾自动报警和消防联动等社区的安全防范。

(2)智慧交通

智慧交通以图像识别技术为核心,综合利用射频技术、标签等手段,对交通流量、驾驶违章、行驶路线、牌号信息、道路的占有率、驾驶速度等数据进行自动采集和实时传送,相应的系统会对采集到的信息进行汇总分类,并利用识别能力与控制能力进行分析处理,对机动车牌号和其他车辆进行识别、快速处置,为交通事件的检测提供详细数据。通过采集汇总地埋感应线圈、数字视频监控、车载 GPS、智能红绿灯、手机信令等交通信息,可以实时获取路况信息并对车辆进行定位,从而为车辆优化行程、避免交通拥塞、选择泊车位置。交通管理部门可以通过物联网技术对出租车、公交车等公共交通进行智能调度和管理,对私家车辆进行智能诱导以控制交通流量,侦察、分析和记录违反交通规则行为,并对进出高速公路的车辆进行无缝检测、标识和自动收取费用,提高交通通行能力。智能交通将减少拥堵、缩减油耗和二氧化碳排放,改善人们的出行,提高人们的生活质量。

(3)智能医疗

在医疗卫生领域,物联网通过传感器与移动设备来对人的生理状态进行捕捉。人身上可以安装携带不同的传感器,对人的生理参数进行实时监控,如心跳频率、体力消耗、葡萄糖摄取、血压高低等生命指征。检测数据可实时传送到相关的医疗保健中心,如有异常,保健监测中心将通过用户终端提醒被监测人,并把它们记录到电子健康档案,方便个人或医生进行查阅。

(4)智能电网

智能电网是在传统电网的基础上构建起来的集传感、通信、计算、决策与控制为一体的综合系统,通过传感器获取电网各层节点资源和设备的运行状态,进行分层次的控制管理和电力调配,实现能量流、信息流和业务流的一体化,提高电力系统运行稳定性。智能电网是建立在集成的、高速双向通信网络的基础上,通过传感和测量技术、自动控制方法以及决策支持系统,以实现电网可靠、安全、经济、高效、环境友好和使用安全的目标。对于电力用户,通过智能电网可以随时获取用电价格、查看用电记录,根据了解到的信息改变其用电模式;对于电力公司,可以实现电能计量的自动化,摆脱大量人工的繁杂工作,通过实时监控实现电能质量监测、降低峰值负荷,整合各种能源以实现分布式发电等一体化高效管理;对于政府和社会,则可以及时判断浪费能源设备以及决定如何节省能源、保护环境。智能电网涉及智能化变电站、发电、智能输电、智能配电网、智能用电和智能调度等六个主要方面。

（5）智能物流

智能物流是以信息技术为支撑,在物流的运输、仓储、包装、装卸搬运、流通加工、配送、信息服务等各个环节实现系统感知的现代综合性物流系统。通过在货物或集装箱上加贴电子射频标签(RFID),同时在仓库出入口或其他货物通道安装 RFID 识别终端,可自动跟踪货物的入库和出库,识别货物的状态、位置、性能等参数,并通过有线或无线网络将这些位置信息和货物基本信息传送到中心处理平台。通过终端的货物状态识别可以实现物流管理的自动化和信息化,提高物流效率。利用移动通信网提供的数据传输通路实现物流车载终端与物流调度中心的通信,完成远程车辆调度。此外,智能物流通过使用搜索引擎和分析可以优化从原材料至成品的供应链,帮助确定生产设备的位置、优化采购地点、制定库存分配策略,实现真正端到端的无缝供应链。智能仓储是物流过程的一个重要环节,智能仓储的应用保证了货物仓库管理各个环节数据输入的速度和准确性,确保企业及时准确地掌握库存的真实数据,合理保持和控制企业库存。利用系统的库位管理功能,可以及时掌握所有库存货物当前所在位置,有利于提高仓库管理的工作效率。

（6）智能农业

物联网在农业领域的应用非常广泛,如地表温度检测、家禽的生活情形、农作物灌溉监视情况、土壤酸碱度变化、降水量、空气、风力、氮浓缩量、土壤的酸碱性和土地的湿度等,通过对采集数据进行合理的科学估计,在减灾、抗灾、科学种植等方面可提供很大的帮助。例如,农业的标准化生产监测应用,是将农业生产中最关键的温度、湿度、二氧化碳含量、土壤温度、土壤含水率等数据信息实时采集,实时掌握农业生产的各种数据;动物的标识溯源,实现各环节一体化全程监控,达到动物养殖、防疫、检疫和监督的有效结合,对动物疫情和动物产品的安全事件进行快速、准确的溯源和处理;水文监测应用,包括传统近岸污染监控、地面在线检测、卫星遥感和人工测量为一体,为水质监控提供统一的数据采集、数据传输、数据分析、数据发布平台,为湖泊观测和成灾机理的研究提供实验与验证途径。

2.3.2　5G 时代的部分业务示例

第五代移动通信是为顺应移动通信需求而发展的新一代移动通信系统,它在吞吐率、时延、连接数量、能耗等方面进一步提升了前几代移动通信系统的性能,其中媒体类业务、物联网和移动互联网的蓬勃发展是 5G 移动通信的主要驱动力,而云计算环境下的云端互动对 5G 移动通信系统提出了更高的传输质量与系统容量要求。

第五代移动通信系统支持 $0.1 \sim 1$ Gbit/s 的用户体验速率、每平方千米一百万的连接数密度、毫秒级的端到端时延、每平方千米数十太比特每秒的流量密度、每小时 500 km 以上的移动性和数十吉比特每秒的峰值速率,其中用户体验速率、连接数密度和时延为最基本的三个性能指标。同时,它还大幅提升了网络部署和运营效率,相比 4G 频谱效率提升 5～15 倍,能效和成本效率提升百倍以上。第五代移动通信系统的性能需求和效率需求共同定义了其关键能力,上述的六项性能指标体现了满足未来多样化业务与场景需求的能力,三个效率指标是实现可持续发展的基本保障。第五代移动通信致力于应对今后多样化差异化业务的挑战,满足超高速率、超低时延、高速移动、高能效和超高流量与连接数密度等能力指标,构建起以用户为中心的全方位信息生态系统。

国际电信联盟 ITU 确定了 5G 应具有增强型移动宽带(eMBB)、超高可靠与低延迟的通信(URLLC)、大规模机器类通信(mMTC)三大主要应用场景。

(1) 增强型移动宽带业务场景

5G 增强型移动宽带服务将满足用户对高数据速率、高移动性的业务需求,可广泛应用于互联网视频、现场直播等场景。利用 5G 可推出 360 度全景 VR(360VR)、同步观赛(Sync View)、时间切片(Time Slice)等典型实感技术。360 度全景 VR 可以让用户 360 度观看整个赛场,并可从播放画面上选一名运动员跟踪观看;同步观赛通过在超高速相机内置的 5G 通信模块,使用户能够通过运动员视角来观看比赛;时间切片采用数十台相机拍摄,能够提供立体影像并捕捉精彩瞬间。实感技术能够在赛场和体验馆内实现全覆盖,场外用户在智能手机等设备上也可体验。

在 5G 环境下,包括视频类以及虚拟现实(VR)、增强现实(AR)在内的媒体类业务在移动性、用户体验、性能提升等方面将有新的发展。5G 技术的应用将带来移动视频点播/直播、视频通话、视频会议和视频监控领域的飞速发展和用户体验的提升。移动高清视频的普及,将由标清走向高清与超高清;高清、超高清游戏将得到普及;5G 视频会议使处于任何位置的移动终端均可轻松接入且体验更佳;高清视频在监控中的应用突破了有线网络无法到达或者布线成本过高的限制,可部署在任意地点,成本更低,5G 无线视频监控将成为有线监控的重要补充。

(2) 超高可靠与低延迟通信业务场景

5G 网络能够支持超高可靠与低延迟的机器类通信,可应用于无人驾驶、车联网、智慧医疗等场景。5G 技术在智慧医疗方面的应用可以确保救护车与医院工作人员在病人运送过程中实现高速率、低时延的实时通信,并保证病人 X 光片和视频等高带宽图像实时传输至医院。医生得以在病人转运途中对其进行病情诊断并做好初步准备工作,为救治病人赢得宝贵时间。车联网技术属于低时延、高可靠应用场景,通过终端直通技术可以实现在汽车之间、汽车与路侧设备间的通信,从而实现汽车主动安全控制与自动驾驶。在时速 170 千米的互联汽车间实现了峰值速率 3.6 Gbit/s 的数据传输。联网汽车能够接收周边的交通和障碍物信息,同时车内媒体具有播放 4K UHD 视频、虚拟现实演示和 3D 视频片段的能力。V2X(Vehicle to X)自主安全驾驶,在 99.999% 的传输可靠性下可将时延缩小到毫秒级,还支持多种场景的防碰撞检测与告警/车速导引、车车安全和交叉路口协同等。通过车与车、车与路边设备的通信,实现汽车的主动安全,如紧急刹车的告警、汽车紧急避让、红绿灯紧急信号切换等,成为未来汽车自动驾驶业务的关键技术。

(3) 大规模机器类通信业务场景

大规模机器类通信业务场景利用了 5G 低功耗、广覆盖的特点,面向采用大量小型传感器进行数据采集、分析和应用的场景。

在上述 5G 业务场景中,主要针对或涉及以下 5 种业务需求。

（1）超高速体验

主要关注移动宽带用户更高的接入速率,保证终端用户瞬时连接以及时延无感知的业务体验,业务类型包括超高清视频、增强现实等。

（2）超高用户密度

主要关注如密集住宅、办公室、体育场等用户高密度分布场景下的用户业务体验。

（3）超高速移动

主要考虑用户在快速路、高铁等快速移动情况下的业务体验,5G 网络希望能够在高速移动场景下提供给用户与在低速环境下一致的业务体验。

（4）低时延、高可靠连接

主要考虑未来新业务在时延和可靠性方面存在苛刻要求的场景。例如,未来机器被用于工业控制、智能交通、无人驾驶汽车等,对数据的端到端传输,在时延和可靠性方面具有严格要求。

（5）海量终端连接

主要考虑终端设备以及传感器等大量连接。

图 2.5 给出了 5G 环境下移动互联网和物联网可提供的主要通信业务。

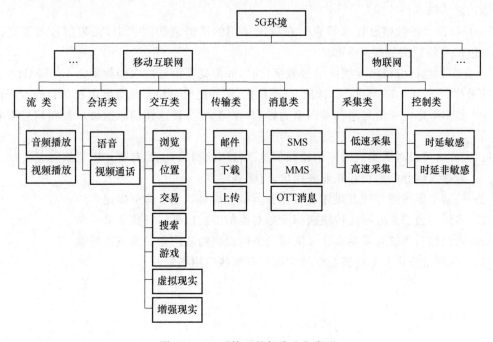

图 2.5　5G 环境下的部分业务类型

本 章 小 结

现代通信系统中,不管采用什么样的物理传输媒介、传输网结构以及交换方式,为用户提供他们所需的各类通信业务,满足他们对不同业务的服务质量需求,才是通信最终要达到的目的。因此,了解各种通信业务的特点、信号传输方式以及服务质量需求,对于理解整个通信系统具有十分重要的作用。本章从人类接收信息最基本的视听觉着手,对应用最为普及的视音频业务进行了较为详细的介绍;同时,对迅速发展的数据业务和多媒体通信业务的特点、服务质量需求进行了分析;最后,对物联网和 5G 网络等新兴的通信业务及应用场景做了简介。

习　　题

1. 在现代通信系统中所承载的音频信息主要是指哪一类信息? 有什么特点? 其频谱分布范围如何,与人的听觉响应特性有什么关系?

2. 对音调高低的感觉与声音频率是什么关系? 人对哪些声音频率最敏感?

3. 根据不同音源信号的频谱特性和信号动态范围特性,分析为什么要对不同的音频业务在数字化时采取不同的取样频率和不同的量化比特数。

4. 为了实现语音通信的目的,可以通过哪些通信网络或通信技术加以实现? 它们的服务质量、服务价格和使用的终端有哪些差异?

5. 对于双声道立体声信号,当采用 48 kHz 取样、每样值 16 bit 量化时,其数字化后总的数据速率是多少? 如不经过压缩,存储 30 分钟这样的数字音频信号需要多大容量?

6. 简述视频图像信息摄取与重现的基本过程。视频系统是如何利用三基色原理实现彩色图像信息传输的?

7. 视频信号的频谱有什么特点? 在我国采用的模拟电视制式中,视频信号的带宽是多少? 彩色信号的频谱是如何分布的?

8. 在对彩色标准清晰度视频信号数字化时,如果亮度信号的取样频率为 13.5 MHz、色度信号的采样频率为 6.75 MHz,每样值 8 bit 量化,请问此时一路彩色数字电视节目的数据速率是多少? 如不考虑电视信号逆程等因素的影响,存储 90 分钟这样的原始数字视频信号需要多大容量?

9. 为什么可以对采集到的原始视频信息进行压缩编码,主要有哪些压缩编码方法?

10. 数据通信业务和视音频业务相比,有哪些特点?

11. 目前主要有哪几种多媒体通信业务类型? 请对其加以简单描述。

12. 多媒体通信业务相比传统通信业务对通信网提出哪些特殊要求?

13. 物联网与传统互联网有什么区别? 举例说明物联网业务的应用场景。

14. 5G 网络应具备哪些核心性能指标? 有哪些应用场景?

第3章 通信终端

第2章讲述了各种通信业务,而通信终端作为人们享用不同通信业务(信息应用)的直接工具,承担着为用户提供良好用户界面、完成所需业务功能和接入通信网络等多方面任务。本章主要讲述不同通信业务所需的通信终端类型,以及各类通信终端的组成、工作原理等内容。

3.1 传统通信终端

3.1.1 语音通信终端

语音通信终端是通信系统中应用最为广泛的一类通信终端,它可以是应用于普通电话交换网络 PSTN 的普通模拟电话机、录音电话机、投币电话机、磁卡电话机、IC 卡电话机、无绳电话机,也可以是应用于 ISDN 网络的数字电话机,应用于 IP 网络的 IP 电话机,以及应用于蜂窝移动通信网的智能手机。此外,具备音频处理能力的各种计算机在软件支持下,也可完成语音和其他音频通信终端的功能。

当人们通过电话进行语音通信时,发话人讲话时的声带振动激励空气产生振动发出声波,声波作用于送话器引起电流变化,产生语音信号。语音信号沿电话线传送到对方受话器,由受话器再将信号电流转换为声波传送到空气中,作用于人耳完成语音通信过程。

一般来讲,具备最基本功能的电话机是由通话模块、发号模块、振铃模块以及线路接口组成的。目前,大部分电话机为按键式电话机,其发号模块主要包括按键号盘、双音频信号/脉冲信号发生器,其作用是将用户所拨的每一个号码以双音频信号或脉冲串方式发送给电话交换机。振铃模块由音调振铃电路、压电陶瓷振铃器或扬声器组成,其作用是在待机状态下检测电话线上的信号状态,当收到从电话交换机送来的振铃信号时,驱动压电陶瓷振铃器或扬声器发出振铃提示音。通话模块由电/声器件组成的受话器、声/电转换器件组成的送话器以及信号放大器构成,其作用是完成发话时话音信号的声电变换、信号放大,以及接收信号的放大和语音信号的电声变换。

3.1.2 视频通信终端

目前,通信系统中使用的主要视频通信终端为各种电视摄像机、计算机用摄像头、IP 摄像机、电视接收机、视频监视器、计算机显示器以及可视电话机等。

1. 视频采集终端

(1) 彩色电视摄像机

彩色电视摄像机主要由光学系统、摄像管(或固体成像器件)、视频处理电路、同步信号发生器以及彩色信号编码器组成。对广播电视摄像机来说,彩色景物的光像由变焦距镜头摄取,通过中性滤光片(为得到适宜的光通量)和色温滤光片(将不同照明光源的色温转换为摄像机所要求的色温)后进入分色棱镜,被分解为红、绿、蓝三个基色光像。三基色光分别投射到相应成像器件靶面而转换成电图像。当使用摄像管时,管内电子束在偏转与聚焦系统作用下实现良好的聚焦并扫描靶面,通过输出电路获得符合一定扫描标准的随时间而变化的电视信号;而使用 CCD/CMOS 成像器件时,由面阵感光元素组成的图像在脉冲电路作用下依行场扫描顺序逐行逐场移位输出电视信号。

摄像器件输出的电信号一般是十分微弱的(一般只有几毫伏左右),需经预放器放大,再进行视频信号的处理。视频信号处理包括电缆校正、黑斑校正、轮廓校正、彩色校正、γ校正、电平调节、黑色电平调整等。最后将处理后的红、绿、蓝三基色信号送给彩色信号编码器,产生全电视复合信号输出。

(2)IP 摄像机

IP 摄像机也叫网络摄像机(IPC),它不像摄像头那样需要计算机的支持而可以独立工作。网络摄像机是新一代网络视频监控系统中的核心硬件设备,通常采用嵌入式架构,集成了视频音频采集、信号处理、压缩编码、智能分析、缓冲存储及网络传输等多种功能。结合数字硬盘录像系统及管理平台,可构建成大规模、分布式的智能网络视频监控系统。

网络摄像机各组成模块及主要功能是:视频模块用来采集并压缩编码视频信号;音频模块用来采集并压缩编码音频信号;网络模块依据 IP 协议对压缩编码后的视音频数据打包、通过IP 网络进行传输;云台、镜头控制模块通过网络控制云台、镜头的各种动作;缓存模块可以把采集压缩的视音频数据临时存储在本地的存储介质中以备后续调用;报警输入输出模块用来接受、处理报警输入/输出信号,即具备报警联动功能;移动检测报警用来检测场景内物体的移动并产生报警;视频分析模块自动对视频场景进行分析,比对预设原则并触发报警;视觉参数调节模块完成饱和度、对比度、色度、亮度等视觉参数的调整;编码参数调节用来调整帧率、分辨率、码流等编码参数;系统集成模块实现与视频管理平台的集成,实现大规模系统监控。

IPC 的硬件构成一般包括镜头、图像传感器、声音传感器、信号处理器、模/数转换器、编码芯片、主控芯片、网络及控制接口等部分,如图 3.1 所示。光线通过镜头进入传感器,然后转换成数字信号由内置的信号处理器进行预处理,处理后的数字信号由编码压缩芯片进行编码压缩,最后通过网络接口发送到网络上进行传输。

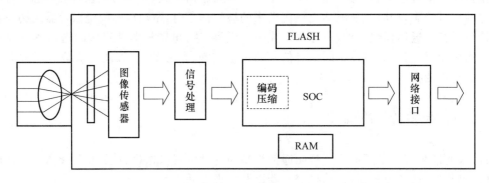

图 3.1　IPC 的硬件构成

IPC 的软件构成一般包括操作系统、应用软件、编码算法、底层驱动等部分,目前 IPC 的主流 OS 通常采用嵌入式操作系统,具有低成本、开放源码、高安全性及移植性好等优点。在视频编码算法上主要采用 MPEG-4 和 H.264 标准,H.264 相对于 MPEG-4 算法压缩比更高,但算法复杂度也更高,因此需要更强的芯片处理能力。通常出于可靠性及灵活性考虑,IPC 的软件采用四层的分层架构,其自下而上分别是设备驱动层、操作系统层、媒体层及应用层。

2. 视频显示终端

彩色电视接收机、视频监视器、计算机显示器以及投影仪是目前主要的视频接收显示终端。其中,彩色电视接收机主要用来接收显示广播电视信号、有线电视信号以及各种视频播放设备输出的视频信号;视频监视器主要用在各种专业领域,用于视频图像信号的监视,其各项技术性能指标要高于电视接收机,但一般不具备高频电视信号的接收功能(即没有射频信号接口,只有基带视频信号接口);计算机显示器主要用于计算机图形图像的显示,尽管其显示原理同电视接收机基本相同,但由于它没有高频解调和彩色全电视信号解码电路,因此不能直接用来显示电视信号(既无射频信号接口,也无基带复合视频信号接口,只有分量基色信号接口)。计算机显示器在显示分辨率、屏幕刷新速率等方面均高于电视接收机,并工作在逐行扫描状态。

投影仪是一种通过背光源将图像或视频投射到反射面上供用户观看的设备,它可以通过不同的接口与计算机、视频播放设备相连接。投影仪与其他显示终端相比的最大特点是画面显示尺寸大、画面尺寸大小可调、易于携带,但其缺点是图像亮度低、显示效果受环境照度和反射面反射效果影响较大,容易产生几何失真。根据所使用的投射管和工作方式,投影仪有CRT、LCD、DLP 等不同类型。

3. 可视电话终端

可视电话终端可在各种网络环境支持下实现人们可视语音信息交流的目的,其系统构成如图 3.2 所示。从可视电话所使用的通信网络来划分,可以有基于 PSTN 的可视电话机、基于 ISDN 的可视电话机以及基于包交换网络的网络可视电话机。从可视电话所使用的终端类型来划分,有基于计算机终端的可视电话和类似于普通电话的专用可视电话终端。

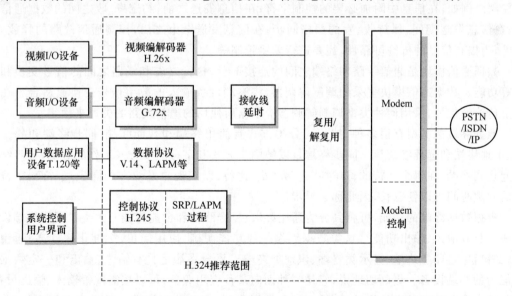

图 3.2　可视电话终端系统框图

3.1.3　数据通信终端

在数据通信业务中用于发送和接收数据的设备称为数据通信终端,其基本构成如图 3.3所示。尽管终端的类型各不相同,但它们都可归结为由数据采集与输出、传输控制和数据通信三部分组成。

图 3.3　数据终端基本组成框图

在数据通信系统中,数据采集和输出是在逻辑上最靠近用户一侧的输入输出设备,它一般由输入模块、输出模块和输入/输出控制等部分组成。输入模块的作用是对输入信息进行编码,以便于进行信息处理;输出模块是将信息译码输出。根据用途的不同,可以通过键盘、鼠标、手写、声、光等作为终端的输入/输出手段。最常见的是键盘和鼠标输入方式,也可以将信息或数据预先录在纸带、磁带、软磁盘等媒质上,然后借助于输入机、磁带机、磁盘机或光学符号设备等将信息输入系统。输出模块可以是打印、绘图、传真、显示、送受话和各种记录仪等。为了正确完成输入/输出功能,终端应对输入/输出执行有效的控制。

由于数据通信是计算机与计算机或计算机与终端间的通信,为了有效可靠地进行通信,通信双方必须按一定的规程进行,如收发双方的同步、差错控制、传输链路的建立、维持和拆除及数据流量控制等,这一功能是由网络中的通信控制模块来完成的。在通信控制模块中实现上述功能一般是通过协议软件来实现的。不同的网络,在通信控制模块中可能会有不同的协议软件。传输控制模块对确保传输正确性是必不可少的,它主要执行与通信网络之间的通信过程控制。例如,在信息中附加必要的控制字符;在信息发送之前,约定发、收之间的数据通信链路;在信息发送期间,保持收、发的严格同步;在信息发送结束之后,控制通信链路的释放等。另外,为提高信息的传输可靠性,还要进行差错控制等。

数据通信模块是通信线路和终端之间的连接部分,执行终端和线路之间的信号变换和同步等功能。数据通信模块多采用调制解调器,将终端设备输入的数字信号变换成适合于在线路上传输的信号,采用何种类型调制解调器应根据所使用的通信线路的类型来确定。

数据终端的类型有很多种,按不同分类方式有简单终端和智能终端、同步终端和异步终端、本地终端和远程终端等。同步终端是以帧同步方式和字符同步方式工作的终端;异步终端是起止式终端,在每个字符的首尾加"起"和"止"比特,以实现收发双方的同步,字符和字符之间的间隙时间可以任意长,因此称为异步。

根据数据终端的功能,可将其分为通用终端、复合终端和智能终端三大类。通用终端设备一般只具有输入、输出功能。这类数据终端一般功能明确、使用简单、标准化程度高、通用性强,如键盘、打印类终端、显示类终端、识别类终端。复合终端是具有输入、输出和一定数据处理能力的终端设备。更确切地说,它是一种面向某种应用业务,可以按需配置输入、输出设备,进行特定业务数据处理的终端设备,如远程批阅终端、事务处理终端。常见的有销售终端、信贷终端、传真终端等。智能终端是一种内嵌有单片机或微处理机、具有可编程功能、能够完成数据处理及数据传输控制的终端设备,与非智能终端相比具有可扩充、功能灵活及智能化等特点。由于其具有操作系统、编译程序及通信控制程序等系统软件,因此,用户可根据终端应用业务的需要或变化编制和设置各种应用软件,赋予终端新的功能。这类数据终端一般均由微机担任。

3.2 多媒体通信终端

多媒体通信终端可以对多种表示媒体进行处理,显现多种呈现媒体,并能与多种传输媒体和存储媒体进行信息的交换。多媒体通信终端可以提供用户对多媒体信息发送、接收和加工处理过程有效的交互控制能力,它对各种不同表示媒体的加工处理是以同步方式工作的,以确保各种媒体在空间和时间上的同步关系。

3.2.1 多媒体通信终端形式

目前,人们常用的多媒体通信终端主要有两种形式:一是以通用计算机或工作站为基础加以扩充,使其具备多媒体信息的加工处理能力,即多媒体计算机终端;二是采用特定的软硬件设备制成针对某种具体应用的专用设备,如智能手机、平板电脑、多媒体会议终端、智能电视和各种机顶盒等。

1. 多媒体计算机终端

多媒体通信终端要求能处理速率不同的多种媒体,能和分布在网络上的其他终端保持协同工作,能灵活地完成各种媒体的输入输出、人机界面接口等功能。事实上,计算机是目前多媒体应用的主要开发和应用平台。以计算机为核心增强多媒体信息处理能力,增加各类媒体信息的采集和输出接口、补充各类通信接口便构成了一个多媒体通信终端。多媒体计算机终端通过不同的配置就可实现可视电话、会议电视、互联网浏览、点播电视等终端功能。

2. 机顶盒与智能电视

通常点播电视和交互电视业务所用的多媒体终端多为智能电视机或网络机顶盒+普通电视机组成的终端,而智能电视本身也是整合了机顶盒功能的新型电视机。

机顶盒一般具有以下功能。

(1)人机交互控制功能

人机交互控制功能一般是通过遥控键盘或遥控器来实现的,它除了具备一般键盘所具有的功能以外,还必须能够通过遥控器实现对所播放节目的控制,如快进、快退、播放、暂停、慢放、静帧等。

(2)通信功能

通信功能包括接收通过 HFC、ADSL 或 HTTC 等接入网传输来的下行数据,并将用户点播要求的上行信号传到播控服务器。通信过程包括通信的建立、多媒体数据的传输和通信的结束,其中涉及信号的调制解调、纠错编码解码以及各种通信协议。一般来讲,机顶盒应具备不对称的双向通信能力,即较宽的下行通道和较窄的上行通道,而每个方向上应至少有一个控制通道和一个数据通道。

(3)信号解码功能

由于机顶盒的最主要功能是完成数字视音频信息的接收,因此压缩视音频信息的解码在机顶盒中占有重要的地位。一般来讲,机顶盒必须支持 MPEG 视音频信息的解码,而当其承担多功能服务平台的任务时，可能还需要支持 JPEG、H.26x 等标准。

（4）互联网浏览功能

机顶盒逐渐集成了电脑的功能，成为一个多功能服务的工作平台，用户通过机顶盒即可实现 VOD、数字电视接收、Internet 访问等多媒体信息服务。

（5）信息显示功能

机顶盒一般同时具备数字视频输出端口（HDMI）和模拟视频输出端口，以完成和显示设备的连接。信息显示功能除了要完成活动视频图像信号的显示之外，还要实现菜单文字或静止图像及图标的生成和输出显示。

机顶盒设备由硬件和软件两部分组成，不同的机顶盒所采用的系统平台不同、软件架构不同，从而所实现的功能也不同。在硬件结构上主要存在三种结构的平台，即基于专用芯片架构、基于多媒体数字信号处理器架构和基于通用处理器架构的平台。软件结构大多采用层次化、模块化结构，或者采用中间件结构。图 3.4 给出了一种机顶盒的硬件结构，由核心控制单元、媒体处理单元以及各类接口组成。

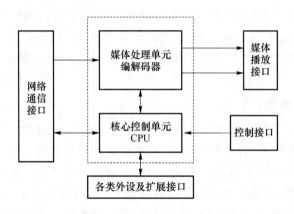

图 3.4　机顶盒的硬件结构

3. 电视会议终端

电视会议系统的特点是利用数字视频技术，通过传输信道提供不同地点的多个用户以电视方式举行面对面的远程会议。电视会议主要由终端设备、传输设备和传输信道以及网络管理系统等组成，包括基于 H.26x 标准的视频编解码器、全景摄像机、特写镜头摄像机、图文摄像机、云台及其云台控制器、电视机、话筒、扬声器、录像机、音视频合成器和各种操作控制装置等。

利用终端设备和相互间的双向宽带数字传输信道，把不同地点的会议电视终端连接起来，即可召开点对点的会议电视；但是如果要召开多点会议电视，则必须借助多点控制设备（MCU）建立多点会议电视系统网络。MCU 是会议电视网中的关键设备，其作用是完成对来自不同会议点的多路视频图像、语音、数据信号的混合与切换；协调各个会议电视终端设备的工作速率，使整个会议电视网自动工作在所有终端的最低速率上。MCU 对视频信号采取直接分配的方式，若某会场发言，则它的图像信号便会传送到 MCU，MCU 将其切换到与它连接的所有会场。对数据信号，MCU 采取广播方式将某一会场的数据切换到其他所有会场。对语音信号可分为两种情况：如只有一个会场发言，MCU 将它的音频信号切换到其他所有会场；若同时有几个会场，MCU 将它们的音频信号进行混合处理，挑出电平最高的音频信号，然后切换到除它之外的其他所有会场。

4. 智能移动终端

支持移动应用的多媒体通信终端主要有便携式多媒体播放器、笔记本电脑、平板电脑以及智能手机等。此类终端的最主要特征是包含电池和无线通信模块，以支持其便携和移动通信能力。随着人们对多媒体通信业务及终端的移动性要求越来越高，智能手机和平板电脑已成为多媒体通信业务最重要的终端平台。平板电脑与智能手机在系统功能、软硬件平台及应用方式等方面并无显著区别，两者最大差异主要体现在显示屏幕的大小和是否能被单手握持及操作。一般而言，智能手机的屏幕尺寸大致在 3.5～7 英寸之间，可单手握持；而平板电脑的屏幕尺寸大致在 7～12 英寸之间，需双手握持。除此之外，语音通话和 3G/4G/5G 数据通信能力是智能手机的必备功能，而对平板电脑来说则是可选功能。

智能手机除了具备普通手机的语音通话功能外，还具备收发短信、即时通信、视频通话、个人数字助理、互联网浏览、网络游戏、收发电子邮件、移动办公、位置服务以及其他多媒体应用的能力。智能手机为用户提供了足够快的处理能力、足够大的屏幕尺寸和足够宽的传输带宽，既方便随身携带，又为软件运行和内容服务提供了可能。智能手机内嵌 GPS 接收模块，可以轻松完成各种位置服务和导航应用。智能手机内嵌的重力感应器和陀螺仪，可支持各种游戏应用，使之成为人们随身携带的游戏机。此外，由于智能手机具备足够强的媒体信息处理能力，因而可以完成音乐及电影播放、拍照及摄录视频短片等多媒体应用。智能手机具有开放性的嵌入式操作系统、可自由安装的各类软件以及全触屏式的操作方式等特性。结合 WiFi、3G/4G/5G 通信网络的支持，智能手机已发展成为一个功能强大，集通话、短信、网络接入、影视娱乐为一体的综合性个人手持终端设备。

智能手机的系统组成如图 3.5 所示，其硬件由 CPU/GPU/NPU、ROM/RAM、蓝牙、WiFi、射频前端和基带芯片、话筒/扬声器、显示屏、触摸屏、摄像头、感应器等组成。智能手机从电路结构上主要划分为射频部分、基带部分、传感器部分和电源部分。

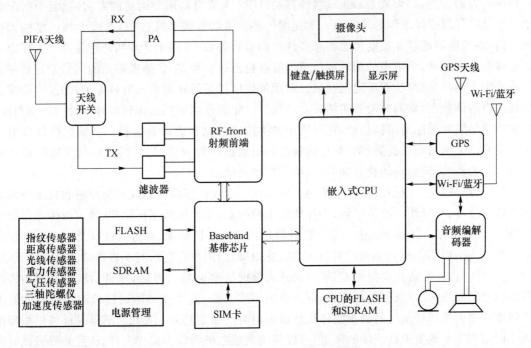

图 3.5 智能手机/平板电脑系统构成

　　基带部分主要由逻辑控制和信号处理模块组成,主要功能是完成对数字信号的处理和对整机工作的管理和控制。逻辑控制部分主要由中央处理器和存储器构成,中央处理器负责对整机工作的管理和控制。音频信号处理由接收和发送两部分组成,其中接收部分包括 GMSK 解调、解密、去交织、信道解码、语音解码、PCM 解码,还原出模拟的语音信号,经过音频放大器放大后推动受话器发出声音;发射部分包括送话器、前置放大、PCM 编码、语音编码、信道编码、交织、加密、GMSK 编码等处理。随着手机中多媒体和人工智能的应用越来越多,其基带部分逐步被多核处理器所替代,每单个芯片中就包含多个 CPU、GPU 和 NPU 内核。其中,CPU 依旧负责对整机的管理和控制;图形处理器(GPU)擅长处理图像数据,它采用数量众多的计算单元和超长的流水线,以解决 CPU 在大规模并行运算中遇到的困难、提升速度;神经网络处理器(NPU)则模拟人类神经元和突触,并且用深度学习指令集直接处理大规模的神经网络,用一条指令完成一组神经网络的处理,为人工智能(AI)提供计算加速过程。深度学习是当前人工智能的主流算法,其本质是人工神经网络要求对海量数据进行大规模并行计算。

　　射频部分的主要功能是用于接收信号的下变频得到模拟基带信号,以及发射基带信号的上变频得到发射高频信号。射频电路由接收机、发射机、频率合成器等构成。

　　智能手机作为最为重要的一个移动智能多媒体通信终端,除了用于采集语音和视频信息的拾音器和摄像头外,还集成了大量的其他传感器以实现多媒体信息的采集,其中包括重力感应器、三轴陀螺仪、加速度感应器、距离感应器、指纹传感器、电子罗盘等。

　　大多数智能手机配有三个惯性传感器:电子罗盘用来确定方向,加速度计用来报告朝某个方向前进的速度,陀螺仪用来确定转向动作。在一个没有无线网络的地方,这些传感器可以在有限时间内(如几分钟)在没有外部数据的情况下仍能确定终端所处的位置。例如,行驶到隧道时,手机知道进入隧道前的位置,它就能够根据速度和方向来判断现在的位置;当 GPS 丢失掉信号时,电子罗盘通过检测地球的磁场可以更好地保障不会迷失方向。此外,GPS 只能判断终端所处的位置,如果只是静止或缓慢移动,GPS 无法得知用户面对的方向,智能手机配合电子罗盘则可以很好地弥补这一点。加速度传感器可以监测手机在 3D 角度上加速度的大小和方向,因此能够通过加速度传感器来实现自动旋转屏幕,可用于计步和防摔保护。人在走路时身体会上下运动,手机中的加速度传感器能够检测这一动作,传感器输出的信号经过处理后便可确定人走的步数,从而确定运动量。利用加速度传感器还可实现防摔保护,加速度传感器检测自由落体状态,从而对设备实施必要的保护。陀螺仪用来测量偏转和倾斜时的转动角度,可应用于导航和拍照的防抖功能,还可用于各类游戏的动作感应和操控。三轴陀螺仪在射击游戏中可以完全摒弃以前通过方向按键来控制游戏的操控方式,只需通过转动手机即可达到改变方向的目的,使游戏体验更加真实、操作更加灵活。

　　指纹传感器是实现指纹自动采集的关键器件。指纹传感器按指纹成像原理和技术分为光学指纹传感器、半导体电容传感器、半导体热敏传感器、半导体压感传感器、超声波传感器和射频(RF)传感器等。智能手机中的指纹传感器用以支持开机解锁、身份认证以及安全支付等应用。距离传感器用于检测手机终端与人之间的距离,当用户打电话时手机屏幕会自动熄灭,同时触摸屏无效,能够防止误操作;当屏幕离开人脸时屏幕会自动开启,并自动解锁。距离传感器的原理是红外 LED 发射红外线,被近距离物体反射后,红外探测器通过检测接收到的红外线强度并测量光脉冲从发射到被物体反射回来的时间测定距离。光线传感器是能够根据周围光亮明暗程度来调节屏幕明暗的装置,可以使用光敏三极管作为感光元件,接受外界光线时产生强弱不等的电流从而感知环境光亮度。在光线强的地方手机屏幕会变亮,在光线暗的地方自动将屏幕变暗,达到节电并更好观看屏幕的效果。光线传感器和距离传感器一般是放在一起位于手机正面听筒周围。重力传感器是利用压电效应实现的,通过对力敏感的传感器感受手机在变换姿势时重心的变化。重力传感器可以实现自动转动屏幕,在查看图片和拍照时有良好的用户体验。气压传感器利用高度越高空气越稀薄的原理能够对大气压变化进行检测,应用于手机中则能够实现大气压、当前高度检测以及辅助 GPS 定位等功能。

智能移动终端的电源系统主要用来解决系统功耗和快速充电问题。智能移动终端更高的性能及其复杂应用也带来了更高的功耗。智能移动终端中的动态电源管理是一种系统级的有效低功耗技术,其降低功耗的策略包括超时策略、预测策略和随机模型策略等。此外,快速有效地为终端充电是移动终端另一项关键技术。

3.2.2　多媒体通信终端接口

多媒体通信终端通常具备两个接口:一是多媒体终端与人的接口,二是多媒体终端与网络及外部设备之间的接口。前者称为人机接口,后者称为通信与外设接口。

人机接口介于用户和系统之间,是人与计算机之间传递、交换信息的媒介。通过人机界面,用户向系统提供命令、数据等输入信息,这些信息经计算机系统处理后,又通过人机界面把产生的输出信息回送给用户。过去的计算机普遍采用字符界面,用户接收信息的装置主要是字符终端,主要的输入工具是键盘。现在多媒体终端普遍以图形、图像以及活动视频和声音作为信息输出手段,而采用鼠标、电子笔、触摸屏、扫描仪、数字相机和视音频采集作为输入设备,大大丰富了人机接口。随着技术进步,采用语音识别、图形识别和图像理解等先进技术,人机接口将越来越方便人们对多媒体终端设备的使用。

通信接口是用户终端接入通信网络的桥梁。用户网络接口为用户终端进入网络提供手段,不同的通信网络中存在不同的用户网络接口。用户接入网的主要形式是计算机网、传统电信网、HFC 网以及移动蜂窝网络。因此,多媒体终端通信接口需根据接入网络的特点提供相应的网络接口,或提供多种网络接口。此外,随着计算机技术和多媒体技术的发展,多媒体终端外围设备的逐渐增多,对计算机外设技术提出了更高的要求,促使外设产品逐渐走向智能化、多功能化、微型化、遥控化和与主机一体化。目前,多媒体通信终端的主要外部设备接口为 USB 和 HDMI 接口。

(1) USB 接口

USB 外设的安装十分简单,所有的 USB 外设利用通用的连接器即可简单方便地以热插拔方式连入终端。当前使用比较普遍的 USB 2.0 规范接口全速传送时的数据传输率达 120～480 Mbit/s,结点间连接距离为 5 米,连接使用 4 芯电缆(电源线 2 条,信号线 2 条);可利用菊花链的形式对端口加以扩展,支持多设备连接,最多可在一台终端上同时支持 127 种设备。USB 3.0 接口规范数据传输速率理论上能达到 4.8 Gbit/s,比 USB 2.0 快 10 倍。USB 3.2 规范使用更高效的数据编码系统,数据传输速度提升至 20 Gbit/s,向下兼容现有的 USB 连接器与线缆、软件堆栈和设备协议。USB 2.0 为四针接口,USB 3.x 为九针接口。USB 3.x 有三种连接界面,分别为 Type-A(Standard-A)、Type-B(Micro-B)以及 Type-C。标准的 Type-A 是目前应用最广泛的界面方式,Micro-B 则主要应用于智能手机和平板电脑等设备,Type-C 大幅缩小了实体外型,更适用于短小轻薄的手持式装置,Type-C 正反均可正常连接使用,Type-C 还有增进的电磁干扰与射频干扰抑制特性。通过 USB 接口,终端可向外部设备提供 5 V 或 20 V 的直流电源,因而很多场合外部设备本身不再需要配备电源,从而降低了外部设备的成本并提高了性价比。

(2) 高清晰多媒体接口

高清晰多媒体接口(HDMI,High Definition Multimedia Interface)是一种不压缩的全数

字音频/视频接口。通过 HDMI 接口,多媒体设备能高品质地传输未经压缩的高清视频和多声道音频数据,最高数据传输速度为 48 Gbit/s。由于无须在信号传送前进行数/模或者模/数转换,可以保证高质量的影音信号传送。HDMI 可以支持现有的各种高清晰度视频格式,同时支持 Dolby 5.1 音频和高清晰的音频格式,支持八声道 96 kHz 或立体声 192 kHz 数码音频传送。此外,HDMI 设备具有"即插即用"的特点,信号源和显示设备之间会自动进行"协商",自动选择最合适的视频/音频格式。HDMI 的优点主要是传送不压缩的数字音频和视频,确保全数字视频显示,不会带来与模拟接口和数模转换相关的损失以获得最高清晰画质;支持多种音频格式,从标准立体声到多声道环绕声;在单线缆中集成视频和多声道音频,从而消除了传统 A/V 系统中使用的多线缆的成本、复杂性和混乱;可搭配宽带数字内容保护(HDCP),以防止具有著作权的影音内容遭到未经授权的复制。

随着 HDMI 接口技术的发展,不同版本 HDMI 所支持的性能也不同。其中,HDMI 1.3 频宽为 10.2 Gbit/s,支持 30 bit、36 bit 及 48 bit 的 xvYCC、sRGB 或者 YCbCr 的深层彩色高清显示,以及 Dolby TrueHD 及 DTS-HD MA 高清音效串流。HDMI 1.4 则支持 4K 解析度,包括 4 096×2 160/24p 或者 3 840×2 160/24p/25p/30p;还支持 1 080/24p、720/50p/60p 的 3D 影像,最高支持两条 1 080p 分辨率的视频流;音频方面新增了音频回授通道,使带有内置调谐器与 HDMI 接口的电视,无须使用其他音频缆线即可"上传"音频数据至环绕声系统;新增了100 Mbit/s 的以太网通道网络传输功能,通过 HDMI 可以分享互联网连接满足基于 IP 的应用;支持车载高清内容的传输,可避免发热、震动、噪音等汽车内部常见环境的影响。HDMI 2.0 则将带宽扩充到了 18 Gbit/s,可支持 3 840×2 160 分辨率和 50FPS、60FPS 帧率。同时在音频方面支持最多 32 个声道,以及最高 1 536 kHz 采样率。可在同一屏幕上向多个用户同步传输双视频流,可向最多四位用户同步传输多个音频流,支持 21∶9 超宽屏显示、视频和音频流动态同步。最新的 HDMI 2.1 版本将频宽提升至 48 Gbit/s,可支持 7 680×4 320/60 Hz (8K/60p)的影像,或者 4K/120 Hz 的更高帧率影像;支持新的动态 HDR 技术,相比静态 HDR 可以因应每一格画面的光暗分布,进一步提升对比同光暗层次表现。

3.2.3　多媒体通信终端软件系统

多媒体通信终端不仅需要强有力的硬件支持,还要相应的软件支持,只有在这两者充分结合的基础上才能有效地发挥终端的各种多媒体功能。多媒体通信终端软件系统是由多媒体操作系统和针对各种不同应用的多媒体通信应用软件组成的。

多媒体操作系统是建立在各种多媒体硬件驱动程序之上的一个多媒体核心系统,一般具有实时任务调度、多媒体数据转换和同步控制机制、对多媒体设备的驱动和控制,基于 QoS 的资源管理、支持连续媒体的文件系统以及具有图形和声像功能的用户接口等。多媒体系统根据终端组成方式,其操作系统将采取不同的方式实现。对于多媒体计算机终端,一般是在已有操作系统基础上扩充和改造,使其具备多媒体操作系统的能力;而对采用特定的软硬件设备制成的针对某种具体应用的专用设备,如智能手机、平板电脑、多媒体会议终端和各种机顶盒,则一般采用具备多媒体处理能力的嵌入式实时操作系统。

多媒体操作系统一般需要解决以下 5 个关键问题:

① 具备支持连续媒体的文件系统,可对包含活动图像和声音的标准文件格式进行操作;

② 包含图像和声音数据同步所需的同步控制机制;

③ 为满足系统存储空间和对媒体响应的要求,具备对声像数据进行压缩和还原的能力;

④ 标准化的、对硬件透明的应用程序接口(API);

⑤ 友好的、具有图形功能和声像功能的用户接口。

一个操作系统是否是多媒体操作系统,主要看它能否以统一的格式处理和管理多媒体信息,能否直接控制多媒体设备。这就要求它能像处理文本文件那样处理动态视频或音频文件,也能像控制普通计算机外设(如键盘、打印机、硬盘、显示器)那样控制摄像机、音响、MIDI,以及 DVD 等视听设备,也就是说能控制视听信息的输入、输出和存储。

3.3　新型通信终端

3.3.1　物联网终端

物联网终端是物联网中连接传感网络和网络传输层实现数据采集及向网络发送数据的设备,它担负着数据采集、初步处理、加密、传输等功能。物联网终端设备总体上可以分为情景感知层、网络接入层、网络控制层以及应用业务层,每一层都与网络侧的控制设备有着相互对应关系。物联网终端常处于各种异构网络环境中,为了向用户提供最佳的使用体验,终端应具有感知场景变化的能力,并以此为基础通过优化判决为用户选择最佳的服务通道。终端设备通过前端的射频模块或传感器模块等感知环境的变化,经过计算后决策需要采取的应对措施。

物联网终端基本由外围感知接口、中央处理模块和外部通信接口三部分组成,通过外围感知接口与 RFID 读卡器、红外感应器、环境传感器等传感设备连接,将这些传感设备的数据进行读取并经中央处理模块处理后,按照网络协议通过 GPRS 模块、以太网接口、WIFI 等外部通信接口发送到指定中心处理平台。

物联网终端多种多样,从不同角度分析可以得到不同的终端类型。从行业应用划分,物联网终端主要包括工业设备检测终端、设施农业检测终端、物流 RFID 识别终端、电力系统检测终端、安防视频监测终端等。工业设备检测终端主要安装在工厂的大型设备上,用来采集位移传感器、位置传感器、震动传感器、液位传感器、温度传感器等数据,通过终端的有线或无线网络接口发送到中心处理平台进行数据的汇总和处理,实现对工厂设备运行状态的及时跟踪和大型机械的状态确认,达到安全生产的目的。设施农业检测终端一般被安放在设施农业的温室/大棚中,主要采集空气温湿度传感器、土壤温度传感器、土壤水分传感器、光照传感器、气体含量传感器的数据,将数据打包、压缩、加密后通过终端的有线或无线网络接口发送到中心处理平台进行数据的汇总和处理。这种系统可实时发现农业生产中不利于农作物生长的环境因素,并通过纠正这些因素提高作物产量,减少病虫害发生的概率。物流 RFID 识别终端分固定式、车载式和手持式,固定式一般安装在仓库门口或其他货物通道,车载式安装在物流运输车中,手持式则由使用者手持使用。固定式一般只有识别功能,用于跟踪货物的入库和出库,车载式和手持式中一般具有 GPS 定位功能和基本的 RFID 标签扫描功能,用来监测物的状态、位置、性能等参数,通过有线或无线网络将位置信息和货物基本信息传送到中心处理平台。通过该终端的货物状态识别,将物流管理变得更为顺畅和便捷,提高物流的效率。

从使用场合划分,物联网终端主要包括固定终端、移动终端和手持终端三种。固定终端应用在固定场合,常年固定不动,具有可靠的外部供电和可靠的有线数据链路,检测各种固定仪器或环境的信息,如前面说的设施农业、工业设备用的终端均属于此类。移动终端应用在终端与被检测设备一同移动的场合,该类终端因经常发生运动,所以没有太可靠的外部电源,需要通过无线数据链路进行数据的传输,主要检测如图像、位置、运动设备的某些物理状态等。该类终端一般要具备良好的抗震、抗电磁干扰能力,此外对供电电源的处理能力也较强,有的具备后备电源。一些车载仪器、车载视频监控、货车客车 GPS 定位等均使用此类。手持终端是在移动终端基础上进行改造和升级,一般小巧、轻便,使用者可以随身携有后备电池,一般可以断电连续使用 8 小时以上。有可以连接外部传感设备的接口,采集的数据一般可以通过无线进行及时传输,或在积累一定程度后连接有线传输。该类终端大部分应用在物流 RFID 识别、工厂参数表巡检、农作物病虫害普查等领域。

从传输方式划分,物联网终端主要包括以太网终端、WiFi 终端、2G/3G/4G 终端等,有些智能终端具有上述两种或两种以上的接口。以太网终端一般应用在数据量传输较大、以太网条件较好的场合,现场很容易布线并具有连接互联网的条件,如应用在工厂的固定设备检测、智能楼宇、智能家居等环境中。WiFi 终端一般应用在数据量传输较大、以太网条件较好,但终端部分布线不容易或不能布线的场合,在终端周围架设 WiFi 路由器或 WiFi 网关等设备实现。例如,应用在无线城市、智能交通等要大数据无线传输的场合,或其他应用中终端周围不适合布线但需要高数据量传输的场合。2G 终端应用在小数据量移动传输的场合或小数据量传输的野外工作场合,如车载 GPS 定位物流 RFID 手持终端、水库水质监测等。因其具有移动中或野外条件下的联网功能,为物联网的深层次应用提供了更加广阔的市场。3G/4G 终端是在上述终端基础上的升级,增加了上下行的通信速度,以满足移动图像监控、下发视频等应用场合,如警车巡警图像的回传、动态实时交通信息的监控等,在一些大数据量的传感应用,如震动量的采集或电力信号实施监测中也可用到该类终端。

3.3.2　智能音箱

智能音箱作为目前智能家庭的核心设备之一,日益成为人们经常使用的新型通信终端。智能音箱可以以自然语言的方式,为用户提供一些常用的信息服务,未来还可能成为智能家庭的控制中枢。智能音箱多基于语音控制,其基本交互流程是用户通过自然语言向音箱提出服务请求或问题,音箱拾取用户声音并分析(一般在服务器端完成),音箱通过语言播报和向关联的手机进行 App 推送对用户的请求进行反馈。

智能音箱硬件是由扬声器、麦克风阵列(Microphone Array)、主控单元、信号处理单元以及通信接口等组成。智能音箱的主控单元包含 CPU、存储器等,用来控制智能音箱的运行。由于智能音箱需要云端服务器来提供大部分信息服务功能,因此 WiFi 或以太网接口是不可缺少的模块,当然也可通过蓝牙借助智能手机访问云端服务器。对智能音箱最主要的功能诉求仍是高质量的音频播放,因此提供用户认可的音质是产品存在的前提。智能音箱在扬声器的选择上除了受到音箱尺寸限制,还要考虑麦克风阵列的拾音及后续的信号处理。为了在播放音乐的同时可以对音箱下达命令,扬声器的功率不能太大,这样就限制了音箱的最大音量。反过来,如果要确保音箱有较大的音量,可能会限制双工条件下智能音箱理解用户语音指令的灵敏度。麦克风阵列由一定数目的麦克风组成,用来对声场的空间特性进行采样并处理。使用麦克风阵列而非单个麦克风,是为了在用户距离音箱较远时依然能够正常地监测收听到用户的语音指令。智能音箱多使用环状麦克风阵列,麦克风阵列方案主要受成本和算法两个因素限制,算法设计难度和计算复杂度都会随着麦克风数量的增加而加大。音箱工作时,麦克风阵列始终处于拾音状态并持续对声音信号进行采样、量化。经过静音检测、降噪等基本的信号处理,唤醒模块会判断是否出现唤醒词。如果出现唤醒词,后续会进行更复杂的信号处理以得到干净的语音信号,开始真正的语音交互流程。

智能音箱实现语音交互的基本流程如图 3.6 所示。

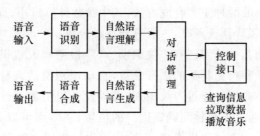

图 3.6　语音交互基本流程

语音识别的目的是将语音信号转化为文本。在智能音箱开放性真实环境下的语音识别是一个不小的挑战,需要结合前端信号处理一起来优化。前端信号处理包含语音检测、降噪、声学回声消除、去混响处理、声源定位和波束形成等过程。语音检测的目标是准确地检测出音频信号的语音段起始位置,从而分离出语音段和非语音段(静音或噪声)信号。由于能够滤除不相干非语音信号,高效准确的语音检测不但能减轻后续处理的计算量,提高整体实时性,还能有效提高下游算法的性能。语音检测作为整个流程的最前端,需要在本地实时地完成。由于智能音箱的实际工作环境中存在着各种各样的噪声,通过降低噪声干扰、提高信噪比,可降低后端语音识别的难度。声学回声消除的目的是在音箱扬声器播放音乐或语音时,从麦克风中收集的语音中去除自身播放的声音信号,这是双工模式的前提;否则当音乐播放时,用户发出的声音信号会淹没在音乐中,不能继续对音箱进行有效的语音控制。在室内,语音被墙壁、家具等多次反射后由麦克风采集而产生混响。混响对于人耳虽然不是问题,但是延迟的语音叠加产生的掩蔽效应会对语音识别产生致命的障碍。为消除混响影响,一般从两个方面来解决:一是去混响,二是对语音识别的声学模型加混响训练。声源定位是根据麦列收集的声音确定说话人的位置,可作为波束形成的前导任务以确定空间滤波的参数。波束形成是利用空间滤波的方法将多路声音信号整合为一路信号,通过波束形成,一方面可以增强原始的语音信号,另一方面抑制旁路信号起到降噪和去混响的作用。出于保护用户隐私和减少误识别两个因素的考虑,智能音箱一般在检测到唤醒词之后,才会开始进一步的复杂信号处理(声源定位、波束形成)和后续的语音交互过程。一般而言,唤醒模块是一个小型语音识别引擎。由于目标单一,即检测出指定的唤醒词,唤醒只需要较小的声学模型和语言模型,空间占用少,能够在本地实时。唤醒也可通过关键词检索或文本相关的声纹识别问题来解决。

自然语言理解是使得智能音箱能够理解人类语音并作出反应的基础。基于框架的自然语言理解可以分为三个子问题去解决:一是领域分类,识别用户命令所属领域,其中领域是预先设计的封闭集合(如产品设计上,音箱只支持音乐、天气等领域),而每个领域都只支持有限预设的查询内容和交互方式;二是意图分类,在相应领域识别用户的意图(如播放音乐、暂停或切换等),意图往往对应着实际的操作;三是实体抽取(槽填充),确定意图(操作)的参数(如确定具体播放的是哪首歌或哪位歌手的歌曲)。

对话管理是实现多轮对话的关键,而多轮对话对于自然的人工交互非常重要。在自然语言理解尚未得到很好解决的情况下,实现对话管理将十分困难。一般的做法是将多轮对话解析出的参数作为上下文代入下一轮对话;当前轮对话根据一定的条件来判断,是否保持在上一轮的领域,是否清空上下文。不同于纯粹的聊天机器的对话管理,智能音箱的对话管理还有实际的操作功能(查询信息、提供控制指令)。自然语言生成是语音交互的另一个基础,目前多采用预先设计的文本模板来生成文本输出。语音合成又称为文语转换,其目标是使机器能够像人一样朗读任意给定的文本。评价语音合成系统的两个主要标准是可懂度和自然度。参数合成和拼接合成是文语转换的两种主要合成方法,其中参数计算量小、部署灵活,但自然度较差;拼接接近真人发音,存储和计算资源高,一般只能在线合成。

在智能音箱中应用的其他技术还有声纹识别、人脸检测和人脸识别等。声纹识别是根据语音波形反映说话人生理和行为特征的语音参数,自动识别说话人身份的一项技术。声音锁就是声纹技术的一项具体应用。通过声纹识别,可以设计出更加个性化的服务。如果智能音箱配置有摄像头,则可以通过人脸检测确定用户的位置,一方面可以有更好的交互设计,另一方面可以辅助声源定位。同声纹识别类似,人脸识别也可以用来确定用户的身份。

3.3.3 智能机器人

智能机器人是比智能音箱更为复杂、功能更强的一类新型通信终端,具备各种内部信息传感器和外部信息传感器,如视觉、听觉、触觉、嗅觉等。除具有感受器外,智能机器人还有各种效应器作为作用于周围环境的手段。智能机器人能够理解人类语言,并使用人类语言同操作者对话。智能机器人可分析出现的情况而调整自己的动作,以达到操作者所提出的要求,能拟定所希望的动作并在信息不充分的情况下和环境迅速变化的条件下完成这些动作。

智能机器人一般要具备以下三个要素:一是感觉要素,用来认识周围环境状态;二是运动要素,对外界做出反应性动作;三是思考要素,根据感觉要素所得到的信息,思考出采用什么样的动作。感觉要素包括能感知视觉、接近、距离等的非接触型传感器和能感知力、压觉、触觉等的接触型传感器。这些要素实质上就是相当于人的眼、鼻、耳等五官,它们的功能可以利用如摄像机、图像传感器、超声波传成器、激光器、导电橡胶、压电元件、气动元件、行程开关等机电元器件来实现。对运动要素来说,智能机器人需要有一个无轨道型的移动机构,以适应如平地、台阶、墙壁、楼梯、坡道等不同的地理环境。它们的功能可以借助轮子、履带、支脚、吸盘、气垫等移动机构来完成。在运动过程中要对移动机构进行实时控制,这种控制不仅要包括有位置控制,而且要有力度控制、位置与力度混合控制、伸缩率控制等。智能机器人的思考要素是三个要素中的关键,也是人们赋予机器人必备的要素。思考要素包括判断、逻辑分析、理解等方面的智力活动。这些智力活动实质上是一个信息处理过程,此过程往往需要通过通信网络与云端相连接,而本地计算机和云端服务器则是完成这个处理过程的主要手段。

智能机器人涉及多传感器信息融合、导航与定位、路径规划、机器人视觉、智能控制、人机接口、通信网络、云计算等诸多关键技术。多传感器信息融合技术与控制理论、信号处理、人工智能、概率和统计相结合,为机器人在各种复杂、动态、不确定和未知的环境中执行任务提供了一种技术解决途径。机器人所用的传感器有多种,根据不同用途分为内部测量传感器和外部测量传感器两大类。内部测量传感器用来检测机器人组成部件的内部状态,包括特定位置/角度传感器、任意位置/角度传感器、速度/角度传感器、加速度传感器、倾斜角传感器、方位角传感器等。外部传感器包括视觉(测量、认识传感器)、触觉(接触、压觉、滑动觉传感器)、力觉(力、力矩传感器)以及距离传感器和角度传感器(倾斜、方向、姿势传感器)。多传感器信息融合就是指综合来自多个传感器的感知数据,以产生更可靠、更准确或更全面的信息。经过融合的多传感器系统能够更加完善、精确地反映检测对象的特性,消除信息的不确定性,提高信息的可靠性。融合后的多传感器信息具有冗余性、互补性、实时性和低成本性。

机器人视觉是自主机器人的重要组成部分,其功能包括图像的获取、图像的处理和分析、输出和显示,核心任务是特征提取、图像分割和图像辨识。如何精确高效的处理视觉信息是视觉系统的关键问题。目前视觉信息处理逐步细化,包括视觉信息的压缩和滤波、环境和障碍物检测、特定环境标志的识别、三维信息感知与处理等。其中环境和障碍物检测是视觉信息处理中最重要、也是最困难的过程。机器人视觉是其智能化最重要的标志之一,对机器人智能及控制都具有非常重要的意义。

人机接口技术是研究如何使人方便自然地与智能机器人交流。为了实现这一目标,除了要求机器人控制器有一个友好的、灵活方便的人机界面之外,还要求它能够看懂文字、听懂语言、说话表达,甚至能够进行不同语言之间的翻译,而这些功能的实现又依赖于知识表示方法的研究。目前,人机接口技术已经取得了显著成果,文字识别、语音合成与识别、图像识别与处理、机器翻译等技术已经开始实用化。

3.3.4　智能车载终端

智能车载终端是在汽车智能操作系统和车联网技术的支持下,通过智能交互方式实现人对汽车的操控和获得相应的信息和娱乐服务,利用人工智能和智能感知技术使汽车对自身运行状况和周围的环境有一个全面的判断,并提前感知潜在危险因素,对汽车自身运行状况进行充分的监测,对汽车的车速、发动机转速、车道及外界环境方面的信息进行上传;通过云处理技术为平台提供真实的数据,确保信息处理中心基于准确的信息进行判断并发送相应的服务信息。

智能车载终端硬件以满足车规要求的处理器芯片为核心,主要由 HUD 抬头显示、液晶仪表盘、中控系统、副驾与后排娱乐系统、车载网关、汽车总线等子系统构成,外围电路主要包括各种传感器、4G/5G 网卡、LCD 显示屏、扬声器以及 GPS/北斗卫星接收器与摄像头等。

汽车智能操作系统是智能车载终端的大脑,在其支持下智能车载终端可以利用语音识别、场景化语音、模糊触控、VR、AR 等技术实现与人的智能交互;通过 NLU、生物识别、情绪识别等自然理解技术实现车门的自动打开、辨别身份后自动进行座椅和空调的偏好设定,对驾驶员的视线和疲劳状况进行检测,对乘员表情进行分析推荐适当内容;通过对传感器和用户行为数据的采集进行大数据分析,提供内容智能推荐、出行自动规划、场景化提醒、用户定制服务等主动服务;可以与无人机、移动智能终端等设备实现无缝互联;用户通过手机蓝牙/App、智能手表、微信等数字钥匙可轻松开关车门,任何人在通过微信获得车主的授权码以后,即可无钥匙进入并启动车辆;智能终端在绑定微信后,可以通过微信从其他终端直接获得导航地址,在车内一键启动导航。

智能车载终端除了具备以上功能外,还包含其他一些功能。一是对汽车与前后车辆间的距离进行判断测量并设置安全距离,当距离低于安全距离时系统会进行自动预警,提醒驾驶员进行注意避免过近的距离造成追尾;二是数据的先期处理,智能车载终端能够对汽车的位置信息、采集的图像信息进行预处理,包括对图像的压缩编码与卫星定位信息的准确校正。三是进行数据向控制中心的数据上传,包括视频图像与音频这样的媒体流,以及智能车载终端的登录和车辆自身的运行状态信息这样的指令流。四是语音紧急呼叫,驾驶员在遇到特殊情况时可以通过车载系统在极短的时间内仅触动汽车的一个按键就可发出呼叫指令,智能车载终端会将车辆的位置信息与图片进行上传,控制中心与救援中心通过联网实现信息共享可以大大提升救援效率。五是行车周围的环境信息的采集,智能车载终端能够对天气情况及周围车辆信息进行实时采集并上报,由控制中心通过相应传输途径进行发布。六是车辆的定位与轨迹回收,控制中心或监控终端能够对车辆的实时位置进行查看,并可对车辆的运行轨迹进行回放监控以大大提高责任追溯效果,协助交通管理部门进行特定信息采集。

在智能车载终端应用中信息安全是至关重要的因素,除了终端本身需要采取严密的安全措施外,还需要对 App 安全、云安全、整车架构安全以及运营维护安全引起足够的重视。

本 章 小 结

作为整个通信网中的重要一环,通信终端承担着为用户提供良好用户界面、完成所需业务功能和接入通信网络等多方面任务,是用户享用通信服务最直接接触的工具。本章根据通信业务的分类,对通信技术中常用的传统通信终端(如视音频终端、图形图像终端、数据终端)、多媒体通信终端以及部分新型通信终端进行了介绍,目的是使读者对所使用的通信终端有一个基本了解。

习　　题

1. 用于音频通信的终端主要有哪些类型? 具备最基本通话功能的电话机是如何组成的?
2. 传真机是如何工作的? 主要由哪些部分组成?
3. 目前主要有哪些视频通信终端? 它们是如何工作的?
4. 电视接收机、视频监视器和计算机显示器有什么不同?
5. 多媒体通信终端主要有哪几种形式? 各自有什么特点?
6. 机顶盒作为多媒体终端有哪些主要功能?
7. 智能音箱的主要功能有哪些? 涉及哪些关键技术?
8. 智能机器人要具备哪些要素? 这些要素的主要功能诉求是什么?
9. 智能车载终端的主要功能有哪些?

第三篇

交换与路由技术

第二篇主要讲述了现代通信网络能提供的业务及对应的终端。这些业务或信息要通过交换机或路由器等网络设备才能向四面八方传递。

本篇主要根据通信网络的分层结构(见图 1.3),讲述现代通信网络中交换与路由技术的基本概念、基本原理及关键技术,包括:电路交换与分组交换技术、IP 网技术以及软交换与 IMS 技术等。

第4章 交换与路由技术基础

交换与路由技术是网络的重要组成部分,采用不同交换路由技术的节点交换设备可组成提供不同业务的通信网络。本章主要讲述典型网络分类、组网技术基础、各种节点交换技术、节点交换技术与 OSI 模型的关系、网络技术以及节点交换系统的基本功能。

4.1 网络分类及交换基本功能

4.1.1 典型网络分类及组网基本技术要素

1. 典型网络分类

要区分不同的典型网络,关键在于该网络使用的交换技术。因此将目前主要的运营网络(包括若干已经退网的典型网络)种类、各种运营网络提供的主要业务、使用的交换设备及交换技术列在表 4.1 中,其中,移动通信网的内容与无线传输技术不好分开,故可参阅第 10 章中的相关内容。另外,还有一些典型的运营网络未列在表中,如以太网和有线电视网(CATV)等。

表 4.1 典型网络分类

业务网	主要提供业务	节点交换设备	节点交换技术
公用电话交换网(PSTN)	普通电话业务 POTS	数字电话程控交换机	电路交换
分组交换网(CHINAPAC)	X. 25 低速数据业务<64 kbit/s	分组 X. 25 交换机	分组交换
帧中继网(CHINAFRM)	租用虚拟电路(局域网互连等)	帧中继交换机	快速分组交换
数字数据网 (DDN,CHINADDN)	数据专线业务 $N×64$ kbit/s~2 Mbit/s	数字交叉连接 复用设备	电路交换
综合业务数字网(N-ISDN)	窄带综合业务	ISDN 交换机	电路交换 分组交换
互联网	数据 IP 电话	路由器	分组交换
ATM 网	数据	ATM 交换机	ATM 交换
智能网(IN)	智能业务	业务控制点(SCP) 业务交换点(SSP)	电路交换
移动通信网	移动话音 移动数据	移动交换机	电路交换 分组交换

以太网是一种总线型计算机局域网，占据了计算机局域网市场 80％以上的份额。由于它的结构及技术较为复杂，很难简单地概括在表 4.1 中，故其相关内容可参阅第 5.2.4 节中的详细介绍。

有线电视源于共用天线系统（MATV）。MATV 采用几个具有良好接收效果的天线接收电视信号，经滤波、放大处理后，用同轴电缆分配给各用户。在 MATV 的基础上引入卫星转播节目等多种节目源，并加大用户覆盖范围，形成以同轴电缆为传输媒体的闭路电视网（CCTV）。随着 CCTV 规模的不断扩大，在主干线路上使用光缆，分配网络仍用同轴电缆，形成了光纤与电缆混合作为传输媒体的 HFC 有线电视网，并可进一步扩大为现代有线电视网（CATV）。在现有的 CATV 网络中，信号传输方式主要有光纤、微波和同轴电缆三种，并且逐步向广播、电视、互联网三网融合的角度发展，采用光纤入户等解决方案，能够同时支持语音、数据、IPTV 和 CATV 业务，提供高清电视、点播节目等服务。

本节首先介绍交换的概念、功能及交换在网络中的作用、交换技术等内容。在本篇其后的各章中，将具体介绍表 4.1 中的部分主要的典型网络及其技术。

2. 组网基本技术要素

在规划、建设、维护、运营一种典型网络时，通常会从其基本技术要素入手，下面简要介绍基本技术要素的概念，详细资料可参阅各种具体典型网络中的相关内容。

（1）网络结构

网络结构指网络中终端与节点、节点与节点之间的连接方式，包括：

- 网状网（格状网）——效率高、管理复杂、成本高；
- 分级网——效率低、管理简单、成本低。

在我国，大多数通信网络为分级网，且其中大部分为三级网，同级中也使用网状网（格状网）。在计算机局域网中通常多使用星型、总线型、环型、树型等网络结构。

（2）编号计划

网络中所有终端与节点都必须有编号来识别身份，编号是交换和路由的基础，具有重要的网络寻址功能，不同的网络中使用的编号方式不同。

（3）计费方式

各种网络使用自己的计费方式。

其他技术要素还包括路由选择、流量控制等。

4.1.2　交换在网络中的作用

交换设备是通信网络的重要组成部分，随着通信网现代化进程的加快，新技术、新设备和新的标准不断出现。交换系统也从单一的链路接续变为集信息交换、信息处理和信息数据库为一体的大型复杂设备。通信交换的基本含义就是在通信网上建立四通八达的立交桥，以达到快速、经济并满足服务质量要求的信息转移的目的。由于交换设备最先应用于电话网中，所以本小节以电话网为例，讨论交换是如何引入网络的及其作用如何。

1. 交换的引入

通信的目的是实现任意时间、任意地点和任意用户之间信息的传递。在最初的仅涉及两个终端的单向或交互通信的点对点通信系统中，信息以电信号的形式传输。系统至少由终端和电线（电缆）组成，如图 4.1 所示。终端将含有信息的消息，如话音、图像、计算机数据等转换为电信号形式,同时将来自电线(电缆)的电信号还原成原始消息;电线(电缆)则把电信号从一个地点传送至另一个地点。

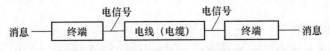

图 4.1　电信号传输系统

当存在多个终端,且希望它们中的任何两个都可以进行点对点通信时,最直接的方法是把所有终端两两相连,如图 4.2 所示。这样的连接方式称为全互连式。全互连式存在下列缺点。

① 当存在 N 个终端时,需要 $N(N-1)/2$ 条连线,连线数量随终端数的平方增加,通常称为 N^2 问题。

② 当这些终端分别位于相距很远的两地时,两地间需要大量的长途线路。

③ 每个终端都有 $N-1$ 根连线与其他终端相接,因而每个终端需要 $N-1$ 个线路接口。

④ 增加第 $N+1$ 个终端时,必须增设 N 条线路。

因此在实际中,全互连式仅适合于终端数目较少、地理位置相对集中且可靠性要求很高的场合。

当用户数量增加、用户分布范围较广时,需要在用户分布密集的中心安装一个设备,把每个用户终端设备都用各自专用的线路连接在这个设备上,如图 4.3 所示。由图可知,中心设备用交叉点"×"示意,每一个交叉点表示一个开关接点。当任意两个用户之间要交换信息时,该设备就把连接这两个用户的开关接点合上,也就是说,将这两个用户的通信线路连通。当两个用户通信完毕,才把相应的接点断开,两个用户间的连线也就断开了。所以,该设备能够完成任意两个用户之间交换信息的任务,称其为交换设备。引入了交换设备,对 N 个用户只需要 N 对线就可以满足要求,线路的投资费用大大降低。

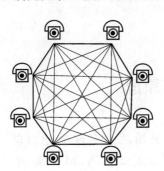

图 4.2　用户间互连图

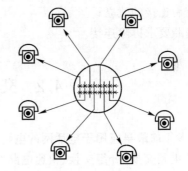

图 4.3　用户间通过交换设备连接

引入交换设备后,交换设备就和连接在其上的用户终端设备以及它们之间的传输线路构成了最简单的通信网,并可由多个交换设备构成实用的大型通信网,如图 4.4 所示。

图中直接与电话机或终端连接的交换机称为本地交换机或市话交换机,相应的交换局称为端局或市话局;仅与各交换机连接的交换机称为汇接交换机。当距离很远时,汇接交换机也称为长途交换机。用户终端与交换机之间的线路称为用户线,其接口称为用户接口;交换机之间的线路称为中继线,其接口称为网络接口。

图 4.4 中的用户交换机(PBX)常用于一个集团的内部。PBX 与市话交换机之间的中继线数目通常远比 PBX 所连接的用户线数目少,因此当集团中的电话主要用于内部通信时,采用 PBX 要比将所有话机都连至市话交换机更经济。当 PBX 具有自动交换能力时,又称为

PABX。

由上述的分析可以看出,作为通信网中心节点的交换设备,或称交换系统,在通信网中占有重要地位。

2. 交换的基本功能

从图 4.4 中一个简单的由开关构成的中心交换设备进行信息交换的过程可知,交换的基本功能就是在连接交换设备上的任意的入线和出线之间建立连接,或者说是将入线上的信息分发到出线上去。这样,任何一个主叫用户的信息,无论是话音、数据、文本、图像等,均可通过在通信网中的交换节点发送到所需的任何一个或多个被叫用户。

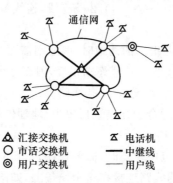

图 4.4　由多个交换节点组成的通信网

对于一个交换节点,至少应具备下述功能:
① 能正确接收和分析来自用户侧或网络侧接口的呼叫信令;
② 能正确接收和分析来自用户侧或网络侧接口的地址信令;
③ 能按照目的地址正确地进行路由选择,并通过网络侧接口转发信号;
④ 能控制连接的建立;
⑤ 能按照要求拆除连接。

4.2　交换基本原理

从一百多年前最早应用于电话网的电路交换技术开始,发展到现在,已出现了多种交换技术,如典型的电路交换、分组交换、快速电路交换、快速分组交换、ATM 交换、光交换等。下面首先介绍两个非常重要的基本概念,即同步时分复用信号和统计时分复用信号,然后分别对各种交换技术的特点、应用及发展进行简要介绍。

4.2.1　交换节点中传送的信号

交换节点中传送什么样的信号,与使用的交换技术密切相关。按照信号的基本形式,其可分为电信号和光信号。电信号又分为模拟信号和数字信号,目前使用较多的是采用时分多路复用技术的数字信号。数字信号主要有两种,即同步时分复用信号和统计时分复用信号(或称异步时分复用)。不同的信号对交换有不同的要求,其交换与传送需选用最适合自己的交换技术,如光信号的传送需经过光交换,而电信号的传送则需经过电交换。

1. 同步时分复用信号

所谓时分复用,就是采用时间分割的方法,把一条高速数字信道分成若干低速数字信道,构成同时传输多个低速信号的子信道。

而同步时分复用是指将时间划分为基本时间单位,1 帧占用时长为 125 μs。每帧分成若干个时隙,并按顺序编号,所有帧中编号相同的时隙成为一个子信道,该信道是恒定速率的,一个子信道传递一个话路的信息。这种信道也称为位置化信道,因为根据它在时间轴上的位置,可知是第几个话路。对同步时分复用信号的交换实际是话路所在位置的交换,即时隙的内容在时间轴上的移动。

2. 统计时分复用信号

把需要传送的信息分成很多小段,称为分组。每个分组前附加标志码,标志要去哪个输出端,即路由标记。各个分组在输入时使用不同时隙,虽然使用不同时隙,但标志码相同的分组属于一次接续。所以,把它们所占的信道容量看作一个子信道,这个子信道可以是任何时隙。这样把一个信道划分成了若干子信道,称为标志化信道。这时,一个信道中的信息与它在时间轴上的位置(即时隙)没有必然联系。将这样的子信道合成为一个信道用的复用器,称为统计复用器。统计复用器中必须有一个存储器把接收到的信息按先后顺序分组发送,称为统计复用。所以,对统计时分复用信号的交换实际上就是按照每个分组信息前的路由标记,将其分发到出线。

图 4.5 对两种时分复用信号进行了简单的比较。

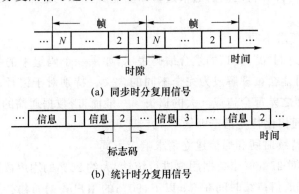

(a) 同步时分复用信号

(b) 统计时分复用信号

图 4.5　两种时分复用信号的比较示意图

4.2.2　电路交换与分组交换

1. 电路交换

电路交换(CS,Circuit Switching)的基本过程包括呼叫建立阶段、信息传送(通话)阶段和连接释放阶段,如图 4.6 所示。

电路交换的主要特点可概括如下。

① 通信前,建立连接,通信后,拆除连接,通信期间,不管是否有信息传送,连接始终保持,且对通信信息不进行处理,也无差错控制措施。

② 基于同步时分复用方式,连接为物理连接。

③ 实时交换,基于呼叫损失制,只要允许建立连接,就可保证通信质量,过负荷时呼损率增加。

④ 固定分配带宽,资源利用率低,灵活性差。

⑤ 一般用于电话交换,但也可用于数据交换,用于数据交换时一般速率低于 9.6 kbit/s。

⑥ 当节点使用电路交换技术时,可构成电话网(PSTN)、数字数据网(DDN)、移动通信网等。

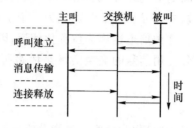

图 4.6　电路交换过程

2. 分组交换

虽然话音通信使得人们之间的信息交流变得非常方便,但是从 20 世纪 60 年代开始至今,数据通信占据了越来越重要的地位。尽管数据通信和话音通信都是以传送信息为通信目的,但是两者仍有不同之处。

(1) 通信对象不同

数据通信实现的是计算机和计算机之间以及人和计算机之间的通信,而电话通信则是实现人和人之间的通信。计算机之间的通信过程需要定义严格的通信协议和标准,而电话通信则无须这么复杂。

(2) 传输可靠性要求不同

数据信号使用二进制"0"和"1"的组合编码表示,如果一个码组中的一个比特在传输中发生错误,则在接收端可能会被理解成为完全不同的含义。特别对于银行、军事、医学等关键事务处理时,发生的毫厘之差都会造成巨大的损失。一般而言,数据通信的比特差错率必须控制在 10^{-8} 以下,而话音通信比特差错率则低于 10^{-3} 即可。

(3) 通信的平均持续时间和通信建立请求响应不同

根据美国国防部对 27 000 个数据用户进行统计,大约 25% 的用户数据通信持续时间在 1 s 以下,50% 的用户数据通信持续时间在 5 s 以下,90% 的用户数据通信持续时间在 50 s 以下。而相应电话通信的持续平均时间在 5 min 左右。统计资料显示,99.5% 以上的数据通信持续时间短于电话平均通话时间。由此决定数据通信的信道建立时间要求也要短,通常应该在 1.5 s 左右;而相应的电话通信过程的建立一般在 15 s 左右。

(4) 通信过程中信息业务量特性不同

统计资料表明,电话通信双方讲话的时间平均各占一半,即对于数字 PCM 话音信号平均速率大约为 32 kbit/s,一般不会出现长时间信道中没有信息传输的现象;而计算机通信双方处于不同的工作状态,传输数据速率是非常不同的。例如,系统进行远程遥测和遥控,那么速率一般只在 30 bit/s 以下;用户以远程终端方式登录远端主机,信道上传输的数据是用户用键盘输入的,每秒钟的输入速率为 20~300 bit/s,而相应的主机速率则在 600~10 000 bit/s;如果用户希望获取大量文件,则一般传输速率在 100 kbit/s~1 Mbit/s 的范围是让人满意的。

由上述分析可以看到,必须选择合适的数据交换方式构造数据通信网络,以满足高速传输数据的要求。最初人们开始进行数据通信时利用电路交换的电话网络,速率较低,满足了当时对数据通信的要求;后来又使用了基于存储转发的报文交换(MS,Message Switching)技术,但其时延变化较大；在此基础上，开始使用分组交换（PS，Packet Switching）技术，分组交换技术是最适于数据通信的交换技术。分组交换与报文交换的比较见图 4.7。

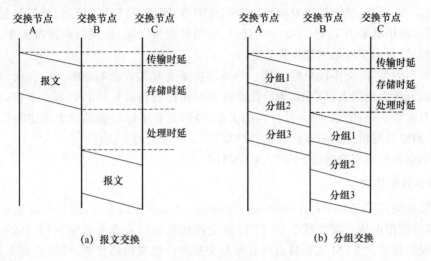

（a）报文交换　　　　　　　　　　（b）分组交换

图 4.7　分组交换与报文交换的比较

分组交换技术的主要特点概括如下。

① 将需要传送的信息分成若干个分组，每个分组加控制信息后分发出去，采用存储转发方式，有差错控制措施。

② 基于统计时分复用方式，可以不建立连接，也可以建立连接，连接为逻辑连接（虚连接）；资源利用率高，共享信道。

③ 有时延，实时性差，不能保证通信质量。

④ 一般用于数据交换，但也可用于分组话音业务。

⑤ 当节点使用分组交换技术时，可构成分组交换网。传统分组交换使用的最典型的协议就是著名的 X.25 协议。

3. 快速电路交换

为了克服电路交换固定分配带宽的缺点，提高灵活性，于 1982 年提出了改进的电路交换技术，即快速电路交换（FCS，Fast Circuit Switching）。

快速电路交换的核心思想是在有信息传送时快速建立通道，如果用户没有数据传输，则释放传输通道。具体过程是这样的：在呼叫建立时，用户请求一个带宽为基本速率的某个整数倍的连接，此时，网络根据用户的申请寻找一条适合用户通信的通道，但是并不建立连接和分配资源，而是将通信所需的带宽、所选的路由编号填入相关的交换机中，当用户传送信息时，网络迅速按照用户的申请分配通道完成信息的传输。这种方式下网络必须有能力快速测知信源是否发送数据，同时必须在较短的时间内完成端到端的链路的建立，要求网络有高速计算的能力。

快速电路交换虽然提高了带宽利用率，但控制复杂，灵活性又比不上快速分组交换，故未得到广泛应用。

4. 快速分组交换

快速分组交换（FPS，Fast Packet Switching）的基本思想是尽量简化协议，只具有核心的网络功能，以提供高速、高吞吐量、低时延的服务。FPS 包括帧中继（FR，Frame Relay）与信元中继（CR，Cell Relay）两种交换技术，信元中继为 ATM 所采用。实际上，ATM 来源于 FPS 和异步时分交换,这部分内容会在后面的章节中介绍,这里仅讨论帧中继技术。

通常的分组交换是基于 X.25 协议的。帧中继简化了 X.25 协议,只保留了一些核心功能,如帧的定界、同步、透明性以及帧传输差错检测等,而将差错重传校正、流量控制等功能取消。具体说,帧中继采用 ITU-T Q.922 建议,采用可变长度帧,提供面向连接业务,可适应突发信息的传送,适用于局域网的互连。

需要指出的是,简化协议只提供核心的网络功能是有其背景基础的。一方面,高带宽、高传输质量的光纤系统的大量应用,为简化或取消差错控制和流量控制创造了条件;另一方面,终端系统日益智能化,例如,个人计算机的大量出现,具备了以端到端的方式进行一些复杂控制的能力,网络只提供公共的核心功能,反而增加了应用上的灵活性。

当节点为帧中继交换机时,可构成帧中继网。

5. 异步转移模式

异步转移模式(ATM,Asynchronous Transfer Mode)是 ITU-T(国际电联电信标准化部门,原为国际电报电话咨询委员会 CCITT)确定用作宽带综合业务数字网(B-ISDN)的复用、传输和交换的模式。ATM 交换具有综合电路交换和分组交换的优势,可以实现高速、高吞吐量和高服务质量的信息交换,提供灵活的带宽分配,适应从很低速率到很高速率的宽带业务的交换要求,具有高效的网络运营效率。

ATM 交换的基本原理及特点概括如下。

① 基于统计时分复用。

② 面向连接:ATM 采用面向连接的工作方式,即在用户信息传送前,先要有连接建立过程;在信息传送结束后,要拆除连接。当然,这不是物理连接,而是一种虚连接。

③ 固定长度信元:ATM 交换是固定长度的信元中继。信元(Cell)实际上就是很短的分组,只有 53 字节(Byte),其中开头 5 字节称为信头(Cell Header),其余 48 字节为信息域,或称为净荷(Pay Load)。采用很短的信元可以减少交换节点内部的缓冲器容量以及排队时延和时延抖动。信元的长度固定,则有利于简化交换控制和缓冲器管理。

④ 信头简化:信头中包含控制信息的多少反映了交换节点的处理开销。因此要尽量使信头简化,以减少处理开销。ATM 信元的信头功能有限,主要有虚连接的标识、优先级标志、信头的差错检验等功能,信头中的差错检验只针对信头本身。

⑤ 当节点使用 ATM 交换技术时,可构成 ATM 传送网和 B-ISDN 网。

以上介绍的是几种主要的节点交换技术的比较,如图 4.8 所示。

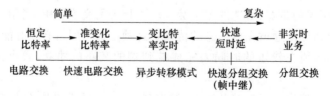

图 4.8　节点交换技术比较

6. 光交换

光交换也是一种宽带交换技术。光交换已经在信息传输中得到广泛的应用,而目前交换设备都是采用电交换机。因此光信号要先变成电信号才能送入电交换机,从电交换机送出的电信号又要先变成光信号才能送上传输线路,如果是用光交换机,这些光电变换过程都可以省去了。

除了减少光电变换的损伤外,采用光交换还可以提高信号交换的速度,因为电交换的速率受电子器件速度的限制,为此,光交换技术是未来发展的方向。

4.2.3　开放系统互连参考模型与节点交换技术

从前面的学习中已经掌握了交换的概念、交换节点在网络中的作用及交换系统的基本功能,还了解了电路交换、分组交换、帧中继、ATM 交换等通信交换技术的基本特点。那么,对于各种不同的交换技术及其构成的典型网络,是否可以有一种共同的描述方法,以便于更好地理解和掌握它们? 本节介绍的开放系统互连参考模型(OSI)就常常被用作理解各种交换技术和网络的一个通用框架。

1. 开放系统互连参考模型

为了使各种计算机在世界范围内互连成网,国际标准化组织(ISO)在 1978 年提出了一套非常重要的标准框架,即开放系统互连参考模型(OSI/RM,Open System Interconnection Reference Model),简称为 OSI。在正式文件 ISO7498 中对它做了详细的规定和描述。这里,"开放"的意思是:只要遵循 OSI 标准,一个系统就可以和位于世界上任何地方的、也遵循这同一标准的其他任何通信系统进行通信。

在 OSI 中,将通信实体按其完成功能分为 7 层,分别为:物理层、数据链路层、网络层、传输层、会话层、表示层和应用层,如图 4.9 所示。它上以应用进程为界,下以通信媒体为界。应用进程和通信媒体不属于 OSI 参考模型。通常将 1～3 层功能称为低层功能即通信传送功能;将 4～7 层功能称为高层功能即通信处理功能,通常需由终端来提供。

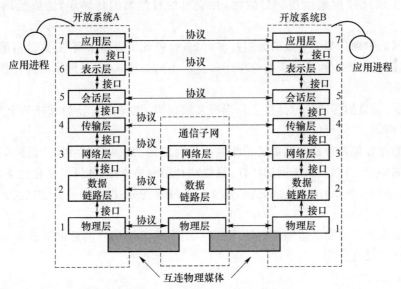

图 4.9　开放系统互连 7 层模型示意图

下面对 7 层的功能进行概要的描述。

(1) 物理层

物理层的任务就是为它的上一层(即数据链路层)提供一个物理连接,以便透明地传送比特流。在物理层上所传数据的单位是比特。传递信息所利用的一些具体的物理媒体,如双绞线和同轴电、光缆等并不在物理层之内。有人把物理媒体当作第 0 层,因为它的位置处在物理层的下面。

"透明地传送比特流"表示经实际电路传送后的比特流没有发生变化,因此,对传送比特流来说,这个电路好像不存在。也就是说,这个电路对该比特流来说是透明的。这样任意组合的比特流都可以在这个电路上传送。当然,那几个比特流代表什么意思,则不是物理层所要管的。

物理层要考虑多大的电压代表"1"或"0",以及当发送端发出比特"1"时,在接收端如何识别出这是比特"1"而不是比特"0"。物理层还要确定连接电缆的插头应当有多少根引脚以及各个引脚应如何连接。

物理连接并非永远在物理媒体上存在,它要靠物理层来激活、维持和去活。

(2)数据链路层

数据链路层负责在两个相邻节点间的线路上,无差错地传送以帧为单位的数据。每一帧包括一定数量的数据和一些必要的控制信息。和物理层相似,数据链路层要负责建立、维持和释放数据链路的连接。在传送数据时,若接收节点检测到所传数据中有差错,就要通知发送方重发这一帧,直到这一帧正确无误地到达接收节点为止。在每一帧所包括的控制信息中,有同步信息、地址信息、差错控制以及流量控制信息等。

这样,数据链路就把一条有可能出差错的实际链路,转变成为让网络层向下看起来好像不出差错的链路。

(3)网络层

两个通信实体进行通信时,可能要经过许多个节点和链路。网络层数据的传送单位是分组或包。网络层的任务就是要选择合适的路由和交换节点,使发送站的传输层所传下来的分组能够正确无误地按照地址找到目的站,并交付给目的站的传输层,这就是网络层的寻址功能。

当通信网络中到达某个节点的分组过多时,就会彼此争夺网络资源,这就可能导致网络性能的下降,有时甚至发生网络瘫痪的现象。防止产生网络拥塞,也是网络层的任务之一。

(4)传输层

在传输层,信息的传送单位是报文。当报文较长时,先要把它分割成好几个分组,然后再交给下一层(网络层)进行传输。

传输层的任务是弥补具有低 3 层功能的各种通信网的欠缺和差别,保证数据传输的质量满足高 3 层的要求;根据通信子网的特性,最佳地利用网络资源,并以可靠和经济的方式,为两个端系统(源站和目的站)的会话层之间,建立一条传输连接,以透明地传送报文。

(5)会话层/表示层

会话层通常用于对数据传输进行管理,表示层主要解决用户信息的语法表示问题。这两层在实际中基本没有应用。

(6)应用层

应用层是 OSI 参考模型中的最高层。应用层确定进程之间通信的性质以满足用户的需要(这反映在用户所产生的服务请求),负责用户信息的语义表示,并在两个通信者之间进行语义匹配。这就是说,应用层不仅要提供应用进程所需的信息交换和远地操作,而且还要作为互相作用的应用进程的用户代理(User Agent),来完成一些为进行语义上有意义的信息交换所必须的功能。

2. 信息传递过程

下面对应用进程数据如何在开放系统互连环境中进行传递做进一步说明。图 4.10 所示为应用进程的数据是怎样一层接一层地传递的。这里为简单起见,省去了两个开放系统之间的节点,即省去了中继开放系统。图中着重说明的是应用进程的数据在各层之间传递过程中所经历的变化。

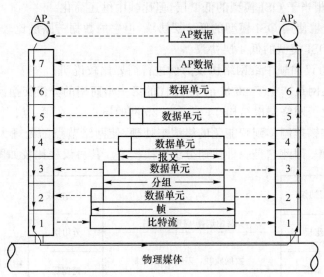

图 4.10　开放系统互连环境中的数据流

应用进程 AP_a 先将其数据交给第 7 层。第 7 层加上若干比特的控制信息就变成了下一层的数据单元。第 6 层收到这个数据单元后,加上本层的控制信息,再交给第 5 层,成为第 5 层的数据单元。依次类推。不过到了第 2 层(数据链路层)后,控制信息分成两部分分别加到本层数据单元的首部和尾部,而第 1 层(物理层)由于是比特流的传送,所以不再加上控制信息。

当这一串的比特流经网络的物理媒体传送到目的站时,就从第 1 层依次上升到第 7 层。每一层根据控制信息进行必要的操作,然后将控制信息剥去,将剩下的数据单元上交给更高的一层。最后,把应用进程 AP_a 发送的数据交给目的站的应用进程 AP_b。

可以用一个简单的例子来比喻上述过程。有一封信从最高层向下传,每经过一层就包上一个新的信封。包有多个信封的信传送到目的站后,从第 1 层起,每层拆开一个信封后就交给它的上一层。传到最高层后,取出发信人所发的信交给收信用户。

虽然应用进程数据要经过如图 4.10 所示的复杂过程才能送到对方的应用进程,但这些复杂过程对用户来说,却都被屏蔽掉了,以致应用进程 AP_a 觉得好像是直接把数据交给了应用进程 AP_b。同理,任何两个同样的层次(如在两个系统的第 4 层)之间,也好像如同图 4.10 中的水平虚线所示那样,可将数据(即数据单元加上控制信息)直接传递给对方,这就是所谓的"对等层"之间的通信。以前经常提到的各层协议,实际上就是在各个对等层之间传递数据时的各项规定。

3. OSI 与节点交换技术

简单地说,OSI 模型与各种交换技术及由它们形成的各种典型网络之间的关系可概括如下。

① 电路交换和电话网、移动通信网,相当于 OSI 模型的第 1 层,即物理层交换,无须使用

协议。

② 使用 X.25 协议的低速分组交换数据网,相当于 OSI 模型的低 3 层,即物理层、数据链路层、网络(分组)层。

③ 帧中继及帧中继网相当于 OSI 模型的低 2 层,即物理层和数据链路层,并对数据链路层进行了简化。

④ ATM 协议相当于 OSI 模型的低 2 层,但比帧中继还简化。

⑤ 以太网协议也使用 OSI 模型的低 2 层协议,但它的数据链路层比较复杂。

⑥ IP 网使用 OSI 模型的低 4 层协议。

下面以 X.25 协议和帧中继网络协议为例进行简要比较说明。

X.25 分组交换网是产生于 20 世纪 70 年代的第一个商用的分组交换网,而帧中继网络在 X.25 网基础上简化了网络层次结构,去掉了 X.25 网的第 3 层,在第 2 层上用虚电路技术传送和交换数据,并把差错控制移到智能化的终端来处理,使网络节点的处理大大简化,提高了网络对信息处理的效率,因此它是一种快速分组交换技术。其协议栈比较如图 4.11 所示。

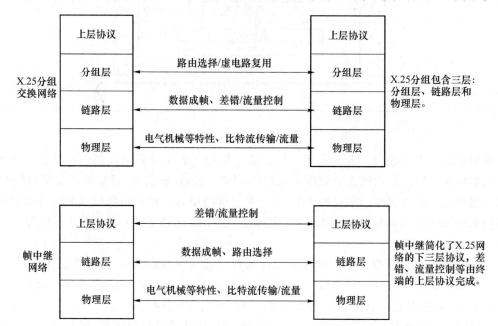

图 4.11　X.25 协议和帧中继协议比较

帧中继链路层只具有有限的差错控制功能。只有在通信两端主机中的数据链路层才具有完全的差错控制功能,与 X.25 网的对比如图 4.12 所示。

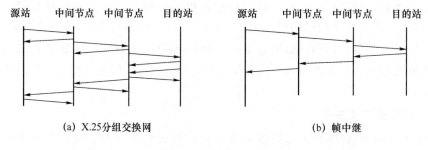

(a) X.25 分组交换网　　　　　　　　(b) 帧中继

图 4.12　X.25 分组交换和帧中继差错控制功能比较

图 4.12(a)表明分组交换的情况,每一个节点在收到一帧后都要发回确认帧,而目的站在收到一个帧后向源站发回确认时,也要逐站进行确认;图 4.12(b)是帧中继的情况,它的中间站只转发帧,而不发确认帧,只有在目的站收到一帧后才向源站发回端到端的确认。

针对 OSI 模型,值得特别注意的两个问题如下。

① OSI 在实际中并没有得到真正的应用,几乎找不到有什么厂家生产出符合 OSI 标准的商用产品。因为其分成 7 层的结构显得太复杂,故不断地被简化。特别是上层结构,如会话层、表示层没有在实际中应用,传输层也只在 IP 网络的 TCP/IP 协议中使用。而且,随着未来网络的不断发展及功能需求的不断变化,分层结构还会进一步地简化。虽然这样,但其分层通信的思想还是融合在各种应用广泛的体系结构中,因而有必要对其有所了解。

② 协议体系结构通常定义的是各层应该提供的服务,或具有的功能,而不是规定如何实现这些功能,由厂家生产出来的符合标准的产品则提供这些功能。

4.2.4 无连接与面向连接

前面讲述的交换技术指的是网络核心——交换设备中使用的交换技术。而网络技术(Networking Mode)指任意用户之间通信时,在网络内各节点间实现其通信的方式。

网络技术分为无连接和面向连接两大类。无连接指不需要事先建立连接就可进行通信;而面向连接指通信前需要先建立连接,通信后要拆除连接,在通信期间,不管是否有信息传送,连接始终保持。

面向连接方式可分为面向物理连接和面向逻辑连接。前者建立和拆除的是物理连接;后者则是逻辑连接,也称为虚连接。对这两种连接的主要特点比较如下。

(1) 物理连接

① 基于同步时分复用信号。

② 连接通过事先选好的固定的节点,即两个用户通过的由节点组成的路由确定。

③ 指定路由中任意两个节点间的物理通路确定,即一个通路就是一个选定的时隙。

(2) 逻辑连接

① 基于统计时分复用信号。

② 连接通过事先选好的固定的节点,即两个用户通过的由节点组成的路由确定。

③ 指定路由中任意两个节点间的通路不是指定的时隙,而是逻辑通路,即一个通路就是一个选定的逻辑信道号。

另外,按照连接建立和拆除的控制方式又分为半永久连接和交换式连接。半永久连接指连接由 O&M 功能来建立和拆除,也就是通常所说的专线方式;而交换式连接则指连接由信令功能来自动建立和拆除,当用户发起呼叫请求时,网络利用信令自动建立连接,呼叫结束时自动拆除,呼叫持续时间较短。此时,若连接为逻辑连接,则相应可称为半永久虚连接(PVC)和交换式虚连接(SVC)。有时为了方便起见,也可将半永久连接称为永久连接。

4.3 交换系统的基本结构与功能描述

交换系统的基本功能可概括为连接(Interconnection)功能、接口(Interface)功能、信令/协议(Signaling/protocol)功能、控制(Control)功能,如图 4.13 所示,这也反映了交换节点高度抽象的系统结构。

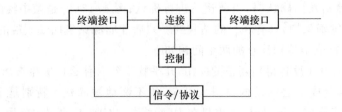

图 4.13　通信交换系统的基本功能

4.3.1　连接功能的数学描述

交换的基本功能是在任意的入线和出线之间建立连接,或者说是将入线上的信息分发到出线上去,当然,按照不同交换方式的要求,可以是物理连接,也可以是虚连接。在交换系统中完成这一基本功能的部件就是交换网络(Switching Network),或称为互连网络(Interconnection Network),也可称为交换机构(Switching Fabric)。因此交换网络是任何交换系统的核心,连接功能是通信交换系统最基本的功能之一。

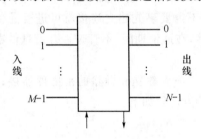

图 4.14　$M \times N$ 的交换网络

不管交换网络内部结构如何,总可以把它看作一个黑箱,对外的特性只有一组入线和一组出线,入线为信息输入端,出线为信息输出端,如图 4.14 所示。其中,入线可用 $0 \sim M-1$ 或 $1 \sim M$ 的编号来表示,出线可用 $0 \sim N-1$ 或 $1 \sim N$ 的编号来表示。若入线数与出线数相等且均为 N,则为 $N \times N$ 的对称交换网络。

当有信号到达交换网络的某条入线进行交换时,可以根据出线地址在交换网络内部建立通道,使需交换的信息流从入线沿着已建立的通道流向出线完成交换。通常交换网络内部的通道被称为"连接",建立内部通道就是建立连接,拆除内部通道就是拆除连接。因此,连接特性是交换网络的基本特性,反映交换网络提供入线到出线的通道的能力。那么,如何描述交换网络的连接特性呢?下面分别从连接集合和连接函数出发来讨论。

1. 用连接集合描述交换网络的连接特性

首先,可以把一个交换网络的一组入线和一组出线各看作一个集合,称为入线集合和出线集合,并记为

$$入线集合:T = \{0,1,2,\cdots,M-1\}$$
$$出线集合:R = \{0,1,2,\cdots,N-1\}$$

定义　$t \in T$,即 t 是 T 的一个元;$r \in R_t$,$R_t \in R$,即 R_t 是 R 的一个子集;r 是 R_t 的一个元,则集合

$$c = \{t, R_t\} \tag{4-1}$$

为一个连接。其中,t 为连接的起点,$r \in R_t$ 为连接的终点,即交换网络的一个连接就是入线集合 T 中的一个元 t 与出线集合 R 中的一个子集 R_t 组成的集合。

- 若 $r \in R_t$,R_t 中只含有一个元,则称该连接为一点到另一点(简称点到点)连接;
- 若 $r \in R_t$,R_t 中含有多个元,则称连接为一点到多点连接。

若一个交换网络可以提供点到多点连接,但 $R_t \neq R$,则称其具有同发功能,也可称为多播(Multicast)或组播功能,即从交换网络的一条入线输入的信息可以交换到多条出线上输出;若此时 $R_t = R$,则称该交换网络具有广播(Broadcast)功能,即从交换网络的一条入线输入的信息可以在全部出线上输出。例如,普通的电话通信只需要点到点连接,而像会议电视、有线电视等则需要同发和广播功能。在 ATM 交换中,由于点对多点宽带通信业务的需要,多播是一项重要而复杂的功能,不同的 ATM 交换系统可采用不同的多播方法。

一个具有一组入线和一组出线的交换网络,上述定义的连接可以同时有多个,这就构成了交换网络的连接集合

$$C = \{c_0, c_1, c_2, \cdots\} \tag{4-2}$$

其中,起点集为

$$T_C = \{t; t \in c_i, c_i \subset C\}$$

终点集为

$$R_C = \{r; r \in R_t, R_t \subset c_i, c_i \subset C\}$$

特别值得注意的是,这里所说的连接和连接集合应该是对应于某一时刻的。一个正在工作的交换网络,某一时刻处于某种连接集合 C,不同时刻的连接是可变的,连接集合也是可变的。一个交换网络可能提供的连接集合的数目越多,它的连接能力就越强。

当某一时刻,一个交换网络正处于连接集合 C,若一条入线 $t \in T_C$,则称该入线 t 处于占用状态,否则处于空闲状态;同理,若一条出线 $r \in R_C$,则称该出线 r 处于占用状态,否则处于空闲状态。

2. 用连接函数描述交换网络的连接特性

下面来讨论用连接函数描述交换网络的连接特性。

每一个交换网络都可用一组连接函数来表示,一个连接函数对应一种连接。连接函数表示相互连接的入线编号和出线编号之间的一一对应关系,即存在连接函数 f,在它的作用下,入线 x 与出线 $f(x)$ 相连接,$0 \leqslant x \leqslant M-1, 0 \leqslant f(x) \leqslant N-1$。连接函数实际上也反映了入线编号构成的数组和出线编号构成的数组之间对应的置换关系或排列关系。所以连接函数也被称为置换函数或排列函数。另外,从集合角度来讲,一个连接函数反映了入线集合和出线集合的一种映射关系。

用 x 表示入线编号变量,用 $f(x)$ 表示连接函数。通常 x 用若干位二进制形式来表示,写成 $x_{n-1} x_{n-2} \cdots x_1 x_0$,如 $x = 6$ 可表示为 $x_2 x_1 x_0 = 110$,则连接函数对应地表示为 $f(x_{n-1} x_{n-2} \cdots x_1 x_0)$。例如,某一连接函数表示为

$$\delta(x_2 x_1 x_0) = x_1 x_0 x_2 \tag{4-3}$$

则 $\delta(000) = 000, \delta(001) = 010, \delta(010) = 100, \cdots, \delta(111) = 111$;即入线 0 与出线 0 相连接,入线 1 与出线 2 相连接,入线 2 与出线 4 相连接……如图 4.15 所示。

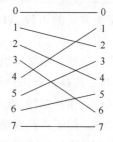

图 4.15 连接函数
$\delta(x_2 x_1 x_0) = x_1 x_0 x_2$ 的图形表示

4.3.2 连接功能的基本技术

连接功能的实现主要涉及硬件技术,包括拓扑结构、控制方式、阻塞特性和故障防卫等方面的内容,下面分别进行简要说明。

1. 拓扑结构

对于不同的交换系统,具体要求不同,可采用的最佳交换网络就不同。交换网络的拓扑结构是实现连接功能要解决的第一个主要问题,即要在满足交换方式、服务质量和基本参数(如端口数、容量、吞吐量等)的要求下,获得高性能、低成本、便于扩充而控制又不太复杂的拓扑结构。拓扑结构的性能是否符合服务质量(如阻塞率、时延、信元丢失率等)的要求,往往要通过严密的理论计算和/或计算机模拟。

交换网络的拓扑结构大致可以分为时分结构(Time Division)和空分结构(Space Division),既适用于同步时分复用信号,又适用于统计时分复用信号。

(1) 时分结构

时分结构又包括共享媒体(总线或环)和共享存储器。分组交换和 ATM 交换都可以采用时分结构。数字程控电话交换通常使用由存储器构成的时分结构,如 T 接线器;或将时分结构作为整个拓扑结构的一部分,如 TST 网络;也有采用总线拓扑结构的,如 S-1240 中的数字交换单元(DSE)。

(2) 空分结构

空分结构是由交换单元构成的单级或多级拓扑结构。"空分"的含义是指在拓扑结构内部存在着多条并行的通路,每条通路仍然可以采用时分复用的方式。电话交换、快速分组交换、ATM 交换都可以采用空分结构,如电话交换中的 S 接线器、ATM 交换中的 BANYAN 网络等。

对 T 接线器、S 接线器、TST 网络及 BANYAN 网络的详细介绍,可参阅第 5.1.2 节和第 5.2.3 节。

2. 控制方式

交换网络的控制方式主要是指选路策略。选路策略主要针对多级拓扑结构,即如何在给定入线和出线后,在交换网络内部建立一条通过多个交换单元的可用的通路。常用的选路策略有:条件选择和逐级选择;自由选择和指定选择。

如果不论交换网络有几级,而要作出全盘观察,在指定的入线与出线之间所有的通路中选用一条可用的通路,就称为条件选择(Conditional Selection),或称为通盘选择;如果不作全盘考察,而是从入线的第一级开始,先选择第一级交换单元的出线,选中一条出线以后再选择第二级交换单元的出线,以此类推,直到最末一级到达出线为止,就称为逐级选择(Stage by Stage Selection)。

自由选择是指某一级出线可以任意选择,不论从哪一条出线都可以到达所需的交换网络出线;指定选择只能选择某一级出线中指定的一条或一小群,才能到达所需的交换网络出线。

同样的拓扑结构,选路策略不同,交换网络的阻塞率也就不同。选路策略也会影响到控制的复杂性。除了选路策略外,交换网络有时还需要进行一些控制。例如,对于通常的程控电话交换系统的数字交换网络而言,完成选路后只要将所选通路的有关信息写入交换网络的控制存储器,即可实现正常的电路交换。而 ATM 交换则比较复杂,虚连接建立后,在信息传送阶段仍要对随机到来的信元完成选路控制,还要包括竞争消除、反压控制、队列管理、优先级控制等。

3. 阻塞特性

(1) 阻塞特性的概念

虽然连接在交换网络上的出入线空闲,但由于交换网络的内部阻塞,即交换网络内无法提供空闲通道,造成无法建立呼叫或传送用户信息,这种现象称为阻塞特性。

图 4.16 是一个在交换网络中出现内部阻塞的示例。一个 $nm \times nm$ 两级交换网络,第一级有 m 个 $n \times n$ 的交换单元,第二级有 n 个 $m \times m$ 的交换单元,第一级同一交换单元的不同编号的出线分别接到第二级不同交换单元的相同编号的入线上。交换网络的 nm 条入线中的任何一条均可与 nm 条出线中的任一条接通。

当第一级 0 号交换单元的 0 号入线与第二级 1 号交换单元的 $m-1$ 号出线接通时,第一级 0 号交换单元的任何其他入线都无法再与第二级 1 号交换单元的其余出线接通。这种出、入线空闲,但因交换网络级间链路被占用而无法接通的现象称为交换网络的内部阻塞。若用计算机的术语,阻塞也可称为冲突,即不同入线上的信息试图同时占用同一条链路。

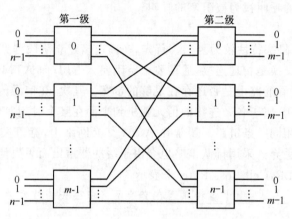

图 4.16　$nm \times nm$ 两级交换网络

（2）有阻塞网络与无阻塞网络

按照阻塞特性可以将交换网络分为有阻塞网络与无阻塞网络（Non-Blocking Network）。无阻塞网络又可分为以下 3 种。

1）严格无阻塞网络（Strict Non-Blocking）

不管网络处于何种状态,任何时刻都可以在交换网络中建立一个连接,只要这个连接的起点、终点是空闲的,而不会影响网络中已建立起来的连接。

2）可重排无阻塞网络（Rearrangeable Non-Blocking）

不管网络处于何种状态,任何时刻都可以在一个交换网络中直接或对已有的连接重选路由来建立一个连接,只要这个连接的起点和终点是空闲的。

3）广义无阻塞网络（Wide Sense Non-Blocking）

指一个给定的网络存在着固有的阻塞可能,但有可能存在着一种精巧的选路方法,使得所有的阻塞均可避免,而不必重新安排网络中已建立起来的连接。

目前真正实用的广义无阻塞网络非常少见。

（3）不同交换技术的阻塞特性

对于不同的交换技术,阻塞特性的表现不同,下面分别进行简要介绍。

1）电路交换

电路交换建立的是物理连接,只有在呼叫建立阶段有可能选不到空闲通路而遇到阻塞;连接建立后的信息传送阶段就不会再遇到阻塞。遇到阻塞后,呼叫被拒绝,用户需重新发起呼叫,称为损失制系统（Loss System）。

这种交换网络的阻塞特性可用阻塞率（Blocking Probability）表示:

$$阻塞率 = \frac{由于交换网络内部阻塞而不能建立连接的呼叫数}{进入交换网格的总呼叫次数} \tag{4-4}$$

当交换网络的级数较多、拓扑结构复杂时,阻塞率的严格计算也很复杂。阻塞率的计算是电话交换的话务理论所要解决的一个重要问题。

电话交换通常采用有阻塞网络,但阻塞率较低,如也可采用无阻塞网络,如典型的 CLOS 网络。

2）分组交换

分组交换采用存储转发的方式,交换节点要处理的业务流量较高时,将导致排队时延的增加,因此称为排队系统或延迟制系统(Delay System)。这种系统不考虑阻塞率,但有时也可将等待时延超过门限值的呼叫视为被阻塞的呼叫。

3）ATM 交换

对于 ATM 交换,阻塞特性较为复杂。首先,在虚连接建立阶段遇到的阻塞与电路交换类似,但不同的是,电路交换是物理连接,通路要么空闲要么占用;而 ATM 交换是基于统计时分复用的虚连接,因此要看通路上是否还存在足够的带宽。其次,在信元传送阶段遇到的阻塞是由于采用统计时分复用,属于各个连接的信元随机到来而在某个时刻发生了冲突,即不同入线上的信息试图同时占用同一条链路。通常在 ATM 交换网络中,竞争失败的信元可以在缓冲器中排队等待或予以丢弃。采用排队策略也会由于缓冲器溢出而丢失信元。这时的阻塞特性主要用信元丢失率(CLR,Cell Loss Rate)来表示：

$$CLR = \frac{由于各种原因在交换网络中丢失的信元数}{总信元数} \tag{4-5}$$

信元丢失率通常为很小的数值。

通常所说的无阻塞 ATM 交换网络是指信元传送阶段的无阻塞。而要实现连接建立的无阻塞,原理与电路交换相似,如可用 CLOS 网络,不过它们所用的无阻塞条件稍有不同。

4. 故障防卫

交换网络是交换系统的核心部件,一旦发生故障会影响众多的呼叫连接,甚至导致全系统中断。因此,必须具备有效的故障防卫性能。除了提高硬件的可靠性以外,通常配置双套冗余结构,或采用多平面结构。

4.3.3 接口功能

各种交换系统都接有入线和出线。入线和出线终接在交换系统的接口上,进而接至交换网络。

不同类型的交换系统具有不同的接口功能。例如,数字程控电话交换要有适配模拟用户线、模拟中继线和数字中继线的接口电路;N-ISDN 交换系统要有适配 2B+D 的基本速率接口和 30B+D 和基群速率接口;移动交换系统要有通往基站的无线接口;ATM 交换系统则要有适配不同码率、不同业务的各种物理媒体接口。

4.3.4 信令/协议功能

1. 信令的基本概念

通信交换离不开信令,信令功能是通信交换系统的基本功能之一。简单地说,信令是指通信系统中的控制指令,它可以在指定的终端之间建立临时的通信信道,并维护网络本身的正常运行。

图 4.17 为两个用户通过两个端局进行电话接续的基本信令流程,以此为例了解信令的基本概念。

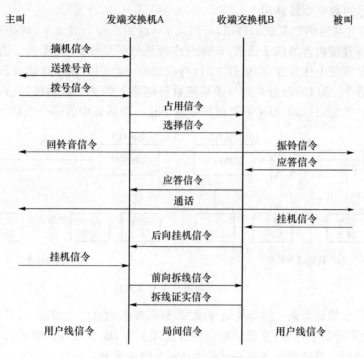

图 4.17　电话接续基本信令流程

首先,主叫用户摘机,发端交换机 A 收到主叫用户的摘机信号后,向主叫用户送拨号音,主叫用户听到拨号音后,开始拨号,将被叫号码送到发端交换机 A。

发端交换机 A 根据被叫号码选择到收端交换机 B 及 A、B 间的空闲中继线,并向收端交换机 B 发送占用信令,然后将选择信令,即与收端交换机 B 相关的被叫号码送给 B。

收端交换机 B 根据被叫号码,连通被叫用户,向被叫用户发送振铃信令,向主叫用户发送回铃音。

被叫用户摘机应答,将应答信令送给收端交换机 B,并由 B 转发给发端交换机 A,双方开始通话。

话终时,若被叫用户先挂机,则被叫用户向收端交换机 B 送挂机信令(也称复原或后向拆线信令),并由收端交换机 B 将此信令转发给发端交换机 A;若是主叫用户先挂机,A 向 B 发正向拆线信令,B 拆线后,向 A 回送拆线证实信令,A 也拆线,一切复原。

从上述电话接续基本信令流程的实例引申到各种通信网,可以认为,信令就是除了通信时的用户信息(包括话音信息和非话业务信息)以外的各种控制命令。

2. 信令方式

信令的传送要遵守一定的规约和规定,这就是信令协议和信令方式。交换节点的信令系统是为实现和配合各种信令协议和信令方式而需具有的所有硬件和软件设备。

3. 信令的分类

(1) 随路信令和共路信令

按信令传送通道与用户信息传送通道的关系不同,信令可分为随路信令和共路信令。图

4.18(a)是随路信令系统示意图。由图可知,两端网络节点的信令设备之间没有直接相连的信令通道,信令是通过话路来传送的。当有呼叫到来时,先在选好的空闲话路中传信令,接续建立后,再在该话路中传话音。因此,随路信令是信令通道和用户信息通道合在一起或有固定的一一对应关系的信令方式,适合在模拟通信系统中使用。这里有固定的一一对应关系的随路信令指中国一号的数字型线路信令。

图 4.18(b)为共路信令系统示意图,与图 4.18(a)相比较可以看出,两个网络节点的信令设备之间有一条直接相连的信令通道,信令的传送是与话路分开、无关的。当有呼叫到来时,先在专门的信令链路中传信令,接续建立后,再在选好的空闲话路中传话音。因此,共路信令也称公共信道信令,指以时分方式在一条高速数据链路上传送一群话路的信令。共路信令利用信令中所携带的标记(Label)来识别该信令属于这一群话路中的哪一个话路。

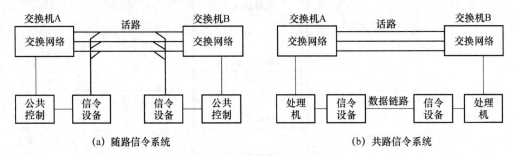

(a) 随路信令系统   (b) 共路信令系统

图 4.18 随路信令和共路信令

公共信道信令的优点是:信令传送速度快,具有提供大量信令的潜力,具有改变或增加信令的灵活性,便于开放新业务,在通话时可随意处理信令,成本低等。因此公共信道信令得到越来越广泛的应用。目前使用的共路信令为 No.7 信令系统。

(2) 线路信令、路由信令和管理信令

信令按其功能可分为线路信令、路由信令和管理信令。

① 线路信令

线路信令是具有监视功能的信令,用来监视终端设备的忙闲状态,如电话机的摘、挂机信令。

② 路由信令

路由信令是具有选择功能的信令,用来选择接续方向,如电话通信中主叫所拨的被叫号码。

③ 管理信令

管理信令是具有操作功能的信令,用于通信网的管理和维护,如检测和传送网络拥塞信息、提供呼叫计费信息、提供远距离维护信令等。

(3) 用户线信令和局间信令

信令按其工作区域不同可分为用户线信令和局间信令。

① 用户线信令

用户线信令是通信终端和网络节点之间的信令,也被称为用户网络接口(UNI)信令。这里,网络节点既可以是交换系统,也可以是各种网管中心、服务中心、计费中心、数据库等。因为终端数量通常远大于网络节点的数量,出于经济上的考虑,用户线信令一般设计得较简单,通常可包括请求信令、地址信令、释放信令、来话提示信令、应答信令、进程提示信令等。

② 局间信令

局间信令是网络节点之间的信令,在局间中继线上传送,也被称为网络接口(NNI)信令。

局间信令通常远比用户线信令复杂,因为它除应满足呼叫处理和通信接续的需要外,还应能够提供各种网管中心、服务中心、计费中心、数据库等之间的与呼叫无关信令的传递。

随路信令的局间信令又可分为具有监视功能的线路信令和具有选择、操作功能的记发器信令。

4. 协议的概念

在通信网络中的各个节点之间传递信息时,有时需要遵守一些事先约定好的规则,这些规则明确规定所传送的信息的格式、时序等问题,这些为进行网络中的通信而建立的规则、标准或约定称为网络协议。一个网络协议主要有以下三个要素:

① 语法,指用户信息和控制信息的结构和格式;

② 语义,指需要发出何种控制信息,完成何种动作及如何应答;

③ 同步,指事件实现顺序的说明。

网络协议是网络通信中的重要组成部分,4.2.3 节中介绍的 OSI 协议就是两个节点通信时的一种分层通信协议,其中各层及其协议的集合也被称为网络的体系结构。

4.3.5　控制功能

交换系统要自动完成大量的交换接续,并保证良好的服务质量,必须具有有效、合乎逻辑的控制功能。连接功能、接口功能及信令功能都与控制功能密切相关。控制功能主要由软件实现,但有些也可用硬件实现。

不同类型的交换系统各有其主要的控制功能及相应的实现技术,如电路交换的数字分析、路由和通路选择、并发进程管理,分组交换的选路控制和流量控制,ATM 交换的呼叫接纳控制和自选路由控制。控制技术的实现与处理机控制方式密切相关。处理机控制方式是各类交换系统在设计中必须考虑的重要问题,关系到整个系统的性能和服务质量。

集中控制与分散控制是两种基本的控制方式。现代交换系统大多采用分散控制方式,但分散的程度有所不同。分散控制意味着采用多处理机结构,可称为处理机复合体(Processor Complex)。为此,要确定处理机复合体的最佳结构,包括数量、分级、分担方式、冗余结构等,以实现高效而灵活的控制机理。

分担方式可有功能分担与容量分担两种类型。功能分担只执行一项或几项功能,但面向全系统;容量分担是执行全部功能,但只面向系统的一部分容量。从功能分配的灵活性来看,可有固定分配与灵活分配两种方式。

本 章 小 结

交换与路由技术是网络的重要组成部分,采用不同交换路由技术的节点交换设备可组成提供不同业务的典型通信网络。网络组网的基本技术要素包括网络结构、编号计划、计费方式等。

交换设备是通信网络的重要组成部分。交换的基本功能就是在交换设备上的任意的入线和出线之间建立连接,或者说是将入线上的信息分发到出线上去。

交换节点中传送的信号形式与节点交换技术密切相关,同步时分复用信号和统计时分复用信号(或称异步时分复用)是两种重要的信号。交换技术主要包括电路交换、分组交换、快速电路交换、快速分组交换、ATM 交换及光交换等。其中电路交换基于同步时分复用,分组交

ATM 交换基于统计时分复用。开放系统互连参考模型 OSI 与各种交换技术及由此构成的业务网有一定的对应关系。

网络技术指通信网络中任意用户之间通信时,在网内各节点间实现其通信的方式。网络技术分为无连接和面向连接两大类,面向连接方式可分为面向物理连接和面向逻辑连接;还可按照连接建立和拆除的控制方式又分为半永久连接和交换式连接,以及半永久虚连接(PVC)和交换式虚连接(SVC)。

通信交换系统的基本功能可概括为连接功能、接口功能、信令/协议功能和控制功能,交换网络是交换系统的核心部分。

习 题

1. 试比较同步时分复用信号与统计时分复用信号的不同点。

2. 简述数据通信与话音通信的主要区别。

3. 设需传送的数据报文共 $x(\text{bit})$,从发送节点到接收节点共经过 k 段链路,即经过 $k-1$ 个中间节点,每段链路的传输时延为 $d(\text{s})$,数据传输速率为 $b(\text{bit/s})$。在电路交换时连接的建立时间为 $s(\text{s})$。分组交换时分组长度为 $p(\text{bit})$。各节点排队等待时间可忽略不计。请问需满足怎样的条件,分组交换的时延可比电路交换小?

4. 试简述 OSI 与各种交换技术的层次对应关系。

5. 通信交换系统的基本功能可概括为哪 4 种功能?

6. 分别写出题图 4.1 中各图形对应的连接函数。

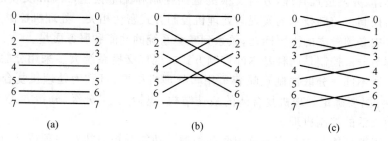

题图 4.1　连接函数的图形表示

7. 为什么说交换网络是交换系统的核心?

8. 随路信令和共路信令有何不同之处?目前使用的 No.7 信令系统是随路信令还是共路信令?

9. 请比较下列各组名词的异同:

(1) 无连接,面向连接;

(2) 物理连接,逻辑连接;

(3) PVC,SVC。

10. 请判断下列说法是否正确。对于认为是错误的说法,请指出错在哪里。

(1) 网络的编号计划可以分为等长制和不等长制两种,等长制的性能优于不等长制。

(2) 电路交换采用的是物理连接,分组交换采用的是逻辑连接。

(3) ATM 技术是面向连接的,所以属于电路交换技术。

11. 通信网络组网的三个基本技术要素分别是什么?

12. 交换的基本功能是什么?

· 78 ·

第5章 电路交换与分组交换技术

本章主要介绍电路交换与分组交换的基本技术,主要包括电路交换系统的构成和基本工作原理、电话网技术、智能网技术以及分组交换技术、ATM 技术和以太网技术的基本原理。

5.1 电路交换基本原理

5.1.1 电路交换系统分类

电路交换系统的演进过程大致如下:

$$电路交换系统 \begin{cases} 人工交换系统 \\ 自动交换系统 \begin{cases} 模拟交换系统 \\ 数字交换系统 \end{cases} \end{cases}$$

对其中比较重要的名称和常见的说法做进一步说明如下。

(1) 自动交换系统从信息传递方式上分类

1) 模拟交换系统

模拟交换系统是对模拟信号进行交换的交换设备,是通过电话机发出的。

话音信号就是模拟信号,步进制、纵横制等都属于模拟交换设备。对于电子交换设备来说,属于模拟交换系统的有:空分式电子交换和脉幅调制(PAM)的时分式交换设备。

2) 数字交换系统

数字交换系统是对数字信号进行交换的交换设备。目前,最常用的数字信号为脉冲编码调制(PCM)的信号和对 PCM 信号进行交换的数字交换设备。

(2) 自动电话交换系统从控制方式上分类

1) 布线逻辑控制交换系统(简称布控交换系统)

布控交换系统的控制部分是用机电(如继电器等)或电子元件固定在一定的印制板上,通过机架布线做成。这种交换系统的控制部件做成后便不好更改,且灵活性小。

2) 存储程序控制交换系统(简称程控交换系统)

程控交换系统是用数字电子计算机控制的交换系统,采用的是电子计算机中常用的"存储程序控制"方式,即把各种控制功能、步骤、方法编成程序放入存储器,利用存储器内所存储的程序来控制整个交换工作。若要改变交换系统功能,增加交换的新业务,往往只要通过修改程序或数据就能实现,这样就提高了灵活性。

值得注意的是,通常用于公用电话交换网(PSTN)的电话交换系统提供的是普通电话业务(POTS)。为了进一步适应电信网综合化、智能化、个人化的发展,自 20 世纪 80 年代中期以来,数字程控交换节点的功能在 POTS 的基础上不断得到增强,可以升级为智能网中的业务交换点,或移动通信网中的移动交换节点。

5.1.2 电路交换系统硬件功能结构

电路交换系统的硬件功能结构通常可划分为话路子系统和控制子系统两部分,如图5.1所示。功能结构仅表示硬件的基本组成,各种电路交换系统可有不同的具体实现方式。

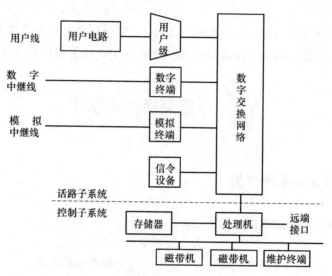

图5.1 电路交换系统的硬件功能结构

1. 话路子系统

话路子系统包括交换网络、信令设备以及各种接口电路,如用户电路、用户集中级、数字终端和模拟终端等部件。

(1)交换网络

相对于用户集中级而言,交换系统中的主交换网络通常称为选组级。数字电路交换系统的选组级采用同步时分数字交换网络,有多种不同类型。

(2)用户电路

用户电路(LC,Line Circuit)是数字程控交换系统连接模拟用户线的接口电路,也可用SLC或SLIC等缩写词表示。如果是数字用户线,则要使用数字用户线接口电路,如2B+D接口电路等。

数字交换系统用户电路的功能可归纳为BORSCHT,其含义如下。

1)B:馈电

连在交换机上的电话终端,由交换机向其馈电。数字交换机的馈电电压一般为−48 V,在通话时的馈电电流在20~50 mA之间。

2)O:过压保护

防止外界高电压通过用户电路接口进入交换机,通常有二次过压保护,首先通过配线架上的气体放电管(保安器),然后再通过用户电路中的过压保护装置。

3)R:振铃

振铃电压较高,国内规定为(90±15)V,故由用户电路向电话终端提供。

4)S:监视

监视用户线回路的通/断状态。这一功能一般都通过馈电线路中的测试电阻来实现。

5）C：编译码

即模/数转换和数/模转换功能。

6）H：混合电路

模拟信号采用二线进行双向传输。而 PCM 数字信号，在去话方向上要进行编码，在来话方向上又要进行译码，这样就不能采用二线双向传输，必须采用四线制的单向传输，所以要采用混合电路来进行二、四线转换。

7）T：测试

使用户线与测试设备接通，与交换机分开，以便对用户线进行测试。

（3）用户集中级

用户集中级（LC，Line Concentrater）完成话务集中的功能，将一群用户经用户集中级后以较少的链路接至交换网络，以提高链路的利用率。集中比一般为 2：1 至 8：1。用户集中级通常采用单 T 交换网络。

用户集中级和用户电路还可以设置在远端，常称为远端模块。远端用户级与母局之间用数字 PCM 链路连接，链路数与远端用户级容量及话务负荷有关。远端模块的设置带来了组网的灵活性，节省了用户线的投资。

（4）数字终端

数字终端（DT，Digital Terminal）或称为数字中继（DT，Digital Trunk），是数字交换系统与数字中继线之间的接口电路，可适配一次群或高次群的数字中继线。

数字终端具有码型变换、时钟提取、帧同步与复帧同步、帧定位、信令插入和提取、告警检测等功能。

（5）模拟终端

模拟终端是数字交换系统为适应模拟环境而设置的终端接口，用来连接模拟中继线。

模拟终端具有监视和信令配合、编译码等功能。

（6）信令设备

当采用随路信令（CAS）时，应具有多频接收器和多频发送器，用来接收或发送数字化的多频（MF）信号。数字化的多频信号是通过交换网络在相应的话路中传送的。

信令设备还应包括双音多频（DTMF）接收器和信号音发生器。前者用来接收用户使用按键话机拨号时发来的 DTMF 信号，后者用来产生数字化的信号音，经交换网络而发送到所需的话路上去。

如果采用共路信令（CCS），应具有专门的共路信令终端设备，完成 No.7 信令的硬件功能。

2．交换网络示例

TST 网络是在电路交换系统中经常使用的一种典型的交换网络，由 4.3.2 节中提到的时间（T）接线器和空间（S）接线器连接而成。

下面首先介绍 T 接线器和 S 接线器的结构和工作原理。

（1）T 接线器

对同步时分复用信号来说，用户信息固定在某个时隙里传送，一个时隙就对应一条话路。因此，对用户信息的交换就是对时隙里内容的交换，即时隙交换。可以说，同步时分复用信号交换实现的关键是时隙交换。时间接线器用来完成在一条复用线上时隙交换的基本功能，可简称为 T 接线器。

　　T 接线器采用缓冲存储器暂存话音的数字信息,并用控制读出或控制写入的方法来实现时隙交换,因此,T 接线器主要由话音存储器(SM)和控制存储器(CM)构成,如图 5.2 所示。其中,话音存储器和控制存储器都由随机存取存储器(RAM)构成。

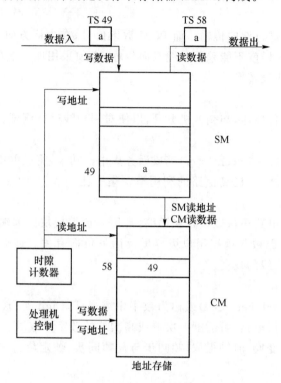

图 5.2　时间接线器

　　话音存储器用来暂存数字编码的话音信息。每个话路时隙有 8 位编码,故话音存储器的每个单元应至少具有 8 bit。话音存储器的容量,也就是所含的单元数应等于输入复用线上的时隙数。假定输入复用线上有 512 个时隙,则话音存储器要有 512 个单元。

　　控制存储器的容量通常等于话音存储器的容量,每个单元所存储的内容是由处理机控制写入的。如图 5.2 中,控制存储器的输出控制话音存储器的读出地址。如果要将话音存储器输入 TS 49 的内容 a 在 TS 58 中输出,可在控制存储器的第 58 单元中写入 49。

　　现在来观察完成时隙交换的过程。各个输入时隙的信息在时钟控制下,依次写入话音存储器的各个单元,时隙 1 的内容写入第 1 个存储单元,时隙 2 的内容写入第 2 个存储单元,依此类推。控制存储器在时钟控制下依次读出各单元内容,读至第 58 单元时(对应于话音存储器输出 TS 58),其内容 49 用于控制话音存储器在输出 TS 58 读出第 49 单元的内容,从而完成了所需的时隙交换。

　　输入时隙选定一个输出时隙后,由处理机控制写入控制存储器的内容在整个通话期间是保持不变的。于是,每一帧都重复以上的读写过程,输入 TS 49 的话音信息,在每一帧中都在 TS 58 中输出,直到话终为止。

　　应该注意到,每个输入时隙都对应着话音存储器的一个存储单元,这意味着由空间位置的划分而实现时隙交换。从这个意义上说,时间接线器带有空分的性质,是按空分方式工作的。

　　上面的时隙交换过程实际上是采用顺序写入,控制读出,简称"输出控制"。T 接线器的另一种工作方式是控制写入,顺序读出,简称"输入控制",其时隙交换过程可在下面 TST 网络中看到。

（2）S 接线器

空间接线器用来完成对传送同步时分复用信号的不同复用线之间的交换功能,而不改变其时隙位置,简称为 S 接线器。

S 接线器由电子交叉矩阵和控制存储器(CM)构成。在如图 5.3 所示的例子中,它包括一个 4×4 的电子交叉矩阵和相应的控制存储器。4×4 的交叉矩阵有 4 条输入复用线和 4 条输出复用线,每条复用线上传送由若干个时隙组成的同步时分复用信号,任一条输入复用线可以选通任一条输出复用线。

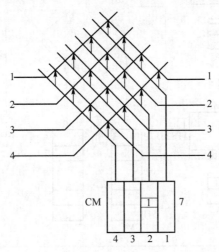

图 5.3　空间接线器

这里的复用线是指将若干个 PCM 系统复用后得到的具有更多时隙的输入线,以便以更高的码率进入电子交叉矩阵,提高效能。因为每条复用线上具有若干个时隙,即每条复用线上传送了若干个用户的信息,所以输入复用线与输出复用线应在某一指定时隙接通。例如,第 1 条输入复用线的第 1 个时隙可以选通第 2 条输出复用线的第 1 个时隙,它的第 2 个时隙可能选通第 3 条输出复用线的第 2 个时隙,它的第 3 个时隙可能选通第 1 条输出复用线的第 3 个时隙,等等。所以说,空间接线器不进行时隙交换,而仅仅实现同一时隙的空间交换。当然,对应于一定出入线的各个交叉点是按复用时隙而高速工作的,在这个意义上,空间接线器是以时分方式工作的。

各个交叉点在哪些时隙应闭合,在哪些时隙应断开,这取决于处理机通过控制存储器所完成的选择功能。如图 5.3 所示,对应于每条出线有一个控制存储器(CM),用于控制该出线在指定时隙接通哪一条入线。控制存储器的地址对应时隙号,其内容为该时隙所应接通的入线编号,所以在图 5.3 中,出线 2 与入线 1 在时隙 7 接通,即入线 1 在时隙 7 中的用户信息交换到了出线 2 输出。S 接线器容量等于每一条复用线上的时隙数,每个存储单元的字长,即比特数则取决于出线地址编号的二进制码位数。例如,若交叉矩阵是 32×32,每条复用线有 512 个时隙,则应有 32 个控制存储器,每个存储器有 512 个存储单元,每个单元的字长为 5 bit,可选择 32 条出线。

电子交叉矩阵在不同时隙闭合和断开,要求其开关速度极快,所以它不是普通的开关,通常它是用电子选择器组成的。

S 接线器除了具有上面介绍的一个控制存储器对应一条出线的“输出控制”方式外,也有一个控制存储器对应一条入线的“输入控制”方式,但应用较少。

（3）TST 交换网络

TST 是三级交换网络,两侧为 T 接线器,中间一级为 S 接线器,S 级的出入线数取决于两侧 T 接线器的数量。设每侧有 32 个 T 接线器，T 接线器的容量为 512，则交换网络结构如图 5.4 所示。输入话音存储器用 SMA_0 到 SMA_{31} 表示，控制存储器用 CMA_0 到 CMA_{31} 表示；输出侧话音存储器用 SMB_0 到 SMB_{31} 表示，控制存储器用 CMB_0 到 CMB_{31} 表示。

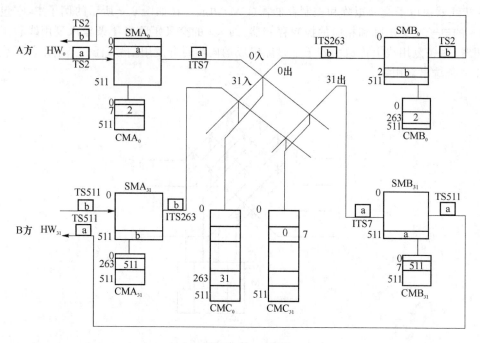

图 5.4　TST 交换网络

S 接线器为 32×32 矩阵，对应连接到两侧的 T 接线器，控制存储器有 32 个，用 CMC_0 到 CMC_{31} 表示。输入侧接线器采用顺序写入，控制读出方式，输出侧 T 接线器则采用控制写入、顺序读出方式。

假设第 0 个 T 接线器的时隙 2 与第 31 个接线器的输出时隙 511 进行交换。

首先，交换机要选择一个内部时隙做交换用，假设选为时隙 7。接着，交换机在 CMA_0 的单元 7 中写入 2，在 CMB_{31} 的单元 7 中写入 511，在 CMC_{31} 的单元 7 中写入 0，这些单元 7 均对应于时隙 7，即内部时隙。在接线器 0 的时隙 2 输入的用户信息，在 CMC_0 的控制下于时隙 7 读出。在 S 接线器，由于在 CMC_{31} 的单元 7 写入 0，所以在内部时隙 7 所对应时刻，第 32 条输出线（31 出）与第 1 条输入线（0 入）的交叉点接通，于是用户信息就通过 S 级，并在 CMB_{31} 的控制下，写入 SMB_{31} 的单元 511。当输出时隙 511 到达时，存入的用户信息就被读出，送到第 32 个 T 接线器的输出线，完成了交换连接。

通常用户信息要双向传输，而 TST 网络为单向交换网络，这意味着，对于每一次交换连接，在 TST 网络中应建立来去两条通路。

结合图 5.2 来看，称 T 接线器 0 的输入时隙 2 为 A 方，T 接线器 31 的输出时隙 511 为 B 方，则除了建立 A 到 B 的通路外，还应建立 B 到 A 的通路，以便将 SMA_{31} 中输入时隙 511 中的内容传送到 SMB_0 的输出时隙 2 中去。为此，必须再选用一个内部时隙，使 S 级的入线 31 与出线 0 在该时隙接通。

为便于选择和简化控制，可使两个方向的内部时隙具有一定的对应关系，通常可相差半帧。设一个方向选用时隙 7，当一条复用线上的内部时隙数为 512（帧长＝512）时，另一方向选用第 $7+512/2=263$ 时隙。在计算时应以 512 为模，这种相差半帧的方法可称为反相法。

如果采用反相法，为建立 B 到 A 的通路，应在以下控制存储器中写入适当内容。

① CMA$_{31}$：单元 263 中写入 511。

② CMC$_0$：单元 263 中写入 31。

③ CMB$_0$：单元 263 中写入 2。

3. 控制子系统

控制子系统包括处理机和存储器、外部设备和远端接口等部件。

（1）处理机和存储器

处理机的数量和分工有各种配置方式，后面将作详细介绍。存储器也可划分为程序存储器、数据存储器等区域。

（2）外部设备

外部设备可有磁盘、磁带机、维护终端等部件。

（3）远端接口

远端接口包括至集中维护操作中心（CMOC，Centralized Maintenance & Operation Center）、网管中心、计费中心等的数据传送接口。

4. 处理机配置方式

现代程控交换机的控制系统日趋复杂，处理机的数量和分工有各种配置方式。归结起来，基本上有两种多处理机的配置方式，即分级分散控制和分布式分散控制，处理能力一般在 1 000 k BHCA 以上。不论采用何种控制结构，都必须具有冗余配置方式。

（1）冗余配置方式

通常采用双机冗余配置，主要有负荷分担和主备用方式。

负荷分担方式的基本结构如图 5.5 所示。

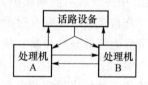

图 5.5　负荷分担方式

负荷分担也叫话务分担，即两台处理机独立进行工作，在正常情况下各承担一半话务负荷。当一机产生故障，可由另一机承担全部负荷。为了能接替故障处理机的工作，必须互相了解呼叫处理的情况，故双机应具有互通信息的链路。为避免双机同抢资源，必须有互斥措施。

负荷分担的主要优点如下。

① 过负荷能力强。由于每机都能单独处理整个交换系统的正常话务负荷，故在双机负荷分担时，可具有较高的过负荷能力，能适应较大的话务波动。

② 可以防止软件差错引起的系统阻断。由于程控交换软件系统的复杂性，不可能没有残留差错。这种程序差错往往要在特定的动态环境中才显示出来。由于双机独立工作，故程序差错不会在双机上同时出现，加强了软件故障的防护性。

③ 在扩充新设备、调试新程序时，可使一机承担全部话务，另一机进行脱机测试，从而提供了有力的测试工具。

负荷分担方式由于双机独立工作，在程序设计中要避免双机同抢资源问题，双机互通信息也较频繁，这都使得软件比较复杂，因此在实用上并不多见。

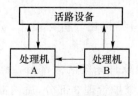

图 5.6　主备用方式

主备用方式如图 5.6 所示，一台处理机联机运行，另一台处理机与话路设备完全分离而作为备用。当主用机故障，进行主备用转换。主备用可有冷备用与热备用两种方式。冷备用时，备用机中没有呼叫数据的保存，在接替时要根据原主用机来更新存储器内容，或者进行数据初始化。

有时，也采用 $N+m$ 冗余配置方式，即 N 个处理机有 m 个备用,$m=1$ 时称为 $N+1$ 备用方式。例如,S.1240 系统的辅助控制单元(ACE)就采用这种冗余配置。

(2) 分级分散控制

分级分散控制结构的基本特征在于处理机的分级,即将处理机按功能分担划分为若干个级别,而其中必然有一级处理机承担呼叫处理的主要任务,其功能接近于早期集中控制程控交换机中的中央处理机。图 5.1 所示的数字程控交换系统的功能结构,实际上是分级分散控制结构,图中的控制子系统可以理解为多级处理机结构。

按照系统设计的要求,分级分散控制交换系统可将一定数量的一种或几种话路设备集合在一起组成单元,也可称为群或模块,如有用户单元、中继单元、用户/中继单元、服务电路单元等。每个单元中的控制处理机相当于分级结构中低级别处理机,可称为外围处理机、区域处理机或用户/中继群处理机。低级别处理机执行低层的呼叫处理功能,可以减轻中央处理机的负荷。要注意的是,在一个单元以内还可以灵活地设置更低级别的板上控制器,以固件(Firmware)控制板上少量的话路设备。

不考虑板上控制器,分级结构的处理机通常划分为 2 级或 3 级。低级别处理机之间的通信一般要通过高一级的处理机。

(3) 分布式分散控制

分布式分散控制结构的基本特征是:系统划分为多个模块,每个模块的自主处理能力显著增强,中央处理功能则在很大程度上弱化。

分布式分散控制有时也称为全分散控制(Fully Decentralized);与之对应,分级分散控制也可称为部分分散控制。从严格意义上来说,全分散控制应不包含任何中央处理的介入。然而在实际上,由于某些功能适合于中央控制,如维护管理功能、7 号共路信令的信令网管理功能等还需要相当程度的中央控制,因此很难实现不包含任何中央处理的全分散控制结构。即使对于呼叫处理而言,全分散控制的程度也可有所不同。

分布式分散控制结构中,各个模块中的模块处理机是实现分布式控制的同一级处理机,任何模块处理机之间可独立地进行通信。然而要注意到,在各个模块内的模块处理机之下,还可设置若干台外围处理机和/或板上控制器,这意味着,模块内部可以出现分级控制结构,但从整个系统来观察,应属于分布式控制结构。

分布式分散控制的主要优点是:可以用近似于线性扩充的系统结构经济地适应各种容量的需要,呼叫处理能力强,整个系统阻断的可能性很小,系统结构的开放性和适应性强;缺点是机间通信频繁而复杂,需要周密地协调分布式控制功能和数据管理功能。

5.1.3 电路交换系统软件功能结构

电路交换系统软件十分庞大复杂,软件的设计目标主要为可靠性(Reliability)、可维护性(Maintenability)、可再用性(Reusability)和可移植性(Portability)。

交换软件通常采用分层的模块化结构。常用的软件设计技术有结构化分析与设计、模块化设计、结构化编程,并趋向于采用面向对象设计。

从功能结构来划分,交换软件可以划分为运行软件系统和支援软件系统两大部分。运行软件系统又称在线软件或联机软件,主要包括操作系统、呼叫处理、维护管理 3 部分,后两部分合称为应用程序,各部分所占的大致比例示意于图 5.7。

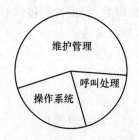

图 5.7　程控交换软件组成

1. 呼叫处理

（1）呼叫处理过程示例

下面通过概括地了解一个局内呼叫处理过程的示例,掌握数字电路交换系统应具有的呼叫处理基本功能。

在开始时用户处于空闲状态,交换机进行扫描、监视用户线状态。用户摘机后开始了处理机的呼叫处理。处理过程如下。

1）主叫用户 A 摘机呼叫

① 交换机检测到用户 A 摘机状态;

② 交换机调查用户 A 的类别,以区分同线电话、一般电话、投币电话机还是小交换机等;

③ 调查话机类别,弄清是按钮话机还是号盘话机,以便接上相应收号器。

2）送拨号音,准备收号

① 交换机寻找一个空闲收号器以及它和主叫用户间的空闲路由;

② 寻找一个空闲的主叫用户和信号音间的路由,向主叫用户送拨号音;

③ 监视收号器的输入信号,准备收号。

3）收号

① 由收号器接收用户所拨号码;

② 收到第一位号后,停拨号音;

③ 对收到的号码按位存储,并对"应收位""已收位"进行计数;

④ 将号首送向分析程序进行分析(叫作预译处理)。

4）号码分析

① 在预译处理中分析号首,以决定呼叫类别(本局、出局、长途、特服等),并决定该收几位号;

② 检查这个呼叫是否允许接通(是否限制用户等);

③ 检查被叫用户是否空闲,若空闲,则予以示忙。

5）接至被叫用户,测试并预占空闲路由

① 向主叫用户送回铃音路由(这一条可能已经占用,尚未复原);

② 向被叫用户送铃流回路(可能直接控制用户电路振铃,而不用另找路由);

③ 主、被叫用户通话路由(预占)。

6）向被叫用户振铃

① 向用户 B 送铃流;

② 向用户 A 送回铃音;

③ 监视主、被叫用户状态。

7）被叫应答通话

① 被叫摘机应答,交换机检测到以后,停振铃和停回铃音;

② 建立 A、B 用户音通话路由,开始通话;

③ 启动计费设备,开始计费;

④ 监视主、被叫用户状态。

8) 话终,主叫先挂机

① 主叫先挂机,交换机检测到以后,路由复原;

② 停止计费;

③ 向被叫用户送忙音。

9) 被叫先挂机

① 被叫挂机,交换机检测到后,路由复原;

② 停止计费;

③ 向主叫用户送忙音。

(2) 呼叫处理程序

呼叫处理程序用于控制呼叫的建立和释放,基本上对应于呼叫建立过程。呼叫处理程序可包含用户扫描、信令扫描、数字分析、路由选择、通路选择、输出驱动等功能块。

1) 用户扫描

用户扫描用来检测用户电路的状态变化,从断开到闭合或从闭合到断开。从状态的变化和用户原有的呼叫状态可判断事件的性质。例如,回路接通可能是主叫呼出,也可能是被叫应答。用户扫描程序应按一定的扫描周期执行。

2) 信令扫描

信令扫描泛指对用户线进行的收号扫描和对中继线或信令设备进行的扫描。前者包括脉冲收号或双音频(DTMF)收号的扫描;后者主要是指在随路信令方式时,对各种类型的中继线和多频接收器所做的线路信令和记发器信令的扫描。

脉冲收号扫描比较复杂,包括脉冲扫描和位间隔扫描。脉冲扫描的周期为 8 ms 左右,用来识别快速的脉冲变化;位间隔扫描的周期则为 100 ms 左右,用来识别拨号数字之间的间隔。

3) 数字分析

数字分析的主要任务是根据所收到的地址信令或其前几位判定接续的性质,如判别本局呼叫、出局呼叫、汇接呼叫、长途呼叫、特种业务呼叫等。对于非本局呼叫,从数字分析和翻译功能通常可以获得用于选路的有关数据。

4) 路由选择

路由选择的任务是确定对应于呼叫去向的中继线群,从中选择一条空闲的出中继线;如果线群全忙,还可以依次确定各个迂回路由并选择空闲中继线。

5) 通路选择

通路选择在数字分析和路由选择后执行,其任务是在交换网络指定的入端与出端之间选择一条空闲的通路。进行通路选择时,交换网络的入端和出端已定,按照不同的呼叫类型,可以是在主叫用户与被叫用户、主叫用户与出中继、入中继与被叫用户、入中继与出中继之间选择空闲通路。软件进行通路选择的依据是存储器中反映链路忙闲状态的映像表。

6) 输出驱动

输出驱动程序是软件与话路子系统中各种硬件的接口,用来驱动硬件电路的动作,如驱动数字交换网络的通路连接或释放、驱动用户电路中振铃继电器的动作等。

最后要指出的是，在通话阶段，除了用户扫描或信令扫描在不断监视状态或信令的变化以外，高层的呼叫处理并不介入。

（3）输入处理、内部处理和输出处理

呼叫处理软件为呼叫建立而执行的处理任务可分为 3 种类型：输入处理、内部处理和输出处理。

1）输入处理

收集话路设备的状态变化和有关的信令信息称为输入处理。各种扫描程序都属于输入处理。输入处理通常是在时钟中断控制下按一定周期执行，主要任务是发现事件而不是处理事件。输入处理是靠近硬件的低层软件，实时性要求较高。

2）内部处理

内部处理是呼叫处理的高层软件，与硬件无直接关系，如数字分析、路由选择、通路选择等。呼叫建立过程的主要处理任务都在内部处理中完成。

内部处理程序的一个共同特点是要通过查表进行一系列的分析、译码和判断。内部处理程序的结果可以是启动另一个内部处理程序或者启动输出处理。

3）输出处理

输出驱动属于输出处理，也是与硬件直接有关的低层软件。输出处理与输入处理都要针对一定的硬件设备，可合称为设备处理。扫描是处理机输入信息，驱动是处理机输出信息，扫描和驱动是处理机在呼叫处理过程中与硬件联系的两种基本方式。

综上所述，呼叫处理过程可以看成是输入处理、内部处理和输出处理的不断循环。例如，从用户摘机到听到拨号音，输入处理是用户状态扫描；内部处理是表明主叫用户的服务类别，选择空闲的双音接收器和相应的连接通路；输出处理是驱动通路接通并送出拨号音。又如，本局呼叫从用户拨号到听到回铃音，输入处理是收号扫描；内部处理是数字分析和通路选择；输出处理是驱动振铃和送出回铃音。输入处理发现呼叫要求，通过内部处理的分析判断由输出处理完成对要求的响应。响应应尽可能迅速，以满足实时处理的要求。

硬件执行了输出处理的驱动命令后，改变了硬件的状态，使得硬件设备从原有状态转移到另一个稳定状态，硬件设备在软件中的映像状态也随之而变，以始终保持一致。因此，呼叫处理过程也反映了不断的状态转移过程，如图 5.8 所示。按照系统的性能，刻画出不同的状态和状态转移条件，是设计呼叫处理程序的重要依据和有效方法。

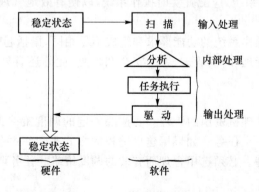

图 5.8　状态转移过程

由以上的分析可知，本小节开始时介绍的局内呼叫处理过程示例可分解为如图 5.9 所示的状态转移过程。

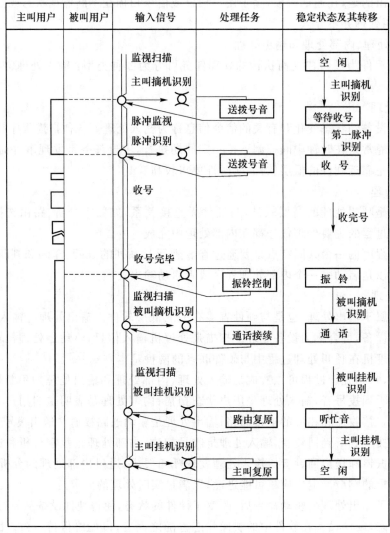

图 5.9　状态转移过程

2. 操作系统

程控交换是实时处理系统,应配置实时操作系统,以便有效地管理资源和支持应用软件的执行。

各种程控交换机中操作系统的功能要求和组成不尽相同,概括起来说,主要的功能是任务调度、通信控制、存储器管理、时间管理、系统安全和恢复,此外还有外设处理、文件管理、装入引导等功能。

(1) 任务调度

任务调度主要是对处理机资源的管理。要按照一定的调度策略或算法,将处理机资源分配给并发多任务中的某一个任务。如果用建立进程的方式来组织并发执行,则任务调度的核心就是进程的调度与管理。必须选用合理而有效的调度策略。任务调度也包含对各种周期的扫描程序的执行控制。

(2) 通信控制

在多机分散控制系统中,各处理机之间要互通信息,在同一处理机的软件模块之间也要通信。对于采用进程的方式而言,就是进程之间的通信。应制定可靠而灵活的通信控制机理,由操作系统统一控制和管理。采用松耦合的消息传送机理,有利于可靠性和灵活性的提高。

（3）存储器管理

程控交换系统在运行过程中，会产生大量的动态数据。暂存动态数据的存储区应统一管理，以提高存储器效率。存放临时由外存调入的程序和数据的覆盖存储区也应由操作系统统一管理。

（4）时间管理

时间也是由操作系统统一管理的一种资源。基本上包括两方面的时间管理：相对时限和绝对时限的监视，同时提供日历和时钟计时的服务。

（5）系统安全和恢复

为保证系统的安全可靠性，操作系统必须具有系统监视、系统再启动和软件再装入等功能。

3．维护管理

维护管理程序的功能有用户和中继测试、交换网络测试、业务观察、过负荷控制、话务量测量统计、计费处理、用户数据和局数据管理等。

4．数据库

相对于动态数据而言，半固定数据是基本上固定的数据，但在需要时也可以改变。半固定数据包括用户数据与局数据。通常采用数据库的结构来存放半固定数据，如关系数据库。

应用程序需要某种半固定数据时，可向数据库管理系统（DBMS，DataBase Management System）发出请求，由 DBMS 系统从数据库中取出所需的数据返回给应用程序。存储程序控制的实现离不开存储器中的大量数据。软件包括程序与数据，数据又可分为动态数据和半固定数据两大类。数据是程序执行的环境和依据。因此，要存储何种数据及确定数据结构是一个重要问题。

5.1.4　电路交换系统性能指标

由前面的分析可知，电路交换系统由硬件功能模块和软件功能模块组成。系统的性能指标如下。

1．基本性能指标

（1）类型和容量

类型用于说明电路交换机的用途，如市话交换机、长途交换机等；容量主要反映用户线容量和中继线容量，单纯的汇接交换机和长话交换机只用中继线容量表示。

（2）话务处理能力

话务处理能力包括话务负荷能力及呼叫处理能力。话务负荷能力指在一定的呼损率下，交换系统在忙时可以负荷的话务量；呼叫处理能力指一定的质量指标（如接续时延）范围内，交换系统在忙时可以处理的呼叫次数，反映了处理机的呼叫处理能力，用忙时试呼次数（BHCA，Busy Hour Call Attempts）来表示。

（3）网络环境

网络环境包括以下内容。

① 编号计划：说明各种编号的方案。

② 路由组织：最多可具有的路由方向数、迂回路由数。

③ 信令方式：可适配何种用户线信令和局间信令，是否可采用共路信令。

④ PCM 传输接口：对 PCM 系统的适配是否符合 CCITT G 系列有关规定。

⑤ 计费方式：采用何种计费方式。

⑥ 还有处理机和存储器的配置、基本功能、新服务性能、使用条件和传输特性等指标。

2. 质量指标

质量指标包括系统阻断率、系统可用性、再启动次数、故障定位程度、呼损率、接续时延等。

5.1.5 电话网技术

我国的电话网目前从基于电路交换的传统电话网向基于分组交换的软交换网络和 IMS 网络发展。本节重点介绍传统电话网的基本情况。

1. 电话网的组成

传统电话网采用电路交换方式，其节点交换设备是数字程控交换机，另外还应包括传输链路设备及终端设备。为了使全网协调工作，还应有各种标准、协议和规章制度。

就全国范围的电话网而言，很多国家采用等级结构。等级结构就是全部交换局划分成两个或两个以上的等级，低等级的交换局与管辖它的高等级的交换局相连，各等级交换局将本区域的通信流量逐级汇集起来。一般在长途电话网中，根据地理条件、行政区域、通信流量的分布情况等设立各级汇接中心(所谓汇接中心是指下级交换中心之间的通信要通过汇接中心转接来实现，在汇接交换机中只接入中继线)，每一汇接中心负责汇接一定区域的通信流量，逐级形成辐射的星型网或网型网。一般是低等级的交换局与管辖它的高等级的交换局相连，形成多级汇接辐射网，最高级的交换局则采用直接互连，组成网型网。所以等级结构的电话网一般是复合型网，电话网采用这种结构可以将各区域的话务流量逐级汇集，达到既保证通信质量又充分利用电路的目的。

2. 电话网结构

如图 5.10 所示，电话网包括长途网和本地网。

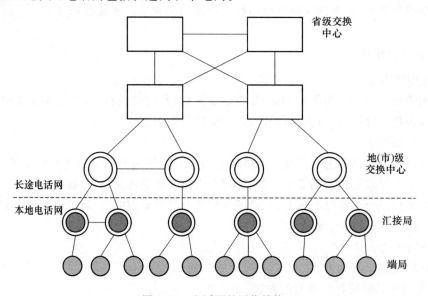

图 5.10　电话网的网络结构

长途两级网由省级(包括直辖市)交换中心和省内的地(市)级交换中心构成，省级交换中心采用网状连接,上下级之间采用星型连接,本省各地市交换中心之间以网状或不完全网状相连,同时辅以一定数量的直达电路与非本省的交换中心相连。

本地电话网简称本地网,是在同一编号区范围内,由若干个端局,或由若干个端局和汇接局及局间中继线、用户线和话机终端等组成的电话网。本地网用来疏通本长途编号区范围内,任何两个用户间的电话呼叫和长途发话、来话业务。

3. 电话网的编号计划

所谓编号计划指的是本地网、国内长途网、国际长途网、特种业务以及一些新业务等各种呼叫所规定的号码编排和规程。用户编号是路由和交换的基础,是组网的前提。目前全世界正在使用的用户编号计划体制主要有 ITU-T 的 E.164 以及 IETF 的 IPv4 与 IPv6。本节主要介绍与 E.164 相关的用户编号技术。

E.164 编号体制是电信网组网所用的编址体制,它已经成功地应用于 PSTN、ISDN 及移动网(GSM 和 CDMA)中。它是十进制的编号体制,长度可变。E.164 的号码分配是一种政府行为,自上而下地进行。ITU-T 为各国和地区分配国家和地区号码前缀,各国政府行业主管部门为各本地网和各运营商分配长途编号和网号,最后再由运营商为端用户分配号码。这种号码既是寻址的依据,又是端设备的别名,用户直接拨叫对方编号就能寻址到对方。现在的 IP 电话采用的编址方式仍然是 E.164 编址方式,只是在通信的某些环节依然把 E.164 号码作为别名,将其转换成 IPv4 的地址后,通过 IP 网网关,而在其他环节依然用 E.164 寻址。ITU-T 的 E.164"国际公众电信编号计划"规定了以下三种不同的编号结构。

(1) 用于地理区域的国际公众电信号码结构

用户地理区域的国际公众电信号码由可变长度的数字组成,这些数字可以划分为不同的编号区,包括国家码(CC)与国内号码(NN)。

目前,中国 PSTN 网络使用的就是这种编号结构,如北京市 PSTN 号码由 CC(86)+NDC(10)+SN(XXXXXXXX)构成(NDC:目的地码;SN:用户号码)。

(2) 用于全球业务的国际公众电信号码结构

用于全球业务的国际公众电信号码包括国家码(CC)和全球用户号码(GSN)两部分。这种结构用于某些特定的全球业务,具体的编号方式取决于具体的业务。

目前,一些特定的业务使用这种编号结构,如 800 业务和 700 业务等。例如,800 业务的编号格式为国家码(CC)+业务接入码(800)+业务用户编码。

(3) 用于网络的国际公众电信号码结构

用于网络的国际公众电信号码由三部分组成:国家码(CC)、标识码(IC)和用户号码(SN)。我国的移动网络使用的这种编码结构,具体格式为国家码(CC)+三位识别码(IC)(如 139)+用户号码(SN),其中联通的 IC 为 130~133,移动的 IC 为 134~139。

4. 电话信令网的组成与结构

当通信网使用共路信令——No.7 信令后,除了原有的电信网外,还形成一个独立的、起支撑作用的 No.7 信令网。它本质上是载送信令消息的数据传送系统,是一个专用分组交换数据网。

信令网由信令点(SP)、信令转接点(STP)和信令链 3 部分组成。信令点是信令消息的源点和目的地点,它可以是具有 No.7 信令功能的各种交换局;信令转接点具有转接信令的功能;信令链是信令网中连接信令点的最基本部件。

信令网按结构分为无级信令网和分级信令网。无级信令网是指未引入信令转接点的信令网,采用网状连接。网状网具有信令路由好,信令消息传递时延短的优点。但限于技术和经济上的原因,不能适应较大范围的信令网的要求。分级信令网是使用信令转接点的信令网。分级信令网又可划分为二级信令网和三级信令网。三级信令网由两级信令转接点,即高级信令转接点(HSTP)和低级信令转接点(LSTP)以及 SP 构成。

信令网和电话网是两个相互独立的网络,但由于信令网是支撑电话网业务的网络,所以它们之间存在着密切关系。电话网与信令网其物理实体是同一个网络,但从逻辑功能上又是两个不同的功能网络。信令网一般采用三级结构(包括 HSTP、LSTP 和 SP),它们分别与两级长途网和端局组成的电话网相对应。

5.1.6　智能网技术

智能网技术在通信网中以较低成本,迅速、灵活地引入新业务为目标,采用新型的网络结构和控制方式,无须大量修改交换机软件,即可快速为客户提供各种新业务。本节讲述智能网的基本概念、智能网构成和智能网概念模型,并对智能网的结构功能进行了介绍。

1. 智能网概述

随着电信网络的发展,用户对业务的需求越来越高,用户希望提供的业务种类多,要求使用方便快速,并希望提供灵活地获取信息的手段,甚至希望自己能参与管理。

一个电信网络不仅具有传递、交换信息的能力,而且还具有对信息进行储存、处理和灵活控制的能力,这些业务被称为智能业务。20 世纪 80 年代,美国 800 号业务(被叫集中付费业务)的产生,标志着智能业务的最早出现。被叫集中付费业务主要用于一些大型企业、公司的广告宣传。它们为了招揽生意而向其客户提供免费呼叫,通话费用记在被叫客户的账上。智能网概念的提出,围绕着向用户提供各种新业务。智能网的目标不仅在于今天能向用户提供诸多的业务,而且着眼于今后也能方便、快速、经济地向用户提供新的业务。智能网是在原有通信网络基础上,为快速提供新业务而设置的附加网络结构,包括建立集中的业务控制点和数据库、集中的业务管理系统和业务生成环境。

所谓智能网中的智能是相对而言的,当电话网中采用了程控交换机以后,电话网也就有了一定的智能,如缩位拨号、呼叫转移等多种智能功能。但是,单独由程控交换机作为交换节点而构成的电话网还不是智能网,智能网与现有交换机中具有智能功能是不同的概念。

智能网依靠先进的 No. 7 信令和大型集中数据库来支持。它的最大特点是将网络的交换功能与控制功能相分离,把电话网中原来位于各个端局交换机中的网络智能集中到了若干个新设的功能部件(智能网的业务控制点)的大型计算机上,而原有的交换机仅完成基本的接续功能。交换机采用开放式结构和标准接口与业务控制点相连,听从业务控制点的控制。由于对网络的控制功能已不再分散于各个交换机上,一旦需要增加或修改新业务,无须修改各个交换中心的交换机,只需在业务控制点中增加或修改新业务逻辑,并在大型集中数据库内增加新的业务数据和客户数据即可。新业务可随时提供,不会对正在运营中的业务产生影响。未来的智能网可配备完善的业务生成环境,客户可以根据自己的特殊需要定义自己的个人业务。这对电信业的发展无疑是一次革命。

2. 智能网的结构与功能

智能网一般由业务交换点(SSP)、业务控制点(SCP)、信令转接点(STP)、智能外设(IP)、业务管理系统(SMS)、业务生成环境(SCE)等部分组成,如图 5.11 所示。

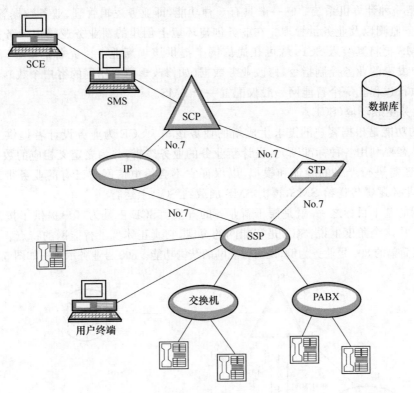

图 5.11　智能网的总体结构

(1) 业务交换点(SSP)

SSP 具有呼叫处理功能和业务交换功能。呼叫处理功能可实现接收客户呼叫、执行呼叫建立和呼叫保持等基本接续功能。业务交换功能则能够接收、识别出智能业务呼叫并向业务控制点报告,进而接受业务控制点发来的控制命令。业务交换点一般以原有的数字程控交换机为基础,再配以必要的软硬件以及 No.7 共路信令网的接口。

(2) 业务控制点(SCP)

SCP 是智能网的核心功能部件,它存储用户数据和业务逻辑,其主要功能是接收 SSP 送来的查询信息并查询数据库,进行各种译码;同时,它还能根据 SSP 上报来的呼叫事件启动不同的业务逻辑,根据业务逻辑向相应的 SSP 发出呼叫控制指令,从而实现各种各样的智能呼叫。智能网所提供的所有业务的控制功能都集中在 SCP 中,SCP 与 SSP 之间按照智能网的标准接口协议进行互通。SCP 一般由大、中型计算机和大型实时高速数据库构成,要求 SCP 具有高度的可靠性,每年服务的中断时间不能超过 3 分钟。因此它在网络中的配置起码是双备份甚至是三备份的。

(3) 信令转接点(STP)

STP 实质上是 No.7 信令网的组成部分。在智能网中,STP 用于沟通 SSP 与 SCP 之间的信号联络,其功能是转接 No.7 信令。它通常是分组交换机,在网中的配置是双备份的。

(4) 智能外设(IP)

IP 是协助完成智能业务的特殊资源,通常具有各种语音功能,如语音合成、播放录音通知、接收双音多频拨号、进行语音识别等。IP 可以是一个独立的物理设备,也可以是 SSP 的一部分,它接受 SCP 的控制,执行 SCP 业务逻辑所指定的操作。IP 设备一般造价较高,若在网络中的每个交换节点都配备是很不经济的,因此在智能网中将其独立配置。

（5）业务管理系统（SMS）

SMS 是一种计算机系统。它一般具有 5 种功能,即业务逻辑管理、业务数据管理、用户数据管理、业务监测以及业务量管理。在业务创建环境上创建的新业务逻辑由业务提供者输入SMS 中,SMS 再将其装入 SCP,就可在通信网上提供该项新业务。完备的 SMS 系统还可接收远端客户发来的业务控制指令,修改业务数据(如修改虚拟专用网的客户个数),从而改变业务逻辑的执行过程。一个智能网一般仅配置一个 SMS。

（6）业务生成环境（SCE）

SCE 的功能是根据客户的需求生成新的业务逻辑。SCE 为业务设计者提供友好的图形编辑界面。客户利用各种标准图元,设计新业务的业务逻辑,并为之定义相应的数据。业务设计好之后,还需进行严格的验证和模拟,以保证它不会给电信网中已有的业务带来损害。此后,才将此业务逻辑传送给 SMS,再由 SMS 加载到 SCP 上运行。

智能网的基本目标之一,就是便于新业务的开发。SCE 正是为客户提供了按需设计业务的可能性。从这个角度上说,SCE 是智能网的灵魂,它真正体现了智能网的特点。

下面以简单的 800 号业务为例,说明智能网的结构功能。800 号业务示意图如图 5.12 所示。

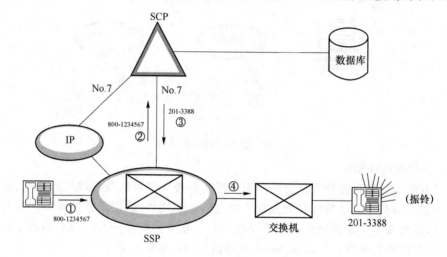

图 5.12   800 业务示意图

图中的各个步骤说明如下:

① 主叫用户拨 800 号业务号码"800-1234567";

② SSP 向 SCP 查询 800 号被叫号码;

③ SCP 向 SSP 送回译码结果(真正被叫号码);

④ 连接主、被叫,振铃。

5.2   分组交换基本原理

5.2.1   分组交换的概念

1. 分组交换原理

分组交换采用"存储-转发"的方式,把报文截成若干个比较短的、规格化了的"分组"(或称包)进行交换和传输。由于分组长度较短,具有统一的格式,便于在交换机中存储和处理,"分组"进入交换机后只在主存储器中停留很短时间,进行排队和处理,一旦确定了新的路由,就很快传输到下一个交换机或用户终端。

分组是由分组头和其后的用户数据部分组成的。分组头包含接收地址和控制信息。

分组交换的工作原理如图 5.13 所示。假设分组交换网有 3 个交换节点,图 5.13 中为分组交换机 1、2、3,还有 A、B、C、D 4 个数据用户终端,其中,B 和 C 为分组型终端,A 和 D 为一般终端。

分组型终端以分组的形式发送和接收信息,一般终端发送和接收的是报文,可由分组拆装设备 PAD 完成拆包或组装的功能。图 5.13 中非分组型终端 A 发出带有接收端 C 地址的报文,分组交换机 1 将此报文拆成两个分组,存入存储器并进行路由选择,决定将分组 $\boxed{1C}$ 直接传给分组交换机 2,将分组 $\boxed{2C}$ 先传给分组交换机 3,再由交换机 3 传给分组交换机 2。最后由分组交换机 2 将两个分组排序后送给接收终端 C。分组型终端 B 发送的 3 个数据分组,在交换机 3 中不必经过 PAD。到达交换机 2,再由 PAD 将 3 个分组组装成报文送给一般终端 C。

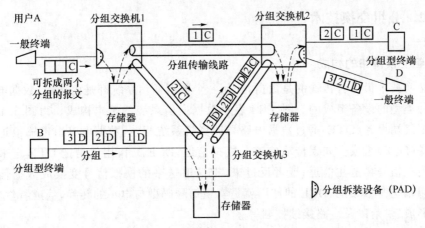

图 5.13 分组交换的工作原理

2. 分组的复用和传输方式

(1) 分组的复用

正如 4.2.1 节和 4.2.2 节所介绍的,在分组交换技术中使用的是统计时分复用信号,其子信道被称为逻辑信道,逻辑信道号作为传输线路的一种资源。逻辑信道为用户提供了独立的数据流通路,对同一个用户,每次通信可分配不同的逻辑信道号。这样,分组交换技术可以提高线路传输的利用率,适合于突发性或断续性的数据传输。

(2) 分组的传输方式

1) 数据报方式

数据报方式即 4.2.4 节中介绍的无连接方式。数据报中每一个分组都带有完整的目的站地址,独立地进行路由选择,同一终端送出的不同分组可以沿着不同的路径到达终点。在网络终点,分组的顺序可能不同于发端,需要重新排序。它的差错控制和流量控制由主机完成。

数据报有以下特点:

① 传送协议简单;

② 传送不需建立连接;

③ 分组到达终点的顺序可能不同于发端,需重新排序;

④ 各分组的传输时延差别可能较大。

2）虚电路方式

虚电路方式即 4.2.4 节中介绍的逻辑连接方式,是两个用户终端设备在开始互相传输数据之前必须通过网络建立一条逻辑上的连接(称为虚电路),一旦这种连接建立以后,用户发送的数据(以分组为单位)将通过该路径按顺序通过网络传送到终点。当通信完成之后,用户发出拆链请求,网络拆除连接。

虚电路的特点如下:

① 一次通信具有呼叫建立、数据传输和呼叫清除 3 个阶段,对于数据量较大的通信,传输效率高;

② 收发之间的路由在数据传送之前已被决定,不必为每个分组选择路由,分组只根据虚电路号就可在网中传输;

③ 分组按次序到达接收端,终点不需对分组重新排序;

④ 差错控制与流量控制由网络负责。

5.2.2 分组交换技术

1. 分组交换网络的构成

分组交换技术最适合传输的是数据,任何一个数据通信系统都是由终端、数据电路和计算机系统 3 种类型的设备组成的。图 5.14 表示数据通信系统的基本构成。由图 5.14 可看出,远端的数据终端设备(DTE)通过数据电路与计算机系统相连,数据电路由传输信道和数据电路终接设备(DCE)组成。如果传输信道是模拟信道,DCE 的作用就是把 DTE 送来的数据信号变换成模拟信号再送往信道;或者反过来,把信道送来的模拟信号变换成数据信号再送到DTE。如果信道是数字的,DCE 的作用就是实现信号码型与电平的转换,信道特性的均衡,收发时钟的形成、供给以及线路接续控制等。

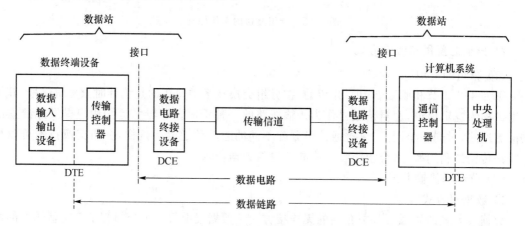

图 5.14　数据通信系统构成

传输信道从不同角度有不同的分类方法,如有模拟信道和数字信道之分,专用线路和交换网线路之分,有线信道和无线信道之分,频分、时分、码分信道之分等。

由图 5.14 还可看出,数据电路加上传输控制规程就是数据链路,因此数据链路比数据电路的传输质量好得多。

分组交换网是一个由分布在各地的数据终端设备、数据交换设备和数据传输链路所构成的网络,在网络协议(软件包括 OSI 下 3 层协议)的支持下,实现数据终端间的数据传输和交换。分组交换网示意图如图 5.15 所示,其硬件构成包括数据终端设备、分组交换设备及数据传输链路。

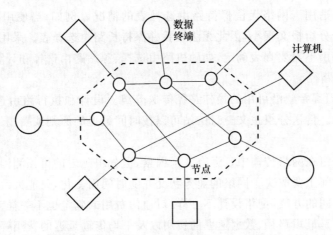

图 5.15　分组交换网示意图

值得注意的是,X.25 分组交换网是产生于 20 世纪 70 年代的第一个商用的分组交换网,本节所讲述的分组交换的概念及技术等,都是基于 X.25 分组交换网的。

2. 路由选择

(1) 交换节点在路由选择中的工作原理

分组进入交换节点,节点中央处理单元(CPU)对分组进行测试,包括对分组网络层目的地址的检验,在这个基础上,分组被安排在正确的出线,并进入相应的队列等待发送。由节点选择正确的出线的过程被称为路由选择功能。图 5.16 表示分组交换节点在路由选择中的工作原理。

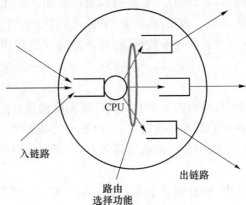

图 5.16　分组交换节点在路由选择中的工作原理

分组通过交换节点的延迟有 3 个主要因素:在 CPU 及出链路队列中的排队时间,CPU 处理时间和分组传输时间。

完成路由选择功能通常采用下面两种途径。

1) 表控路由选择

表控路由选择是最常用的方法,此方法要求每个节点存储并保持一张路由选择表,其中包括分组标识(ID)与出链路间的对应关系。分组的 ID 可以是分组的目的地址,也可以是分组的源站与目的站的组合地址或分组所属的虚电路标识。确定正确的出链路包括检验分组报文头、提取分组标识,然后查路由选择表,最后确定出链路。

2)无表路由选择

无表路由选择适用于网络无法保持路由选择表的情况。例如,当使用高速链路时,CPU处理过程要求每个分组报文很小,因此无法查找并保持长路由选择表。采用无表路由选择时,每个分组报文的路由不需要查表确定,如随机路由选择、源站路由选择和计算式路由选择等。

(2)确定最佳路径

一般来说,人们都希望沿可用的最佳路径传送分组。设计和执行路由选择程序的重要依据是路径选择准则。传送分组报文至目的站可以按时间最短的原则或费用最小的原则等来选择路径。

前面已讲过分组在网络传输中延迟有3个因素,但分组延迟的可预测因素只有传输时间,因为排队及处理时间主要取决于网络的业务状况并随时间而变化,只能大致估计。

确定费用有不同的方法,网络设计不一样,对通信费用的确定也不一样。相邻节点之间的一段链路费用可以是最短路径、数据速率的费用以及平均传输延迟的费用等。

如果网络采用虚电路路由,那么在虚电路建立的同时选定一条路径,此路径适用于整个连接过程。尽管所选的路径可以提供最小延迟,但无法保证通过此路径的所有分组都能获得最小延迟。如果采用数据报路由,一个路由选择决定只适用于一个分组,这样每个分组实际经历的延迟就比较接近理想的最小延迟。

(3)路由选择程序的分类

路由算法的分类标准很多。按照能否根据网络状况的变化而动态调整,可以分为静态(非自适应)和动态(自适应)两大类;按照工作的模式,可以分为集中式和分布式两大类。

1)静态和动态

如前所述,典型的最短路径算法是:对每条链路赋予费用值,并在路由表中产生最短路径,如果频繁地执行最短路径运算,而且运算是根据对网络条件的实时测量,那么这种路由选择过程就称为动态的或自适应的。否则,称为静态的。需要强调的是,即使采用静态程序,路由选择表也是变化的,只不过变化的频率较低,而且参数通常是根据对网络条件的长期测量,取平均值。

2)集中与分布

在集中式路由选择程序中,路由控制中心负责计算网络的最短路径。如果程序是动态的,每个节点必须按周期向控制中心报告其链路状态,控制中心也需周期性地向各节点提供路由选择表。集中式路由选择的控制中心是系统的脆弱点,为保证路由控制中心的可靠性,其控制功能需备份。

在分布式路由选择程序中,所有网络节点都进行最短路由计算。例如,当某一节点处理来自其周围链路的信息时,分布式程序需提供每个节点的可用信息,以便执行分布式计算。

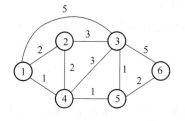

图 5.17　求最短通路算法的网络举例

(4)最短路由选择算法

这里所讲述的最短路径算法是由 E. Dijkstra 提出的,它能确定从任一源节点至网络中其他所有节点的最短路径,称这些路径的集合为最短前向路径树。

算法描述如图 5.17 所示,寻找从源节点 1 到其他各节点的最短通路。令 $D(u)$ 为源节点 1 到任一节点 u 的距离,它就是沿某一通路的所有链路的长度之和;再令

$L(i,j)$ 为节点 i 至节点 j 之间的距离。算法如下。

① 初始化。令 N 表示网络节点的集合。先令 $N=\{1\}$。对所有不在 N 中的节点 u,写出

$$D(u) = \begin{cases} L(1,u),若节点 u 与节点 1 直接相连 \\ \infty,若节点 u 与节点 1 不直接相连 \end{cases} \tag{6-1}$$

② 寻找一个不在 N 中的节点 w,其 $D(w)$ 值为最小。把 w 加入 N 中,然后对所有不在 N 中的节点用 $\sum D(u),D(w)+L(w,u)$ 中较小的值去更新原有的 $D(u)$ 值,即

$$D(u) \leftarrow \min[D(u),D(w)+L(w,u)] \tag{6-2}$$

③ 重复步骤②,直到所有的网络节点都在 N 中为止。

表 5.1 是对图 5.17 进行求解的详细步骤。

表 5.1　计算图 6.5 中网络的最短通路

步骤	N	$D(2)$	$D(3)$	$D(4)$	$D(5)$	$D(6)$
初始化	$\{1\}$	2	5	1	∞	∞
1	$\{1,4\}$	2	4	①	2	∞
2	$\{1,4,5\}$	2	3	1	②	4
3	$\{1,2,4,5\}$	②	3	1	2	4
4	$\{1,2,3,4,5\}$	2	③	1	2	4
5	$\{1,2,3,4,5,6\}$	2	3	1	2	④

最后就得出以节点 1 为根的最短通路树,如图 5.18(a)所示。节点 1 内的路由表如图 5.18(b)所示。当然,像这样的路由表,在所有其他各节点中都应当有一个。但这就需分别以这些节点为源节点,重新执行算法,然后才能找出其最短通路树以及相应的、放在源节点中的路由表。

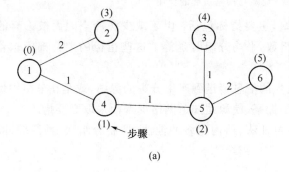

目的节点	后继节点
2	2
3	4
4	4
5	4
6	4

(a)　　　　　　　　　　(b)

图 5.18　最短通路树和节点 1 的路由表

3. 流量控制与拥塞控制

分组交换网的流量控制是指限制进入分组网的分组数量,往往指在给定的发送端和接收端之间的点对点通信量的控制。流量控制所要做的就是使发送端发送数据的速率不能使接收端来不及接收;但问题并不这么简单,就像如不加以交通限制,道路交通会发生阻塞一样,分组交换网如果不进行流量控制,也会出现拥塞现象,甚至造成死锁。

网络拥塞往往是由许多因素引起的,可以是网络内的通信业务量过负荷,或者网络中存在"瓶颈口"。分组交换网中,当网络输入负荷比较小时,各节点中分组队列都很短,节点有足够的缓冲器接收新到达的分组,使网络吞吐量随着输入负荷的增大而线性增长;但当网络负荷增大到一定程度时,节点中的分组队列加长,有的缓冲存储器已占满,节点开始抛弃还在继续到

达的分组,导致分组的重传增多,时延加大,加剧网络拥塞,吞吐量下降,严重时使数据停止流动,造成死锁。

网络拥塞不能单靠增加网络资源来解决。因为问题的实质往往是整个系统的各部分不匹配。只有所有部分都平衡了,问题才会得到解决。

拥塞控制是一个全局性过程,涉及所有的主机、路由器,以及与降低网络传输性能有关的所有因素。它与流量控制关系密切,某些拥塞控制算法是向发送端发送控制报文,并告诉发送端,网络已出现麻烦,必须放慢发送速率,这点又和流量控制是很相似的。

对于流量控制和拥塞控制在网络中所起的作用,可以用图5.19表示。图5.19中横坐标是网络负载,代表单位时间内输入给网络的分组数目,因此网络负载也称为输入负载;纵坐标是吞吐量,代表单位时间内从网络输出的分组数目。图5.19中3条曲线分别表示理想流量控制、实际流量控制和无流量控制的3种情况。从图5.19中可以看出,没有流量控制或拥塞控制时网络会出现拥塞,甚至会死锁。

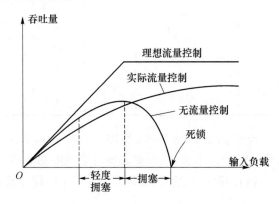

图5.19　流量与拥塞所起的作用

有很多方法可用来监测网络的拥塞,主要指标包括:由于缺少缓冲空间而被丢弃的分组的百分数,平均队列长度,超时重传分组数,平均分组时延等。这些指标的上升都标志着拥塞的增长。

当监测到拥塞发生时,要将拥塞发生的信息传送到产生分组的源站,或是在分组中保留一个比特或字段来表示网络中是否产生了拥塞,使源站知道网络拥塞而采取必要措施。

拥塞控制还可以有许多方法,如许可证法、结构化缓冲池法、抑制分组法、预留缓冲区法、重新启动法等,这里就不一一讲述了。

5.2.3　ATM技术

1. ATM技术基本原理

ATM技术是以分组传送模式为基础并融合了电路传送模式高速化的优点发展而成的,可以满足各种通信业务的需求。

ATM的传送模式本质上是一种高速分组传送模式。它将话音、数据及图像等所有的数字信息分解成长度固定信元,采用统计时分复用方式将来自不同信息源的信元汇集到一起,在一个缓冲器内排队,然后按照先进先出的原则将队列中的信元逐个输出到传输线路,从而在传输线路上形成首尾相接的信元流。在每个信元的信头中含有虚通路标识符/虚信道标识符(VPI/VCI)作为地址标志,网络根据信头中的地址标志来选择信元的输出端口转移信元。

ATM 采用固定长度的信元,可使信元像同步时分复用中的时隙一样定时出现。因此,ATM 可以采用硬件方式高速地对信头进行识别和交换处理,从而具有电路传送方式的特点,为提供固定比特率和固定时延的电信业务创造了条件。

综上所述,ATM 传送模式融合了电路传送模式与分组传送模式的特点。

ATM 信元结构和信元编码是在 I. 361 建议中规定的,由 53 字节的固定长度数据块组成,其中前 5 字节是信头,后 48 字节是与用户数据相关的信息段。信元组成结构如图 5.20 所示。

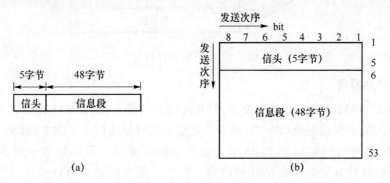

图 5.20　ATM 信元结构

信元从第 1 字节开始顺序向下发送,在同一字节中从第 8 比特开始发送。信元内所有的信息段都以首先发送的比特为最高比特(MSB)。

ATM 信元结构有两种:一种用在用户/网络接口,简称 UNI 信元;另一种用在网络内部接口,简称 NNI 信元。两种信元的信头格式稍有不同,如图 5.21 所示。

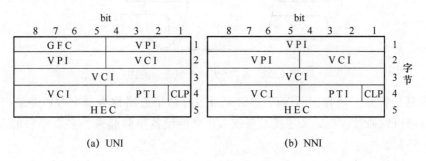

图 5.21　ATM 信头格式

各字段含义简述如下。

① GFC:一般流量控制,4 比特,在 NNI 中没有 GFC。

② VPI:虚通路标识,在 UNI 中为 8 bit,在 NNI 中为 12 bit。

③ VCI:虚信道标识,16 bit。

④ VPI 和 VCI:路由信息;

⑤ PTI:净荷类型,3 bit,可以指示 8 种净荷类型,其中 4 种为用户数据信息类型,3 种为网络管理信息,还有 1 种目前尚未定义。

⑥ CLP:信元丢弃优先权,当传送网络发生拥塞时,首先丢弃 CLP＝1 的信元。

⑦ HEC:信头差错控制码,HEC 是一个多项式码,用来检验信头的错误。

国际电联标准化组织 ITU-T 在建议 I. 321 中给出的 ATM 的参考模型如图 5.22 所示,可以看出 ATM 层相当于 OSI 的数据链路层。

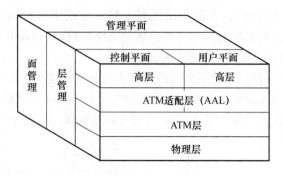

图 5.22　ATM 协议模型

2. ATM 交换原理

ATM 系统采用面向连接的工作方式,但其连接为逻辑连接,即虚电路方式。虚电路可能是用户长期占用的永久虚电路(PVC),或者是通信前临时申请的交换虚电路(SVC)。

ATM 虚电路的概念如图 5.23 所示。在一个物理通道中可以包含一定数量的虚通路(VP),虚通路的数量由信头中的 VPI 值决定。而在一条虚通路中可以包含一定数量的虚信道(VC),并且虚信道的数目由信头中的 VCI 值决定。一个虚通路可由多个虚信道组成。ATM 信元的交换既可以在 VP 级进行,也可以在 VC 级进行。

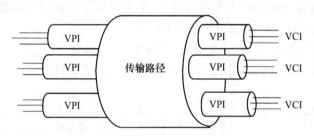

图 5.23　ATM 虚电路概念示意图

在一条通信线路上具有相同 VPI 的信元所占有的子通路称为一个 VP 链路(VP Link)。多个 VP 链路可以通过 VP 交叉连接设备或 VP 交换设备串联起来。多个串联的 VP 链路构成一个 VP 连接。

一个 VP 连接中传送的具有相同 VCI 的信元所占有的子信道称为一个 VC 链路(VC Link)。多个 VC 链路可以通过 VC 交叉连接设备或 VC 交换设备串联起来。多个串联的 VC 链路构成一个 VC 连接。

图 5.24 给出了一个 VP 和 VC 交换连接的示意图。VP 交换是指 VPI 的值在经过交换节点时,根据 VP 连接的目的地,将输入信元的 VPI 值改为接收端的新的 VPI 值赋予信元并输出;VC 交换是指 VCI 的值在经过 ATM 交换后,VPI 和 VCI 的值都发生了改变。

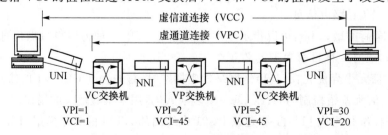

图 5.24　VP 和 VC 连接

所谓 ATM 交换,是指在 ATM 网中,ATM 信元从输入端的逻辑信道到输出端逻辑信道的消息传递。输出信道的确定是根据连接建立信令的要求在众多的输出信道中进行选择来完成的。为了提供交换功能,输入信元必须根据输入端口号和输入 VPI/VCI 查找到输出端口号及输出的 VPI/VCI。

下面举例说明 ATM 交换的基本原理,如图 5.25 所示。

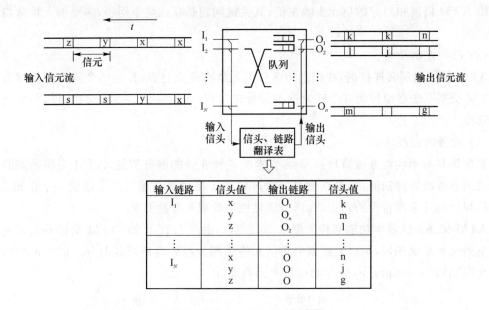

图 5.25　ATM 交换原理

图 5.25 中的交换节点有 N 条入线($I_1 \sim I_N$),n 条出线($O_1 \sim O_n$),每条入线和出线上传送的都是 ATM 信元,每个信元的信头值表明该信元所在的逻辑信道。不同的入线(或出线)上可以采用相同的逻辑信道值。ATM 交换的基本任务是将任一入线上任一逻辑信道中的信元交换到所需的任一出线上的任一逻辑信道上去。

例如,图 5.25 中入线 I_1 的逻辑信道 x 被交换到出线 O_1 的逻辑信道 k 上,入线 I_1 的逻辑信道 y 被交换到出线 O_n 的逻辑信道 m 上等。这里的交换包含了两方面的功能:一是空间交换,即将信元从一个输入端口改送到另一个编号不同的输出端口上去,这个功能又叫路由选择;另一个功能是逻辑信道的交换,即将信元从一个 VPI/VCI 改换到另一个 VPI/VCI。以上交换通过信头、链路翻译表来完成,如 I_1 的信头值 x 被翻译成 O_1 上的 k 值。

由于在 ATM 逻辑信道上信元的出现是随机的,因此会存在竞争(或称碰撞或冲突)。也就是说,在某一时刻,可能会发生两条或多条入线上的信元都要求转到同一输出线上去。例如,I_1 的逻辑信道 x 和 I_N 的逻辑信道 x 都要求交换到 O_1,前者使用 O_1 的逻辑信道 k,后者使用 O_1 的逻辑信道 n,虽然它们占用不同的 O_1 逻辑信道,但如果这两个信元同时到达 O_1,则在 O_1 上的当前时刻只能满足其中一个的需求,另一个必须被丢弃。为了不使在发生碰撞时引起信元丢失,交换节点中必须提供一系列缓冲区,以供信元排队用。

3. ATM 交换系统

ATM 交换系统的功能与交换机类型和具体应用有关。通常,ATM 交换系统应具有的基本功能包括:接口功能、交换连接功能、信令功能、呼叫控制功能、业务流管理功能及运行和维护功能。其中主要功能概要介绍如下。

（1）交换连接功能

ATM交换系统的交换连接功能可分为空分交换功能和时分交换功能。空分交换功能完成将一条物理入线上的信息交换到另一条物理出线上的功能，其关键是通路选择问题，即在交换机内部，信息如何选择一条通路从入线到达出线；时分交换功能完成将物理入线上一个逻辑信道的信息交换到物理出线上的另一个逻辑信道，即其输入信元头的值会被翻译成一个与输出逻辑ATM信道相对应的信元头输出值，其关键问题是存在竞争问题，需要引入排队机制来解决。

（2）呼叫控制功能

ATM是面向逻辑连接的，在信息传送以前先要有建立过程，传送结束则有释放过程。因此ATM交换系统必须控制各个呼叫连接的处理过程，包括寻址、选路、交换结构中的通路选择等功能。

（3）业务流管理功能

要保证具有不同业务流特性和QoS要求的各种业务的服务质量，ATM交换系统必须提供有效的业务流管理功能，其要点就是当用户建立连接时都必须与网络达成一个合约：用户受合约规定的业务流特性的约束，而网络满足用户的服务质量要求。

ATM交换系统基本功能结构如图5.26所示。由图5.26可知，ATM交换系统的基本结构与电路交换系统相似，可以大致划分为信元传送部分与处理机控制部分。信元传送部分又包括交换结构（Switching Fabric）和接口单元两部分。

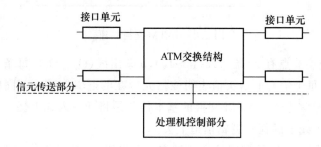

图5.26　ATM交换系统基本功能结构

ATM交换结构是实现ATM的关键技术之一，是ATM交换系统中必不可少的重要组成部分，应具有信头翻译、选路、排队3项基本功能。需要采用各种类型的交换结构实现交换连接功能，不但是用户信息，而且信令消息和处理机之间的控制信息也通过交换结构传送。

ATM交换结构一般可以划分为3类：共享媒体型、共享存储型和空分型。典型的有基于Crossbar的交换结构、基于BANYAN的交换结构、多通路的交换结构等。其排队策略有外部缓冲和内部缓冲。外部缓冲指缓冲器不设在交换结构的内部，主要有输入缓冲、输出缓冲、输入与输出缓冲、环回缓冲等；内部缓冲指缓冲器设在交换结构的内部。无阻塞结构不需要内部缓冲，主要有输入缓冲、输出缓冲、交叉点缓冲、共享缓冲等。

下面给出一个实例：BANYAN网络。

BANYAN网络是一种空分交换网络，是由若干个2×2交换单元组成的多级交换网络。它最早使用于并行计算机领域，与电信交换毫不相干，但目前已在ATM交换机中得到广泛应用。

2×2交换单元是具有2条入线和2条出线的电子开关元件，如图5.27所示。

(a) 平行连接　　　　　　　　　(b) 交叉连接

图 5.27　2×2 交换单元

这种电子开关具有两种状态：平行连接和交叉连接，分别完成不同编号的入线与出线间的连接，达到 2 条入线中的任意入线和 2 条出线中的任意出线可进行交换的目的。

图 5.28 是由 2×2 交换单元构成的 8×8 三级 BANYAN 网络，其基本特性如下。

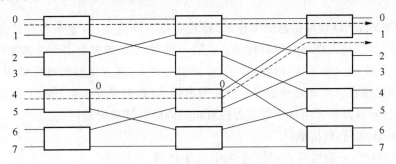

图 5.28　8×8 三级交换网络

① 因为 BANYAN 网络的构成有一定的规则，可以由较小容量的 BANYAN 网络扩展为较大规模，扩展性好。

② 唯一路径。BANYAN 网络每一条入线到每一条出线都有一条路径，并且只有一条路径。例如，图 5.28 中的虚线画出了由入线 0 到出线 0 和入线 4 到出线 1 的路径。

③ 自选路由。BANYAN 网络可以使用对应于出线编号的二进制编码的选路信息自动选择路由，将入线上的信元送到指定出线上输出。其中每一级的 2×2 交换单元都依次根据选路信息中的某一位来自选路由，该比特为 0 时选择两条出线中上面的一条出线，该比特为 1 时则选择下面的一条出线。例如，在图 5.28 中，入线 4 输入的信元带有选路信息"1"，即需要在出线 1 输出，"1"的二进制编码为"001"，则第一、二、三级的 2×2 交换单元依次按照"0""0""1"来选路，使信元最终到达出线 1。

④ 阻塞特性。由于 BANYAN 网络具有唯一路径特性，所以其内部阻塞随着阵列级数的增加而增加。所以，BANYAN 网络不可能做得很大，同时也必须采取一些减少内部阻塞的办法。

5.2.4　以太网技术

以太网支持的传输媒体从最初的同轴电缆发展到双绞线和光缆，星型拓扑的出现使以太网技术上了一个新的台阶，获得迅速发展。从共享型以太网发展到交换型以太网，并出现了全双工以太网技术，致使整个以太网系统的带宽成十倍、百倍地增长，并保持足够的系统覆盖范围。以太网以其高性能、低价格、使用方便的特点继续发展。本节讨论 10 Mbit/s 以太网技术，并对交换式以太网加以简单介绍。

1. 以太网的介质访问控制方式

以太网与前面讲过的交换式数据网有着很大差别。它的核心思想是利用共享的公共传输媒体。常规的共享媒体只以半双工的模式工作，网络在同一时刻要么发送数据，要么接收数据,但不能同时发送和接收。直至 1997 年,全双工以太网才诞生。

以太网的媒体访问控制方式是以太网的核心技术,它决定了以太网的主要网络性质。

在公共总线或树型拓扑结构的局域网上,通常使用带碰撞检测的载波侦听多路访问技术(CSMA/CD)。CSMA/CD 又可称为随机访问或争用媒体技术,它讨论网络上多个站点如何共享一个广播型的公共传输媒体,即解决"下一个该轮到谁往媒体上发送帧"的问题。对网络上的任何站来说,不存在预知的或由调度来安排的发送时间,每一站的发送都是随机发生的。因为不存在用任何控制来确定该轮到哪一站发送,所以网上所有站都在时间上对媒体进行争用。

想利用 CSMA/CD 传输信息的工作站,首先要监听媒体,以确定是否有其他的站正在传播。如果媒体空闲,该工作站则可以传播。在同一时刻,两个或多个工作站都欲传输信息的情况是极有可能发生的。如果这种情况发生,将会引起冲突,双方传输的数据将变得杂乱不清,导致不能成功地接收。因此必须制定一个处理过程,以解决要发送信息的工作站当发现媒体忙时应怎样工作,以及当发生冲突时应怎样解决的问题。其规则是:

① 如果媒体空闲,则传输;

② 如果媒体忙,一直监听直到信道空闲,马上传输;

③ 如果在传输中检测到冲突,立即取消传输;

④ 冲突后,等待一段随机时间,然后再试图传输(重复第一步)。

2. 以太网的协议结构和网络系统组成

(1) 协议结构

以太网的网络体系结构是以局域网的 IEEE 802 参考模型为基础的。IEEE 802 参考模型与 OSI 的区别是:它用带地址的帧来传送数据,不存在中间交换,所以不要求路由选择,这样就不需要网络层了;在局域网中只保留了物理层和数据链路层,数据链路层分成 2 个子层,即媒体接入控制子层(MAC)和逻辑链路控制子层(LLC),如图 5.29 所示。

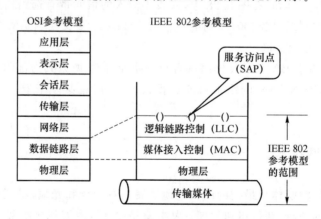

图 5.29 IEEE 802 参考模型与 OSI 的比较

MAC 子层负责媒体访问控制,以太网采用竞争方式,对于突发式业务,竞争技术是合适的。LLC 子层负责没有中间交换节点的两个站之间的数据帧的传输。它不同于传统的链路层,即它还必须支持链路的多路访问特性;它可利用 MAC 子层来摆脱链路访问中的某些细节;它必须提供某些属于第 3 层的功能。所以 LLC 子层不但要有差错、流量控制,还需有复用、提供无连接的服务或面向连接的服务等功能。

在这里需要解释一下以太网的寻址问题。先考虑交换数据的要求,一般地说,通信涉及 3 个因素:进程、主机和网络。进程是进行通信的基本实体。从一个进程到另一个进程的数据传送过程是:首先将数据加给驻留该进程的主机,然后再送给另一个进程。这个概念暗示至少需要两级寻址。

① MAC 地址:标识局域网上的一个站地址,即计算机硬件地址。

② LLC 地址:标识一个 LLC 用户,即进程在某一主机中的地址,也就是 LLC 子层上的服务访问点(SAP)。

这里 MAC 地址与网络上的物理连接点有关。LLC 子层的 SAP 则与一个站内的特定用户有关。在某些情况下,SAP 对应于一个主机进程,另一种情况,集中器的每个端口对应于唯一的 SAP。

(2) 以太网的数据帧结构

常见的以太网帧结构有两种:DIX Ethernet II 标准和 IEEE 802.3 标准。二者的帧格式比较类似,主要不同之处在于帧首部第三个字段定义有所不同,前者代表上层协议的类型,后者代表数据帧长度。下面以较为常见的 DIX Ethernet II 标准为例进行帧格式的介绍,如图 5.30 所示。

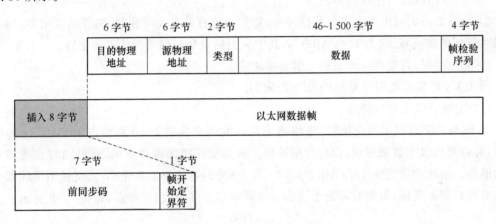

图 5.30 以太网的数据帧格式

各字段的含义如下。

① 前同步码(7 字节)和帧开始定界符(1 字节):为了接收端实现同步以便顺利接收数据帧,在帧的前面插入 8 字节,其中前面 7 字节是前同步码,由 1 和 0 交替形成,作用是调整接收端时钟频率,实现同步;后面 1 字节是帧开始定界符,定义为 10101011,用于告知接收端数据帧开始的位置。

② 目的物理地址(6 字节):指明该数据帧的目的节点的物理地址。

③ 源物理地址(6 字节):指明该数据帧的源节点的物理地址。

④ 类型(2 字节):说明该数据帧携带的数据字段中是哪一个上层协议的数据。

⑤ 数据(46~1 500 字节):要传输的数据,根据具体情况该字段长度可以在限制范围内变化。

⑥ 帧检验序列 FCS(4 字节):该字段用于对数据帧进行校验。需要注意的是,校验的范围不包括前同步码和帧开始定界符。

（3）以太网系统组成

以太网系统通常由集线器、网卡以及双绞线组成，如图 5.31 所示。

在以太网物理结构中，一个重要功能块是编码/译码模块；另一个重要的功能块称为"收发器"，它主要是往媒体发送和接收信号，并识别媒体是否存在信号和识别碰撞，一般置于网卡中。

集线器(Hub)的主要功能是媒体上信号的再生和定时，检测碰撞，端口扩展。

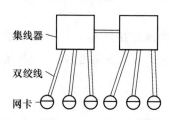

图 5.31　以太网系统结构图

3. 共享型以太网与交换型以太网

（1）共享型以太网存在的问题

① 共享型以太网由于会发生数据冲突，带宽由所有站点共同分割，随着站点增多，每个站点能够得到的带宽减少（为 $10/n$ Mbit/s，其中 n 为站点数），网络性能迅速下降。

② 同一时刻，只能有一个站点与服务器通信。

③ LAN 的覆盖范围受 CSMA/CD 的限制。

（2）交换型以太网的特点

① 网络若采取以太网交换器，终端连接在以太网交换机上，分别独占 10 Mbit/s 的端口速率，可以形成多个数据通道，没有数据冲突。只要交换机的端口空闲，就可同时实现多对终端的通信。系统的带宽为 $10/n$ Mbit/s $\times N$（即 LAN 的高速率出口速率）。交换型集线器上平时所有端口都不连通，需要时可给予诸多站点同时建立多个收、发通道，如图 5.32 所示。

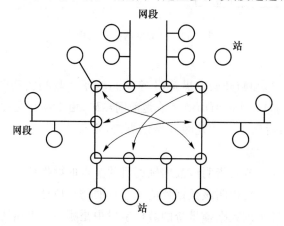

图 5.32　以太网交换机内的多个数据通道

② 交换机既隔离又连接了多个网段。

（3）交换型以太网的组网方式

交换型局域网组网采用星型拓扑结构，如图 5.33 所示。

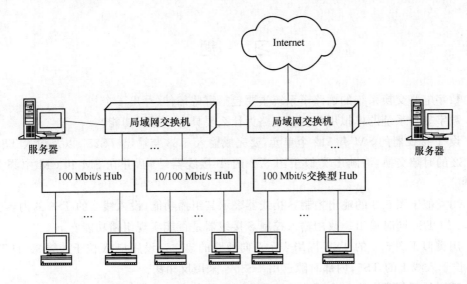

图 5.33　交换型局域网

交换型集线器技术和产品的问世,给予 LAN 技术一个飞跃。使用光缆的交换型集线器与全双工以太网技术的结合,使带宽以及覆盖范围均上了一个台阶。

本 章 小 结

电路交换系统的硬件功能结构通常可划分为话路子系统和控制子系统两部分:话路子系统包括交换网络、信令设备以及各种接口电路;控制子系统包括处理机和存储器、外部设备和远端接口等部件。软件功能结构主要包括操作系统、呼叫处理、维护管理三部分。其中呼叫处理程序用于控制呼叫的建立和释放,可包含用户扫描、信令扫描、数字分析、路由选择、通路选择、输出驱动等功能块;呼叫处理软件为呼叫建立而执行的处理任务可分为输入处理、内部处理和输出处理三种类型。

智能网最大的特点是将网络的交换功能与控制功能相分离,主要目标是提供独立于业务的一些基本功能。智能网由业务交换点、业务控制点、信令转接点、智能外设、业务管理系统、业务生成环境等部分组成。

本章还讲述了分组交换的基本概念、路由选择、最佳路由的确定和算法、流量控制与拥塞控制。

ATM 技术是以分组传送模式为基础并融合了电路传送模式高速化的优点发展而成的,可以满足各种通信业务的需求。其主要特点包括:基于统计时分复用;采用面向虚连接工作方式,利用 VPI 和 VCI 标识逻辑信道;固定长度 53 字节信元等。ATM 信元的交换功能是在ATM 交换系统中完成的,其具体功能包括接口功能、交换连接功能、信令功能、呼叫控制功能、业务流管理功能及操作维护功能。以太网是共享介质的一种数据网,它采用随机访问控制方式,实现了简单、便宜、高性能的局域网。

习　题

1. 数字电路交换系统的话路子系统主要包括哪些部件(写出 4 个)?

2. 数字交换系统的模拟用户接口电路为什么要具有编译码功能?

3. 设 T 接线器的 SM 有 512 个单元,要完成输入 TS8 与输出 TS257 以及输入 TS511 与输出 TS2 的时隙交换,请画出类似于图 5.2 的 T 接线器结构,并在 SM 和 CM 中添上相应内容。

4. 用类似于图 5.3 的输出控制 S 接线器表示其组播功能,设入线 2 的 TS6 的内容要在出线 1,3,4 的 TS6 同时输出。改用输入控制 S 接线器是否能实现组播功能?

5. 用类似于图 5.4 的 TST 网络表示双向通路的建立。设用户 A 位于入线 32 的 TS468,用户 B 位于入线 1 的 TS5,内部时隙选用 TS357,采用反相法。

6. 呼叫处理程序主要包含哪些具体程序? 它们各自的功能如何?

7. 程控交换机中操作系统的主要功能有哪些?

8. 分组交换本质上是存储转发,为什么能实现信息的交换?

9. 分组传输中,数据报方式与虚电路方式各有什么优缺点?

10. 虚电路与实际物理电路有什么不同?

11. 请在题图 5.1 的网络中应用 Dijkstra 路由选择算法,列表计算由源节点①到其他各节点的最短路由,并给出最短通路树。

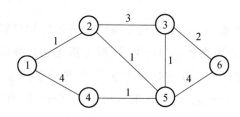

题图 5.1

12. 在实现路由选择功能中,表控路由选择和无表路由选择各适用于什么情况?

13. 流量控制与拥塞控制在概念上有什么相同? 又有什么不同?

14. 依靠增加网络资源是否能够解决网络拥塞?

15. 共享式以太网与交换式以太网有什么不同?

16. 为什么说 ATM 技术是融合了电路交换和分组交换的特点? 请简要说明原因。

17. 请画出 ATM 信元的组成格式,并说明在 UNI 和 NNI 上的信元格式有何不同。

18. 在 ATM 系统中,什么叫虚通路,什么叫虚信道,它们之间存在着什么样的关系?

19. ATM 交换系统基本功能结构包括哪些功能模块?

20. "程控交换是电路交换的方式,如果采用 TST 交换网络,信息通过时完全不存在时延,而路由器是存储转发的分组交换方式,存在固定时延。"这个说法对吗? 如果认为不对,请指出错在哪里。

21. "ATM 采用固定长度的信元,可以使信元像同步时分复用中的时隙一样定时出现,具有电路传送方式的特点,因此属于一个 ATM 虚连接的所有信元传送的时延是固定的。"这个说法对吗? 如果认为不对,请指出错在哪里。

22. 在 ATM 网络信元的转发过程中,信头中作为地址标识的 VPI/VCI 是可变的还是始终不变的? 为什么?

23. "ATM 技术能够保证通信的服务质量,所以不需要端到端纠错。"这个说法对吗? 如果认为不对,请指出错在哪里。

24. 在 5.1.3 节中给出了一次局内呼叫处理过程的示例。在相同的场景下,假设主叫用户的号码是 62281234,被叫用户的号码是 62286666,主叫用户呼叫的时候被叫用户正好占线,请描述该呼叫过程中的主要通信流程。

25. 以太网采用的介质访问控制方式是什么? 请简述其主要规则。

26. 智能网中 SCP 和 SSP 分别指的是什么? 具有什么功能?

第6章 IP网技术

本章主要讲述互联网的概念,介绍 IP 网协议体系结构和协议地址,说明路由器基本原理及硬件结构的相关技术。

6.1 IP 网的体系结构和协议地址

6.1.1 互联网的概念

在现实世界中的计算机网络往往由许多种不同类型的网络互连而成。如果几个计算机网络只是在物理上连接在一起,它们之间并不能进行通信。通常在谈到"互连"时,应从功能上和逻辑上看,这些计算机网络已经组成了一个大型的计算机网络,称为互联网(互连网)。

研究网络互连技术是非常必要的。一方面,各个国家和地区已经建立起来的网络可能采用了不同的底层协议和硬件设备,彼此之间不能直接互相传递消息;另一方面,考虑到管理复杂度和开销等因素,在实际部署的网络中节点数量不能无限制地增加,会导致负载过重、吞吐量下降,影响传输可靠性。

互连在一起的网络要进行通信,会遇到许多问题需要解决,如不同的寻址方案,不同的分组长度,不同的网络接入机制,不同的差错恢复方法,不同的路由选择技术,不同的用户接入控制,不同的服务,不同的管理等。将网络互相连接起来要使用一些中间设备,不同层使用的设备并不相同,具体如下。

① 物理层:中继器,集线器(Hub)。

② 数据链路层:交换机,网桥。

③ 网络层:路由器。

④ 传输层及以上:网关。

一般讨论互联网时都是指用路由器进行互连的互联网络。路由器其实就是一台专用计算机,用来在互联网中进行路由选择,并采用标准化的 IP 协议。图 6.1(a)表示有许多计算机网络通过一些路由器进行互连。由于参加互连的计算机网络都使用相同的网际协议 IP,因此互连以后的计算机网络,在进行通信时就像在一个网络上通信一样。可以将互连以后的计算机网络看成如图 6.1(b)所示的一个虚拟网络。

互联网的发展可以分为几个阶段。最早的计算机网络源于 1969 年美国国防部创建的分组交换网络阿帕网(ARPANET),后来从军事应用转为科研教育等民用领域。到了 20 世纪 70 年代,开始考虑如何实现多个计算机网络之间的互连,即今天互联网的雏形。1983 年,TCP/IP 协议成为阿帕网的标准协议,这一年又被称为互联网的诞生时间。在互联网发展的第二阶段,美国国家科学基金会(NSF)从 1985 年开始建立了三级结构的互联网,包括主干网、地区网和校园网(或企业网),覆盖了全美主要的科研院所和高校。到了 20 世纪 90 年代,世界上许多公司机构纷纷接入互联网,网络用户数量和数据量急剧增加。美国政府将互联网主干网转交给私人公司运营。欧洲原子核研究组织(CERN)开发了万维网 WWW(World Wide Web),极大方便了普通用户使用网络。到了第三个阶段,互联网规模不断扩大,出现了许多互联网服务提供商(ISP),普通用户可以通过 ISP 获得接入互联网的线路和 IP 地址。因此逐渐形成了多层次 ISP 结构的互联网。

我国在 20 世纪 80 年代末建立了第一个公用分组交换网 CNPAC。到了 1994 年 4 月 20 日,我国用 64 kbit/s 专线正式接入互联网,从此被国际上正式承认为接入互联网的国家。同年 9 月,中国公用计算机互联网 CHINANET 正式启用。我国的互联网虽然起步晚于欧美地区,但是发展非常迅速。中国互联网络信息中心 CNNIC 的报告中显示,截止到 2019 年 6 月,我国网民规模达 8.54 亿,互联网普及率达 61.2%,手机网民规模达 8.47 亿。各种网络应用和服务种类繁多,特别是移动互联网发展非常迅速,即时通信、搜索引擎、网络视频、新闻、购物、支付、在线教育等各类应用受到广泛欢迎,用户数量持续增长。互联网公司数量众多,其中的代表阿里巴巴、腾讯、百度等在世界范围内都具有很高的知名度和影响力。

在互联网中,任意两个节点都可以彼此传递消息。由于实际的网络规模庞大,架构和设备类型复杂,通信需要满足用户的需求,要根据具体的网络性能指标来进行衡量。常见的计算机网络性能指标主要有带宽、时延和时延带宽积。

带宽最早用于描述某个模拟信号具有的频带宽度,即组成一个信号的各种不同频率成分所占据的频率范围。常见的带宽单位是赫兹(Hz)。在计算机网络中使用数字信号,此时的带宽指信道上能够传送的数字信号的速率,即数据率或比特率,又称为吞吐量,所采用的单位是每秒传输的比特数(bit/s)。

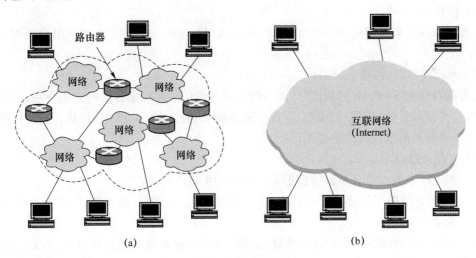

图 6.1　互联网络概念

时延是指一个分组从网络的一端传送到另一端所需的时间,在网络中有多种不同类型的时延。传播时延是指电磁波在信道中传播所需要的时间,与信道长度和电磁波在该信道上的传播速率有关。例如,电磁波在自由空间的传播速率是光速,即 $3×10^8$ m/s;而电磁波在电缆中的传播速率约为 $2.3×10^8$ m/s,在光纤中的传播速率约为 $2.0×10^8$ m/s。这些传播速率都是由信道媒介的物理特性决定的。发送时延是另外一种常见的时延,指在某个节点将一定量的数据发送到信道上所需要的时间,即待发送的数据块长度除以信道带宽。此外,分组经过节点转发,还需要在缓存中等待处理,对应地产生了排队时延和处理时延。一般来说,一个分组传输的端到端时延是指从发送端发送到接收端接收到所需要的总时间,包括了上面提到的经过各节点转发时产生的传播时延、发送时延、排队时延和处理时延之和。需要注意的是,在不同的通信场景中,各种类型的时延所占比重并不相同。

时延带宽积是将时延和带宽相乘得到的,含义是在时延对应的时间内通过的数据比特数。常见的有传播时延带宽积和往返时延带宽积,即将传播时延和往返时延分别与带宽相乘。

6.1.2 互联网的体系结构

目前网络互连最流行的协议是 TCP/IP 协议族,采用五层的体系架构,如图 6.2 所示。下面概述每一层的功能。

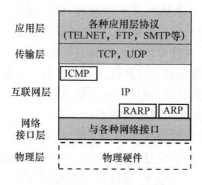

图 6.2 TCP/IP 参考模型

(1)物理层

物理层对应于低层网络的硬件和协议,如局域网的 Ethernet、X.25 的分组交换网、ATM 网等。

(2)网络接口层(网络访问层)

网络接口层是 TCP/IP 的最低层,该层的协议提供了一种数据传送的方法,将数据分成帧来传送,它必须知道低层网络的细节,以便准确地格式化传送的数据。该层执行的功能还包括将 IP 地址映射为网络使用的物理地址。

(3)互联网层(IP)

互联网层的主要功能是负责将数据报送到目的主机。包括:

① 处理来自传输层的分组发送请求,将分组装入 IP 数据报,选择路径,然后将数据报发送到相应数据线上;

② 处理接收的数据报,检查目的地址,若需要转发,则选择发送路径转发,若目的地址为本结点 IP 地址,则除去报头,将分组交送传输层处理;

③ 处理互联网路径、流控与拥塞问题。

(4)传输层

传输层的主要功能是负责应用进程之间的端到端通信。该层中的两个最主要的协议是传输控制协议(TCP)和用户数据报协议(UDP)。

TCP 协议是一种可靠的面向连接的协议,它允许将一台主机的字节流无差错地传送到目的主机。TCP 同时要完成流量控制功能,协调收发双方的发送与接收速度,达到正确传输的目的。

UDP 是不可靠的无连接协议,它主要用于不要求分组顺序到达的传输中,分组传输顺序检查与排序由应用层实现。

（5）应用层

应用层是 TCP/IP 协议族的最高层,它规定了应用程序怎样使用互联网。它包括远程登录协议（TELNET）、文件传输协议（FTP）、电子邮件协议（SMTP）、域名服务协议（DNS）以及 HTTP 协议等。

6.1.3　网络层协议与 IP 协议地址

1. 网络层协议及功能

IP 协议是互联网的重要协议之一,在网络层使用。尽管底层网络采用了不同的硬件设备和协议,只要在网络层都使用 IP 协议,那么在网络层中,所有的主机就都好像连接在同一个网络中一样。每一个主机都可以根据唯一分配的 IP 地址进行识别区分,彼此间也可以通过 IP 包交换信息。分组从源端主机发出,经过若干个路由器的转发,最终到达目的主机。需要注意的是,目前 IP 协议有两个版本,IPv4 和 IPv6。后面的介绍如无特殊说明,都是以较早出现并且目前大规模使用的 IPv4 版本为例。

此外,在网络层中还有其他协议配合 IP 协议使用,如用于进行简单差错控制的互联网控制报文协议（ICMP）,还有用于支持组播通信的互联网组管理协议（IGMP）等。

2. IP 地址及其表示方法

把整个互联网看成一个单一、抽象的网络。所谓 IP 地址,就是给每个连接在互联网上的主机分配一个在全世界范围内唯一的 32 bit 地址。IP 地址的结构使我们可以在 Internet 上很方便地进行寻址,这就是:先按 IP 地址的网络号 Net-id 把网络找到,再按主机号 Host-id 把主机找到。所以 IP 地址不仅表示一个计算机的地址,而且指出了连接到某个网络上的某个计算机。

IP 地址分为 5 类,即 A 类到 E 类。我们日常的点到点通信一般使用 A、B 和 C 类地址。这三类地址的结构由两部分组成,前面若干位是网络号字段,用以给不同的网络编号;后面剩余的若干位是主机号字段,具体分配给对应网络内的某个主机。A、B 和 C 类地址已经分别规定好网络号和主机号各自占用的比特数,如图 6.3 所示。需要注意的是,IP 地址的最前端是地址类别标识,用以区分到底是哪一类地址。这就保证了给出任意一个 IP 地址,都可以很容易地区分出它到底是哪一类地址,并随之确定它的网络号和主机号分别是多少。

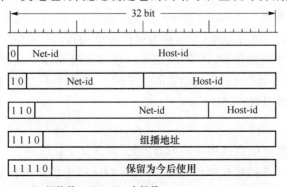

Net-id: 网络号；　Host-id: 主机号

图 6.3　IP 地址的 5 种类型

为了便于人们日常记录,常将 32 bit 地址中每 8 bit 用其等效十进制数字表示,并且在这些数字之间加上一个点,这就是点分十进制记法。例如,有 IP 地址如下:

10000000　00001011　00000011　00011111

这是一个 B 类 IP 地址,若记为 128.11.3.31,显然就方便得多。

3. 子网的划分

现在看来,IPv4 中 IP 地址的设计确实有不够合理的地方。例如,IP 地址在使用时有很大的浪费,若某个单位申请到了一个 B 类地址,该单位只有 1 万台主机,于是其余五万五千多个主机号就白白地浪费了,因为其他单位的主机无法使用这些号。因此在 IP 地址中又增加了一个"子网号字段",实际上是取紧邻网络号字段的若干位高位的主机号,用于划分子网,相当于将原来的能容纳较大量主机数的网络,划分成若干个子网,每个子网的主机数量减少了,但是子网之间可以彼此独立管理,各自分配其中的主机地址。子网号字段究竟选多长,根据实际情况确定。

在引入子网的概念之后,为了指明实际的网络号(即原网络号加上现在划分的子网号)到底是多少,提出了子网掩码的概念。子网掩码由一连串的"1"和一连串的"0"组成,也是 32 bit,其中"1"对应于网络号和子网络号字段,"0"对应于主机号字段,如图 6.4 所示。由此可知,子网掩码都是与具体的 IP 地址配合使用才有实际意义。

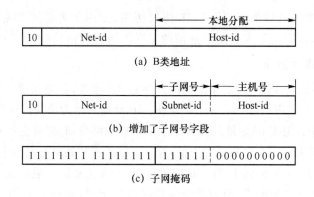

图 6.4　子网掩码的意义

若一个单位不进行子网划分,则其子网掩码即为默认值,此时子网掩码"1"的长度就是网络号的长度。因此 A、B、C 类 IP 地址,其对应的子网掩码默认值分别为 255.0.0.0、255.255.0.0、255.255.255.0。

4. IP 地址与物理地址

图 6.5 表示 IP 地址与物理地址(也可称为硬件地址)的区别,可以看出,IP 地址放在 IP 数据报的首部,而硬件地址则放在 MAC 帧的首部。在网络层及以上使用的是 IP 地址,而链路层及以下使用的是硬件地址。在 IP 层抽象的互联网上,看到的只是 IP 数据报,而在具体的物理网络的链路层,看到的只是 MAC 帧。

5. 地址转换

上面讲的 IP 地址是不能直接用来进行通信的,原因如下。

① IP 地址只是主机在网络层中的地址,若要将网络层中传送的数据报交给目的主机,还要传到链路层转变成 MAC 帧后才能发送到网络,而 MAC 帧使用的是源主机和目的主机的硬件地址,因此必须在 IP 地址和主机的硬件地址之间进行转换。

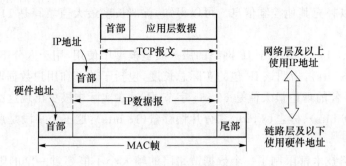

图 6.5　IP 地址与物理地址的区别

② 用户平时不愿意使用难以记忆的主机号,而愿意使用易于记忆的主机名字,因此也需在主机名字和 IP 地址之间进行转换。

由 IP 地址到物理地址的转换由地址解析协议(ARP)完成,而由物理地址转换到 IP 地址使用 RARP 协议。由主机名字到 IP 地址的转换用域名系统(DNS)。

互联网迅速发展暴露出目前使用的 IP 协议(IPv4)不适用了。主要的问题是 32 bit IP 地址不够用,另一个原因是它还不适于传递语音和视频等实时性的业务,所以现在已提出下一代的 IPv6。主要变化是,IPv6 使用了 128 bit 的地址空间,并使用了全新的数据报格式,简化了协议,加快了分组的转发,允许对网络资源的预分配和允许协议继续演变,并增加了新的功能等。

6. IP 包首部

采用了 IP 协议的互联网是无连接的分组交换网络,IP 包携带各个用户的数据在网络中转发,并没有提前设计好从发送端到接收端主机的路径,也并不承诺传输的可靠性和有效性,即提供所谓"尽力而为"(Best Effort)服务。因此,为了实现 IP 包的顺利转发,要在用户数据前面加上 IP 包首部,并在其中设置一些字段,以便路由器转发 IP 包的时候进行控制。

IP 包首部的格式如图 6.6 所示。

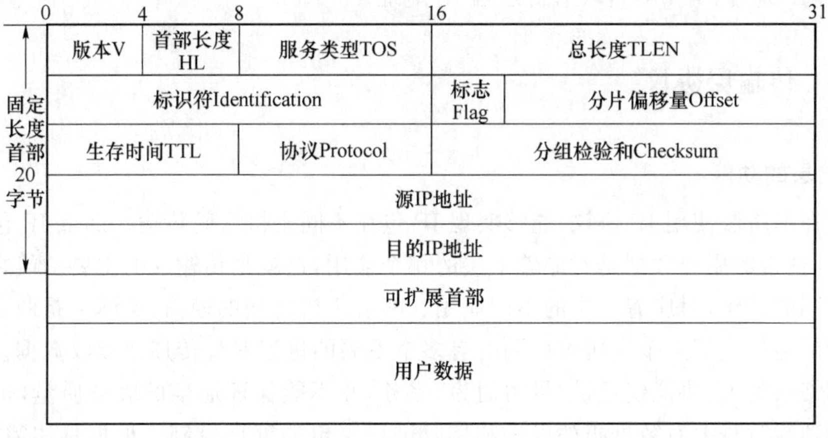

图 6.6　IP 包首部

下面介绍 IP 包首部各主要字段的含义,便于理解 IP 协议的功能和 IP 包的转发过程。

① 版本(4 bits):指明所使用的 IP 协议版本是 IPv4 还是 IPv6。

② 首部长度(4 bits):指明该 IP 包的首部实际长度是 4 字节的多少倍。IP 包固定长度的首部是 20 字节,即填写的 0101,对应的十进制数字是 5。此外,在固定长度的各字节之后还可

以增加可选字节以补充其他控制信息。可以得知,首部长度最大值填写是 1111,即 IP 包首部最长是 60 字节。

③ 服务类型(8 bits):在基于 IP 网络的服务质量模型中使用,用于区分不同类型的 IP 包。

④ 总长度(16 bits):指明该 IP 包的实际总长度,包括了首部和用户数据两部分,单位是字节。由此可知,IP 包的理论最大值是 65 535 字节,不过在实际中极少出现这么长的 IP 包。

⑤ 标识符(16 bits)、标志(3 bits)和分片偏移量(13 bits):这三个字段是用于 IP 包分片和重组使用的。

各种物理网络技术都限制了一个数据链路层的帧大小不能超过一定的限制,即最大传输单元(MTU),不同的网络 MTU 并不相同,是由其物理技术决定的,通常保持不变。而 IP 包是需要封装到数据链路层的帧中进行传输的。如果 IP 包太长导致其在传输过程中封装的帧超过了该网络的 MTU,此时 IP 包就需要进行分片。

源端产生 IP 包时分配一个唯一的标识符,用来区分该源端发送的不同分组。在分片时,所有由分片形成的新的 IP 包,都具有相同的标识符字段,便于将来重组。此外,各个分片根据所携带数据部分的起始位置是原 IP 包数据部分的哪个字节,对应填写分片偏移量字段。前面的若干个分片在分片标志位填写 1,表明后面还有分片;最后一个分片在该标志位填写 0。根据这三个字段的内容,分片后的 IP 包就可以在适当的时候进行重组,恢复原 IP 包所携带的信息。

⑥ 生存时间(8 bits):为了防止无法交付的 IP 包在网络中无限制地转发而浪费资源,每经过一个路由器转发时,就将该 IP 包的生存时间字段的数值减 1。若该字段减小到零,就丢弃该 IP 包,不再转发。

⑦ 协议(8 bits):指明该 IP 包携带的数据部分是使用上层的哪种协议,如是传输层的 UDP 或者 TCP 协议等,便于接收到 IP 包后交付对应的上层协议处理。

⑧ 首部校验和(16 bits):对该 IP 包首部进行校验,是差错控制的一种方法。

⑨ 源 IP 地址(32 bits):填写源端 IP 地址。

⑩ 目的 IP 地址(32 bits):填写目的端 IP 地址。

6.1.4 传输层协议

1. 传输层的功能

互联网在网络层使用 IP 协议,能够实现 IP 包在不同主机之间传输。那么 IP 包到达目的主机之后,其携带的用户数据是对应着上层的哪个应用,这就是传输层的主要功能之一。传输层定义了不同的进程,对应着上层的不同应用。两台主机之间的通信,实际上是两台主机对应的进程之间的通信。同一个主机可以同时有多个不同的进程对外传递或接收数据。

由于网络层的 IP 协议仅提供"尽力而为"服务,并不能保证通信的服务质量,传输层的另外一个重要功能就是要对数据报的发送和接收进行一定的管理控制。根据具体需求不同,传输层主要有两种不同的传输协议,即 TCP 和 UDP。

传输层数据报的封装如图 6.7 所示。

2. 端口分配方式

在传输层中是用不同的端口(Port)号来标识和区分不同的进程。需要注意的是,端口号只在某个主机本地有意义。也就是说,不同的主机会根据自身对外通信的情况等,自主地给本地的进程分配端口号。不同主机的端口号是没有关联的。

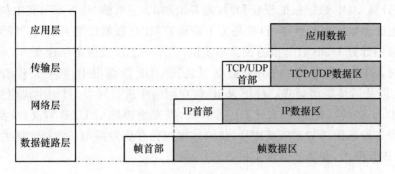

图 6.7　数据封装示意

互联网中的大部分应用采用的是客户端-服务器方式,即普通用户的主机会首先向服务器发起通信请求。根据网络分层的原理,我们可以知道某个用户数据要想传递出去,需要先在传输层封装成数据报,再到网络层封装成 IP 包。到达接收端的时候进行步骤相反的处理,对应的高层进程就能最终获得传递过来的数据。这需要发送端在生成数据报的时候就要填写接收端对应进程的端口号。而端口号仅在本地有意义,从理论上来说,发送端并不知道接收端分配的端口号是多少。为了解决这个问题,人们定义了服务器使用的熟知端口号(Well-known Port Number),给常用的应用程序分配了固定的端口编号。这样客户端就可以知道接收端服务器的进程端口号。同时,客户端为此次通信对应的进程动态分配一个本地有意义的端口号,又叫作短暂端口号(Ephemeral Port)。在此次通信结束后,该端口号将被释放,可以分配给其他进程使用。

3. 用户数据报协议

用户数据报协议(UDP,User Datagram Protocol)在传输层提供无连接、不可靠的服务,适合对实时性要求较高、以实现效率为首要目标的应用。此时,接收端收到的 UDP 数据报可能会出现丢失、重复、乱序等情况,传输层并不能保证通信的可靠性,而是由上层应用程序负责。

UDP 协议的数据报由 UDP 首部和用户数据两部分组成。首部只有 8 字节,格式如图 6.8 所示,各字段的含义介绍如下。

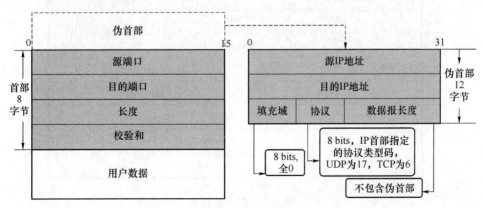

图 6.8　UDP 数据报

① 源端口(16 bits):发送端对应进程的本地端口号。

② 目的端口(16 bits):接收端对应进程的本地端口号。

③ 长度(16 bits):指明该 UDP 数据报的长度,包括首部和用户数据,以字节为单位。

④ 校验和(16 bits):为了接收端对 UDP 数据报进行校验,检测传输中是否有错误。需要注意的是,在计算 UDP 数据报的校验和时,需要增加 12 字节的"伪首部",其中包含了源 IP 地址、目的 IP 地址和数据报长度等,目的是为了验证该 UDP 数据报是否正确传输到接收端。这个"伪首部"仅供计算 UDP 数据报的校验和使用,并不向上层或者下层递交。

在发送时,UDP 协议将上层的用户数据封装到 UDP 数据报中,向下交付给网络层,进行 IP 包的封装,以及后续底层处理。接下来 IP 包在网络中进行转发,目的主机收到 IP 包之后,网络层提取出 IP 包的数据部分,即 UDP 数据报,提交给传输层 UDP 协议,按照目的端口号寻找本地进程进行匹配。如果匹配成功,将该数据报保存到对应端口的接收队列中;如果匹配失败,则丢弃该数据报,并通知源端主机。

4. 传输控制协议

传输控制协议(TCP,Transmission Control Protocol)在传输层提供面向连接、可靠的服务,提供全双工通信,适用于大量数据传输、对可靠性要求较高的情况。与 UDP 相比,TCP 的协议复杂,效率较低,但是能够在传输层保证服务质量。应该根据上层应用的实际需求,选择是使用 UDP 协议还是使用 TCP 协议。

我们说 TCP 是面向连接的,也就是每一条 TCP 连接都是由通信对端的两个端点确定的。这种端点被称为套接字或插口(Socket),定义为(本机 IP 地址:本地进程对应端口号)。这样给定连接的两个端点,就可以唯一标识一个 TCP 连接。因此,一个主机的某个 TCP 插口可以被多个连接所共享,即本地的应用进程可以同时与多个目的主机的进程分别通信而不会发生混淆。而相对地,UDP 协议中一个本地端口号只能供与之绑定的进程与一个目的主机的进程通信。

TCP 数据报分为首部和用户数据两部分,首部对于实现其复杂的控制功能起着重要的作用。固定长度的 TCP 首部有 20 字节,此外还有若干可选项,如图 6.9 所示。下面介绍首部各主要字段的含义。

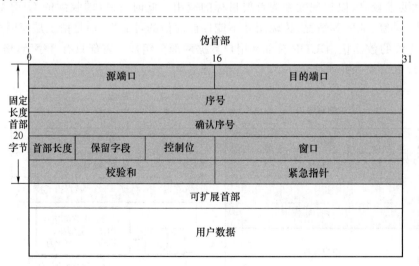

图 6.9 TCP 数据报

① 源端口(16 bits):发送端对应进程的本地端口号。

② 目的端口(16 bits):接收端对应进程的本地端口号。

③ 序号(32 bits):指明该 TCP 数据报所发送的用户数据第一个字节的序号。TCP 是面向字节流的,也就是说对于一次 TCP 连接中所传递的所有字节,发送端都对其按顺序编号,便

于接收端按照顺序整理接收到的数据。

④ 确认序号(32 bits)：指明期望收到通信对方下一个 TCP 数据报的第一个用户数据字节的序号。TCP 是全双工的，因此发送端主机同时也作为反方向通信时的接收端。这个字段就是此时起作用。

⑤ 首部长度(4 bits)：指明该 TCP 数据报的首部长度，以 4 字节为单位计算。

⑥ 保留字段(6 bits)：暂不使用，设置为 0。

⑦ 控制位(6 bits)：6 个控制位字段，各占 1 比特。

紧急 UGR 与后面的紧急指针(16 bits)配合使用，指明该数据报中优先级较高、需要尽快传送的字节。UGR 设置为 1，代表紧急指针字段有效；UGR 设置为 0，代表紧急指针字段无效。

确认 ACK 与确认序号配合使用。ACK 设置为 1，代表确认序号字段有效；ACK 设置为 0，代表确认序号字段无效。

推送 PSH 在发送端希望接收端收到数据报后尽快交付上层应用时使用。

复位 RST 在 TCP 连接出现严重差错必须释放连接，然后再重新建立连接时使用。

同步 SYN 用于建立 TCP 连接时通信双方同步序号。

终止 FIN 用于通信结束，释放连接时使用。

⑧ 窗口(16 bits)：当本主机作为接收端时，通知对方此时最多可以发送的字节数，也就是通知发送端设置的发送窗口大小。这个字段与 TCP 的流量控制机制有关。

⑨ 校验和(16 bits)：为了接收端对该 TCP 数据报进行校验，检测传输中是否有错误。与 UDP 类似，计算检验和的时候需要加上"伪首部"，格式与 UDP 的"伪首部"一样，具体填写内容按照 TCP 协议的规定进行修改。

TCP 是面向连接的，意味着在传输用户数据之前，通信双方需要先建立连接，通信结束后，双方需要释放连接，通信过程中连接是一直保持的。下面介绍 TCP 建立连接的过程，也称为"三次握手"。假设主机 A 向主机 B 提出通信申请，建立 TCP 连接，如图 6.10 所示。

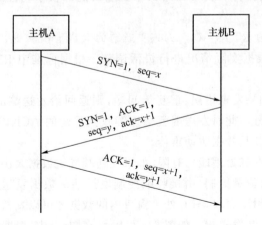

图 6.10　TCP 建立连接

① 主机 A 生成连接请求数据报，其首部控制字段的同步位 SYN 设为 1，同时为自己要发送的数据选择一个初始序号 x。主机 A 将该数据报发送给主机 B。

② 主机 B 收到该数据报，同意建立连接，向主机 A 发送确认报文，将其首部控制字段的 SYN 和 ACK 都设为 1，确认序号为 $(x+1)$；同时主机 B 也为自己要发送的数据选择一个初始序号 y。

③ 主机 A 收到主机 B 发出的确认报文之后,还需要再次发送一个数据报,向 B 进行确认。该数据报首部的控制字段 ACK 设为 1,确认序号为($y+1$),而序号字段填写($x+1$)。

由此,主机 A 和 B 完成了建立 TCP 连接的过程,下面就可以开始传输用户数据。在这个过程中建立的连接是双向的。

TCP 的可靠传输主要体现在其差错控制、流量控制和拥塞控制上。相关的算法机制比较复杂,主要的概念和设计思想介绍如下。

TCP 是面向数据流的,对所有传输的字节进行编号,在接收端也要对接收到的字节进行确认,返回确认 ACK 消息,携带期望正确接收的下一个字节的序号。这是 TCP 差错控制的主要思想。如图 6.11 所示,发送端确认了编号 1~3 的数据已经被接收端正确接收,此时发送端又收到了新的 ACK,写有编号 5,代表接收端顺利接收了编号为 4 的数据,期望收到的下一个数据编号为 5。

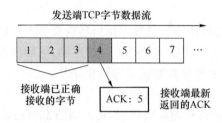

图 6.11　TCP 差错控制

如果发现传输数据丢失,就要对丢失的数据进行重传。TCP 重传有两种机制:时间驱动重传和数据驱动重传。发送端会对每个报文的确认 ACK 消息设定对应的返回等待时间,如果在此期间没有收到确认 ACK 消息,则认为该报文已经丢失,就要进行重传。这就是时间驱动重传。一般来说,考虑到底层通信网络的不确定性,重传等待时间的设定是个非常复杂的问题,与 TCP 报文端到端的往返时延 RTT 有关。考虑到 RTT 是一个变量,往往采用自适应算法动态更新重传等待时间,将其设置为略大于更新后的加权平均往返时间 RTTs。RTTs 的更新采用如下公式:

$$\text{本次更新后的 RTTs}=(1-\alpha)\times\text{更新前的 RTTs}+\alpha\times\text{此次获得的 RTT}$$

其中 α 为权重值,可以根据实际情况进行灵活调整。根据标准中 RFC 6298 推荐,将 α 设为 1/8。

接收端收到报文,如果发现错误、重复等问题,则返回给发送端的确认 ACK 还是按照期望正确接收的下一个序号。此时发送端就会连续收到重复的 ACK,进而得知报文可能丢失,可以提前触发重传。这就是数据驱动重传。

考虑到接收端的缓存和处理能力有限,如果发送端发送数据太快,可能出现接收端来不及接收的情况,由此要进行流量控制,由接收端控制发送端的数据发送情况。TCP 的流量控制采用端到端动态自适应滑动窗口,只有处于窗口内的数据才可以发送出去,该窗口的大小由接收端进行灵活调整,并告知发送端。如图 6.12 所示,在图(a)中,根据接收端通知的窗口大小,此时编号为 4~7 的数据都可以发送,其中编号 4 和 5 的数据已发送等待确认,编号 6 和 7 的数据尚未发送,但是处于窗口范围,可以发送;编号 8 和 9 的数据在窗口之外,不能发送。接着,发送端收到了接收端发来的新消息,其中确认了编号为 4 的数据已经正确接收,同时告知发送端缩小窗口。更新后的发送端状态如图(b)所示,此时编号 5 和 6 的数据都在窗口范围中,其中编号 5 的数据是已发送等待确认,编号 6 的数据未发送但是可以继续发送,而原来在窗口中的数据 7 此时已经移出窗口范围,不能发送。

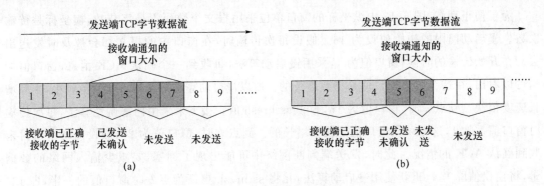

图 6.12　TCP 流量控制

当对网络资源的需求超过网络实际所能提供的资源时,网络的传输性能就会下降,即出现拥塞。网络拥塞往往由很多因素引起,并没有明确的判定标准,常见的表现有分组丢失率和通信时延的持续增加等。当网络发生拥塞时,需要减少进入网络中的数据量,否则网络性能会急剧恶化,直至完全失效,出现拥塞崩溃。因此,发送端需要根据对往返时延、丢包率等指标的监控进行预测,调整发送数据的速率,避免拥塞,即进行拥塞控制。TCP 的拥塞控制也是基于自适应窗口机制的,由发送端根据实际情况控制允许发送的未经确认的最大报文数量。需要注意的是,在实际中,发送端的发送窗口设置既要考虑流量控制,也要考虑拥塞控制,一般取二者中的较小值。

TCP 拥塞控制的常见算法有慢启动(Slow Start)、拥塞避免(Congestion Avoidance)、快速重传(Fast Retransmit)和快速回复(Fast Recovery)等。基本思路是根据发送端接收到的 ACK 和重传情况动态调整窗口大小。下面以慢启动和拥塞避免算法为例进行介绍。慢启动算法的基本步骤如下。

① 刚开始发送端并不清楚网络中的负载情况,出于谨慎,将窗口设为 1。

② 每收到一个新的确认 ACK 消息,将窗口大小增加 1。

③ 为了避免窗口增加过大导致拥塞,设置一个慢启动门限值 ssthresh。若此时的窗口值小于 ssthresh 值,继续执行慢启动算法;当窗口大小超过 ssthresh 值时,停止使用慢启动算法,改用拥塞避免算法。

拥塞避免算法的基本思路是每经过一个往返时延 RTT 就将窗口值加 1,而不管在此期间已经收到了多少个确认 ACK 消息。

图 6.13 描述了一个 TCP 进行拥塞控制的例子。

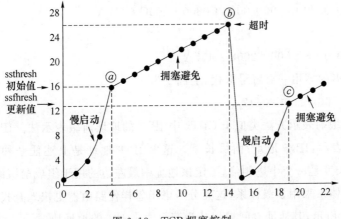

图 6.13　TCP 拥塞控制

为了便于理解,图 6.13 中纵坐标的窗口单位采用报文个数而不是字节数,横坐标是传输次数。慢启动门限的初始值设为 16。假设每次传输时,在窗口中的报文都会被及时发送出去。在开始传输的时候,窗口值为 1,采用慢启动算法,每收到一个确认 ACK 消息,窗口值加 1,可以看出,在这个阶段窗口值是指数增长的。所以慢启动算法只是窗口初始值较小,实际增长速度很快。到点 a 时,窗口值为 16,等于 ssthresh 值。接下来采用拥塞避免算法,每次传输时窗口值都加 1,这个阶段窗口值是线性增长的。到点 b 时,窗口值为 26,假设出现了超时未收到确认 ACK 的情况。此时,发送端判断网络中可能出现了拥塞,要减少输入网络的数据量,将窗口值降为 1,重新使用慢启动算法,并将 ssthresh 更新为点 b 时窗口值的一半,即 13。接下来,当窗口值增加到 13 时,即点 c,再次启动拥塞避免算法。以此类推,调整窗口大小。

6.1.5　IPv6 技术

1. 产生背景

随着互联网规模的不断扩大和用户数量的急剧增加,互联网与人们的生活和工作已经密不可分,同时也面临着新的挑战。其中的首要问题就是 IP 地址不够用。早期互联网使用的是 IPv4 协议,一直延续至今,使用 32 bits 的 IP 地址,能够分配的网络号和主机号都是有限的,现在可用的 IP 地址已经近乎枯竭,而等待接入互联网的用户和设备还在迅速增长。虽然人们提出了划分子网、内部地址(Private Address)、无类别域间路由(CIDR,Classless Inter Domain Routing)等技术延长 IPv4 的使用寿命,但是并不能从根本上解决问题。因此,IPv6 应运而生。IPv6 提供了巨大的地址空间,设计了层次化的网络前缀结构,利于路由器迅速处理和转发分组,并对 IP 包首部格式也进行调整。这不但解决了网络地址资源数量的问题,同时也为将来万物连入互联网在数量限制上扫清了障碍。

2. IPv6 地址体系结构

IPv6 地址扩展到 128 bit,为便于理解协议,采用了冒号十六进制记法,即用冒号将其分割成 8 个 16 bit 的数组,每个数组表示成 4 位的 16 进数。例如:

FECD：BA98：7654：3210：FEDC：BA98：7654：3210

在每个 4 位一组的十六进数中,如其高位为 0,则可省略,即采用零压缩,例如:

1080：0000：0000：0000：0008：0800：200C：417A

可缩写成

1080：0：0：0：8：800：200C：417A

进一步可将一连串的零用一对冒号取代,上例变为

1080： ：8：800：200C：417A

IPv6 地址前缀的表示方法类似于 CIDR 中 IPv4 的地址前缀表示法。IPv6 的地址前缀可以利用如下符号表示:IPv6 地址/前缀长度。这里 IPv6 地址是上述任一种表示法所表示的 IPv6 地址;前缀长度是一个十进制值,指定该地址中最左边的用于组成前缀的比特数。

IPv6 的地址体系采用多级体系,这充分考虑了怎样使路由器更快地查找路由。IPv6 的地址格式如图 6.14 所示,其地址空间被划分为若干大小不等的地址块。

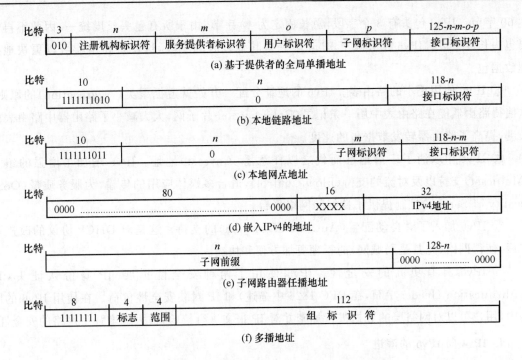

图 6.14　IPv6 地址格式(各字段的长度未按比例画出)

图 6.14 中的前 4 种地址都是单播地址,后面两种分别是多播地址和任播地址。

图 6.14(a)是基于提供者的全局单播地址,用来给全世界接在 Internet 上的主机分配单播地址。

图 6.14(b)、(c)分别是本地链路(Link-local)和本地网点(Site-local)地址。这些地址只有本地的意义,可在每个单位内使用而不会产生冲突。但这种地址不能用于单位的外部。

推广使用 IPv6 的一个重要问题就是要和 IPv4 兼容。向 IPv6 过渡的过程必然很长,因此 IPv6 和 IPv4 将长期共存。现在采用的方法是将 32 比特的 IPv4 地址嵌入 IPv6 地址中的低 32 比特,其前缀或者是 96 个 0(这叫作 IPv4 兼容的 IPv6 地址),或者是 80 个 0 后面跟上 16 个 1(这叫作 IPv4 映射的 IPv6 地址)。图 6.14(d)就是嵌入 IPv4 的地址。

图 6.14(e)是任播地址的一个特殊形式。子网前缀字段(例如,可以是图 6.14(a)的前 5 个字段)标识一个特定的子网,而最后的接口标识符字段置为零。所有发送到这样的地址的数据报将交付到该子网上的某一个路由器,最后再将一个正确的接口标识符写入到最后一个字段中,以形成一个完整的单播地址。

图 6.14(f)是多播地址。标志字段目前只有两种情况:0000 表示永久性的多播地址,而 0001 表示临时性的多播地址。范围字段的值为 0~15,用来限定主机组的范围。现在已分配的值是:1 本地结点,2 本地链路,5 本地网点,8 本地组织,14 全球范围。

3. IPv4 和 IPv6 的异同

与 IPv4 相比,IPv6 具有以下优势。

① IPv6 具有更大的地址空间。IPv4 中规定 IP 地址长度为 32,而 IPv6 中 IP 地址的长度为 128,可以提供几乎不受限的 IP 地址空间。

② 简化包头格式:IPv4 有 12 个字段,且长度在没有选项时为 20 字节,但在包含选项时可

达 60 字节。IPv6 包头有 8 个字段,总长固定为 40 字节;由于所有包头长度统一,因此不再需要包头长度字段。IPv6 还去除了 IPv4 中一些其他过时的字段,这使得路由器可以更快地处理数据包。

③ IPv6 使用更小的路由表。IPv6 的地址分配一开始就遵循聚类(Aggregation)的原则,这使得路由器能在路由表中用一条记录(Entry)表示一片子网,大大减小了路由器中路由表的长度,提高了路由器转发数据包的速度。

④ IPv6 中取消了广播地址而代之以任意播(Anycast)地址。IPv6 增加了增强的组播(Multicast)支持以及对流的支持(Flow Control),适合多媒体应用的传输,为服务质量(QoS, Quality of Service)控制提供了良好的网络平台。

⑤ IPv6 加入了对自动配置(Auto Configuration)的支持。这是对 DHCP 协议的改进和扩展,使得网络(尤其是局域网)的管理更加方便和快捷。

⑥ IPv6 具有更高的安全性。IPv6 使用了两种安全性扩展,IP 身份认证头(IP Authentication Header,AH,在 RFC 1826 中描述)和 IP 封装安全性负荷。在使用 IPv6 的网络中,用户可以对网络层的数据进行加密并对 IP 报文进行校验,极大地增强了网络的安全性。

4. IPv4 向 IPv6 的演进

现有的互联网是基于 IPv4 协议搭建的,需要考虑在充分利用现有设施的基础上实现向 IPv6 的平稳演进,并在相当长的一段时期内支持 IPv4 和 IPv6 网络的共存。目前常见的方法有双栈主机、隧道技术和纯 IPv6 链路混合组网技术等。

(1) IPv6/IPv4 的双协议栈技术

如果一台主机同时支持 IPv6 和 IPv4 两种协议,那么该主机既可以和仅支持 IPv4 协议的主机通信,又可以和仅支持 IPv6 协议的主机通信,这就是双协议栈(Dual Stack)技术的工作机理。图 6.15 所示为双协议栈主机的协议结构。

图 6.15　IPv6/IPv4 双协议栈的协议结构

(2) 隧道技术

随着 IPv6 网络的发展,出现许多局部的 IPv6 网络,但是这些 IPv6 网络被运行 IPv4 协议的骨干网络隔离开来。为了使这些孤立的"IPv6 岛"可以互通,必须使用隧道技术。隧道技术目前是国际 IPv6 试验床 6bone 所采用的技术。利用隧道技术可以通过现有的运行 IPv4 协议的 Internet 骨干网络将局部的 IPv6 网络连接起来,因而其是 IPv4 向 IPv6 过渡的初期最易于采用的技术。

如图 6.16 所示,在隧道的入口处,路由器将 IPv6 的数据分组封装入 IPv4 中,IPv4 分组的源地址和目的地址分别是隧道入口和出口的 IPv4 地址。在隧道的出口处再将 IPv6 分组取出转发给目的站点。隧道技术只要求在隧道的入口和出口处进行修改,对其他部分没有要求,因而非常容易实现。但是隧道技术也不能实现 IPv4 主机与 IPv6 主机的直接通信。

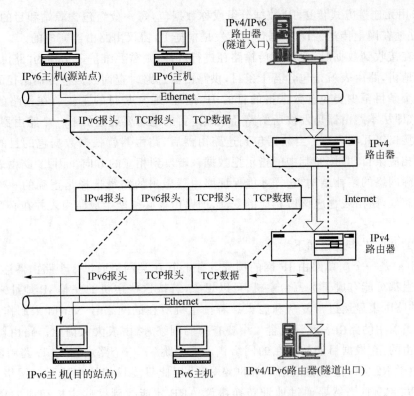

图 6.16　将 IPv6 封装到 IPv4 的隧道技术

6.2　路由器工作原理及硬件结构

6.2.1　路由器基本工作过程

路由器可以支持多种协议栈数据的转发。路由器在网络分层的参考模型中,是一个第三层的网络连接设备。路由器连接的体系结构如图 6.17 所示。每台路由器可以有多个不同的网络接口。

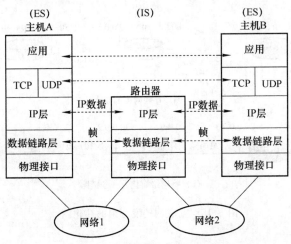

图 6.17　路由器连接体系结构

IP 网采用无连接方式传送 IP 数据分组或称数据包,每一分组包含源站和目的站的 IP 地址,可以独立地在网上传送。IP 数据包的转发是根据 IP 协议由路由器完成的。

路由器在接收到数据时,要对其传输路径进行选择,则需要维护一个称为"路由表"的数据结构。概括地讲,路由表就是包含若干条目,供路由器选路时查询数据包传输路径的表项。路由表中的一个条目至少要包含数据报的目的 IP 地址(通常是目的主机所在网络的地址)、下一跳路由器(即从本路由器出发按所给路径到给定目的地所要通过的下一个路由器)的地址和相应的网络接口等几项内容。当数据包到达路由器后,路由器就根据数据包的目的地址查询路由表中的相应条目,并按照其中的指示把数据包转发到相应的方向。因此,路由表要能够正确地反映实际网络的拓扑结构,这样才能保证路由器做出的路径选择是正确的。当网络拓扑发生变化的时候,路由表也应该做相应的变动,即路由器必须能生成路由表并在必要的时候更新路由表。

路由器的基本工作过程如下。

图 6.18(a)是一个简单路由 IP 网的例子。有 4 个 A 类网络通过 3 个路由器连接在一起。每一个网络上都可能有成千上万台主机,可以想象,若按这些主机的完整 IP 地址来制作路由表,则这样的路由表显然过于复杂和庞大。若按主机所在的网络号 Net-id 来制作路由表,那么每一个路由器中的路由表就只包含 4 个要查找的网络,路由表大大简化。路由器是根据路由表查找路由的,它根据目的站所在的网络找出下一跳(下一个路由器)。以路由器 R2 的路由表为例,由于 R2 同时连接在网络 2 和网络 3 上,因此只要目的站在这两个网络上,都可由路由器 R2 直接交付(当然要通过地址转换协议 ARP 才能找到这些主机相应的物理地址)。若目的站在网络 1 中,则下一站路由器应为 R1,根据路由表其 IP 地址为 20.0.0.7。由于路由器 R2 和 R1 同时连接在网络 2 上,因此从路由器 R2 转发分组到路由器 R1 是很容易的。同理,若目的站在网络 4 中,则路由器 R2 将分组转发给 IP 地址为 30.0.0.1 的路由器 R3。最后由路由器 R3 转交给目的主机。

既然在选择路由时路由表只根据目的站的网络号,那么就可以将整个网络拓扑简化为如图 6.18(b)所示的那样。在简化图中,网络变成了一条链路,但每个路由器旁边都注明其 IP 地址。使用这样的简化图,可使我们不用关心某个网络内部的拓扑以及网络包含多少台计算机,因为这些和研究路由选择问题并没什么关系。简化图强调了在互联网中转发分组时是从一个路由器转发到下一个路由器,只有路由中最后一个路由器才将数据报交付给主机。

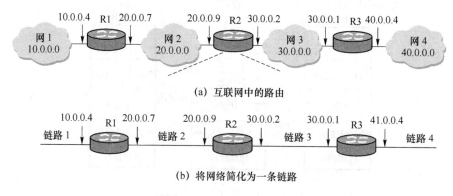

(a) 互联网中的路由

(b) 将网络简化为一条链路

图 6.18　互联网转发分组的简化图

6.2.2　路由选择算法及路由协议

路由器要实现数据转发的功能,至少需要完成以下两个工作。

① 选路策略。选路策略指根据数据包的目的地和网络的拓扑结构选择一条最佳路径,把对应不同目的地的最佳路径存放在路由表中,及建立并维护路由表。选路策略包括静态路由选择以及各种动态路由协议。

② 选路机制。选路机制指查询路由表从而决定向哪个接口转发数据,并执行相应的操作。即如何根据路由表内容转发数据包。

选路策略只影响路由表的内容,如对同一个目的 IP 地址来说,由于选路策略的不同,最佳路径可能会不一样,但这并不影响选路机制的执行过程,只是会对其执行的结果产生影响。

本小节介绍路由器中完成选路机制功能的路由选择算法及完成选路策略功能的路由协议。

1. 路由选择算法

路由器在收到数据包之后要根据查询路由表的结果对其进行转发。根据该数据包的目的主机与本路由器节点是否处于同一个物理网络,分组转发可以分为直接转发和间接转发。在直接转发中,目的主机与本路由器处于同一个物理网络,此时可以将分组封装在物理帧中,直接发送到目的主机。在间接转发中,由于目的主机与本路由器不在同一个物理网络中,需要按照路由表查询得到下一跳路由器,并对应转发分组。

在路由表中,还有两类特殊的路由,即默认路由(Default Routing)和特定主机路由(Host-specific Routing)。选路时,如果没有在路由表中搜索到与目的地址匹配的表项,那么可以将该分组转发到一个默认的下一跳路由器上。这就是默认路由,由此可以减小路由表的规模,提高查表效率。此外,一般而言路由表的表项是基于网络号的,但有时为了某些特殊目的(如管理维护等),也允许在路由表中使用主机地址作为表项,为特定主机指定特定的路由通路,这就是特定主机路由。

在路由器中的选路算法可以总结如图 6.19 所示。

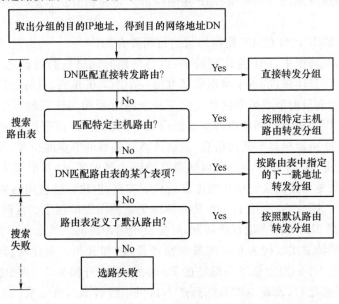

图 6.19　选路算法

2. 路由协议

互联网中的路由协议是指路由器获得对网络拓扑结构的认知,并为数据包选择正确传输路径的方法或者策略。一个理想的路由协议至少应该具备以下特征。

① 完整性和正确性,即每个路由器中的路由表都必须给出到所有可能目的节点的下一跳应怎样走,且给出的走法是正确的。

② 简单性,即路由选择的计算不应使网络通信量增加太多的额外开销。

③ 健壮性,主要指当某些节点、链路出现故障不能工作,或故障恢复后投入运行,算法能及时改变路由。

④ 公平性,即算法对所有用户都是平等的。

⑤ 最佳性,即以最低的成本来实现路由算法。

由于互联网规模太大、分布范围太广,路由表中对应每一个目的网络都有一个条目是不可能的,同样,也不可能采用一个全局的路由算法或协议。因此,Internet 将整个网络划分为若干个相对自治的局部系统,即自治系统(AS,Autonomous System)。自治系统可以定义为同一机构下管理的路由器和网络的集合。

对应的路由协议可以分为内部网关协议(IGP,Interior Gateway Protocol)和外部网关协议(EGP,Exterior Gateway Protocol)两大类。内部网关协议是用于自治系统内部的动态路由协议,包括路由信息协议(RIP)、开放最短路径优先(OSPF)、OSI 的 IS-IS 和 Cisco 路由器系统中的增强型内部网关路由选择协议(EIGRP,Enhanced Interior Gateway Routing Protocol)等;而外部网关协议则是用于自治系统之间拓扑信息交换的路由协议,包含边界网关协议(BGP)等。

为了降低数据包在网络中的传输开销和时延,要求为数据选择的路径是最短的。这里的"最短"在不同的场合具有不同的含义,它可以是跳数的多少、物理距离的长短或者时延的大小等。互联网中使用的各种路由协议或者路由算法,其根本目的就是寻找源节点和目的节点之间最短的一条路径,即最短路由。互联网的复杂性使得当前使用的路由协议主要是动态的、分布式的。目前互联网上的动态路由协议主要基于两种动态分布式路由选择算法:距离矢量路由算法和链路状态路由算法。RIP 和 BGP 使用距离矢量路由算法,OSPF 使用链路状态路由算法。

下面对代表性的 RIP 和 OSPF 路由协议进行简要介绍。

在各种内部网关协议中,RIP 是出现最早,也是使用时间最长的协议之一,它使用距离矢量算法来计算路由。具体来说,各个路由器都维持一个距离矢量表,对每个目的节点都有一个对应的表项,包括到该目的节点最短路径上的下一个路由器和到该目的节点的最短路径长度两项内容。路由器周期地和相邻路由器交换路由表中的信息,即向邻居路由器发送路由表的全部或部分。各个路由器根据收到的信息,重新计算到各目的节点的距离,并对自己的路由表进行修正。这样使得每一个路由器都可以知道其他路由器的情况,并形成关于网络"距离"的累积透视图,并据此更新路由表。RIP 的优点是易于实现,但难以适应网络拓扑的剧烈变动或者大型的网络环境。图 6.20 给出了一个 RIP 算法更新路由表的例子。在图 6.20(a)中,路由器 R1 直接连接网络 N1,可以实现直接转发,对应发出的距离向量消息中记为{目的网络:N1,开销:0}。此处使用转发次数代表对应的最短路径长度,即开销。而此时,路由器 R2 的路由数据库中记录,到达 N1 的路由是下一跳经过 R6 转发,对应开销为 5。当 R2 接收到 R1 发出的距离向量更新消息之后,发现由本节点到达 N1,可以经过 R1,由于 R1 和 R2 相邻,因此对应开销为 1,小于原有记录的开销值 5。由此,路由器 R2 更新本地路由数据库,如图 6.20(b)所示,并向邻居发送更新的距离向量消息,其中表项写明{目的网络:N1,开销:1}。

R1的路由数据库

目的网络	开销	下一跳
N1	0	直接转发

R1发送的距离向量更新消息

目的网络	开销
N1	0

R2的路由数据库

目的网络	开销	下一跳
N1	5	R6

(a)

R1的路由数据库

目的网络	开销	下一跳
N1	0	直接转发

R2的路由数据库

目的网络	开销	下一跳
N1	1	R1

R2发送的距离向量更新消息

目的网络	开销
N1	1

(b)

图 6.20　RIP 算法更新路由表示例

OSPF 的提出主要是为了克服 RIP 的缺陷。在网络中,每个 OSPF 路由器都维护一个用于跟踪网络状态的链路状态数据库,内容是反映路由器状态的各种链路状态通告,包括路由器可用接口、已知可达路由和链路状态信息。各 OSPF 路由器都会主动测试所有与之相邻的路由器的状态,并根据测试结果设置相关链路的状态。在发送路由更新消息时,路由器将向全网发布链路状态分组(LSP),即{源路由器标识符,相邻路由器标识符,二者之间链路费用}。这样,网络中每个路由器就得到了一张整个网络拓扑结构的图,再利用最短路由选择算法(详见5.2.2 节)计算所有路由,并写到路由表中。OSPF 能够及时反映网络拓扑结构的变化,收敛速度很快,对应开销较小,适用于规模较大及拓扑变化比较快的网络,但对处理器性能要求比较高,占用的网络带宽比较多。在实际应用中,考虑到网络规模和算法效率,可以将网络分成不同的区域,如图 6.21 所示。每个区域都有边界路由器(ABR),各个 ABR 彼此相连构成骨干区域,实现跨区域的通信。每个区域内部的路由器之间互相发布 LSP,不同区域之间只需要传输概括性的路由消息即可。

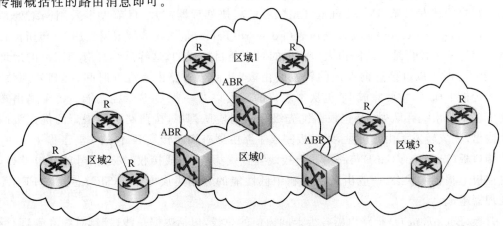

图 6.21　OSPF 算法示例

6.2.3 路由器硬件结构

1. 路由器硬件结构的基本组成

目前常见路由器的基本硬件组成包括主控板、交换网板、线卡板、接口板和背板等,如图 6.22 所示。

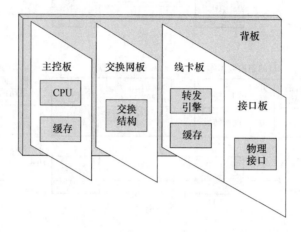

图 6.22 路由器硬件体系结构的基本组成示意图

主控板(Controller Card)主要包含了路由器的主控 CPU,一般由 X86 通用处理器芯片或者低功耗的 ARM 芯片等构成,安装并运行路由器操作系统和管理员命令行操作平台等保证路由器正常运行、维护的软件,对其他各板卡进行状态监控和管理。此外,主控板还负责根据路由协议维护更新路由表。

交换网板即实现交换结构(Switching Fabric)的板卡,完成在路由器内部将 IP 包从输入端口转发到输出端口的功能。交换结构的硬件随着路由器的发展也经历了不同的阶段,从早期的共享缓存发展到了现在的 crossbar 架构,由高性能的专用集成电路(ASIC,Application Specific Integrated Circuit)芯片实现高速交叉开关阵列,已经可以支持多个 IP 包同时通过不同的线路进行传送,极大地提高路由器的转发速度和系统的吞吐量。

线卡板(Line Card)可以分为上行和下行两部分板卡,分别负责接收和发送 IP 包。对于上行板卡而言,接收到的 IP 包存入本地的输入缓存,读取并解析其首部的目的地址等信息,然后通过本地的转发引擎查询本地缓存中的转发路由表,确定该 IP 包的转发出口,发送给交换网板。其中的转发引擎(Forwarding Engine)是高速处理器芯片,目前大多采用网络处理器(NP,Network Processor)。转发路由表(Forward Table)是该线卡板根据到达 IP 包所需查询的路由信息从主控板维护的路由表中获取的对应条目构成的,这样后续具有相同目的地址的 IP 包再到达时可以直接查询本地的转发路由表,从而节省路由表查询时间,提高处理效率。对于下行板卡而言,主要完成 IP 包从本端口的转发以及一些 QoS 管控功能。每个输出端口建立了多个输出缓存队列,IP 包根据优先级存入对应队列中,按照路由器指定的优先级调度算法输出,完成转发。由此可见,线卡板完成了路由器查询及转发 IP 包的主要工作。

接口板(Interface Card)与路由器外接线缆直接相连,完成接收/发送信号的光电转换,并向主控板上报接入状态,一般由光模块和中低性能的专用集成电路(ASIC)芯片或 FPGA 芯片处理器组成。

背板(Backplane)是指路由器各板卡间通信的总线,包括数据总线、控制总线和管理总线,分别传输对应类型的数据信息。对于由集群机柜组成的大型路由器,背板还包括了多个机柜之间互通的总线,可以说,背板是路由器设备中各个板卡之间通信的桥梁。

2. 路由器硬件结构演进发展

随着互联网网络带宽的迅速增加、数据业务的爆炸性增长以及用户对服务质量要求的不断提高,作为网络核心的路由器的硬件结构也在不断地变化和发展。

最初的路由器采用传统计算机的结构,相当于加了网络物理接口(网卡)的计算机,如图 6.23 所示,包括共享中央总线、CPU、共享缓存及接入共享总线的多个接口,通常可称为单 CPU 共享总线共享缓存结构。

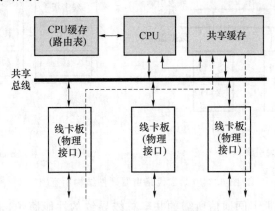

图 6.23　第一代路由器硬件结构示意图

图 6.23 中,物理接口仅负责完成 IP 包的接收和发送,CPU 负责提取 IP 包首部信息、查询路由表、决定转发出口等工作。IP 包从一个物理接口进来,经总线存入共享缓存,由 CPU 进行转发处理决策,然后又经总线送到另一个物理接口发送出去。在共享总线上,某个时刻仅允许传输一个 IP 包,并且所有经过该路由器的 IP 包都需要排队依次等待 CPU 处理。这样就导致了处理速度慢,限制了系统的吞吐量。另外,系统容错性也不好,CPU 若出现故障容易导致系统完全瘫痪。当网络规模不断扩大时,初期的路由器就不能很好地满足对于处理速度和吞吐量的要求。

随后出现的路由器架构通过增加多个 CPU 和分布式缓存来提高处理能力和转发速度,即多 CPU 共享总线分布式缓存结构。图 6.24(a)给出了一个典型示例。多个处理器组成相对独立的转发引擎,可以同时处理多个 IP 包的路由信息查询。此外,线卡板上增加了本地缓存,可以存储输入或等待输出的 IP 包。

在图 6.24(a)中,当 IP 包到达后即存入线卡板的输入缓存中,将 IP 包首部送至某个转发引擎,根据目的地址信息查询路由表,得到对应的出口信息后,IP 包通过共享总线被送往对应的线卡板,存入输出队列并完成转发。多个转发引擎各自独立工作,一般采用轮询的方式分配需要处理的 IP 包。单独的主控 CPU 负责路由表的更新维护,以及其他设备管理工作。这种架构的优点在于增加了并行工作的处理器,提高了路由器整体处理效率;同时转发引擎仅获取 IP 包首部,减少了经过共享总线传输的数据量。

第二代路由器的另外一种典型架构是将分布式的处理器放置在线卡板上,如图 6.24(b)所示。线卡板配置了单独的处理器和本地缓存,进一步加快了对 IP 包的处理速度。IP 包到达后提取出首部的目的地址信息,由线卡板上的本地转发引擎搜索对应的本地转发路由表,进行路由决策并获得出口信息。然后通过共享总线将 IP 包转发至出口对应的线卡板,完成转发。在这种架构下,采用多个处理器能够极大提高路由器的处理速度,配合分布式缓存,降低了数据处理和缓存写入/读取的时延。

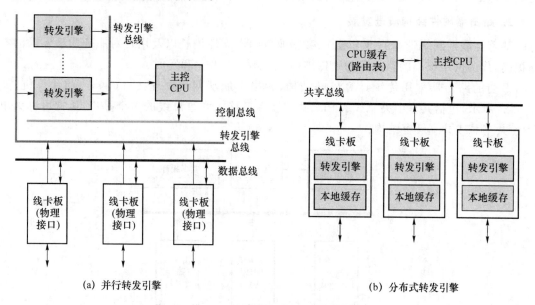

(a) 并行转发引擎   (b) 分布式转发引擎

图 6.24　第二代路由器硬件结构示意图

为了进一步消除各板卡间通信所需的共享总线导致的性能瓶颈,采用了基于交叉开关设计的 crossbar 代替了共享总线,如图 6.25 所示。IP 包在从入口线卡板传送到出口线卡板的时候,可以允许多个 IP 包同时并行传输,各端口之间实现线速无阻塞互连,可扩展性好。系统的交换带宽取决于中央交叉阵列和各模块的能力,不再受单独的共享总线限制。这种架构称为多 CPU 交换结构分布式缓存结构。需要注意的是,交换结构可能会出现队头阻塞(HOL Blocking,Head-of-line Blocking)的情况,还需要配合虚拟输出缓存队列等技术以解决该问题。

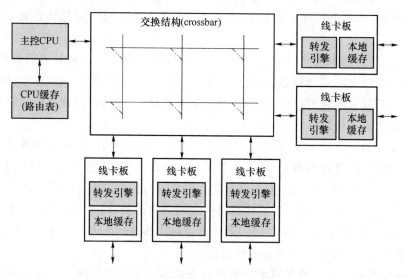

图 6.25　第三代路由器硬件结构示意图

现在的核心网中部署的大型路由器需要处理大量的数据包,具有极高的处理速度和吞吐量,往往由多个机柜构成,机柜之间使用光纤等高速线缆连接。图 6.26 给出了由两个机柜组成的路由器示意图,可以由此扩展到多个机柜构成的集群系统。每排线卡板有一个线卡板控制器(LSC,Line Card Shelf Controller),用于多个线卡板组之间的协调控制。该系统还采用了多级交换结构,具有多块交换板卡,也配置了控制模块(FSC,Fabric Shelf Controller)用于多级交换结构之间协调管理。此外,还有路由控制(RC,Route Controller)、管理控制(MC,Management Controller)和系统时钟(CLK,System Clock)等。

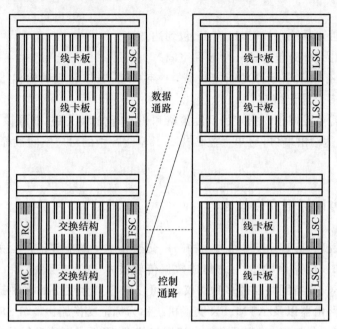

图 6.26　集群机柜路由器结构示意图

3. 路由器处理 IP 包过程

从功能的角度,路由器可以分为控制平面、管理平面和数据平面。控制平面主要负责建立和维护内部数据结构,如路由表等。管理平面负责处理各类配置文件,收集并提供各种统计数据,进行路由器的日常维护和能耗监控等。数据平面完成路由与交换的主要功能,实现对 IP包的路由查询和转发等。下面以图 6.27 中的第一代路由器为例,描述 IP 包的转发处理流程。

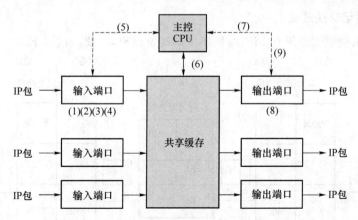

图 6.27　IP 包转发处理流程

① IP 包到达路由器输入端口,首先提取首部信息进行校验,包括 IP 包首部长度、包总长、协议版本和首部校验和等。

② 根据 IP 包首部的目的地址信息,查询路由表,确定该 IP 包的输出端口。同时完成转发准备工作,如对 IP 包首部 TTL 字段的修改、首部校验和的重新计算等。

③ 转发引擎除了检查 IP 包首部的网络层相关信息之外,还要检查传输层等高层信息,获取 QoS 和接入控制策略等,以便对 IP 包的优先级进行分类。

④ 转发引擎为该 IP 包分配适当的优先级。此外,根据拥塞控制策略和安全策略,也有可能丢弃该 IP 包。

⑤ 转发引擎通知系统主控 CPU 有 IP 包到达。

⑥ 主控 CPU 为该 IP 包预留一个缓存空间。

⑦ 该 IP 包被存入共享缓存的指定位置,主控 CPU 通知对应的输出端口。如果是多播流,则通知对应的多个输出端口。

⑧ 输出端口需要根据预先指定的调度策略和该 IP 包的优先级,获取该 IP 包。

⑨ 当 IP 包到达输出端口,通知主控 CPU。共享缓存中的对应空间被释放,供新的数据包使用。

6.2.4 多协议标记交换技术

多协议标记交换(MPLS)技术作为一种路由交换技术受到业界的广泛关注。MPLS 技术是结合 2 层交换和 3 层路由的 L2/L3 集成数据传输技术。在 2 层头标和 IP 头标之间插入 MPLS 头标。它不仅支持网络层的多种协议,还可以兼容第 2 层上的多种链路层技术。采用 MPLS 技术的 IP 路由器以及 ATM、FR 交换机统称为标记交换路由器(LSR),使用 LSR 的网络相对简化了网络层复杂度,兼容现有的主流网络技术,降低了网络升级的成本。

MPLS 是一种在开放的通信网上利用标记(标签)引导数据高速、高效传输的技术,它的价值在于能够在无连接的网络中引入连接模式,为 IP 网络提供了面向连接(基于标记)的交换。MPLS 采用传统的 IP 路由协议,但将路由与分组转发分离开来,这使得在 MPLS 网中可以通过修正转发方法来推动路由技术的演进。而且,网络中分组的转发采用定长的标记,简化了转发机制,使得路由器速度很容易扩展到太比特级。实际上当前推出的几乎所有高速路由器都支持 MPLS。

1. MPLS 标记交换过程

图 6.28 以实例说明分组在 MPLS 网络中的转发过程,主要经过以下 3 个步骤。

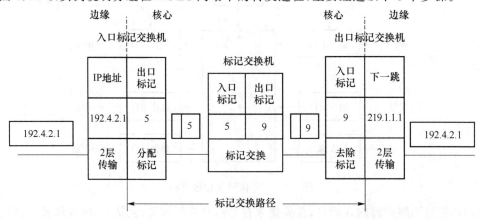

图 6.28　MPLS 标记交换过程

① 入口 LSR 根据 IP 包头的相关信息,将不同 QoS 要求的 IP 数据流划分成不同的转发等效类(FEC),在 FIB(Forwarding Information Base)表中按照传统的最长匹配算法对 FEC 进行查找,找到要压入的标记 5 和相应的出口,然后打上标记 5,发送分组到相应的端口。

② 核心 LSR 根据标记栈顶层的标记 5 查找 ILM(Incoming Label Map)表,找到要进行操作的标记为 9,称为标记交换;然后发送分组到相应的接口。

③ 出口 LSR 根据 ILM 查找的结果进行标记的弹栈(POP),然后再按照第 3 层下一跳 IP 地址进行转发。

在拓扑驱动的模式中,FIB 和 ILM 是在路由协议(BPG、OSPF 或 RIP)建立路由表的同时建立起来的。这样,具有相同标记的数据流均属于相同的 FEC,沿着事先建立好的标记交换通道(LSP)传递,多个 LSR 根据标记转发信息库(FIB)进行简单、高速的标记交换;网络核心设备只根据标记转发,处理简单,智能处理在边缘设备完成,大大提高了交换速率。

2. MPLS 的应用

MPLS 在解决网络的扩展性、实施流量工程、同时支持多种特定 QoS 保障的 IP 业务等诸多方面具备得天独厚的技术优势。

(1) MPLS VPN

MPLS 的一个重要应用是 VPN。MPLS VPN 根据扩展方式的不同,可以划分为 BGP MPLS VPN 和 LDP 扩展 VPN,即可以划分为二层 VPN 和三层 VPN。

(2) 流量工程

流量工程是指根据各种数据业务流量的特性选取传输路径的处理过程。MPLS 技术可通过特定的 QoS 路由算法,采用离线方式计算出网络内对应不同业务流的所有可行的标签交换路径。流量工程用于平衡网络中的不同交换机、路由器以及链路之间的负载。ISP 通过流量工程可以在保证网络运行高效、可靠的同时,对网络资源的利用率与流量特性加以优化,从而便于对网络实施有效的监测管理措施。

(3) 提供服务质量保证

随着网络的不断发展、新业务的不断引入,用户迫切需要 ISP 将保证特定 QoS 的业务引入目前没有明确划分业务类型的 IP 网络中。所谓 QoS 路由是指根据特定业务流要求的 QoS,在网络中建立相应路径的方法。MPLS 技术通过使用约束路由机制,根据用户的特定要求仅在边缘节点处计算特定的标记交换路径。

(4) MPLS 路由器

MPLS 路由器采用 MPLS 技术来实现标记交换路径(LSP),实现了高速交换、分布式转发和集中式管理相结合。

(5) GMPLS

随着智能光网络技术以及 MPLS 技术的发展,自然希望能将二者结合起来,使 IP 分组能够通过 MPLS 的方式直接在光网络上承载,于是出现了新的技术概念——多协议波长交换(MPλS)。

本 章 小 结

IP 网以其 TCP/IP 协议的开放性将各种不同的网络连接成一个互联网,使它们融合为一个全球逻辑大网——信息网络。互联网是在网络层用路由器互联的网络,在 IP 网上给每一个主机分配一个在全世界范围内的唯一的 32 bit IP 地址,这是一个逻辑地址。IP 网用 IP 地址寻址并传送数据报。为了提高 IP 地址的使用效率,可将 IP 网划分成许多子网,并使用子网掩码来表示。IP 数据报首部设置了多个字段,包含了重要的控制信息,便于路由器转发时使用。

TCP 和 UDP 是传输层使用的重要协议,有着各自的特点和适用场景。UDP 协议用于在传输层提供无连接、不可靠的服务,实时性较好。TCP 协议在传输层提供面向连接、可靠的服务,支持全双工通信,适用于大量数据传输、对可靠性要求较高的情况,但是协议比较复杂。UDP 和 TCP 报文首部分别设置了多个字段,填写相应的控制信息。TCP 协议是面向连接的,其传输可靠性主要体现在差错控制、流量控制和拥塞控制等方面。

IPv6 是对 IPv4 的改进,将 IP 地址由原来的 32 bit 地址改为 128 bit 地址,提供了巨大的地址空间;具有与网络适配的层次地址,寻路效率高;采用全新的数据报格式,简化了协议,减少了软件处理内容,加快了分组的转发,增强了功能。IPv4 向 IPv6 的过渡是一个长期的过程。

IP 网采用无连接的数据报方式传送数据,路由器是 IP 网的核心部件,实现数据转发的功能,包括选路策略和选路机制两个功能:前者是指如何根据数据包的目的地和网络的拓扑结构选择一条最佳路径,建立并维护路由表,主要的动态路由选择算法有距离矢量路由算法和链路状态路由算法,主要的路由协议是 RIP、OSPF、BGP 协议等;而后者是指路由器根据 IP 地址采用查找路由表的方法将一个包从一个网转发到另一个网。路由器的硬件设备经过几代的演进发展,性能不断提升。多协议标记交换(MPLS)技术作为一种路由交换技术,有着很重要的应用。

习 题

1. 在互联网中为什么要使用 IP 地址? 它与物理地址有什么不同?

2. 在互联网中的路由选择是否应当考虑每一个网络内部的路由选择? 为什么?

3. 试辨认以下 IP 地址的网络类别。

(1) 128.36.199.3

(2) 21.12.240.17

(3) 183.194.76.253

(4) 192.12.69.248

4. (1) 子网掩码为 255.255.255.0 代表什么意思?

(2) 一个网络的子网掩码为 255.255.255.248,问该网络能够连接多少台主机? 若该网络为 C 类 IP 地址,它划分了多少子网?

(3) 一个 A 类网络的子网掩码为 255.255.0.255,它是否为一个有效的子网掩码?

5. (1) 某台主机 X 的 IP 地址是 136.10.14.128/20,这是一个什么类型的 IP 地址? 另一台主机 Y 的 IP 地址是 136.10.16.86/20,那么 X 和 Y 是不是在同一个子网中?

6. MPLS 就是 ATM 交换技术,或者 MPLS 就是 IP 技术,这种说法对吗? 为什么?

7. 由 IPv4 向 IPv6 过渡有哪些方法? 简述其中的两种方法。

8. 用于网络层以上进行异构网络间互联的是什么设备?

9. 分组在传输的过程中会产生时延,具体有哪几种时延?

10. 请简要描述传输层的主要功能。

11. TCP 协议和 UDP 协议有什么相同点和不同点？

12. "在传输层中，TCP 协议用于实现可靠传输，UDP 协议用于不可靠传输，所以 TCP 协议优于 UDP 协议。"这个说法对吗？如果觉得不对，请指出错在哪里。

13. 请概述 TCP 在建立连接的时候进行"三次握手"的过程。

14. 请简要介绍 TCP 差错控制机制。

15. TCP 的重传机制有时间驱动重传和数据驱动重传两种，二者有什么区别？

16. 请简要介绍 TCP 流量控制机制。

17. 请简要介绍 TCP 拥塞控制机制的几种常见算法。

18. TCP 协议在传输层实现可靠传输，具体体现在哪些方面？

19. 在路由器中，一个 IP 包下一跳会被转发到哪里，由什么来决定？

20. 请描述在路由器中选路算法是如何搜索路由表的。

21. 因特网中的路由协议按照适用范围可以分为哪两大类？各自的代表协议有哪些？

22. RIP 协议和 OSPF 协议各自的优缺点是什么？

23. 目前常见路由器的基本硬件由什么组成？各自的主要功能是什么？

第7章 软交换与 IMS 技术

本章主要介绍软交换技术与 IMS 技术，包括两种技术各自的产生背景、网络结构、功能实体和典型通信流程。

7.1 软交换网络技术

7.1.1 IP 电话网技术

IP 电话指在 IP 网上传送的具有一定服务质量的语音业务。

1. IP 电话网基本模型

IP 电话网基本模型如图 7.1 所示，主要包括 IP 电话网关、IP 承载网、IP 电话网的管理层面及 PSTN/ISDN/GSM 电路交换网等部分。

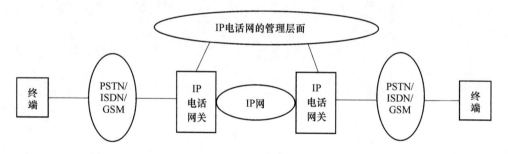

图 7.1　IP 电话网基本模型

各部分主要功能如下。

① IP 承载网络：用于传送 IP 电话的承载网，它可以是公网，也可以是专网。鉴于服务质量等因素的限制，一些 IP 电话运营商都采用 IP 专网向公众开放 IP 电话/传真业务。

② IP 电话网关：完成对来自 PSTN 的语音业务流的编解码功能，并将压缩编码后的语音业务流打成包，通过 IP 承载网传给目的网关。它跨接在电路交换网和 IP 网之间，负责电路交换到分组交换的转换以及分组交换到电路交换的转换，相当于协议转换器和数据格式转换器。

③ IP 电话网络的管理层面：主要由网守和用户数据库、结算系统组成，负责用户的接入认证、地址解析、计费和结算等工作。

④ 传统电路交换网的接入部分：包括电话网、ISDN 和数字移动通信网，它们构成了 IP 电话的主要接入部分。

2. IP 电话通信流程

IP 电话业务按照通话方式可分为 3 种形式：电话到电话（Phone to Phone）、计算机到电话

（PC to Phone）和计算机到计算机（PC to PC）。目前,我国的 IP 电话网中大都采用H.323 协议,因此下面以电话到电话为例,使用 H.323 协议简要说明 IP 电话通信流程。如图 7.2 所示,其中网守为 H.323 系统中一个域的管理者,具有认证计费、地址解析等功能。通信过程简述如下。

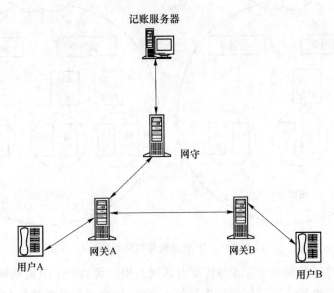

图 7.2　IP 电话通信流程

① 用户 A 呼叫网关 A,根据语音提示输入认证信息和被叫电话的号码。

② 网关 A 向网守发送呼叫业务请求（H.323 协议）,将用户信息、业务类型和业务信息传递给网守。

③ 网守检查用户的授权情况,确定该用户是否有权使用此种业务。授权认证可以通过记账系统的认证组件来进行,也可以由网守内部的功能完成,并返回允许/不允许接通的应答。

④ 网守向记账系统发送消息,请求用户的记账信息,也包含呼叫的信息。网守收到返回的用户记账信息后,向网关 A 发送可供连接的目的网关的地址信息。

⑤ 网关 A 和网关 B 连接,初始化通信进程,网关 B 向电话 B 发送呼叫应答消息（H.323 协议）,通话进程开始。

⑥ 当网关 A 和网关 B 检测到通话进程真正开始以后,网关 A 向网守发送一个呼叫开始信息（H.323 协议）,并附带上唯一的记账标识 ID。

⑦ 网守向记账系统发送呼叫开始信息,记账系统返回确认信息作为应答。应答消息传送给网关 A。

⑧ 通话结束时,网关 A 或者网关 B 检测到呼叫的结束,向网守发送呼叫结束消息,并发送关于该呼叫的相关信息,网守向记账系统发送呼叫结束消息,记账系统返回确认信息,确认信息送到网关 A 和网关 B。

3. IP 电话网与传统电话网的比较

① IP 电话网的网络结构与传统电话网有相同的地方,即均采用分级网络结构。我国的 IP 电话网一般采用两级网络结构,即顶级网守和一级网守,在业务量大的地区可根据需要再增加第三级结构,即二级网守,如图 7.3 所示。这样网络可以具有良好的可扩展性。顶级网守可以设在二三个重要的大城市,如北京和上海,专门负责与其他运营者的 IP 电话业务网互通

以及与国际业务的连接;而一级网守可以按省或大区设置,专门负责本区域内的呼叫寻址等工作。

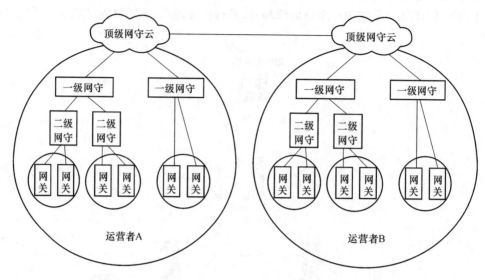

图7.3　IP电话网分级网络结构

② IP电话网的编号和寻址方式与传统电话网差别很大,由于IP电话网是一个面向无连接的网络,还要考虑和PSTN之间的互连问题。因此,要把目的地的地址信息封装进IP数据包内,IP网络根据该地址信息采用TCP/IP的寻址规则和协议进行寻址。

③ IP电话网中使用的信令种类比传统电话网复杂。其外部信令用于IP网与PSTN的互通,一般都使用PSTN的信令标准;内部信令用于IP网络内部的连接控制和呼叫处理,取决于承载传输网络的协议标准,对于IP网络,使用H.323等协议。

7.1.2　软交换的概念

1. 软交换技术的特点

以互联网为代表的新技术正在深刻影响着传统电信网络的概念和体系,软交换技术就是其中的代表。其主要特征可概括如下。

① 采用开放的网络构架体系。将传统交换机的功能模块分离成独立的网络部件,各个部件可以按相应的功能划分,各自独立发展,部件间的协议接口采用相应的标准协议。

② 属于业务驱动的网络。其功能特点是:业务与呼叫控制分离,呼叫与承载分离。

③ 基于统一协议的分组网络。可以使用IP协议,IP协议使得各种以IP为基础的业务都能在不同的网上实现互通,首次具有了统一的通信协议。

软交换技术的核心思想是采用IP协议及其相关技术,电信网的商业模式、运行模式、电信业务的设计理念,即集传统电信网和Internet之长。软交换技术吸取了IP、ATM、IN和TDM等众家之长,完全形成分层的全开放的体系架构,使得运营商可以根据自己的需要,全部或部分利用软交换体系产品,采用适合自己的网络解决方案,在充分利用现有资源的同时,寻找到自己的网络立足点。因此,软交换是分组网络中语音业务、数据业务和视频业务呼叫、控制、业务提供的核心设备,也是电路交换网向分组交换网演进的重要设备。

2. 软交换技术的产生及概念

软交换技术是在 IP 电话基础上产生的,其主要思想来源于分解的网关功能的概念,即将 IP 电话网关分解为媒体网关、信令网关、媒体网关控制器,其中媒体网关控制器就是软交换的前身。

严格地说,软交换有广义和狭义两种概念。从广义上看,软交换泛指一种体系结构,即软交换网络;从狭义上看,软交换指软交换网络中核心设备之一,即软交换设备。通常软交换设备需要与软交换网络中的其他设备一起共同实现通信业务,完成通信功能。

在电路交换网中,呼叫控制、业务提供以及交换网络均集中在一个交换系统中,而软交换的主要设计思想是将传统交换机的功能模块分离成独立的网络实体,业务/控制与传送/接入分离,各实体之间通过标准的协议进行连接和通信,以便在网上更加灵活地提供业务,如图 7.4 所示。因此,软交换是一个分布式交换/控制平台,将呼叫控制功能从网关中分离出来,利用分组网代替交换矩阵,开放业务、控制、接入和交换间的协议,从而真正实现多厂家的网络运营环境,并可以方便地在网上引入多种业务。

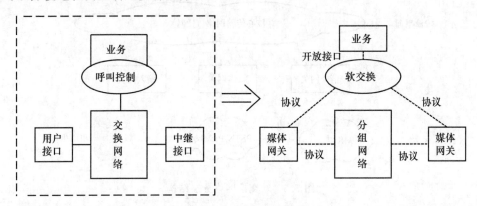

图 7.4　软交换模式

因此,我们可将软交换的概念概括为:软交换是网络演进以及分组网络的核心设备之一,它独立于传送网络,主要完成呼叫控制、资源分配、协议处理、路由、认证、计费等主要功能,同时可以向用户提供现有电路交换系统所能提供的所有业务,并向第三方提供可编程能力。

7.1.3　软交换网络结构和协议

1. 网络结构

与传统电路交换网相比,通过呼叫控制、交换、承载的分离,软交换网络实现了一个全开放的体系结构。各层次网络单元通过标准协议互通,可以各自独立演进,以适应未来技术的发展。

软交换网络分层结构如图 7.5 所示,共分为 4 个独立的层次,从下到上依次如下。

① 接入层:提供各种网络和设备接入到核心骨干网的方式和手段,主要包括信令网关、媒体网关、接入网关等多种接入设备。

② 传输层:负责提供各种信令和媒体流传输的通道,网络的核心传输网将是 IP 分组网络。

③ 控制层:主要提供呼叫控制、连接控制、协议处理等能力,并为业务平面提供访问底层

各种网络资源的开放接口。该平面的主要组成部分是软交换设备。

④ 业务层:利用底层的各种网络资源为用户提供丰富多样的网络业务。其中最主要的功能实体是应用服务器,它是软交换网络体系中业务的执行环境。

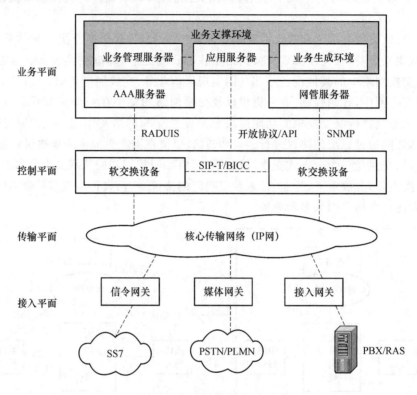

图 7.5　软交换网络分层结构

值得注意的是,本书前面讲述的内容,是按照传统电信网具有代表性的网络分层模型的概念和体系来组织的,也即按照分成信息应用、交换与路由、接入与传送三层构成的网络分层模型来描述整个通信网络。而基于软交换的体系结构却与之不同,其是一个四层模型,二者的主要不同正是将软交换引入现有网络所造成的。简单地说,将原来交换与路由中的呼叫控制功能独立出来就是现在的控制层,即软交换;剩余的对媒体处理和传送的功能就是现在核心传输层要完成的功能;而接入/媒体层就是提供各种接入手段,只不过因为软交换要叠加在现有通信网上,还必须提供现有各种传统通信网,如电话网、ISDN、智能网的接入。

软交换网络的组成如图 7.6 所示,包括软交换设备、应用服务器、媒体服务器、中继网关、接入网关、综合接入设备(IAD)、智能终端(如 SIP 终端和 H.323 终端等)、路由服务器、网关服务器等,各设备间的接口和协议也在图中标出。

2. 协议

由图 7.6 可以看出软交换网络中各个设备间的接口和使用的协议,软交换设备通过 SIP、智能网 No.7 信令应用协议 INAP、Radius 协议与业务平台中的应用服务器及认证服务器等通信,通过 XML 或 H.323 协议与 IP 网络通信,通过 H.248 协议和 MGCP 协议与媒体服务器、中继网关、接入网关、IAD 等通信,通过 SIGTRAN 协议与信令网关通信,还可以通过 SIP 协议与其他软交换设备连接。

下面对几个主要协议作简单介绍。

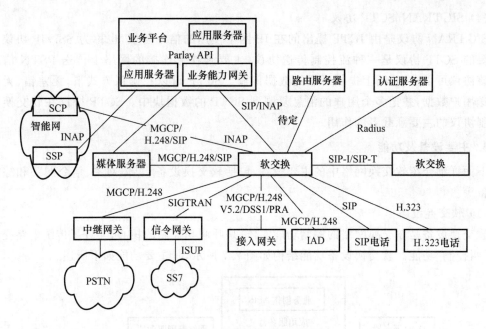

图 7.6　软交换网络组成示意图

（1）H.248/MEGACO

H.248/MEGACO 协议均称为媒体网关控制协议，应用在媒体网关和 MGCP 终端与软交换设备之间。两个协议的内容基本相同，只是 H.248 是由 ITU 提出来的，而 MEGACO 是由 IEFT 提出来的，且是双方共同推荐的协议。它完成了呼叫的建立和释放。

（2）媒体网关控制协议

媒体网关控制协议（MGCP）是由 IEFT 提出来的，是简单网关控制协议（SGCP）和 IP 设备控制协议（IPDC）相结合的产物。MEGACO 协议是对 MGCP 协议的进一步改进、完善和提高，MGCP 协议可以说是一个比较成熟的协议，协议的内容与 MEGACO 协议比较相似。目前软交换系统设备大都支持该协议。

在软交换系统中，MGCP 协议与 H.248/MEGACO 协议一样，应用在媒体网关和 MGCP 终端与软交换设备之间，通过此协议来控制媒体网关和 MGCP 终端上的媒体/控制流的连接、建立和释放。

软交换机就是通过媒体控制协议 MGCP/H.248 技术来实现呼叫控制与媒体传输相分离的思想。

（3）会话初始协议

会话初始协议（SIP）是 IETF 提出的在 IP 网上进行多媒体通信的应用层控制协议，以 Internet 协议（HTTP）为基础，遵循 Internet 的设计原则，基于对等工作模式。利用 SIP 可实现会话的连接、建立和释放，并支持单播、组播和可移动性。此外，SIP 如果与 SDP 配合使用，可以动态地调整和修改会话属性，如通话带宽、所传输的媒体类型及编解码格式。

在软交换系统中，SIP 协议主要应用于软交换与 SIP 终端之间，也有的厂家将 SIP 协议应用于软交换与应用服务器之间，提供基于 SIP 协议实现的增值业务。总的来说，SIP 协议主要应用于语音和数据相结合的业务，以及多媒体业务之间的呼叫建立与释放。特别是 SIP 协议以其简单、灵活的特点，使作为移动通信标准化组织的 3GPP 已经决定在其基础上建立第三代移动通信的全 IP 网络，并要求 3G 终端必须支持 SIP 协议。

（4）SIGTRAN/SCTP 协议

SIGTRAN 协议是由 IETF 提出的在 IP 网中使用的信令协议,也称为 SS7/IP 协议。其中主要的 SCTP 协议是一种流控制传送协议,主要是在无连接的网络上传送 PSTN 信令信息。该协议可以在 IP 网上提供可靠的数据传输。SCTP 可以在确认方式下,无差错、无重复地传送用户数据,并把多个用户的消息复制到 SCTP 的数据块中。SCTP 协议在软交换中起着控制协议的主要承载者的作用。

3. 主要设备及功能

下面详细介绍软交换网络中的主要设备,包括软交换设备、媒体网关、信令网关和综合接入设备等。

（1）软交换设备

软交换设备是软交换网络的控制功能实体,是呼叫与控制的核心,实现了传统电路交换机的"呼叫控制"功能。软交换设备功能结构如图 7.7 所示,其主要功能如下所述。

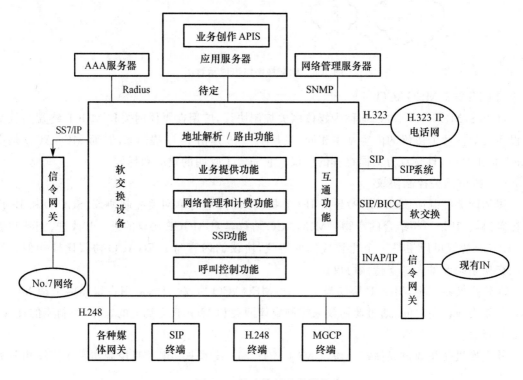

图 7.7　软交换的功能结构

① 媒体网关适配功能。它可以连接各种媒体网关,通过 H. 248 协议功能来实现对媒体网关的控制、接入和管理。同时它还可以直接与 H. 323 终端和 SIP 客户端终端、MGCP 终端等进行连接,提供相应业务。

② 业务提供功能。能够提供电路交换系统的全部业务,包括基本业务和补充业务,同时还可以与现有智能网配合,提供现有智能网提供的业务。还可提供可编程的、逻辑化控制的、开放的 API 接口,实现与外部应用平台的互通。

③ 网络管理和计费功能。可以提供资源管理功能,对系统中的各种资源进行集中的管理,包括资源的分配、释放和控制等。可以提供操作维护功能,还可与认证中心连接,将所管辖区域内的用户、媒体网关信息送往认证中心进行认证与授权,以防止非法用户/设备的接入。另外,还具有采集详细话单及复式计次功能,并能够按照运营商的需求将话单传送到相应的计

费中心。

④ 地址解析/路由功能。可以完成 E.164 地址至 IP 地址和别名地址至 IP 地址间的转换功能,同时也可完成重定向路由的功能。

⑤ 互通功能。软交换设备可以通过一定的协议与外部实体及其他软交换设备交互,进行信令转换,并与系统内部各实体协同运作来完成各种复杂业务。如:可以通过信令网关实现分组网与现有 No.7 信令网的互通;可以通过信令网关与现有智能网互通,为用户提供各种智能业务;允许 SCF 控制 VoIP 呼叫且对呼叫信息进行操作(如号码显示等);可以通过软交换中的互通模块,采用 H.323 协议实现与现有 H.323 体系的 IP 电话网的互通;可以通过软交换中的互通模块,采用 SIP 协议实现与 SIP 网络体系的互通;可以与其他软交换设备互通互连,它们之间的协议可以采用 SIP 或 BICC;提供 IP 网内 H.248 终端、SIP 终端和 MGCP 终端之间的互通。

⑥ 业务交换功能(SSF 功能)。业务交换功能与呼叫控制功能相结合,提供呼叫控制功能和业务控制功能(SCF)之间进行通信所要求的一组功能。业务交换功能主要包括:业务控制出发的识别以及与 SCF 间的通信;管理呼叫控制功能和 SCF 之间的信令;按要求修改呼叫/连接处理功能;在 SCF 控制下处理 IN 业务请求。

⑦ 呼叫控制功能。呼叫控制功能是软交换设备的基本功能,也是最重要的功能之一,它为基本呼叫的建立、维持和释放提供控制功能。具体如下。

- 可以为基本呼叫的建立、维持和释放提供控制功能,包括呼叫处理、连接控制、智能呼叫触发检出和资源控制等。

- 可以接收来自业务交换功能的监视请求,并对其中与呼叫相关的事件进行处理;接收来自业务交换功能的呼叫控制相关信息,支持呼叫的建立和监视。

- 支持基本的两方呼叫控制功能和多方呼叫控制功能,提供对对方呼叫控制功能,包括对方呼叫的特殊逻辑关系、呼叫成员的加入/退出/隔离/旁听,以及混音过程的控制等。

- 能够识别媒体网关报告的用户摘机、拨号和挂机等事件;控制媒体网络向用户发送各种音信号,如拨号音、振铃音和回铃音等;提供满足运营商需求的拨号计划。

- 当软交换设备内部不包含信令网关时,软交换应能够采用 SS7/IP 协议与外设的信令网关互通,完成整个呼叫的建立和释放功能,其主要承载协议采用 SCTP。

- 可以控制媒体网关发送 IVR,以完成如二次拨号等多种业务。

- 可以同时直接与 H.248 终端、MGCP 终端和 SIP 客户端终端进行连接,提供相应业务。

- 具有本地电话交换设备、长途电话交换设备的呼叫处理功能。

(2) 媒体网关

媒体网关(MG,Media Gateway)的基本功能是将媒体流从某一类型的格式转化为另一种类型的格式,如电路交换网的媒体流(64 kbit/s 的 PCM 时隙)和分组交换网的媒体流(IP 网上的 RTP 分组)之间的相互转化。媒体网关在电路交换网和分组交换网的媒体相关实体之间提供相互通信的双向接口,它可以处理音频、视频和 T.120 编码的媒体流,实现不同媒体的全双工转化。软交换通过 MGCP/Magaco 协议对媒体网关进行控制。

媒体网关具有呼叫处理与控制功能。对于模拟线用户,媒体网关应能够识别出用户摘机、拨号和挂机等事件,检测出用户占线和久振无应答等状态,并将用户事件和用户状态向软交换报告,在软交换设备控制下,媒体网关应向用户发送各种音信号,如拨号音、振铃音和回铃音等;对于 IP 侧网络接口,支持 RTP/RTCP 协议,分配端口号,在 PCM 中继电路和 RTP/RTCP 端口之间完成媒体流的映射;应能根据软交换的命令对它所连接的呼叫进行控制,如完成接续、中断和动态调整带宽等操作;应能够向用户播放提示音;应具有 DTMF 检测和生成的功能;应可以检测 MODEM 音和 Fax 音,并通过事件描述符向软交换报告,在软交换控制下进行相关操作。

媒体网关具有资源控制功能。在软交换的控制下,网关设备必须具备对其自身相关资源进行申请、预约、占用和释放等操作的功能。相关资源包括用户侧用户电路或中继电路接口资源、分组网络侧接口资源,以及信号或媒体流相关处理资源(如 DTMF 资源、MODEM 资源和语音压缩资源)等;当媒体网关设备资源的状态发生变化(如发生故障、故障恢复或因管理行为而执行的状态改变或资源不可用)时,网关设备要具有向软交换进行汇报的能力。

媒体网关具有分组信息的 QoS 管理功能。可根据网络的负载情况动态调整输入缓冲,以使网络的端到端时延在当前网络条件下是最小的;还可在软交换的控制下对不同 QoS 要求的媒体流进行不同的映射,如映射到不同的 IP QoS,或映射到不同的 ATM 业务类型等。

按照接入方式不同,媒体网关可包括中继网关、接入网关、综合接入设备(IAD)等。中继网关(Trunking Gateway)可以直接和电路交换机的中继线相连,从中提取电路时隙,将其转化成 IP 话音;或者相反,将 IP 话音转换成电路时隙信号。接入网关(Access Gateway)通常用于用户侧与分组网络之间媒体信息的转换,如提取其中的信令和话音时隙,并转化成适合 IP 网传输的格式。用户侧接入的用户可以是 PSTN、ISDN BRI/PRI、远端模块、ADSL、LAN 专线等。

(3) 信令网关

信令网关(SG)的功能是要完成 No.7 信令消息与 IP 网信令消息的互通。其协议包含两部分:电路信令侧协议和 IP 网络侧协议。在电路信令侧,信令网关的作用是发送和接收标准的电路信令消息,如标准的 No.7 信令协议族,这可以根据相关的电路信令标准来实现;IP 网侧的协议则有些复杂,目前还没有一个统一的标准,但目前主要采用 IETF 和 SIGTRAN 系列协议。

信令网关可以是一个独立的物理设备,也可以嵌入其他设备(如软交换或媒体网关)中实现,支持 PSTN 到 IP、IP 到 PSTN 和 PSTN 到 PSTN 的信令消息承载层的转换。

信令网关设备可以由信令网络管理中心(NMC)通过它们之间的接口进行操作、管理和维护,信令网关也可以通过本地操作工作台进行操作、管理和维护。信令网关设备应具有配置管理、状态管理、故障管理和性能管理能力。

信令网关使得 No.7 信令应用部分无须做任何修改就可以在 IP 网中传送,而且 IP 网中的业务平台也可通过信令网关无缝地访问传统的 No.7 信令网。可见,信令网关是网络业务融合的关键设备。

(4) 综合接入设备(IAD)

综合接入设备(IAD)是软交换网络的一个重要部件,它作为小容量的综合接入网关,提供语言和数据的综合接入能力。IAD 的网络位置更靠近最终用户,无专门的机房,因此,需要更多的管理维护手段和更强的故障自愈能力。IAD 提供丰富的上行和下行接口,满足用户的不同需求,主要面向小区用户、密度低的商业楼宇和小型企业集团用户。

IAD 设备具有呼叫处理功能:能根据软交换的要求检测并报告规定检测的事件和状态,如摘机、拨号、挂机、久振不应答和占线等;能按照软交换的指示向用户发送各种铃流和信号音,如拨号音、忙音、回铃音和振铃音等;具备 DTMF 生成和检测功能;能够执行软交换下发的呼叫建立、保持和释放等各种命令。

IAD 设备具有资源控制和汇报功能、维护和管理功能、IP 语音的 QoS 管理功能,还能支持以太网、ADSL、HFC 接入。

（5）业务支撑环境

应用服务器是软交换体系中业务支撑环境的主体,也是业务提供、开发和管理的核心。应用服务器和软交换之间的接口,国际上主要有 IETF 的 SIP 协议和 Parlay 组织制定的 Parlay API 规范。从这个角度来看,又可以把应用服务器分为 SIP 应用服务器和 Parlay 应用服务器两类,前者与软交换之间采用 SIP 协议进行交互,而后者则将 Parlay API 作为与软交换之间的接口。

业务生成环境以应用服务器提供的各种开放 API 为基础,具有友好的图形化界面,提供完备的业务开发环境、仿真测试环境和冲突检测环境。通过将应用框架/构件技术和脚本技术（如 CPL、VoiceXML、XTML 等）引入业务生成环境中,可以提高业务开发的抽象层次,简化业务的开发,完成新业务生成和提供功能。

业务管理服务器与应用服务器相配合,主要负责业务的生命周期管理、业务的接入和订购、业务数据和用户数据的管理等。业务管理服务器可以与应用服务器配合存在,也可以通过制定业务管理服务器和应用服务器之间交互的开放接口标准,作为独立的实体存在。

另外,其他支撑设备如 AAA 服务器（Authority Authentication and Accounting Server）、大容量分布式数据库、网管服务器等,它们为软交换系统的运行提供了必要的支持。

7.1.4　软交换网络的通信流程

1. 软交换网络的部署

目前,软交换网络已经取得了广泛的应用,我国固定电话网的核心网及移动电话网的电路域核心网已全部采用了软交换网络,部分新建端局也直接使用了软交换设备。在实际应用中,软交换设备可以在 PSTN 中分别做端局、汇接局和长途局,其中在本地网中位于端局时的组网结构如图 7.8 所示。

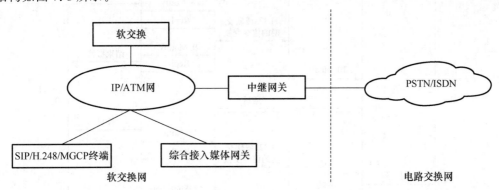

图 7.8　软交换设备位于端局时的组网示意图

在图 7.8 中,综合接入网关用于为各种用户提供多种类型的业务接入,如模拟用户接入、ISDN 接入和 V5 接入,并接入 IP 网。中继网络兼容 SG 的功能,也可以是独立的实体。

当软交换设备位于汇接局或长途局时,其组网结构如图 7.9 所示。

在图 7.9 中,中继网关位于电路交换网与分组网之间,用来终接大量的数字电路;中继网关兼容 SG 的功能,也可以是独立的实体。

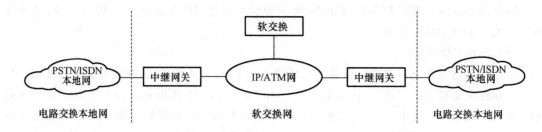

图 7.9 软交换位于汇接局或长途局时的组网示意图

2. 软交换网内通信

假设主叫用户和被叫用户分别通过各自的媒体网关接入软交换网络,软交换设备采用 H.248/Megaco 协议建立和释放呼叫连接。主要的信令流程如图 7.10 所示。

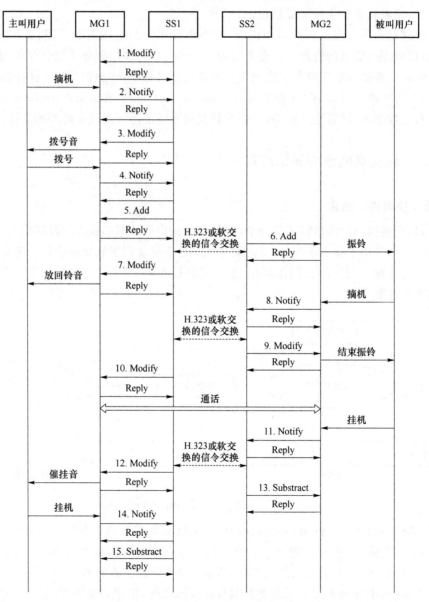

图 7.10 软交换网内呼叫流程示例

① 当媒体网关向软交换设备成功注册之后,软交换设备返回 Modify 命令,要求媒体网关监视各物理端口的摘机信号。媒体网关返回应答 Reply 消息。

② 主叫用户摘机,媒体网关 1 在某个端口检测到摘机信号,向软交换设备 1 发送 Notify 消息,表明有一个用户请求通话。软交换设备 1 应答 Reply。

③ 软交换设备 1 要求媒体网关 1 发出拨号音至主叫用户。同时,软交换设备 1 将拨号规则数字表(DigitMap)格式发给媒体网关 1,要求其按照此格式采集用户拨打的电话号码。媒体网关应答 Reply。

④ 媒体网关 1 逐位采集用户拨打号码,并和收到的数字表进行匹配,将对应号码通过 Notify 消息传递给软交换设备 1。软交换设备 1 收到后回复 Reply。

⑤ 软交换设备 1 在媒体网关 1 创建一个新的关联,并设置时延抖动缓存容量、是否启动回声抑制功能、可选的语音编码压缩等。媒体网关 1 应答 Reply。

⑥ 软交换设备 2 收到呼叫请求,通过 Add 命令,在媒体网关 2 中创建一个新的 Context,并设置抖动缓存、语音压缩算法等。同时,软交换设备 2 要求媒体网关 2 向被叫用户发送振铃音。媒体网关 2 分配资源,应答 Reply 消息。

⑦ 软交换设备 1 向媒体网关 1 发送 Modify 消息,说明被叫用户状态,如被叫忙或者接续进行中等。媒体网关 1 选择对应的信令发给主叫用户,如忙音或者回铃音,并告知媒体网关 2 的 IP 地址等信息。媒体网关 1 回复 Reply 消息。

⑧ 当被叫摘机,媒体网关 2 发送 Notify 消息告知软交换设备 2。软交换设备 2 返回应答 Reply 消息。

⑨ 软交换设备 2 通知媒体网关 2 停止振铃。媒体网关 2 返回 Reply 消息。

⑩ 软交换设备 1 向媒体网关 1 发消息,停止回铃音。媒体网关 1 返回应答 Reply 消息。随后双方开始正式通话,传输语音消息。

⑪ 通话结束后,被叫用户先挂机。媒体网关 2 向软交换设备 2 发送 Notify 消息,报告被叫挂机。软交换设备 2 应答 Reply。

⑫ 软交换设备 1 通知媒体网关 1 向主叫用户播放催挂音。媒体网关 1 回复 Reply 消息。

⑬ 软交换设备 2 向媒体网关 2 发送 Substract 命令,媒体网关 2 返回带有呼叫统计信息的 Reply 消息。

⑭ 主叫用户挂机,媒体网关 1 向软交换设备 1 发送 Notify 消息,报告挂机。软交换设备 1 返回 Reply 消息。

⑮ 软交换设备 1 向媒体网关 1 发送 Substract 命令,媒体网关 1 返回带有呼叫统计信息的 Reply 消息。

3. 软交换 PSTN 网络互通

下面以软交换设备位于汇接局为例,简要描述一次电话呼叫的通信流程。图 7.11 是该通信过程的应用场景,主叫和被叫均位于 PSTN 网中,并分别与一个中继网关相连;主被叫之间通过两个中继网关在 IP 网中建立媒体通道。

设定中继网关和软交换设备之间采用 H. 248 协议,主叫用户位于 LEX1/ SG1 和 TG1 管辖范围内,被叫用户位于 LEX2/ SG2 和 TG2 管辖范围内,No. 7 信令使用 ISDN 用户模块 ISUP,TG1 和 TG2 属于同一个软交换设备的管辖区域内,则 PSTN 用户通过 IP 中继网关发起呼叫的流程如图 7.12 所示。

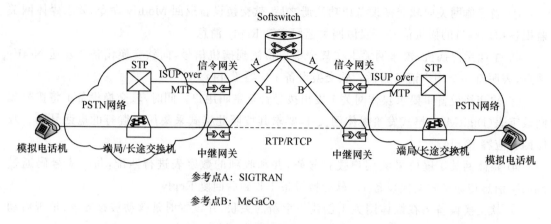

参考点A：SIGTRAN

参考点B：MeGaCo

图 7.11　电话通信流程的应用场景示例

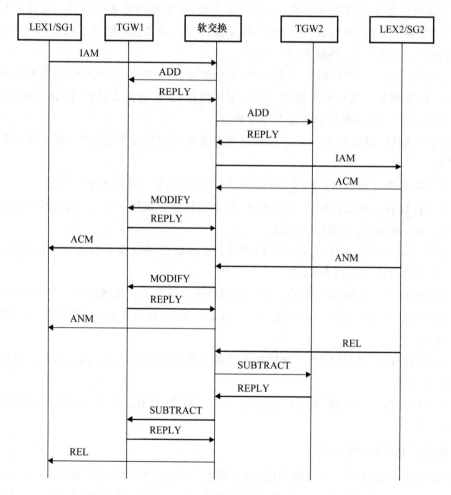

图 7.12　软交换呼叫流程示例

图 7.12 中的呼叫流程具体如下所述。

① PSTN 用户发起呼叫，用户拨号后，PSTN 交换机将呼叫通过 No.7 信令网发送 No.7 信令的初始地址消息 IAM 到软交换设备。

② 软交换设备指示 TG1 创建会话连接（Context），并在 Context 中加入 TDM

Termination 和 RTP Termination,其中 Mode 设置为 ReceiveOnly,并设置抖动缓存和语音压缩算法等;TG1 通过 Reply 命令返回 RTP 端口号及采用的语音压缩算法。

③ 软交换指示 TG2 创建会话连接(Context),并在 Context 中加入 TDM Termination 和 RTP Termination,其中 Mode 设置为 SendReceive,并设置抖动缓存和语音压缩算法等;TG2 通过 Reply 命令返回 RTP 端口号及采用的语音压缩算法。

④ 软交换设备通过 No.7 信令网向电路交换网发送 IAM,电路交换回送 No.7 信令的地址收全 ACM,向被叫振铃。

⑤ 软交换设备向 SG1 发送 ACM,向 TG1 发送 Modify 命令,告知远端 RTP 端口号,并通知发送回铃音。

⑥ 被叫摘机,SG2 向软交换设备发送 No.7 信令的应答消息 ANM。

⑦ 软交换向 SG1 发送 ANM,向 TG1 发送 Modify 命令,切断回铃音,Mode 设置为 SendReceive。这时呼叫建立过程结束,主被叫之间通过 TG1 和 TG2 在 IP 承载网中建立媒体通道传递用户通信信息。

⑧ 通话结束时若被叫先挂机,SG2 向软交换发送 REL,软交换向 SG1 发送 No.7 信令的释放消息 REL,再分别向 TG1 和 TG2 发送 Substract 命令。呼叫释放过程结束。

7.2 IMS 技术

7.2.1 IMS 的概念

1. IMS 的概念及特点

随着通信技术的演进和用户需求的多样化,固定网络和移动网络的融合成为电信业的发展趋势。同时,全网 IP 化也已经得到了业界的广泛认同。因此,要在网络层面和业务层面全面实现固定/移动融合,同时充分利用网络资源,这就需要满足以下需求的新的体系架构。

① 能够提供电信级的 QoS 保证,即在会话建立的同时按需进行网络资源分配,使用户能够随时随地享受到满意的实时多媒体通信服务。

② 能够提供融合各类网络能力的综合业务,特别是传统电信网和互联网相结合的业务,采用开放式业务提供结构,支持第三方业务开发,提供用户所需的个性化的多媒体服务。

③ 能够对业务进行有效、灵活的计费,即提供会话的业务类别、业务流量、业务时段等基本信息。

IP 多媒体子系统(IMS,IP Multimedia Subsystem)作为解决固定网络与移动网络融合,支持语音、数据、多媒体等差异化业务的重要解决方案,提供了标准化的体系结构,被认为是下一代网络的核心技术。IMS 的主要特点可概括如下。

① 与接入无关。IMS 借鉴软交换网络技术,采用基于网关的互通方案,包括信令网关(SGW)、媒体网关(MGW)、媒体网关控制器(MGCF)等网元,而且在 MGCF 及 MGW 也采用 IETF 和 ITU-T 共同制订的 H.248/MEGACO 协议。这样的设计使得 IMS 系统的终端可以

是移动终端,也可以是固定电话终端、多媒体终端、PC 机等,接入方式也不限于蜂窝射频接口,可以是无线的 WLAN,或者是有线的 LAN、DSL 等技术。另外,由于 IMS 在业务层采用软交换网络的开放式业务提供构架,可以完全支持基于应用服务器的第三方业务提供,这意味着运营商可以在不改变现有的网络结构、不投入任何的设备成本条件下,轻松地开发新的业务,进行应用的升级。

② 协议统一。采用 SIP 进行控制。SIP 简洁高效、可扩展性和适用性好,使得 IMS 能够灵活便捷地支持广泛的 IP 多媒体业务,并且 SIP 可与现有固定 IP 数据网平滑对接,便于实现固定和无线网络的互通。

③ 业务与控制分离。IMS 定义了标准的基于 SIP 的 IP 多媒体业务控制接口 ISC,通过该接口支持三种业务提供方式,即独立的 SIP 应用服务器方式、具有开放业务结构的业务能力服务器(SCS)方式和 IP 多媒体业务交换功能(IM-SSF)方式。IMS 网络中的呼叫会话控制功能(CSCF)不再处理业务逻辑,而只为业务提供基础能力支持,包括用户注册、地址解析和路由、安全、计费、SIP 压缩等。通过分析用户签约数据的初始过渡规则,CSCF 触发到规则指定的应用服务器,由应用服务器完成业务逻辑处理。这样 CSCF 成为一个真正意义上的控制层设备,实现了业务与控制的完全分离。

④ 归属服务控制。IMS 用户相关的数据信息只保存在用户的归属地。用户鉴权认证、呼叫控制和业务控制都由归属地网络完成。用户从拜访地接入网络后,必须回到归属地,由归属CSCF 进行用户的注册、呼叫控制和业务触发,有利于运营商对网络的控制管理。

⑤ 用户数据与交换控制分离。用户数据与交换控制功能分离是移动网络的特点,对固定网络演进有重要作用,可以解决用户移动性、用户的号码携带和智能业务触发的问题。IMS在用户数据分离方面的一个特点是与 HSS(Home Subscriber Server)的访问接口利用 IETF定义的 Diameter 协议替换了原有的 MAP,有利于固定移动网络融合和向全 IP 网络演进。

⑥ 水平体系架构。IMS 通过水平体系架构进一步推动了分层架构概念的发展。业务及公共功能都可以重新用于其他多种应用,运营商无须再为特定应用程序设单独的网络,从而消除传统网络结构在计费管理、状态属性管理、组群和列表管理、路由和监控管理方面的重叠功能。

⑦ 策略控制和 QoS 保证。IMS 中提供策略控制和 QoS 保证机制,终端在会话建立时协商媒体能力并提出 QoS 要求,要求在会话建立之前由策略控制单元为会话预留资源,策略控制单元在传输层为媒体流预留资源,从而在传输层保证服务质量。

从 3GPP 和 3GPP2 演进版本来看,对 IMS 的支持是实现全 IP 化的重要途径。目前,全世界多个国家和地区的运营商已经搭建了 IMS 网络并投入实际运营。我国运营商也已经开始了 IMS 商业化部署的进程。

2. IMS 与软交换技术

软交换与 IMS 都是作为下一代网络技术提出的,实现目标均是构建一个基于分组的、层次分明的、开放的下一代网络,实现控制和承载分离。

软交换的主要贡献是提出了分层思想,利用分组数据网信息传送的能力,把传统电路交换机的呼叫控制功能、媒体承载功能、业务功能进行了分离。软交换不再处理媒体流和业务的属性,而是负责基本的呼叫控制及其相关的一些属性。软交换对电话语音业务、IP 接入、非 IP

接入以及与 PSTN/VoIP 互通等方面考虑较多,对移动性管理和多媒体业务的提高考虑较少。目前软交换技术比较成熟,得到了广泛应用,特别是在语音业务上。

IMS 在软交换技术控制与承载分离的基础上,更进一步实现了呼叫控制层和业务控制层的分离。IMS 更关注逻辑网络结构和功能,能够提供实际运营所需的各种能力。此外,IMS 充分考虑了对移动性的支持,与具体的接入方式无关。业界普遍认为 IMS 有能力融合各种网络实现下一代网络的目标。向下一代网络的过渡是漫长的过程,软交换是传统电路交换网络的替代技术,最终基于 IMS 的下一代网络将融合各种网络而成为统一平台。

7.2.2　IMS 网络结构和功能实体

1. 网络结构

IMS 网络底层采用基于 IP 协议的分组交换网络进行传输,可以分为三层,如图 7.13 所示。

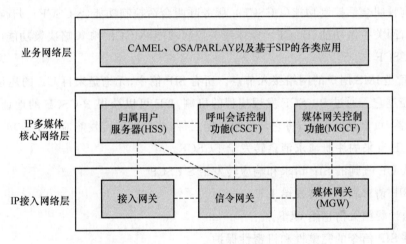

图 7.13　IMS 网络分层结构

(1) IP 接入网络层:主要功能包括发起和终结各类 SIP 会话;实现 IP 分组承载与其他各种承载之间的转换;根据业务部署和会话层的控制实现各种 QoS 策略;完成与 PSTN/PLMN 之间的互联互通。设备包括各类 SIP 终端、有线接入网关、无线接入网关、互联互通网关等。

(2) IP 多媒体核心网络层:全部基于 IP,该层与 PS 域共用物理实体,提供多媒体业务环境。该层完成基本会话的控制,完成用户注册、SIP 会话路由控制,与应用服务器交互执行应用业务中的会话、维护管理用户数据、管理业务 QoS 策略等功能,与应用层一起为所有用户提供一致的业务环境。IMS 系统的大部分核心功能实体均处于本层。

(3) 业务网络层:指通过为服务网络增强逻辑应用的服务器(CAMEL,Customized Applications for Mobile network Enhanced Logic)、OSA/PARLAY 和 SIP 技术提供多媒体业务的应用平台,可以向用户提供多媒体业务逻辑,也可以实现传统的基本电话业务,如呼叫前转、呼叫等待、会议等。

IMS 网络的主要功能实体如图 7.14 所示,主要包括了会话控制功能实体、归属用户服务器、签约定位服务器、出口网关控制功能实体、媒体网关控制功能实体、媒体网关、信令网关、策略决策功能实体等。各功能实体之间通过已定义的接口和协议进行通信。

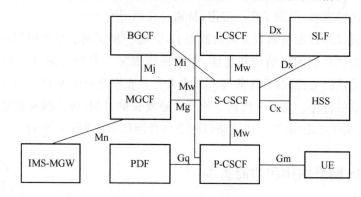

图 7.14　IMS 网络功能实体示意图

2. 主要功能实体

下面详细介绍 IMS 网络中的主要设备和功能实体,包括代理呼叫会话控制功能(P-CSCF)、查询呼叫会话控制功能(I-CSCF)、服务呼叫会话控制功能(S-CSCF)、归属用户服务器(HSS)、出口网关控制功能(BGCF)、媒体网关控制功能(MGCF)和策略决策功能(PDF)等。

(1) P-CSCF

P-CSCF 是 IMS 用户的网络接入节点。所有 SIP 信令,无论是来自 UE 的还是发送给 UE 的,都必须经过它。通过 P-CSCF 发现规程的机制,UE 可以获得 P-CSCF 的地址。其作用就像代理服务器,负责验证请求,将它转发给指定目标,并处理和转发响应。主要功能如下。

① 将 UE 发来的注册请求消息转发给 I-CSCF。

② 将从 UE 收到的 SIP 请求和响应转发给 S-CSCF。

③ 将 SIP 请求和响应转发给 UE。

④ 发送计费相关信息给 CCF。

⑤ 提供 SIP 信令的完整性和机密性保护。

⑥ 执行 SIP 消息压缩/解压缩。

⑦ 和 PDF 交互,授权承载资源并进行 QoS 管理。

(2) I-CSCF

I-CSCF 可以充当所有用户的连接点,也可以用作当前网络服务区内漫游用户的服务接入点。在一个运营商的网络中可以有多个 I-CSCF。主要功能如下。

① 为一个发起 SIP 注册请求的用户分配一个 S-CSCF。

② 在对会话相关和会话无关的处理中,将从其他网络来的 SIP 请求路由到 S-CSCF;查询归属用户服务器 HSS,获取为某个用户提供服务的 S-CSCF 地址;根据从 HSS 获取的 S-CSCF 地址将 SIP 请求和响应转发到 S-CSCF。

③ 生成计费记录,发给 CCF。

④ 提供网间拓扑隐藏网关功能,对外隐藏运营商网络的配置、容量和网络拓扑结构。

(3) S-CSCF

S-CSCF 是 IMS 的核心功能模块,位于归属网络,为 UE 进行会话控制和注册服务。它可以根据网络运营商的需要,维持会话状态信息,并与服务平台和计费功能进行交互。在相同运营商的网络中,不同的 S-CSCF 可以有不同的功能。在一个呼叫过程中,它执行如下主要功能。

① 充当注册服务器接收注册请求,并通告位置服务器(如 HSS)来使该请求信息生效,得到 UE 的 IP 地址以及哪个 P-CSCF 正在被 UE 用作 IMS 入口等信息。

② 通过 IMS 认证和密钥协商 AKA 机制来实现 UE 与归属网络间的相互认证。

③ 处理消息流,包括:为已经注册的会话终端进行会话控制;作为代理服务器,处理或转发收到的请求;作为用户代理,中断或者独立发起 SIP 事务;与服务平台交互来向用户提供服务;提供终端相关的服务信息。

④ 当代表主叫的终端时,根据被叫的名字(如电话号码或 SIP URL)从数据库中获得为该被叫用户提供服务的 I-CSCF 地址,把 SIP 请求或响应转发给该 I-CSCF;或者根据运营策略,把 SIP 请求或响应转发给 IP 多媒体核心网位于系统外的 SIP 服务器;当呼叫要路由到 PSTN 或 CS 域时,把 SIP 请求或响应转发给 BGCF。

⑤ 当代表被叫的终端时,如果用户在归属网络中,把 SIP 请求或响应转发给 P-CSCF;如果用户在拜访网络中,把 SIP 请求或响应转发给 I-CSCF。根据 HSS 和业务控制功能的交互作用,把要路由到 CS 域的入局呼叫的 SIP 请求进行修改。当呼叫要路由到 PSTN 或 CS 域时,把 SIP 请求或响应转发给 BGCF。

⑥ 发送计费消息。

(4) HSS

HSS 是 IMS 中所有与用户和服务器相关的数据的主要存储服务器。存储在 HSS 的 IMS 相关数据主要包括用户身份信息(用户标识、号码和地址)、用户安全信息(用户网络接入控制的鉴权和授权信息)、用户的位置信息和用户的签约业务信息。逻辑功能如下。

① 移动性管理:支持用户在 CS 域、PS 域和 IMS 域移动性。

② 支持呼叫和会话建立:支持在 CS 域、PS 域和 IMS 域的呼叫/会话建立。对于被叫业务,提供当前用户的呼叫/会话的控制实体信息。

③ 支持用户安全:支持接入 CS 域、PS 域和 IMS 域的鉴权过程,生成加密数据并将数据传递到相关网络实体,如 MSC/VLR,SGSN 或 CSCF。

④ 支持业务定制:提供 CS 域、PS 域和 IMS 域使用的业务签约数据。

⑤ 用户标识处理:处理用户在 CS 域、PS 域和 IMS 域使用的所有标识之间的关联关系。

⑥ 接入授权:在 MSC/VLR、SGSN 或 CSCF 请求的用户移动接入时,HSS 通过检查用户是否允许漫游到此拜访网络,进行移动接入授权。

⑦ 支持业务授权:为被叫的会话建立提供基本的授权,同时提供业务触发。此外还负责把用户业务相关的更新信息提供给相关网络实体,如 MSC/VLR、SGSN 或 CSCF。

⑧ 支持应用业务。

(5) BGCF

BGCF 用于选择与 PSTN/CS 域接口点相连的网络,主要功能如下。

① 接收来自 S-CSCF 的请求,选择恰当的 PSTN/CS 域的接口点。

② 当 BGCF 发现与被叫 PSTN/CS 用户会话实现互通的 MGCF 与自己处于同一运营商网络中时,直接选择一个本地 MGCF,由其负责与 PSTN/CS 域进行交互。

③ 若与被叫 PSTN/CS 用户会话实现互通的 MGCF 与自己处于不同的运营商网络,则 BGCF 会选择对方运营商网络中的一个 BGCF,由其最终选择互通 MGCF;如果网络运营商需要隐藏拓扑,则 BGCF 会将消息首先发给本网的 I-CSCF 进行 SIP 路由拓扑隐藏处理,然后由 I-CSCF 转发到对方运营商网络的 BGCF。

④ 可支持计费功能,生成计费相关的信息。

（6）MGCF

MGCF 是使 IMS 用户和 PSTN/CS 用户之间进行通信的网关,主要功能如下。

① 实现 IMS 与 PSTN/CS 的控制面交互,支持 IMS 的 SIP 与 PSTN/CS 域呼叫控制协议 ISUP/BICC 的交互及会话互通。

② 通过控制 IM-MGW 完成 PSTN/CS 域承载与 IMS 域用户面 RTP 的实时转换,以及必要的编解码转换。

③ 对来自 PSTN/CS 域指向 IMS 用户的呼叫进行号码分析,选择合适的 CSCF。

④ 生成计费相关的信息。

（7）PDF

PDF 作为策略决策点,进行基于业务的本地策略控制。根据 AF(Application Function,如 P-CSCF)的策略建立信息来决定策略,主要功能包括策略信息下发,支持来自 AF 的授权建立处理,为计费和呼叫保持/恢复补充业务支撑等。

另外,其他设备和功能实体如信令网关、应用层网关等,也为 IMS 网络正常运行提供了重要支持。

7.2.3 IMS 网络的通信流程

1. 用户注册

一个 IMS 用户具有两种用户标识,私有用户标识(Private User Identities)和公有用户标识(Public User Identities)。每个 IMS 用户至少有一个私有用户标识,存在于终端的 UICC(通用集成电路卡)中,由归属地网络分配,用于用户接入 IMS 网络的注册、鉴权、认证和计费,但不用于呼叫的寻址和路由。IMS 网络内的私有用户标识应保证唯一性。同时,每个 IMS 用户至少有一个公有用户标识,是用户在 IMS 网络中通信的标识,用于 SIP 消息的路由。私有用户标识对应于用户终端中的智能卡,一个用户可以有 M 个终端智能卡,因此可以有 M 个用户私有标识。每个私有用户标识又可以对应 N 个公有用户标识(即一机多号)。一个公有用户标识也可以与多个私有用户标识关联(类似一号通)。

下面介绍 IMS 中用户注册的典型通信流程。IMS 用户在完成接入网的认证鉴权并建立了接入网的 IP 信令连接后,可以发起应用层的注册。注册过程完成公有用户标识和当前地址的绑定,使用户可以使用 IMS 服务。注册是实现用户移动性和发现的基础,也是 IMS 其他功能正常执行的前提,包括初始注册、重注册和注销。

在初始注册过程中,IMS 网络会为用户分配一个 S-CSCF。S-CSCF 和用户共同完成用户和网络之间的双向认证,在用户和 P-CSCF 之间建立相应的安全联盟,之后将用户签约业务信息下载到所分配的 S-CSCF。S-CSCF 记录用户接入的 P-CSCF,为后续会话和其他 SIP 事务请求发现和定位用户。在注册过程中,P-CSCF 和用户之间的 SIP 压缩功能也得到初始化,在服务器和用户之间传递隐式注册的公有用户标识。在成功进行初始注册之后,用户通过周期性的注册更新,可以保持其注册处于激活状态。在注册定时器超时前,用户可以通过 SIP 的注销过程注销其状态。下面以某个处于漫游状态的 IMS 用户进行初始注册为例进行介绍,具体通信流程见图 7.15。假设用户已经完成 PDF 上下文建立、P-CSCF 发现过程,Cx 接口采用 Diameter 协议,其他接口采用 SIP 协议。

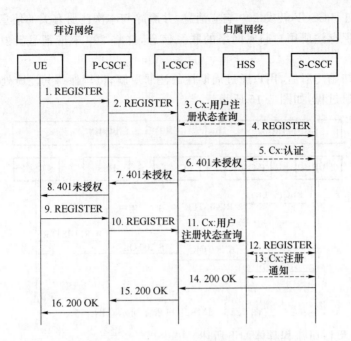

图 7.15　IMS 用户初始注册示意图

图 7.15 中的初始注册流程具体如下所述。

① UE 向拜访网络的 P-CSCF 发送 REGISTER 消息,携带了公有用户标识、私有用户标识、用户归属网络的域名及 IP 地址信息。

② 根据消息中的归属网络域名,P-CSCF 确定用户处于漫游状态,于是向 DNS 查询用户归属网络的 I-CSCF 地址,然后 P-CSCF 将注册消息发送给相应的 I-CSCF。在此,REGISTER 消息增加了 P-CSCF 地址/域名和所在网络的标识消息。

③ I-CSCF 向 HSS 发送 Cx 查询请求,要求得到为 UE 提供服务的 S-CSCF。Cx 查询请求中包含了公有用户标识、私有用户标识和 P-CSCF 所在网络的标识。HSS 返回 S-CSCF 的名称和能力集,I-CSCF 选择一个合适的 S-CSCF。

④ I-CSCF 向 S-CSCF 转发 REGISTER 消息。

⑤ 收到 REGISTER 消息后,S-CSCF 执行用户的认证和授权。S-CSCF 向 HSS 请求认证矢量,包括网络认证令牌 AUTN、期望从 UE 得到的应答值 XRES、会话加密密钥 CK 等。S-CSCF 在 HSS 返回的认证矢量集中选择一个认证矢量,并指示 HSS 本 S-CSCF 将为注册用户服务。

⑥ S-CSCF 向 I-CSCF 发送 401 未授权消息。

⑦ I-CSCF 向 P-CSCF 转发 401 未授权消息。

⑧ P-CSCF 向 UE 转发 401 未授权消息。

⑨ UE 验证该消息,并计算响应值 RES,放在 REGISTER 消息中发送给 P-CSCF。

⑩ P-CSCF 向 I-CSCF 转发 REGISTER 消息。

⑪ I-CSCF 向 HSS 发送 Cx 查询,HSS 根据记录信息,返回 S-CSCF 地址。

⑫ I-CSCF 向 S-CSCF 发送 REGITER 消息。

⑬ S-CSCF 比较 RES 值和期望从 UE 得到的应答值 XRES。如果匹配,则用户通过验证。S-CSCF 通知 HSS 用户注册成功,并要求 HSS 下发该用户的签约数据。

⑭ S-CSCF 发送 200 响应消息给 I-CSCF,消息包含了注册用户归属网络的联系信息。

⑮ I-CSCF 向 P-CSCF 转发 200 响应消息,并删除与本次注册有关的信息。

⑯ P-CSCF 保存注册用户归属网络的联系信息,并将 200 响应消息转发给 UE。用户初始注册流程结束。

在成功完成初始注册后,用户通过周期性的注册更新,可以保持其注册处于激活状态。这就是用户的重注册过程,如图 7.16 所示。

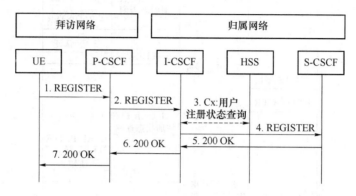

图 7.16　IMS 用户重注册示意图

图 7.16 中的重注册流程具体如下所述。

① UE 检测到注册即将超时,向初始注册时的 P-CSCF 发送一个新的 REGISTER 消息,携带公有用户标识、私有用户标识、用户归属网络域名和 UE 的 IP 地址。

② 收到 UE 的注册请求后,由于不能使用缓存中上次注册使用的 I-CSCF 地址,P-CSCF 根据消息中归属网络域名,向 DNS 查询用户归属网络的 I-CSCF 地址,并将 REGISTER 消息发送给响应 I-CSCF。

③ I-CSCF 向 HSS 发送 Cx 查询,查询用户注册状态。HSS 根据记录信息,返回当前为注册用户服务的 S-CSCF 地址。

④ I-CSCF 向 S-CSCF 转发 REGISTER 消息。

⑤ S-CSCF 收到有安全保护的 REGISTER 消息后,不需要再向用户发送鉴权请求,只是更新该用户的注册定时器。S-CSCF 发送 200 响应消息给 I-CSCF,包含注册用户归属网络信息。

⑥ I-CSCF 向 P-CSCF 转发 200 响应消息,并删除与本次注册有关的信息。

⑦ P-CSCF 保持注册用户归属网络的联系信息,并将 200 响应消息转发给 UE。用户的重注册流程结束。

2. IMS 网内通信

用户在完成注册后,就可以使用 IMS 网络提供的服务了。IMS 网络将 P-CSCF 和 S-CSCF 分离,简单地解决了终端的漫游问题,支持了用户的移动性。对于漫游用户而言,拜访网络提供 IP 连接和 IMS 接入点(P-CSCF),归属网络提供 IMS 会话和业务控制功能。也就是说,漫游用户必须先注册到归属网络的 S-CSCF。用户所有的发起业务都由拜访网络的 P-CSCF 根据注册时获得的信息路由到用户的归属网络,由归属网络的 S-CSCF 将业务映射到本地或第三方的业务平台。对于用户的终结业务,通过归属网络的 I-CSCF 可以定位到用户注册的 S-CSCF,S-CSCF 将请求转发给 P-CSCF,再转发给漫游用户。下面以两个用户都处于漫游状态为例,介绍 IMS 的典型通信流程。假设主叫和被叫用户的 S-CSCF 属于不同运营商,且归属网络对拜访网络不使用拓扑隐藏处理,结束通话时主叫用户先挂机。图 7.17 描述了此次通信的主要信令流程。

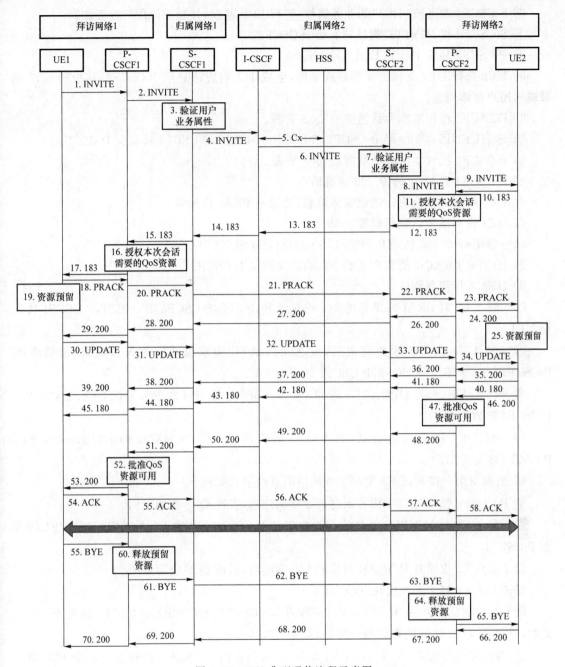

图 7.17　IMS 典型通信流程示意图

图 7.17 中的用户通信流程具体如下所述。

① UE1 向拜访网络的 P-CSCF1 发送 SIP INVITE 请求，INVITE 请求消息的 SDP 中包含初始媒体信息。

② P-CSCF1 将 INVITE 消息转发给 S-CSCF1。

③ S-CSCF1 验证用户业务属性，进行 SDP 鉴权，并为该用户发起一个呼叫逻辑。

④ S-CSCF1 进行被叫号码分析，确定被叫归属网络的 I-CSCF。

⑤ I-CSCF 向 HSS 查询，获得被叫 S-CSCF2 的地址。

⑥ I-CSCF 向 S-CSCF2 转发 INVITE 消息。

⑦ S-CSCF2 验证被叫用户的业务属性,进行 SDP 鉴权,并触发该用户业务逻辑。

⑧ S-CSCF2 将 INVITE 消息转发给 P-CSCF2。

⑨ P-CSCF2 转发 INVITE 消息给 UE2。

⑩ UE2 选择 UE1 支持的媒体格式子集,生成 183 响应消息给 P-CSCF2,其中的 SDP 携带被叫用户媒体信息。

⑪ P-CSCF2 授权本次会话需要的 QoS 资源。

⑫~⑮ UE2 回送 183 经 P-CSCF2,S-CSCF2,I-CSCF,S-CSCF1 转发至 P-CSCF1。

⑯ P-CSCF1 授权本次会话所需的 QoS 资源。

⑰ P-CSCF1 向 UE1 转发 183 应答消息。

⑱ UE1 收到 183 应答后决定媒体信息,并通过 PRACK 确认。

⑲ UE1 为本次会话进行资源预留。

⑳~㉓ PRACK 消息经 P-CSCF1,S-CSCF1,S-CSCF2,P-CSCF2 转发至 UE2。

㉔ UE2 对 PRACK 消息产生的 200 响应发送至 P-CSCF2。

㉕ UE2 进行资源预留。

㉖~㉙ UE2 对 PRACK 消息的 200 响应经 P-CSCF2,S-CSCF2,S-CSCF1,P-CSCF1 转发至 UE1。

㉚~㉞ UE1 在资源预留完成后,发送 UPDATE 请求说明资源预留成果,该请求经 P-CSCF1, S-CSCF1,S-CSCF2,P-CSCF2 转发至 UE2。

㉟~㊴ UE2 对 UPDATE 请求的 200 响应经 P-CSCF2, S-CSCF2, S-CSCF1, P-CSCF1 转发至 UE1。

㊵~㊺ UE2 接受该次会话,产生 180 响应消息,经 P-CSCF2,S-CSCF2,S-CSCF1, P-CSCF1转发至 UE1。

㊻ 当被叫用户接听,UE2 发送 200 响应消息给 P-CSCF2。

㊼ P-CSCF2 收到对 INVITE 消息的 200 响应后,批准 QoS 资源可用。

㊽~51 UE2 对 INVITE 消息的 200 响应经 P-CSCF2,S-CSCF2,I-CSCF,S-CSCF1 转发至 P-CSCF1。

52 P-CSCF1 收到对 INVITE 消息的 200 响应后,批准 QoS 资源可用。

53 P-CSCF1 将 200 响应转发给 UE1。

54~58 UE1 发送 ACK 请求,经 P-CSCF1,S-CSCF1,S-CSCF2,P-CSCF2 转发至 UE2。此时,UE1 与 UE2 之间的媒体通道建立,双方可以传送媒体流。

59 当此次通信结束,主叫用户 UE1 发送 BYE 消息给 P-CSCF1,并释放为 UE1 接收消息路径预留的 IP 网络资源。

60 P-CSCF1 删除为 UE1 本次会话预留的资源,确认本次会话相关的 IP 承载被释放。

61~63 BYE 请求经 P-CSCF1,S-CSCF1,S-CSCF2 转发至 P-CSCF2。

64 P-CSCF2 删除为 UE2 本次会话预留的资源,确认本次会话相关的 IP 承载被释放。

65 P-CSCF2 转发 BYE 消息给 UE2。

66 UE2 确认释放为其接收消息路径预留的 IP 网络资源。同时 UE2 发送 BYE 的 200 消息给 P-CSCF2。

67~70 BYE 的 200 响应消息经 P-CSCF2,S-CSCF2,S-CSCF1,P-CSCF1 转发至 UE1。本次呼叫的释放完成。

3. IMS 与 PSTN 网络的互通

为了实现固定网络和移动网络的融合,IMS 系统的设计考虑到了多方面的需求。IMS 和 PSTN 网络之间的互通如图 7.18 所示。当处于 IMS 网络中的主叫用户发起会话请求后,S-CSCF 会根据被叫用户地址判断会话是在 IMS 网络中进行还是需要连接到 PSTN 网络中,然后根据结果再执行相应的信令流程。

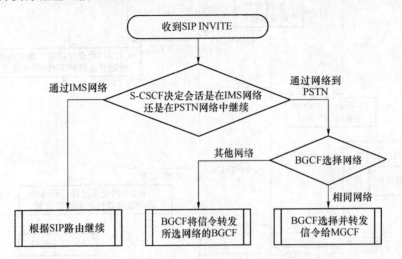

图 7.18 IMS 与 PSTN 网络的互通流程示意图

下面给出一个 IMS 和 PSTN 网络互通的具体实例。假设主叫用户处于归属网络内,处理会话的 S-CSCF、完成互通功能的 BGCF 所在网络与互通网络为同一运营商网络。通话结束后被叫用户先挂机。具体呼叫处理流程见图 7.19 所示。用户通信流程具体如下所述。

① IMS 用户 UE 向归属网络 P-CSCF 发送 INVITE 请求,其中 SDP 包含初始媒体信息。

② P-CSCF 将 INVITE 消息转发给 S-CSCF。

③ S-CSCF 验证用户的业务属性,进行 SDP 鉴权,并触发用户主叫业务。

④ S-CSCF 进行被叫号码分析,将 INVITE 消息转发给 BGCF。

⑤ BGCF 根据本地策略选择一个可以与 PSTN 互通的网络,并将 INVITE 消息转发给互通网络中的一个 MGCF。

⑥ MGCF 发起 H.248 交换过程,选择一个呼出信道,并选择 MGW 媒体能力。

⑦ MGCF 选择呼叫发起端支持的媒体流子集,回送 183 响应消息给 BGCF,其中的 SDP 携带被叫用户媒体信息。

⑧~⑨ MGCF 回送的 183 响应消息经 S-CSCF 转发至 P-CSCF。

⑩ P-CSCF 授权本次会话需要的 QoS 资源。

⑪ P-CSCF 向 UE 转发 183 应答消息。

⑫ UE 决定会话的媒体信息,并发 PRACK 消息。

⑬ UE 进行资源预留。

⑭~⑯ PRACK 消息经 P-CSCF,S-CSCF,BGCF 转发至 MGCF。

⑰ MGCF 利用 H.248 消息指示 MGW 修改终端的媒体特性,并为本次会话预留资源。

⑱ MGCF 对 PRACK 消息产生 200 响应,并将响应消息发给 BGCF。

⑲ MGW 进行资源预留。

⑳~㉒ GCF 对 PRACK 消息产生的 200 响应经 BGCF,S-CSCF,P-CSCF 转发至 UE。

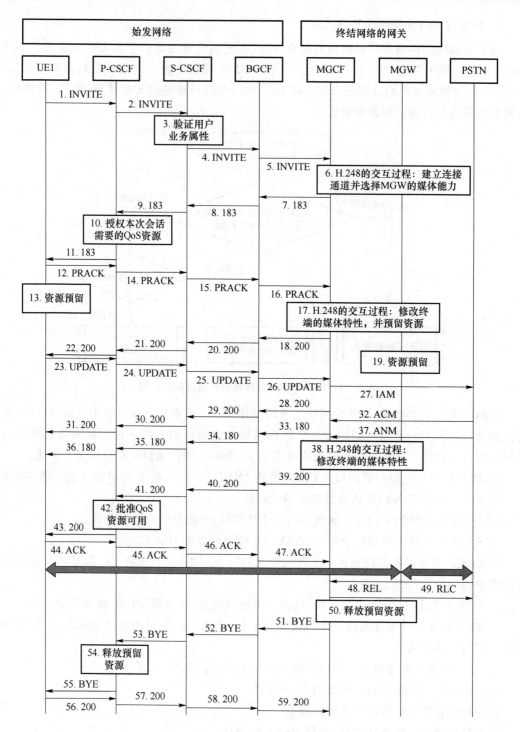

图 7.19　IMS 与 PSTN 互通的典型通信流程示意图

㉓～㉖ UE 在资源预留完成后发生 UPDATE 请求,经 P-CSCF,S-CSCF,BGCF 转发至 MGCF。

㉗ MGCF 收到 UPDATE 请求后,向 PSTN 交换局发送 ISUP 初始地址消息 IAM,包含主被叫号码。

㉘～㉛ MGCF 对 UPDATE 请求生成 200 响应,指示 MGCF 资源预留成果。200 响应经

BGCF,S-CSCF,P-CSCF 转发至 UE。

㉜ PSTN 交换局收齐被叫号码,并发现被叫空闲,向被叫振铃,并回送 ISUP 地址全消息(ACM)。

㉝～㊱ MGCF 收到 PSTN 侧送来的 ACM 消息,发送 180 响应,经 BGCF,S-CSCF,P-CSCF 转发至 UE。

㊲ 当被叫用户接听,PSTN 交换局回送 ISUP 被叫应答消息(ANM)。

㊳ MGCF 通过 H.248 消息,指示 MGW 将媒体通道的属性改为双向。

㊴～㊶ MGCF 产生对 INVITE 消息的 200 响应,经 BGCF,S-CSCF 转发至 P-CSCF。

㊷ P-CSCF 收到 200 响应后,批准 QoS 资源。

㊸ P-CSCF 将 200 响应转发给 UE。

㊹～㊼ UE 发送 ACK 请求,经 P-CSCF,S-CSCF,BGCF 转发至 MGCF。主被叫之间的媒体通道建立,双方可以传送媒体流。

㊽ PSTN 交换局发现用户挂机,向 MGCF 发送 ISUP 释放消息(REL)。

㊾ MGCF 回送 ISUP 释放完成消息(RLC),PSTN 侧的话路释放完成。

㊿ MGCF 通过 H.248 消息,指示 MGW 释放本次会话相关的资源,并发送 RELEASE 消息,确认本次会话相关的 IP 承载被释放。

51～53 MGCF 生成 BYE 请求,经 BGCF,S-CSCF 转发至 P-CSCF。

54 P-CSCF 删除为 UE 本次会话预留的资源,并确认本次会话相关 IP 承载被释放。

55 P-CSCF 转发 BYE 消息给 UE。

56～59 UE 发起承载的 PDP 上下文释放消息,释放为接收消息路径预留的 IP 网络资源。UE 对 BYE 的 200 响应消息经 P-CSCF,S-CSCF,BGCF 转发至 MGCF。本次呼叫的释放完成。

本 章 小 结

IP 电话指在 IP 网上传送的具有一定服务质量的语音业务,由 IP 电话网关、IP 承载网、IP 电话网管理层面及电路交换网接入等部分组成。软交换技术是在 IP 电话基础上产生的,是一个基于软件的分布式交换/控制平台,可将呼叫控制功能从网关中分离出来。软交换系统的主要功能包括:呼叫控制和处理功能、协议功能、业务提供功能及资源管理、计费、认证功能。软交换系统的主要构件除软交换设备外,还包括:信令网关(SG)、媒体网关(MG)、媒体服务器、应用服务器等。软交换网络是目前主要的核心网络技术。

IMS 技术作为解决固定网络与移动网络融合,支持语音、数据、多媒体等差异化业务的重要解决方案,提供了标准化的体系结构。IMS 系统的主要功能实体包括代理呼叫会话控制功能(P-CSCF)、查询呼叫会话控制功能(I-CSCF)、服务呼叫会话控制功能(S-CSCF)、归属用户服务器(HSS)、出口网关控制功能(BGCF)、媒体网关控制功能(MGCF)等。

习　题

1. IP 电话网基本模型由哪几部分组成? 简述各部分功能。

2. 试简要比较 IP 电话网与传统电话网的不同。

3. 软交换是用软件控制的交换吗？请简述软交换的功能和构成。

4. 软交换网络由哪些主要设备组成？各自的主要功能是什么？

5. 软交换网络使用的主要协议有哪些？简述其主要作用和功能。

6. 设某 IP 电话服务商提供的服务接入号码为 17988,某用户想要拨打 IP 电话,请简述该电话是如何打通的。

7. 假设主叫用户和被叫用户都在 PSTN 网络中,分别通过中继网关 TGW1 和 TGW2 接入 IP 网络,双方通话由软交换设备进行控制。中继网关和软交换设备之间采用 H.248 协议。请描述主叫用户发起呼叫的主要通信流程。

8. 软交换技术和 IMS 技术的相同点和不同点有哪些？

9. IMS 网络的主要特点是什么？

10. IMS 网络由哪些主要功能实体组成？各自的主要功能是什么？

11. 一个 IMS 用户的归属网络在北京,现在处于上海的拜访网络。该用户终端想要接入 IMS 网络,会用到拜访网络和归属网络的哪些功能实体？该用户进行 IMS 网络初始注册的主要通信流程是怎样的？

12. 请判断下列说法是否正确。对于认为是错误的说法,请指出错在哪里。

(1) 软交换技术基于传统电路交换网络,采用了开放的接口和协议。

(2) IMS 技术能够较好地支持固定网络与移动网络融合。

第四篇

接入与传送技术

第二篇和第三篇分别讲述了业务与终端技术和交换与路由技术,而接入与传送网是一种为业务网提供各种接入与传送手段的基础设施,根据不同的需求,有不同的实现方式。

本篇主要根据通信网络的分层结构(见图 1.3),从业务接入与传送的角度讲述传送网技术基础、光纤通信技术、无线通信技术和综合业务接入技术。本篇内容与前两篇内容相互衔接,构成支撑通信网络的整体技术。

第8章 传送网技术基础

本章主要讲述传送网的基本概念、基本功能和基本组成,重点讲述同步数字体系(SDH)技术。

8.1 传送网基本概念

8.1.1 传送与传输

电信网的功能基本上可以归纳为两大类:传送(Transport)功能和控制(Control)功能。传送功能实现任何电信信息从一点到另一点(或另一些点)的传递;控制功能实现辅助业务和操作维护功能。传送功能和控制功能并存于任何一个物理网络中。所谓传送网,是指在不同地点的各点之间完成转移信息传递功能的一种网络,当然传送网也能传递各种网络控制信息。传送与传输(Transmission)的区别在于,传送是从信息传递的功能过程来描述;而传输是从信息信号通过具体物理媒质传递的物理过程来描述。因此,如果从信息传递能力的角度将网络的传送功能的集合看作一个逻辑的网络,这就是传送网,即网络逻辑功能的集合。而传输网具体是指实际设备组成的网络。简言之,传输属于具体的物理实现,而传送属于逻辑功能的实现。

8.1.2 传送网分层结构

为了便于网络的设计和管理,传送网一般采用网络的分层结构,从而可以允许单独地去设计和修改每一层,不会因为一层引入新技术而影响其他层;而且每一层都有独立的网络运行、维护、管理与指配(OAM & P)功能,可以在层内完成而不影响上层。

传送网可分成3个子层:电路层、通道层和传输媒质层。其中,通道层和传输媒质层合在一起称为传送层,而传输媒质层又细分为段层和物理层(见图 8.1)。

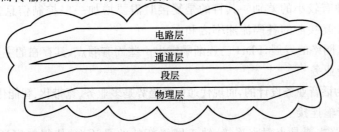

图 8.1 传送网分层结构

电路层和通道层的关系是客户和服务者的关系。通道可看作是标准化的一组电路,可以是端—端的,也可以是端—端电路的中间区段部分。一般通道是透明的,通道层向电路层提供自己的资源——通道。

通道层和传输媒质层间的关系是客户和服务者的关系。通道可看作是物理媒质所提供的全部传输能力(容量)的一部分,传输媒质层向通道层提供相关的线路段资源或无线段资源。

传送网的传送层面向电路层现有和将来所有的业务,是提供传送资源的下层平台。传送层可进一步分成通道层和传输媒质层。在电路层上,从直接提供业务的角度来看传送网,涉及的是传送网提供的各种业务传送,如电话网中 64 kbit/s、2 Mbit/s 的电路。传输媒质层包含传递信息的所有物理手段,即传输设备以及连接设备的媒体,如电缆、光缆、微波、卫星、线路系统、复用设备、交叉连接设备、交换机的交换结构、数字配线架(DDF)和光纤配线架(ODF)等。无论从规划、建设,还是管理、使用方面来考虑,将电路层(网)和物理层(网)直接联系起来都是比较困难的。为了谋求电路层和传输媒质层的灵活适配,需要引入中介层——通道层(网)——的概念。在通道层中,许多电路形成一个通道,作为一个整体在网络中传输和选路,并且能够实现监测和恢复功能。

8.2 同步数字传送网技术

随着社会的进步、科学技术的发展,人类已进入信息时代,而高度发达的信息社会要求得到更高质量的信息服务,以实现多种多样的信息业务。同步数字体系(SDH,Synchronous Digital Hierarchy)是一个将复接、线路传输及交换功能融为一体,并由统一网管系统操作的综合信息传送网络,可实现如网络的有效管理、开通业务时的性能监视、动态网络维护、不同供应厂商设备之间的互通等多项功能。它大大提高了网络资源利用率,并显著降低了管理和维护费用,实现了灵活、可靠和高效的网络运行与维护,因而在现代信息传送网络中占据重要地位。

8.2.1 SDH 传送网产生背景

以往在传送网络中普遍采用的是准同步数字体系(PDH),随着信息社会的到来,它已不能满足现代信息网络的传输要求,因此同步数字体系(SDH)应运而生。

1. PDH 的特点与存在的主要问题

PDH 主要面向话音业务,有两种基础速率(2.048 Mbit/s 和 1.544 Mbit/s),采用时分复用(TDM)技术实现多路话音信号的传送。PDH 采用的是准同步复接,即每个复接点的时钟与复接进入的时钟有较小的差别。其目的是复接时需要增加一些控制信息比特,从而使得复接后的速率略高于复接前的各码流速率之和。

面临现代信息网络的发展,PDH 已逐渐暴露出一些固有弱点,其存在的主要问题如下。

(1)面向话音业务

PDH 主要是为话音业务设计的,而现代通信的趋势是多业务、宽带化、智能化和个人化。

(2)点对点传输连接

PDH 传输线路主要是点对点连接,缺乏网络拓扑的灵活性,使得数字通道设备的利用率较低,造成网络的调度性较差,同时也很难实现良好的自愈功能。

（3）传输标准不统一

由于没有统一的世界性标准，即存在着相互独立的两大类或三种地区性标准（日本、北美和欧洲），而这三者之间又互不兼容，因而造成国际互通难以实现。

（4）准同步复用方式

现行的 PDH 技术体系中只有 1.544 Mbit/s 和 2.048 Mbit/s 的基群信号采用同步复用，其余高速等级信号均采用准同步（异步）复用，需逐级码速调整来实现复用/解复用，从而增加了设备的复杂性、体积和功耗，使信号产生损伤，同时也难以实现低速和高速信号间的直接互通。

（5）接口标准不规范

虽然电接口（G.703）已成标准，但由于各厂家均采用自行开发的线路码型，因而缺少统一的标准光接口规范，致使在同一数字等级上光接口的信号速率不一样，使得传输系统中的设备只能实现所谓的纵向兼容，而无法实现横向兼容，即在传输系统的两端必须采用同一厂家、同一型号的设备，大大限制了组网应用的灵活性。

（6）系统管理能力弱

PDH 技术体系中没有安排很多的用于网络运行、管理、维护和指配（OAM&P）的比特，只有通过线路编码来安排一些插入比特用于监控，因此用于网络管理的通道明显不足；仅依靠手工方式实现数字信号连接等功能，难以满足用户对网络动态组网和新业务接入的要求，而且由于各厂家自行开发网管接口设备，因而难以支持新一代网络所提出的统一网络管理的目标要求。

2. SDH 的产生与主要特点

随着信息社会的到来，人们希望现代电信传输网络能够快速、经济、有效地提供各种电路和业务，但由于 PDH 存在的固有缺陷，使得仅在原有框架上修改或完善已无济于事，必须打破 PDH 的思维方式，提出一种全新的体制，以适应现代信息社会的发展。正是在这种背景下，SDH 应运而生，使之成为不仅适用于光纤，也适用于微波和卫星传输的技术体制，从而揭开了现代信息传输崭新的一页。

所谓 SDH，是指一套可进行同步信息传输、复用、分插和交叉连接的标准化数字信号的结构等级。而 SDH 网络则是由一些基本网络单元（NE）组成，在传输媒质上（如光纤、微波等）进行同步信息传输、复用、分插和交叉连接的传送网络，它具有全世界统一的网络节点接口（NNI）。

这里所说的 NNI，是指网络节点互连的接口，其网络参考配置（如图 8.2 所示）中包含了传输网络的两种基本设备，即传输设备和网络节点（设备）。传输设备包括光纤通信、微波通信和卫星通信等系统；而在网络节点上要实现终结、复用、交叉连接和交换功能，它包含有许多种类，如 64 kbit/s 电路节点、宽带交换节点等。在现代传输网络中，要想统一上述技术和设备的规范，必须具有统一的接口速率及相应的帧结构，而 SDH 网络就具备了这一特点。

SDH 采用一套标准化的信息结构等级，称为同步传送模块 STM-N（N=1,4,16,64,…），其中最基本的模块为 STM-1，传输速率为 155.520 Mbit/s；将 4 个 STM-1 同步复用构成 STM-4，传输速率为 $4 \times 155.520 = 622.080$ Mbit/s；将 16 个 STM-1（或 4 个 STM-4）同步复用构成 STM-16，传输速率为 2 488.320 Mbit/s，以此类推。SDH 的帧结构为一个块状帧结构，其中安排了丰富的开销比特用于网络管理，包括段开销（SOH）和通道开销（POH），同时具备一套灵活的复用与映射结构,允许将不同级别的 PDH、ATM 等信号经处理后放入不同的虚容器(VC-*n*)中,因而具有广泛的适应性。在传输时,按照规定的位置结构将以上这些信号组装起来,利用传输媒质(如光纤、微波等)送到目的地。

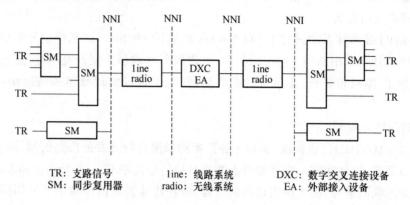

TR: 支路信号　　　　　　line: 线路系统　　　　　DXC: 数字交叉连接设备
SM: 同步复用器　　　　　radio: 无线系统　　　　　EA: 外部接入设备

图 8.2　NNI 在网络中的位置

SDH 是完全不同于 PDH 的新一代传输网体制,它主要具有以下主要特点。

(1) 新型的复用映射方式

SDH 采用同步复用方式和灵活的复用映射结构,使低阶信号和高阶信号的复用/解复用一次到位,大大简化了设备的处理过程,省去了大量的有关电路单元、跳线电缆和电接口数量,从而简化了运营与维护,改善了网络的业务透明性。

(2) 兼容性好

SDH 网不仅能与现有的 PDH 网实现完全兼容,即使 PDH 的 1.544 Mbit/s 和 2.048 Mbit/s 两大体系(含三种地区性标准)在 STM-1 等级上获得统一,实现了数字传输体制上的世界性标准,同时还可容纳各种新的数字业务信号(如 ATM 信元、FDDI 信号等),因此 SDH 网具有完全的前向兼容性和后向兼容性。

(3) 接口标准统一

SDH 具有全世界统一的网络节点接口,并对各网络单元的光接口有严格的规范要求,从而使得任何网络单元在光路上得以互通,体现了横向兼容性。

(4) 网络管理能力强

SDH 帧结构中安排了丰富的开销比特,使网络的运行、维护、管理与指配(OAM & P)能力大大加强,通过软件下载的方式,可实现对各网络单元的分布式管理,同时也便于新功能和新特性的及时开发与升级,促进了先进的网络管理系统和智能化设备的发展。

(5) 先进的指针调整技术

虽然在理想情况下,网络中各网元都由统一的高精度基准钟定时,但实际网络中,各网元可能分属于不同的运营者,在一定范围内是能够同步工作的(同步岛),若超出这一范围,则有可能出现一些定时偏差。SDH 采用了先进的指针调整技术,使来自不同业务提供者的信息净负荷可以在不同的同步岛之间进行传送,即可实现准同步环境下的良好工作,并有能力承受一定的定时基准丢失。

(6) 独立的虚容器设计

SDH 引入了"虚容器"的概念。所谓虚容器(VC, Virtual Container)是一种支持通道层连接的信息结构,当将各种业务信号经处理装入虚容器以后,系统只需处理各种虚容器即可达到目的,而不管具体的信息结构如何。因此,SDH 具有很好的信息透明性,同时也减少了管理实体的数量。

（7）组网与自愈能力强

SDH 网络中采用先进的分插复用器（ADM）、数字交叉连接（DXC）等设备,使组网能力和自愈能力大大增强,同时也降低了网络的维护管理费用。

（8）系列标准规范

SDH 已提出了一系列完整的标准,使各生产单位和应用单位均有章可循;同时,也使各厂家的产品可以直接互通,使电信网最终工作于多厂家的产品环境中;另外,也便于国际互通。

归纳起来,SDH 最为核心的三大特点是同步复用、强大的网络管理能力和统一的光接口及复用标准,并由此带来了许多优良的性能,这些特点在后面的讲述中将有充分的体现。

8.2.2　SDH 帧结构与段开销

1. 帧结构的分区

SDH 的帧结构是实现 SDH 网络诸多功能的基础,对它的基本要求是既能满足对支路信号进行同步数字复用、交叉连接和交换,又能使支路信号在一帧内的分布是均匀、规则和可控的,以便于接入和取出。

SDH 技术中采用的帧结构与一般信息的帧结构不同,属于块状帧结构（如图 8.3 所示）,并以字节为基础（每字节含 8 bit）。它由纵向 9 行和横向 $270 \times N$ 列字节组成,传输时由左到右、由上而下顺序排成串形码流依次传输,传输一帧的时间为 125 μs,每秒共传 8 000 帧,因此对 STM-1 而言,传输速率共为 $8 \times 9 \times 270 \times 8\,000 = 155.520$ Mbit/s。

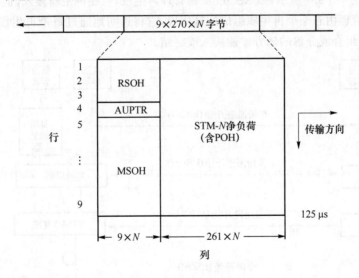

图 8.3　STM-N 帧结构

更高阶同步传送模块由基本模块信号 STM-1 的 N 倍组成,即 STM-N。其中 N 的取值只能为 1,4,16,64,…,所对应的传输速率分别为 155.520 Mbit/s,622.080 Mbit/s,2 488.320 Mbit/s,9 953.280 Mbit/s,…,彼此关系正好是 4 倍。

从结构组成来看,整个帧结构可分成段开销、STM-N 净负荷和管理单元指针 3 个基本区域。

（1）段开销区域

所谓段开销（SOH，Section OverHead）是指为保证信息正常、灵活、有效地传送所必须附加的字节，它主要用于网络的运行、管理、维护及指配（OAM＆P）。段开销可分为再生段开销（RSOH）和复用段开销（MSOH）两个部分，其中 RSOH 位于帧结构中的 1～3 行和 1～9×N 列，MSOH 位于帧结构中的 5～9 行和 1～9×N 列。例如，对于 STM-1 而言，每帧共有 576 bit（8 比特/字节×9 字节/行×8 行）可用于段开销，由于帧长定为 125 μs，即每秒传输8 000帧，所以共有 4 608 Mbit/s 用于 OAM＆P（如公务通信、误码监测、自动倒换信息等）。正是由于具有丰富的开销，从而为实现强大的网络管理奠定了基础。

（2）STM-N 净负荷区域

所谓信息净负荷（Payload）指的是可真正用于电信业务的比特。例如，对于 STM-1 而言，共有 18 792 bit（8 比特/字节×261 字节/行×9 行）位于净负荷区域，可用于业务传输。另外，在该区域内还存放了少量可用于通道维护管理的通道开销（POH）字节。

（3）管理单元指针区域

管理单元指针（AU PTR，Administration Unit Pointer）位于帧结构左边的第 4 行，为一组特定的编码，其作用是用来指示净负荷区域内的信息首字节在 STM-N 帧内的准确位置，以便接收时能正确分离净负荷。采用指针处理的方式是 SDH 的重要创新，它消除了在常规 PDH 系统中由于采用滑动缓存器所引起的延时和性能损伤。

2. 段开销字节的功能与应用

为实现 SDH 网络的运行、管理、维护和指配（OAM＆P），SDH 帧结构中设置了两种开销，分别是段开销（SOH）和通道开销（POH），段开销中又包含有再生段开销（RSOH）和复用段开销（MSOH），通道开销中包含有低阶通道开销（LPOH）和高阶通道开销（HPOH）。各种开销对应于相应的管理对象，如图 8.4 所示，如 RSOH 负责管理再生段，可在再生器接入，也可在终端设备接入；MSOH 负责管理由若干个再生段组成的复用段，它将透明地通过每个再生段，只能在管理单元组（AUG）进行组合或分解的地方才能接入或终结。

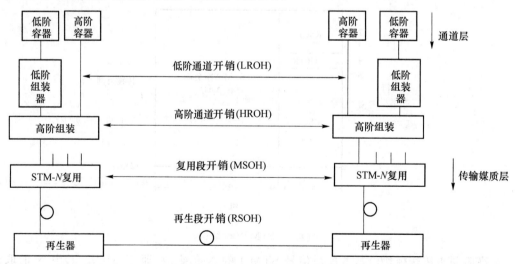

图 8.4　SDH 开销功能的组织结构

图 8.4 给出了 SDH 开销功能的组织结构，例如，再生器（REG）之间或再生器与数字复用设备（或数字交叉连接设备等）之间的物理实体称为再生段，两个复用设备之间的物理实体称

为复用段。各种开销的起始、终结位置均不相同,不同再生段的开销互不相关,不同复用段的开销也互不相关。采用这种分层管理具有许多优点,并为实现现代通信网络管理奠定了基础。

　　STM-1 的段开销(SOH)字节安排如图 8.5 所示。STM-N($N>1$,$N=4,16$,…)的 SOH字节,可利用字节间插方式构成,安排规则如下:第 1 个 STM-1 的 SOH 被完整保留,其余 $N-1$个 SOH 中仅保留定帧字节 A1,A2 和 BIP-N(B2),其他字节(B1,E1,E2,F1,K1,K2 和 D1~D12)均省去,M1 字节要专门定义位置。

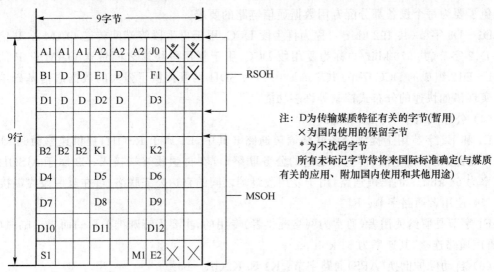

注:D为传输媒质特征有关的字节(暂用)
×为国内使用的保留字节
* 为不扰码字节
所有未标记字节待将来国际标准确定(与媒质有关的应用、附加国内使用和其他用途)

图 8.5　STM-1 SOH 字节安排

　　那么,帧结构为什么要这样安排? 开销又具有什么功能? 与网络管理有什么联系?

　　为实现 SDH 先进的网络管理,首先要考虑以下几个基本问题,并通过帧结构中的开销字节予以解决:①同步问题,包括帧定位和同步状态;②通信问题,包括音频和数据通信;③性能监视问题,包括误码特性等国际与地区使用分区问题等;④段开销的接入问题,即 RSOH 可在再生器和终端设备上接入,而 MSOH 只能在终端设备上接入。

　　下面以 STM-1 为例(见图 8.5),介绍各开销字节的定义、功能及应用。

　　(1) 定帧字节:A1 和 A2

　　根据 SDH 的帧结构可知,信号是以一帧一帧的形式顺序送出的,因此定帧字节(A1 和A2)的作用就是识别一帧的起始位置,以区分各帧,即实现帧同步功能。

　　A1 和 A2 的二进制码分别为 11 110 110 和 00 101 000。对 STM-1 而言,帧内共安排有 6个 A1 和 A2,其目的是尽可能地缩短同步建立时间。定帧字节的长度与同步所需时间和系统复杂程度均有关系,因此采用 6 字节是综合考虑了各种因素的结果。

　　A1 和 A2 不经扰码,全透明传送。当收信正常时,再生器直接转发该字节;当收信故障时,再生器产生该字节。

　　(2) 再生段踪迹字节:J0

　　在 SDH 网络中,为了检验再生段、信号源端和终端是按要求而连接的,引入了再生段踪迹字节(J0),该字节被用来重复发送段接入点识别符,使段接收机能据此确认其与指定的发射机是否处于持续的连接状态。在国内网,该"识别符"可以是一个单字节(包含0~255个码)或 ITU-TG.831 第三节中规定的接入点标识符格式;在国际边界或在不同运营者的网络边界,除已有安排外,均应采用 G.831 第三节中所规定的格式。

　　以前采用 C1 字节(STM 识别符)的老设备与现在采用 J0 字节的新设备之间的互通问题,

可以通过 J0 为"00000001"来专门表示"再生段踪迹未规定"加以解决。如果不使用"再生段踪迹",也可利用这种未规范的"再生段踪迹"。

（3）数据通信通路（DCC）：D1～D12

为实现 SDH 网络管理的诸多功能,需要建立数据通信通路,利用开销中的 D1～D12 字节可提供所有 SDH 网元都能接入的通用数据通信通道,并作为 SDH 管理网（SMN）的传送链路。在位置安排上,DCC 嵌入段开销中,因而所有网元都具备便于实现统一的网络管理,同时也避免了要为每个设备都分配专用数据通信链路的要求。

D1～D3 字节（共 192 kbit/s）称为再生段 DCC,用于再生段终端间传送 OAM & P 信息；D4～D12 字节（共 576 kbit/s）称为复用段 DCC,用于复用段终端之间传送 OAM & P 信息。由 D1～D12 组成的 DCC 字节（共 768 kbit/s）为 SDH 网管提供了强大的数据通信基础结构,便于实现诸如快速的分布式控制等许多功能。

（4）公务联络字节：E1 和 E2

E1 和 E2 字节用于提供公务联络语声通路。其中,E1 属于 RSOH,提供速率为 64 kbit/s 的语声通路,用于再生段、再生器之间的公务联络,可在再生段终端接入；E2 属于 MSOH,提供速率为 64 kbit/s 的语声通路,用于复用段终端之间的直达公务联络,可在复用段终端接入。

（5）使用者通路字节：F1

F1 字节是留给使用者（通常为网络提供者）专用的,主要为特殊维护目的而提供临时的数据/语声通路连接,其速率为 64 kbit/s。

（6）自动保护倒换（APS）通路字节：K1 和 K2(b1～b5)

K1 和 K2(b1～b5)字节用作 APS 指令。由于是专用于保护目的的嵌入信令通路,因此响应时间较快。其基本应用方式与实现过程如下所述。

当某工作通路出现故障后,下游端会很快检测到故障,并利用上行方向的保护光纤送出 K1 字节,K1 字节内包含故障通路编号。当上游端收到 K1 字节后,将本端下行方向工作通路光纤桥接到下行方向的保护光纤,同时利用下行方向的保护光纤送出 K1 和 K2 字节,其中 K1 字节作为倒换要求,K2 字节作为证实。在下游端收到的 K2 字节对通路编号进行确认,并最后完成下行方向工作通路光纤与下行方向保护光纤在本端的桥接。同时按照 K1 字节要求向上行方向的保护光纤送出 K2 字节。当上游端收到 K2 字节后,将执行上行方向工作通路与保护光纤在本端的桥接,从而将两根工作通路光纤几乎同时地倒换至两根保护光纤上,完成整个 APS 过程。

K1 和 K2 字节各比特位的具体作用为：K1 字节的第 1～4 比特用来描述 APS 请求的原因和系统当前的状态,第 5～8 比特为请求 APS 的系统序号；K2 字节的第 1～4 比特用来表示响应 APS 的系统序号,第 5 比特用于区分 APS 的保护方式,即 1＋1 保护还是 1：N 保护方式。

（7）复用段远端缺陷指示（MS-RDI）字节：K2(b6～b8)

利用 K2 的第 6～8 比特可向发送端回送一个指示信号,表示接收端已检测到上游端缺陷或收到复用段告警指示信号（MS-AIS）,其规则为：当解扰后 K2 的 b6～b8 为"110",则表示 MS-RDI。

（8）同步状态字节：S1(b5～b8)

同步是 SDH 网络中的重要特性,为了对各种同步状态进行描述,采用了 S1 的多种编码。例如,"0010""0100""1000""1011"分别表示不同的同步等级,"0000"表示同步质量不知道,"1111"表示不应用作同步等。

（9）比特间插奇偶校验 8 位码（BIP-8）：B1

为随时监测 SDH 网络中的传输性能，需实现运行误码监测，即在不中断用户业务的前提下，提供误码性能的监测。在 SDH 中采用了比特间插奇偶校验（BIP，Bit Interleaved Parity）的方法。B1 字节即是用作再生段误码监测。

BIP 误码监测的原理如下：发送端对上一帧（所有信号）扰码后的所有比特按 8 比特为一组分成若干码组（见图 8.6）。将每一码组内的第 1 个比特组合起来进行偶校验，如检后"1"的个数为奇数，则本帧 B1 字节的第 1 个比特置为"1"；如检后"1"的个数为偶数，则本帧 B1 字节的第 1 个比特置为"0"，以此类推，形成本帧扰码前的 B1(b1～b8)数值。接收端以上述规则作为判决依据，若发现不符，则定为误码。该方式简单易行，但若在同一监视码组内恰好发生偶数个误码的情况，则无法检出，当然这种情况出现的可能性较小。由于每个再生段都要重新计算 B1，因而故障定位就比较容易实现。

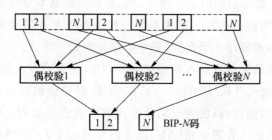

图 8.6　BIP-8 偶校验运算方法

（10）比特间插奇偶校验 $N \times 24$ 位码（BIP-$N \times 24$）：B2

B2 字节用作复用段误码监测，其误码监测的原理与 BIP-8(B1)类似，只不过计算的范围是对前一个 STM-N 帧中除了 RSOH 以外的所有比特进行计算，并将结果置于本帧扰码前的 B2 位置上。由于 B2 计算未包含 RSOH，因此可使再生器能在不中断基本性能监视的情况下读出或写入 RSOH。

（11）复用段远端差错指示（MS-REI）字节：M1

M1 字节用来传送 BIP-$N \times 24$(B2)所检出的差错块（误块）个数，但对于不同的 STM 等级，M1 所表示的含义与范围有所不同。

以上讨论了完整的 SOH 定义与功能，但在有些场合（如站内接口），可使用简化的功能，即只选用其中的某些开销字节。

8.2.3　同步复用和映射原理

SDH 中采用的同步和映射方法与传统的数字复用技术有很大的不同，其特色明显，意义深远，下面将讲述其复用映射结构与实现机理。

1. 基本原理

现代电信传输的发展方向之一是传输速率的高速化，其方式是采用时分复用的形式将多路低速信号复用成高速信号，然后再通过高速信道传输，这一过程称为数字复用。

从时分多路通信原理可知，在复用单元输入端上的各支路数字信号必须是同步的，即它们的有效瞬间与相应的定时信号必须保持正确的相位关系。但是在调整单元的输入端上（即在复用器的输入端上）则不必有这样的要求。如果复用器输入支路数字信号与本机定时信号是同步的，那么调整单元只需调整相位，有时甚至连相位也无须调整，这种复用器称为同步复用器;如果输入支路数字信号与本机定时信号是异步的,即它们的对应生效瞬间不一定以同一速率出现,那么调整单元要对各个支路数字信号实施频率和相位调整,使之成为同步数字信号,这种复用器称为异步复用器;如果输入支路数字信号的生效瞬间相对于本机对应的定时信号是以同一标称速率出现,而速率的任何变化都限制在规定的容差范围内,这种复用器称为准同步复用器。

那么如何解决各路信号彼此之间的频差和相移等问题? 传统的解决方法主要有码速调整法(或称比特塞入法)和固定位置映射法,而在 SDH 技术中,又引入了指针调整法。

在 SDH 技术中采用了指针调整法,其基本原理是利用净负荷指针来表示在 STM-N 帧内浮动的净负荷的准确位置。当出现净负荷在一定范围内的频率变化时,只需增加或减小指针数值即可达到目的,从而较好地结合了上述两种方法的特点。

SDH 的通用复用映射结构如图 8.7 所示。它是由一些基本复用映射单元组成的,有若干个中间复用步骤的复用结构。具有一定频差的各种支路的业务信号要想复用进 STM-N 帧,都要经历映射、定位校准和复用 3 个步骤,基本工作原理如下所述。

首先,各种速率等级的数据流进入相应的容器(C),完成适配功能(主要是速率调整),再进入虚容器(VC),加入通道开销(POH)。VC 在 SDH 网中传输时可以作为一个独立的实体在通道中任意位置取出或插入,以便进行同步复用和交叉连接处理。由 VC 出来的数字流再按图 8.11 中规定的路线进入管理单元(AU)或支路单元(TU)。在 AU 和 TU 中要进行速率调整,因而低一级数字流在高一级数字流中的起始点是浮动的。为准确确定起始点的位置,AU 和 TU 设置了指针(AU PTR 和 TU PTR),从而可以在相应的帧内进行灵活和动态的定位。最后,在 N 个 AUG 的基础上,再附加段开销 SOH,便形成了 STM-N 的帧结构。图 8.7 中的定位校准即是利用指针调整技术来取代传统的125 μs缓存器,实现支路频差的校正和相位的对准,因此可以说指针调整技术是数字传输复用技术的一项重大革新,它消除了 PDH 中僵硬的大量硬件配置,特色明显。

在如图 8.7 所示的复用映射结构中可见,从一个有效负荷到 STM-N 的复用路线并不是唯一的,但对于某一个国家或地区来说,必须使复用路线唯一化。我国采用的复用映射主要包括 C-12、C-3 和 C-4 三种进入方式,它保证每一种速率的信号只有唯一的一条复用路线可以到达 STM-N 帧。

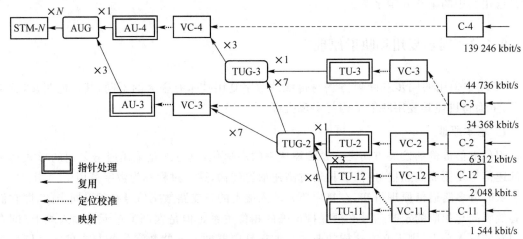

图 8.7　SDH 通用复用映射结构

2. 基本单元

图 8.7 所说明的问题实际上是如何将 PDH 的标准速率信号、ATM 信元及其他新业务信号复用成符合 SDH 帧结构标准的信号。图 8.7 中所涉及的各单元的名称及定义如下所述。

(1) 容器(C)

容器是一种用来装载各种速率业务信号的信息结构,容器种类有 C-11、C-12、C-2、C-3 和 C-4 共 5 种,或表示成 C-n(n=11,12,2,3,4)。我国目前仅涉及 C-12、C-3 及 C-4 容器,每一种容器分别对应于一种标称的输入速率,即 2.048 Mbit/s、34.368 Mbit/s 和 139.264 Mbit/s。容器的基本功能是完成适配即码速调整。

(2) 虚容器(VC)

虚容器是用来支持 SDH 通道层连接的信息结构。它是 SDH 通道的信息终端,由安排在重复周期为 125 μs 或 500 μs 的块状帧结构中的信息净负荷(容器的输出)和通道开销(POH)组成,即

$$\text{VC-}n = \text{C-}n + \text{VC-}n \text{ POH} \qquad (8-1)$$

VC 是 SDH 中最为重要的一种信息结构,它的包封速率是与 SDH 网络同步的,因此不同 VC 是互相同步的,但在 VC 内部却允许装载来自不同容器的异步净负荷。由于 VC 在 SDH 网中传输时总是保持完整不变的(除去 VC 的组合点和分解点),因而其可以作为一个独立的实体十分方便和灵活地在通道中任一点插入或取出,以便进行同步复用和交叉连接处理。

虚容器可分成低阶虚容器和高阶虚容器两类,其中 VC-11、VC-12、VC-2 和 TU-3 前的 VC-3 为低阶虚容器,VC-4 和 AU-3 前的 VC-3 为高阶虚容器。用于管理这些虚容器的开销称为通道开销(POH),管理低阶虚容器的通道开销称为低阶通道开销(LPOH),管理高阶虚容器的通道开销称为高阶通道开销(HPOH)。它们的作用与功能介绍见下一节。

(3) 支路单元(TU)

支路单元是一种提供低阶通道层和高阶通道层之间适配功能的信息结构,可表示为 TU-n(n=11,12,2,3)。TU-n 由一个相应的低阶 VC-n 和一个相应的支路单元指针(TU-n PTR)组成,即

$$\text{TU-}n = \text{VC-}n + \text{TU-}n \text{ PTR} \qquad (8-2)$$

其中,TU-n PTR 指示 VC-n 净负荷帧起点相对于高阶 VC 帧起点间的偏移量。

(4) 支路单元组(TUG)

支路单元组是由一个或多个在高阶 VC 净负荷中占据固定、确定位置的支路单元组成的。实现时可把一些不同大小的 TU 组合成一个 TUG,从而增加传送网络的灵活性。VC-4/3 中有 TUG-3 和 TUG-2 两种支路单元组。1 个 TUG-2 由 1 个 TU-2 或 3 个 TU-12 或 4 个 TU-11 按字节间插组合而成,1 个 TUG-3 由 1 个 TU-3 或 7 个 TUG-2 按字节交错间插组合而成。1 个 VC-4 可容纳 3 个 TUG-3,1 个 VC-3 可容纳 7 个 TUG-2。

(5) 管理单元(AU)

管理单元是提供高阶通道层和复用段层之间适配功能的信息结构,可表示为 AU-n(n=3,4),它由一个相应的高阶 VC-n 和一个相应的管理单元指针(AU-n PTR)组成,即

$$\text{AU-}n = \text{VC-}n + \text{AU-}n \text{ PTR} \qquad (8-3)$$

其中,AU-n PTR 指示 VC-n 净负荷起点相对于复用段帧起点间的偏移,而其自身相对于 STM-N 帧的位置总是固定的。

（6）管理单元组（AUG）

管理单元组是由一个或多个在 STM-N 净负荷中占据固定、确定位置的管理单元组成的，1 个 AUG 由 1 个 AU-4 或 3 个 AU-3 按字节间插组合而成。

（7）同步传送模块（STM-N）

同步传送模块的帧结构如前所述，基本模块 STM-1 的信号速率为 155.520 Mbit/s，更高阶的 STM-N 模块（$N=4,16,64,\cdots$）由 N 个 STM-1 信号以同步复用方式构成。

除了以上介绍的各个单元以外，SDH 还安排有灵活的级联方式，以传送非标准 PDH 等级的信号。例如，若用户要求传送 10 Mbit/s 的信号，如果采用 PDH 系统，只能用标准的 34.368 Mbit/s 设备，效率极低（有 24 Mbit/s 空闲）；而在 SDH 系统中，则可利用 TU-2 的级联方式，将 2 个 TU-2 级联为 1 个 TU-2-2c，其速率为 13.696 Mbit/s，因而大大提高了传送效率。

3. 复用映射结构

各种信号复用映射进 STM-N 帧的过程都要经过映射、定位和复用 3 个步骤（见图 8.7）。

（1）映射

映射（Mapping）是一种在 SDH 网络边界处，把支路信号适配装入相应虚容器的过程。例如，将各种速率的 PDH 信号先分别经过码速调整装入相应的标准容器，再加进低阶或高阶通道开销，以形成标准的虚容器。在 SDH 技术中有异步、比特同步和字节同步 3 种映射方法以及浮动 VC 和锁定 TU 两种模式。

（2）定位

定位（Alignment）是一种当支路单元或管理单元适配到支持层的帧结构时，帧偏移信息随之转移的过程，它依靠 TU PTR 和 AU PTR 功能加以实现。这里所说的指针（PTR）是一种指示符，其值定义为虚容器相对于支持它的传送实体的帧参考点的帧偏移，也就是说，在发生相对帧相位偏差使 VC 帧起点浮动时，指针值亦随之调整，从而始终保证指针值准确指示 VC 帧的起点。

SDH 中指针的作用可归结如下：

① 当网络处于同步工作状态时，指针用来进行同步信号间的相位校准；

② 当网络失去同步时，指针用作频率和相位校准；

③ 当网络处于异步工作状态时，指针用作频率跟踪校准；

④ 指针还可以用来容纳网络中的频率抖动和漂移。

指针包括 AU 指针和 TU 指针两种，可以为 VC 在 AU 或 TU 帧内的定位提供一种灵活和动态的方法。所谓动态定位意味着允许 VC 在帧内"浮动"，也就是说，AU 指针或 TU 指针不仅能够容纳 VC 帧起点在相位上的差别，而且能够容纳帧速率上的差别。

指针分为 AU-4 指针、TU-3 指针、TU-12 指针，此外还有表示 TU-12 位置的指示字节 H4。

（3）复用

复用（Multiplex）是一种将多个低阶通道层的信号适配进高阶通道或者把多个高阶通道层信号适配进复用层的过程，其方式是采用字节交错间插的方式将 TU 组织进高阶 VC 或将 AU 组织进 STM-N。由于经 TU PTR 和 AU PTR 处理后的各 VC 支路已实现了相位同步，因此其复用过程为同步复用，至于复用的路数可参见图 8.7，即

$$\text{TUG-2} = 3 \times \text{TUG-1}$$

$$\text{TUG-3} = 7 \times \text{TUG-2} \ \text{或} \ \text{TUG-3} = 1 \times \text{TU-3}$$

$$STM-1 = VC-4 = 3 \times TUG-3$$
$$STM-N = N \times STM-1 \tag{8-4}$$

4. 高阶通道开销字节的功能与应用

如前所述,在 SDH 中,为了便于分层管理,设置了段开销(SOH)和通道开销(POH)。POH 位于帧结构中的净负荷区域,它们与用户业务信息一起传送。通道开销中包含高阶通道开销(HPOH)和低阶通道开销(LPOH)。下面以 VC-4 POH 为例,说明高阶通道开销字节的功能与应用。

VC-4 POH 共有 9 字节,用来完成虚容器(VC)通道性能监视、告警状态指示、维护用信号及复接结构指示。它与净负荷一起传送,直至净负荷被分接。对于 STM-1 中 VC-4 而言(见图 8.8),VC-4 POH 位于帧结构中第 1~9 行、第 10 列,依次为通道踪迹字节 J1,通道 BIP-8 字节 B3,信号标记字节 C2,通道状态字节 G1,通道使用者通路字节 F2 和 F3,TU 位置指示字节 H4,自动保护倒换字节 K3(b1~b4),网络操作者字节 N1。其中前 4 个字节与净负荷无关,主要用作端到端通信;F2、H4、F3 与净负荷有关;K3 和 N1 主要用于管理。这些字节的核心功能与段开销字节基本类似,只是作用的对象不同。

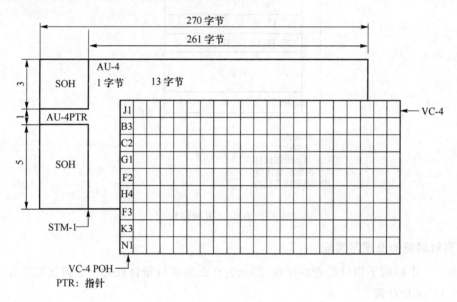

图 8.8 VC-4 POH 位置图

5. 低阶通道开销字节的功能与应用

下面以 VC-12 POH 为例,说明低阶通道开销字节的功能与应用。

VC-12 是由 4 个帧组成复帧,其管理由 VC-12 低阶通道开销(LPOH)实现,包括:通道状态和信号标记字节 V5,通道踪迹字节 J2,网络操作者字节 N2,自动保护倒换字节 K4(b1~b4)。

C-12 复帧加上 VC-12 POH 就构成了 VC-12 复帧,即

$$VC-12 = C-12 + VC-12 \text{ POH} \tag{8-5}$$

图 8.9 是 VC-12 复帧的帧结构,即 V5、J2、N2、K4 分别位于复帧中各基帧的首字节。

例如,V5 字节是整个复帧的首字节,具有误码检测(利用 V5(b1、b2)进行 BIP-2,V5(b3)为远端差错指示,V5(b4)为远端失效指示)、信号标记(利用 V5(b5~b7))和通道状态(利用 V5(b8))功能,V5 位置由 TU-12 指针指示。

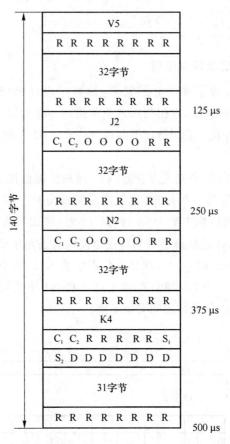

D: 数据比特
O: 开销比特
C: 调整控制比特
S: 调整机会比特
R: 固定填充比特

图 8.9　VC-12 复帧结构

6. 指针调整的原理与实现

在图 8.7 中标明了指针处理的位置,那么为什么要进行指针处理? 如何实现指针处理?

(1) AU-4 指针值

为实现 VC-4 复用映射进 STM-N 帧,在 VC-4 进入 AU-4 时应加上 AU-4 指针(AU-4 PTR),即

$$AU\text{-}4 = VC\text{-}4 + AU\text{-}4\ PTR \tag{8-6}$$

当 VC-4 信号来源于另一个 SDH 网络时,VC-4 和 STM-N 可能存在帧速率上的差异,即便在同一个 SDH 网络内,VC-4 和 STM-N 也可能存在相位上的不一致。为了适应这种速率和相位上的差异,SDH 中设立了一个指针调节机制,利用 AU-4 指针来指示 VC-4 起始字节的位置。有了指针以后,无论 VC-4 的相位在 STM-N 中如何变化,都可以方便地进行 VC-4 的定位。

AU-4 PTR 由处于 AU-4 帧第 4 行、第 1~9 列的 9 个字节组成(见图 8.10),即

$$AU\text{-}4\ PTR = H1, Y, Y, H2, 1^*, 1^*, H3, H3, H3 \tag{8-7}$$

其中,Y=1001SS11,SS 是未规定值的比特,$1^* = 11111111$。

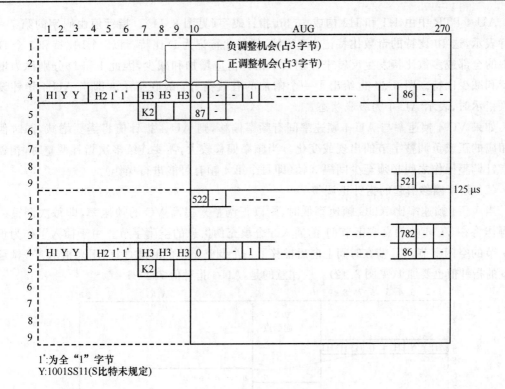

1*:为全"1"字节
Y:1001SS11(S比特未规定)

图 8.10 AU-4 指针偏移值

含在 H1、H2 字节中的指针指出 VC-4 起始字节的位置,而 H3 字节用于进行负调整时携带额外的 VC 字节。分配给指针功能的 H1 和 H2 字节可以看作一个码字,如图 8.11 所示。其中指针字的最后 10 个比特(7~16 比特)携带具体指针值(共可提供 1 024 个指针值)。AU-4 指针值为十进制数 0~782 范围内所对应的二进制数,该值表示了指针和 VC-4 第 1 个字节间的相对位置。指针值每增/减"1",代表 3 字节的偏移量。由于 VC-4 帧结构内共有 2 349 字节,所以需用 2 349/3=783 个指针值来表示。例如,指针值为 0 表示 VC-4 的首字节位于最后一个 H3 字节后面的那个字节。

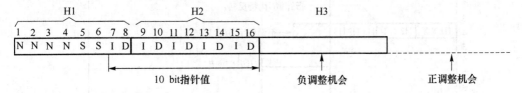

I:增加比特 D:减少比特 N:新数据

新数据标识:

- 当 4 个比特中至少有 3 个与"1001"相符时,NDF 解释为"使能"(enable);
- 当 4 个比特中至少有 3 个与"0110"相符时,NDF 解释为"止能"(disable);
- 其他码为无数。

SS 值	AU 和 TU 类型
10	AU-4,TU-3

指针值:比特 7~16。

正常范围:AU-4;0~782(十进数) AU-3;0~764(十进数);负调整:反转 5 个 D 比特,5 个比特多数表决判定;正调整:反转 5 个 I 比特,5 个比特多数表决判定;级联指示:1001SS1111111111(S 比特未作规定)。

注:当出现"AIS"时,指针全置为"1"。

图 8.11 AU-4 指针(H1、H2、H3)值

AU-4 PTR 中由 H1 和 H2 构成 16 bit 指针码字(见图 8.11)。指针值由码字的第 7～16 比特表示,这 10 比特的奇数比特记为 I 比特,偶数比特记为 D 比特。以 5 个 I 比特和 5 个 D 比特中的全部或多数比特发生反转来分别指示指针值应增加和减少,因此 I 和 D 分别称为增加比特和减少比特。图 8.11 也给出了一个附加的有效指针:级联指示。即当 AU-4 指针设成级联指示时,表示 AU-4 为级联状态。

如果 VC-4 帧速率与 AU-4 帧速率间有频率偏移,则 AU-4 指针值将需要增减,同时伴随着相应的正或负调整字节的出现或变化。当频率偏移较大,需要连续多次指针调整时,相邻两次指针调整操作之间必须至少间隔 3 帧(即每个第 4 帧有可能进行操作)。

(2) 频率偏移引起的指针正调整

当 VC-4 帧速率比 AUG 帧速率低时,则以正调整来提高 VC 的帧速率,即每次调整或指针操作将在 VC-4 帧的真实字节 J1 前插入 3 个填充伪信息的空闲字节。由于插入了作为正调整字节的空闲字节,VC 帧在时间上向后推移了一个调整单位的时隙,因而用来指示 VC 帧起始位置的指针值也要加 1(见图 8.12)。应注意的是,AU-4 指针值 782+1=0。

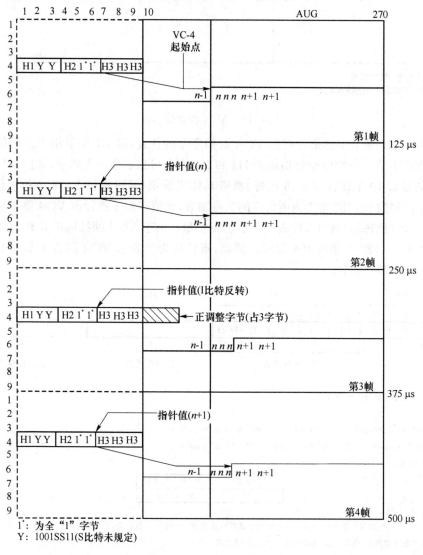

图 8.12 AU-4 指针正调整

进行正调整由指针值码字中的 5 个 I 比特的反转来表示(见图 8.12)。在 5 个 I 比特反转的帧实施正调整,即在最后一个 H3 字节后面立即安排 3 个正调整字节,而下一帧的指针值将是调整后的新值。在接收端,将按 5 个 I 比特中是否有多数比特反转来决定是否有正调整,并去除所加的字节。

(3)频率偏移引起的指针负调整

当 VC-4 帧速率比 AU-4 帧速率高时,以负调整来降低 VC 的帧速率,即设法扩大 VC 字节的存放空间,相当于降低了 VC 帧速率。实际做法是利用 H3 字节来存放实际 VC 净负荷起始的 3 个字节,使 VC 在时间上向前移动了一个调整单位的时隙,因而指示其起始位置的指针值也应减 1。需要注意的是,AU-4 指针值 $0-1=782$。

进行负调整由指针值码字中的 5 个 D 比特反转来表示(见图 8.13)。在 5 个 D 比特反转的帧实施负调整,即在 H3 字节中立即存放 3 个负调整字节(数据),而下一帧的指针值将是调整后的新值。在接收端,将按 5 个 D 比特中是否有多数比特反转来决定是否有负调整,并去除。

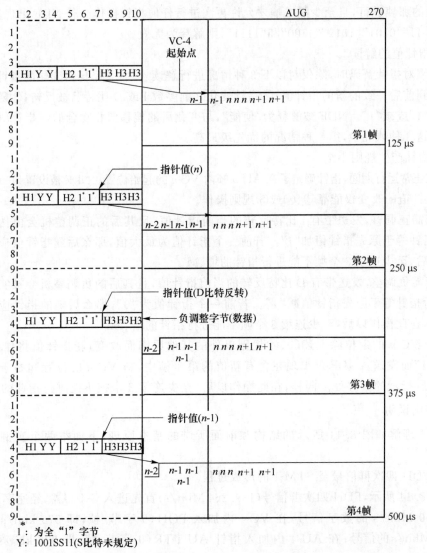

图 8.13　AU-4 指针负调整

实际上，指针调整并不经常出现，因而 H3 字节大部分时间内是填充伪信息字节。

（4）指针中的新数据标帜

AU-4 或 TU-3 指针码字的第 1～4 比特（图 8.13 中用 N 表示的比特）称为新数据标帜（NDF，New Data Flag），它可指示由于净负荷的改变（如从一种 VC 变成另一种 VC）而引起的指针值的任意变化和 TU 规格的可能变化。

当指针调整按前述指针值加或减 1 方式作正常操作时，$NNNN$ 置为"0110"（止能），而 10 bit 指针值表示 VC 的起始位置。若净负荷发生变化，则 $NNNN$ 反转为"1001"（使能），即是新数据标帜（NDF）。由于 NDF 有 4 比特，因而有误码校正功能，即只要其中至少有 3 比特与"1001"相符时，就认为净负荷有新数据，此时，10 bit 指针值应按变化的净负荷重新取值。除接收机处于指针丢失状态外，符合新情况的新指针值将取代当前的指针值。所以说，新数据就是指这一新指针值，它表示净负荷变化后 VC 的新起始位置，而不是指针调整过程中随 VC 浮动作增减的指针值。

NDF 只在含有新数据的第 1 帧出现，并在后续帧中反转回正常值"0110"，指针操作在 NDF 出现的那帧进行，且至少隔 3 帧才允许再次进行任何指针操作。若 NDF 出现其他值，如"0000""0011""0101""1010""1100"和"1111"，则解释为无效。

（5）指针值的解读

接收端对指针解码时，除仅对以下 3 种情况进行解读外，将忽略任何变化的指针：①连续 3 次以上收到前后一致的新的指针值；②指针变化之前多数 I 或 D 比特已被反转；③随后的指针值将被加"1"或减"1"。NDF 被解释为"使能"，与变化后的偏移值相吻合的新指针值将代替当前值。在这 3 种情况中，第一种情况的优先级最高。

（6）指针产生规则小结

① 在正常运行期间，指针确定了在 AU-n 帧内 VC-n 的起始位置。NDF 被设置为"0110"。

② 指针值的改变仅能靠③、④或⑤规则操作。

③ 若需正调整，发送带有 I 比特反转的当前指针值，且其后的正调整机会由伪信息所填充，随后指针等于原先指针值加"1"。若前一个指针值为最大值，那么后随指针值应置为"0"。在此操作后，至少连续 3 个帧不能进行指针的增、减。

④ 若需负调整，发送带有 D 比特反转的当前指针值，且其后的负调整机会被实际数据所重写，随后指针等于原先指针值减"1"。若前一个指针值为"0"，那么后随指针应置为最大值。同样，在此操作以后，至少连续 3 个帧不能进行指针的增、减。

⑤ 若 VC-n 的定位除上述③、④规则以外的其他原因而改变，新指针值将伴随着 NDF 置为"1001"而发送。NDF 仅出现在含有新值的第 1 帧中，新 VC-n 的位置起始于首次出现由新指针所指示的偏移处。同样，在此操作以后，至少连续 3 个帧不能进行指针的增、减。

7. 实例说明

为便于理解如图 8.11 所示的结构和前面所讲的基本原理，下面举两个实例做进一步说明。

（1）PDH 四次群信号至 STM-1 的形成过程

如图 8.14 所示，PDH 四次群信号（139.264 Mbit/s）首先进入 C-4 容器，经速率调整后，输出 149.760 Mbit/s 的数字信号；在 VC-4 内加入 POH（9 字节/帧，即 576 kbit/s）后，输出 150.336 Mbit/s 的信号；在 AU-4 内加入指针 AU PTR（9 字节/帧，即 576 kbit/s）后，输出 150.912 Mbit/s 的信号；因为 $N=1$，所以由一个 AUG 加入段开销 SOH（4.608 Mbit/s）后，输出 155.520 Mbit/s 的信号，即 STM-1 信号。

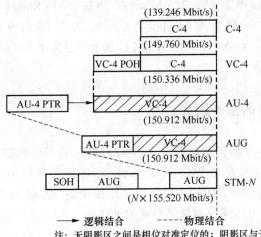

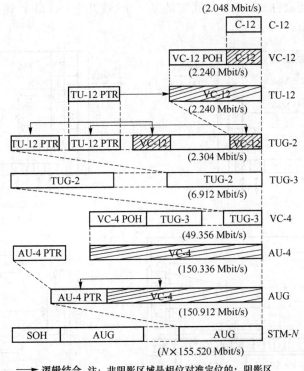

图 8.14　139.264 Mbit/s 信号至 STM-1 的形成过程

（2）PDH 基群信号至 STM-1 的形成过程

如图 8.15 所示，标称速率为 2.048 Mbit/s 的 PDH 基群信号先进入 C-12 作适配处理，再加上 VC-12 POH 便构成了 VC-12（2.240 Mbit/s）。设置 TU-12 PTR（说明 VC-12 相对于 TU-12 的相位），经速率调整和相位对准后的 TU-12 速率为 2.304 Mbit/s，再经均匀字节间插组成 TUG-2（3×2.304 Mbit/s）。7 个 TUG-2 经同样的单字节间插组成 TUG-3（加上塞入字节后速率达 49.536 Mbit/s）。进而，由 3 个 TUG-3 经单字节间插并加上高阶 POH 和塞入

图 8.15　2.048 Mbit/s 信号至 STM-1 的形成过程

字节后构成 VC-4 净负荷,速率为 150.336 Mbit/s。再加上 576 kbit/s AU-4 PTR 就组成了 AU-4,速率为 150.912 Mbit/s。单个 AU-4 直接置入 AUG,N 个 AUG 通过单字节间插并加上段开销便得到了 STM-N 信号。当 $N=1$ 时,一个 AUG 加上容量为 4.608 Mbit/s 的段开销即形成了 STM-1 的标称速率 155.520 Mbit/s。

8.2.4 SDH 网络中的基本网元

SDH 自愈网是基于 SDH 结构所建立的一种新型网络,它与传统的 PDH 系统相比,具有控制简便、生存性强等突出特点。在网络实现时,线型、环型和网状型等结构都可作为 SDH 自愈网的拓扑结构,分插复用器(ADM)和数字交叉连接设备(SDXC),以及终端复用器(TM)和再生器(REG)等,都可作为其网元而提供组网的灵活性。

1. 分插复用器

分插复用器(ADM,Add/Drop Multiplexer)是 SDH 网络中最具特色,也是应用最为广泛的设备。它利用时隙交换实现宽带管理,即允许两个 STM-N 信号之间的不同 VC 实现互连,并且具有无须分接和终结整体信号,即可将各种 G.703 规定的接口信号(PDH)或 STM-N 信号(SDH)接入 STM-M($M>N$)内作任何支路的能力,因此叫作分插复用器。ADM 设备在 SDH 网络中占有重要地位,尤其是在环型网中应用时,以其特有的自愈能力而备受青睐。

ADM 设备的使用主要体现在对信号路由的连接和对信号的复用/解复用上,通常 ADM 设备应具有支路—群路(上/下支路)和群路—群路(直通)的连接能力。

(1) 支路—群路可分为部分连接(见图 8.16(a))和全连接(见图 8.16(b))。两者的区别在于上/下支路是仅能取自 STM-N 内指定的某一个(或几个)STM-1,还是可从所有 STM-N 的 STM-1 实现任意组合。

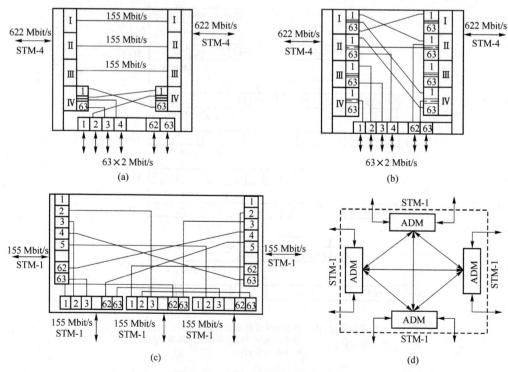

图 8.16 ADM 设备的连接能力

（2）支路—支路连接功能如图 8.16(c)所示，是将支路的某些时隙仅与另一支路的相关时隙相连，而不是像上述结构中与东、西两侧群路相连。将这种具有支路—支路连接能力的 ADM 设备进行有机地组合，可实现小型数字交叉连接（DCX）设备的功能，如图 8.16(d)所示。

另外，ADM 设备除了连接能力这一重要性能以外，能够上/下的支路数量也是 ADM 能力的重要标志。采用 ADM 环型网络的另一大好处是它的自愈特性，关于这方面的原理将在后面介绍。

2. 数字交叉连接设备

（1）基本结构

数字交叉连接设备（DXC，Digital Cross Connect）是 SDH 网络的重要网络单元，是实现传输网有效管理、可靠的网络保护/恢复以及自动化配线和监控的重要手段。

所谓 DXC 是一种具有一个或多个准同步数字体系（G.702）或同步数字体系（G.707）信号端口并可以在任何端口信号速率（及其子速率）间进行可控连接和再连接的设备。适用于 SDH 的 DXC（称为 SDXC）则能进一步在端口间提供可控的 VC 透明连接和再连接。这些端口信号可以是 SDH 速率，也可以是 PDH 速率。SDXC 除了具有连接功能外，还能支持 G.784 所规定的控制和管理功能。

SDXC 是一种具有 1 个或多个 PDH（G.702）或 SDH（G.707）信号端口并至少可以对任何端口速率（和/或其子速率信号）与其他端口速率（和/或其子速率信号）进行可控连接和再生连接的设备。从功能上看，SDXC 是一种兼有复用、配线、保护/恢复、监控和网管的多功能传输设备，它不仅直接代替了复用器和数字配线架（DDF），而且还可以为网络提供迅速有效的连接和网络保护/恢复功能，并能经济、有效地提供各种业务。

用于 PDH 的 DXC 与用于 SDH 的 SDXC 两者的差别在于：前者只能处理有限的几个 PDH 等级信号；而后者能处理含有各种等级信号及其混合体的 VC，并对这些 VC 实现连接和再连接功能。由于 SDXC 采用了 SDH 复用原理，省去了传统的 PDH 的 DXC 内的全套背靠背复用设备，使设备变得简单、灵活和经济。

传统 DXC 的简化结构如图 8.17 所示。其接入端口（即输入输出端口）与传输系统相连。DXC 的核心部分是交叉连接功能，参与交叉连接的速率一般等于或低于接入速率。交叉连接速率与接入速率之间的转换需要由复用和解复用功能来完成。首先，每个输入信号被解复用成 m 个并行的交叉连接信号。然后，内部的交叉连接网采用时隙交换技术（TSI），按照预先存放的交叉连接图（或动态计算的交叉连接图）将这些重新安排后的信号复用成高速信号进行输出。整个交叉连接过程由连至 SDXC 的本地操作系统或连至 TMN 的支持设备进行控制和维护。对于 SDXC，由于特定 VC 总是处于净负荷帧中的特定列数，因而对 VC 实施交叉连接只需对相应的列进行交换即可。因而 SDXC 实际上是一种列交换机，利用外部编程即可实现交叉连接功能。

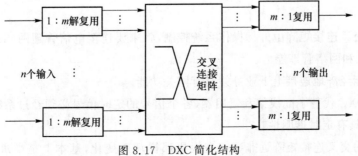

图 8.17　DXC 简化结构

（2）主要功能

SDXC 设备是一种智能化的传输节点设备,它的使用给电信网带来了巨大的灵活性、智能性和经济性,成为电信网中的重要网元,在网络管理与保护、线路调度、特服业务的提供等方面起着十分重要的作用。其主要功能有以下 5 个方面。

① 分离本地交换业务和非本地交换业务,为本地交换业务(如专用电路)迅速提供可用路由。

② 为临时性重要事件(如重要会议和运动会等)迅速提供电路。

③ 当网络出现故障时,能迅速提供网络的重新配置。

④ 按业务量的季节性变化,使网络最佳化。

⑤ 网络运营者可以自由地在网络中混合地使用不同的数字体系(PDH 和 SDH),并作为 PDH 和 SDH 的网关使用。

总之,SDXC 是一种兼有复用、配线、保护/恢复、监控和网管的多功能传输设备。它不仅直接代替了复用器和数字配线架,尺寸小,可靠性高;而且可以为网络提供迅速有效的连接和网络恢复/保护功能;并能经济有效地提供各种业务,尤其是租用业务,增加运营收入,具有很高的经济效益。与常规保护倒换系统相比,DXC 所需的备用线路大为减少,也不需要常规配线方式那么大的冗余容量,网络利用率大大提高,网络规划工作量得以简化,规划时间得以缩短。

（3）主要特点

从 SDXC 的基本功能可知,SDXC 的核心是交叉连接网络,它有以下 4 个特点。

① 信号独立性:无论哪个数字体系的信号,都可以进行交叉连接,而信号匹配工作在接口板上完成。

② 无阻塞:指针对任意带宽的支路信号都能进行无阻塞的交叉连接(甚至包括广播信号在内)。

③ 周期性:在每一个 125 μs 帧中,所有支路信号都周期性地在固定位置上重复出现。

④ 同步性:能使得所有输入并行信号的频率完全相同。

同步性和周期性结合意味着在传送过程中系统总能对任意一条通路进行定位。交叉连接网络的周期性和同步性使得 SDXC 能够处理所有不同数字体系的信号,使不同并行输入信号的信息可以容易地彼此交换。

（4）SDXC 与常规数字交换机的主要区别

由 SDXC 的交叉连接功能可知,交叉连接功能也是一种"交换功能",与常规数字交换机的交换功能相比较,主要有以下几点不同。

① SDXC 的交换对象不是单个电路(又称通路),而是由多个电路组成的电路群(又称通道)。

② SDXC 交叉连接矩阵由外部操作系统控制,将来要连至电信管理网(TMN),因而增加了网络的灵活性和网络管理能力。

③ SDXC 能经济地连接上下业务并具有网关功能。

④ 由于 SDXC 代替了配线架和复用器,各个信号的定时信号必须经过系统传送并在输出端再生,因此其具有定时透明性。

⑤ SDXC 的交叉连接矩阵远非数字交换机那样动态变化,基本上是半永久的,因此有时

称 SDXC 的交叉连接为"静态交换"。

（5）SDXC 的分类

根据端口速率和交叉连接速率的不同，SDXC 可以有各种配置形式。配置类型通常用 DXC X/Y（往往省略 SDXC 中的 S）表示，其中 X 表示接入端口数据流的最高等级，Y 表示参与交叉连接的最低级别。数字 0 表示 64 kbit/s 的电路速率；数字 1,2,3,4 分别表示 PDH 体系中的 1～4 次群速率，其中 4 也代表 SDH 体系中的 STM-1 等级；数字 5 和 6 分别表示 SDH 体系中的 STM-4 和 STM-16 等级。例如，DXC 1/0 表示接入端口的最高速率为 1 次群信号，而交叉连接速率则为 64 kbit/s；又如，DXC 4/1 表示接入端口的最高速率为 140 Mbit/s 或 150 Mbit/s，而交叉连接的最低速率为 1 次群信号，DXC 4/1 设备允许所有 1,2,3,4 次群电信号和 STM-1 信号接入和进行交叉连接。

8.2.5　SDH 自愈网原理

1. SDH 自愈网的特点与分类

（1）网络保护与网络恢复

当今社会对信息的依赖性越来越大，一旦通信网络出错，甚至瘫痪，将对整个社会造成极大的损失。因此在设计网络时，首先面临的问题便是如何确保网络的生存性。目前在实际应用中，一般采用以下两种方法，即网络保护和网络恢复。

网络保护一般是指利用节点间预先分配的容量实施网络保护，即当一个工作通路发生失效事件时，利用备用设备的倒换动作，使信号通过保护通路仍保持有效，如 1+1 保护、$m:n$ 保护等。保护倒换的时间很短。

网络恢复一般是指利用节点间可用的任何容量实施网络中业务的恢复，它可大大节省网络资源，同时又能保证所需的网络资源，其实质是在网络中寻找失效路由的替代路由，但需要相对较长的计算时间。

网络保护是目前常用的方法，它根据不同的分类有以下不同的具体实现方式。

1）以网络的功能结构分类

若以网络的功能结构分类，网络保护可以分为路径保护和子网连接保护两大类。

① 路径保护。当工作路径失效或者性能劣于某一必要的水平时，工作路径将由保护路径所代替，路径终端可以提供路径状态的信息，而保护路径终端则提供受保护路径状态的信息。这两种信息提供了保护启动的依据。路径保护包括线性复用段（MS）保护、MS 共享保护环、MS 专用保护环以及线性 VC 路径保护。例如，复用段保护（MSP）是在两个复用段终端（MST）功能之间，提供功能的和物理媒质的冗余，也就是该复用段包括两个复用段终端（MST）功能。因此，MSP 功能在一个复用段内为 STM-N 信号可提供保护，克服失效。MSP 功能块通过复用段开销（MSOH）的 K 字节规定了面向比特的协议，它与远端 MSP 功能块一起协同完成保护倒换。MSP 功能块还与用于自动和人工倒换控制的同步设备维护功能块（SEMF）进行通信。其中，自动保护倒换是根据 SEMF 接收到的信号状态启动，人工保护倒换则是通过 SEMF 收到的指令执行本地和远端倒换。

② 子网连接保护。当工作子网连接失效或性能劣于某一必要的水平时，工作子网连接将由保护子网连接所代替。子网连接保护可以应用于网络内的任何层，被保护的子网连接可以

进一步由低等级的子网连接和链路连接级联而成。通常子网连接没有固定的监视能力,因而子网保护方案可以进一步用监视子网连接的方法来实现。在实现子网连接保护时,一般利用高阶通道连接(HPC)和低阶通道连接(LPC)的连接功能提供的倒换功能,它包括固有监测的子网连接保护及利用非介入式监测的子网连接保护。这种保护方式主要针对某一子网连接预先安排专用的保护路由,即利用 HPC 和 LPC 提供重选路由手段,因而能提供网络保护。采用这种保护时,所有点到点的连接都不需要上面所述的 MS 保护等手段。

2) 以网络的物理拓扑分类

若以网络的物理拓扑分类,网络保护可分成自动线路保护倒换、环型网保护(利用 ADM)和网状网保护(利用 DXC)等。通过采用以上技术,即可实现网络保护,网络也就变成自愈网。

下面主要从网络拓扑的角度出发,重点介绍自愈网的特点与应用。

(2) 自愈的概念

自愈是指通信网络发生故障时,无须人为干预,即可在极短的时间内从失效故障中自动恢复所携带的业务,使用户感觉不到网络已出了故障。其基本原理就是使网络具备发现故障并能找到替代传送路由的能力,在一定时限内重新建立通信。自愈是生存性网络最突出的特点,SDH 自愈网的提出主要有以下 3 方面的原因。

1) 光纤传输网络的发展

光纤通信容量大、损耗低、信号质量高,目前已得到大量应用。但一条光纤的切断将会影响大量的业务,因此采用先进的网络保护和恢复技术是光纤网广泛发展的前提之一。

2) 智能网元的出现

由数字交叉连接系统(DXC)和分插复用器(ADM)等设备构成的网络节点,能够灵活地配置网络资源,建立迂回路由,绕过失效的部件。

3) SDH 标准的制定

SDH 帧结构中定义了丰富的开销字节,可用于网络的 OAM 操作,即利用 SDH 开销中的嵌入控制信道或某些用途未定的字节来传送自愈消息;另一方面,这些开销为形成分布式控制的自愈网提供了可能。

SDH 的网络管理系统的管理功能分为 5 个部分:配置管理、故障管理、性能管理、计费管理和安全管理。其中故障管理又可分为故障检测、故障定位和故障恢复 3 个部分。而故障恢复分为人工和自动两个部分,自愈即是其中的自动故障恢复。不过要指出的是,自愈网的概念只涉及建立迂回路由、重新建立通信,而不管具体失效元部件的修复或更换,后者仍需人工干预才能完成,因此说通信网络的自愈实质是对业务的自愈。

(3) 自愈网的种类

根据网络备用资源的使用方法和节点控制逻辑的复杂性的不同,自愈网技术可分为"保护"型和"恢复"型两大类,这一点在前面已经简要介绍过。实际上,保护型自愈要求在节点之间预先提供固定数量的、用于保护的容量配置,以构成备用路由。当工作路由失效时,业务量将从工作路由迅速倒换到备用路由。恢复型自愈所需的备用容量较小,网络中并不预先建立备用路由。当发生故障时,节点在网络管理系统的指挥下或自发利用网络中仍能正常运转的空闲信道建立迂回路由,恢复受影响的业务。

保护型自愈网对备用容量的要求很高,在正常工作时,备用容量无法在网络大范围内共享,也不能挪作他用,网络资源的利用率也较低,换取的是快速的反应时间和简单的逻辑控制。

恢复型自愈网中,可以利用节点间的任何可用容量,当主用通道失效时,网络可以利用算法为业务重新选择路由,因而资源的利用率很高,但自愈算法较为复杂,恢复时间比较长,通常需要几秒至几分钟,或更长时间。

要理解自愈技术,首先要明确在采用设备情况下如何界定再生段、复用段和通道。图 8.18 给出了再生段、复用段和通道的基本位置,以及网元设备的配置。

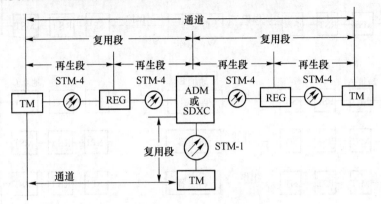

图 8.18　再生段、复用段和通道示意图

线路保护倒换、ADM 自愈环和 DXC 网状自愈网是当前广泛研究的 3 种自愈技术。其中,线路保护倒换和 ADM 自愈环采用的是保护型策略,其技术比较成熟,并已得到了广泛的应用;DXC 网状自愈网采用的是恢复型策略,它充分开发 DXC 节点的智能,利用网络内的空闲信道恢复受故障影响的通道。下面逐一介绍每一种方法的原理与应用。

2. 线路保护倒换的原理与应用

线路保护倒换是最简单的自愈网形式,基本原理是:当出现故障时,由工作通道倒换到保护通道,使业务得以继续传送。线路保护倒换的特点是:业务恢复时间短(小于50 ms),但若工作段和保护段属同缆复用,则有可能导致工作光纤(主用)和保护光纤(备用)同时因意外故障而被切断,此时可采用地理上的路由保护来解决,这种方式称为分路由的 APS 结构(APS/DP),即工作光纤和保护光纤在不同路由的光缆中,因此这种结构可以对光缆断裂提供保护。APS/DP 可以分为 1:N/DP 和 1:1/DP 两种结构,其 APS 规约与常规 APS 相同。线路保护倒换的成本较高,因而主要适用于有稳定大业务量的点到点的应用场合。下面分析线路保护(复用段保护 MSP)的基本原理。

(1) 1+1 方式

如图 8.19(a)所示,1+1 方式采用并发优收,即工作段和保护段在发送端永久地连在一起(桥接),而在接收端根据故障情况择优选择接收性能良好的信号。图 8.19 中的 MSA 为复用段适配,MST 为复用段终端,RST 为再生段终端,SPI 为 SDH 物理接口。

(2) 1:N 方式

如图 8.19(b)所示,保护段(1 个)由 N 个工作段共用,当其中任意一个出现故障时,均可倒至保护段(利用 APS 协议)。其中 1:1 方式是 1:N 方式的一个特例。

(3) 双局汇接

线路保护倒换结构对节点失效时的业务保护无能为力,但在接入网等具有典型汇接特点的网络中,对汇接节点的保护又尤为重要。此时可采用双局汇接的方式,即将需要保护的业务分成两部分,分别送到两个汇接局进行汇接,这样,即使其中之一的汇接节点发生失效,网络中仍然有部分业务保留(优先级较高的业务)。

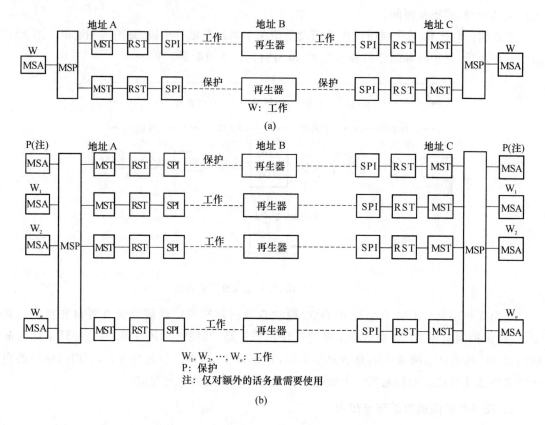

图 8.19　线路保护倒换

3. ADM 自愈环的原理与应用

所谓自愈环(SHR),一般是指采用分插复用器(ADM)组成环型网实现自愈的一种保护方式(见图 8.20)。按自愈环结构分类,有通道保护环和复用段保护环;按光纤数量分类,有二纤环和四纤环;按接收和发送信号的传输方向分类,有单向环和双向环。

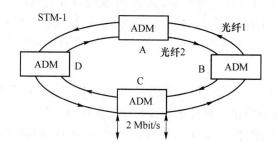

图 8.20　ADM 自愈环

对于通道保护环,它保护的单位是通道(对 STM-1 为 VC-12,对 STM-4 为 VC-12 或 VC-4,对 STM-16 为 VC-4),倒换与否以离开环的每一个通道信号质量的优劣而定,一般利用告警指示信号(AIS)来决定是否应进行倒换。这种环属专用保护,保护时隙为整个环专用,在正常情况下,保护段往往也传业务信号。

对于复用段保护环,业务量的保护是以复用段为基础的,倒换与否按每一对节点间复用段信号质量的优劣而定。当复用段出故障时,整个节点间的复用段业务信号都转向保护段。复用段保护环需要采用自动保护倒换(APS)协议,从性质上来看,多属于共享保护,即保护时隙由每一个复用段共享,正常情况下,保护段往往是空闲的。复用段保护环也有采用专用保护方式的,但目前用得很少。

自愈环具有良好的生存性和很短的恢复时间,但容易受到业务增长的影响,因此主要用于业务增长率比较稳定,增长速度比较缓慢的场合。

下面介绍目前常用的 4 种自愈环结构。

(1) 二纤单向通道保护环

二纤单向通道保护环(Two-fiber Unidirectional Path Protection Rings)采用 2 根光纤实现,其中一根用于传业务信号,称 W1 光纤;另一根用于保护,称 P1 光纤(见图8.21)。基本原理采用 1+1 的保护方式(首端桥接,末端倒换),即利用 W1 光纤和 P1 光纤同时携带业务信号并分别沿两个方向传输,但接收端只择优选取其中的一路。

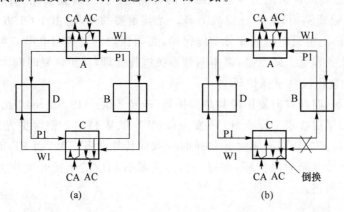

图 8.21　二纤单向通道保护环

例如,节点 A 至节点 C 进行通信(AC)。首先将要传送的支路信号同时馈入 W1 和 P1,其中 W1 沿顺时针方向将该业务信号送到 C,而 P1 沿逆时针方向将同样的信号作为保护信号也送到 C,接收节点 C 同时收到两个方向的支路信号,按其优劣决定选取其中一路作为接收信号。正常情况下,W1 中为主信号,因此在节点 C 先接收来自 W1 的信号。节点 C 至节点 A 的通信(CA)同理。

若 BC 节点间光缆中的这两根光纤同时被切断,则来自 W1 的 AC 信号丢失,按接收时择优选取的准则,在节点 C 将通过开关转向接收来自 P1 的信号,从而使 AC 业务信号得以维持,不会丢失。故障排除后,开关通常返回原来位置。

另外,从实现功能上看,此种保护属子网连接保护类型;从容量上看,环的业务容量等于所有进入环的业务量的总和,即节点处 ADM 的容量为 STM-N。

(2) 二纤双向通道保护环

二纤双向通道保护环(Two-Fiber Bidirectional Path Protection Rings)仍采用 2 根光纤,并可分为 1+1 和 1:1 两种方式,其中 1+1 方式与单向通道保护环基本相同(并发优收),只是返回信号沿相反方向(双向)而已。其主要优点是可利用相关设备在无保护环或将同样ADM 设备应用于线性场合下具有通道再利用的功能,从而增加总的分插业务量。

图 8.22 表示出了采用 1+1 方式的二纤双向通道保护环的结构,从图中不难分析出,正常情况下和光缆断裂情况下业务信号的传输与保护。

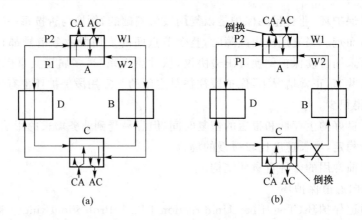

图 8.22　二纤双向通道保护环

二纤双向通道保护也可采用 1：1 方式,即在保护通道中可传送额外业务量,只在故障出现时,才从工作通道转向保护通道。这种结构的特点是:虽然需要采用 APS 协议,但可传送额外业务量,可选较短路由,易于查找故障等。尤其重要的是,它由 1：1 方式进一步演变成 $M：N$ 方式,由用户决定只对哪些业务实施保护,无须保护的通道可在节点间重新启用,从而大大提高了可用业务容量。缺点是:需由网管系统进行管理,保护恢复时间大大增加。

(3) 四纤双向复用段共享保护环

如图 8.23 所示,四纤双向复用段共享保护环(Four-fiber MS Shared Protection Rings)在每个区段(节点间)采用 2 根工作光纤(一发一收,W1 和 W2)和 2 根保护光纤(一发一收,P1 和 P2),其中 W1 和 W2 分别沿顺时针和逆时针双向传输业务信号,而 P1 和 P2 分别形成对 W1 和 W2 的两个反方向的保护环,在每一节点上都有相应的倒换开关作为保护倒换之用。它的自愈原理如下所述。

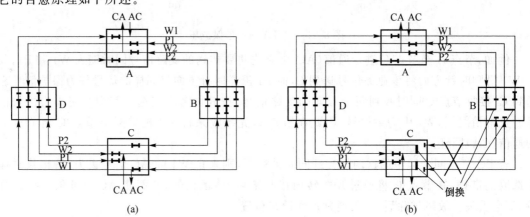

图 8.23　四纤双向复用段共享保护环

正常情况下,节点 A 至节点 C 的信号(AC)沿 W1 顺时针传至节点 C,节点 C 至节点 A 的信号(CA)沿 W2 逆时针传至节点 A,P1 和 P2 中空闲。

当 BC 节点间光缆中的这两根光纤全部被切断时,利用 APS 协议,在 B 和 C 节点中各有两个倒换开关执行环回功能,维持环的连续性,即在 B 节点,W1 和 P1 沟通,W2 和 P2 沟通。C 节点也完成类似功能。其他节点则确保光纤 P1 和 P2 上传送的业务信号在本节点完成正常的桥接功能。从图 8.23 所示的信号走向,不难分析出维持信号继续传输的道理。当故障排除后,倒换开关通常返回原来位置。

四纤双向复用段共享保护环具有两种功能:其一是环倒换,即当环倒换时,受影响区段的业务量,由环的长通道的保护通道来传送;其二是区段倒换,它是一种类似于 1∶1 线性 APS 的保护机制,仅用于四纤环。其工作和保护通路不在同一根光纤中传输,失效只影响工作通路。当区段倒换时,工作业务量由该失效区段的保护通路来传送,但两者同时发生时,支持优先级高的。多个区段倒换可以在一个环内同时存在,对每一个区段倒换而言,仅占用了一个区段的保护通路。对多个失效的情况(这些仅影响一个区段的工作通路,如仅是工作通路的电气故障和光缆切断),可以用区段倒换来得到完全保护。

(4) 二纤双向复用段共享保护环

二纤双向复用段共享保护环(Two-Fiber MS Shared Protection Rings)采用了时隙交换(TSI)技术,如图 8.24 所示。在一根光纤中同时载有工作通路 W1 和保护通路 P2,在另一根光纤中同时载有工作通路 W2 和保护通路 P1。

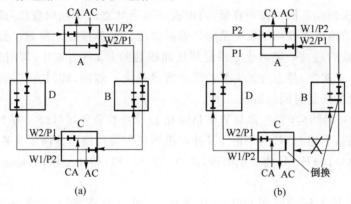

图 8.24　二纤双向复用段共享保护环

每条光纤上的一半通路规定载送工作通路(W),另一半通路载送保护通路(P),在一条光纤的工作通路(S1),由沿环的相反方向的另一条光纤上的保护通路(P1)来保护;反之亦然。

对于传送 STM-N 的二纤双向复用段共享保护环,实现时是利用 W1/P2 光纤中的一半 AU-4 时隙(如从时隙 1 到 $N/2$)传送业务信号,而另一半时隙(从时隙 $N/2+1$ 到 N)留给保护信号。另一根光纤 W2/P1 也同样处理。也就是说,编号为 m 的 AU-4 工作通路由对应的保护通路在相反方向的第 $N/2+m$ 个 AU-4 来保护。

当光纤断裂时,可通过节点 B 的开关倒换,将 W1/P2 光纤上的业务信号时隙(1 到 $N/2$)移到 W2/P1 光纤上的保护信号时隙($N/2+1$ 到 N);通过节点 C 的开关倒换,将 W2/P1 光纤上的业务信号时隙(1 到 $N/2$)移到 W1/P2 光纤上的保护信号时隙($N/2+1$ 到 N)。于是,图 8.23 所示的四纤环可简化为图 8.24 所示的二纤环,但容量仅为四纤环的一半。当故障排除后,倒换开关通常返回原来位置。由于在一根光纤中同时支持业务信号和保护信号,因而二纤双向复用段保护环无法采用传统的复用段保护倒换方式。

4. DXC 自愈网的原理与应用

DXC 的拓扑结构主要是网状结构,其原因是网状网中的物理路由有许多条,可节省备用容量的配置,提高资源利用率,实现网络自愈的经济性。然而,利用 DXC 设备建设自愈网的成本很高,主要原因是 DXC 设备价格昂贵,控制系统复杂。但是鉴于目前 DXC 设备的时间性能,网络控制算法复杂的原因,网状自愈网仍然具有很大的吸引力。

① 节省备用资源,尤其是在长途网中,传输线路和再生器的投资往往大于网络节点的投

资,DXC自愈网的经济性优于环型网。

② 网状自愈网能够灵活地支持业务的增长,扩容能力强,网络中备用容量不仅用于自愈目的,而且可在不影响网络生存性的情况下,灵活地支持业务量的增长,从而使网络生存性和提供业务管理能够有效地结合在一起。

③ 即使将来的网状自愈网技术不能使网络自愈满足所有电信业务的时限(因为可能是极为困难),但考虑到在一级干线上的故障要想全面恢复而又要考虑经济性的要求,如果能够在5~10分钟内给予解决,也可以是一种折中的办法了;考虑到有些业务不需要恢复,对较重要的业务给予高的优先级,以确保这些业务在相应的时限内恢复,是比较现实的。

(1) 工作原理

通过选择控制方式、倒换方式和路由表的计算方式可以有不同的自愈网络结构。在预留方式中,网络给被保护业务预先留出一定的资源,路由表是静态的;而在动态方式中,根据网络的当前状态给被保护业务提供保护容量,路由表随网络状态的不同而变化,路由表是动态的;动态和静态方式的路由表在网络发生某种失效需要提供业务恢复之前就已经形成,即时方式的路由表是在失效后通过一定的业务恢复算法而得到的。3种方式中,即时方式需要最少的保护容量,动态方式次之,静态方式需要的保护容量最大。然而,即时方式的业务恢复时间最长,静态方式的业务恢复时间最短。

图8.25给出一种结构,节点A与节点D间有12个单位业务量(12×140/155 Mbit/s),当其间的光缆被切断后,利用DXC的快速交叉连接迅速找到替代路由并恢复业务,即由A→E→D传6个单位,由A→B→E→D传2个单位,由A→B→C→D传4个单位,从而使AD间的业务不至于中断。

另外,利用上述的环型网和DXC保护相结合,可以取长补短,大大增加网络的生存性(见图8.26)。此时,自愈环主要起保护作用,DXC 4/1起环型网间连接和通道调度作用。

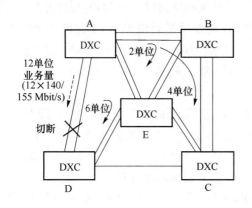

图8.25 利用DXC的保护结构

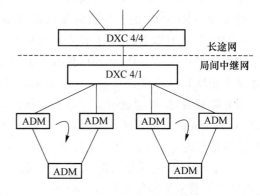

图8.26 混合保护结构

利用DXC设备组网的重要特点,即能够提供良好的网络恢复能力。网络恢复方式通常有两种:区段恢复和通道恢复。区段恢复只对连接中发生故障的段落寻找替代路由,连接的其他部分仍保持原来路由;通道恢复则对整个子网连接寻找替代路由。在基于我国省际干线传输网拓扑结构和容量关系的前提下,要保证100%的恢复率,在区段恢复方式下,需要的备用容量比例约50%;在通道恢复方式下,需要的备用容量比例为20%~30%。另外,区段恢复需要网管有很强的故障定位能力,设备支持逐段的串联连接监视功能。因此,区段恢复方式需要的网络投资大于通道恢复方式,我国省际干线传输网的网络恢复应优选通道恢复方式。

（2）控制算法

有两种 DXC 自愈网控制结构,即集中式控制和分布式控制。

在集中式控制结构中,路由选择主要由控制中心完成,当网络发生某种失效时,各节点将信息传递到控制中心,经过控制中心的计算机处理,找出新的路由表,实现业务恢复。信息的传递和集中处理都需要较长的时间,因此集中控制方式的业务恢复时间很长。在分布式结构中,当网络发生某种失效时,智能的 DXC 间互相交换信息,寻找失效业务的替代路由,从而实现链路恢复或通道恢复。集中式算法较为简单,但由于在网络发生故障时,集中式算法需要解决的控制问题是多业务流问题,在网络较大时,工作量很大,导致确定路由的时间较长,因此仅适用于较小的网络,而较有前途的是分布式算法。

分布式控制无须网管系统的干预,各 DXC 节点具有智能性,它们协同操作恢复被破坏的通道。为了在各节点之间互通信息,通常采用网络溢满技术。一个典型的"前向溢满、后向预占"三次握手的分布式自愈算法的原理可简述如下：在网络发生故障时,发起自愈操作的源节点（SENDER）将向所有邻接的节点发出一种求助消息（HELPMESG）,用于探查网络内空闲容量的分布情况。该类消息在遇到的每一个节点的所有分支上进一步溢满,直至到达与 SENDER 配合执行自愈操作的宿节点（一般为故障段的另一侧,称为 CHOOSER）。CHOOSER 每收到一条求助消息,将对消息沿途搜索到的空闲容量进行确认,并生成一条对应的预占消息,沿求助消息来的路由返回。在返回过程中,预占消息将沿途预占一定数量的空闲通道。最后,SENDER 生成一条对应的交叉连接消息,沿预占的路由传向 CHOOSER 方向,通知路由上的各个中间节点把先前预占的空闲信道转为占用状态,执行有关的交叉连接操作,从而在 SENDER 和 CHOOSER 之间建立若干个替换通道,用以恢复 SENDER 与 CHOOSER 间的被故障中断的通道。

分布式控制自愈算法必须对控制响应消息以及路由算法都实现标准化,所有的节点都有同样的智能,并且要维护一个本地的数据库,才有可能实现分布式控制算法;另外,DXC 执行交叉连接的速度也是重要的,这对实现快速自愈操作是非常重要的;除此之外,如果能够在早期就确定备用路由,对提高自愈速度也是很有帮助的,这要求每个节点都有全网的信息（通道层上的信息）,即要求网元随时传达关于网络的信息。

5. 自愈网的性能比较

前面主要讨论了线路保护倒换、ADM 自愈环和 DXC 自愈网,下面就应用情况作一个简单比较。

① 简单的线路保护倒换方式配置容易,网络管理简单,恢复时间很短（50 ms）。但成本较高,一般用于保护比较重要的光缆连接（1+1 方式）或两点间有较稳定的大业务量的情况。

② 自愈环具有很高的生存性,网络恢复时间也较短（50 ms）,并具有良好的业务量疏导能力。但它的网络规划较难实现,很难预测今后的发展,一般适用于接入网和中继网。在用户接入网部分,适于采用通道保护环;而在中继网上,则一般采用双向复用段保护环。至于二纤或四纤方式的选择则取决于容量要求和经济性考虑的综合比较。

③ DXC 的保护方式也具有很高的生存性,并且使用灵活方便,也便于规划和设计。但网络恢复时间较长,有可能会造成一些重要数据的丢失。因而 DXC 保护最适合于高度互连的网孔型拓扑,在长途网上应用较多。另外,利用 DXC 将多个环型网互连也是现在应用较多的一种方式。

8.3　传送网主要性能指标

为了保证正常通信,必须对传送网中的通信系统性能提出具体、合理的指标要求。对于模拟通信系统与网络,主要采用信噪比等性能指标表示系统的性能;对于数字通信系统与网络,其主要的性能指标有误码特性、抖动特性、可靠性与可用性,以及速率、距离、时延、漂移等。

8.3.1　误码特性

误码特性是衡量数字光纤通信系统性能的重要指标之一,它反映了数字信息在传输过程中某些比特发生了差错,使信息传输质量受到的损伤程度。

误码率(误比特率)的基本定义是数字信息在传输过程中发生差错的概率,在实际测量中,一般是指传输码流中出现错误的码元数与传输总码元数之比(在一个较长的时间间隔内),即

$$\text{误码率(BER)} = \frac{\text{出现差错码元数}(m)}{\text{传输码流的总码元数}(n)} \tag{8-8}$$

式(8-8)只有在 n 足够大时才比较准确。因此在实际中,观察误码的时间不能太短,否则测试结果并不能反映真实情况。

对于 SDH 网络中高比特率通道的误码性能,为了衡量误码对通信的实际影响,采用了"块"的概念。所谓"块",是指通道中传送的连续比特的集合,每个比特属于且仅属于一个块;连续比特在时间上有可能不连续。对 STM-N 而言,开销中的 BIP-n 即属于单个监视块。当块内的任意比特发生差错时,就称该块是误块(EB),有时也称为差错块。涉及的主要性能参数有:误块秒比(ESR)、严重误块秒比(SESR)和背景误块比(BBER)。

(1) 误块秒比

当某 1 秒具有 1 个或多个误块时,就称该秒为误块秒(ES)。对一个确定的测试时间而言,在可用时间以内出现的 ES 数与总秒数之比称为误块秒比。

(2) 严重误块秒比

当 1 秒内包含不少于 30% 的误块或者至少出现一种缺陷时,就认为该秒为严重误块秒(SES),严重误块秒是误块秒的子集。对一个确定的测试时间而言,在可用时间以内出现的 SES 数与总秒数之比称为严重误块秒比。

(3) 背景误块比

扣除不可用时间和 SES 期间出现的误块以后所剩下的误块称为背景误块(BBE)。对一个确定的测试时间而言,在可用时间以内出现的 BBE 数与扣除不可用时间和 SES 期间所有块数后的总块数之比称为背景误块比。

以上 3 种参数各有特点,ESR 适于度量零星误码,SESR 适于度量很大的突发性误码,而BBER 则大体上反映了系统的背景误码。

8.3.2　抖动特性

抖动是数字信号传输过程中的一种瞬时不稳定现象,它的定义是:数字信号的各有效瞬间对于标准时间位置的偏差。偏差的时间范围称为抖动幅度,偏差的时间间隔对时间的变化率

称为抖动频率。

抖动包括两个方面:一是输入信号脉冲在某一平均位置的左右变化;二是提取的时钟信号在中心位置上的左右变化,这种抖动相当于进行了数字信号的相位调制。在数字通信系统中,一般将 10 Hz 以下的长期相位变化称为漂移,而 10 Hz 以上的相位变化称为抖动。当抖动严重时,对通信的影响是:造成接收机由于脉冲移位而引起误码。系统的传输速率越高,抖动的影响越大。

产生抖动的主要原因是随机噪声、时钟提取回路中调谐电路的谐振频率偏移、接收机的码间干扰等。在多中继长途通信中,抖动具有累计性。抖动在数字传输系统中最终表现为数字端机解调后的噪声,使信噪比恶化、灵敏度降低。

控制或抑制抖动的方法主要有两种:第一种方法是对数字信号采用合适的线路编码,使"0""1"码的分布比较均匀;第二种方法是采用"缓冲存储器"和再定时技术,利用跟踪滤波器或模拟锁相环路的功能,抑制信号的抖动。

抖动的单位是 UI,它表示单位:时隙。当传输信号是 NRZ 码时,1 UI 就是 1 比特信息所占用的时间,它在数值上等于传输速率的倒数。

由于抖动难以完全消除,为了保证整个系统的正常工作,需要提出一些系统允许的最大抖动指标,作为对抖动的限制条件。

抖动的性能参数主要有:输入抖动容限、输出抖动、抖动转移特性等。输入抖动容限是指误码率符合要求的情况下,系统所允许的输入信号码流中的最大抖动;输出抖动是指当系统无输入抖动时,系统输出口的信号抖动特性;抖动转移特性定义为系统输出信号的抖动与输入信号中具有对应频率的抖动之比。

对于 SDH 通信系统,抖动性能参数还有输出口的映射抖动和组合抖动。这两个参数分别限制映射复用过程中由于比特塞入调整或指针调整过程中引起的数字信号的抖动。

8.3.3　可靠性与可用性

为了保证系统的有效性和良好的可维护性,在系统设计时,应首先明确系统总的可靠性和可用性指标,从而对各个部分的可靠性和可用性提出要求;或者在已知各部分的可靠性与可用性要求时,估算系统总的可靠性与可用性是否达到要求。

(1) 可靠性

可靠性(R)是指产品在规定的条件下和时间内,完成规定功能的能力,常用故障率(λ)来表示,即

$$R = e^{-\lambda} \tag{8-9}$$

式中 λ 表示产品在单位时间里发生失效的概率,常用 10^{-9}/h 作为基准单位,称为菲特(fit),即在 10^9 h 内出现一次故障的可能性。

(2) 可用性

可用性(A)是指产品在规定的条件下和时间内处于良好工作状态的概率,其表示式为

$$A = \frac{可用时间}{可用时间 + 不可用时间} \times 100\% \tag{8-10}$$

对于一个单向通道而言,当接收端检测到 10 个连续的 SES 事件时,不可用时间开始,这10 秒算作不可用时间的部分。当接收端检测到 10 个连续的非 SES 事件时,一个新的可用时间期开始,这 10 秒算作可用时间的部分。在不可用时间期间,用作性能评估的性能事件数的

统计应被禁止。误码性能参数的评价只有在通道处于可用状态时才有意义。

对于一个双向通道而言,只要两个方向中有一个方向处于不可用,该双向通道即为不可用。在不可用期间,两个方向用作性能评估的性能事件数的统计都应被禁止。

在实际工程中,往往采用式(8-11)作为可用性的评价:

$$A = \frac{\text{MTBF}}{\text{MTBF} + \text{MTTR}} \tag{8-11}$$

式(8-11)中,MTBF 称为平均故障间隔时间,指相邻两次故障的间隔时间;MTTR 称为平均故障修复时间,指每次排除故障所需的平均时间。

影响系统的可靠性与可用性的因素很多,主要有:设备性能恶化或故障,传输链路性能恶化或故障,干扰、环境和基础设施的影响,人为事故与维护修复时间等。

本 章 小 结

传送网是指在不同地点的各点之间完成转移信息的传递功能的一种网络,是网络逻辑功能的集合。为了便于网络的设计和管理,一般采用网络的分层结构,传送网可分成3个子层:电路层、通道层和传输媒质层。其中,通道层和传输媒质合在一起称为传送层,而传输媒质层又细分为段层和物理层。

SDH 传送网是一种将复接、线路传输及交换功能融为一体,并由统一网管系统操作的综合信息传送网络,可实现诸如网络的有效管理、开通业务时的性能监视、动态网络维护、不同供应厂商设备之间的互通等多项功能。它大大提高了网络资源利用率,并显著降低了管理和维护费用,实现了灵活、可靠和高效的网络运行与维护,因而在现代信息传送网络中占据重要地位。

习 题

1. 简述 PDH 面对现代信息传输所存在的主要问题。

2. 什么是 SDH? 简述其主要特点。

3. SDH 的帧结构由哪几部分组成? 各部分的作用是什么?

4. 目前使用的 SDH 信号的速率等级是如何规定的?

5. 简述 SDH 中的 SOH 各字节的功能。

6. 简述 SDH 中 BIP 误码监测方法的基本原理。

7. SDH 复接结构中各复用单元的含义是什么?

8. 139 264 kbit/s 信号是如何映射入 STM-N 中去的?

9. AU-4 的指针值是如何规定的,其进行指针调整操作的步骤和规定是什么?

10. SDH 网络有哪几种拓扑结构,各有什么特点?

11. 什么是自愈网?

12. 自愈环常见的有哪几种,各有什么特点,分别适用于什么场合?

13. 自愈环间的互连通常有哪些方案,各有什么特点?

14. 什么叫网络保护和网络恢复?

15. 网络恢复有哪些形式,各有什么特点?

16. 如何做好 SDH 的网络规划?

17. 在 SDH 光纤环型网中,当出现光纤断裂故障或节点失效时,不同光纤环实现自愈的基本原理是什么?

18. 举例说明如何分析和测量误码、抖动和可用性等性能指标。

第9章 光纤通信技术

传送网的具体实现技术主要包括有线通信技术和无线通信技术两大类,有线通信的典型代表是光纤通信,无线通信的典型代表是移动通信、微波通信和卫星通信。本章主要讲述光纤通信系统中光纤的基本理论和概念,半导体光源、半导体光检测器、光调制器和光放大器的基本原理和特性,光发送机和光接收机的组成和原理,光纤通信系统的构成和光纤通信系统中的关键技术以及光纤通信新技术。

9.1 光纤通信概述

9.1.1 电磁波谱

信息的传输是以电磁波为媒介进行的。电磁波的波谱很宽,如图9.1所示。通信所用的

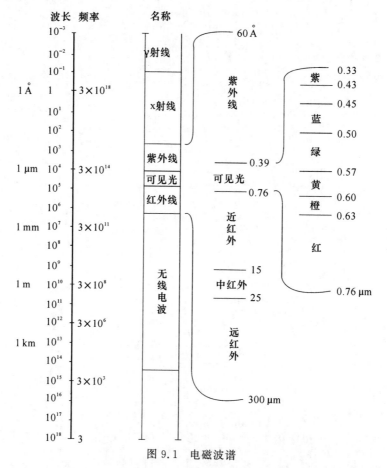

图 9.1 电磁波谱

波段是在波长为千米至微米数量级范围。由于通信的容量与电磁波频率呈正比例增大,所以探索将更高频率的电磁波用于通信技术是人们追求的目标。各种频段电磁波的划分和常用传输媒质如表9.1所示。

表 9.1 电磁波波段划分和常用传输媒质

频段和波段名称		频率范围和波长范围	传输媒质	主要用途
极低频(ELF)极长波		30~3 000 Hz 0.1~1 000 km	有线线对 极长波无线电	潜艇通信、矿井通信
甚低频(TLF)超长波		3~30 kHz 1 000~10 km	有线线对 超长波无线电	潜艇通信、远程导航、远程无线电通信
低频(LF)长波		30~300 kHz 10~1 km	有线线对 长波无线电	中远距离通信、地下通信、无线电导航
中频(MF)中波		0.3~3 MHz 1 000~100 m	同轴电缆 中波无线电	调幅广播、导航、业余无线电
高频(HF)短波		3~30 MHz 100~10 m	同轴电缆 短波无线电	调幅广播、移动通信、军用通信
甚高频(VHF)超短波		30~300 MHz 10~1 m	同轴电缆 超短波无线电	调幅广播、电视、移动通信、电离层散射通信
微波	特高频(UHF)分米波	0.3~3 GHz 10~1 dm	波导 分米波无线电	微波接力、移动通信、空间遥测雷达、电视
	超高频(SHF)厘米波	3~30 GHz 10~1 cm	波导 厘米波无线电	雷达、微波接力、卫星和空间通信
	极高频(EHF)毫米波	30~300 GHz 10~1 mm	波导 毫米波无线电	雷达、微波接力、射电天文
紫外、可见光、红外		105~107 GHz 0.3~3×10⁻⁴ cm	光纤 激光空间传播	光通信

9.1.2 光纤通信系统基本结构与特点

光纤通信是以光波为载波、以光纤(即光导纤维)为传输媒质的通信方式。

光纤通信系统的基本组成如图9.2所示,它包括了电发送、电接收、光源、光检测器、光纤光缆线路几部分。

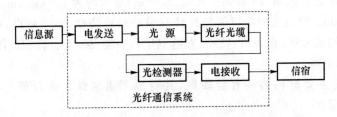

图 9.2 光纤通信系统组成

图9.2给出的是一个单向传输的系统,反向传输的结构是相同的。在发送端,电发送部分

对来自信息源的信号进行处理,如模/数变换、多路复用等,并对光源的光载波进行调制,把电信号转换成光信号,并且耦合到光纤中去,光纤通信系统中的光源有半导体激光器(LD)和发光二极管(LED)两类;光信号通过光纤传输至接收端;在接收端,光检测器对经过光纤传输过来的微弱的光信号进行检测,把光信号转换成电信号,光检测器一般有半导体 PIN 光电二极管和雪崩光电二极管(APD)两类,电信号通过电接收部分对电信号进行放大、整形、再生等处理,恢复成原信号。对于长距离的光纤通信系统,为了补偿光纤线路损耗和色散造成的信号衰减和畸变的影响,每隔一定距离需要接入中继器,其作用是把经过衰减和畸变的光信号放大、整形、再生成一定强度的光信号,送入光纤继续传输,以保证整个系统的通信质量。

光纤通信系统中由于采用了电—光、光—电的变换,可以采用光纤而不是电缆来传输信号。因为光纤的带宽和损耗性能比电缆要优越得多,即光纤的带宽比电缆要宽、损耗比电缆要小,因而光纤通信系统不但可以在长途干线上发挥作用,而且在本地网、接入网等传输网络中得到广泛的应用。

光纤通信系统由于采用了光纤传输信号实现通信,因此,和其他通信系统相比其具有一系列独特的优点,主要如下。

(1) 频带宽,通信容量大

现在单模光纤的带宽可达 5 THz·km 量级,有着极大的传输容量。值得提出的是:光纤具有极宽的潜在带宽。如将光纤的低损耗和低色散区做到 $1.45 \sim 1.65\ \mu m$ 波长范围,则相应的带宽为 25 THz。

(2) 传输损耗低,中继距离长

光纤的传输损耗很低,石英光纤在 $1.55\ \mu m$ 波长处的传输损耗已可以做到 0.2 dB/km,甚至达 0.15 dB/km,这是以往任何传输线都不能与之相比的。损耗低,无中继传输距离就长。一般光纤通信系统的无中继传输距离为几十千米,甚至可达一百多千米,比电缆系统的中继距离大很多。

(3) 抗电磁干扰

大多数光纤是由石英材料制成的,它不怕电磁干扰,也不受外界光的影响。强电、雷电等也不会影响光纤的传输性能,甚至在核辐射的环境中光纤通信也能正常进行,这是电通信所不能比拟的。因此光纤通信在许多特殊环境中得到了广泛的应用。

(4) 光纤通信串话小,保密性强,使用安全

光在光纤中传输时,光波集中在光纤芯子中传输,向外泄漏的光能很小。同一根光缆中的光纤之间不会产生干扰和串话,因而保密性好,使用安全。

(5) 体积小,重量轻,便于敷设

光纤细如发丝。其外径仅为 $125\ \mu m$,套塑后的外径也小于 1 mm,加之光纤材料的比重小,成缆后的重量也轻。例如,18 芯架空光缆(或管道)重量约为 150 kg/km,而 18 管同轴电缆的重量约为 11 t/km。经过表面涂覆的光纤具有很好的可绕性,便于敷设,可架空、直埋或置入管道,可用于陆地或海底,在飞机、轮船、人造卫星和宇宙飞船上也特别适用。

(6) 材料资源丰富

通信用电缆的主要材料为稀有金属铜,其资源严重紧缺。而石英光纤的主体材料是 SiO_2,材料资源丰富。

(7) 系统可靠和易于维护

这主要源于光纤光缆的低损耗特性降低了对中继器或线路放大器的需求。因此,可以使用较少的光中继器或放大器,与传统的传输系统相比,系统的可靠性通常得到提高。此外,光

器件的可靠性已不再是一个问题,一般的器件寿命可以达到 20～30 年。这两个因素使得维护时间和系统的成本得到降低。

光纤通信的这些优点使其成为当今信息领域的重要支柱。光纤通信的发展日新月异、一日千里,新的系统、器件不断涌现,为光纤通信不断注入新的活力,使其在通信领域占据了重要的地位。

9.2　光纤传输原理与特性

9.2.1　光纤的结构和分类

光纤通信中所使用的光纤是截面很小的可绕透明长丝,它在长距离内具有束缚和传输光的作用。

光纤是圆截面介质波导。图 9.3 是光纤的横截面结构图。光纤由纤芯、包层和涂覆层构成。纤芯由高度透明的材料构成;包层的折射率略小于纤芯,从而可以形成光波导效应,使大部分的光被束缚在纤芯中传输;涂覆层的作用是增强光纤的柔韧性。此外为了进一步保护光纤,提高光纤的机械强度,一般在带有涂覆层的光纤外面再套一层热塑性材料,成为套塑层(或二次涂覆层)。在涂覆层和套塑层之间还需填充一些缓冲材料,成为缓冲层(或称垫层)。

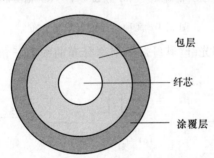

图 9.3　光纤的横截面结构图

目前使用的光纤大多为石英光纤。它以纯净的二氧化硅材料为主,为了改变折射率,中间掺以合适的杂质。掺锗和磷使折射率增加,掺硼和氟使折射率降低。

光纤依据不同的原则可有以下不同的分类方法。

1. 按光纤横截面的折射率分布分类

根据光纤横截面折射率分布的不同,常用光纤可以分成阶跃折射率分布光纤(简称阶跃光纤)和渐变折射率分布光纤(简称渐变光纤)两种类型,其折射率分布如图 9.4 所示。其中图 9.4(a)是光纤的横截面图,其纤芯直径为 $2a$,包层直径为 $2b$。

(1) 阶跃光纤

图 9.4(b)为阶跃光纤横截面的折射率分布,纤芯折射率为 n_1,包层折射率为 n_2。纤芯和包层的折射率都是均匀分布,折射率在纤芯和包层的界面上发生突变。

(2) 渐变光纤

图 9.4(c)为渐变光纤横截面的折射率分布,包层的折射率为 n_2,是均匀的,而在纤芯中折射率则随着纤芯半径的加大而减小,是非均匀且连续变化的。

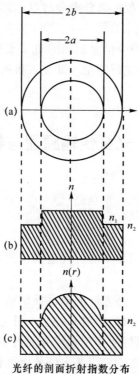

光纤的剖面折射指数分布

(a) 光纤剖面图　　(b) 阶跃光纤　　(c) 渐变光纤

图 9.4　两种光纤的折射率分布

此外,还有三角型折射率光纤(其纤芯折射率分布曲线为三角形)、双包层光纤、四包层光纤等,如图 9.5 所示。

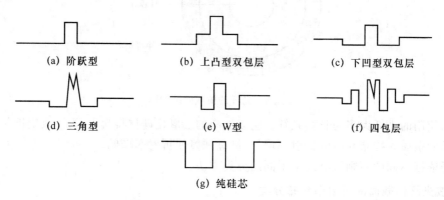

(a) 阶跃型　　　　　　(b) 上凸型双包层　　　　　　(c) 下凹型双包层

(d) 三角型　　　　　　(e) W型　　　　　　(f) 四包层

(g) 纯硅芯

图 9.5　单模光纤的折射率分布形式

2. 按光纤中的传导模式数量分类

光是一种电磁波,它沿光纤传输时可能存在多种不同的电磁场分布形式(即传播模式)。能够在光纤中远距离传输的传播模式称为传导模式。根据传导模式数量的不同,光纤可以分为单模光纤和多模光纤两类。

(1) 单模光纤

光纤中只传输一种模式,即基模(最低阶模式)。单模光纤的纤芯直径极小,范围为 $4\sim10\ \mu m$,包层直径为 $125\ \mu m$。单模光纤适用于长距离、大容量的光纤通信系统。

（2）多模光纤

光纤中传输的模式不止一个，即在光纤中存在多个传导模式。多模光纤的纤芯直径较大，多模光纤的纤芯一般为 $50~\mu m$ 或 $62.5~\mu m$，其横截面的折射率分布为渐变型，包层的外径 $125~\mu m$。多模光纤适用于中距离、中容量的光纤通信系统。

需要指出的是，单模光纤和多模光纤只是一个相对概念。光纤中可以传输的模式数量的多少取决于光纤的工作波长、光纤横截面折射率的分布和结构参数。对于一根确定的光纤，当工作波长大于光纤的截止波长时，光纤只能传输基模，为单模光纤，否则为多模光纤。

3．按光纤构成的原材料分类

（1）石英系光纤

它主要是由高纯度的 SiO_2 并掺有适当的杂质制成，如用 $GeO_2 \cdot SiO_2$ 和 $P_2O_5 \cdot SiO2$ 作芯子，用 $B_2O_3 \cdot SiO_2$ 作包层。目前这种光纤损耗最低、强度和可靠性最高、应用最广泛。

（2）多组分玻璃光纤

例如，用钠玻璃掺有适当杂质制成。这种光纤的损耗较低，但可靠性不高。

（3）塑料包层光纤

光纤的芯子用石英制成，包层是硅树脂。

（4）全塑光纤

光纤的芯子和包层均由塑料制成。其损耗较大，可靠性也不高。

目前光纤通信中主要使用石英光纤。

4．按光纤的套塑层分类

（1）紧套光纤

典型的紧套光纤各层之间都是紧贴的，光纤被套管紧紧箍住，不能在其中松动。在光纤与套管之间放置了一个缓冲层，以减小外面应力对光纤的作用。紧套光纤的结构简单，使用和测试都比较方便。

（2）松套光纤

光纤的护套为松套管，光纤能在其中松动。管内空间填充油膏，以防水分渗入。松套光纤的机械性能、防水性能都比较好，便于成缆。若一根管内放入 $2\sim 20$ 根光纤，可制成光纤束，称为松套光纤束。

9.2.2　光纤的导光原理

光具有波粒二象性，既可以将光看成光波，也可以将光看作是由光子组成的粒子流。因而在分析光纤中光的传输特性时相应地也有两种理论，即射线光学（几何光学）理论和波动光学理论。

射线光学是用光射线代表光能量传输线路来分析问题的方法。这种理论适用于光波长远远小于光波导尺寸的多模光纤，可以得到简单、直观的分析结果。

波动光学是把光纤中的光作为经典电磁场来处理。从波动方程和电磁场的边界条件出发，可以得到全面、正确的解析或数字结果，给出光纤中的场结构形式（即传输模式），从而给出光纤中完善的场的描述形式。它的特点是：能够精确、全面地描述光纤的传输特性，这种理论适合于单模光纤和多模光纤的分析。

1．采用射线光学分析光纤的特性

（1）多模阶跃折射率光纤的射线光学理论分析

在多模阶跃光纤的纤芯中，光按直线传播，在纤芯和包层的界面上光发生反射。由于光纤

中纤芯的折射率 n_1 大于包层的折射率 n_2，所以在芯包界面存在着临界角 φ_c，如图9.6所示。图9.6为阶跃光纤的子午光线，一般将通过光纤轴线的平面称为子午面，把传输中总是位于子午面内的光线称为子午光线。当光线在芯包界面上的入射角 φ 大于 φ_c 时，将产生全反射。若 φ 小于 φ_c，入射光一部分反射，一部分通过界面进入包层，经过多次反射后，光很快衰减掉。所以可以形象地说，阶跃光纤中的传输模式是靠光射线在纤芯和包层的界面上全反射而使能量集中在芯子之中传输。

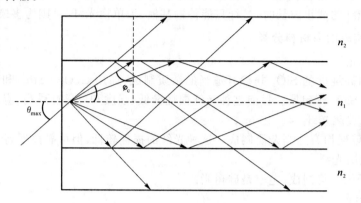

图9.6　阶跃光纤的子午光线

这里首先定义光纤的相对折射率差，这一参数直接影响光纤的性能：

$$\Delta = (n_1^2 - n_2^2)/2n_1^2 \tag{9-1}$$

光纤通信中所用的光纤的 Δ 一般小于1%，所以 Δ 可近似表示为

$$\Delta \approx \frac{(n_1 - n_2)}{n_1} \approx \frac{(n_1 - n_2)}{n_2} \tag{9-2}$$

由光纤中光线在界面的全反射条件，可以推出临界角 φ_c 为

$$\varphi_c = \arcsin \frac{n_2}{n_1} \tag{9-3}$$

那么光在纤芯端面的最大入射角 θ_{max} 应满足

$$\sin \theta_{max} = n_1 \sin(90° - \varphi_c) = \sqrt{n_1^2 - n_2^2}$$

由此可以定义光纤的数值孔径为

$$NA = \sin \theta_{max} = \sqrt{n_1^2 - n_2^2} \approx n_1 \sqrt{2\Delta} \tag{9-4}$$

数值孔径表征了光纤的集光能力。由此看出，n_1、n_2 差别越大，即 Δ 越大，光纤的集光能力越强。通信用光纤的数值孔径是较小的。

在多模阶跃折射率光纤中满足全反射条件、但入射角不同的光线的传输路径是不同的，使不同的光线所携带的能量到达终端的时间不同，即存在着时延差，也即模式色散，从而使传输的脉冲发生了展宽，限制了光纤的传输容量。采用射线光学的分析方法可以计算出多模阶跃折射率光纤中子午光线的最大时延差

$$\Delta\tau_d = \frac{\dfrac{L}{\sin \phi_c} - L}{\dfrac{c}{n_1}} = \frac{Ln_1}{c}\frac{n_1 - n_2}{n_2} \approx \frac{\Delta Ln_1}{c} \tag{9-5}$$

式(9-5)中，L 为光纤长度，c 为光速。时延差限制了多模阶跃折射率光纤的传输带宽。为此，人们研制了渐变折射率光纤。

（2）多模渐变折射率光纤的射线光学理论分析

　　多模渐变折射率光纤纤芯中的折射率是连续变化的。它随纤芯半径 r 的增加按一定规律减小，如图 9.4 所示。采用渐变光纤的目的是减小多模光纤的模式色散。

　　在多模渐变折射率光纤中，相对折射率差定义为

$$\Delta=[n^2(0)-n_2^2]/2n^2(0) \tag{9-6}$$

其中 $n(0)$、n_2 分别是 $r=0$ 处和包层的折射率。

　　在渐变光纤中，由于纤芯的折射率不均匀，光射线的轨迹不再是直线而是曲线。适当选取纤芯的折射率的分布形式，可以使不同入射角的光线有大致相等的光程，从而大大减小多模光纤模式色散的影响。

　　渐变折射率光纤的折射率分布可以表示为

$$n(r)=\begin{cases} n(0) & r=0 \\ n(0)\left[1-2\Delta\left(\dfrac{r}{a}\right)^g\right]^{\frac{1}{2}} & r<a \\ n_2 & r\geqslant a \end{cases} \tag{9-7}$$

式(9-7)中，g 是折射率分布指数，a 是纤芯半径，r 是纤芯中任意一点到轴心的距离。当 $g=\infty$ 时，式(9-7)为阶跃折射率光纤的折射率分布。使群时延差减至最小的最佳折射率分布指数 g 为 2 左右。

　　如图 9.7 所示，渐变光纤中的子午射线，以不同入射角进入纤芯的光射线在光纤中传过同一距离时，靠近光纤轴线的射线所走的路程短，而远离轴线所走的路程长。由于纤芯折射率是渐变的，所以近轴处的光速慢，远轴处的光速快。当折射率分布指数 g 取最佳时，就可以使全部子午射线以同样的轴向速度在光纤中传输。分析指出如果光纤的折射率分布采取双曲正割函数的分布，所有的子午射线具有完善的自聚焦性质，即从光纤端面入射的子午光线经过适当的距离会重新汇聚到一点，这些光线具有相同的时延。纤芯折射率分布为

$$n(r)=n(0)\operatorname{sech}(ar) \tag{9-8}$$

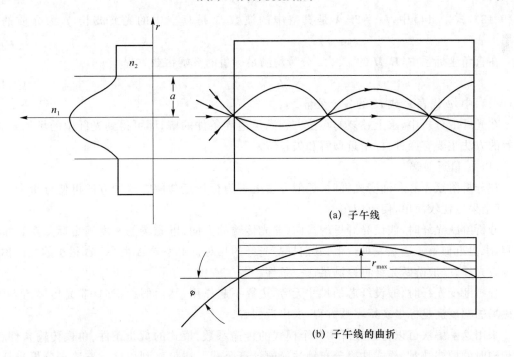

(a) 子午线

(b) 子午线的曲折

图 9.7　渐变光纤中的子午射线

分析渐变光纤中的光线传输轨迹时,采用射线方程,可以由已知的折射率分布和初始条件求出光线的轨迹。射线方程为

$$\frac{\mathrm{d}}{\mathrm{d}s}\left(n\,\frac{\mathrm{d}\vec{r}}{\mathrm{d}s}\right)=\nabla n \qquad (9\text{-}9)$$

式(9-9)中,$\vec{r}$ 是轨迹上某一点的位置矢量,s 为射线的传输轨迹,$\mathrm{d}s$ 是沿轨迹的距离单元,∇n 为折射率的梯度。

由于渐变光纤纤芯折射率是变化的,所以纤芯端面上不同点的集光能力不同,因此在渐变光纤中引入本地数值孔径的概念,它是指光纤端面上某一点的数值孔径,表征了渐变光纤端面上某一点的集光能力的大小。其表达式为

$$\mathrm{NA}(r)=\sqrt{n^2(r)-n_2^2} \qquad (9\text{-}10)$$

本地数值孔径与该点的折射率有关。该点的折射率越大,本地数值孔径就越大。

2. 采用波动理论分析光纤的特性

光是电磁波,它具有电磁波的通性。因此,光波在光纤中传输的一些基本性质都可以从电磁场的基本方程——麦克斯韦方程组推导出来。一般的求解方法是由麦克斯韦方程组推导出光在均匀介质中的波动方程,经过简化后的波动方程为

$$\nabla^2 \boldsymbol{E}=\mu_0\varepsilon\,\frac{\partial^2 \boldsymbol{E}}{\partial t^2} \qquad (9\text{-}11)$$

$$\nabla^2 \boldsymbol{H}=\mu_0\varepsilon\,\frac{\partial^2 \boldsymbol{H}}{\partial t^2} \qquad (9\text{-}12)$$

式(9-11)、式(9-12)中,μ_0 为光波导介质(或真空)的导磁率,ε 为光波导介质的介电系数。如果电磁场作简谐振荡,由波动方程可以推出均匀介质中的矢量亥姆霍兹方程

$$\nabla^2 \boldsymbol{E}+k_0^2 n^2 \boldsymbol{E}=0 \qquad (9\text{-}13)$$

$$\nabla^2 \boldsymbol{H}+k_0^2 n^2 \boldsymbol{H}=0 \qquad (9\text{-}14)$$

式(9-13)、式(9-14)中,$k_0=2\pi/\lambda$ 是真空中的波数,λ 是真空中的光波波长,n 为介质的折射率。

在直角坐标系中,$\boldsymbol{E}$、$\boldsymbol{H}$ 的 x、y、z 分量均满足标量的亥姆霍兹方程

$$\nabla^2 \psi+k_0^2 n^2 \psi=0 \qquad (9\text{-}15)$$

式(9-15)中,ψ 代表 $\boldsymbol{E}$ 或 $\boldsymbol{H}$ 的各个分量。

在光纤的分析中,求上述亥姆霍兹方程满足边界条件的解,即可得到光纤中的场的解答。求解的方法主要有两种:标量近似解和矢量解。

(1) 标量近似解

在分析阶跃光纤和渐变光纤时,近似方法之一为标量近似解。这种方法可使分析大为简化,其结果也比较简单,便于应用。

分析阶跃光纤时,假设光纤里的横向(非光传输的方向)电磁场的幅度满足标量亥姆霍兹方程,求出近似解。这是一种近似,其前提是光纤的相对折射率差 Δ 很小。Δ 很小的光纤称作弱导波光纤,一般阶跃光纤可以满足这一条件。

分析渐变光纤时,假设纤芯的尺寸无穷,边界不起作用,然后假设横向(非光传输的方向)电磁场的幅度满足标量亥姆霍兹方程,求出近似解。

采用这一解法可以得到光纤中各个模式的传输系数、模式的截止条件、单模传输条件、多模传输时的模式数量、模式功率分布等的简便计算公式。还可以利用这一方法来分析光纤的色散特性。

采用标量近似解得到的光纤中的模式为标量模。

（2）矢量解

矢量解是求满足边界条件的矢量亥姆霍兹方程的解答。矢量解中各个分量在直角坐标系中都满足标量的亥姆霍兹方程。

在分析阶跃光纤时，纤芯和包层的折射率都是均匀的，所以矢量解是严格的分析方法，它可以得到精确的模式及场分布，但是比较复杂。对于渐变光纤，需要作一些近似假设，分析仍然十分复杂，需进行数值计算。

采用矢量解得到的光纤中的模式为矢量模式。

9.2.3 光纤的传输特性

光纤的传输特性主要包括光纤的损耗特性和色散特性，此外还有光纤的非线性效应。

1. 光纤的损耗特性

光波在光纤中传输时，随着传输距离的增加，光功率会不断下降。光纤对光波产生的衰减作用称为光纤的损耗。衡量光纤损耗特性的参数为衰减系数（损耗系数）α，定义为单位长度光纤引起的光功率衰减，其表达式为

$$\alpha(\lambda) = \frac{10}{L} \lg \frac{P_i}{P_o} \tag{9-16}$$

式（9-16）中，$\alpha(\lambda)$ 为在波长 λ 处的衰减系数，单位为 dB/km；P_i 为输入光纤的光功率；P_o 为光纤输出的光功率；L 为光纤的长度。

光纤的损耗特性是光纤的一个很重要的传输参数，它对于评价光纤质量和确定光纤通信系统的中继距离起着决定性的作用。目前光纤在 1.55 μm 处的损耗可以做到 0.2 dB/km 左右，接近光纤损耗的理论极限值。

（1）引起光纤损耗的因素

光纤的损耗因素主要有吸收损耗、散射损耗和其他损耗。这些损耗又可以归纳为本征损耗、制造损耗和附加损耗等。

本征损耗是指光纤材料固有的一种损耗，是无法避免的，它决定了光纤的损耗极限。石英光纤的本征损耗包括光纤的本征吸收和瑞利散射造成的损耗。本征吸收是石英材料本身固有的吸收，包括红外吸收和紫外吸收。红外吸收是由于分子震动引起的，它在 1 500～1 700 nm 波长区对光纤通信有影响；紫外吸收是由于电子跃迁引起的，它在 700～1 100 nm 波长区对光纤通信有影响。瑞利散射是由于光纤折射率在微观上的随机起伏所引起的，这种材料折射率的不均匀性使光波产生散射。瑞利散射在 600～1 600 nm 波段对光纤通信产生影响。

光纤制造损耗是在制造光纤的工艺过程中产生的，主要由光纤中不纯成分的吸收——杂质吸收和光纤的结构缺陷引起。杂质吸收中影响较大的是各种过渡金属离子和 OH⁻ 离子导致的光的损耗。其中 OH⁻ 离子的影响比较大，它的吸收峰分别位于 950 nm、1 240 nm 和 1 390 nm，对光纤通信系统影响较大。随着光纤制造工艺的日趋完善，过渡金属的影响已不显著，最好的工艺已可以使 OH⁻ 离子在 1 390 nm 处的损耗降低到 0.04 dB/km，甚至小到可忽略不计的程度。此外，光纤结构的不完善会带来散射损耗。

附加损耗是在光纤成缆之后出现的损耗，主要是光纤受到弯曲或微弯时，使得光产生了泄漏，造成光损耗。

除上述三类损耗外，在光纤的使用中还会存在连接损耗、耦合损耗，如果光纤中入射光功

率超出某值时还会有非线性效应带来的散射损耗。

（2）光纤的损耗特性曲线——损耗谱

将以上三类损耗相加就可以得到总的损耗，它是一条随波长而变化的曲线，叫作光纤的损耗特性曲线——损耗谱。

图9.8所示为石英光纤的损耗谱曲线。从图中可以看到光纤通信所使用的三个低损耗"窗口"——三个低损耗谷，它们分别是850 nm波段——短波长波段、1 310 nm波段和1 550 nm波段——长波长波段。目前光纤通信系统主要工作在1 310 nm波段和1 550 nm波段，尤其是1 550 nm波段，长距离、大容量的光纤通信系统多工作在这一波段。

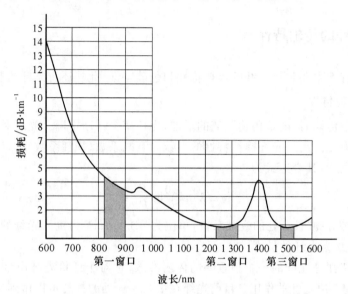

图9.8　石英光纤损耗谱示意图

光纤的损耗谱形象地描绘了衰减系数与波长的关系。从光纤损耗谱可以看出，衰减系数随波长的增大呈降低趋势；损耗的峰值主要与OH^-离子有关。另外，波长大于1 600 nm时损耗增大是由于石英玻璃的吸收损耗和微（或宏）观弯曲损耗引起的。目前光纤的制造工艺可以消除光纤在1 390 nm附近的OH^-离子的吸收峰，使光纤在整个1 300～1 600 nm波段都有很低的损耗。

2. 光纤的色散特性

（1）光纤色散的概念

光纤色散是指由于光纤所传输的信号是由不同频率成分和不同模式成分所携带的，不同频率成分和不同模式成分的传输速度不同，从而导致信号畸变的一种物理现象。在数字光纤通信系统中，色散使光脉冲发生展宽。

光纤的色散现象对光纤通信很不利。对于数字光纤通信系统，当色散严重时，会导致光脉冲前后相互重叠，造成码间干扰，增加误码率。所以光纤的色散不仅影响光纤的传输容量，也限制了光纤通信系统的中继距离。

（2）光纤色散的表示法

光纤的色散可以用不同的方法来表示，常用的有色散系数$D(\lambda)$、最大时延差$\Delta\tau$、光纤的带宽等。

光纤的色散系数$D(\lambda)$定义为单位线宽光源在单位长度光纤上所引起的时延差，单位是

ps/km·nm,其公式为

$$D(\lambda) = \frac{\Delta\tau(\lambda)}{\Delta\lambda} \tag{9-17}$$

式(9-17)中,$\Delta\tau(\lambda)$ 为单位长度光纤上的时延差,单位是 ps/km;$\Delta\lambda$ 是光源的线宽,单位为 nm。

最大时延差 $\Delta\tau$ 描述光纤中速度最快和最慢的光波成分的时延之差。时延差越大,色散就越严重。

光纤带宽是用光纤的频域特性来描述光纤的色散,它是把光纤看作一个具有一定带宽的低通滤波器,光脉冲经过光纤传输后,光波的幅度随着调制的频率增加而减小,直到为零,而脉冲宽度则发生展宽。经理论推导,光纤的带宽和时延差的关系为

$$B = \frac{441}{\Delta\tau} \tag{9-18}$$

式(9-18)中,B 为光纤每千米带宽,单位是 MHz·km;$\Delta\tau$ 是光脉冲传输 1 km 的时延差,单位是 ns/km。

从上述的定义可以看出,色散系数 $D(\lambda)$、最大时延差 $\Delta\tau$、光纤的带宽都是从不同角度反映光纤的同一特性——色散。

（3）光纤色散的种类

根据色散产生的原因,光纤色散的种类主要可以分为模式色散、材料色散和波导色散三种。模式色散是由于信号不是单一模式携带所导致的,又称为模间色散;材料色散和波导色散是由于同一个模式内携带信号的光波频率成分不同所导致的,所以也叫作模内色散。

1）模式色散

在多模光纤中存在许多传输模式,即使在同一波长,不同模式沿光纤轴向的传输速度也不同,到达接收端所用的时间不同,产生了模式色散。

2）材料色散

由于光纤材料的折射率是波长 λ 的非线性函数,从而使光的传输速度随波长的变化而变化,由此而引起的色散叫材料色散。

材料色散主要是由光源的光谱宽度所引起的。由于光纤通信中使用的光源不是单色光,具有一定的光谱宽度,这样不同波长的光波传输速度不同,从而产生时延差,引起脉冲展宽。材料色散引起的脉冲展宽与光源的光谱线宽和材料色散系数成正比,所以在系统使用时尽可能选择光谱线宽窄的光源。石英光纤材料的零色散系数波长在 1 270 nm 附近。

3）波导色散

同一模式的相位常数 β 随波长 λ 而变化,即群速度随波长而变化,从而引起色散,称为波导色散。

波导色散主要是由光源的光谱宽度和光纤的几何结构所引起的。一般波导色散比材料色散小。普通石英光纤在波长 1 310 nm 附近波导色散与材料色散可以相互抵消,使二者总的色散为零,因而普通石英光纤在这一波段是一个低色散区。

在多模光纤中以上三种色散均存在。对于多模阶跃折射率光纤,模式色散占主要地位,其次是材料色散,波导色散比较小,可以忽略不计。对于多模渐变折射率光纤,模式色散较小,波导色散同样可以忽略不计。

对于单模光纤,上述三种色散中只有材料色散和波导色散存在。

此外,在单模光纤中还存在偏振模色散。偏振模色散是由于实际的光纤总是存在一定的不完善性,使得沿着两个不同方向偏振的同一模式的相位常数 β 不同,从而导致这两个模式传

输不同步,形成色散。

偏振模色散通常较小,在速率不高的光纤通信系统中可以忽略不计。对于工作在零色散(材料色散和波导色散之和为零)波长的单模光纤,偏振模色散将成为最后的极限。随着光纤通信系统传输速率的提高,偏振模色散对系统的影响加大,必须很好地控制它,以减少它对系统的限制。

3. 光纤的非线性效应

在高强度电磁场中,任何电介质对光的响应都会变成非线性,光纤也不例外。

在光纤通信系统中,高输出功率的激光器、掺铒光纤放大器和低损耗光纤的使用,使得光纤中的非线性效应愈来愈显著。这是因为光纤中的光场主要束缚于很细的纤芯中,使得场强非常高;低损耗又使得高场强可以维持很长的距离,保证了有效的非线性相互作用所需的相干传输距离。特别是在当今的大容量、长距离光纤通信系统中,光纤中传输的光功率大,使得这一问题尤为突出。

光纤中的非线性效应对于光纤通信系统有正反两方面的作用:一方面可引起传输信号的附加损耗、波分复用系统中信道之间的串话、信号载波的移动等;另一方面又可以被利用来开发如放大器、调制器等器件。

光纤的非线性可以分为两类:受激散射效应和折射率扰动。

(1) 受激散射效应

受激散射效应是光通过光纤介质时,有一部分能量偏离预定的传播方向,且光波的频率发生改变,这种现象称为受激散射效应。受激散射效应有两种形式:受激布里渊散射和受激拉曼散射。这两种散射都可以理解为一个高能量的光子被散射成一个低能量的光子,同时产生一个能量为两个光子能量差的另一个能量子。两种散射的主要区别在于:受激拉曼散射的剩余能量转变为光频声子,而受激布里渊散射的剩余能量转变为声频声子;光纤中的受激布里渊散射只发生在后向,受激拉曼散射主要是前向。受激布里渊散射和受激拉曼散射都使得入射光能量降低,在光纤中形成一种损耗机制。在较低光功率下,这些散射可以忽略。当入射光功率超过一定阈值后,受激散射效应随入射光功率成指数增加。

(2) 折射率扰动

在入射光功率较低的情况下,可以认为石英光纤的折射率与光功率无关。但是在较高光功率下,则应考虑光强度引起的光纤折射率的变化,它们的关系为

$$n = n_0 + n_2 P / A_{eff} \tag{9-19}$$

式(9-19)中,n_0 为线性折射率,n_2 为非线性折射率系数,P 为入射光功率,A_{eff} 为光纤有效面积。

折射率扰动主要引起四种非线性效应:自相位调制(SPM)、交叉相位调制(XPM)、四波混频(FWM)、光孤子形成。

① 自相位调制是指光在光纤内传输时光信号强度随时间的变化对自身相位的作用。它导致光谱展宽,从而影响系统的性能。

② 交叉相位调制是任一波长信号的相位受其他波长信号强度起伏的调制产生的。交叉相位调制不仅与光波自身强度有关,而且与其他同时传输的光波的强度有关,所以交叉相位调制总伴有自相位调制。

交叉相位调制会使信号脉冲谱展宽。

③ 四波混频是指由两个或三个不同波长的光波混合后产生新的光波的现象。其产生原因是某一波长的入射光会改变光纤的折射率,从而在不同频率处发生相位调制,产生新的波长。

四波混频对于密集波分复用(DWDM)光纤通信系统影响较大,称为限制其性能的重要因素。

④ 非线性折射率和色散间的相互作用,可以使光脉冲得以压缩变窄。当光纤中的非线性效应和色散相互平衡时,可以形成光孤子。光孤子脉冲可以在长距离传输过程中,保持形状和脉宽不变。

9.2.4　单模光纤

单模光纤是指在给定的工作波长上只传输单一基模的光纤。由于单模光纤只传输基模,不存在模式色散,因此它具有相当宽的传输带宽,适用于长距离、大容量的光纤通信系统。

1．单模光纤的结构特点

为了保证单模传输,光纤的芯径较小,一般其芯径为 $4\sim10\ \mu m$。

单模光纤纤芯的折射率分布一般要求为均匀分布设计,但是由于光纤制造过程中的某些不完善,纤芯折射率分布实际上是非均匀的。此外,为了制造的合理及改善光纤性能,单模光纤的包层折射率常是变化的。例如,为了降低光纤的损耗和色散,常在纤芯外加一层高纯度、低损耗的内包层。内包层之外是外包层,构成所谓的双包层结构。图 9.5 给出了几种不同的折射率分布形式。

2．单模光纤的特性参数

单模光纤的主要特性参数有折射率分布、衰减系数、色散、截止波长、模场直径等。折射率分布、衰减系数、色散特性前面已经叙述,这里简单介绍截止波长、模场直径两个参数。

(1) 截止波长

单模光纤的截止波长是指光纤的第一个高阶模截止时的波长。只当工作波长大于单模光纤的截止波长时,才能保证光纤工作在单模状态。

(2) 模场直径

单模光纤的模场直径是单模光纤所特有的一个重要参数。

单模光纤中的场并不完全集中在纤芯中,而是有相当部分的能量在包层中传输,所以不能用纤芯的几何尺寸作为单模光纤的特性参数,而是用模场直径作为描述单模光纤中光能集中程度的度量。

模场是光纤中基模的电场在空间的强度分布。模场直径则是描述光纤中光功率沿光纤半径的分布状态,即光纤中光能的集中程度。

3．单模光纤的偏振

所谓单模光纤,实际上传输两个相互正交的基模。在完善的光纤中,这两个模式有相同的相位常数,是互相兼并的。但实际光纤总带有某种程度的不完善,如纤芯的椭圆变形、光纤内部的残余应力等,这些因素使得两正交基模的相位常数不相等。这种现象叫作光纤的双折射。由于双折射,两模式的群速度不同,从而引起偏振色散。

由于双折射的存在,将引起光波的偏振态沿光纤长度发生变化。

4．单模光纤的分类

按照国际电信联盟电信标准化部门 ITU-T 的建议 G.652、G.653、G.654、G.655、G.656、G.657,单模光纤可以分为 6 种:非色散位移单模光纤、色散位移单模光纤、截止波长位移单模光纤、非零色散位移单模光纤、宽带光传输使用的非零色散单模光纤、用于接入网的低弯曲损耗不敏感单模光纤。

G.652 光纤即非色散位移单模光纤,是常规单模光纤。常规单模光纤是最早使用的单模光纤,也是目前使用最广泛的光纤。其性能特点是:在 1 310 nm 波长处的色散为零;在 1 550 nm 波长区具有最小衰减系数,但具有最大色散系数。G.652 光纤又被细分为 A、B、C、D 四个子类。其中 G.652A 光纤适用于 1 530~1 565 nm 波段,能支持 10 Gbit/s 系统传输距离达 400 km,10 Gbit/s 以太网的传输达 40 km,支持 40 Gbit/s 系统的传输距离达 2 km。G.652B 光纤适用于 1 530~1 625 nm 波段,可支持速率 10 Gbit/s 系统传输距离达 3 000 km 以上和 40 Gbit/s 系统传输距离达 80 km。G.652C 光纤,即波长段扩展的非色散位移单模光纤,又称为低水峰光纤或城域网专用光纤,它消除了 1 385 nm 附近 OH 根离子吸收的损耗峰(俗称水峰),使损耗谱平坦,在 1 550 nm 的衰减更低,其总体性能与 G.652A 是类似的,它适用于 1 360~1 530 nm 波段,光纤增加了可用波长范围,使波分复用信道数大为增加,是城域网应用的较佳选择。G.652D 集合了 G.552B 和 G.652C 的优点,即与 G.652B 有相似的属性和应用范围,但衰减性能与 G.652C 相同,并允许使用在 1 360~1 530 nm 波段,具有在未来城域网应用的广阔前景。

G.653 光纤即色散位移单模光纤,是通过改变光纤的结构参数、折射率分布形状来加大波导色散,将零色散点从 1 310 nm 位移到 1 550 nm,实现 1 550 nm 波长区最低损耗和零色散波长一致。这种光纤适合于长距离高速率的单信道光纤通信系统。

G.654 光纤即截止波长位移单模光纤,其零色散波长在 1 310 nm 附近,其截止波长移到了较长波长。光纤在 1 550 nm 波长区域损耗极小,最佳工作范围为 1 500~1 600 nm。光纤抗弯曲性能好,主要用于无中继的海底光纤通信系统。

G.655 光纤即非零色散位移单模光纤,是为适应波分复用(WDM)传输系统设计和制造的光纤。这种光纤是在色散位移单模光纤的基础上通过改变折射率分布的方法使得光纤在 1 550 nm 波长色散不为零,且在 1 530~1 565 nm 波段区具有小的色散(1~6 ps/nm·km),以抑制四波混频等非线性效应,适用于具有光放大、高速率(10 Gbit/s 以上)、大容量、密集波分复用(DWDM)传输系统的应用。G.655 光纤又被细分为 A、B、C 三个子类。其中 G.655A 光纤工作在 1 530~1 565 nm 波段,支持速率 10 Gbit/s 为基础、信道间隔不小于 200 GHz 的 DWDM 系统和 10 Gbit/s 单信道 TDM 系统。G.655B 光纤适用于 1 530~1 625 nm 波段,支持速率 10 Gbit/s 为基础、信道间隔大于等于 200 GHz 的 DWDM 系统,传输距离可达 400 km。G.655C 光纤与 G.655B 光纤属性相类似,但它的偏振模色散比 G.655B 要低,支持信道间隔 100 GHz 及以下的 $N \times 10$ Gbit/s 系统传输 3 000 km 以上或 $N \times 40$ Gbit/s 系统传输 80 km 以上。

宽带光传输使用的非零色散单模光纤,也称为 G.656 光纤,在 1 460~1 625 nm 波段比现有 G.655 光纤具有更大的正色散值,且色散的斜率更低。这种更大的色散值可更有效地抑制 DWDM 系统中的四波混频、交叉相位调制等非线性效应。由于这种光纤超出了现有 G.655 光纤标准规定的波长范围,而且该光纤在 S、C、L 三个波段具有较大的正色散值,所以可以在 S、C、L 三个波段实现波分复用,满足系统发展应用的要求。G.655 光纤既适用于长途骨干网,又适用于城域网,可见这种光纤在未来的光传送网中具有广阔的前景。

用于接入网的低弯曲损耗不敏感单模光纤,也称为 G.657 光纤,具有卓越的抗弯曲性能,使光缆的安装更为便捷,光纤可以像铜缆一样,沿着建筑物内很小的拐角安装。

还有一种很有应用前景的单模光纤——色散补偿单模光纤,它是一种在 1 550 nm 波长区有很大负色散的单模光纤。当它与 G.652 光纤连接使用时,可以抵消几十千米光纤的正色散,可以实现长距离、大容量的传输。

9.3　有源和无源光器件及子系统

光纤通信系统由光纤和相关的光器件构成。光器件可以分为有源器件和无源器件两大类。有源器件如半导体光源、光检测器等,其基本特点是在实现器件功能的过程中发生了光电能量的转换。无源器件的特点是在实现器件的功能过程中,即使有光电信号的介入,也不会发生光电能量的转换。

9.3.1　光发射机

光发射机的主要作用是将电端机送来的电信号变换为光信号,并耦合进光纤中进行传输。光发射机中的光源和光调制器是整个系统的核心器件,它的性能直接关系到光纤通信系统的性能和质量指标。光纤通信系统对于光源的要求可以概括为:

① 光源的发射波长应该与光纤的低损耗窗口一致,即 850 nm、1 310 nm 和 1 550 nm 三个低损耗窗口;

② 光源有足够高的、稳定的输出光功率,以满足系统中继距离的要求,一般数十微瓦至几毫瓦为宜;

③ 光源的光谱线宽要窄,即单色性好,以减小光纤色散对信号传输质量的影响;

④ 调制方法简单,可以实现高速直接调制;

⑤ 电光转换效率要高;

⑥ 能够室温连续工作;

⑦ 体积小、重量轻、寿命长,工作稳定可靠。

目前,满足上述要求的光源器件是半导体激光器(LD)和半导体发光二极管(LED),它们在不同的光纤通信系统中用作光发射机的光源。

在某些情况下,光源的直接调制不能满足使用的需求,必须采用外调制的方法,两种常用的光调制器是电吸收调制器和 LiNbO$_3$ Mach-Zehnder(MZ)调制器。

1. 半导体激光器

半导体光源的核心是 PN 结,它由高掺杂浓度的 P 型半导体材料和 N 型半导体材料组成,其结构如图 9.9 所示。当把电流信号加载到它的两个电极上时,器件会输出光信号,这样激光器就可以实现将电信号转换成相应的光信号。半导体激光器工作的物理机制是受激辐射,它的主要特性如下。

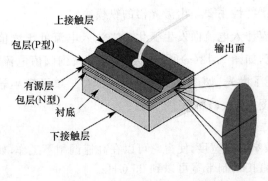

图 9.9　半导体激光器结构图

（1）发射波长

构成半导体激光器的材料决定了激光器的发射波长。光纤通信系统中有 850 nm 波段的短波长、1 310 nm 波段和 1 550 nm 波段三个不同波段的半导体激光器。

（2）P-I 特性

半导体激光器的 P-I 特性是指它的输出功率 P 随注入电流 I 的变化关系。图 9.10 为一半导体激光器的典型 P-I 特性曲线。随着激光器注入电流的增加，其输出光功率增加，但不是呈线性关系。当注入电流低于阈值时，输出功率很小，此时输出光为荧光；当注入电流大于阈值电流后，输出光功率随注入电流的增加而急剧增加，此时输出的光是激光。

（3）温度特性

半导体激光器是对温度敏感的器件，它的输出光功率随温度而变化。图 9.11 为一激光器的 P-I 特性随温度变化的情况。随着温度的升高，器件的阈值电流增大，输出光功率降低，而且输出光的峰值波长会向长波长方向漂移。因此实用化的半导体激光器必须对温度加以控制。

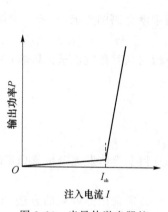

图 9.10　半导体激光器的
典型 P-I 特性曲线

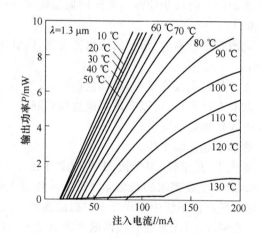

图 9.11　激光器的 P-I 特性随温度变化的情况

（4）模式特性

光纤通信系统要求半导体激光器工作于基横模和单侧模，以提高与光纤的耦合效率。为减小光纤带来的色散，要求激光器单纵模工作，特别是在高速调制下的单纵模运转。

（5）光谱特性

半导体激光器的光谱特性主要是由激光器的纵模决定。

激光器的光谱会随着注入电流而发生变化。当注入电流低于阈值电流时，半导体激光器发出的是荧光，光谱很宽，如图 9.12(a)所示。当电流增大到阈值电流时，光谱突然变窄，光谱中心强度急剧增加，出现了激光，如图 9.12(b)所示。对于单纵模半导体激光器，由于只有一个纵模，其谱线更窄，如图 9.12(c)所示。

（6）激光器的调制特性

半导体激光器具有较窄光谱宽度，使得它可以在高速调制下工作，如大于 40 Gbit/s 的速率。半导体激光器能实现的直接调制带宽可以到 25 GHz。

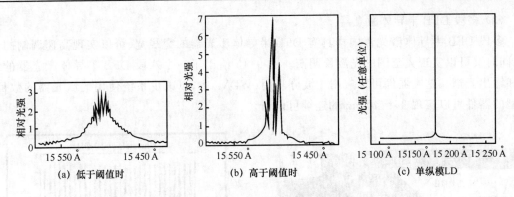

图 9.12　半导体激光器的输出光谱

2. 光纤通信系统中常用的半导体激光器类型

（1）法布里-珀罗腔（FP）半导体激光器

法布里-珀罗腔半导体激光器是最常见、最普通的半导体激光器，它最大的特点是激光器的谐振腔由半导体材料的两个解理面构成。器件的输出光由多个纵模构成，器件的结构示意图和输出光谱如图 9.13 所示，这类半导体激光器也称作多纵模半导体激光器。由于光纤色散的存在，不同的纵模在光纤中的传输速度不同，限制了系统的传输速率，对于 1 550 nm 工作波长，系统的比特率距离积小于 10 Gbit/s·km。

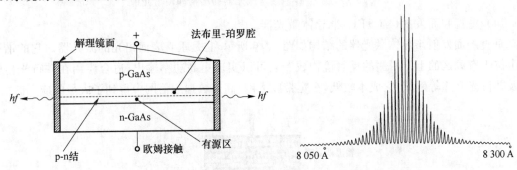

图 9.13　法布里-珀罗腔半导体激光器的结构和输出光谱

（2）分布反馈（DFB）半导体激光器

DFB 激光器的结构如图 9.14 所示。它是在有源区或邻近波导层上刻蚀所需的周期波纹光栅而构成的。DFB 激光器的激光振荡由光栅形成的光耦合来提供，其基本原理是布拉格反射原理。DFB 激光器具有动态单纵模特性好、光谱线宽窄、波长稳定性好、线性度好等优势，是高速光纤通信系统的理想光源，器件可以实现 1 550 nm 波段的 2.5 Gbit/s 及以上速率的直调。

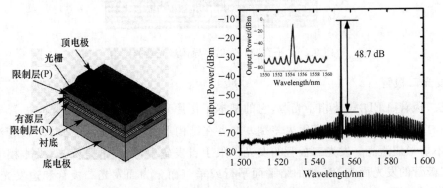

图 9.14　DFB 半导体激光器的结构和输出光谱

（3）多段 DFB 半导体激光器

多段 DFB 半导体激光器同样具有 DFB 半导体激光器的窄线宽、可以实现高速调制的优点，同时又可以实现大范围的光波长调谐。图 9.15 给出了一个八段 DFB 半导体激光器的结构和输出光谱。这类器件可以应用于波分复用（WDM）中，以减少系统使用的激光器的数目，典型的器件可以实现 35～40 nm 的连续可调谐。

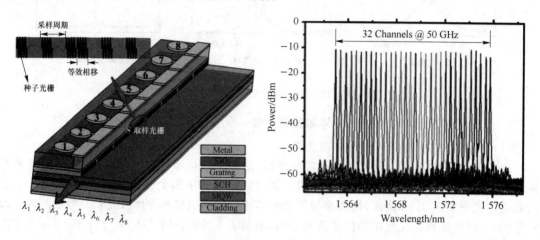

图 9.15　八段 DFB 半导体激光器的结构和输出光谱

（4）垂直腔面发射（VCSEL）半导体激光器

垂直腔面发射半导体激光器的结构如图 9.16 所示，它是垂直表面出光的激光器。它的谐振腔由位于有源区的上下两侧的反射镜构成。它可以实现更高功率输出，适合应用在并行光传输以及并行光互连等领域；它成本较低，在宽带以太网、高速数据通信网中得到了大量的应用。

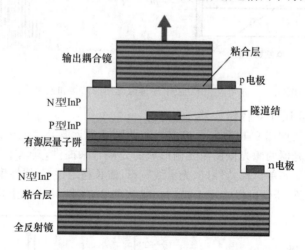

图 9.16　垂直腔面发射半导体激光器的结构

3. 发光二极管

发光二极管（LED）是非相干光源，它的基本工作原理是自发辐射。发光二极管与半导体激光器在材料、异质结构上没有很大差别。二者在结构上的主要差别是：发光二极管没有光学谐振腔，不能形成激光。发光二极管的发光仅限于自发辐射，发出的是荧光，是非相干光。根据发光二极管的发光面与 PN 结的结平面平行或垂直而分为面发光二极管和边发光二极管。它们的结构如图 9.17 所示。

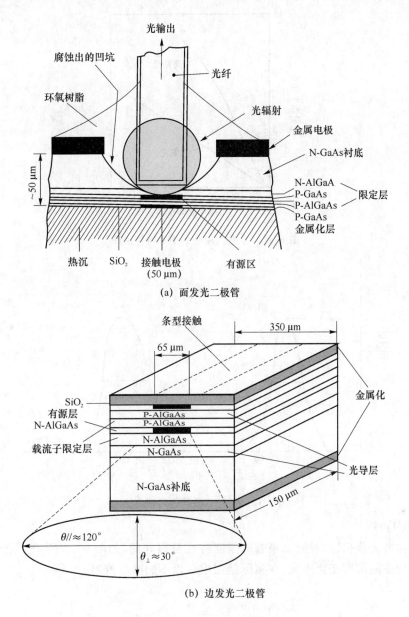

图 9.17　发光二极管的结构

由于发光二极管与半导体激光器在发光机理和结构上存在差异,使得它们在主要性能上存在明显差异。发光二极管的主要特性如下。

(1) P-I 特性

发光二极管的 P-I 特性曲线如图 9.18 所示。发光二极管不存在阈值,输出光功率与注入电流之间呈线性关系,且线性范围较大。当注入电流较大时,由于 PN 结的发热,发光效率降低,出现饱和现象。从图中可以看出,在相同注入电流下,面发光二极管的发射功率比边发光二极管大。

(2) 光谱特性

由于发光二极管输出的是自发辐射光,并且没有光学谐振腔,所以输出光谱要比半导体激光器宽得多,一般有 50～70 nm。图 9.19 给出了发光二极管的输出光谱曲线。

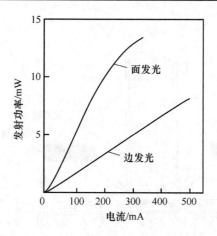

图 9.18　发光二极管的 $P\text{-}I$ 特性曲线

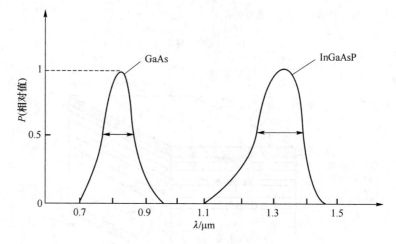

图 9.19　发光二极管的光谱曲线

（3）温度特性

与半导体激光器相比,发光二极管的温度特性是很好的,如图 9.20 所示。由于发光二极管的输出光功率随温度变化不大,在实际使用中可以不加温度控制。

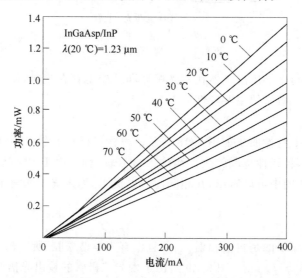

图 9.20　发光二极管的温度特性

（4）远场特性

远场特性是距离器件输出端面一定距离的光束在空间上的分布。发光二极管输出光的发散角较半导体激光器大，因此它与光纤耦合的效率很低，使得出纤光功率很低。

（5）调制特性

发光二极管的调制带宽在几十至几百兆赫兹的范围。

与半导体激光器相比，发光二极管的突出优点是寿命长、可靠性高、调制电路简单、成本低，所以它在一些传输速率不太高、传输距离不太长的系统中得到了广泛的应用。

4. 光调制器

光源的调制分为直接调制（也称作内调制）和间接调制（也称作外调制）两种。直接调制就是将调制信号直接作用加载到光源的驱动电流上，从而使输出光随电信号变化而实现的。由于它是在光源内部进行的，因此又称为内调制。高速发射机常用间接调制的方法，即在激光形成以后加载调制信号。其具体方法是在激光器谐振腔外的光路上放置调制器，在调制器上加调制信号，使调制器的某些物理特性发生相应的变化，当激光通过它时，得到调制。

目前光通信中实用的调制器主要有两种：一种是 M-Z（Mach-Zehnder）波导调制器，另一种是电吸收（EA）调制器。

M-Z 调制器用电光材料制作，如用 LiNbO$_3$ 材料制作的 M-Z 调制器就是一种常用的电光调制器，其基本结构如图 9.21 所示。输入光信号在第一个 3 dB 耦合器处被分成相等的两束，分别进入两波导传输。波导是用电光材料制成的，其折射率随外部施加的电压大小而变化，从而导致两路光信号到达第二个耦合器时相位延迟不同。若两束光的光程差是波长的整数倍，两束光相干加强；若两束光的光程差是波长的 1/2，两束光相干抵消，调制器输出很小。因此，只要控制外加电压，就能对光束进行调制。

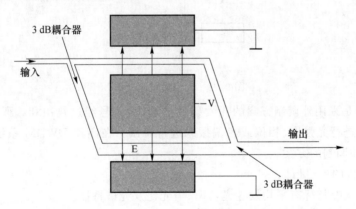

图 9.21　M-Z 调制器结构示意图

EA 调制器是一种损耗调制器，EA 调制器的基本原理是：改变调制器上的偏压，使器件的吸收边界波长发生变化，进而改变光束的通断，实现调制。当调制器无偏压时，光束处于通状态，输出功率最大；随着调制器上的偏压增加，调制器的吸收边移向长波长，原光束波长处吸收系数变大，调制器成为断状态，输出功率最小。

EA 调制器容易与半导体激光器集成在一起，形成体积小、结构紧凑的单片集成器件，而且需要的驱动电压也较低。但它的频率啁啾比 M-Z 调制器要大，不适合传输距离特别长的高速率海缆系统。

5. 光发射机

在光纤通信系统中,要将电端机送来的电信号转变为光信号,即进行 E/O 变换,并送入光纤线路进行传输。

(1) 光发射机的组成

光源的调制分为直接调制(也称作内调制)和间接调制(也称作外调制)两种,因此,光发射机可以分为直接调制和外调制方案两类,如图 9.22 所示。

在直接调制光发射机中,信号经过复用和编码后,通过调制电路将电信号转变为调制电流,以实现对光源的强度调制。

半导体激光器是对温度敏感的器件,它的输出光功率和输出光谱的中心波长随着温度发生变化。因此为了稳定输出功率和波长,光发送机往往加有控制电路,控制电路包括自动功率控制(APC)电路和自动温度控制(ATC)电路。

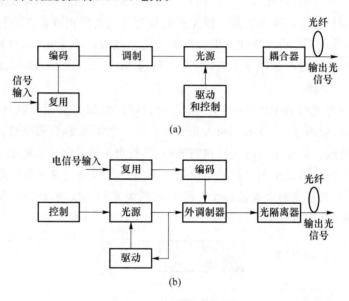

图 9.22　光发射机原理图

图 9.22 (b)是采用外调制方案的光发射机原理图,信号经过复用和编码后,通过外调制器可以对连续光进行光强度、相位或者偏振态进行调制。在高速 DWDM 系统和相干检测系统中,必须采用外调制的方案。

(2) 光发射机的主要指标

光发送机的主要指标有平均发送光功率、消光比及光谱特性。

1) 平均发送光功率

光发送机的平均发送光功率是在正常条件下,光发送机发送光源尾纤输出的平均光功率。平均发送光功率指标应根据整个系统的经济性、稳定性、可维护性以及光纤线路的长短等因素全面考虑,并不是越大越好。

2) 消光比

消光比为全"1"码时的平均发送光功率与全"0"码时的平均发送光功率之比。可用下式表示:

$$EXT = 10 \lg \frac{\text{全"1"码时的平均发送光功率 } P_{11}}{\text{全"0"码时的平均发送光功率 } P_{00}}$$

消光比直接影响光接收机的灵敏度,从提高接收机灵敏度的角度考虑,希望消光比尽可能大,消光比一般应大于 10 dB。

3）光谱特性

对于高速光纤通信系统,光源的光谱特性为制约系统性能的至关重要的参数指标,它影响了系统的色散性能,需要仔细考虑。

9.3.2　光接收机

光接收机的主要作用是将经过光纤传输的微弱光信号转换成电信号,并放大、再生成原发射的信号。光检测器是光接收机中的关键器件,它通过光电效应将光信号转换成电信号,由于从光纤中传输过来的光信号一般是非常微弱且产生了畸变的信号,因此光纤通信系统对光检测器提出了非常高的要求:

① 在系统的工作波长上要有足够高的响应度,即对一定的入射光功率,光检测器能输出尽可能大的光电流;

② 有足够高的响应速度和足够的工作带宽,即对高速光脉冲信号有足够快的响应能力;

③ 产生的附加噪声小;

④ 光电转换线性好,保真度高;

⑤ 工作稳定可靠,工作寿命长;

⑥ 体积小,使用简便。

目前,满足上述要求、适合于光纤通信系统使用的光检测器主要有半导体(PIN)光电二极管、雪崩(APD)光电二极管、金属-半导体-金属(MSM)光探测器等,其中前两种在光纤通信系统中得到了广泛的应用。

1. PIN 光电二极管

半导体光检测器的核心是 PN 结的光电效应,工作在反向偏压下的 PN 结光电二极管是最简单的半导体光检测器。受激吸收是半导体光检测器的基本工作原理。为了得到高量子效率、提高响应速度,光检测器一般采用 PIN 结构。它是在高掺杂 P 型和 N 型半导体材料之间生长一层本征半导体材料或低掺杂半导体

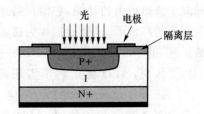

图 9.23　PIN 光电二极管

材料,称为 I 层,高掺杂的 P 区和 N 区非常薄,如图 9.23 所示。这种结构使得光子在本征区内能够被充分吸收,并产生光生载流子,在反向偏压作用下,最终转换成光生电流。它的主要特性如下。

（1）波长响应范围

PIN 光电二极管可以对一定波长范围内的入射光进行光电转换,这一波长范围就是 PIN 光电二极管的波长响应范围。

（2）响应度和量子效率

响应度和量子效率表征了光电二极管的光电转换效率。响应度定义 R 为

$$R = \frac{I_p}{P} \tag{9-20}$$

式（9-20）中,P 为入射到光电二极管上的光功率,单位为 A/W;I_p 为光生电流。

量子效率的定义为

$$\eta=\frac{\text{光电转换产生的有效电子－空穴对数}}{\text{入射的光子数}} \tag{9-21}$$

（3）响应速度

作为光检测器,在光纤通信系统中要能够检测高频调制的光信号,因此响应速度是光电二极管的一个重要参数。响应速度通常用响应时间来表示。响应时间为光电二极管对矩形光脉冲的响应－电脉冲的上升时间或下降时间。

（4）线性饱和

光电二极管的线性饱和是指它有一定的光功率检测范围,当入射功率太强时,光电流和光功率将不成正比,从而产生非线性失真。一般 PIN 光电二极管在入射光功率低于毫瓦量级时,能够保持比较好的线性。

（5）击穿电压和暗电流

无光照射时,PIN 作为一种 PN 结器件,在负偏压下也有反向电流流过,称此电流为 PIN 光电二极管的暗电流。暗电流是光电二极管的重要参数。暗电流主要是由半导体内热效应产生的电子-空穴对形成的。当偏压增大时,暗电流增大。当偏压增大到一定值时,暗电流激增,即发生了反向击穿(即为非破坏性的雪崩击穿,如不能尽快散热,就会变为破坏性的齐纳击穿)。发生反向击穿时的偏压值称为反向击穿电压。

（6）噪声特性

光电二极管的噪声主要是量子噪声、暗电流噪声、漏电流噪声。

2. APD 光电二极管

APD 光电二极管是具有内部增益的光检测器,它可以用来检测微弱光信号并获得较大的输出光电流。雪崩光电二极管能够获得内部增益是基于碰撞电离效应。当 PN 结上加高的反偏压时,本征吸收层的电场很强,光生载流子经过时就会被电场加速,当电场强度足够高时,光生载流子获得很大的动能,它们在高速运动中与半导体晶格碰撞,使晶体中的原子电离,从而激发出新的载流子,这个过程称为碰撞电离。碰撞电离产生的载流子对在强电场作用下同样又被加速,重复前一过程,这样多次碰撞电离的结果使载流子迅速增加,电流也迅速增大,形成雪崩倍增效应,APD 就是利用雪崩倍增效应使光电流得到倍增的高灵敏度的光检测器。图 9.24 为 APD 拉通型(RAPD)结构。

与 PIN 光电二极管相比,APD 光电二极管的主要特性包括波长响应范围、响应度、量子效率、响应速度等,除此之外,APD 的特性还包括雪崩倍增特性、噪声特性、温度特性等。

（1）APD 的雪崩倍增因子

APD 的雪崩倍增因子定义为

$$M=\frac{I_{\mathrm{P}}}{I_{\mathrm{PO}}} \tag{9-22}$$

式(9-22)中,I_{P} 是 APD 的输出平均电流,I_{PO} 是平均初级光生电流。从定义可见,倍增因子是 APD 的电流增益系数。由于雪崩倍增过程是一个随机过程,因而倍增因子是在一个平均值上随机起伏的量,所以上式的定义应理解为统计平均倍增因子。

（2）APD 的过剩噪声

APD 的噪声包括量子噪声、暗电流噪声、漏电流噪声和过剩噪声。过剩噪声是 APD 中的主要噪声。

过剩噪声的产生主要与两个过程有关,即光子被吸收产生初级电子-空穴对的随机性和在雪崩区产生二次电子-空穴对的随机性。这两个过程尚不能准确测定,因此产生了过剩噪声。

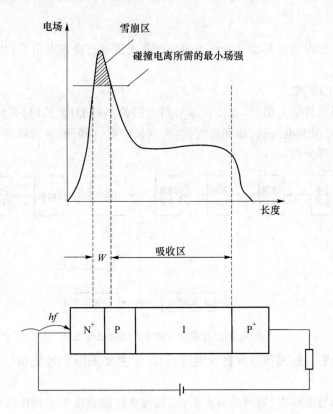

图 9.24　APD 的一种结构及电场分布

（3）响应度和量子效率

由于 APD 具有电流增益，所以 APD 的响应度比 PIN 的响应度大大提高，有

$$R = M(\frac{I_{PO}}{P}) \tag{9-23}$$

量子效率只与初级光生载流子数目有关，不涉及倍增问题，故量子效率值总是小于 1。

（4）线性饱和

APD 的线性工作范围没有 PIN 宽，它适宜于检测微弱光信号。当光功率达到几微瓦以上时，输出电流和入射光功率之间的线性关系变坏，能够达到的最大倍增增益也降低了，产生了饱和现象。

（5）击穿电压和暗电流

APD 的暗电流有初级暗电流和倍增暗电流之分，它随着倍增因子的增加而增加；此外还有漏电流，漏电流不经过倍增。

APD 偏置电压接近击穿电压。击穿电压并非是 APD 的破坏电压，撤去该电压，APD 仍能正常工作。

（6）APD 的响应速度

APD 的响应速度主要取决于载流子完成倍增过程所需要的时间、载流子在耗尽层的渡越时间以及结电容和负载电阻的 RC 时间常数等因素。渡越时间的影响相对比较大，其余因素可通过改进器件的结构设计使影响减至很小。

一般，APD 的平均倍增和带宽的乘积为一常数，可见增益和带宽的矛盾。因为要求的倍增越大，载流子产生和渡越的时间就越长，器件的带宽就越窄。

3．光接收机

光接收机的主要作用是将经过光纤传输的微弱光信号转换成电信号，并放大、再生成原发射的信号。

（1）光接收机的组成

对于强度调制的数字光信号，在接收端采用直接检测（DD）方式时，光接收机的主要组成如图 9.25 所示。它由光电变换、前置放大、均衡滤波、判决、译码、自动增益控制（AGC）、时钟恢复及输出接口等部分构成。

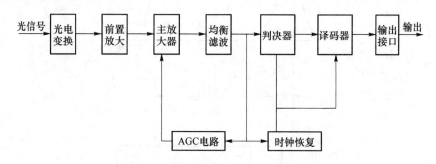

图 9.25　直接检测数字光接收机框图

光电变换的功能是把光信号变换为电流信号，它主要采用 PIN 光电二极管或 APD 光电二极管。

前置放大部分是低噪声、宽频带放大器，它的噪声性能直接影响到接收机灵敏度的高低。

主放大器是一个增益可调的放大器，它把来自前置放大器的输出信号放大到判决电路所需的信号电平。其增益应受 AGC 信号控制，使入射功率在一定范围变化时，输出信号幅度保持恒定。

均衡滤波部分的作用是将输出波形均衡成具有升余弦频谱，以消除码间干扰。

判决器和时钟恢复电路对信号进行再生。在发送端进行了线路编码，在接收端则需有相应的译码电路。

输出接口主要解决光接收端机和电接收端机之间阻抗和电压的匹配问题，保证光接收端机输出信号顺利地送入电接收端机。

1）前置放大器

光接收机的噪声主要取决于前端的噪声性能。因此，对于前置放大器就要求有较低的噪声和较宽的带宽，才能获得较高的信噪比。前置放大器一般可分为三种：低阻抗前置放大器、高阻抗前置放大器和跨阻抗前置放大器。

低阻抗前置放大器是指放大器的输入阻抗相对较低。其特点是电路简单，接收机不需要或只需很少的均衡就能获得很宽的带宽，前置级的动态范围也较大。但由于放大器的输入阻抗较低，电路的噪声较大。

高阻抗前置放大器是指放大器的输入阻抗很高。其特点是电路的噪声很小。但是，放大器的带宽较窄，在高速系统应用时对均衡电路提出了很高的要求，限制了放大器在高速系统的应用。

为了克服高阻抗和低阻抗前置放大器的缺点，使前置放大器既有较低的噪声，又有较宽的带宽，在光接收机中广泛采用跨阻抗前置放大器。它是在高阻抗前置放大器中引入负反馈后构成的，如图 9.26 所示。由于负反馈的作用，放大器不仅具有频带宽、噪声低的优点，而且它的动态范围也比高阻抗前置放大器有很大改善。

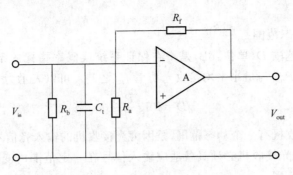

图 9.26　跨阻抗前置放大器

在光纤通信系统中,各部分电路的集成化、模块化是发展的趋势。对于接收机的前端,采用光电混合技术将光检测器和以场效应管(FET)构成的前置放大器混合集成在一起,作成 PIN-FET 或 APD-FET 光接收组件,提高了响应速度和灵敏度,在系统中得到了广泛的应用。

2）主放大器和自动增益控制电路

光接收机中前置放大器的输出信号较弱,不能满足幅度判决的要求,因此还必须加以放大。主放大器一般是多级放大器,可以提供足够的增益,使输出信号满足判决的要求。主放大器的另一功能是增益受控可调,即能实现自动增益控制(AGC),使接收机具有一定的动态范围。

当输入光接收机的光功率起伏时,光检测器的输出信号也出现起伏,通过 AGC 对主放大器的增益进行调整,从而使主放大器的输出信号幅度在一定范围内不受输入信号的影响。

3）均衡和再生电路

均衡电路的作用是对经过光纤线路传输、已发生畸变和有严重码间干扰的信号进行均衡,使其变为码间干扰尽可能小的信号,以利于判决再生电路的工作。

对于一个实际的传输系统,其频带总是受限的。对于频带受限系统,其时域响应是无限的,它的输出波形有很长的拖尾,使前后码元在波形上相互重叠而产生码间干扰,直接影响接收机的灵敏度。均衡滤波电路就是设法消除拖尾的影响,做到判决时刻无码间干扰。

均衡的方法可以在频域采用均衡网络,也可以在时域实现。频域方法是采用适当的网络,将输出波形均衡成具有升余弦频谱,这是光接收机中最常用的均衡方法。时域均衡的方法是先预测出一个"1"码过后,在其他各个码元的判决时刻这个"1"码的拖尾值,然后设法用与拖尾大小相等、极性相反的电压来抵消拖尾,以消除码间干扰。

再生电路的任务是把放大器输出的升余弦波形恢复成数字信号,它由判决电路和时钟恢复电路组成。为了判定信号,首先要确定判决的时刻,这需要从均衡后的升余弦波形中提取准确的时钟。时钟信号经过适当的相移后,在最佳时刻对升余弦波形进行取样,然后将取样幅度与判决阈值进行比较,以判定码元是"0"还是"1",从而把升余弦波形恢复成原传输的数字波形。理想的判决电路应该是带有选通输入的比较器。

(2)光接收机的主要指标

光接收机的主要指标有光接收机的灵敏度和动态范围。

1）光接收机的灵敏度

光接收机的灵敏度 P_R(单位:dBm)是指在系统满足给定误码率指标的条件下,接收机所需的最小平均接收光功率 P_r(mW)。可以表示为

$$P_R = 10 \lg \frac{P_r}{1} \tag{9-24}$$

影响接收机灵敏度的主要因素是噪声,它包括光检测器的噪声、放大器的噪声等。它是系

统性能的综合反映。

2）光接收机的动态范围

光接收机的动态范围 D（单位：dB）是指在保证系统误码率指标的条件下，接收机的最大允许平均接收光功率 P_{max} 与最小平均接收光功率 P_r 之差。可以表示为

$$D = 10\lg \frac{P_{max}}{P_r} \tag{9-25}$$

之所以要求光接收机有一个动态范围，是因为光接收机的输入光信号不是固定不变的，为了保证系统正常工作，光接收机必须具备适应输入信号在一定范围内变化的能力。好的光接收机应有较宽的动态范围。

9.3.3　光放大器

光纤通信在进行长距离传输时，由于光纤中存在损耗和色散，使得光信号能量降低、光脉冲发生展宽。因此每隔一定距离就需设置一个中继器，以便对信号进行放大和再生，然后送入光纤继续传输。传统采用的方案是光—电—光的中继器，其工作原理是先将接收到的微弱光信号经光电检测器转换成电流信号，然后对此电信号进行放大、均衡、判决等使信号再生，最后再通过半导体激光器完成电光转换，重新发送到下一段光纤中去。在光纤通信系统传输速率不断提高的现代通信中，这种光—电—光的中继变换处理方式的成本迅速增加，已经不能满足现代通信传输的要求。

长时间以来，人们一直在寻找用光放大的方法来替代传统的中继方式，并延长中继距离。光放大器能直接放大光信号，无须转换成电信号，对信号的格式和速率具有高度的透明性，使得整个光纤通信传输系统更加简单和灵活。它的出现和实用化在光纤通信中引起一场革命。

目前成功研制出的光放大器有半导体光放大器、光纤放大器两大类。每一类又有不同的应用结构和形式。

1. 半导体光放大器

半导体光放大器的结构如图 9.27 所示。半导体光放大器是一个具有或不具有端面反射的半导体激光器，其结构和工作原理与半导体激光器非常相似。当给器件加偏置电流时，通过受激辐射的工作机制使输入的微弱光信号获得增益。当然在工作机制中也存在自发辐射，自发辐射产生随机起伏的放大器噪声，称为被放大的自发辐射（ASE）噪声。

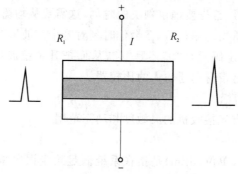

图 9.27　半导体光放大器的结构

半导体光放大器的特点是：尺寸很小；增益较高，一般在 15～30 dB；频带宽，一般为 50～70 nm。存在的主要问题是：与光纤的耦合损耗大，为 5～8 dB；由于增益与偏振态、温度等因素有关，

稳定性差;在高速光信号的放大上,仍存在问题;输出功率小,噪声系数较大。

2. 光纤放大器

光纤放大器分为稀土掺杂光纤放大器和利用非线性效应制作的常规光纤放大器。

稀土掺杂光纤放大器是利用光纤中稀土掺杂物质引起的增益机制实现光放大的。掺杂的稀土元素有铒(Er)、镨(Pr)、铒镱(Er:Yb)共掺杂等。其中掺铒光纤放大器(EDFA)的工作波长为 1 550 nm 波段,掺镨光纤放大器(PDFA)的工作波长为 1 300 nm 波段。

EDFA 的工作波长为 1 550 nm,与光纤的低损耗窗口一致,是最具吸引力和最为成熟的光纤放大器。EDFA 的典型结构如图 9.28 所示,包括光路结构和辅助电路部分。光路部分由掺铒光纤、泵浦光源、光耦合器、光隔离器和光滤波器组成。辅助电路主要有电源、自动控制部分和保护电路。

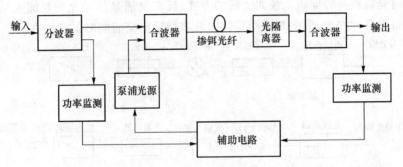

图 9.28　EDFA 的典型结构

掺铒光纤是 EDFA 的核心,它以石英光纤为基础材料,在光纤芯子中掺入一定比例的稀土元素——铒离子(Er^{3+})。这样形成了一种特殊的光纤,这种光纤在一定的泵浦光激励下,处于低能级的 Er^{3+} 可以吸收泵浦光的能量,向高能级跃迁。Er^{3+} 的能级结构如图 9.29 所示。

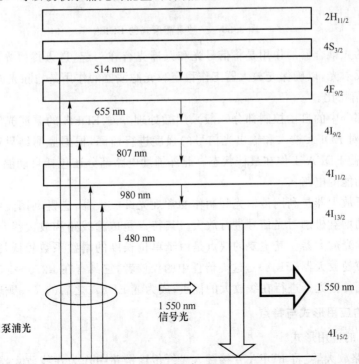

图 9.29　Er^{3+} 能级分布、泵浦光、信号光的关系

由于 Er^{3+} 在高能级上的寿命很短,很快以无辐射的形式跃迁到亚稳态($4I_{13/2}$ 能级),在该能级上,Er^{3+} 有较长的寿命,从而在亚稳态和基态之间形成粒子数反转分布。当 1 550 nm 波段的光信号通过这段掺铒光纤时,亚稳态的 Er^{3+} 以受激辐射的形式跃迁到基态,并产生和入射光信号中的光子一模一样的光子,大大增加了信号光中的光子数量,实现了信号光在掺铒光纤中的放大。

EDFA 中的泵浦光源为信号光的放大提供足够的能量,它使处于低能级的 Er^{3+} 被提升到高能级上,使掺铒光纤达到粒子数反转分布。一般采用的泵浦光源是半导体激光二极管,其泵浦波长有 800 nm、980 nm 和 1 480 nm 三种。其中应用最多的是 980 nm 的泵浦光源,因为 980 nm 的泵源具有噪声低、泵浦效率高、驱动电流小、增益平坦性好等优点。

EDFA 的泵浦形式有三种,同向泵浦、反向泵浦和双向泵浦,如图 9.30 所示。同向泵浦是信号光与泵浦光以同一方向进入掺铒光纤的方式,反向泵浦是信号光与泵浦光从两个不同的方向进入掺铒光纤的方式,同向泵浦则是同向泵浦和反向泵浦同时泵浦的方式。

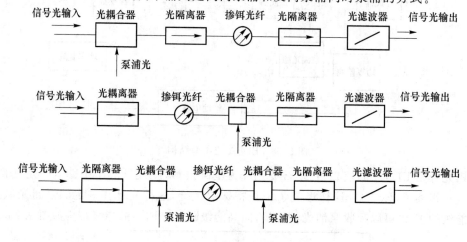

图 9.30　三种泵浦形式的 EDFA

EDFA 中的光耦合器的作用是将信号光和泵浦光合在一起,送入掺铒光纤中。光隔离器的作用是抑制反射光,以确保光放大器工作稳定。光滤波器的作用是滤除光放大器中的噪声,提高 EDFA 的信噪比。

辅助电路部分中的自动控制部分一般采用微处理器对 EDFA 的泵浦光源的工作状态进行监测和控制、对 EDFA 输入和输出光信号的强度进行监测,根据监测结果适当调节泵浦光源的工作参数,使 EDFA 工作在最佳状态。此外辅助电路部分还包括自动温度控制和自动功率控制的保护功能的电路。

另一种光纤放大器是利用传输光纤制作的常规光纤放大器,它是利用光纤的三阶非线性光学效应产生的增益机制对光信号进行放大。其特点是传输线路和放大线路同为光纤,是一种分布参数式的光放大器。其主要的缺点是由于单位长度的增益系数较低,需要很高的泵浦光功率。光纤拉曼放大器(FRA)是这类器件中的佼佼者,它具有在 1 270~1 670 nm 全波段实现光放大和利用传输光纤进行在线放大的优点,成为继 EDFA 之后的又一颗璀璨的明珠。

3. EDFA 的应用形式与特点

(1) EDFA 的应用形式

① 系统线路放大器:将 EDFA 直接接入光纤传输链路中作为在线放大器或光中继器,取代光-电-光中继器,实现光-光放大。可广泛应用于长途通信、越洋通信和 CATV 分配网

络等领域。

② 功率放大器:将 EDFA 接在光发射机的光源之后对信号进行放大。由于增加了入纤的光功率,从而可延长传输距离。

③ 前置放大器:将 EDFA 放在光接收机的前面,可以提高光接收机的接收灵敏度。

④ LAN 放大器:将 EDFA 放在光纤局域网络中用作分配补偿器,以便增加光节点的数目,为更多的用户服务。

(2) EDFA 的主要特点

① 工作波长为 1 550 nm,与光纤的低损耗波段一致。

② EDFA 的信号增益谱很宽,达到 30 nm 或更高,可用于多路信号的放大,尤其适合于密集波分复用(DWDM)光纤通信系统。

③ EDFA 的增益高约 20~40 dB,且具有较高的饱和输出功率,一般为 10~20 dBm。

④ EDFA 具有较低的噪声指数,为 4~8 dB。

⑤ 与光纤的耦合损耗小,甚至可达 0.1 dB。

⑥ 所需泵浦光功率较低,为数十毫瓦;泵浦效率较高。

9.3.4　光波分复用器/解复用器

光波分复用(WDM)器件是波分复用系统的重要组成部分,是关系波分复用系统性能的关键器件。光波分复用器是将多个波长的信号复合在一起并注入传输光纤中的器件,解复用器则是将多路复用的光信号按波长分开的一类器件,器件的原理如图 9.31 所示。两类器件通常被称为波分复用器,一般波分复用器既可作为复用器,也可作为解复用器使用。对波分复用器件的主要要求是:

① 插入损耗小,隔离度大,串扰小;

② 带内平坦,带外插入损耗变化陡峭;

③ 温度稳定性好,工作稳定、可靠;

④ 复用通路数多,尺寸小。

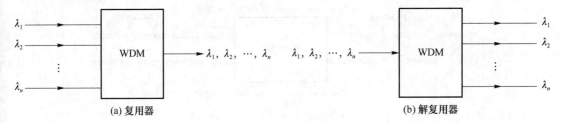

图 9.31　光波分复用器件

目前,在光纤通信系统中常用的波分复用器主要有光栅型、干涉型、光纤方向耦合器型、光滤波器型等。干涉型复用和解复用器件多种多样,常用的有干涉膜滤波器型和阵列波导光栅型(AWG,Arrayed Wavequide Grating)。

9.3.5　光中继器和光转发器

1. 光中继器

光中继器是在长距离的光纤通信系统中补偿光缆线路光信号的损耗和消除信号畸变及噪

声影响的设备或子系统,其作用是延长通信距离。光中继器通常由光接收、定时判决电路和光发送三部分及远供电源等辅助设备组成。光中继器将从光纤中接收到的弱光信号经光检测器转换成电信号,再生或放大后,再次激励光源,转换成较强的光信号,送入光纤继续传输。

光中继器是一种在光信号上同时执行再放大(re-amplification)、重新整形(re-shaping)和重新定时(re-timing)功能的设备或子系统,因此被称作 3R 光中继器。该装置将信号的振幅恢复到适合于继续向前传输的水平,消除波形上的任何振幅噪声或失真,并对信号进行再定时以消除可能存在的定时抖动。光中继器在系统中的应用如图 9.32 所示。

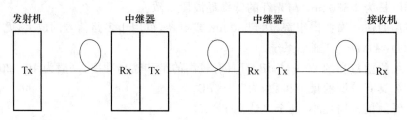

图 9.32　光中继器

2. 光转发器

光转发器是光纤通信系统和网络的关键设备或子系统。它可以实现将任意标准的光信号转换至满足 ITU-T 建议要求的标准波长光信号,或者将 ITU-T 建议要求的标准波长光信号转换成系统网络要求的波长的光信号,也可以做中继器使用。光转发器有光/电/光型和全光型两种,全光型光转发器尚未完全达到商用水平。光转发器工作原理如图 9.33 所示。

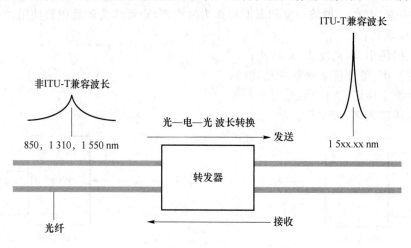

图 9.33　光转发器工作原理

9.4　光纤通信系统

光纤通信系统有以下不同的划分方法。按传输信号的种类划分,有光纤模拟通信系统和光纤数字通信系统;按系统工作保持划分,有短波长光纤通信系统和长波长光纤通信系统;按传输信号的速率划分,有高速光纤通信系统和低速光纤通信系统;按照复用类型划分,有空分复用、波分复用、时分复用、偏分复用和模分复用等。

目前,强度调制-直接检测(IM-DD)光纤通信系统是光纤通信系统基本的形式。这里首先介绍数字 IM-DD 光纤通信系统的组成和基本原理,然后介绍波分复用系统、偏振复用技术、相干光通信系统和其他先进的光纤通信系统和技术。

9.4.1　强度调制-直接检测光纤通信系统

IM-DD 光纤通信系统是在发送端用信号调制光载波的强度,在接收端用光检测器直接检测光信号的光纤通信系统。IM-DD 光纤通信系统的基本结构包括编码/信号整形部分、调制器/驱动器、光源、传输线路光纤、光检测器、放大器、解码/解调器等。如果光通信系统进行长距离传输,系统还需要增加光中继器。IM-DD 光纤通信系统的构成如图 9.34 所示。

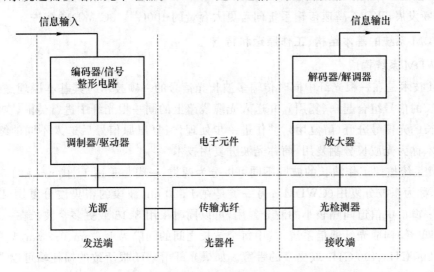

图 9.34　强度调制-直接检测(IM-DD)光纤通信系统

系统光源的调制实施方案有两种方式:外调制和内调制。内调制适合于半导体光源(LD、LED),它将要传送的信息转变为电流信号注入光源器件,经电光转换,获得相应的光信号输出,输出光波幅值与调制信号成比例及线性关系。按调制信号的形式,内调制又可分为模拟调制和数字调制:模拟调制是直接用连续的模拟信号(如语音或视频信号)对光源进行调制;一般数字调制是指 PCM 编码调制,先将连续变化的模拟信号通过抽样、量化和编码转换成一组二进制脉冲代码来表示信号,实现调制。

当光纤通信系统向高速方向发展时,内调制难以满足要求,不得不采用外调制。外调制是在光源外对光源发出的光载波进行调制,即利用晶体的电光、磁光和声光效应等性质对光波进行调制。具体实施方法是:在激光器输出的光路上放置光调制器,并对调制器进行电压调制,使经过调制器的光载波得到调制。对于光调制器可采用铌酸锂调制器、电吸收调制器等方法。由于外调制是对光载波进行调制,不但可对光强度,还可对相位、偏振和波长进行调制。

直接检测是指不经过任何变换用光检测器直接检测光信号,并转换成电信号。通过光纤传输过来的光信号一般都非常微弱,经过光检测器转换成的电信号也非常微弱,需要先经放大、再生。如果原始信号是模拟信号,其再生只需要滤波器即可;如是数字信号,还要增加判决、时钟提取和自动增益控制等电路。

由于光纤或光缆的长度受光纤拉制工艺和光缆施工条件的限制,且光纤的拉制长度也是有限度的(如 1 km),因此一条光纤线路可能存在多根光纤相连接的问题。于是,光纤间的连接、光纤与光端机的连接及耦合,在系统中对光纤连接器、耦合器等无源器件的使用是必不可少的。

9.4.2 光波分复用高速传输系统

光波分复用技术(WDM,Wavelength Division Multiplexer)的出现使光通信系统的容量几十倍、成百倍地增长,可以说没有波分复用技术也就没有现在蓬勃发展的光通信事业。目前我国的干线传输系统和大中城市的城域网已采用了 WDM 技术。WDM 技术在实现产业化的同时,向着超高速率、超大容量、超长距离发展,WDM 已成为不可替代的主导技术。随着网络IP 化的不断发展,WDM 高速传输系统向着更大容量的 100G/400G WDM 演进。

1. WDM 系统的基本结构、工作原理和特点

(1) WDM 系统构成

WDM 技术是在一根光纤中同时传输多波长光信号的一项技术。其基本原理是在发送端将不同波长的信号组合起来(复用),并送入光缆线路上的同一根光纤中进行传输,在接收端又将组合波长的光信号分开(解复用),并作进一步处理,恢复出原信号后送入不同的终端,因此将此项技术称为光波长分割复用,简称光波分复用技术。

WDM 系统按照工作波长的波段不同可以分为两类:一类是采用 1 310 nm 和 1 550 nm 波长的复用,称为粗波分复用(CWDM);另一类是在 1 550 nm 波段的密集波分复用(DWDM),它是在同一窗口中信道间隔较小的波分复用,可以同时采用 8、16 或更多个波长在一对光纤上(也可采用单纤)构成光纤通信系统,其中每个波长之间的间隔为 1.6 nm、0.8 nm 或更低,对应的带宽为 200 GHz、100 GHz 或更窄的带宽。如果光纤由 OH 根所致的损耗峰可以消除的话,那么可以使波分复用系统的可用波长范围扩展到 1 280~1 620 nm 波段,达到 340 nm 左右,大大提高传输容量。目前 DWDM 采用的信道波长是等间隔的,如 $k \times 0.8$ nm,k 为正整数。由于 EDFA 成功地应用于 DWDM 系统,极大地增加了光纤中可传输的信息容量和传输距离。

WDM 系统的基本构成主要有两种基本形式:双纤单向传输和单纤双向传输。双纤单向传输是指采用两根光纤实现两个方向信号传输,完成全双工通信。如图 9.35 所示,在发送端将载有各种信息的、具有不同波长的已调制的光信号 $\lambda_1,\lambda_2,\cdots,\lambda_n$ 通过光复用器组合在一起,并在一根光纤中单向传输,在接收端通过光解复用器将不同光波长的信号分开,分别送入不同的光接收机,完成多路光信号传输的任务。反方向通过另一根光纤传输,其原理相同。

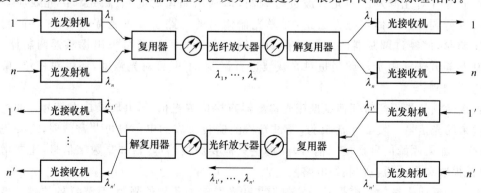

图 9.35 双纤单向传输示意图

单纤双向传输是指光通路在一根光纤中同时沿着两个不同的方向传输,双向传输的波长相互分开,以实现彼此双方全双工的通信。

DWDM 系统主要由五部分组成:光发射机、光中继放大器、光接收机、光监控信道和网络管理系统。DWDM 系统的总体构成如图 9.36 所示,其中光发射机是 DWDM 系统的核心,根据 ITU-T 建议和标准,光发射机中的半导体激光器必须能够发射标准的波长,并具有一定的光谱线宽,此外还必须稳定、可靠。

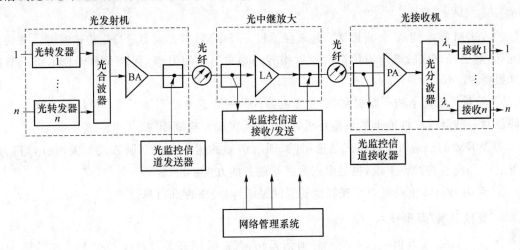

图 9.36　DWDM 系统的总体构成

在系统的发送端首先将来自终端设备(如 SDH 端机)输出的光信号,利用光转发器(OTU)把非规范的波长的光信号转换成符合 ITU-T 建议的标准波长的光信号;利用光复用器(或称作光合波器)合成多通路光信号;通过光功率放大器(BA)放大输出多通路光信号,以提高进入光纤的光功率,一般采用 EDFA 作为光功率放大器。

经过长距离(80~120 km)光纤传输后,需要对光信号进行光中继放大。目前使用的光中继放大器多数为 EDFA。在接收端,光前置放大器(PA)放大经过传输而衰减的主信道的光信号,光前置放大器仍可采用 EDFA。采用光解复用器(或称分波器)将主信道的多路信号分开,送入不同的光接收机。光接收机必须具备一定的灵敏度、动态范围、足够电带宽和噪声性能。

DWDM 系统中的光监控信道的功能是监控系统内各信道的传输情况。在发送端插入光监控信号 λ_s,它与主信道的光信号合波后输出;在接收端将收到的光信号分波,分别输出光监控信号和主信道的光信号。帧同步字节、公务字节和网管所用的开销字节等都是通过光监控信道来传输的。监控信道的波长可选 1 310 nm、1 480 nm 或 1 510 nm,它们位于 EDFA 的增益带宽之外,所以这种监控称为带外波长监控技术。

网络管理系统通过光监控信道物理层传送开销字节到网络其他节点或接收来自其他节点的开销字节对 DWDM 系统进行管理,实现配置管理、故障管理、性能管理和安全管理等功能,并与上层管理系统连接。

在实现 DWDM 系统中,最关键的器件主要有:满足 ITU-T 建议波长要求的半导体激光器、滤波器、耦合器、光波分复用器和解复用器、光放大器等。在 DWDM 系统中所用的光源,一般要求是发光波长精确、稳定,发射功率稳定,光谱线宽窄,成本低,具有配套的波长监测与稳定技术。

(2) WDM 技术的主要特点

① 充分利用了光纤的巨大带宽资源(低损耗波段),使一根光纤的传输容量比单波长传输

增加几倍至几十倍,从而增加了光纤的传输容量,在很大程度上解决了传输的带宽问题。

② WDM 技术中使用的各波长相互独立,因而可以传输特性完全不同的信号,完成各种业务信号的综合和分离,包括数字信号和模拟信号,以及 PDH 信号和 SDH 信号,实现多媒体信号(如音频、视频、数据、文字、图像等)的混合传输。

③ WDM 技术可以实现单根光纤的双向传输,以节省大量的线路投资。

④ WDM 技术可以有多种应用形式,如长途干线的传输网络、广播式分配网络、局域网等。

⑤ WDM 技术使 N 个波长复用起来在单根光纤中传输,在大容量长途传输时可以节约大量光纤,对已经建成的光纤通信系统可以很容易地进行扩容升级,因而 WDM 技术可以节约线路投资。

⑥ 随着传输速率的不断提高,许多光电器件的响应速度已明显不足。使用 WDM 技术可以降低对一些器件在性能上的极高要求,同时又可实现大容量传输。

⑦ WDM 的信道对数据格式是透明的,即与信号的速率和电调制方式无关,在网络扩充和发展中是理想的扩容手段,也是引入宽带新业务的方便手段。

⑧ 利用 WDM 技术可以实现高度的组网灵活性、经济性和可靠性。

2. 高速调制/码型技术

对于 10 Gbit/s 及以下速率的光纤通信系统,普遍采用开关键控(OOK)和直接检测的非归零码型(NRZ)。这种调制码型的实现方式简单,对于 10 Gbit/s 及以下速率的信号有很好的传输性能。随着线路传输速率提升到 40 Gbit/s 和 100 Gbit/s,如果仍采用 NRZ OOK 调制码型,传输性能会受到限制,其原因是随着传输速率的提高,信号频谱将会展宽,信号带内的噪声也会相应地增加。此外,对于接收光信噪比要求也相应提高,需要提高单通道光功率,而非线性效应的影响会引入一定的系统代价。调制码型方式直接影响系统的信噪比、色度色散、偏振模色散容限以及非线性效应等性能。因此需要引入新的调制码型,才能实现与 10 Gbit/s 系统相当的传输性能。

对于 40 Gbit/s 光传输系统,以差分相移键控(DPSK)和正交相移键控(DQPSK)两种调制码型为主,同时部分引入偏振复用-正交相移键控(DP/PM-QPSK)调制码型。对于 100 Gbit/s 光传输系统,调制码型的选择相对统一,引入了偏振复用技术,DP/PM-QPSK 调制码型成为主流选择。

3. 色散补偿技术

光信号在光纤中传输时,除光纤的衰减以外,色散是限制光信号传输距离的一个重要因素。光纤中的色散包括色度色散(CD)和偏振模色散(PMD)。为了实现超大容量和超长距离的传输,需要采用相应的色散补偿技术。

(1) 色度色散补偿技术

色度色散是指不同波长的信号光在光纤中传输时的群延时差不同所引起的光脉冲展宽,从而影响信号的现象。

单模光纤中的色散主要包括材料色散和波导色散两部分,如图 9.37 所示。对于普通单模光纤,其零色散波长为 1 310 nm。而在 1 550 nm 处的色散系数为 17 ps/nm·km,随着传输速率的提高,对于 10 Gbit/s 的光信号,就已经很难实现长距离的传输。

对于 10 Gbit/s 的传输系统来说,一般采用色散补偿模块(DCM)对光纤线路的色散进行补偿,DCM 一般由色散补偿光纤(DCF)组成。单波长速率提高到 40 Gbit/s 和 100 Gbit/s,就需要对色散进行精确管理和使用相应的色散补偿技术,否则将无法实现长距离的传输。

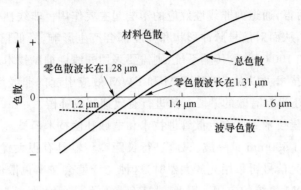

图 9.37 普通单模光纤中的色散

对于 40 Gbit/s 和 100 Gbit/s 传输系统,色度色散的补偿方案有两种;其一是采用 DCM 和可调色散补偿器(TDC)的方法,TDC 是对光信号残余色散做精确的补偿;其二是采用电域色散补偿技术。电域色散补偿技术是基于相干光接收技术、数字信号处理技术和均衡化算法的色散补偿技术。对相干接收的 40 Gbit/s 和 100 Gbit/s 传输系统,由于采用了 DPSK 和 DQPSK、DP/PM-QPSK 等高阶的调制码型,一般不需要在线路中采用 DCM 进行色散补偿,仅需要在接收端通过数字信号处理算法在电域统一进行色散补偿。电域色散补偿技术可以实现很高的色散容限,同时大大简化了系统规划和设计的难度。

(2)偏振模色散补偿技术

光纤中的光信号,一般存在两个正交的偏振态。光纤的弯曲、变形、应力受温度等多种因素的影响,使得光纤中沿着两个不同方向偏振的同一模式的相位常数 β 不同,从而导致这两偏振态的传输速度不同步,形成偏振模色散(PMD)。PMD 是影响高速长距离光传输系统性能的一个关键因素。

PMD 的一个显著特征是具备动态统计特性,PMD 值是在一个较大的范围内随外界环境、压力等因素的变化而不断变化的,因而系统的 PMD 非常难以统计和控制。此外,PMD 还有一阶 PMD 及高阶 PMD 之分。

对于 40 Gbit/s 传输系统,由于采用了 DPSK 和 DQPSK 等高阶的调制码型,其 PMD 容限有一定的提升,一般不需要进行额外的 PMD 补偿。对于 100 Gbit/s 传输系统,由于采用了相干光接收技术和数字信号处理技术,可以在电域对 PMD 进行补偿,因此 100 Gbit/s 的系统具有非常高的 PMD 容限。对 40 Gbit/s 相干系统,同样由于采用了电域对 PMD 进行补偿,系统具备了很高的 PMD 容限。

4. 非线性效应抑制技术

随着光纤中光信号强度的提升,光纤开始表现为非线性介质,尤其是 EDFA 的应用,光纤中的光信号相比之前有了大幅度的提升,这使得光纤中的非线性效应愈来愈显著。

影响 WDM 系统性能的非线性效应主要包括通道内非线性效应和通道间非线性效应。通道内非线性效应包括两大类:一是信号与噪声之间相互作用产生的非线性效应,包括非线性相位噪声(NPN)和参量放大引起的调制不稳定(MI);二是信号与信号之间产生的非线性效应,包括自相位调制(SPM)、通道内交叉相位调制(XPM)和通道内四波混频效应(FWM)。通道间非线性效应也包括信号与噪声之间相互作用产生的非线性相位噪声,以及信号与信号之间的非线性效应。

随着 WDM 系统单通道传输速率的提高,非线性效应对系统的影响越来越显著。对于大于 10 Gbit/s 的系统而言,通道内非线性效应的影响起主要作用。非线性效应的主要影响表现在会引起非线性相移,从而对信号脉冲形状和幅度都会产生影响,降低信号质量,影响传输距离。对于 40 Gbit/s 和 100 Gbit/s 传输系统,则需要采用非线性抑制技术来提高系统的传输性能。目前非线性抑制技术可以对 SPM、XPM 和 FWM 效应引起的非线性损伤进行有效抑制或补偿。对于 NPN,还没有有效的手段对其进行有效抑制或补偿。

非线性抑制和补偿技术主要有色散管理技术和电域补偿技术两类。

色散位移光纤在 1 550 nm 单一波长处,进行长距离传输具有很大优越性,但当在一根光纤上同时传输多波长光信号再采用光放大器时,这种光纤就会在零色散波长区出现严重的非线性效应,限制了 WDM 系统的应用。因此,非零色散位移光纤才发展起来,并成为超高速光纤传输系统的主要选择之一。由于色散对光纤中的非线性效应产生直接的影响,因此在实际系统应用中,可以通过色散管理技术对非线性效应进行抑制,从而降低非线性效应对系统性能的影响。色散管理技术主要是对光纤链路的色散图谱进行设计,以达到同时实现色散补偿和非线性效应抑制的目的。

目前在电域对非线性效应进行补偿的研究仍在进行中,对于相干 40 Gbit/s 和 100 Gbit/s 系统,由于采用了相干接收和数字信号处理技术,在电域进行非线性效应的补偿已经成为可能。

5. 前向纠错(FEC)技术

FEC 技术已经广泛应用于光纤通信系统中,它在高速、长距离的色散限制系统中的使用尤为重要。它使得系统在传输中产生的突发性长串误码和随机单个误码得到纠正,提高了通信的质量,同时也提高了接收机的灵敏度,延长了无中继传输距离,增加了传输容量,是提高系统可靠性的一个重要手段。

FEC 技术的原理是在发射端通过某种编码加入校验比特,在接收端利用比特之间的校验关系,通过某种方式的译码计算来对信号中的错误进行纠正,从而实现在接收时可以容忍一定误码存在而不至于使客户业务产生误码,这一方法得当提升了系统的传输能力。

目前长距离光传输系统基本都采用带外 FEC 方式。带外 FEC 是在帧尾为 FEC 增加相关的开销区域,专门用于装载 FEC 校验比特,在接收端采用相应的算法进行纠错。

FEC 的译码方式分为硬判决译码和软判决译码两种。硬判决 FEC 译码器输入为 0,1 电平,由于其复杂度低,理论成熟,已经广泛应用于多种场景。软判决 FEC 译码器输入为多级量化电平。在相同码率下,软判决较硬判决有更高的增益,但译码复杂度会成倍增加。10 Gbit/s 和 40 Gbit/s WDM 系统所采用的均为硬判决 FEC。对于 100 Gbit/s 系统,除了采用硬判决 FEC 之外,为了实现更好的 FEC 纠错性能,软判决 FEC 也在实际商用产品中应用。

9.4.3 相干光通信系统

长距离、大容量、高速率光纤通信系统,是光通信的追求目标。尽管波分复用技术和掺铒光纤放大器的广泛应用已经极大地提高了光通信系统的带宽和传输距离,然而伴随着互联网的普及产生的信息爆炸式增长,对作为整个通信系统基础的物理层提出了更高的传输性能要求。目前,10 Gbit/s 及以下速率的光纤通信系统都是采用 IM-DD 的方案,直接检测方式的缺点是在接收端丢失了信号的相位信息,接收机无法对线路上的各种线性损伤进行有效的补偿,只能在线路上通过光学的手段进行补偿。对于 40 Gbit/s 和 100 Gbit/s 系统,一般在 50 GHz 间隔实现长距离传输,特别是对于 100 Gbit/s 系统,需要采用高阶调制编码和偏振复用的方式,因此采用直接检测的方法很难恢复出原始的信号,必须采用具有相干检测的相干光通信系统。

1. 相干光通信系统的构成和原理

相干光通信的基本工作原理如图 9.38 所示。其工作过程为:在发送端,采用间接调制或者直接调制方式将信号以调幅、调相、调频等方式调制到光载波上,经过光纤传输到接收端。当信号光传输到达接收端时,首先经耦合器与本振光合路,再进入光检测器,与本地光振光信号进行光电混频;光检测器输出的混频后的电信号经过电信号处理单元选出本振光和信号光的差频信号(也称中频)。根据差频的大小,可以将相干接收技术分为三大类,分别是零差相干接收、外差相干接收和内差相干接收。

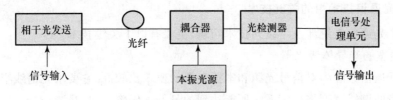

图 9.38　相干光通信系统原理图

当差频为零时,称为零差接收。由于零差接收需要用到光锁相环技术,且这一技术较为复杂,零差相干接收没有在实际的高速光传输系统中应用。

当差频大于基带信号的频宽时,接收称为外差相干接收。在外差接收中,差频为中频信号,它携带了要传输的信号的信息,在电信号处理单元经过对差频信号进行中频放大、解调等步骤,恢复出要传输的信号。由于差频大于基带信号的频宽,使得后续处理电路的频率要求较高。一般要求差频为基带频宽的 3 倍以上,对于超高速光纤系统来说,目前的技术还无法实现。

当差频小于基带信号的频宽时,接收称为内差相干接收。这也是目前相干 40 Gbit/s 系统和 100 Gbit/s 系统中普遍采用的接收方案。此时差频大小为吉赫兹量级,小于基带信号的频宽。

2. 相干光通信技术的主要特点

相干光通信系统与 IM/DD 系统相比,具有更好的接收灵敏度,而且相干检测保留了信号的相位信息,使得后续采用数字信号处理技术实现电域补偿和均衡成为可能,是 100 Gbit/s 及更高速率传输的必然选择。这一技术具有以下独特的优点。

(1) 灵敏度高,中继距离长

相干光通信的一个最主要的优点是进行相干探测,从而改善接收机的灵敏度。在相干光通信系统中,经相干混合后输出光电流的大小与信号光功率和本振光功率的乘积成正比。在相同的条件下,相干接收机比普通接收机提高灵敏度约 20 dB,可以达到接近散粒噪声极限的高性能,因此也增加了光信号的无中继传输距离。

（2）频率选择性好，通信容量大

相干光通信的另一个主要优点是可以提高接收机的频率选择性。在相干外差探测中，探测的是信号光和本振光的混频光，只有在中频频带内的噪声才可以进入系统，而其他噪声均被带宽较窄的微波中频放大器滤除。此外，由于相干探测优良的频率选择性，相干接收机可以使频分复用系统的频率间隔大大缩小，即 DWDM，取代传统光复用技术的大频率间隔，具有以频分复用实现更高传输速率的潜在优势。

（3）具有多种调制方式

在传统的 IM/DD 光通信系统中，只能使用强度调制方式对光进行调制。而在相干光通信中，除了可以对光进行幅度调制外，还可以使用 PSK、DPSK、QAM 等多种调制格式，虽然增加了系统的复杂性，但是相对于传统光纤通信系统可以实现更高传输速率，同时可以提高频带利用率。

（4）可以使用电域的均衡技术来补偿光纤中的色散效应和非线性效应

相干检测可以保留信号的所有信息，因此可以通过后续的算法实现对光信号的均衡和相位估计。对于 CD、PMD 和非线性损伤，均可以在电域通过算法进行补偿。

3. 相干光通信技术中的关键技术

实现相干光通信系统涉及一系列技术问题，主要有以下关键技术。

（1）窄线宽的半导体激光器

相干光纤通信系统中对信号光源和本振光源的要求比较高，它要求光谱线窄、频率稳定度高。光源本身的谱线宽度将决定系统所能达到的最低误码率，应尽量减小。

（2）调制技术

在相干光通信系统中，除 FSK 可以采用直接注入电流进行频率调制外，其他都是采用间接调制方式。

（3）接收技术

相干光通信的接收技术包括两部分：一部分是光的接收技术，另一部分是中频之后的各种制式的解调技术。解调技术实际上是电子的 ASK、FSK 和 PSK 等的解调技术。在光的接收技术中，主要有平衡接收、偏振分集接收和相位分集接收。

（4）偏振控制技术

相干光通信系统接收端必须要求信号光和本振光的偏振同偏，才能取得良好的混频效果，提高接收灵敏度。信号光经过单模光纤长距离传输后，偏振态是随机起伏的，为此，人们提出了很多方法，如采用保偏光纤、偏振控制器和偏振分集接收等方法。

9.4.4 光偏振复用系统

在标准单模光纤中，传输的基模是由两个相互正交的偏振模式构成。在同一波长信道中，通过对光的两个相互正交的偏振态进行调制，可以同时传输两路独立数据信息，从而使系统总容量加倍，并提高系统的频谱利用率。光偏振复用（PDM）系统可以在不额外占用系统频谱资源的情况下，使每个波长信道的传输速率提高一倍，而且 PDM 和现有的 WDM 系统具有很好的兼容性，如图 9.39 所示的采用 PDM 技术的 WDM 系统。除此以外，PDM 技术还可以采用各种新型调制编码，以及相干检测技术。

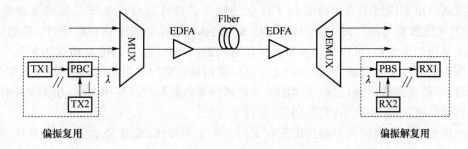

图 9.39　采用 PDM 技术的 WDM 系统

　　根据 PDM 系统的解复用技术,PDM 可以分为直接检测 PDM 系统和相干检测 PDM 系统。直接检测系统主要是通过在接收端实时、动态地跟踪到达信号的偏振态,并反馈给在接收机前的自动偏振控制器,从而将两个正交偏振态信道上的信号进行分离。偏振解复用接收机如图 9.40 所示,这一部分包括了偏振控制器(PC)、偏振分束器(PBS)、信号偏振态获取/跟踪部分、反馈回路等。

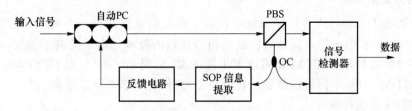

PC：偏振控制器，PBS：偏振分束器，OC：光耦合器

图 9.40　偏振解复用接收机原理图

　　相干检测 PDM 系统不需要动态跟踪接收信号的偏振态,它是将相干检测技术和数字信号处理(DSP)技术相结合,通过 DSP 算法来完成正交偏振态信道信号的解复用。图 9.41 所示是相干检测 PDM 系统接收机原理。相干检测 PDM 系统一方面可以提高接收机的灵敏度,另一方面可以通过 DSP 算法实现对 CD、PMD、非线性损伤等进行补偿。因此,PDM 技术是实现单波长信道超 100 Gbit/s 传输系统中的关键技术之一。

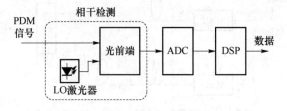

图 9.41　相干检测 PDM 系统接收机原理

9.4.5　其他高性能光纤通信系统

　　光纤传输容量的提升与单波长传输速率紧密相关,从单波长的传输速率角度来看,其经历了从 10 Gbit/s、40 Gbit/s 到 100 Gbit/s 的发展过程,并正向 400 Gbit/s、1 TGbit/s 方向迈进。单波长超 400 Gbit/s 系统的研究多采用多信道(子载波)复用系统,此时传输速率的提升主要从以下两个方面考虑:(1)增大单信道的基本传输比特率,(2)增大复用的信道数。

　　增大单信道的基本传输比特率可以采取的有效手段是采用光时分复用技术或者是更高级

的调制方式。由于应用于光时分复用系统中的很多关键性器件仍处于实验研发阶段,使得OTDM技术发展相对滞后,但光时分复用技术在高速光通信系统中有非常好的应用前景。

增大复用的信道数,可以通过减小复用信道间的频率间隔,使信道复用更为密集来达到,这可从两个方面改进和突破:一是在每个信道内采用频谱利用率更高的调制方式,限制信号频谱带宽,缩小信道频率间隔;二是采用能缩小信道频率间隔的信道复用方法,如正交频分复用、奈奎斯特波分复用、超奈奎斯特波分复用等技术方法。

光纤通信系统中高速信号的传输正在采用多种复用技术,如波分复用、时分复用、偏振复用以及振幅-相位正交复用等,人们认为单模光纤的传输潜力已经逼近非线性仙农容限,需要采用新的复用方式以实现信道容量的有效增长。目前,频率、时间、偏振、正交调制等复用维度均已被应用,最后一个还没有被利用的光纤通信物理维度就是空间维度。因此,空分复用技术被认为是下一代的复用技术,可以大幅提高光纤通信系统的系统容量。空分复用包含多芯复用和模式复用。

本节针对光时分复用、空分复用、模分复用、奈奎斯特脉冲整形及其系统进行介绍。

1. 光时分复用系统

光时分复用(OTDM)技术是提高每个波道上传输信息容量的一个有效的途径。电时分复用(ETDM)技术在电子学通信领域已经是相当成熟的技术。由于受电子速度、容量和空间兼容性等多方面的局限,ETDM复用速率不能太高,达到40 Gbit/s已相当困难了。OTDM的原理与ETDM一样,不同的仅是复用在光层上进行,复用速率可以很高。

(1) OTDM系统构成

OTDM是指在光上进行时间分割复用,当速率低的支路光信号在时域上分割复用成高速OTDM信号时,应有自己的帧结构,每个支路信号占帧结构中的一个时隙,即一个时隙信道。存在两种形成帧的时分复用方式:比特间插和信元间插,信元间插也称为光数据包复用。比特间插复用是使用较为广泛的复用方式,其复用原理如图9.42所示。

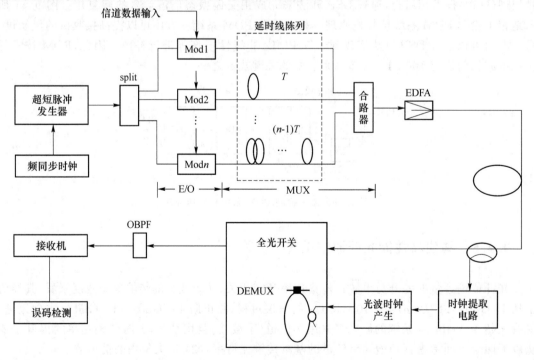

图9.42 OTDM系统

在这一系统中,超短光脉冲光源作为整个系统的光源,经过光分路器分成 N 束,各支路信号被调制在光源产生的光脉冲上。超短光脉冲光源的脉冲宽度要求在数十或数百飞秒量级,且必须没有或极低啁啾、低抖动和稳定。目前,比较成熟的高重复速率超短脉冲光源主要有两类:半导体超短光脉冲源与锁模光纤激光器。经过调制的光脉冲通过延迟线阵列,使第一路的延长时间为 0,第二路延迟时间为 T(线路码一个比特持续时间),第三路的延迟时间为 $2T$,…,依次类推,第 n 路的延迟时间为 $(n-1)T$,从而使各支路光脉冲精确地按预定要求在时间上错开,再经过光耦合器将这些支路光脉冲串复用在一起,送入光纤中进行传输。

在接收端首先恢复光时钟信号。光时钟的恢复有多种方法,如利用锁模激光器的光注入锁定的方法,将入射光信号注入半导体外腔激光器或光纤环激光器中,引入幅度或相位调制而产生锁模,可在接收端全光恢复位时钟或帧时钟。

接收端的光时分解复用器为一个光控高速开关,在时域上将支路信号分开,分别送入接收端的接收机。高速光开关在逻辑上可以是一个全光的与门或者电/光脉冲控制的开关器件。

(2) OTDM 技术特点

OTDM 技术的主要特点如下。

① 系统可以工作在单波长状态,具有很高的速率带宽比,可以有效地利用光纤的带宽资源。特别是和 WDM 技术相结合,可以联手实现超长距离、超大容量的光纤传输。

② OTDM 技术可以克服 WDM 技术中的一些固有限制,如光放大器级联导致的增益谱不平坦、信道串扰问题、非线性效应的影响以及对光源波长稳定性的要求等。

③ OTDM 技术能够提供从兆赫兹到太赫兹任意速率等级的业务接入,对数据速率和业务种类具有完全的透明性和可扩展性,无须集中式资源分配和路由管理,比 WDM 技术更能满足未来超高速全光网络的需求。

从目前的研究情况看,OTDM 的一个发展方向是研究更高速率的系统,从 40 Gbit/s、80 Gbit/s,直到 640 Gbit/s 的传输系统。从传输的角度来看,实现 OTDM 需要解决的关键技术主要有:高重复率超短光脉冲源;超短光脉冲的长距离传输和色散抑制技术;时钟恢复技术;时分复用技术;帧同步及路序确定技术。

可以预测,随着全光处理技术、光逻辑技术和光存储技术的成熟,OTDM 最终将会成为光纤通信技术中的主流技术。

2. 空分复用和模分复用系统

光纤通信中的空分复用(SDM)的概念是源自无线通信。实现方法是利用多芯光纤或者多模光纤在空间上的自由度来复用多路信道,目的在于解决目前单模光纤的容量瓶颈。特别地,利用多模光纤实现空间复用被称为模分复用(MDM)。

SDM 系统利用支持多个光纤模式或者支持多个纤芯的 SDM 光纤作为传输介质,容量提高的多少与模式数或纤芯数成正比。可以用在 SDM 系统中的光纤有少模光纤(FMF)、多模光纤(MMF)、多芯光纤(MCF)、环芯光纤(RCF)、MCF-MMF 混合光纤和光子晶体光纤(HCF),如图 9.43 所示。

根据使用的传输介质进行分类,SDM 系统主要分为:①基于单模光纤束/带系统,通过降低支撑材料和改变光纤的排布方式实现多根单模光纤的紧凑排布;②基于多芯光纤系统,光纤纤芯仍可单模传输,多个纤芯共用包层,通过设计尽可能减少纤芯之间串扰;也可实现多芯光纤和少模光纤结合的多芯少模光纤;③基于少模/多模光纤的系统,利用少模/多模光纤中的不同模式承载不同的信号以提升传输系统的容量。

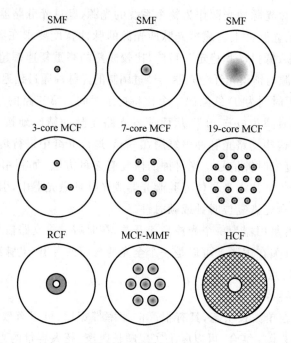

图 9.43　SDM 用光纤

　　SDM 光纤中的每个纤芯或每个光纤模式作为独立的传输信道,因此 SDM 光纤通信系统在系统结构上不同于单模光纤通信系统。图 9.44 和图 9.45 分别给出了 SDM 和 MDM 系统原理图。SDM 系统的传输光纤采用了多芯光纤。MDM 系统的传输介质是少模光纤,相比单模传输系统,MDM 系统在发射端和接收端增加了模式复用器/解复用器,将 N 个单模信道上的信号复用到少模光纤的 N 个模式信道上,或将少模光纤中 N 个模式信道上的信号解复用到 N 个单模光纤中。各个模式信道在少模光纤中传输时,通常存在着不同程度的模间串扰,其中简并模之间的串扰很难避免,因此在接收端通常要用多输入多输出(MIMO)技术将所有模式解出来。

图 9.44　SDM 系统原理图

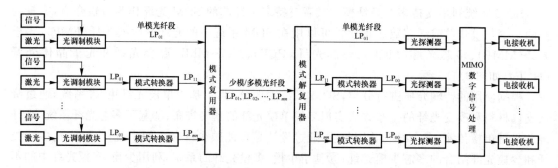

图 9.45　MDM 系统原理图

大容量 SDM/MDM 系统通过使用多路空间信道实现传输容量的成倍提升,但是相应使用的光器件和电器件数量也成倍增长,由此使得系统的体积和功耗大幅度增长。由于目前实际线路敷设的光纤为单模光纤,不能够支持 SDM/MDM 系统,因此系统的实用需要敷设新的光纤以实现系统和网络的升级。

目前 SDM/MDM 系统要解决的关键问题如下。

① 多芯光纤、少模光纤的制备。

② SDM/MDM 系统用器件的设计和制备。相比于单模光纤传输系统,新加入的器件主要有模式转换器、模式复用器/解复用器、模式放大器,以及模式光分插复用器等。

③ MIMO 数字信号处理技术,即信道均衡算法。在 MDM 系统中高阶模式和低阶模式之间存在着模式差分群时延和模式耦合现象,因此在接收端不可避免地存在着码间干扰,必须对信道引起的信号畸变进行矫正,即采用信道均衡技术。

④ MDM 系统的传输容限问题的研究。需要综合光纤、器件、系统等方面的研究,以得到最终的解答。

⑤ MDM 系统的物理层安全问题。

SDM/MDM 技术被认为是下一代的复用技术,随着技术的不断进步,结合 WDM 技术将会使光纤通信系统的传输容量得到极大的提升。

3. 奈奎斯特 WDM 系统

减小信道间隔是提高频谱效率、提高传输容量的有效手段。随着信道间隔的减小,光纤通信系统的同一根光纤中不同信道内信号的频谱将发生频谱混叠,出现了同频串扰问题。串扰使得信号频谱发生畸变,严重时导致误码率增加。

奈奎斯特 WDM 系统的基本思想是在发射端对各路调制信号进行滤波整形,使信号频谱集中在较小的频率带宽内,即滤波后频谱满足边缘陡峭的频谱特性——接近矩形,从而使得相邻的子载波的频率间隔大大降低而不引起信道间的串扰,从而提高频谱效率。

奈奎斯特 WDM 系统的子载波之间没有正交关系,彼此独立,在接收端可以通过光滤波器将载波分离进行独立的相干接收。这一方案的特点是接收端比较简单,但是在发送端的频谱整形对于光滤波或者电子信号处理都提出了很高的要求,奈奎斯特 WDM 的谱成形或者调制方法如图 9.46 所示。

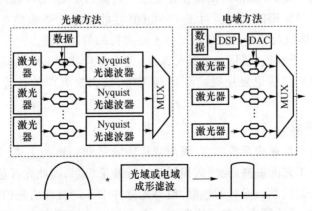

图 9.46 奈奎斯特 WDM 的谱成形方法

基于奈奎斯特滤波原理,只要对应的滤波器具有理想的矩形频谱,就可以实现光谱宽度等于基带电信号波特率的理想整形,这样的矩形频谱信号降低了相邻光载波间的串扰,提升了频谱效率,奈奎斯特信号的频域和时域形状如图 9.47 所示。

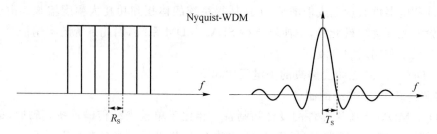

图 9.47　奈奎斯特理想滤波的频谱和时域波形

从实现的角度考虑,完全矩形的频谱需要无限长的 DSP 抽头滤波器或完全矩形光滤波器,这是难以实现的,因此引入滚降因子的概念,通过在载波间加入一定程度的滚降带宽,得到一个如图 9.48 所示的类似梯形的频谱,这样的奈奎斯特 WDM 系统载波间没有正交关系,相互独立,在接收端可以基于光滤波器分离光子载波后进行独立的相干接收,和现有的 100 Gbit/s 相干接收机基本类似。

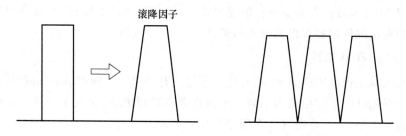

图 9.48　基于滚降因子的奈奎斯特信号频谱

奈奎斯特波分复用(Nyquist-WDM)技术由于较高的频带利用率而受到业界重视。然而,进一步提升系统频谱效率面临着无码间干扰奈奎斯特传输准则的限制。

超奈奎斯特光传输技术通过允许码间干扰存在,突破了奈奎斯特传输准则的约束,以换取系统频谱效率的提升,码间干扰的影响由数字信号处理技术提供的运算能力进行均衡与补偿。传统的 WDM 系统调制方式应用于超奈奎斯特 WDM 系统中,在信道间隔小于码元速率时会带来较严重的信道间干扰,一般采用双偏振正交双二进制(DP-QDB)调制,其已调信号的窄频谱带宽优势可以降低系统码间干扰。对于 DP-QDB 接收信号的传输损伤和自身的码间干扰(ISI)问题,采用相干接收及信号处理(DSP)技术是可行的解决方法。

对于采用多信道(子载波)复用的单波长系统,超奈奎斯特 WDM 传输将信道间隔缩至小于码元速率,以更密集的信道复用提高频谱利用率,成为提升单波长传输速率的一个有效途径。

4. 光孤子通信系统

对于常规的线性光纤通信系统而言,限制其传输容量和距离的主要因素是光纤的损耗和色散。随着光纤制作工艺的提高,光纤的损耗已接近理论极限,因此光纤色散成为实现超大容量光纤通信亟待解决的问题。光纤的色散,使得光脉冲中不同波长的光传播速度不一致,结果导致光脉冲展宽,限制了传输容量和传输距离。由光纤的非线性所产生的光孤子可抵消光纤色散的作用,因此,利用光孤子进行通信可以很好地解决这个问题,它是一种很有前途的通信技术,是实现超大容量、超长距离通信的重要技术之一。它是靠不随传输距离而改变形状的一种相干光脉冲来实现通信的,这里的相干光脉冲即是光孤子(Soliton)。

研究工作表明,当进入纤中的光功率较低时,光纤可以认为是线性系统,其折射率可以认为是常数;当使用大功率、窄脉冲的光源耦合进光纤时,光纤的折射率将随光强的增加而变化,产生非线性效应。

光纤中的孤子是光纤色散与非线性相互作用的产物,服从非线性薛定谔方程(NLSE),受光纤线性与非线性的支配。光纤的群速色散(GVD)使孤子脉冲在传输过程中不断展宽;光纤损耗亦使脉冲按指数展宽,且幅度衰减。光纤的非线性则使脉冲压缩。光纤中孤子是色散与非线性相互作用达到平衡时的产物,两者共同对光脉冲的作用结果是使光脉冲在传输中保持形状不变。所以光纤特性对光孤子的形成、传输演变特性与通信能力有决定性的影响,是支撑光纤孤子通信的决定性因素。

光纤孤子通信系统的基本构成与一般光纤通信系统大体相似,其主要差别在于光源应为光孤子源,光放大器代替光/电/光中继器。此外,由于信号速率较高,多采用外调制器。图 9.49 为光纤孤子通信系统的组成框图。由光孤子源产生一串光孤子序列,即超短光脉冲,电脉冲通过外调制器将信号载于光孤子流上,孤子流经光放大器放大后送入光纤进行传输。长距离传输途中需经光放大器将信号进行中继放大,以补偿光脉冲的能量损失,同时还需平衡非线性效应与色散效应,最终保证脉冲的幅度与形状的稳定不变。在接收端通过高速光检测器及其他辅助装置将信号进行还原。

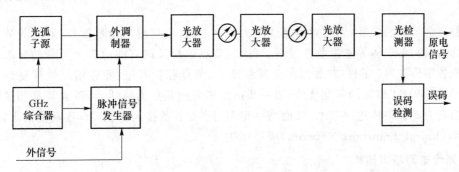

图 9.49　光纤孤子通信系统组成框图

光纤孤子通信系统中的关键器件是光孤子源。理论证明,光孤子源发出的光孤子应具有双曲正割型或高斯型的轮廓,输出功率大,应是无啁啾的,并且稳定性要好。光孤子激光器种类有多种,如半导体增益开关激光器、色心激光器、锁模激光器等。光纤孤子通信系统中的光中继放大可以采用 EDFA 和 RAMAN 放大器补偿光纤损耗,实现光孤子长距离"透明"传输。系统传输使用的光纤主要是常规的 G.652 光纤、色散位移光纤等。

光纤孤子通信是一种非线性通信技术,依靠光纤的非线性和色散特性,实现传输过程中畸变光信号的分布式自整形,是实现高速长距离与超高速中短距离全光通信的理想方案。

9.5　光网络技术

光网络是面向传送的信息基础设施,在现代通信网中发挥着重要作用。近十年来,随着互联网技术的快速发展,具备宽带、动态、突发等显著特征的 IP 业务爆炸式地迅猛崛起,对通信容量、服务质量、灵活性和可靠性提出越来越高的要求。与此同时,波分复用技术的成熟与广泛应用,为充分挖掘光纤带宽和支撑网络通信能力的增长提供了根本保证。

从光网络发展的演进趋势看,呈现出 IP/数据驱动、波长传送、智能控制等主要特点。

（1）IP/数据驱动是光网技术创新之源：为满足大容量 IP 承载网和多种数据业务颗粒交换的通信需求，围绕 GE/10GE/100GE 业务接入和交叉调度能力形成了新一代的光传送网体系架构，同时向支持业务统计复用的分组传送网功能发展。

（2）波长传送是光网统一平台之基：采用面向波长传送的技术路线为实现光层通道组织和构建光网统一平台提供了可行的解决方案，当前由固定栅格向灵活栅格技术发展，可进一步提高全光网通信的能力和效率。

（3）智能控制是光网发展必由之路：针对光网络自动交换和动态联网的功能需求，引入控制平面技术，实现智能化的连接建立、维护和拆除，完成资源自动发现与管理，是光网络发展的必然趋势。

基于应用范围、技术关键点、标准化路线和通信技术更新换代的不同考虑，光网络发展出现了多元化的倾向，各种类型的解决方案在满足传送网基本功能要求下呈现出不同的层次结构和性能特征。下面重点讲述若干代表性光网络技术，包括光传送网（OTN）、分组传送网（PTN）、频谱灵活光网络等，它们分别从不同角度的发展思路和不同阶段的需求驱动，在宽带网络中发挥了重要作用。

9.5.1 光传送网技术

随着社会经济的发展，人们对信息的需求急剧增加，信息量呈指数增长，通信业务也从电话、数据向视频、多媒体等宽带业务发展，对通信节点的交叉调度能力提出了新的要求。传统的光同步数字传送网（SDH）方案存在交叉粒度小、节点容量有限、业务指配处理复杂等局限性，难以发挥 WDM 传输的带宽优势，进一步的发展方向是更为灵活、具备大带宽和多颗粒度业务交换能力的新型传送网技术，从而满足超高速多业务的接入和交叉调度功能需求，光传送网（OTN，Optical Transport Network）应运而生。

1. 光传送网基本结构

光传送网（OTN）是一种以波分复用和光通路技术为核心的新型通信网络传送体系，它由通过光纤链路连接的光分插复用、光交叉连接、光放大等网元设备组成，对承载客户信号的光通路实现传送、复用、交换、管理、监控和生存性的功能。完整的 OTN 包含光层和电层。在光层，OTN 可以实现大颗粒的处理，类似于 WDM 系统；在电层，OTN 使用异步的映射和复用。OTN 技术在实现与 WDM 同样充足带宽的前提下，具备和 SDH 一样的组网能力，同时克服了以虚容器调度为基础的 SDH 传送网扩展性和效率方面的明显不足，提供了一种用于管理多波长、多光纤网络带宽资源的经济有效的技术手段。与其他类型的传送网络相比较，OTN 可综合利用电层交叉与光层交叉的优势，具有吞吐量大、透明度高、兼容性好和生存能力强等特点，成为面向新一代高速率通信网络重要的统一光传送平台技术，代表了大容量多业务统一承载的发展方向，是国家宽带网络基础设施建设的关键，具有极其广阔的应用前景和市场潜力。

实现光层联网的基本目的包括：
- 消除电子设备引入的带宽瓶颈，大大提高传送网的吞吐容量；
- 允许旁路非落地业务，降低对节点路由器规模的要求；
- 提供了透明的光传送平台，允许互连任何新老系统和制式的信号；
- 采用合理的网络分层技术减少建网成本和维护管理成本；
- 同时实现光层和数据业务层在不同粒度上的联网，可以增强网络整体资源利用率与组网灵活性；
- 实现以波长为基础的快速故障保护与自动恢复,保证光层服务质量(QoS);
- 支持网络可扩展性,允许随节点数目和业务量增长平滑升级现有网络;
- 支持网络可重构性,允许根据业务需求变化动态配置网络逻辑拓扑;
- 网络可靠性高、可维护性好,便于开通基于波长或光纤级别的新业务。

OTN 网络可支持基于单向点到点、双向点到点、单向点到多点的光层连接类型,可基于线型、环型、树型、星型和网状型等多种拓扑组网。

如图 9.50 所示,OTN 传送网络从垂直方向分为三层,即光通道(OCh)层网络、光复用段(OMS)层网络和光传输段(OTS)层网络。

图 9.50　OTN 网络的分层结构

光传送网的各层功能如下。

(1) 光通道(OCh)层网络

OCh 层主要负责为各种不同格式的客户信号提供透明的端到端的光传输通道,提供包括路由选择、波长分配、光信道连接、交叉调度、信道检测及管理、资源配置以及光层保护与恢复等功能。例如,利用光通道层的重新选路或切换至保护路由功能以保证网络路由的灵活性;通过处理光通道层开销,保证光信号适配信息的完整性;实现光通道层的管理、检测、操作、维护等运维功能。

OCh 层通过光通道路径实现接入点之间的数字客户信号传送,其特征信息包括与光通道连接相关联并定义了带宽及信噪比的光信号和实现通道外开销的数据流。OCh 层的终端包括路径源端、路径宿端、双向路径终端三种方式,主要实现 OCh 连接的完整性验证、传输质量的评估、传输缺陷的指示和检测等功能。

光通道层在具体实现时进一步划分为三个子层:光净荷单元(OPU)子层、光数据单元(ODU)子层和光传送单元(OTU)子层。其中后两个子层采用数字封装技术实现。

(2) 光复用段(OMS)层网络

OMS 层支持波长复用,以信道的形式管理相邻两个波长复用设备间多波长复用光信号的完整传输,提供包括波分复用、复用段保护和恢复等功能。例如,为灵活的多波长网络选路安排光复用段层功能;通过处理光复用段层开销,保证多波长复用光信号适配信息的完整性;实现光复用段层的管理、检测、操作、维护等运维功能。

OMS 层网络通过 OMS 路径实现光通道在接入点之间的传送,其特征信息包括 OCh 层适配信息的数据流和复用段路径终端开销的数据流,采用 n 级光复用单元 OMU-n 表示,其中 n 为光通道个数。光复用段中的光通道可以承载业务,也可以不承载业务,不承载业务的光通道可以配置或不配置光信号。

(3) 光传输段(OTS)层网络

OTS 层负责为光信号在不同类型的光媒质(如 G652、G653、G655 光纤等)上提供传输功能,用来确保光传输段适配信息的完整性,同时实现光放大器或中继器的检测和控制功能。其中主要功能有:通过接入点之间光传输段路径为光复用段的信号在不同类型的光媒质上提供传输功能;实现光传输段层的管理、检测、操作、维护等运维功能。

OTS层网络通过OTS路径实现光复用段在接入点之间的传送。OTS定义了物理接口,包括频率、功率和信噪比等参数,其特征信息可由逻辑信号描述,即OMS层适配信息和特定的OTS路径终端管理/维护开销,也可由物理信号描述,即n级光复用段和光监控通路,具体表示为n级光传输模块OTM-n。OTS层网络的终端包括路径源端、路径宿端、双向路径终端三种方式,主要实现OTS连接的完整性验证、传输质量的评估、传输缺陷的指示和检测等功能。

图9.51是光传送网的网络分层示例,用于表示光传送网提供端到端的连接。由图9.51可以看出,OMS层连接由多个OTS层连接组成,而OCh层连接又由多个OMS层连接组成。如果某一个OTS层连接出现故障,将影响相应的OMS层连接和OCh层连接。

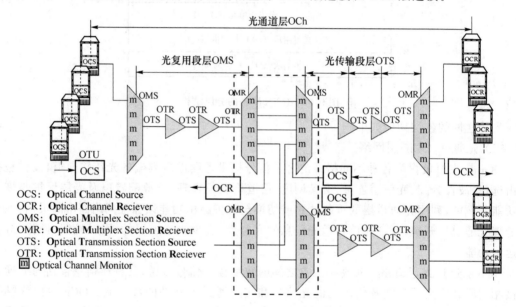

图9.51 提供端到端连接的光传送网结构

OTN网络相邻层之间存在着客户/服务者关系,即每一层网络为相邻上一层网络提供传送服务,同时又使用相邻的下一层网络所提供的传送服务,具体如下。

光通道层/客户适配:光通道层与客户的适配过程涉及客户和服务者两个方面的处理过程,其中客户处理过程与具体的客户类型有关,可根据特定的客户类型(如SDH、以太网等)参考其标准进行处理。双向的光通道/客户适配功能是由源和宿成对的光通道/客户适配过程来实现的,其中光通道层/客户适配源在输入和输出接口之间进行的主要处理过程包括:产生可以调制到光载频上的连续数据流,对于数字客户适配过程包括扰码和线路编码等处理,产生和终结相应的管理和维护信息。光通道层/客户适配宿在输入和输出接口之间进行的主要处理过程包括:从连续数据流中恢复客户信号,对于数字客户适配过程包括时钟恢复、解码和解扰等处理,产生和终结相应的管理和维护信息。

光复用段/光通道适配:双向的光复用段/光通道适配功能是由源和宿成对的光复用段/光通道适配过程来实现的。其中光复用段/光通道适配源在输入和输出接口之间进行的主要处理过程包括:通过指定的调制机制将光通道净荷调制到光载频上,给光载频分配相应的功率并进行光通道复用以形成光复用段,产生和终结相应的管理和维护信息。光复用段/光通道适配宿在输入和输出接口之间进行的主要处理过程包括:根据光通道中心频率进行解复用并终结光载频,从中恢复光通道净荷数据,产生和终结相应的管理和维护信息。

光传输段/光复用段适配:双向的光传输段/光复用段适配功能是由源和宿成对的光传输段/光复用段适配过程来实现的。其中光传输段/光复用段适配源在输入和输出接口之间进行的主要处理过程包括:产生和终结相应的管理和维护信息。光传输段/光复用段适配宿在输入和输出接口之间进行的主要处理过程包括:产生和终结相应的管理和维护信息。

2. 光传送网主要特点

OTN 综合了 SDH 的灵活性和 WDM 的带宽可扩展性,其特点主要体现在以下几个方面。

(1) 分层化的光电融合

随着网络所需的电路带宽和业务颗粒度的不断增大,SDH 已难以满足传送要求,迫切需要在 WDM 基础上实现类似 SDH 的子波长/波长调度能力,支持对 GE、10GE、40G 等大颗粒业务的端到端传送与高效提供,降低网络建设成本。而 OTN 既包含了光层网络,又包含了电层网络。从电域的角度看,OTN 保留了许多 SDH 的优点,OTN 不仅可以进行大数据业务透明传输,而且还具有多域网络和级联监视多层等功能。从光域的角度看,OTN 可以提供子波长/波长的多层面调度,使 OTN 网络实现更加精细的带宽管理,提高调度效率及网络带宽利用率,满足客户不同容量的带宽需求,增强网络带宽的运营能力。

(2) 多业务信号封装与透明传送

OTN 一个重要出发点是子网内的全光透明性,仅在子网边界处采用光/电/光技术。OTN 按照信号的波长来进行信号处理,因此,它对子网内传送的信号的传输速率、数据格式及调制方式完全透明,这意味着光传送网不仅可以透明传送 SDH、IP、以太网、帧中继和 ATM 等客户信号,而且完全可以透明传送后续使用的新的数字业务信号。

(3) 端到端维护管理

在 OTN 网络中,原本由 SDH 完成的电路组网、性能维护与管理等功能将主要由 WDM 承担。OTN 定义了丰富的开销字节,使 WDM 具备同 SDH 一样灵活的运维管理能力。光层采用 G.709 标准接口,增进了互联互通。尤其是多层嵌套的串联连接监视(TCM)功能,支持跨越多个管理域或网络的端到端性能监控和管理,可实现嵌套、级联等复杂网络的监控,显著提高了 OTN 传送网的可维护性。

(4) 快速、可靠的保护恢复

IP 层保护技术的发展将直接挑战传送层的保护技术,路由器集成彩色光口的组网模式在一定程度上限制了光层组网的灵活性和可管理性。OTN 融合了 L1 和 L2 的交换与保护功能,基于 OTN 交换的 WDM 设备可以实现波长/子波长的快速保护恢复,提高了对 IP 业务的承载效率和组网生存能力。

(5) 从点对点传输到动态联网

单纯的 WDM 系统只是一种光纤传输技术,不涉及组网方案。OTN 在 WDM 基础上引入了面向大颗粒业务的节点交换能力,支持传送网由简单的点对点传输方式转向光层联网方式,以改进组网效率和灵活性。同时,OTN 可有效满足控制平面技术的加载需求,实现端到端、多层次的动态灵活联网。

(6) 支持信息的频率同步、时间同步传输

OTN 通过同步以太实现频率同步,通过 IEEE 1588V2 实现时间同步功能,从而向下游业

务平台提供各种同步信息服务。而这一特性对于5G移动通信等对同步要求较高的场景非常重要。

3. 光传送网关键技术

OTN技术体制既包含电域的处理部分,也包含光域的处理部分,是一种光电有机融合的网络技术。

（1）分层技术

OTN采用分层结构,不仅继承了SDH网络的分层概念,而且对其进行了进一步的拓展。对比原有的SDH网络分层结构可以看出,OTN分层相当于在不改变电域内分层结构的基础上对光层进行了拓展,使其光层具有数据传输、信号复用、线路选择、数据传输监控等功能。

OTN结构分为三层体系,分别为光通道层、光复用段层以及光传输段层。为进一步提升网络的透明性、可靠性和兼容性,OTN还对光通道层进行了单元和功能划分,如图9.52所示,包括光净荷单元OPUk、光数据单元ODUk以及光传送单元OTUk,并为每一数据帧分配了相对独立的开销字节,以便更好地提供数据管理服务。而光净荷单元OPUk、光数据单元ODUk以及光传送单元OTUk是在电域上进行处理和组装的,只有加入FEC形成完整的OTUk后,才送入光层完成后续操作。

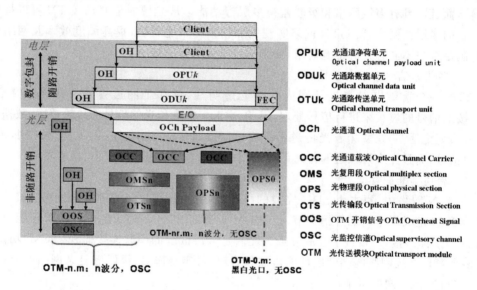

图9.52　OTN分层结构

（2）数字包封技术

数字包封技术采用的是4行4 080列的标准帧格式(即OTUk帧),其中头部16列为开销字节,尾部255列为FEC校验字节,中间3 808列为净荷。头部开销字节的定义如图9.53所示。其中,第一行1～7列为帧定位字节,8～14字节为OTUk开销字节,第2～4行1～14列为ODUk开销字节,第15、16列为OPUk开销字节。

OTUk($k=1,2,3,4$)采用固定长度的帧结构,且不随客户信号速率而变化,也不随OTU1、OTU2、OTU3、OTU4等级而变化。当客户信号速率较高时,相对缩短帧周期,加快帧频率,而每帧承载的数据信号没有增加。对于承载一帧10 Gbit/s SDH信号,需要大约11个OTU2,承载一帧2.5 Gbit/s SDH信号则需要大约3个OTU1。

ODUk($k=0,1,2,2e,3,4$)帧结构为4行3 824列结构,主要由两部分组成:ODUk开销和OPUk。如图9.54所示,ODUk开销包含光通道的维护和操作功能信息,定义了TCM、PM、

GCC1/GCC2、APS/PCC、FTFL 等开销。其中 TCM 用于串联连接监测、PM 用于 ODU 层的通道监测,定义与 OTU 层的 SM 监测类似;APS/PCC 用于传递光通道保护倒换协议;FTFL 传递故障类型和故障位置。

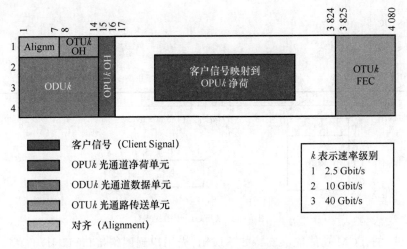

图 9.53 OTUk 信号的帧结构

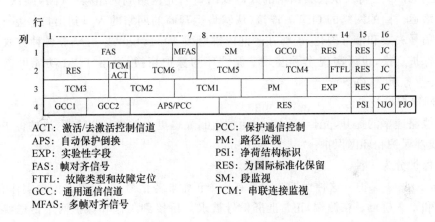

ACT: 激活/去激活控制信道　　　　PCC: 保护通信控制
APS: 自动保护倒换　　　　　　　　PM: 路径监视
EXP: 实验性字段　　　　　　　　　PSI: 净荷结构标识
FAS: 帧对齐信号　　　　　　　　　RES: 为国际标准化保留
FTFL: 故障类型和故障定位　　　　 SM: 段监视
GCC: 通用通信信道　　　　　　　 TCM: 串联连接监视
MFAS: 多帧对齐信号

图 9.54 ODUk 开销结构

OPUk($k=0,1,2,2e,3,4$)帧结构为 4 行 3 810 列结构,主要由两部分组成:OPUk 开销和 OPUk 净负荷。如图 9.55 所示,OPUk 开销支持客户信号适配,定义了 PSI(Payload Structure Indicator)开销,用于承载客户信号类型等信息。调整控制字节(JC)结合正负调整机会字节(PJO/NJO)完成一定范围内的字节调整。

OTN 帧结构与 SDH 帧结构的不同之处在于,摒弃了一些字节开销,如 E1/E2 公务开销、F1/F2/F3 通路开销等。这些开销的摒弃可在一定程度上降低传输带宽的占用率。

(3)串联连接监测技术

串联连接监测技术(TCM)可以为 OTN 网络提供多达六级的连接监视服务,基于该服务,运营商或者设备商可以实现对 OTN 网络的分段、分级管理。OTN 网络下的 TCM 监测点可依照应用与监测需求被设置在不同位置,其使能状态也可以得到有效控制与管理,相较于 SDH 网络而言,其所能提供的故障定位服务更加快速,业务服务质量更好。同时,OTN 网络内的 TCM 还可以支持多种连接方式,如嵌套、串联、重叠等,以满足不同的应用需求,增强整个网络的监控能力。

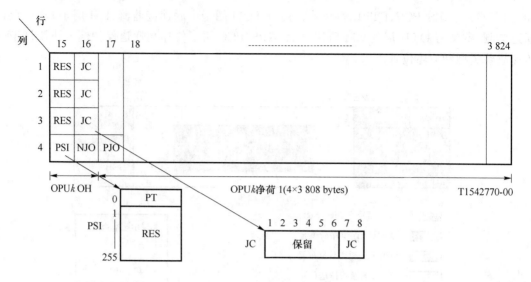

图 9.55 OPU*k* 开销结构

运用 OTN 的 TCM 功能能够支持如下应用:光用户到网络接口(UNI)TCM,监测经过公共传送网的 ODU*k* 连接(从公共网络的入口到出口);光网络到网络接口(NNI)TCM,监测经过一个网络运营商的网络的 ODU*k* 连接(从网络运营商的网络的入口到出口);基于 TCM 所探测到的信号失效和信号裂化,能够在子网内部触发 $1+1$,$1:1$ 或 $1:N$ 等各种方式的光通道子网连接保护切换,也可实现光通道共享保护环的保护切换;运用 TCM 功能可进行故障定位,及验证业务质量(QoS)。

(4) 网络保护技术

随着线路速率的提升,光传送网络中保护机制显得更为重要。OTN 网络的保护分为两种类型,即线性保护和环网保护。

线性保护分为 4 种。

① OCh $1+1$ 保护。这种保护结构具有一个正常业务信号、一个工作传送实体、一个保护传送实体和永久桥接。在源端,正常业务信号被永久桥接到工作和保护两个传送实体。在宿端,从两个传送实体中选择较好的一个正常业务信号。由于永久桥接,所以 $1+1$ 结构不允许提供不受保护的额外业务信号。

② OCh $1:N$ 保护。这种保护结构具有 n 个正常业务信号、n 个工作传送实体和一个保护传送实体,且可以有一个额外业务信号。在源端,正常业务信号或者被桥接到它的工作传送实体和保护传送实体(如果采用广播桥接方式),或者连接到它的工作或保护传送实体(如果采用选择器桥接方式)。在宿端,或者从它的工作传送实体,或从保护传送实体选择正常业务信号。当保护传送实体没有承载正常业务信号时,可以通过保护传送实体传送不受保护的额外业务信号。

③ ODU*k* 子网连接(SNC)保护。在 ODU*k* 层采用子网连接保护,子网连接保护是用于保护一个运营商网络或多个运营商网络内一部分路径的保护。一旦检测到启动倒换事件,保护倒换应在 50 ms 内完成。受到保护的子网络连接可以是两个连接点之间,也可以是一个连接点和一个终接连接点之间或两个终接连接点之间的完整端到端网络连接。子网连接保护是一种专用保护机制,可以用于任何物理结构,对子网络连接中的网元数量没有根本的限制。

④ ODU*k* $M:N$ 保护。ODU*k* $M:N$ 保护指一个或 N 个工作 ODU*k* 共享 1 个或 M 个保护 ODU*k* 资源。这是一种较为灵活的网络保护配置方式。

环网保护主要包括两种。

① OCh 环网保护。仅支持双向倒换,其保护倒换粒度为 OCh 光通道。每个节点需要根据节点状态、被保护业务信息和网络拓扑结构,判断被保护业务是否受到故障的影响,从而进一步确定出通道保护状态,据此状态值确定相应的保护倒换动作;OCh SPRing 保护是在业务的上路节点和下路节点直接进行双端倒换形成新的环路,不同于复用段环保护中采用故障区段两端相邻节点进行双端倒换的方式。

② ODUk 环网保护。仅在环上的节点对信号质量情况进行检测作为保护倒换条件,对协议的传递也仅仅需要环上的节点进行相应处理,仅支持双向倒换,其保护倒换粒度为 ODUk,即仅在业务上下路节点发生保护倒换动作。

(5) 虚级联技术

OTN 中装载客户信号的是光传送模块中的 OPUk,如果客户信号的帧结构字节数大于标准 OPUk 的字节数,则需要将客户信号装入多个 OPUk 中,这就是虚级联技术,即 OTN 中的级联是通过 OPUk 信号的虚级联实现的。

OPUk-Xv 的开销包括:X 个净荷结构标识符(PSI),PSI 中包括净荷类型(PT);X 个虚级联开销(VCOH),用于虚级联特定序列和复帧指示;与客户信号映射相关的开销,如调整控制和机会比特。通过上述开销,源端可以指示将哪些 ODUk 加入承载 OPUk 的虚级联中,同时可以增加或删除该虚级联组中的 ODUk 成员,从而实现带宽的灵活调整。宿端则按照上述指示,对特定的 ODUk 进行接收和数据拼装。

(6) 多业务 OTN 技术

传统的 OTN 主要还是针对大颗粒 TDM 业务设计的,随着数据业务的蓬勃发展,多业务 OTN(MS-OTN)得到发展,其主要技术包括通用映射规程(GMP)、ODUflex 和 ODUflex(GFP)无损调整(G. HAO)。

1) GMP

传统 OTN 建议中仅定义了 CBR 业务、GFP 业务和 ATM 业务的适配方案。随着业务种类的不断增加,客户对业务传送的透明性要求也不断提高。目前,客户信号的传送主要有 3 个级别的透明性,即帧透明、码字透明和比特透明。帧透明方式将会丢弃前导码和帧间隙信息,而这些字节中可能携带了一些私有应用。同样,码字透明方式也会破坏客户信号的原有信息。这两种透明传送方式均无法满足客户对业务的透明性需求,也无法支撑 CBR 业务的统一适配路径。

2) ODUflex

针对未来将不断出现的各种速率级别的业务,ITU-T 定义了两种速率可变的 ODUflex 容器:一种是基于固定比特速率(CBR)业务的 ODUflex,这种 ODUflex 的速率有 3 个范围段,分别是 ODU1~ODU2 之间、ODU2~ODU3 之间和 ODU3~ODU4 之间,这种 ODUflex 通过 GMP 适配 CBR 业务;另一种是基于包业务的 ODUflex(GFP),这种 ODUflex(GFP)的速率为 1.38~104.134 Gbit/s,其速率原则上是任意可变的,但是 ITU-T 推荐采用 ODUk 时隙的倍数确定速率。这种 ODUflex(GFP)通过 GFP 适配包业务。ODUflex 和 ODUk($k=0,1,2,2e,3,4$)构成了 MS-OTN 支持多业务的低阶传送通道,能够覆盖 0~104 Gbit/s 范围内的所有业务。ODUflex 容器的提出,使 OTN 具备了多种业务的适应能力。

3) ODUflex(GFP)无损调整(G. HAO)

针对 ODUflex(GFP),ITU-T 定义了一种无损调整(HAO)技术。这种技术能够提高 OTN 传送分组业务的带宽利用率,增强 OTN 网络部署的灵活性。ODUflex(GFP)连接中的所有节点必须支持 HAO 协议,否则需要关闭 ODUflex(GFP)连接并重新建立。ODUflex(GFP)链路配置的修改必须通过管理或控制平面下发。

(7) 光节点实现技术

光传送网的透明性、可扩展性、可重构性等特点要依靠器件来实现。光网络的节点技术是网络技术的核心。光节点的引入,可以实现信号在光域上交换和选择路由,使得光域联网成为可能。目前,光网络节点类型主要可分为常规光分插复用器(OADM)、光交叉连接器(OXC)和可重构光分插复用器(ROADM)等。

1) 常规光分插复用器

光分插复用器的基本功能是从传输设备中有选择性地下路、上路,或仅仅直接通过某个波长信号,同时不影响其他波长信道的传输。也就是说,OADM 在光域内实现传统的电 SDH 分插复用在时域内完成的功能,而且具有透明性,可以处理任何格式和速率的信号。

光分插复用器(OADM)是全光网的重要网元之一,OADM 的物理实现方案可以是多种多样的,根据节点结构所采用的光子器件组合方式,目前已提出了多种可行的常规 OADM 节点方案。下面仅以"分波器+光交换矩阵+合波器"的结构为例,说明 OADM 的实现机理(见图 9.56)。

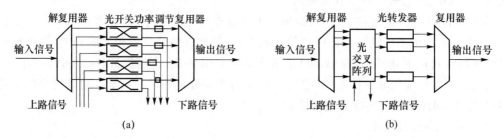

图 9.56 "分波器+空间交换单元+合波器"的 OADM 结构

"分波器+空间交换单元+合波器"的 OADM 结构方案采用分波/合波器,OADM 的直通与上下的切换由空间交换单元来实现。分波器可以是普通的解复用器(如多层介质膜类型)或者阵列波导光栅(AWG)型解复用器等,空间交换单元一般采用光开关或光开关阵列,合波器可以采用耦合器或复用器。这种结构的支路与群路间的串扰由光开关决定,波长间串扰由分波合波器决定。图 9.56(a)和(b)是对这种方案的具体实现。图 9.56(a)中的功率调节的作用是均衡各 WDM 信道的功率值,使其平衡和统一。图 9.56(b)所示结构由于采用了光转发器(Transponder),从而上路光信号可以任意插入需要的波长信道。该方案的优点在于结构简单,对上下话路的控制比较方便。开关的使用使 OADM 获得调谐能力的同时,也带来时延和插入损耗问题。目前,机械式光开关的响应速度在毫秒量级,铌酸锂($LiNbO_3$)开关的响应时间在纳秒量级,但它的插入损耗比机械光开关大得多。

2) 光交叉连接器

光交叉连接器(OXC)的功能与 SDH 中的数字交叉连接设备(SDXC)类似,不同点是在光域网上直接实现高速光信号的路由选择、网络恢复等,无须进行光/电/光转换和电处理。它是全光网的另外一种重要网元类型。

OXC 的光交换单元可采用两种基本交换机制,即空间交换和波长交换。实现空间交换可采用各种类型的光开关,它们在空间域上完成入端到出端的交换功能,典型结构如基于空间光开关矩阵和波分复用/解复用器对的 OXC 结构、基于空间光开关矩阵和可调谐滤波器的 OXC 结构、基于分送耦合开关的 OXC 结构、基于平行波长开关的 OXC 结构等。实现波长交换可采用各种类型的波长变换器,它们将信号从一个波长上转换到另一个波长上,实现波长域上的交换,典型结构如基于阵列波导光栅复用器的多级波长交换 OXC 结构、完全基于波长交换的 OXC 结构等。另外,光交换单元中还广泛使用了波长选择器(如各种类型的可调谐光滤波器和解复用器)。图 9.57 给出了基于空间光开关矩阵和波分复用/解复用器对的 OXC 结构。

OXC 的难点之一是在光网络、光节点与业务接入层面上如何解决路由算法与控制问题。

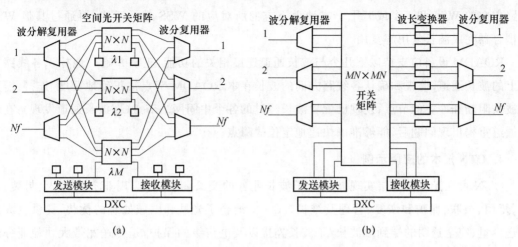

(a)　　　　　　　　　　　　　　(b)

图 9.57　基于空间光开关矩阵和波分复用/解复用器对的 OXC 结构

3) 可重构光分插复用器

光分插复用器通过在光层实时调度波长路由,实现了波长路径的动态重构,在很大程度上提高了波分网络的灵活性。常规 OADM 实现简单,能够满足小规模波长路由节点的灵活调度需求,但是由于其模块集成度低,结构可扩展性差,难以适应波长数量众多、光层连接关系复杂的情况。因此,可重构光分插复用器(ROADM)成为新一代的光分插复用设备方案。实现 ROADM 有多种方案,下面以基于波长选择开关(WSS)的 ROADM 为例说明其基本结构。

波长选择开关(WSS,Wavelength Selective Switch)是近期发展极为迅速的 ROADM 子系统技术,主要是由于其频带宽、低色散和基于端口的波长定义等特性,并可以扩展成任意方向、任意端口、任意波长上下的更为灵活的 ROADM。如图 9.58 所示,基于 WSS 的 ROADM 的结构包括上路和下路两个部分,由于这两部分都含有穿通控制部分,两者均能完成对穿通波长的控制,还可完成对上路波长信号进行管理,以及完成本地业务的下路。

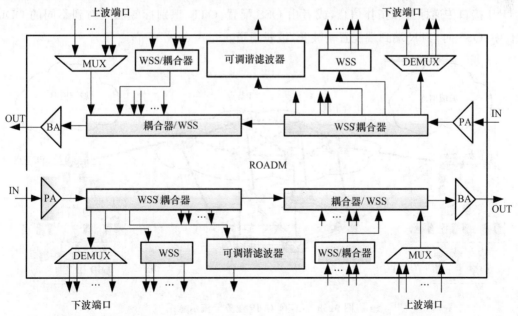

图 9.58　基于 WSS 方案的两方向 ROADM(可扩展至多方向)

若要实现方向无关性、端口无关性波长上下功能,可将基于 WSS 的多方向 ROADM 每个线路方向的 WSS 和一个或若干个本地上下方向所对应的 WSS 进行互连,再通过其他 WSS 或耦合器完成波长复用解复用。

ROADM 设备应支持以下几个与波长通道连接相关的功能:正确并唯一地标识各线路方向上的波长通道;监视和确认各线路方向的波长在本 ROADM 节点被正确地调度/连接;能发现波长阻断和冲突的节点;发现已配置波长经过的各个中间网络节点(即波长通道发现);在波长通道重构出现问题后,能够准确快速地定位故障点。

4. OTN 技术的应用示例

OTN 可在光层及电层实现波长及子波长业务的交叉调度,并实现业务的接入、封装、映射、复用、级联、保护和恢复、管理及维护。OTN 结合了光域和电域处理的优势,提供巨大的传送容量、完全透明的端到端波长/子波长连接以及电信级的保护,是传送宽带大颗粒业务最优的技术。它集传送和交换能力于一体,是承载宽带 IP 业务的理想平台。

骨干网中,IP over OTN 通过光网络节点实现核心 PE 节点路由器之间的大量中转业务传输层穿通处理,节约核心 P 节点路由器的接口数量,降低对其容量的要求,提升业务转发效率;通过结合控制平面 UNI 接口的 ODUflex 技术,可以实现 IP 路由器和 OTN 交叉设备的带宽灵活适配和动态调整,如图 9.59 所示。随着网络的进一步融合,IP 和光网络在业务传送层、控制层和管理层 3 个平面都实现互通,构建下一代传送网络架构,进一步优化网络资源,降低网络投资和运营成本。为实现 OTN 对 IP 业务分流,可通过基于物理端口、通道化子端口和基于标签管道等方式实现。基于物理端口实现分流:需要路由器预留并固定分配好物理端口,但是会造成路由器端口和带宽的浪费。基于通道化子端口对 IP 业务进行分流:需要路由器支持通道化 OTN 的能力;路由器对流量进行分类,并映射到 ODUk 通道中;OTN 设备基于 ODUk 进行调度。基于标签管道方式分流:路由器对流量用 VLAN 或 MPLS 标识,路由器通过 UNI 接口传递标签和拓扑信息,或者由 OSS 配置;OTN 识别标签值映射到不同的 ODUk 波长中;OSS 向 OTN 端到端配置子波长/波长通道。

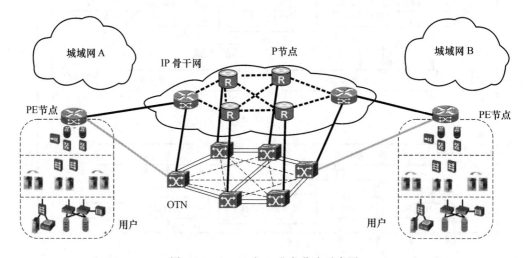

图 9.59 OTN 对 IP 业务分流示意图

9.5.2　分组传送网技术

传统的承载网技术越来越难以满足多业务承载和灵活调度的要求。例如,SDH 及扩展技术(如多业务传送平台 MSTP)采用较为刚性的管道承载分组业务,统计复用效率不高,业务调度不灵活;而 OTN 技术的交换颗粒度太大,无法直接用于分组业务的传送;传统以太网缺乏有效的 QoS 保证、保护恢复机制、端到端 OAM 保障,不适合高质量业务的承载;MPLS 技术则包含了网络层(Layer 3)的协议和机制,处理机制和实现都较为复杂,处理时延较大且成本较高。另外,由于 SDH/MSTP、以太网交换机、路由器等多个网络分别承载不同业务并各自维护,也难以满足多业务统一承载和降低运营成本的发展需求。因此,随着网络 IP/ 数据业务不断急速增加,研究设计适合高带宽、高利用率、高可靠性和灵活调度的承载网技术是网络发展的必然选择。

分组传送网(PTN,Package Transport Network)是基于分组、面向连接的多业务统一传送技术,不仅能较好承载电信级以太网业务,还可以支持 TDM 业务、ATM 业务和 IP 业务,满足了标准化业务、高可靠性、灵活拓展性、严格 QoS 和完善 QAM 5 个基本属性。PTN 基于分组的架构,继承了 SDH/MSTP 的分层设计理念,融合了以太网和 MPLS 的优点并删减了其中不必要的机制,具有面向连接、支持电信级 OAM、快速保护恢复等诸多优点;它在较好地承载电信级以太网业务的同时,兼顾传统 TDM 业务的传送。与其他技术相比,PTN 不仅继承了传统传送网面向连接的特性,还具备高效带宽管理能力。

1. 分组传送网基本架构

PTN 主要分为虚通道层、虚通路层和虚段层(见图 9.60),其具体功能划分如下。

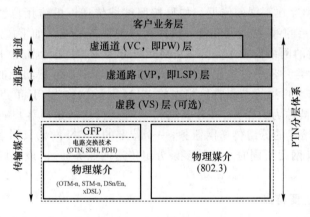

图 9.60　PTN 分层结构

(1)虚通道层

PTN 的虚通道层网络可提供点到点、点到多点、根基多点和多点到多点的分组传送网络业务,这些业务通过 PTN VC 连接来提供,VC 连接承载单个客户业务实例。PTN VC 层网络提供了 OAM 功能来监视客户业务并触发 VC 子网连接(SNC)保护。

对采用 MPLS-TP 技术的 PTN,VC 层主要采用点到点或点到多点的伪线(PW)。

(2)虚通路层

PTN 的虚通路层网络是分组传送路径层,通过配置点到点和点到多点 PTN 虚通路(VP)来支持 PTN VC 层网络。其中点到点 PTN VC 是通过点到点 PTN VP 分组传送路径来支持的,在 PTN 网络的边缘起始和终结,这些点到点 VP 传送路径承载两个 PTN 节点之间的一个或多个 PTN VC 信号;再点到多点 PTN VC 是通过点到多点的 PTN VP 分组传送路径来支持的,在 PTN 网络的边缘起始和终结,这些点到多点 VP 传送路径承载两个以上 PTN 节点之间的一个或多个 PTN VC 信号。

对采用 MPLS-TP 技术的 PTN,VP 层采用点到点或点到多点的 LSP。

(3) 虚段层

PTN 的虚段层网络提供监视物理媒介层的点到点连接能力,并通过提供点到点链路来支持 PTN VP 和 VC 层网络。这些点到点链路以及物理媒介层监视是通过点到点 PTN VS 路径来实现的,它一般与物理媒介层的连接具有相同的起始和终结点。这些链路在传送网络节点之间承载一个或多个 PTN VP 或 PTN VC 层信号。

PTN 网元是构建 PTN 网络的重要组成部分。一个 PTN 网元通常由传送平面、管理平面和控制平面共同构成,一般具备以下基本功能。

① PTN 网元的传送平面:实现对 UNI 接口的业务适配、面向连接的分组转发和分组交换、操作管理维护(OAM)报文的转发和处理、网络保护、业务的服务质量(QoS)处理、分组同步、NNI 接口的线路接口适配等功能。

② PTN 网元的管理平面:实现网元级和子网级的拓扑管理、配置管理、故障管理、性能管理和安全管理等功能,并提供必要的管理和辅助接口,支持北向接口。

③ PTN 网元的控制平面功能:支持信令、路由和资源管理等功能,并提供必要的控制接口。

PTN 网元在传送平面的接口分为客户网络接口(UNI)和网络-网络接口(NNI)两类。UNI 接口用于连接 PTN 网元和客户设备;NNI 接口用于连接两个 PTN 网元,同时 NNI 因所在位置不同,又分为域内接口(IaDI)和域间接口(IrDI)。

PTN 网元的分类存在不同的依据。如果按照城域传送网的应用位置来分,PTN 网元可分为 PTN 核心层网元、汇聚层网元和接入层网元三类设备形态。如果按照 PTN 网元为客户提供分组传送业务时的网络位置来分,PTN 网元可分为 PTN 边缘节点(PE 节点)和 PTN 核心节点(P 节点)两大类。客户边缘设备是进出 PTN 的客户业务层功能的源宿节点,在 PTN 的两端成对出现。与客户边缘节点直接相连的 PTN 网元被称为 PE 节点,在 PTN 内部进行 VP 隧道转发的网元被称为 P 节点。PE 节点和 P 节点描述的是对客户业务、VC、VP 的逻辑处理功能,对任一个给定的分组传送网业务,一个特定的 PTN 网元只能承担 PE 或 P 的一种功能,但对某一 PTN 网元所同时承载的多条分组传送网业务而言,该 PTN 网元可能既是 PE 节点又是 P 节点。

2. 分组传送网主要特点

PTN 以分组业务为核心并支持多业务提供,同时继承光传输的传统优势,其主要特征体现在灵活的组网调度能力、多业务传送能力、全面的电信级安全性、便捷的 OAM 和网管、具备业务感知和端到端业务开通管理能力、完善多样的保护恢复能力、传送单位比特成本低等。主要技术特点如下。

① 面向连接的多业务分组转发:采用面向连接的分组转发技术,基于分组交换内核。分组转发基于标签机制实现,支持多业务传送,并为多种业务提供差异化的服务质量(QoS)保障。PTN 支持双向点到点的分组传送路径及其流量工程控制能力,也可以支持单向点到多点的分组传送路径及其流量工程控制能力。

② 可靠的网络保护机制:支持基于 OAM 和网管命令来触发分组传送路径的保护倒换,并可应用于 PTN 的各个网络分层和各种网络拓扑。传送平面的分组转发、保护倒换动作应

独立于控制平面或管理平面;若控制或管理平面配置的分组传送路径失败,传送平面仍能正常执行分组转发、OAM 处理和保护倒换等功能。

③ 完善的分组 OAM 管理机制:具有完善的 PTN 网络内 OAM 故障管理和性能管理功能,支持对以太网、TDM 等业务的 OAM 故障管理和性能管理功能;支持通过管理平面对网络进行静态配置操作的能力,网管的静态配置应不依赖于任何控制平面元素(即不使用任何控制平面的协议),包括业务配置和对 OAM、保护等功能的控制。

④ 简化的数据转发操作:MPLS-TP 的分组转发、OAM 和保护处理不依赖于 IP 转发,因此数据处理效率较 IP 转发高。

⑤ 高精度的时间同步能力:支持同步以太网功能,实现稳定可靠的频率同步;支持 IEEE 1588-v2 功能,实现高精度的时间同步。

3. 分组传送网关键技术

PTN 主要面向多业务高质量的分组传送,其关键技术包括多业务承载技术、面向分组的保护技术、OAM 技术、QoS 技术和分组同步技术。

(1) 多业务承载技术

PTN 的多业务承载技术是将分组交换和业务处理相分离,在外层线卡提供对不同业务的处理功能,在内层将与业务处理无关的业务交换功能集中于统一的通用交换板上。通用交换结构通过统一的传送平台简化网络,运营商可以根据不同业务需求灵活配置不同业务的容量,从而灵活承载 IP、ATM、TDM 等多种业务类型。

PTN 的多业务承载均采用面向连接 LSP 分组转发机制,基于 MPLS-TP 的 PTN 网络支持二层以太网业务、TDM 业务、ATM 业务和 IP 业务的接入和承载(见图 9.61)。

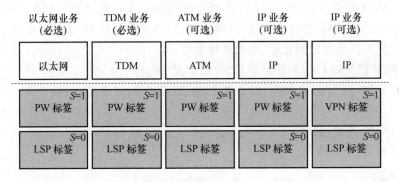

图 9.61　基于 MPLS-TP 的多业务承载结构

(2) 面向分组的保护技术

PTN 对于业务的中断和恢复时间比传统数据网络的时间要求更为严格,通常情况下都要求达到 50 ms 的倒换时间要求。PTN 的保护分为网络内的保护、网络间的接入链路保护、双归保护三类,具体如下。

① 网络内的保护:PTN 网络内的线性保护,保护对象是 LSP 和 PW;PTN 网络内的环网保护,保护对象是 PTN 的段层。

② 网络间的保护:TDM 从 TM 接入链路的保护,以太网 GE/10GE 接入链路的保护。

③ 双归保护:PTN 网络内保护和接入链路保护相配合,实现在接入链路或 PTN 接入节点失效情况下的端到端业务保护。

对于以上保护技术,PTN 能够实现以下功能特性。

① PTN 的保护倒换应支持链路、节点故障和网管外部命令的触发,并应支持各种倒换请求的优先级处理,其中故障类型为支持物理链路、LSP 和 PW 信号失效和中间节点失效,支持

信号劣化,外部命令为支持保护锁定、强制倒换、人工倒换和清除命令等网管命令。

② 保护倒换方式:支持单向倒换和双向倒换类型,应支持配置为返回或不返回操作模式,默认配置为返回模式,支持等待恢复(WTR)功能的启动和 WTR 时间的设置。

③ 保护倒换时间:在链路总长度不大于 1 200 km,且拖延时间设置为 0 的情况下,PTN 网络内线性和环网保护倒换引起的业务受损时间应不大于 50 ms。

④ 拖延时间设置:在 PTN 的底层网络配置了保护方式的情况下,为避免 PTN 层网络和底层网络保护的冲突,PTN 网络保护方式应支持拖延(Hold Off)时间的设置,可设置为 50 ms 或 100 ms。

(3) OAM 技术

PTN 提供基于硬件处理的 OAM 功能,定义了丰富的 OAM 帧来完成故障管理、性能检测和保护倒换。PTN 借鉴了 SDH 的分层架构,通过设定传送通道、传送通路、传送段等不同层次的 OAM 机制,对 PTN 进行分层监控,实现快速故障检测和故障定位。同时结合接入链路 OAM 机制和业务层 OAM 机制,实现网络端到端的电信级管理维护。PTN 的 OAM 功能包括 PTN 内 OAM 机制、PTN 业务层 OAM 机制以及接入链路层的 OAM 机制等。

① PTN 内 OAM 机制:在 PTN 网络内的 OAM,主要支持 PW、LSP、段层三个分层的 OAM 机制。

② PTN 业务层 OAM 机制:PTN 网络支持所承载的各类业务的 OAM 机制,包括 TDM 业务的 OAM、以太网业务的 OAM、ATM 业务的 OAM 和 IP 业务的 OAM。

③ PTN 接入链路 OAM 机制:包括以太网接入链路的 OAM 机制、SDH 接口的再生段和复用段层告警性能 OAM 机制以及 E1 告警和性能 OAM 机制三类。

PTN 内 OAM 分为告警相关的 OAM、性能相关的 OAM 和其他 OAM 三大类。

① 告警相关的 OAM:连续性检测/连通性校验、告警指示信号、远端故障指示、环回检测、踪迹监视、锁定、客户信号故障指示、串联连接监视。

② 性能测量相关的 QAM:丢包测量、时延测量、测试。

③ 其他 OAM:自动保护倒换、管理控制通道、信令控制通道、试验功能、运营商自定义功能。

PTN 的 OAM 主要遵循 IEEE 802.1ag/802.3ah、ITU G.8114/Y.1731/Y.1711 等规范,具体作用范围如图 9.62 所示。

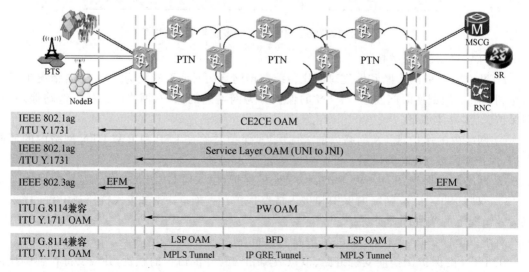

图 9.62 PTN 中分组网络 OAM 的实现方案

（4）QoS 技术

PTN 的 QoS 技术是指针对网络中各种业务应用的不同需求，为其提供不同的服务质量保证，如丢包率、延迟、抖动和带宽等，以实现同时承载数据、语音和视频业务的综合网络。由于 PTN 以承载分组业务为主，因此采用了大量的分组业务处理技术，并实现相应功能。

① 流分类和流标记功能：流分类功能是按照一定规则，对业务流进行分类，流标记是对流分类后的报文设置 PTN 网络内的服务等级和优先级标记，以实现不同业务的 QoS 区分。

② 流量监管功能：流量监管是流分类后采取的动作，对业务流进行速率限制，以实现对每个业务流的带宽控制。

③ 流量整形功能：经过队列调度后的报文通过漏桶机制完成流量整形功能，对各个优先级的流量进行限制，对超出流量约定的分组进行缓冲，并在合适的时候将缓冲的分组发送出去，从而起到流量整形的目的，使报文流能以均匀的速率发送；对每个业务流进行流量整形，有助于降低下游网元由于突发流量导致的业务丢包率。

④ 连接允许控制功能：对业务配置的 CIR、EIR 等带宽参数进行合法性检查，确保不同业务流配置的带宽参数不会超过出口带宽，或超过上一级通道的带宽配置，无法满足的业务带宽参数请求将被拒绝。

⑤ 拥塞管理功能：通过尾丢弃或加权随机早期探测（RED，Random Early Detection）丢弃，以缓解网络拥塞。

⑥ 队列调度功能：当报文到达网络设备接口的速度大于接口的发送能力时，采用队列调度机制来解决拥塞，实现对拥塞时的报文疏导。

（5）分组同步技术

PTN 时间同步是基于 IEEE 1588 精确时间协议，采用主从时钟，对时间进行编码传送，利用网络链路的对称性和实验测量技术实现同步功能。其中，PTN 网络承载电路仿真业务（CES）时，需提供业务时钟的透明传送，保证发送端和接收端业务时钟具有相同的、长期的频率准确度。一般分组网络具有以下 4 种 CES 业务时钟恢复方式。

① 网络同步法：全网处于同步运行状态，业务两端均使用可溯源到全国基准时钟（PRC）的网络时钟作为业务时钟。在这种时钟恢复方式下，业务时钟不透明。

② 自适应法：基于分组包到达的间隔或缓存区的填充水平来恢复定时。这种方式能够保证业务时钟透明，对外部参考时钟没有要求。

③ 差分法：对业务时钟和参考时钟的偏差进行编码并在分组网络中进行传送，业务时钟在远端通过使用相同的参考时钟进行恢复；这种时钟恢复方式能够保证业务时钟透明，但要求收发端能获取公共的参考时钟。

④ 环回定时法：两端业务设备能够直接获取参考时钟，分组网络的 TDM 侧均从业务码流获取时钟用于发送业务信号，无须分组网络恢复时钟，主要用于试验环境，实际网络应用较少。

4. PTN 技术的应用示例

PTN 支持基于线型、环型、树型、星型和网状型等的多种组网拓扑。例如，采用多环互联和线型的组网结构，可满足城域汇聚、接入层的 IP 化转型需求，承载无线基站回传和企事业以太网专线/专网业务，并且可跨越 IP/MPLS 核心网实现互通，图 9.63 给出了一种应用场景。

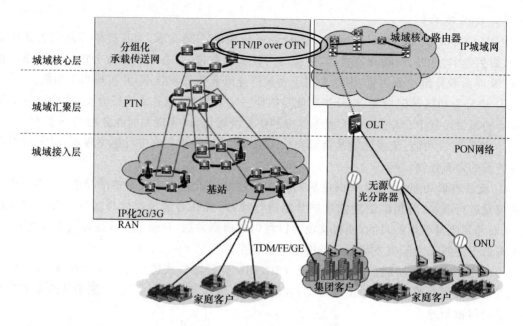

图 9.63 PTN 的应用场景示意图

9.5.3 频谱灵活光网络技术

经典 OTN 的光层交换中大多采用波长路由技术,波长路由技术基于传统 WDM 技术,即以波长通路为基本单位进行选路,实现端到端的全光连接。在带宽分配与性能管理上,波长路由光网络采用"一刀切"(one-size-fits-all)模式,即通道间隔、信号速率与格式等参数都是固定不变的,导致网络灵活性不高、带宽浪费严重、功耗效率低下。究其原因是缺少光层带宽调整、性能监测与调节、动态网络控制和管理的能力。为适应未来大容量、高速率的传送需要,必须从技术上寻求提高资源整体利用率的解决方案。

为了更好地利用频谱资源和更为有效地承载超波长带宽业务,针对 WDM 缺乏带宽灵活性的问题,研究人员提出了带宽可变(BV,Bandwidth-Variable)的光收发技术和带宽可变的光交叉技术等频谱灵活光网络技术,其核心是从固定栅格向灵活栅格技术转变。

在频谱灵活光网络中,频谱资源被进一步细化分割。现有的 WDM 网络架构中符合 ITU-T 标准固定波长栅格被进一步细分为更窄小的频谱单元,这些窄小的频谱单元被称为频率隙(FSs,Frequency Slots)。与分组网络相比,频谱灵活全光交换是将可用频域上切分出最小粒度单元,并可根据业务需求分配一定数量的邻接频谱单元,从而实现根据用户需求和实际业务量大小动态有效地分配适合的频谱资源和配置相应的调制方式,如图 9.64 所示。

频谱灵活光网络架构包含两类节点,分别是由带宽可变的光收发机(BV-Transponder)组成的网络边缘节点和带宽可变的交换单元(BV-OXC)组成的网络的核心节点。其中,交叉节点由连续带宽可变的波长选择单元(BV-WSS)组成。通过该单元,可将不同路由上不重叠的任意带宽频率资源交换到任意指定输出光路上。同时,在网络边缘节点,带宽可变的光收发机可采用单载波调制方式(如 QAM、QPSK)或复杂多载波调制方式(如 O-OFDM)。例如,借助于 O-OFDM 调制技术,发射机可以通过调整 OFDM 子载波的个数来控制信号带宽。频谱灵活光网络中带宽可变交换节点的基本结构如图 9.65 所示。

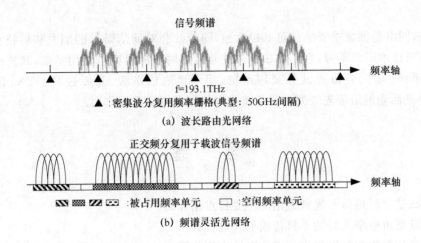

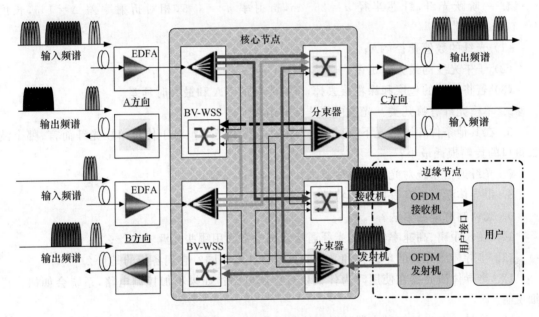

图 9.64　波长路由光网络与频谱灵活光网络的频谱单元对比

图 9.65　频谱灵活光网络中带宽可变交换节点基本结构

本 章 小 结

　　本章主要讲述了光纤通信系统中各组成部分的基本原理、概念、特点和系统总体的性能指标，以及光通信系统和光网络新技术。

　　典型的光纤通信系统主要由光纤、光发送机和光接收机组成。利用射线光学和波动光学方法可对光纤的导光原理进行分析，光纤的主要传输特性包括损耗、色散和非线性效应等。光发送机的主要作用是将电信号变换为光信号，并耦合进光纤进行传输，半导体激光器和发光二极管是最常用的光源，光发送机的主要性能指标有发光功率、消光比及光谱特性等。光接收机的主要作用是将经过光纤传输的微弱光信号转换成电信号，并放大、再生成原发射的信号。光电二极管和雪崩光电二极管是最常用的光检测器。光接收机的主要指标有光接收机的灵敏度和动态范围。强度调制-直接检测（IM-DD）光纤通信系统是最常用、最基本、最主要的基本实现方式。

光通信网络是国家重要的信息基础设施,随着社会对通信需求的加大和科技水平的不断提高,各种新技术层出不穷,它们构成了先进光通信网络的研究与应用基础,高速高效长距离光纤通信系统、超大容量光波分复用系统、相干光通信系统、光传送网 OTN、分组传送网 PTN、频谱灵活光网络等先进光通信系统与网络正发挥着重要作用。

习　题

1. 什么是光纤通信?光纤通信的主要特点是什么?

2. 阶跃型折射率光纤的单模传输原理是什么?

3. 光纤的损耗和色散对光纤通信系统有哪些影响?光纤中有哪几种色散?解释其含义。

4. 一阶跃光纤,纤芯半径 $a=25~\mu m$,折射率 $n_1=1.5$,相对折射率差 $\Delta=1\%$,长度 $L=1~km$。求:

(1) 光纤的数值孔径 NA;

(2) 子午光线的最大时延差;

(3) 若将光纤的包层和涂覆层去掉,求裸光纤的 NA 和最大时延差。

5. 单模光纤有哪几类?光缆由哪几部分组成?

6. 在其他条件相同情况下,色散最严重的是哪类光纤?对于传统单模光纤而言,哪个波长窗口的传输损耗最小?

7. 光纤通信系统对光源有哪些要求?

8. 半导体激光器有哪些稳态特性?

9. 光调制有哪些方法?

10. 在长距离、高速率传输的光纤通信系统中常采用哪些光源?为什么?

11. 半导体激光器的单纵模和光纤的单模有什么不同?它们各指的是什么?

12. 半导体激光器在使用时为什么要有控制电路?如果不加控制电路,系统会如何?详细说明。

13. 设计一个半导体激光器的温度控制电路,电路要求能够设定半导体激光器的温度。

14. 光发送机的主要指标有哪些?

15. 光纤通信系统对光检测器的要求有哪些?半导体光检测器有哪些主要特性?

16. 简述影响半导体光检测器波长响应范围的因素。

17. 一个 PIN 光电二极管在 $1.3~\mu m$ 和 $1.5~\mu m$ 的量子效率均为 80%,求其响应度。在哪一个波长的响应度较高?为什么?

18. 简述 APD 的工作原理。

19. 简述 APD 光电检测器本身引入的噪声。

20. 光接收机的主要指标有哪些?

21. 简述光纤数字通信系统的构成。

22. 光中继器的主要功能有哪些?有哪些类型?

23. 光纤通信系统的主要性能指标有哪些?

24. 光放大器有哪些形式?

25. 半导体光放大器有哪些不同形式?其结构如何?

26. 半导体光放大器的性能如何？应用在哪些方面？

27. 光纤放大器有哪些类型？

28. EDFA 能放大哪个波段的光信号？简述 EDFA 的结构和工作原理。

29. 简述 IM-DD 光纤通信系统的基本构成。

30. 简述 WDM 技术的原理与特点。

31. 简述相干光通信系统的基本构成与工作原理。

32. 简述偏振复用(PDM)技术原理。

33. 举例说明提高光传输能力的其他复用方式。

34. 简述光传送网的基本结构与节点特点。

35. 简述分组传送网的基本特征与主要特点。

36. 简述频谱灵活光网络的基本特征与主要特点。

第10章　无线通信技术

本章主要讲述无线通信中的基本技术和一些系统,包括无线电波传播特性、无线传输技术和不同无线通信系统。

无线通信系统大致可以分成两类:一类是利用无线电波来解决信息传输问题,如微波传输系统、卫星传输系统;另一类是利用无线电波形成具有覆盖能力的通信网络,如陆地移动通信系统、卫星移动通信系统等。

为了避免系统间的互相干扰,所有无线通信系统使用规定的频率资源,频率资源一般由国际或国家的无线电管理部门来统一划分,不同的无线通信系统使用不同的无线频段。

10.1　无线电波传播基础

利用无线电波进行通信由来已久,从最早的马可尼(Marconi)越洋电报到现在的移动通信,其间无线通信经历了从无到有,从简单到复杂,从点对点通信到无线通信网络,从低速数据报到高速多媒体通信。无线电波的覆盖特性,使其可以方便地构造各种无线通信系统。无线通信作为通信的一个组成部分,在整个通信领域中具有重要的作用,并成为具有全球性规模的通信产业之一。

无线电波的传播具有覆盖的特性,可以很容易形成面的覆盖;利用方向性天线,无线电波又可以具有定向传播的特性,因此无线电波也可以作为点对点通信的传输媒介。由于无线传播环境的复杂性,无线电波的传播具有特殊性,不同的无线通信系统工作在不同的传播环境,因此具有各自的特殊性,需要的传输技术也各异。一般来说,无线电波传播中可能会遇到电波的阻挡、反射、折射、绕射的影响,也可能会遇到诸如雨、雪、雾等天气的影响,因此对接收端而言,接收到的无线电波是一个随时间变化、多路径到达的信号,即时变多径的特性,利用各种方法来对抗无线传输中的时变多径成为无线通信技术的一大特色。此外,无线电波的传播环境是开放的,各种电波均有可能同时传播,因此无线通信又具有易受干扰的特性,通信的可靠与安全成为无线通信中的重要问题。

虽然不同的无线通信系统采用不同的通信技术,例如,卫星通信的电波传播环境与地面移动通信系统的传播环境、微波中继通信的传播环境具有明显的不同,但是,应当看到各种无线通信系统均采用无线电波传播,因此在电波的传播上也具有共性。

10.1.1　天线基本知识

无线电发射机输出的射频信号,通过馈线(电缆)输送到天线,由天线以电磁波形式辐射出去。电磁波到达接收地点后,由天线接收下来(仅仅接收很小一部分功率),并通过馈线送到无线电接收机。天线的选择(类型、位置)不好,或者天线的参数设置不当,都会直接影响通信质量。

1. 天线方向性

天线的基本功能是把从馈线输入的能量向周围空间辐射出去,辐射的无线电波强度通常随空间方位不同而不同,根据天线辐射强度的空间分布特点可分为无方向性、全向天线和方向性(或定向)天线。无方向性天线指在三维空间不同方位均匀辐射的天线,如理想点源天线的辐射强度在与天线相同距离位置处电波强度处处相同。全向天线指在水平方向上表现为360°均匀辐射,而在垂直方向上允许非均匀辐射的天线。定向天线泛指只在一定空间角度范围内具有强辐射的天线,定向天线的强辐射方向即为天线辐射的波束方向。

天线通过天线的方向图来描述其方向性,方向图描述了在给定的方向并在相同距离处产生相同电波强度条件下,理想点源天线输入端所需功率与给定天线输入端所需功率的比值,通常用分贝表示。

2. 天线增益

如无特别说明,天线增益是指在天线最大辐射方向,相同距离条件处,为产生相同电波强度,理想点源天线辐射所需功率与给定天线辐射所需功率的比值,天线增益通常以 dBi 表示,表明是相对于理想点源天线的增益。

例如,如果用理想的无方向性点源作为发射天线,需要 100 W 的输入功率,而用增益为 $G=13$ dBi$=20$ 的某定向天线作为发射天线时,输入功率只需 $100/20=5$ W。

3. 波瓣宽度

方向图通常具有两个或多个瓣,其中辐射强度最大的瓣称为主瓣,其余的瓣称为副瓣或旁瓣。在主瓣最大辐射方向两侧,辐射强度降低 3 dB(功率密度降低一半)的两点间的夹角定义为波瓣宽度(又称波束宽度或主瓣宽度或半功率角)。波瓣宽度越窄,方向性越好,作用距离越远,抗干扰能力越强。

4. 天线的极化

所谓天线的极化,就是指天线辐射时形成的电场强度方向。当电场强度方向垂直于地面时,此电波就称为垂直极化波;当电场强度方向平行于地面时,此电波就称为水平极化波。由于电波的特性,决定了水平极化传播的信号在贴近地面时会在大地表面产生极化电流,极化电流因受大地阻抗影响产生热能而使电场信号迅速衰减,而垂直极化方式则不易产生极化电流,从而避免了能量的大幅衰减,保证了信号的有效传播。

10.1.2　电波传播特性

1. 电波的自由空间传播

所谓自由空间是指理想的电磁波传播环境。自由空间传播损耗的实质是能量因电波扩散而损失,其基本特点是接收电平与距离的平方成反比,与频率的平方成反比。

图 10.1 中 T 为发射天线端,R 为接收天线端,T 和 R 相距 d(单位:km)。若发送端的发射功率为 P_t,采用无方向性天线时距离 d 处的球面面积为 $4\pi d^2$,因此在接收天线的位置上,每单位面积上的功率为 $\dfrac{P_t}{4\pi d^2}$(W/m²)。如果接收端用的也是无方向性接收天线,根据天线理论,此天线的有效面积是 $\dfrac{\lambda^2}{4\pi}$。因此接收端功率为

$$P_r = \frac{P_t}{4\pi d^2} \cdot \frac{\lambda^2}{4\pi} = P_t \left(\frac{\lambda}{4\pi d}\right)^2 = P_t \left(\frac{c}{4\pi d f}\right)^2 \tag{10-1}$$

路径损耗为

$$L_s = \frac{P_t}{P_r} = \left(\frac{4\pi d}{\lambda}\right)^2 = \left(\frac{4\pi d f}{c}\right)^2 \tag{10-2}$$

其中，f(单位:GHz)为信号的频率，c 为光速，λ 为信号波长。自由空间损耗写成分贝值为

$$L_s = 92.4 + 20 \lg d + 20 \lg f \tag{10-3}$$

2. 电波传播的几何模型

电波传播的几何模型是分析电波传播特性的基本方法，几何模型多用在传播径数不多的情况，如数字微波信道、移动卫星信道等，其分析是基于电波的直线传播特性及电波的反射、绕射、折射。

（1）电波的反射

电波的反射如图 10.2 所示。

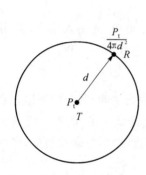

图 10.1 自由空间传播

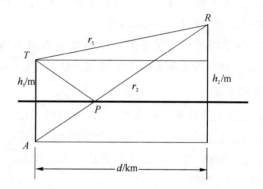

图 10.2 电波的反射

直射波 TR 的行程与反射波 TPR 的行程差为

$$\Delta r = r_2 - r_1$$

假设 $d \gg h_1, h_2$ 则

$$r_1 \approx d \left(1 + \frac{1}{2}\left(\frac{h_2 - h_1}{d}\right)^2\right), \ r_2 \approx d \left(1 + \frac{1}{2}\left(\frac{h_2 + h_1}{d}\right)^2\right) \tag{10-4}$$

所以

$$\Delta r \approx \frac{2h_1 h_2}{d} \tag{10-5}$$

设地面反射波的反射系数为 ρ。反射波与直射波之间存在着相位差，其中行程差引起的相位差为 $\phi = 2\pi \dfrac{\Delta r}{\lambda} \approx \dfrac{4\pi}{\lambda} \cdot \dfrac{h_1 h_2}{d}$，另外反射将引起 π 相移。接收到的合成电场的强度为

$$E_r = E_t \left| \alpha(r_1) - \alpha(r_2) \rho e^{-j\phi} \right| \tag{10-6}$$

E_t 是发送的电场强度。$\alpha(r_1)$ 是距离 r_1 引起的幅度损耗（$\sqrt{P_r/P_t}$），$\alpha(r_2)$ 是距离 r_2 引起的幅度损耗。因为 $r_1 \approx r_2 \approx d$，所以

$$\alpha(r_1) \approx \alpha(r_2) \approx \frac{\lambda}{4\pi d} \tag{10-7}$$

于是

$$L = \frac{P_r}{P_t} = \left| \frac{E_r}{E_t} \right|^2 \approx \left(\frac{\lambda}{4\pi d} \right)^2 |1 - \rho e^{-j\varphi}|^2 = L_0 \cdot L_r \tag{10-8}$$

其中，$L_0 = \left(\frac{\lambda}{4\pi d} \right)^2$ 反映距离因素造成的衰减（自由空间损耗），$L_r = |1 - \rho e^{-j\phi}|^2$ 反映反射因素附加的衰减。当行程差远远小于波长（如天线较低、距离 d 很大或者频率低）时

$$L \approx \left(\frac{\lambda}{4\pi d} \right)^2 \left\{ (1-\rho)^2 + 4\rho \left(\frac{2\pi}{\lambda} \cdot \frac{h_1 h_2}{d} \right)^2 \right\} = \left(\frac{\lambda(1-\rho)}{4\pi d} \right)^2 + \rho \frac{h_1^2 h_2^2}{d^4} \tag{10-9}$$

考虑两个极端：$\rho = 0$ 时，$L = \left(\frac{\lambda}{4\pi d} \right)^2$ 为自由空间情形，接收信号的衰减同距离的平方成正比；反射最强时 $\rho = 1$，$L = \frac{h_1^2 h_2^2}{d^4}$，信号衰减同距离的 4 次方成正比，同时与天线高度的平方成反比。$\rho = 1$ 时的模型也叫"平面大地模型"。一般来说，传播损耗与距离的 n 次方成正比，即 $L \propto d^n$，n 通常是界于 $2\sim4$ 之间的一个实数，叫传播损耗指数。

平面大地模型表示为分贝值为

$$L = 120 + 40 \lg d - 20 \lg h_1 - 20 \lg h_2 \tag{10-10}$$

（2）电波的阻挡与绕射

如图 10.3 所示，当 T 和 R 之间出现刃形障碍物时，它有可能对电波产生阻挡作用。阻挡引起的损耗与余隙的大小有关，路径余隙为障碍物定点至 TR 连线的垂直距离。根据电磁波绕射行为，如果余隙 $h_c = h_0 = \frac{F_1}{\sqrt{3}} = 0.577 F_1$（$F_1$ 为第一菲涅尔区半径）时，阻挡引起的损耗正好是 0 dB，也即路径损耗正好是自由空间损耗，所以 h_0 叫自由空间余隙。若余隙大于 h_0，路径损耗随 h_c 的增加略有波动，最终稳定在自由空间损耗上。若余隙小于 h_0，那么随着 h_c 的减小路径损耗急剧增加。图 10.4 所示为路径余隙与阻挡损耗之间的关系。

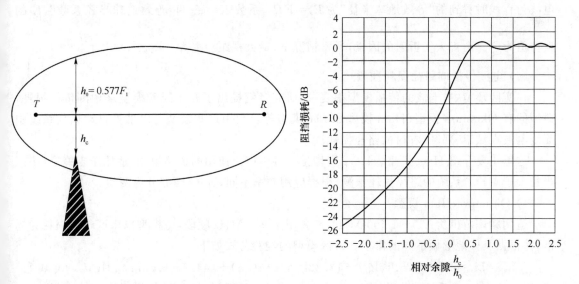

图 10.3　电波传播的刃形阻挡　　　　　　　图 10.4　路径余隙造成的阻挡效应

如图 10.5 所示，满足 $(TQ + QR) - TR \leqslant \frac{n\lambda}{2}$（$n$ 为整数）的所有点 Q 的集合叫第 n 菲涅尔

区。菲涅尔区的形状是一个椭球体。

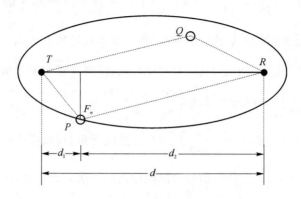

图 10.5　电波传播的菲涅尔区

第 n 菲涅尔区边界上的某个点 P 到 T、R 连线的距离 F_n 叫第 n 菲涅尔区半径。当 P 处于图中的正中处时，F_n 达到最大值 $F_{n\,max}$，叫第 n 菲涅尔区的最大半径。

$$TP = \sqrt{d_1^2 + F_n^2} \approx d_1 \left(1 + \frac{1}{2} \left(\frac{F_n}{d_1} \right)^2 \right)$$

$$PR = \sqrt{d_2^2 + F_n^2} \approx d_2 \left(1 + \frac{1}{2} \left(\frac{F_n}{d_2} \right)^2 \right)$$

因为在边界上满足 $(TP + PR) - TR = \dfrac{n\lambda}{2}$，所以有

$$F_n = \sqrt{\frac{n\lambda d_1 d_2}{d}} = \sqrt{n} F_1 \tag{10-11}$$

（3）大气折射与等效地球半径

大气密度的不均匀导致电波弯曲。从电波的角度看，似乎是地球的曲率发生了变化。以电波为直线时看到的"等效地球半径"为 $R_e = KR_0$，系数 $K = \dfrac{R_e}{R_0}$ 叫"等效地球半径系数"，K 的典型值为 $\dfrac{4}{3}$。由于大气折射的因素，通常情况下，最大视距会更大一些。

（4）电波传播的路径损耗预测

在实际环境中，电波的传播模型很复杂，研究者们提出了若干经验模型来预测传播损耗，典型的有 Okumura 模型、Hata 模型和 Lee 模型等。利用这些模型可以估算移动通信系统中无线电波在城市、郊区、农村的路径损耗。

这里主要介绍 Hata 模型。Hata 模型是一种被广泛使用的传播模型，适用于宏蜂窝（小区半径大于 1 km）系统的路径损耗预测，根据应用频率不同，Hata 模型分为两类。

1）Okumura-Hata 模型

适用频率范围为 $150 \sim 1\,500$ MHz，主要用于 900 MHz 频段，该模型以市区传播损耗为标准，并根据具体地形做不同的修正。市区模型的经验公式如下：

$$L_s = 69.55 + 26.16 \lg f - 13.82 \lg h_{te} - a(h_{re}) + (44.9 - 6.55 \lg h_{te}) \lg d \tag{10-12}$$

式(10-12)中，f 是系统工作频率，单位为 MHz；h_{te} 是基站天线高度，单位为 m，有效天线高度为 $30 \sim 200$ m 之间；h_{re} 是移动台天线高度，单位为 m，移动台有效天线高度为 $1 \sim 10$ m 之间；d 是发射机与接收机之间的距离，大于 1 km；$a(h_{re})$ 是移动天线修正因子，单位为 dB，其数值取决于环境。

对于中小城市

$$a(h_{re}) = (1.1\lg f_c - 0.7)h_{re} - (1.56\lg f_c - 0.8)$$

对于大城市

$$a(h_{re}) = 3.2(\lg 11.75h_{re})^2 - 4.79 \qquad f_c \geqslant 300 \text{ MHz}$$

$$a(h_{re}) = 8.29(\lg 1.54h_{re})^2 - 1.1 \qquad f_c < 300 \text{ MHz}$$

对于郊区,该模型修正为

$$L_s(郊) = L_s(市) - 2[\lg(f/28)]^2 - 5.4 \tag{10-13}$$

但是应该看到,上述模型只是一个经验公式,具体的应用还必须通过实际测量来确定,包括不同环境下的修正因子。

2) COST-231 Hata 模型

由于式(10-12)的适用频率范围不适合于 PCS(1 900 MHz)频段,EURO-COST 组成的 COST-231 工作委员会提出了 COST-231 Hata 模型,该模型使用频率范围为 1 500～2 000 MHz,基站半径范围 1～20 km。

$$L_s = 46.3 + 33.9\lg f - 13.82\lg h_{te} - a(h_{re}) + (44.9 - 6.55\lg h_{te})\lg d + C_M \tag{10-14}$$

式(10-14)中,C_M 为大城市中心校正因子,市中心的 $C_M = 3$ dB,在中等城市和郊区的 $C_M = 0$。

3. 电波的多径传播和衰落

除了路径损耗外,电波在传播中,可能受到长期慢衰落和短期快衰落的影响,如图 10.6 所示。

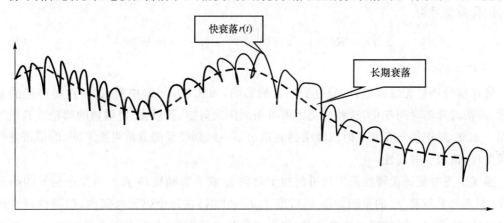

图 10.6　电波传播的长期衰落与短期衰落示意图

(1) 电波传播的长期慢衰落

长期慢衰落是由传播路径上的固定障碍物(如建筑物、山丘、树林等)的阴影引起的,因此也称为阴影衰落或大尺度衰落。阴影引起的信号衰落是缓慢的,且衰落速率与工作频率无关,只与周围地形、地物的分布、高度和物体的移动速度有关。

长期衰落一般表示为电波传播距离的平均损耗(dB)加一个正态对数分量,其表达式为

$$L = L_s + X_\sigma \tag{10-15}$$

其中,L_s 是距离因素造成的电波损耗;X_σ 是满足正态分布的随机变量,其均值为 0,方差为 σ^2,移动通信环境中 σ^2 的典型值为 8～10 dB。

(2) 电波传播的短期快衰落

由于电波具有反射、折射、绕射的特性,因此接收端接收到的电波信号可能是从发送端发送的电波经过反射、折射、绕射的信号的叠加,即接收信号是发送信号经过多种传播途径的叠加信号。此外,反射、折射、绕射物体的位置可能随时间变化,则接收到的多径信号也可能随时

间变化,当电波频率较高时,微小的距离变化导致多径叠加信号强度的快速变化,即接收端接收到的信号具有快速时变特性,这种特性称为短期快衰落或小尺度衰落。无线通信中的电波传播经常受到这种多径时变的影响。

考察信道对发送信号的影响,发送信号一般可以表示成

$$s(t) = \text{Re}[s_1(t) e^{j2\pi f_c t}] \tag{10-16}$$

假设存在多条传播路径,且与每条路径有关的是时变的传播时延和衰减因子,则接收到的带通信号为

$$x(t) = \sum_n \alpha_n s(t - \tau_n(t)) = \sum_n [\alpha_n e^{-j2\pi f_c \tau_n(t)} s_1(t - \tau_n(t))] e^{j2\pi f_c t} \tag{10-17}$$

式(10-17)中,$\alpha_n(t)$ 是第 n 条传播路径的时变衰减因子,$\tau_n(t)$ 是第 n 条传播路径的时变传播时延,$s_l(t)$ 是发送信号的等效低通信号。可以看出,接收信号的等效低通信号为

$$x_l(t) = \sum_n \alpha_n(t) e^{-j2\pi f_c \tau_n(t)} s_1(t - \tau_n(t)) \tag{10-18}$$

而等效低通信道可用如下的时变冲激响应表示

$$c(\tau; t) = \sum_n \alpha_n(t) e^{-j2\pi f_c \tau_n(t)} \delta(\tau - \tau_n(t)) \tag{10-19}$$

对于某些信道,把接收信号看成由连续多径分量组成的更合适,其等效低通信道为

$$c(\tau; t) = \alpha(\tau; t) e^{-j2\pi f_c \tau}$$

此时的接收信号为

$$x(t) = \text{Re}\left\{ \left[\int_{-\infty}^{\infty} \alpha(\tau; t) e^{-j2\pi f_c \tau} s_1(t - \tau) d\tau \right] e^{j2\pi f_c t} \right\} \tag{10-20}$$

1) 信道的时变性

发送信号经过无线信道时,受时变因素的影响,如式(10-19)中所示,各传播路径的衰减幅度、传播时延随时间变化,这种变化因素可由周围反射物、折射物、绕射物的移动或其他因素引起。如此,发送信号在前一时刻经受的衰落与下一时刻经受的衰落可能不同,即信道条件随时间变化,造成了时变性。

描述信道时变快慢特性采用信道的相干时间 t_d 或多普勒频移 f_d。当发送信号的码元时间 T_s 与多普勒频移 f_d 的乘积远小于 1,即 $f_d T_s \ll 1$ 时,在每个码元时间内,信道的时变因素可以忽略,称此时发送信号经历慢衰落;当发送信号的码元时间 T_s 与多普勒频移 f_d 的乘积与 1 可比时,此时每个码元时间内,信号的时变因素不可以忽略,发送信号经历快衰落。通常,信道的时变性与信号的发送速率相比慢得多,因此实际系统中相对于一个码元时间内往往可以看成是信道时不变的。

多普勒频移是根据电波传播的多普勒效应来计算的。多普勒效应是为纪念 Christian Doppler 而命名的,他于 1842 年首先提出了这一理论。他认为声波频率在声源移向观察者时会变高,而在声源远离观察者时会变低。一个常被使用的例子是火车,当火车接近观察者时,其汽鸣声会比平常更刺耳。观测者可以在火车经过时听出刺耳声的变化。同样的情况还有警车的警报声和赛车的发动机声。

把声波视为有规律间隔发射的脉冲,可以想象若你每走一步,便发射了一个脉冲,那么在你之前的每一个脉冲都比你站立不动时更接近你,而在你后面的声源则比原来不动时远了一步,即在你之前的脉冲频率比平常变高,而在你之后的脉冲频率比平常变低了。

多普勒效应不仅仅适用于声波,它也适用于所有类型的波,包括无线电和光波等。当移动

体在 x 轴上以速度 v 移动时,引起多普勒(Doppler)频率漂移。用一个平面波表示稳定扩散事件,假定 x-y 平面是平面场,如图 10.7 所示,此时,多普勒效应引起的多普勒频移可表示为

$$f_D = \frac{v}{\lambda}\cos\alpha \tag{10-21}$$

式(10-21)中,v 为移动速度,λ 为波长,α 为入射波与移动台移动方向之间的夹角,$\frac{v}{\lambda}$ 为最大多普勒频移。

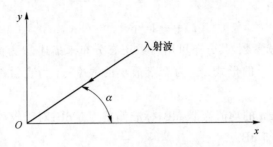

图 10.7　入射波和移动方向

2) 信道的多径特性

现在来观察一个两径的信道的例子。例如,$\alpha_0 = \alpha_1 = 1$,$\tau_0(t) = 0$,$\tau_1(t) = 1$ μs,$f_c = 1$ MHz,则由式(10-19)可以得到等效低通信道为

$$c(\tau;t) = \delta(\tau) + \delta(\tau - \tau_1)$$

其傅氏变换为

$$C(f;t) = 1 + e^{-j2\pi f\tau_1} = 2\cos(\pi f\tau_1)e^{-j\pi f\tau_1}$$

图 10.8 所示为上述两径信道的幅频响应。

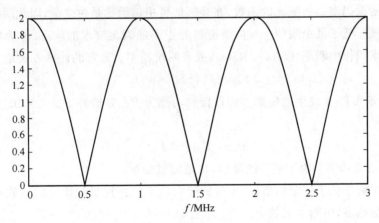

图 10.8　两径信道的幅频响应示意图

从图 10.8 中可以看到,当发送信号的频带宽度大于 0.5 MHz 时,信号经过信道时会引起严重的频率选择性衰落,即信号的某些频率分量被严重衰减,某些分量被放大。这种频率选择性衰落对宽带信号传输十分不利,如果没有采取措施进行补偿,则接收到的信号具有严重的失真。

多径传输导致信道对输入信号具有频率选择性,表征信道的这种特征经常用信道的多径时延扩展 τ_m 这个参数来描述。当发送信号的带宽 B 与多径时延扩展 τ_m 的乘积远小于 1,即

$B\tau_m \ll 1$ 时,信号的带宽相对于多径的选择性带宽而言很小,通常称此时信号经历平衰落;当发送信号的带宽 B 与多径时延扩展 τ_m 的乘积与 1 可比时,发送信号的带宽与多径的选择性带宽具有可比性,通常称此时信号经历频率选择性衰落。

例如,地面微波中继通信信道可以等效成一个两径模型,其中一径是直射路径分量(LOS),另外一径来自周围地形的反射。1979 年,Rummler 开发出一种基于信道测量的两径模型,该测量是在 6 GHz 频带的典型 LOS 链路上进行的,测量得到的信道转移函数可以建模为

$$C(f) = \alpha \left[1 - \beta e^{-j2\pi(f-f_0)\tau_0} \right] \qquad (10\text{-}22)$$

式(10-22)中,α 为总衰减参数,其分布可用对数正态分布来描述;β 为由多径分量引起的形状参数,其分布具有 $(1-\beta)^{2.3}$ 的形式;f_0 为衰落最小的频率;τ_0 为直射路径与反射路径的时延差,其典型值为 6.3 ns。

对于 $\beta > 0.5$,$-20\lg\alpha$ 的均值为 25 dB,标准偏差为 5 dB;对于较小的 β 值,$-20\lg\alpha$ 的均值为 15 dB,标准偏差为 5 dB。

3) 信道衰落的分布

由式(10-19)所示,信道的等效包络基本反映了接收信号的包络,即接收信号的起伏特性。当多径数很大,且每径的衰减和时延随机时,根据大数定理,信道可以等效成一个复高斯的随机过程,此时由于复高斯的幅度呈瑞利分布(Rayleigh),通常称为瑞利衰落信道;当多径结构中具有明显的直射路径或有明显的强径时,信道可以等效成一个正弦波加复高斯的随机过程,此时信道的幅度为莱斯分布,称为莱斯(Rice)衰落信道;另外一种表征通过多径信道传输的信号起伏的统计特性的分布是 Nakagami 分布。

4) 中断率和衰落余量

通信系统的误码率是信噪比的函数,在衰落信道中信噪比是时变的,因此瞬时误码率也是时变的。当信噪比低于某个限值 r_0 时,信道将处于不能满足要求的状态,称为"中断"。中断出现的时间比率叫作中断率(Outage Rate),或者叫瞬断率。通常的计算方式是

$$P_{\text{out}} = P_r(\text{SNR} < r_0)$$

其中,$P_r(A)$ 表示事件 A 发生的概率。假设接收功率为 $P_{\min}$ 时恰好 $P_e = 1 \times 10^{-3}$,则中断率为概率

$$P_{\text{out}} = P_r(P < P_{\min})$$

这里 P 是接收信道功率。由于衰落的原因,P 是随机变量。

为了保证中断率低于一定的指标,平时的接收电平应该比最少需要的接收功率留出有些余量。留的余量越多,中断率就越小。

10.1.3　链路预算

链路预算是无线通信系统设计中的重要环节,通常链路预算需要根据不同的传播模型得到链路损耗,然后根据接收机的等效噪声估算接收载噪比,最后如果传播中经受衰落,还需要根据信道的衰落特性设计传播损耗的富余量,保证通信系统的中断率符合系统要求。

以同步卫星通信系统的链路预算为例,地球站与同步卫星之间的通信链路可以等效成 AWGN 信道,发送信号的衰减主要是电波的自由空间损耗,但是由于卫星与地球站之间需要

穿透大气层,因此大气现象会带来一定的损耗。

由于卫星到地面的距离很远,电磁波传播的路径很长,电波在传播中受到的衰减很大,因此无论是卫星还是地面站收到的信号都十分微弱,所以卫星通信中噪声的影响是一个很突出的问题。卫星线路计算主要是计算在接收的输入端载波与噪声的功率比(载噪比)。对于模拟制卫星通信系统,载噪比决定了系统输出端的信噪比;对于数字卫星通信系统,载噪比决定了系统输出端的误码率。

同步卫星链路预算公式如下。

(1) 接收信号功率计算

$$[P_r] = [P_T] + [G_T] + [G_r] - [L_p] - [L_a] - [L_{ta}] - [L_{ra}] \tag{10-23}$$

式(10-23)中,P_T 是发射功率,$[P_T]$ 是 P_T 的分贝表示,单位为 dBW;G_T 是发射天线增益;G_r 是接收天线增益;L_p 是路径损耗(自由空间损耗),其计算公式如式(10-3)所示;L_a 是大气损耗(含雨衰);L_{ta} 是与发射天线相关的损耗(如馈线损耗、指向误差等);L_{ra} 是与接收天线相关的损耗。

卫星通信中常用 EIRP 来代表地球站或通信卫星发射系统的发射能力,它指的是发射天线所发射的功率与发射天线增益的乘积,即

$$EIRP = P_T G_T = [P_T] + [G_T] \tag{10-24}$$

(2) 接收端噪声功率计算

卫星接收系统的噪声功率可以用噪声温度来表示,系统的等效噪声温度为

$$T_s = T_a + T_f$$

其中,T_s 是接收机输入端的等效噪声温度;T_a 是天线等效噪声温度,包括天线、馈线、天空(雨、雪、太阳、宇宙等)等产生的噪声温度;T_f 是接收机噪声温度。

因此,接收机输入端的噪声功率为

$$N = 10\lg kBT_s = -228.6 + 10\lg T_s + 10\lg B \tag{10-25}$$

式(10-25)中,$k = 1.380\,54 \times 10^{-23}$ Joules/K(玻耳兹曼常数),B 是系统带宽。

(3) 接收端载噪比 C/N

由式(10-23)、式(10-24)和式(10-25)得到接收端的载噪比为

$$\left[\frac{C}{N}\right] = [EIRP] + [G_R] - [L_p] - [L_{ta}] - [L_{ra}] - [T_s] - [B] + 228.6 \tag{10-26}$$

定义接收系统的性能因数为 $\dfrac{G}{T} = G_R / T_s$,该参数反映了接收系统的性能。因此式(10-26)变为

$$\left[\frac{C}{N}\right] = [EIRP] + \left[\frac{G}{T}\right] - [L_p] - [L_{ta}] - [L_{ra}] - [B] + 228.6 \tag{10-27}$$

10.2　无线通信传输技术

10.2.1　调制技术

调制是对信源进行处理,使其变为适合信道传输的信号形式的过程。一般而言,信号源含

有直流分量和频率较低的频率分量,称为基带信号。基带信号往往不能直接作为传输信号,因此必须把基带信号转变为一个相对基带频率而言频率非常高的带通信号以适合于信道传输。这个带通信号称为已调信号,基带信号叫作调制信号。因此调制是通过改变高频载波的幅度、相位或者频率,使其随着基带信号幅度的变化而变化来实现的,而解调则是将基带信号从载波中提取出来以便预定的接收者(信宿)处理和理解的过程。

无线通信信道具有如下基本特征:

① 带宽有限;

② 干扰和噪声影响大;

③ 存在多径衰落。

在移动通信环境中,移动台的移动使电波传播条件恶化,特别是快衰落的影响使接收场强急剧变化。在选择调制方式时,必须考虑采取抗干扰能力强的调制方式,能适用于快衰落信道,占有较小的带宽以提高频谱利用率,并且带外辐射要小,以减小对邻近波道的干扰。

应用于移动通信的数字调制技术,按信号相位是否连续,可分为相位连续的调制和相位不连续的调制;按信号包络是否恒定,可分为恒定包络和非恒定包络调制。如果采用恒包络调制,功放可工作于线性放大区,它具有较高的功率效率,但会引起大的带外辐射。为了获得高的频谱利用率,可选用多电平调制,但已调波的包络变化大,且要求线性放大,因此会使功率效率降低。无线通信中的调制方式的选择需要根据系统的带宽、速率、功率、信道等方面的情况综合考虑。

目前,在第二代蜂窝移动通信标准中,GSM 数字蜂窝移动通信系统采用恒包络方式的高斯滤波最小移频键控(GMSK)调制,实现较高的功率效率,但牺牲了频谱效率。在北美的数字系统和第三代移动通信系统中,大都使用 BPSK 或 QPSK 以及多进制 PSK 或 QAM 方式,达到了较高的频谱效率。在第四、五代移动通信中,采用了正交频分多路复合调制方式(OFDM),实现了高速带宽下的高频谱效率。

关于详细的数字调制技术可参考《通信原理》及相关书籍。

10.2.2　抗衰落和抗干扰技术

信道衰落和干扰是无线通信中需要面对的问题,信道的随机衰落造成通信链路的中断,一般采取分集技术对抗信道的随机衰落现象,降低通信的中断率;干扰有来自系统内和系统外的干扰,需要采取相应的措施对抗干扰,常见的抗干扰方法包括扩频技术、自适应均衡技术等。

1. 分集技术

分集技术是用来补偿信道衰落影响的,它通常要通过两个或更多的接收支路来实现。基站和移动台的接收机都可以应用分集技术。由于在任一瞬间,两个非相关的衰落信号同时处于深衰落的概率是极小的,因此合成信号的衰落程度会明显减小。

分集有两重含义:一是分散传输,使接收端能获得多个统计独立的、携带同一信息的衰落信号;二是集中处理,即接收机把收到的多个统计独立的衰落信号进行合并,以降低衰落的影响。

分集的接收合并方式主要有三种:选择性合并、最大比合并和等增益合并。

设分集重数为 L,则合并的信号的表示为

$$s(t) = k_1 s_1(t) + k_2 s_2(t) + \cdots + k_L s_L(t) \tag{10-28}$$

其中 k_i 为加权系数,$i=0,1,2,3\cdots,L$。选择不同的加权系数就形成了不同的合并方法。

(1) 选择性合并

选择性合并方法是在多支路(子信道)接收信号中,选择信噪比最高的支路的信号作为输出信号。

(2) 最大比合并

每一支路有一个加权(放大器增益),加权的权重依各支路信噪比来分配,信噪比大的支路权重大,信噪比小的支路权重小。

(3) 等增益合并

当最大比合并中的加权系数为 1 时,就是等增益合并。

理论分析表明最大比合并的性能最好,其次是等增益合并。

分集技术有多种,依信号的传输方式主要可分为两大类:显分集和隐分集。

显分集最通用的分集技术是空间分集,即几个天线被分隔开来,并被连到一个公共的接收系统中。当一个天线未检测到信号时,另一个天线却有可能检测到信号的峰值,而接收机可以随时选择接收到的最佳信号作为输入。其他的显分集技术包括天线极化分集、频率分集和时间分集等。

隐分集主要是指把分集作用隐蔽于传输信号之中(如交织编码、直接序列扩频技术等),在接收端利用信号处理技术实现分集。隐分集只需一副天线来接收信号,因此在数字移动通信系统中得到了广泛的应用。例如,码分多址(CDMA)系统通常使用 RAKE 接收机,它能够通过时间分集来改善链路性能。

另外根据分集的目的,分集还可分为宏分集和微分集。

宏分集主要用于蜂窝移动通信系统中,也称为多基站分集。这是一种减少慢衰落影响的分集技术,其做法是把多个基站设备放在不同的地理位置和不同的方向上,同时和小区内的一个移动台进行通信,接收机可选择其中一个信号最好的基站进行通信。

微分集是一种减少快衰落的分集技术,根据获得分支的方法不同,可分为空间分集、频率分集、极化分集、场分集、角度分集和时间分集等。常用的分集技术有天线分集技术、时间分集技术、频率隐分集技术和多径分集技术等。

在无线通信系统中,很多都采用两个接收天线,以达到空间分集的效果;采用编码加交织方式实现时间隐分集的作用。在无线数据传输中,采用多种自动重传技术实现时间分集;采用跳频扩频或直接序列扩频技术实现频率隐分集作用。

2. 信道编码和交织技术

信道编码是通过在发送信息时加入冗余的数据位来改善通信链路的性能的。在发射机的基带部分,信道编码器把一段数字序列映射成另一段包含更多数字比特的码序列。然后,把已编码的码序列进行调制,以便在无线信道中传送。

接收机可以用信道编码来检测或纠正由于在无线信道中传输而引入的一部分或全部的误码。由于解码是在接收机进行解调之后执行的,所以编码被看作一种后检测技术。信道编码通常有两类:分组编码和卷积编码。

交织编码的目的是把一个由衰落造成的较长的突发差错离散成随机差错,再用纠正随机差错的编码(FEC)技术消除随机差错。以线性分组码为例,先将 k 位信息编成具有 t 位纠错能力的 n 位码字的分组码 (n,k,t),再将其编码码字序列构成交织编码矩阵。现以分组码 $(7,3)$ 为例给出交织编码矩阵,如图 10.9 所示。

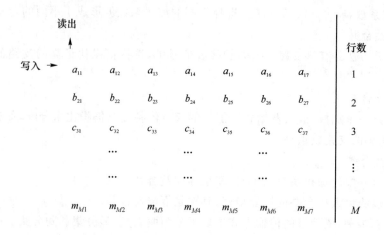

$$\begin{array}{ccccccc} a_{11} & a_{12} & a_{13} & a_{14} & a_{15} & a_{16} & a_{17} \\ b_{21} & b_{22} & b_{23} & b_{24} & b_{25} & b_{26} & b_{27} \\ c_{31} & c_{32} & c_{33} & c_{34} & c_{35} & c_{36} & c_{37} \\ \end{array}$$

图 10.9 交织矩阵

交织编码矩阵中的每一行为 FEC 的码字,它由 k 位信息位及 $n-k$ 位冗余位组成,矩阵中行的数目 M 为交织深度。交织编码的过程是将 FEC 码字序列按行写入而按列读出,其交织编码输出序列为

$$\underline{a_{11}b_{21}c_{31}\cdots m_{M1}a_{12}b_{22}c_{32}\cdots m_{M2}}a_{13}b_{23}c_{33}\cdots$$

若交织编码输出序列中的突发差错如下划线所示从 a_{11} 到 m_{M2},则经过解交织(交织编码的逆过程)后,每一 FEC 码字中只发生 2 位差错,当 $t\geqslant2$ 时即可消除差错。

交织深度 M 越大,离散度越大,抗突发差错能力也越强。若 FEC 纠错能力为 t 时,交织编码可纠正一次突发差错的长度

$$L\leqslant tM \tag{10-29}$$

或者说,可纠正 t 次突发差错长度为 M 位的差错。交织深度 M 越大,交织编码处理时间越长,即是以时间为代价的。因此,交织编码属于时间隐分集。

3. 跳频技术

图 10.10 给出了跳频系统的原理方框图。如果图中的频率合成器被设定在某一频率上,这就是普通的数字调制系统,其射频为一窄带频谱。当利用伪码随机设定频率合成器时,发射机的振荡频率在很宽的频率范围内不断地改变,从而使射频载波亦在一个很宽的范围内变化,于是形成了一个宽带离散谱,如图 10.11 所示。接收端必须以同样的伪码设定本地频率合成器,使其与发端的频率作相同的改变,即收发跳频必须同步,这样才能保证通信的建立。解决同步及定时是实现跳频系统的一个关键问题。

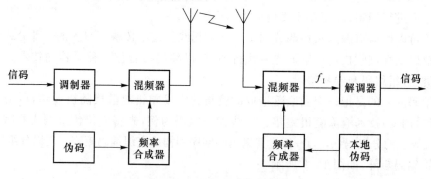

图 10.10 跳频系统原理框图

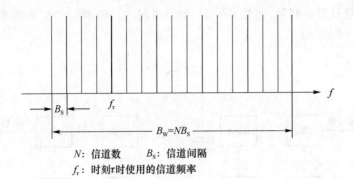

N: 信道数　　　B_S: 信道间隔
f_τ: 时刻τ时使用的信道频率

图 10.11　跳频信号频谱

跳频系统处理增益的定义为

$$G_P = \frac{B_W}{B_S} \tag{10-30}$$

更直观的表达式为

$$G_P = N（可供选用的频率数目） \tag{10-31}$$

（1）跳频抗多径

跳频抗多径的原理是:若发射的信号载波频率为ω_0,当存在多径传播环境时,因多径延迟的不同,信号到达接收端的时间先后有别。若接收机在收到最先到达的信号之后立即将载波频率跳变到另一频率ω_1上,则可避开由于多径延迟对接收信号的干扰。为此,要求跳频信号驻留时间小于多径延迟时间差,即要求跳频的速率应足够快。例如,若多径延迟时间差为$1\ \mu s$,则要求跳频速率为10^6跳/秒。目前,要实现这样高的跳频速率,跳频通信系统在技术上尚存在困难。所以,目前在数字蜂窝移动通信中采用跳频技术的目的主要是抗干扰和抗衰落。

（2）跳频抗同频干扰

移动通信系统中,地理位置上不同的用户可能使用相同的频率资源,因此这些用户之间会产生干扰,即同频干扰。采用跳频图案的正交性组成正交跳频网,从而避免频率重用引起的同频干扰。即使利用跳频技术构成准正交跳频网,也能使同频干扰离散化,即减少同频干扰的重合次数,从而减少同频干扰的影响。

（3）跳频抗衰落

跳频抗衰落是指抗频率选择性衰落。跳频抗衰落的原理是:当跳频的频率间隔大于信道相关带宽时,可使各个跳频驻留时间内的信号相互独立。换句话说,在不同的载波频率上同时发生衰落的可能性很小。

对于快跳频系统,应满足传输的符号速率小于跳频速率这一条件,即一位符号是在多个跳频载波上传输。这相当于对符号的频率分集。因为跳频是在时间频率域上进行的,所以每一位符号还是在不同时隙中传输的,这又相当于对符号的时间分集。因此,快跳频技术同时具有频率分集和时间分集。

对于慢跳频系统,传输的符号速率大于跳频速率,即在一跳驻留时间内传输多个符号。因此,慢跳频不能起到对符号的频率分集作用。但是,采用慢跳频可将深衰落的影响分散开来,从而减轻深衰落对传输的影响。为了更好地发挥跳频抗衰落的作用,可将慢跳频技术与交织编码技术相结合,构成具有时间分集和频率分集作用的隐分集。

4. 直接序列扩频技术

图 10.12 给出直接序列扩频系统的原理框图。基带信号的信码是欲传输的信号,它通过速率很高的编码序列（通常用伪随机序列）进行调制将其频谱展宽,这个过程称作扩频。频谱

展宽后的序列被进行射频调制(通常多采用 PSK 调制),其输出则是扩展频谱的射频信号,经天线辐射出去。

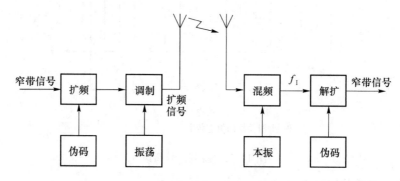

图 10.12　直接扩频系统原理框图

在接收端,射频信号经混频后变为中频信号,它与本地的发端相同的编码序列反扩频,将宽带信号恢复成窄带信号,这个过程称为解扩。解扩后的中频窄带信号经普通信息解调器进行解调,恢复成原始的信码。

如果将扩频和解扩这两部分去掉,该系统就变成普通的数字调制系统。因此,扩频和解扩是扩展频谱调制的关键过程。

扩展频谱的特性取决于所采用的编码序列的码型和速率。为了获得具有近似噪声的频谱,均采用伪噪声序列作为扩频系统的编码序列。在接收端,将同样的编码序列与所接收的信号进行相关接收,完成解扩过程。因此,对伪噪声序列的相关性还有特殊的要求。

由频谱扩展对抗干扰性带来的好处称为扩频处理增益,可表示为

$$G_P = \frac{B_w}{B_s} \qquad (10\text{-}32)$$

式(10-32)中,B_w 为发射扩频信号的带宽,B_s 为信码的速率。其中 B_w 与所采用的伪码(伪随机序列或伪噪声序列的简称)速率有关。为获得高的扩频增益,通常希望增加射频带宽 B_w,即提高伪码的速率。例如,当信码速率 $B_s = 10$ kHz、射频带宽为 $B_w = 5$ MHz,则 $G_P = 500$ 时,近似获得 27 dB 扩频增益,这是很可观的。

在发端,有用信号经扩频处理后,频谱被展宽,如图 10.13 (a)所示;在收端,利用伪码的相关性作解扩处理后,有用信号频谱被恢复成窄带谱,如图 10.13 (b)所示。宽带无用信号与本地伪码不相关,因此不能解扩,仍为宽带谱;窄带无用信号则被本地伪码扩展为宽带谱。由于无用的干扰信号为宽带谱而有用信号为窄带谱,因此可以用一个窄带滤波器排除带外的干扰电平,从而使窄带内的信噪比大大提高。为了提高抗干扰性,希望处理增益越大越好。

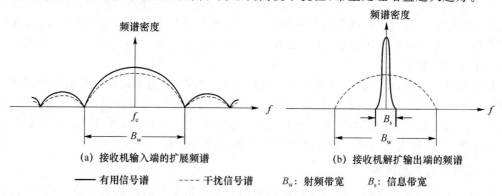

(a) 接收机输入端的扩展频谱　　　　(b) 接收机解扩输出端的频谱

——— 有用信号谱　　---- 干扰信号谱　　B_w: 射频带宽　　B_s: 信息带宽

图 10.13　扩频-解扩处理过程

（1）直接扩频抗多径

直接扩频抗多径的原理是：当发送的直接序列扩频信号的码片（Chip）宽度 T_c 等于或小于最小多径时延差时，接收端利用直扩信号的自相关特性进行相关解扩后，将有用信号检测出来，从而具有抗多径的能力。若最小多径延迟时间差为 $1\ \mu s$，则要求直扩信号的码片（Chip）宽度 T_c 等于或小于 $1\ \mu s$，即要求码片速率 R_c 等于或大于 $1\ Mchip/s$。在窄带 CDMA 数字蜂窝移动通信系统的标准 IS-95 中，采用的码片速率 R_c 为 $1.23\ Mchip/s$，因此它可抗 $1\ \mu s$ 的多径干扰。

当利用直接扩频技术进行多径的分离与合并时，则可构成 RAKE 接收机，从而实现时间分集的作用。

（2）直接扩频抗干扰

直接扩频抗蜂窝系统内部和外部干扰的原理，也是利用直扩信号的自相关特性，经相关接收和窄带通滤波后，将有用信号检测出来，而那些窄带干扰和多址干扰都被处理为背景噪声。其抗干扰的能力可用直接扩频处理增益来表征。

（3）直接扩频抗衰落

直接扩频抗衰落是指抗频率选择性衰落。当直扩信号的频谱扩展宽度远大于信道相关带宽时，其频谱成分同时发生衰落的可能性很小，接收端通过对直接扩频信号的相关处理，则起到频率分集的作用。换句话说，这种宽带扩频信号本身就具有频率分集的属性。

5. 均衡技术

均衡可以补偿时分信道中由于多径效应而产生的码间干扰（ISI）。如果调制带宽超过了无线信道的相干带宽，将会产生码间干扰，并且调制信号将会展宽。而接收机内的均衡器可以对信道中幅度和延迟进行补偿。同分集技术一样，它不用增加传输功率和带宽即可改善移动通信链路的传输质量。分集技术通常用来减少接收时衰落的深度和持续时间，而均衡技术用来削弱码间干扰的影响。由于无线信道具有未知性和多变性，因而要求均衡器是自适应的。

均衡是指对信道特性的均衡，即接收端的均衡器产生与信道相反的特性，用来抵消信道的时变多径传播特性引起的码间干扰。换句话说，通过均衡器消除信道的频率和时间的选择性。由于信道是时变的，要求均衡器的特性能够自动适应信道的变化而均衡，故称自适应均衡。如图 10.14 所示。

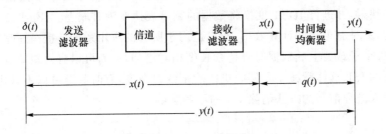

图 10.14　信道均衡示意图

均衡用于解决符号间干扰问题，适合于信号不可分离多径的条件下，且时延扩展远大于符号宽度的情况。它可分为频域均衡和时域均衡。频域均衡是使总的传输函数（信道传输函数和均衡器传输函数）满足无失真传输条件，即校正幅频特性和群时延特性。模拟通信多采用频域均衡。时域特性是使总的冲激响应满足无码间干扰的条件。数字通信中多采用时域均衡。

10.2.3 多载波和 OFDM 技术

多载波传输把数据流分解成若干个子比特流,这样每个子数据流将具有低得多的比特速率,用这样的低比特率形成的低速率多状态符号再去调制相应的子载波,从而构成多个低速率符号并行发送的传输系统。传统多载波技术采用频分复用方式,将高速信息利用多个独立的载波传输,这样可以降低每个载波上的信息传送量。一般不同载波信号间保留一定的频率间隔来防止干扰,这降低了全部的频谱利用率,如图 10.15(a)所示。

正交频分复用(OFDM)系统是一种特殊的多载波传输方案,它可以被看作一种调制技术,也可以被当作一种复用技术。正交频分复用是对多载波调制(MCM, Multi-Carrier Modulation)的一种改进。它的特点是各子载波相互正交,于是扩频调制后的频谱可以相互重叠,不但减小了子载波间的相互干扰,还大大提高了频谱利用率,如图 10.15(b)。选择 OFDM 的一个主要原因在于该系统能够很好地对抗频率选择性衰落或窄带干扰。在单载波系统中,一次衰落或者干扰就可以导致整个链路失效,但是在多载波系统中,某一时刻只有少部分的子信道会受到深衰落的影响。

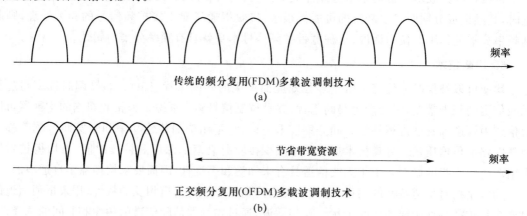

传统的频分复用(FDM)多载波调制技术

(a)

节省带宽资源

频率

正交频分复用(OFDM)多载波调制技术

(b)

图 10.15 多载波传输技术

OFDM 发送端的典型框图如图 10.16 所示。发送端将被传输的数字数据转换成子载波幅度和相位的映射,并进行 IDFT 变换将数据的频谱表达变为时域上。IFFT 变换与 IDFT 变换的作用相同,只是有更高的计算效率,所以适用于所有的应用系统。把高速率数据流通过串并转换,使得每个子载波上的数据符号持续长度相对增加,从而可以有效地减少无线信道的时间弥散所带来的 ISI,这样就减小了接收机内均衡的复杂度,有时甚至可以不采用均衡器,而仅仅通过采用插入循环前缀的方法消除 ISI 的不利影响。

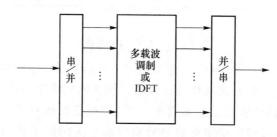

图 10.16 多载波(OFDM)发送机原理框图

10.2.4　多天线与空时编码技术

1．无线通信中的多天线技术

多天线技术大体分为如下两类：其一为利用接收多天线估计无线电信号的来波方位角，这种由于第二次世界大战期间战争需要而刺激发展的技术直接发展成为现代雷达技术；其二为利用多天线技术提高无线通信中的链路性能，如多天线接收具有空间分集效果，可以很好地对抗信道中的衰落因素。

根据发送天线和接收天线的数目，多天线系统分为如下几类：多发单收（MISO，Multiple Input Single Output）、单发多收（SIMO，Single Input Multiple Output）、多发多收（MIMO，Multiple Input Multiple Output），分别如图 10.17、图 10.18、图 10.19 所示。

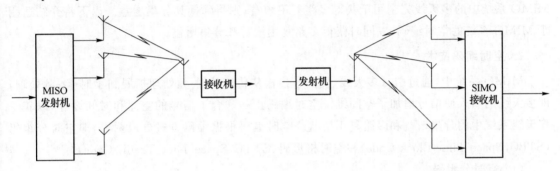

图 10.17　多天线发单天线收系统　　　　　　图 10.18　单天线发多天线收系统

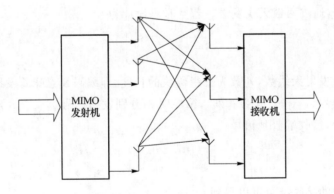

图 10.19　多天线发多天线收系统

MISO 系统中，多个发送天线可以发送相同信号，也可以发送不同信号。如果发送端发送同一信号，且已知各天线到达接收天线的信道信息，则发送端可以通过对发送信号进行相应的延时、衰落补偿，使接收天线接收到的信号增强，从而提高无线传输链路的质量。MISO系统可以通过调整发送端发射信号的相位和权重使接收端获得接收增益，此时可以将发送端视为一个发送天线阵形成具有方向性的发射波束，从而获得天线阵的增益（Array Gain）。

SIMO 系统中，发送端发送的信号被多个接收天线所接收，当发送天线与各接收天线之间的无线传输信道独立时，接收端各天线接收到的信号之间衰落是独立的，通过本章前述的分集合并技术可以减小信道衰落对信号传输的影响，从而获得接收分集增益（Diversity Gain）。当接收端已知信道信息时，还可以通过补偿相应的接收信号时延、权重使接收信号能量增强，即获得天线阵增益。此外,通过多接收天线组成接收天线阵列,可以对输入电波的来波方向进行估计。

MIMO 系统中,发射端有 M_T 个发送天线,接收端有 M_R 个接收天线。MIMO 系统中,通过设计发射机和接收机技术,可以同时获得天线阵的增益、分集增益和多路复用增益(Multiplexing Gain)。多路复用增益是指 MIMO 系统中各天线的发送信号可以是多路不同信号,虽然各天线发送不同信号会使接收端的每个天线接收到的信号都是多路信号的混合,然而通过 MIMO 接收机可以分开多路信号,从而获得多路复用的增益,即多路信号并行传输的能力。MIMO 系统中的多路复用可以在不增加带宽情形下成倍提高信号传输速率,获得极高的频谱利用率,这种特性对无线频谱资源日益紧缺的无线通信系统获得高速数据传输能力无疑具有重要意义。

研究表明,MIMO 系统中的多路复用增益与分集增益之间是一种折中关系,即如果将 MIMO 系统中的多天线完全用于获得多路复用增益,则将降低其分集增益。以下将介绍适用于 MIMO 系统的空时编码,以同时获得多路复用增益和分集增益。

2. 空时编码技术

MIMO 系统中,通过引入多天线,使信号传输从传统的时-频处理扩展到了时-空-频处理,即多天线的引入使信号增加了空间维。空时编码正是联合了信号的空间和时间设计,以获得多天线系统中的分集增益和多路复用增益。空时编码根据编码方式分成两类,即空时分组码(STBC,Space Time Block Code)和空时格形码(STTC,Space Time Trellis Code)。

(1) 空时分组码

下面以收发天线数都为 2 来说明空时分组码的基本工作原理,设发送信号 s_1,s_2,其共轭信号分别为 s_1^*,s_2^*,通过两根天线发送。若空时码设计为

$$\boldsymbol{S} = \begin{bmatrix} s_1 & -s_2^* \\ s_2 & s_1^* \end{bmatrix} \tag{10-33}$$

其中矩阵的行数为发射天线数,列数为分组码块的长度,即编码 $\boldsymbol{S}$ 意味着发射天线 1 和 2 在第一时刻分别发射信号 s_1,s_2(矩阵第一列),第二时刻分别发射信号 s_2^*,s_1^*。假设信道条件在两个时刻内保持不变,接收端收到信号

$$\begin{bmatrix} r_{11} & r_{12} \\ r_{21} & r_{22} \end{bmatrix} = \begin{bmatrix} h_{11} & h_{21} \\ h_{12} & h_{22} \end{bmatrix} \begin{bmatrix} s_1 & -s_2^* \\ s_2 & s_1^* \end{bmatrix} \tag{10-34}$$

则根据第一根天线的接收结果可以得到

$$(|h_{11}|^2 + |h_{21}|^2)s_1 = r_{11}h_{11}^* + r_{12}^* h_{21}$$
$$(|h_{21}|^2 + |h_{11}|^2)s_2 = r_{11}h_{21}^* - r_{12}^* h_{11} \tag{10-35}$$

根据第二根天线的接收结果可以得到

$$(|h_{12}|^2 + |h_{22}|^2)s_1 = r_{21}h_{12}^* + r_{22}^* h_{22}$$
$$(|h_{22}|^2 + |h_{12}|^2)s_2 = r_{21}h_{22}^* - r_{22}^* h_{12} \tag{10-36}$$

可以看到,每个发射信号 s_1,s_2 通过单根天线接收都可以获得 2 重分集增益,因此通过两根接收天线信号合并每个信号可以获得 4 重分集。

以上设计是 Alamouti 于 1998 年提出的空时分组编码,通过设计具有上述正交特点空时编码 $\boldsymbol{S}$,可以获得 $M_T M_R$ 重分集增益。

（2）空时格形码

空时格形码起源于 1991 年 Biglieri 将卷积码扩展到多天线系统,因此可以将空时格形码视为卷积码的一种扩展,基本原理是将各天线上的发送信号组视为一个超级符号,然后通过设计格形转移图获得编码,图 10.20 所示为 2 根发射天线、8 个格码状态时的空时格码状态转移关系。

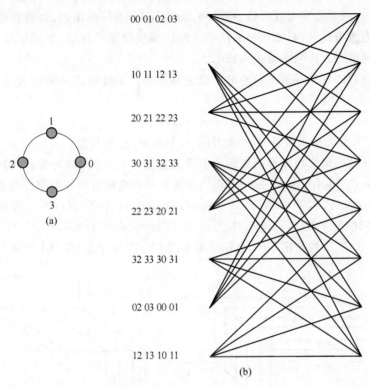

图 10.20　空时格形码状态转移关系

图 10.20 中,（a）示意了 4-QAM 信号星座,（b）为具有 8 状态的空时格形码的状态转移图,其中每根天线发送一个 4-QAM 符号,两根发射天线的发射符号组成 4-QAM 信号组（如 01 表示天线 1 发射符号 0,天线 2 发射符号 1）,状态转移图中每个状态有 4 个转移支路分别由发射符号的不同组合决定,接收端可以采用 Viterbi 译码算法进行接收。STTC 可以获得很好的分集增益效果,然而其接收机复杂度随着状态数而呈指数上升。

STTC 和 STBC 通过设计都可以获得 $M_T M_R$ 重分集,正交的 STBC 空时码的接收机复杂度低,但没有编码增益;而 STTC 可以同时获得编码和分集增益,但接收机复杂度高。随着多天线技术在无线通信中的应用日益普及,结合空时编码提高无线传输链路和无线频谱利用效率的应用将越来越多。

10.3　无线通信组网技术

通信网络是实现多点对多点的通信设施,如何有效利用给定的无线资源进行组网以满足多用户之间的通信需求是无线组网面临的问题。无线组网技术通常包括:多址技术、无线资源管理、移动性管理、安全性管理等。

10.3.1 多址技术

1. 多址的基本原理

在无线通信系统中是以信道来区分通信对象的,一个信道只容纳一个用户进行通话,许多同时通话的用户,可以共享无线媒体,用某种方式可区分不同的用户,这就是多址方式。在无线通信环境的电波覆盖区内,如何建立用户之间的无线信道的连接,是多址接入方式的问题。解决多址接入问题的方法叫多址接入技术。

多址接入方式的数学基础是信号的正交分割原理。无线电信号可以表达为时间、频率和码型的函数,即可写作:

$$s(c,f,t)=c(t)s(f,t) \tag{10-37}$$

式(10-37)中,$c(t)$ 是码型函数,$s(f,t)$ 是时间(t)和频率(f)的函数。

当以传输信号的载波频率不同来区分信道建立多址接入时,称为频分多址方式(FDMA,Frequency Division Multiple Address);当以传输信号存在的时间不同来区分信道建立多址接入时,称为时分多址方式(TDMA,Time Division Multiple Address);当以传输信号的码型不同来区分信道建立多址接入时,称为码分多址方式(CDMA,Code Division Multiple Address)。图 10.21 分别给出了 N 个信道的 FDMA、TDMA 和 CDMA 的示意图。

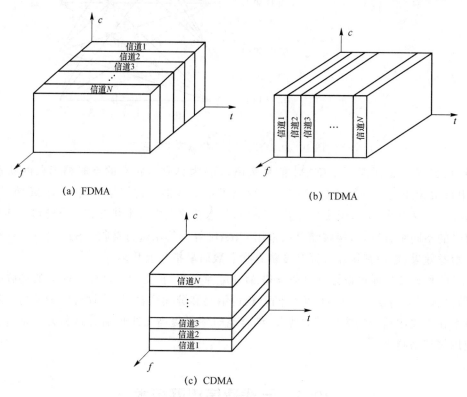

图 10.21　FDMA、TDMA 和 CDMA 示意图

目前在无线通信中应用的多址方式有:频分多址(FDMA)、时分多址(TDMA)、码分多址(CDMA)以及它们的混合应用方式等。另外采用智能天线技术,可以构成空间上用户的分割,因此除了以上三种多址方式外,还有空分多址(SDMA,Space Division Multiple Address)

技术,一般空分多址需要与其他多址方式结合。

2. 频分多址技术(FDMA)

(1) FDMA 系统原理

频分多址为每一个用户指定了特定信道,这些信道按要求分配给请求服务的用户。在呼叫的整个过程中,其他用户不能共享这一频段。从图 10.22 中可以看出,在 FDD 系统中,分配给用户一个信道,即一对频谱 f'_k 和 f_k;一个频谱用作前向信道即基站向移动台方向的信道,另一个则用作反向信道即移动台向基站方向的信道。这种通信系统的基站必须同时发射和接收多个不同频率的信号,任意两个移动用户之间进行通信都必须经过基站的中转,因而必须同时占用 2 个信道(2 对频谱)才能实现双工通信。在频率轴上,前向信道占有较高的频带,反向信道占有较低的频带,中间为保护频段。在用户频道之间,设有保护频带 f_g,以免因系统的频率漂移造成频道间的重叠。

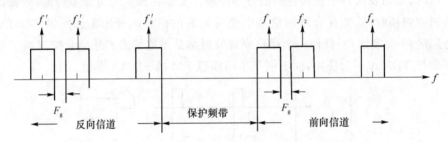

图 10.22　FDMA 系统的工作示意图

前向与反向信道的频带分割,是实现频分双工通信的要求;频道间隔(如 25 kHz)是保证频道之间不重叠的条件。

(2) FDMA 系统中的干扰问题

FDMA 系统是基于频率划分信道。每个用户利用一对频道 f'_k 和 f_k 进行通信。若有其他信号的成分落入一个用户接收机的频道带内时,将造成对有用信号的干扰。就蜂窝小区内的基站动台系统而言,主要干扰有互调干扰和邻道干扰。在频率集重复使用的蜂窝系统中,还要考虑同频道干扰。所谓互调干扰是指系统内由于非线性器件产生的各种组合频率成分落入本频道接收机通带内造成对有用信号的干扰。所谓邻道干扰是指相邻波道信号中存在的寄生辐射落入本频道接收机带内造成对有用信号的干扰。

(3) FDMA 系统的特点

每信道占用一个载频,相邻载频之间的间隔应满足传输信号带宽的要求。为了在有限的频谱中增加信道数量,系统均希望间隔越窄越好。FDMA 信道的相对带宽较窄,每个信道的每一载波仅支持一个电路连接,也就是说 FDMA 通常在窄带系统中实现。

符号时间与平均延迟扩展相比较是很大的。FDMA 方式中,每信道只传送一路数字信号,信号速率低,一般在 25 kbit/s 以下,远低于多径时延扩展所限定的 100 kbit/s,所以在数字信号传输中,由码间干扰引起的误码极小,因此在窄带 FDMA 系统中无须自适应均衡。

基站复杂庞大,重复设置收发信设备。基站有多少信道,就需要多少部收发信机,同时需用天线共用器,功率损耗大,易产生信道间的互调干扰。

FDMA 系统每载波单个信道的设计,使得在接收设备中必须使用带通滤波器允许指定信道里的信号通过,滤除其他频率的信号,从而限制临近信道间的相互干扰。

越区切换较为复杂和困难。因在 FDMA 系统中,分配好语音信道后,基站和移动台都是连续传输的,所以在越区切换时,必须瞬时中断传输数十至数百毫秒,以把通信从一频率切换到另一频率去。瞬时中断对于话音问题不大,对于数据传输则将带来数据的丢失。

在模拟蜂窝系统中,采用频分多址方式是唯一的选择;在数字蜂窝系统中,则很少采用纯频分的方式。

3. 时分多址技术(TDMA)

(1) TDMA 系统原理

时分多址是在一个宽带的无线载波上,把时间分成周期性的帧,每一帧再分割成若干时隙(无论帧或时隙都是互不重叠的),每个时隙就是一个通信信道,分配给一个用户。如图 10.23 所示,系统根据一定的时隙分配原则,使各个移动台在每帧内只能按指定的时隙向基站发射信号(突发信号),在满足定时和同步的条件下,基站可以在各时隙中接收到各移动台的信号而互不干扰。同时,基站发向各个移动台的信号都按顺序安排在预定的时隙中传输,各移动台只要在指定的时隙内接收,就能在合路的信号中把发给它的信号区分出来。所以 TDMA 系统发射数据是用缓存-突发法,对任何一个用户而言发射都是不连续的。这就意味着数字数据和数据调制必须与 TDMA 一起使用,而不同于采用模拟 FM 的 FDMA 系统。

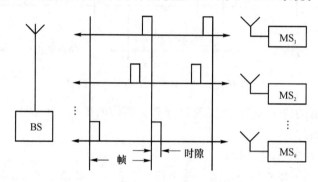

图 10.23　TDMA 系统的工作原理

(2) TDMA 的帧结构

TDMA 帧是 TDMA 系统的基本时隙单元,各个用户的发射相互连成一个重复的帧结构,如图 10.24 所示。

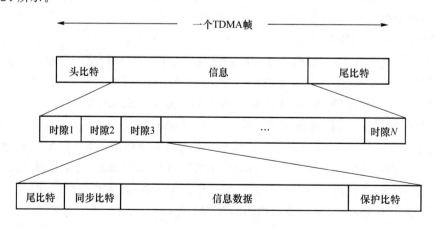

图 10.24　TDMA 帧结构

从图可看出,TDMA 帧是由若干时隙组成的,每一帧都是由头比特、信息数据和尾比特组成。在 TDMA/TDD 系统中,每帧信息中时隙的一部分用于前向链路,而另一部分用于反向链路。在 TDMA/FDD 系统中,前向传送和反向传送有一个完全相同或相似的帧结构,但前向和反向链路使用的载频和帧同步时间是不同的。TDMA/FDD 系统在一个特定用户的前向和反向时隙间设置了几个延时时隙,以便在用户单元中不需要使用双工器。

在一个 TDMA 帧中,头比特包含了基站和用户用来确认彼此的地址和同步信息。利用保护时间来保证不同时隙和帧之间的接收机同步。

(3) TDMA 系统的特点

TDMA 系统突发传输的速率高,远大于语音编码速率。设每路编码速率为 R (bit/s),共 N 个时隙,则在这个载波上传输的速率将大于 NR (bit/s)。这是因为 TDMA 系统中需要较高的同步开销。同步技术是 TDMA 系统正常工作的重要保证。同步包括帧同步、时隙同步和比特同步。

TDMA 系统发射信号速率随 N 的增大而提高,如果达到 100 kbit/s 以上,码间串扰将加大,必须采用自适应均衡,用以补偿传输失真。

TDMA 系统用不同的时隙来发射和接收,因此不需双工器。即使使用 FDD 技术,在用户单元内部的切换器,就能满足 TDMA 在接收机和发射机间的切换,而不使用双工器。

TDMA 系统基站复杂性相比 FDMA 系统减小。因 N 个时分信道共用一个载波,占据相同带宽,只需一部收发信机。互调干扰小。

TDMA 系统相比 FDMA 系统,抗干扰能力强,频率利用率高,系统容量大,越区切换简单。由于在 TDMA 中移动台是不连续地突发式传输,所以切换处理对一个用户单元来说是很简单的,因为它可以利用空闲时隙监测其他基站,这样越区切换可在无信息传输时进行,因而没有必要中断信息的传输,即使传输数据也不会因越区切换而丢失。

由于受频率选择性衰落信道的影响,TDMA 的码速率受到限制,单载频的系统容量数是有限的。一般 FDMA 和 TDMA 结合起来,提供较大的系统容量。

4. 码分多址技术(CDMA)

(1) CDMA 系统原理

CDMA 的技术基础是直接序列扩频(DSSS)技术。使用 CDMA 技术,用户可获得整个系统带宽,系统带宽比需要传送信息的带宽宽很多倍。DSSS 系统的传输带宽超过相干带宽,解扩后可得到几个不同时延的信号。RAKE 接收机可恢复多个时延信号,组成一个信号,对低频深衰落起到固有时间分集的作用。这对于移动通信是很有效的,同时解决了频率再利用的干扰。DSSS 系统对移动用户的数目无硬限制。

在 CDMA 蜂窝通信系统中,用户之间的信息传输也是由基站进行转发和控制的。为了实现双工通信,正向传输和反向传输各使用一个频率,即通常所谓的频分双工。无论正向传输或反向传输,除了传输业务信息外,还必须传送相应的控制信息。为了传送不同的信息,需要设置相应的信道。但是,CDMA 通信系统既不分频道又不分时隙,无论传送何种信息的信道都靠采用不同的码型来区分。图 10.25 所示是 CDMA 通信系统的工作示意图。

码分多址系统为每个用户分配了各自特定的地址码,利用公共信道来传输信息。CDMA 系统的地址码相互具有准正交性,以区别地址,而在频率、时间和空间上都可能重叠。系统的接收端必须有完全一致的本地地址码,用来对接收的信号进行相关检测。其他使用不同码型的信号因为和接收机本地产生的码型不同而不能被解调。它们的存在类似于在信道中引入了噪声或干扰,通常称为多址干扰。

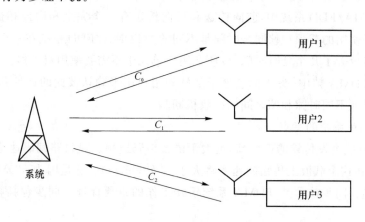

图 10.25 CDMA 通信系统的工作示意图

码分物理信道正交特性的数学表达式为

$$\int PN_i PN_j \mathrm{d}t = \begin{cases} 1, i = j \\ 0, i \neq j \end{cases} \qquad (10\text{-}38)$$

其中,不同的 PN_i 和 PN_j $(i,j=1,2,3,\cdots)$的不同码型代表不同的码分物理信道。

码分多址系统的正交码可以通过构造具有式(10-38)特性的正交信号来产生,典型的正交码有沃尔什(Walsh)码等。

(2) CDMA 系统的特点

CDMA 系统中许多用户共享同一频率,具有频率规划简单、通信容量大、系统软容量、抗衰落能力强、信号功率谱密度低的特点。

理论上讲,信道容量完全由信道特性决定,但实际的系统很难达到理想的情况,因而不同的多址方式可能有不同的通信容量。CDMA 是干扰限制性系统,任何干扰的减少都直接转化为系统容量的提高。因此一些能降低干扰功率的技术,如话音激活(Voice Activity)技术等,可以自然地用于提高系统容量。

FDMA 和 TDMA 系统中同时可接入的用户数是固定的,无法再多接入任何一个用户,而 DS-CDMA 系统中,多增加一个用户只会使通信质量略有下降,不会出现硬阻塞现象。

由于信号被扩展在一较宽频谱上而可以减小多径衰落。如果频谱带宽比信道的相关带宽大,那么固有的频率分集将减少快衰落的作用。在 CDMA 系统中,信道数据速率很高,因此码片(Chip)时长很短,通常比信道的时延扩展小得多,因为 PN 序列有低的自相关性,所以大于一个码片宽度的时延扩展部分,可受到接收机的自然抑制。如采用分集接收最大合并比技术,可获得最佳的抗多径衰落效果。而在 TDMA 系统中,为克服多径造成的码间干扰,需要用复杂的自适应均衡,均衡器的使用增加了接收机的复杂度,同时影响了越区切换的平滑性。

在 DS-CDMA 系统中,信号功率被扩展到比自身频带宽度宽百倍以上的频带范围内,因而其功率谱密度大大降低。由此可得到两方面的好处:其一,具有较强的抗窄带干扰能力;其二,对窄带系统的干扰很小,有可能与其他系统共用频段,使有限的频谱资源得到更充分的使用。

然而,CDMA 系统存在着两个重要的问题。一是来自非同步 CDMA 网中不同用户的扩频序列不完全是正交的,这一点与 FDMA 和 TDMA 不同。FDMA 和 TDMA 具有合理的频率保护带或保护时间,接收信号近似保持正交性,而 CDMA 对这种正交性是不能保证的。这种扩频码集的非零互相关系数会引起各用户间的相互干扰——多址干扰(MAI),在异步传输信道以及多径传播环境中多址干扰将更为严重。另一问题是'远-近'效应,许多移动用户共享同一信道就会发生'远-近'效应问题。由于移动用户所在的位置处于动态的变化中,基站接收到的各用户信号功率可能相差很大,即使各用户到基站距离相等,深衰落的存在也会使到达基站信号各不相同,强信号对弱信号有明显的抑制作用,会使弱信号的接收性能很差甚至无法通信,这种现象被称为'远-近'效应。为了解决'远-近'效应问题,在大多数 CDMA 实际系统中使用功率控制。通过对每个用户功率的调整,使得每个用户到达接收机的能量相等,相互间干扰基本一致。

5. 空分多址技术(SDMA)

空分多址(SDMA)技术的原理是利用用户的地理位置不同,在与用户通信过程中采用天线的波束成形技术,使不同的波束方向对准不同的用户,达到多用户共享频率资源、时间资源和码资源。如图 10.26 所示,卫星上形成 A、B、C 站的天线波束,通过卫星上的空间交换矩阵可以实现 A、B、C 站之间的多址连接,通过这种方法可以在固定频带内大大提高通信的容量。陆地移动通信系统采用智能天线技术构成空分多址。

6. 随机接入多址技术

由于数据的传输和交换等业务越来越多地使用无线信道,与话音相比,数据传输和交换具有非实时、分组、突发等特点。很多无线数据接入采用随机连接多址方式。

在随机接入多址方式中,每个用户可以随意发送信息,如果发现碰撞,则采用相应的退避算法重发,直至发送成功。随机接入多址方式可以采用纯 ALOHA 方式、时隙 ALOHA 方式、预约 ALOHA 方式等。

纯 ALOHA 方式指各站随意发送信息,如果发现信息碰撞(干扰很大、无法正常接收)则退避,随机时间后重新发送,如图 10.27 所示。ALOHA 的信道利用率不是很高,其最大信道利用率为 18%,并且会出现不稳的现象。

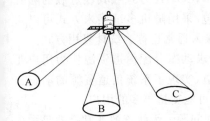

图 10.26　SDMA 多址方式示意图

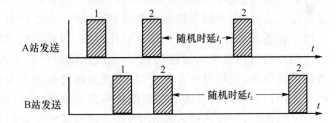

图 10.27　ALOHA 随机时延退避示意图

由于纯 ALOHA 方式的信道利用率不高,因此提出了各种改进的随机多址方式,如时隙 ALOHA 采用在转发器输入口为参考点的时间轴上等间隔地分成许多时隙,各站发射的分组数据必须与时隙对齐,而不是纯随机发送,因此减小了相互之间的碰撞概率,提高了信道的利用率,其最大信道利用率能提高一倍。缺点是全网需要同步,增加系统的复杂性。

预约 ALOHA 是考虑数据传输中可能出现长、短报文的情况,由于长报文需要较长的传输时间,若经过碰撞,则可能造成接收端的时延太长而丢失报文的情况,为了解决长短报文的兼容问题,提出了预约 ALOHA 的方式。其主要思路是:各地球站要发送长报文时,先申请预约占用一段时隙,让其一次性发送一批数据,对于短报文则采用非预约时隙 ALOHA 方式传输,这样既解决了长报文的传输问题,又保留了 S-ALOHA 的信道利用率高的特点。

载波侦听随机多址接入 CSMA 方式是提高随机多址接入效率的有效方式,可以有效地减小无线接入过程中的碰撞冲突。载波侦听随机多址接入 CSMA 方式的基本原理是在发送前先侦听信道的空闲状态,如果信道空闲则随机退避,一段时间后进行发送;如果信道不空闲,则发送端继续侦听信道直至空闲。通常基于 CSMA 的方式可以根据业务设计不同的继续侦听方式,如 1-坚持、以概率 p 坚持等方式。发送端在侦听到信道空闲时并不马上进行发送,而是随机退避一段时间后再侦听确实空闲后再发,这种方式可有效减小多个发送终端同时侦听一个信道时发生碰撞的机会。

由于随机多址连接的性能强烈地依赖于业务模型和网络的业务量大小,因此没有一种随机多址方式是所有业务和网络中最优的,经常是对这种业务,该多址连接方式最好,但对其他业务则未必。

7. 双工技术

一般通信需要双方交换信息,因此系统要支持双向通信,对无线接入而言,实现双向通信的方式主要有两种:频分双工(FDD,Frequency Division Duplexing)和时分双工(TDD,Time Division Duplexing)。对于频分双工系统,收发两个方向的通信是靠不同的频带进行的,一般两个频带之间保留一定的频带间隔,以减少两个频带的相互影响,频分双工可以使用任何多址方式;对于时分双工系统,收发两个方向的信号时间上分开,频率上使用相同资源,为防止两个方向信号发生冲突,当一个方向转换到另一个方向时,需保留一定的间隔时间。时分双工可与 TDMA 和 CDMA 多址方式结合。

10.3.2　媒体接入技术

媒体接入技术是指如何支持多用户接入系统的技术,主要针对用户发起的上行通信。针对多用户的无线通信系统,通常采用固定分配接入信道和动态分配业务信道的方式。采用固定分配接入信道方式时,系统设定部分信道资源作为上行接入信道,为提高利用效率,用户接入时通常通过竞争占用信道方式接入系统。例如,采用基于 ALOHA 方式或其改进版的随机多址接入方式,用户接入信息通常是短时、随机突发的数据包,采用随机多址接入方式可以匹配用户业务的统计模型,提高信道利用效率,因此随机多址接入通常也称为统计复用方式。

用户通过发送接入信息到系统,系统根据用户的接入请求动态分配信道资源作为用户业务的传输信道,当用户业务完成时,系统重新释放该业务信道,实现了系统信道资源的动态分配与使用。这种方式有助于提高信道资源的利用效率,从而可能支持更多的用户。

一般而言,在媒体接入技术中,往往涉及系统资源的管理问题。无线资源通常指的是系统中可用的频率、时隙、码字、天线、功率,为达到优化的通信指标,无线资源需要进行合理分配。例如,在 4G 系统,基站针对多个不同业务请求的用户通过特定优化原则分配系统中的相应子载波数和功率。

无线资源管理技术主要包含信道分配技术、用户接入技术等。信道分配包括固定分配、动态分配技术。

信道固定分配技术是指对不同用户分配固定信道资源,这种信道分配方式的好处是用户通信资源随时有保证,但缺点是其利用率较差,尤其是当用户的通信业务是突发业务时更明显。信道固定分配方式在卫星电视广播等系统中应用比较广泛,因为在这些系统中,电视业务需要不间断地发送,因此固定信道分配可以极大化地利用信道。

信道动态分配技术是指用户通过申请,系统基于信道资源池中的可用信道动态分配给用户使用,当用户完成通信任务时释放信道资源回归到信道资源池中。可以看到,信道动态分配技术采用按需请求、动态分配的原则,可以灵活调度系统可用信道资源。信道动态分配技术在蜂窝移动通信系统中得到了广泛应用,通过信道动态分配技术以及结合移动通信用户的突发特点,蜂窝移动通信系统可以支持远大于可用信道数的移动用户。

实际系统中,两种信道分配技术通常都存在。

10.3.3　无线组网技术

利用无线通信进行组网的主要方式包括:固定无线通信网络、无线移动通信网络、无线自组织网络。

固定无线通信网络是指利用无线通信技术实现固定若干点之间的通信网络,其特点是通信用户通常是固定或缓慢移动的,不支持移动业务,典型的如基于数字微波的无线传输网络、同步卫星广播网络。固定无线通信网络需要对无线信道资源进行完善的规划,以达到不干扰、少干扰的特点。

无线移动通信网络是利用无线通信手段支持移动通信业务的组网方式,通常无线移动通信网络分成陆地蜂窝移动通信网络、卫星移动通信网络。

陆地蜂窝移动通信网络通过建立大量的基站,每个基站覆盖一定区域范围,从而总体上实现大范围区域的无线覆盖。用户在每个基站的覆盖范围中时,其通信通过该基站与系统连接,当用户移动时,通信业务自然需要在不同基站之间进行相应的移交转接,即移动通信中的切换操作。更甚者,当用户从一个移动通信系统覆盖区域移动到不同的移动通信系统覆盖区域时,移动通信网需要为用户这样的漫游行为进行管理以提供相应的服务。因此,无线移动通信网络除需要解决无线通信链路传输的问题外,还需要面对用户的移动性进行相应的管理,以保障用户的移动业务需求。

卫星移动通信网络与陆地蜂窝移动通信网络类似,不同的是在卫星移动通信网络中,往往由卫星提供地面的蜂窝覆盖,通过多颗卫星及天线多波束技术,卫星移动通信网络可以实现全球区域的覆盖。卫星移动通信网络中,用户通过卫星接入该系统,系统通过地面站或卫星为用户提供相应的移动通信业务,可以为用户实现全球范围内的实时通信业务,远洋船只、沙漠、极地地带等边远区域的通信往往可以通过组建卫星通信网提供良好的服务。

无线自组网通常是局部范围内的若干设备通过无线通信方式临时组建网络进行语音通信、文件共享等。无线自组网通常是临时性的,网络没有固定基础设施提供无线覆盖,因此无线自组网的组网方式需要通过无线通信方式进行用户的相互发现、网络拓扑形成与管理、网络路由管理等。无线自组网是典型的分布式网络,无线自组网中的通信通常是多跳方式的通信,即用户与用户之间需要通过其他用户的中转,当用户在相互移动时,无线自组网的形成与维护变得更复杂。无线自组网在战场、灾害、抢险等需要临时组建通信网络的情形下具有不可替代的作用。

10.4　陆地移动通信系统

10.4.1　基本知识

所谓陆地移动通信系统指通信双方或至少有一方是在运动中通过陆地通信网络进行信息交换的。例如,固定点与移动体之间、移动体与移动体之间、人与人或人与移动体之间的通信,都属于陆地移动通信。

由于陆地移动通信几乎集中了有线和无线通信的最新技术成就，移动通信所能交换的信息已不仅限于语音，一些非话音服务（如传真、数据、图像等）也纳入移动通信的服务范围。同时，移动通信除了作为公用通信外，即使作为专业通信用也已普遍应用于社会的各个领域，交通运输、商业金融、新闻报道、公共安全、军事等各行各业都因为移动通信所带来的高效率而受益匪浅。移动通信是使用户随时随地快速而可靠地进行多种信息交换的一种理想通信形式，陆地移动通信和卫星（移动）通信、光纤通信一起被列为现代通信领域的三大新兴的通信技术手段。

1. 陆地移动通信系统的分类

陆地移动通信系统分为蜂窝公用陆地移动通信系统、集群调度移动通信系统、无绳电话系统和无线寻呼系统等。

（1）蜂窝公用陆地移动通信系统

这种系统是基于"蜂窝"的概念建立的移动通信系统。一个大区域划分为几个小的区域，称为"蜂窝"。每个小区有一个发射机，而不是整个城市用一个发射机。它使用低功率的发射机服务一小的区域。公用陆地蜂窝移动通信系统可以覆盖无限大的范围，为公众用户提供通信服务，如 GSM 系统、IS-95CDMA 系统和第三代移动通信系统等。

（2）集群调度移动通信系统

该系统具有单个呼、组呼、全呼、紧急告警/呼叫、多级优先及私密电话等适合调度业务专用的功能。除完成调度通信外，该系统也可以通过控制中心的电话互连终端与本部门的小交换机相连接，提供无线用户与有线用户之间的电话接续。但因该系统是专为调度通信而设计的，系统首先保证调度业务，对于电话通信只是它的辅助业务并受到限制，如 TETRA 系统和iDEN 系统等。

集群移动通信系统可以实现将几个部门所需要的基地台和控制中心统一规划建设，集中管理，而每个部门只需要建设自己的调度指挥台（即分调度台）及配置必要的移动台，就可以共用频率、共用覆盖区，即资源共享、费用分担，使公用性与独立性兼顾，从而获得最大的社会效益。

（3）无绳电话系统

无绳电话最初是应有线电话用户的需求而诞生的，初期主要应用于家庭。这种无绳电话系统十分简单，只有一个与有线电话用户线相连接的基站台和随身携带的手机，基站台与手机之间利用无线电沟通。无绳电话由室内走向室外，构成公用无绳电话系统。这种公用系统由移动终端（公用无绳电话用户）和基站台组成。基站通过用户线与公用电话网的交换机相连接而进入本地电话交换系统。通常在办公楼、居民楼群之间、火车站、机场、繁华街道、商业中心及交通要道设立基站，形成一种微蜂窝或微微蜂窝网，无绳电话用户只要看到这种基站的标志，就可使用手机呼叫，如 PHS 系统（俗称小灵通）。

2. 陆地移动通信系统的组成

任何移动通信系统都可以由移动终端（也称为移动台）、基地站和网络组成。移动终端可以在任何移动通信系统覆盖的地方，通过基地站接入网络。此网络可以与其他网络实现互连，如图 10.28 所示。

图 10.28　陆地移动通信系统的组成

3. 陆地移动通信的特点

陆地移动通信的特点体现在以下 4 个方面。

① 由于至少有一方处于移动状态,因此必须利用无线电波进行信息传输。陆地移动通信的频率范围从几百兆赫兹到几千兆赫兹,在沿地表面传播,受地形地物影响很大。无线传播环境是一个开放的媒体,受到各种因素的影响,如接收信号的不稳定和各种干扰,由于实际通信的环境不确定,可能是在室内、室外、高楼林立区、乡村和高速公路环境,因此无法用一个准确的数学模型进行描述,另外终端设备移动会引起传输环境的时变性。

② 无线电频谱分配和使用受世界和各国无线电管理部门的限制,用于陆地移动通信的频谱资源是有限的,而随着移动用户和各种业务的增加,通信业务量的需求与日俱增,频谱资源越来越紧张。

③ 移动用户可能处于任何地方,并且位置会发生改变,由于整个网络要支持这种用户的移动性,因此会使用户和网络管理复杂度提高。

④ 随着移动通信用户的普及,用户终端已成为个人消费品,因此从价格、质量、维护和管理等各方面提出了要求。

4. 陆地移动通信技术

陆地移动通信技术包括无线链路级技术、系统网络级技术。其中无线链路级技术包括保证信息在移动过程中可靠传输的各种技术和支持多用户同时接入的多址技术;系统网络级技术包括无线网络覆盖技术、各种无线资源管理技术、移动性管理、安全管理和支持网络节点互联的各种协议。

5. 陆地移动通信业务

陆地移动通信系统的基本业务是话音业务,同时基于陆地移动通信网络的移动数据业务也得到飞速发展。移动数据业务主要有消息型业务(如短信息业务和多媒体信息业务)和无线IP 业务(如通过移动终端上网),基于移动数据业务可以实现各种应用,各种增值业务层出不穷。随着移动通信网络的宽带化,移动互联网的业务得到快速发展。

移动智能网是在移动通信网上能快速、方便、经济、有效地生成和实现智能业务的体系结构,通过在现有网络中引入新的网络功能实体,将业务控制功能从传统的交换功能中分离出来,所有与智能业务相关的业务逻辑控制部分均由智能网的功能实体来实现。移动智能网为移动网运营者提供一个开放的平台,在此平台上运营者可以快速、灵活地开发出适应市场需求的新业务、新功能。

10.4.2　蜂窝技术

无线移动传输的传统方法是在覆盖区域的最高点建一个大功率的发射机,覆盖一个区域。由于电波传播的损耗与视线受阻影响,单个的无线发射机只能覆盖一定的区域,这就很难适应大区域通信的要求,并且这种单站式覆盖也只能支持很少数量的移动通信用户。例如,1970年纽约的 Bell System 只能支持 12 个用户同时通话。

蜂窝技术的出现使覆盖大区域问题有了新的思路。它不用大范围内直接覆盖的方法,而是使用低功率的发射机服务一小的区域,将一个城市划分为几个甚至几十个小的区域,称为小区"Cell"。每个小区有一个发射机,而不是整个城市用一个发射机。通过将覆盖区划分为小区,使得在不同的小区内可以重用相同的频率。小区的大小可根据容量和应用环境确定。在实际中,小区的覆盖不是规则形状的,确切的小区覆盖取决于地势和其他因素,为了设计方便,通常近似假定覆盖区为规则的多边形,如全向天线小区,覆盖面积近似为圆形,为了获得全覆盖、无死角,小区面积多为正多边形,如正三角形、正四边形、正六角型。采用正六角型主要有两个原因:第一,正六角型的覆盖需要较少的小区,较少的发射站;第二,正六角型小区覆盖相对于四边形和三角形费用小。

为了降低小区间的干扰,相邻小区可能使用不同频率,而为了提高频谱效率,用空间划分的方法,在不同的空间进行频率再用。即若干个小区组成一个区群(Cluster),区群内的每个小区占用不同的频率,占用给定的频带。另一区群可重复使用相同的频带。不同区群中的相同频率的小区间产生同频干扰。图10.29给出了区群数分别为4和7个小区的覆盖。

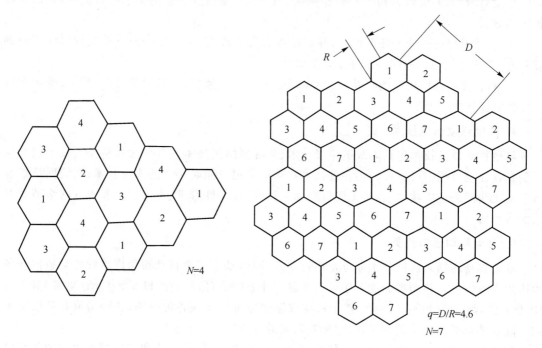

图 10.29 正六角型小区覆盖

刚开始建立系统时,在所有基站小区都同时建立是非常昂贵的。然而一个大半径的小区可以在一段时间后,用小区分裂的方法变为几个小半径的小区。在一个小区内用户数量到达某一程度时,服务质量下降,呼通率降低时,可以用几个较低的发射功率的基站小区代替原有的一个基站区,即小区分裂。

蜂窝通信的主要特征有:①低功率的发射机和小的覆盖范围;②频率再用;③切换和中央控制;④小区分裂可用于增加容量。

1. 蜂窝的类型

为了使移动通信系统的业务容量最大,同时使移动台在各种速度时切换最少,除了最大限度地提高频谱效率外,对于移动台诸如移动特性、输出功率及所用业务类型等不同参数,使用不同类型的蜂窝可能是有利的。同一地理区域同时运用不同类型的蜂窝是可能的。

根据小区覆盖的大小,蜂窝大体可分成巨区、宏区、微区及微微区,这些蜂窝类型的一些参数包括蜂窝小区半径、终端速度、安装地点、运行环境、业务量密度和适应系统。小区半径决定了无线电可靠的通信范围,它与输出功率、业务类型、接收灵敏度、编码及调制等有关;终端速度为基站与移动台的相对速度,与移动特性有关,其大小决定了区间切换的次数;基站的安装高度与蜂窝半径有关,半径越大安装高度也越大。

2．蜂窝系统中同频干扰

频率复用意味着在一个给定的覆盖区域内,存在着许多使用同一组频率的小区。这些小区叫作同频小区,这些同频小区之间的信号干扰叫作同频干扰。不像热噪声可以通过增大信噪比(SNR)来克服,同频干扰不能简单地通过增大发射机的发射功率来克服。这是因为增大发射功率会增大对相邻同频小区的干扰。为了减小同频干扰,同频小区必须在物理上隔开一个最小的距离,为传播提供充分的隔离。

如果每个小区的大小都差不多,基站也都发射相同的功率,则同频干扰比例与发射功率无关,而变为小区半径(R)和相距最近的同频小区中心间距离(D)的函数。增加 D/R 的值,相对于小区的覆盖距离,同频小区间的空间距离就会增加,从而来自同频小区的射频能量减小而使干扰减小。参数 q 叫作同频再用比,与区群的大小 N 有关。对于六边形系统来说,q 可表示为

$$q = D/R = \sqrt{3N} \tag{10-39}$$

q 的值越小,则容量越大。但是,q 值增大,同频干扰减小,传输性能提高。在实际的蜂窝系统中,需要对这两个目标进行协调和折中。

3．小区分裂

随着用户对无线服务要求的提高,分配给每个小区的信道数量最终变得不足以支持所要达到的用户数。从这点来看,需要采用无线网络优化技术来给单位覆盖区域提供更多的信道。在实际中,一般采用小区分裂、扇区化和覆盖区域逼近等技术来增大蜂窝系统的频率复用。微小区概念能将小区覆盖分散,将小区边界延伸到难以到达的地方。小区分裂通过增加基站的数量来增加系统容量,而扇区化和微小区依靠基站天线的定位来减小同频干扰以提高系统容量。

小区分裂就是一种将拥塞的小区分成更小小区的方法,分裂后的每个小区都有自己的基站并相应地降低天线高度和减小发射机功率。由于小区分裂能够提高信道的复用次数,因而能提高系统容量。通过设定比原小区半径更小的新小区和在原有小区间安置这些小区,使得单位面积内的信道数目增加,从而增加系统容量。

假设每个小区都按半径的一半来分裂,如图 10.30 所示。为了用这些更小的小区来覆盖整个服务区域,将需要大约为原来小区数 4 倍的小区。以 R 为半径画一个圆就容易理解了。以 R 为半径的圆所覆盖的区域是以 $R/2$ 为半径的圆所覆盖区域的 4 倍。小区数的增加将增加覆盖区域内的簇数目,这样就增加了覆盖区域内的信道数量,从而增加了容量。小区分裂通过用更小的小区代替较大的小区来允许系统的增长,同时又不影响为了维持同频小区间的最小同频复用因子所需的信道分配策略。图 10.30 所示为小区分裂的例子,基站放置在小区角上,假设基站 A 服务区域内的话务量已经饱和(即基站 A 的阻塞超过了可接受值),因此该区域需要新基站来增加区域内的信道数目,并减小单个基站的服务范围。注意到,在图中,最初的基站 A 被 6 个新的微小区基站所包围,更小的小区是在不改变系统的频率复用计划的前提下增加的。

对于在尺寸上更小的新小区,它们的发射功率也应该下降。半径为原来小区的一半的新小区的发射功率,可以通过检查在新的和旧的小区边界接收到的功率 P_r,并令它们相等来得到。

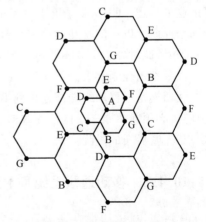

图 10.30　小区分裂示意图

4. 切换

当移动用户处于通话状态时,如果出现用户从一个小区移动到另一个小区的情况,为了保证通话的连续,系统需要将对该移动用户的连接控制也从一个小区转移到另一个小区。这种将正处于通信状态的移动用户转移到新的业务信道上(新的小区)的过程称为"切换"(Handover)。因此,从本质上说,切换的目的是实现蜂窝移动通信的"无缝隙"覆盖,即当移动台从一个小区进入另一个小区时,保证通信的连续性。切换的操作不仅包括识别新的小区,而且需要分配给移动台在新小区的业务信道和控制信道。通常,有以下两个原因引起一个切换:

① 信号的强度或质量下降到由系统规定的一定参数以下,此时移动台被切换到信号强度较强的相邻小区;

② 由于某小区业务信道容量全被占用或几乎全被占用,这时移动台被切换到业务信道容量较空闲的相邻小区。

由第一种原因引起的切换一般由移动台发起,由第二种原因引起的切换一般由上级实体发起。

切换处理在任何蜂窝无线系统中都是一项重要的任务。切换必须顺利完成,并且尽可能少地出现,同时要使用户觉察不到。为了适应这些要求,系统设计者必须要指定一个启动切换的最恰当的信号强度。一旦将某个特定的信号强度指定为基站接收机中可接受的通信质量的最小可用信号,稍微强一点的信号强度就可作为启动切换的门限。

在决定何时切换的时候,要保证所检测到的信号电平的下降不是因为瞬间的衰减,而是由于移动台正在离开当前服务的基站。为了保证这一点,基站在准备切换之前先对信号监视一段时间。

呼叫在一个小区内没有经过切换的通话时间,叫作驻留时间。某一特定用户的驻留时间受到一系列参数的影响,包括传播、干扰、用户与基站之间的距离,以及其他的随时间而变的因素。

不同的系统用不同的策略和方法来处理切换请求。一些系统处理切换请求的方式与处理初始呼叫是一样的。在这样的系统中,切换请求在新基站中失败的概率和来话的阻塞是一样的。然而,从用户的角度来看,正在进行的通话中断比偶尔的新呼叫阻塞更难以让人接受。为了提高用户所觉察到的服务质量,采用各种各样的办法来实现在分配话音信道的时候,切换请求优先于初始呼叫请求。

切换分为软切换和硬切换。

软切换是指当移动终端的通信被连到另一个小区的业务信道时,不需要中断当前服务小区的业务信道。CDMA 系统中所有小区使用相同的频率,每当移动台处于小区边缘时,同时有两个或两个以上的基站向该移动台发送相同的信号,移动台的分集接收机能同时接收合并这些信号,此时处于宏分集状态。当某一基站的信号强于当前基站信号且稳定后,移动台才切换到该基站的控制上去。

硬切换是指移动终端被连接到不同的移动通信系统、不同的频率分配或不同的空中接口特性时,必须断掉原来小区的无线信道,才能使用新小区的无线信道进行通信。硬切换在空中接口是先断后通的过程。

10.4.3 移动通信系统基本结构

数字蜂窝移动通信系统包括移动台(MS,Mobile Station)、基站子系统(BSS,Base SubSystem)和网络子系统(NSS,Network SubSystem)。其中,基站子系统由基站收发信机

(BTS,Base Transceiver Station)和基站控制器(BSC,Base Station Controller)两部分组成,网络子系统包括移动交换中心(MSC,Mobile Switch Center)、归属位置寄存器(HLR,Home Location Register)、访问位置寄存器(VLR,Visitor Location Register)、鉴权中心(AUC, Authentication Center)和操作维护中心(OMC,Operation and Maintenance Center)等。如图10.31 所示。

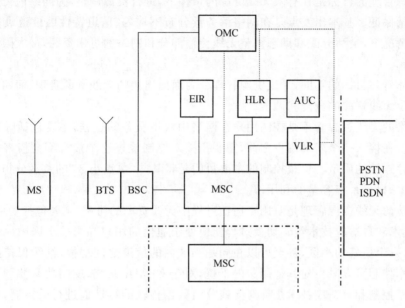

图 10.31　数字蜂窝系统构成

① BTS 是 BSS 的无线接入部分,由 BSC 控制,是负责某个小区的用户接入网络的无线收发设备,完成 BSC 与无线信道之间的转化,实现 BTS 与 MS 之间通过空中接口的无线传输及相关的控制功能。

② BSC 是 BSS 的控制部分,起着 BSS 的变换设备的作用,即各种接口的管理,承担无线资源和无线参数的管理。

③ MSC 是无线移动通信系统与另一个移动通信系统的接口设备,也是无线移动通信系统与固定的地面公众网的接口设备。其主要功能有:路由选择管理、计费和费率管理、业务量管理、向归属位置寄存器(HLR)发送有关计费和业务量信息。

④ HLR 是用于对本地移动台进行管理的数据库,主要功能有:对 HLR 中登记的移动台的所有用户参数的管理和修改、计费管理和 VLR 的更新。

⑤ VLR 是漫游用户的定位和管理的动态数据库。所谓漫游就是移动用户在非归属区得到服务的能力。VLR 的主要功能有:移动台漫游号的管理、临时移动台识别管理、访问移动台用户管理、HLR 的更新、通信覆盖区域的管理(如基站覆盖区、MSC 无线交换区等)、无线信道的管理(如信道分配表、动态信道分配管理等)。

⑥ AUC 存储用户的鉴权信息和加密密钥,用于防止无权用户进入系统。AUC 属于HLR 的一个功能单元。

⑦ OMC 的作用是完成 BSS 和 NSS 的网络运行和维护管理。

为有效支持移动通信业务,移动通信系统还需要针对无线资源、移动性、安全性等进行有效管理。

1. 无线资源管理

无线资源包括基站、扇区、频率、时间、码道和功率等。不同的移动通信系统具有不同的无线资源组合。例如,TDMA/FDMA 系统具有基站、扇区、频率、时隙和功率等资源,CDMA/FDD 系统具有基站、扇区、码道和功率等资源。

无线资源管理的目标是在有限无线资源的条件下,进行资源调整,为网络内无线用户终端提供业务质量保证。基本出发点是在网络话务量分布不均匀、信道特性因信道衰落和干扰而起伏变化等情况下,灵活分配和动态调整无线传输部分和网络的可用资源,最大限度地提高无线频谱利用率。

根据具体管理目标的不同,无线资源管理分为面向连接的无线资源管理、面向网络的无线资源管理以及无线资源的分配和调度。

面向网络的无线资源管理是控制用户在网络中获得服务的过程,主要包括呼叫接入控制和负载控制。在接入一个新的用户之前,需要用接入控制检查这个接入不会损害规划的覆盖范围或者现存连接的质量。负载控制的主要目的是将某些“热点小区”的负载分担到周围负载较轻的小区中,提高系统容量的利用率。

面向连接的无线资源管理是对用户通信过程中无线资源的协调,主要包括功率控制、速率控制、切换技术和自适应技术等。切换过程能使处于通信的用户在当前小区中面临不利条件时,转换到另一个更好的小区,甚至可以在同一小区内的信道之间切换,继续保持好的通信链路。通过功率控制可以减少对其他用户的干扰,对于 CDMA 系统,反向功率控制可以克服远近效应。速率控制和自适应技术是针对无线分组数据传输的特性而进行的控制,在保证无线资源分配和高频谱效率情况下,每个用户的传输速率尽可能高,数据更准确。

无线资源分配和调度是根据小区信道的占用情况或用户的业务需求进行动态信道分配。根据小区信道的占用情况进行的信道分配是小区间的动态信道分配,根据用户的业务需求进行信道分配是小区内的动态信道分配。在无线分组数据传输系统中,很多用户共享一个物理信道,这样要求系统根据用户业务需求进行包调度,保证系统具有较大的吞吐率和对用户具有很好的公平性。

2. 移动性管理

移动性管理指移动台的位置区发生改变时,网络为保证其通信正常而进行的操作,包括移动台的注册和漫游。

移动台注册是将移动台的特征如位置或状态报告给网络。移动台和网络都可以发起注册。移动台发起的注册是移动台通知服务提供者它的存在和希望得到服务。作为移动台的地理位置被注册后,网络可以给它传递呼叫。

当移动用户离开登记注册的系统服务区进入其他系统服务区时,而获得通信的能力称为漫游。例如,北京的用户移动到天津,称其处于漫游状态,在漫游状态下,用户的信息要从原来归属区的用户管理服务器复制到漫游区的用户管理服务器中。

3. 安全性管理

无线通信系统的安全,涉及防止入侵者读取或修改传输或存储的数据,防止入侵者获取对系统资源或服务的访问权。保证移动通信系统安全的技术措施包括鉴权和加密。

鉴权用于确保要接入网络的终端或用户是合法的。网络可以在通信过程中的任何时候请求鉴权,可以是单向的,由网络或终端发起的只对终端或网络进行鉴权,也可以是双向的,终端和网络相互鉴权。鉴权过程使用一个密钥 K,一个函数 A 和一个随机数 RAND。通过对鉴权

应答 $RES = A(K, RAND)$ 的核对,确认终端或用户的合法性。

加密用于确保用户的信息不被第三方窃取。加密一般对信息源数据发送前通过密钥加密,接收后用密钥解密,恢复原始信息。数字加密系统分为两类:以共享或对称密钥为特征的系统,这种系统的加密和解密的密钥是相同的,密钥通过秘密信道进行交换;以采用两个或非对称密钥为特征的系统,这种系统的加密和解密的密钥是不一样的。

10.4.4　第二代移动通信系统

1. GSM 系统

GSM 数字蜂窝移动通信系统的无线接口即 Um 接口,也就是通常所称的空中接口。它是基于 TDMA 的数字蜂窝通信系统。GSM 系统的典型结构与 PLMN 的结构相同。移动台(MS)是公用 GSM 移动通信网中用户使用的设备,移动台的类型不仅包括车载台和便携式台,还包括手持台。

移动台一个重要的组成部分是用户识别模块(SIM,Subscriber Identity Modula),它基本上是一张符合 ISO 标准的"智能"卡,包含所有与用户有关的,被储存在用户这方的信息,其中包括鉴权和加密信息。使用 GSM 标准的移动台都需要在插入 SIM 卡的情况下操作移动台。SIM 卡的应用使移动台并非固定地束缚于一个用户,因此,GSM 系统是通过 SIM 卡来识别移动电话用户的,这为将来发展个人通信打下了基础。

(1) 小区结构和载频复用

GSM 系统中的小区也有大小之分。大者,基站(BS)与移动台(MS)间的距离可达到35 km,适用于农村区域;小者,小区的半径(BS 与 MS 间的距离)可降至 1 km,适用于市区。在高密度业务区,如在市中心,则可采用扇型小区结构。

系统可接受的同频道保护比可降至 $C/I = 9$ dB,因此采用每个小区具有三扇型的 3 小区复用型式(即相当于 9 小区簇)是可行的。

(2) 工作频带和载频间隔

GSM 蜂窝移动通信系统工作在如下射频频带:

- 上行(移动台发,基站收)890~915 MHz;
- 下行(基站发,移动台收)935~960 MHz;
- 双工间隔为 45 MHz。

随着业务的发展,可视需要向下扩展,或向 1.8 GHz 频段的 DCS 1800 过渡,即 1 800 MHz频段,DCS 1800 系统工作在如下射频频带:

- 上行(移动台发,基站收) 1 710~1 785 MHz,;
- 下行(基站发,移动台收)1 805~1 880 MHz;
- 双工间隔为 95 MHz。

(3) 信道结构

应用蜂窝结构的 GSM 系统采用时分多址的接入技术,因此 GSM 系统是一个频率-时间分隔的蜂窝系统。载频间隔为 200 kHz,而每个载频按时间分隔为 8 个时隙的一个 TDMA帧,即每个载频含 8 个物理信道。每个小区基站含有若干个预先分配的频率/时间信道。

8 个基本物理信道采用时分多址方式和高斯滤波最小移频键控(GMSK)(BT=0.3)的调制,每载波码元速率为 270.833 kbit/s。

（4）GSM 系统的基本特点

GSM 数字蜂窝移动通信是完全依据欧洲通信标准化委员会(ETSI)制定的 GSM 技术规范研制而成的,任何一家厂商提供的 GSM 数字蜂窝移动通信系统都必须符合 GSM 技术规范。GSM 系统作为一种开放式结构和面向未来设计的系统具有下列主要特点。

① GSM 系统是由几个分系统组成的,并且可与各种公用通信网(PSTN、ISDN、PDN 等)互连互通。各分系统之间或各分系统与各种公用通信网之间都明确和详细定义了标准化接口规范,保证任何厂商提供的 GSM 系统或子系统能互连。

② GSM 系统能提供穿过国际边界的自动漫游功能,对于全部 GSM 移动用户都可进入GSM 系统而与国别无关。

③ GSM 系统除了可以开放话音业务,还可以开放各种承载业务、补充业务和与 ISDN 相关的业务。

④ GSM 系统具有加密和鉴权功能,能确保用户保密和网络安全。

⑤ GSM 系统具有灵活和方便的组网结构,频率重复利用率高,移动业务交换机的话务承担能力一般都很强,保证在话音和数据通信两个方面都能满足用户对大容量、高密度业务的要求。

⑥ GSM 系统抗干扰能力强,覆盖区域内的通信质量高。

⑦ 用户终端设备(手持机和车载机)随着大规模集成电路技术的进一步发展向更小型、轻巧和增强功能趋势发展。

（5）GSM 系统的发展

作为 GSM 的升级技术,GPRS 在现有 GSM 电路交换模式之上增加了基于分组的空中接口,引入了分组交换,支持无线 IP 分组数据传输,支持基于 GPRS 传输的短信业务(SMS)、多媒体彩信业务(MMS)以及终端无线上网业务等。

GPRS 对 GSM 的多个时隙捆绑,可提供的最高数据速率是 115 kbit/s。GPRS 通过网关与数据网相连,提供 GPRS 子网与数据网的接口。由于 GSM 是基于电路交换的网络,GPRS的引入需要对原有网络进行一些改动,需增加新的设备,如 GPRS 业务支持节点(SGSN)、网关支持节点(GGSN)和 GPRS 骨干网;除此之外,其他新技术还需改进,如分组空中接口、信令、安全加密等。GPRS 提高了线路利用率,只有当数据传送或接收时才占用无线频率资源,利用了数据通信统计复用和突发性的特点。

2. CDMA 系统

（1）概述

CDMA 体制具有抗人为干扰、窄带干扰、多径干扰、多径延迟扩展的能力,具有可提高蜂窝系统的通信容量和便于模拟与数字体制的共存与过渡等优点,这使得 CDMA 数字蜂窝系统成为 TDMA 数字蜂窝系统的强有力的竞争对手。

IS-95A 是最早商用的 CDMA 移动通信空中接口标准。IS-95B 是 IS-95A 的进一步发展,主要目的是能满足更高的比特速率业务的需求,IS-95B 可提供的理论最大比特速率为115 kbit/s。IS-95A 和 IS-95B 均有一系列标准,其总称为 IS-95。CDMAOne 是基于 IS-95 标准的各种 CDMA 产品的总称,即所有基于 CDMAOne 技术的产品,其核心技术均以 IS-95 作为标准。CDMA2000 是美国向 ITU 提出的第三代移动通信空中接口标准的建议,是 IS-95 标准向第三代演进的技术体制方案。其中 CDMA2000 1X 是一个载波的 CDMA2000 标准,可支持 308 kbit/s 的数据传输、网络部分引入分组交换,可支持移动 IP 业务,CDMA2000 1X 与IS-95(A/B)后向兼容,可实现平滑过渡。

IS-95 CDMA 和 CDMA2000 1X 蜂窝系统工作频带：

- 上行(移动台发,基站收)825～849 MHz；
- 下行(基站发,移动台收)870～894 MHz；
- 双工间隔为 45 MHz。

应用蜂窝结构的 IS-95 CDMA 和 CDMA2000 1X 系统采用码时分多址的接入技术,载频间隔为 1.23 MHz,码片速率为 1.228 8 Mchip/s,每个小区可采用相同的载波频率,即频率复用因子为1。

(2) CDMA 与信道配置

1) CDMA 与蜂窝结构的关系

扩频 CDMA 数字蜂窝系统是频带资源共享的,在一个 CDMA 蜂窝系统中各个小区都共享一个频带。从频率重用角度来说,蜂窝区群结构的关系大为减弱了。在 CDMA 系统中,蜂窝结构(包括扇区结构)的考虑在于频带资源共享后的多用户干扰的影响。

① CDMA 蜂窝系统的信号带宽

窄带 CDMA 蜂窝系统频谱带宽的确定基于如下考虑:频谱资源的限制,系统容量,多径分离,扩频处理增益。

② 码分多址与蜂窝系统的小区和扇区

在扩频 CDMA 蜂窝系统之间是采用频分的,即不同的 CDMA 蜂窝系统占用不同频段的 1.23 MHz 带宽。而在一个扩频 CDMA 蜂窝系统之内,则是采用码分站址的,即对不同的小区和扇区基站分配不同的码型。在 IS-95CDMA 和 CDMA2000 1X 中,这些不同的码型是由一个 PN 码序列生成的,PN 序列周期(长度)为 215,即 32 768 切普(chips)。将此周期序列自每 64 chip 移位序列作为一个码型,共可得到 32 768/64＝512 个码型。这就是说,在 1.25 MHz 带宽的 CDMA 蜂房系统中,可区分多达 512 个基站或扇区。

2) IS-95 CDMA 物理信道与逻辑信道

① 物理信道

将 BS 到 MS 方向的链路称作前向链路(Forward Link),将 MS 到 BS 方向的链路称为反向链路(Reverse Link)。前向链路和反向链路均是由码分物理信道构成的。在 IS-95 标准中,由 Walsh 序列码型提供的前向码分物理信道,由不同的长码区分反码分物理信道。

② 逻辑信道

利用码分物理信道可以传送不同功能的信息。依据所传送的信息功能不同而分类的信道,称为逻辑信道。逻辑信道及其功能如下。

- 导引信道:基站在此信道发送导引信号(其信号功率比其他信道高 20 dB)供移动台识别基站并导引移动台入网。
- 同步信道:基站在此信道发送同步信息供移动台建立与系统的定时和同步。
- 寻呼信道:基站在此信道寻呼移动台发送有关寻呼、指令及业务信道指配信息。
- 接入信道:是一个随机接入信道,供网内移动台随机占用,移动台在此信道发起呼叫及传送应答信息。
- 业务信道:供移动台和基站台双向通信并传送信令之用。

其中前向链路中的逻辑信道有导引信道、同步信道、寻呼信道和业务信道,反向链路中的逻辑信道包括接入信道和业务信道。

3) IS-95 CDMA 的特点

- IS-95 CDMA 系统采用 GPS(全球定位系统)时间标尺确定一个系统公共时钟基准,每个基站的标准时基与 CDMA 系统的时钟对准,驱动系统的同步和码同步。

- 前向信道接收机中,首先利用导引信号进行信道估计,对其他信道进行相干解调。
- 反向信道采用 Walsh 正交调制,接收机采用非相干解调。
- 在通话过程中,单方向有 60% 的时间是静默状态,仅 40% 的时间需要传输话音数据,通常称之为话音激活技术。话音激活技术可方便应用于 CDMA 系统,实现变速率传输,减少干扰,增加系统容量。
- 各种分集特性:扩频技术频率分集,基站两个接收天线的空间分集,RAKE 接收机构成多径分集,交织编码构成时间分集。
- 软切换特性:扇区间的切换采用更软切换,由基站自身控制完成;基站间采用软切换,由基站控制器控制实现"先连后断"的连接。
- 反向精确的功率控制:基站每隔 1.25 ms 连续地对用户到达基站的接收信号进行测量,产生功率控制指令,并通过前向信道发给移动台,以进行功率调整,在保证通话质量的最小需求情况下,尽量减少全部信号强度电平。

(3) CDMA2000 1X 物理信道与逻辑信道

CDMA2000 1X 前向信道所包括的导频信道、同步信道、寻呼信道均兼容 IS-95A/B 系统控制信道特性。CDMA2000 1X 反向信道包括接入信道、增强接入信道、公共控制信道和业务信道,其中增强接入信道和公共控制信道除可提高接入效率外,还适应多媒体业务。CDMA2000 1X 的主要特点如下。

1) 前向快速功率控制技术

CDMA2000 采用快速功率控制方法。方法是移动台测量收到业务信道的 E_b/N_t,并与门限值比较,根据比较结果,向基站发出调整基站发射功率的指令,功率控制速率可以达到 800 bit/s。由于使用快速功率控制,可以减少基站发射功率、减少总干扰电平,从而降低移动台信噪比要求,最终可以增大系统容量。

2) 反向相干解调

基站利用反向导频信道发出扩频信号捕获移动台的发射,再用梳状(RAKE)接收机实现相干解调,与 IS-95 采用非相干解调相比,CDMA2000 1X 提高了反向链路性能,降低了移动台发射功率,提高了系统容量。

3) 连续的反向空中接口波形

在反向链路中,数据采用连续导频,使信道上数据波形连续,此措施可减少外界电磁干扰,改善搜索性能,支持前向功率快速控制以及反向功率控制连续监控。

4) 增强的媒体接入控制功能

媒体接入控制子层控制多种业务接入物理层,保证多媒体的实现。它实现话音、分组数据和电路数据业务同时处理,提供发送、复用和 QoS 控制,提供接入程序。CDMA2000 1X 与 IS-95 相比,可以满足更大的带宽和更多业务的要求。

(4) CDMA2000 标准的发展

CDMA2000 1X 的数据速率可达 308 kbit/s,按规划最终平滑无缝隙地演进至传输速率可高达 2 Mbit/s,即 CDMA2000 3X。这种过渡比较平滑,即很多资源可以继续利用。另外用于专门传输分组数据的 CDMA2000 1X EV-DO 系统峰值数据速率可达 2.4 Mbit/s。

10.4.5　第三代移动通信系统

相对第二代移动通信系统,第三代移动通信系统的目标是统一全球移动通信使用频率、提高无线传输效率、提高网络兼容扩展性以及实现全球漫游。

1. 关键技术

第三代移动通信系统的三个标准(WCDMA、CDMA2000、TD-SCDMA)都采用 CDMA 多址方式,以扩频方式占用宽信道,降低了蜂窝的频率复用系数,同时采用较 2G 系统更为先进的通信技术,满足了 ITU 对 3G 系统的要求,其关键技术如下。

(1) 高效的信道编译码技术

信道编码和交织依赖于信道特性和业务需求。第三代移动通信系统不仅对于业务信道和控制信道采用不同的编码和交织技术,而且对于同一信道的不同业务也采用不同的编码和交织技术。

Turbo 码是 1993 年由 C. Berrou 等人提出的一种新型编码,它具有接近香农极限的纠错性能。

第三代移动通信系统采用了卷积码和 Turbo 码两种纠错编码。在高速率、对译码时延要求不高的数据链路中使用 Turbo 码以利于其优异的纠错性能;考虑到 Turbo 码译码的复杂度、时延的原因,在语音和低速率、对译码时延要求比较苛刻的数据链路中使用卷积码,在其他逻辑信道中也使用卷积码。

(2) 智能天线技术

无线覆盖范围、系统容量、业务质量、阻塞和掉话等问题一直困扰着蜂窝移动通信系统。采用智能天线阵技术可以提高第三代移动通信系统的容量及服务质量。智能天线阵(Intelligent/Adaptive Antenna Arrays)技术是基于自适应天线阵列原理,利用天线阵列的波束合成和指向,产生多个独立的波束,自适应地调整其方向图以跟踪信号变化;对干扰方向调零以减少甚至抵消干扰信号,提高接收信号的载干比(C/I),以增加系统的容量和频谱效率。采用智能天线技术在于以较低的代价换得无线覆盖范围、系统容量、业务质量、抗阻塞和掉话等性能的显著提高。智能天线阵在干扰和噪声环境下,通过其自身的反馈控制系统改变辐射单元的辐射方向图、频率响应以及其他参数,使接收机输出端有最大的信噪比。

(3) 多用户检测和干扰消除技术

对于 CDMA 系统,从理论上讲,如果能消去用户受到的多址干扰,就可以提高容量。多用户检测的基本思想是把所有用户的信号都当作有用信号,而不是当作干扰信号。在小区通信中,每个移动用户与一个基站通信,移动用户只需接收所需信号,而基站必须检测所有的用户信号,因此移动用户只有自己的扩频码,而基站需要知道所有用户的扩频码。由于移动用户受到复杂度的限制(如尺寸、重量等),多用户检测目前主要用于基站。虽然基站采用了多用户检测技术,但由于基站只有本小区用户的扩频码,相邻小区的干扰仍会降低多用户检测的性能。由于无线信道是多径信道,多用户检测时这种多径信道传输将极大影响其性能,可以通过在多用户检测前端用 RAKE 类型的结构减小多径造成的影响。

(4) 向全 IP 网过渡

第二代移动通信系统 GSM 主要支持话音业务,其网络也主要是以电路交换网为核心。随着数据业务的发展,GSM 的核心网也在向支持 GRPS 的分组交换网过渡。3G 的应用和服务将在数据速率和带宽方面提出更多的要求,如果想满足高流量等级和不断变化的需求,唯一的办法是过渡到全 IP 网络,它将真正实现话音和数据的业务融合。全 IP 网络可支持移动 IP 业务,将无线话音和无线数据综合到一个技术平台上传输,即 IP 协议。移动网络将实现全包交换网络,包括话音和数据都由 IP 包来承载,话音和数据的隔阂将消失。

全 IP 网络可节约成本,提高可扩展性、灵活性和使网络运作更有效率等。全 IP 网络支持 IPv6,解决 IP 地址的不足和提供移动 IP 业务。IP 业务在移动通信中的引入,将改变移动通信的业务模式和服务方式。基于移动 IP 技术,为用户快速、高效、方便地部署丰富的应用服务成为可能。

2. IMT-2000 无线传输技术

在 IMT-2000 无线传输技术标准化过程中,成立了两个标准化协调组织,即 3GPP 和 3GPP2,分别对 WCDMA 和 CDMA2000 进行融合。IMT-2000 的无线接口技术分类如表 10.1 所示。

表 10.1 IMT-2000 无线传输技术分类

	FDD DS	WCDMA(UTRA FDD)	3GPP
CDMA	FDD MC	Cdma2000	3GPP2
	TDD	HCR(TD-CDMA)	3GPP
		LCR(TD-SCDMA)	CWTS,3GPP
TDMA	UWC-136,EP-DECT		TIA,ETSI

IMT-2000 空中接口标准是由多种标准组合成的一个混合标准。在这个混合型的物理接口标准中,除保留了一个 TDMA 的标准 UWC-136 外,主要是对 CDMA 技术的标准进行了大量的工作,标准中主要的陆地标准都是基于 CDMA 技术的。表 10.2 中列出了它们的主要技术参数。

表 10.2 IMT-2000 中 CDMA 技术各项标准的主要物理层参数

系统参数	DS-FDD CDMA	MC-FDD CDMA	TDD CDMA
多址技术	DS-CDMA	CDMA	TDMA/CDMA
双工方式	FDD	FDD	TDD
码片速率	3.84 Mchip/s	$N \times 1.228\ 8$ Mchip/s(当前 $N=1$ 和 3,N 可被扩展为 $N=6,9,12$)	3.84 Mchip/s 高码片率 1.28 Mchip/s 低码片率
帧长和结构	帧长:10 ms 每帧 15 时隙,每时隙 666.666 μs 可进行 10 ms,20 ms,40 ms,80 ms 的交织	帧长和交织长度:5,10,20,40,80 ms	高码片率: 帧长:10 ms 每帧 15 时隙,每时隙 666.666 μs 低码片率: 子帧长:5 ms 每子帧 7 时隙,每时隙 675 μs
数据调制	上行:BPSK 下行:QPSK	上行:BPSK 下行:QPSK	上行:BPSK 下行:QPSK
扩频调制	上行:双通道 QPSK 下行:平衡 QPSK	上行:HPSK 下行:QPSK	上行:双通道 QPSK 下行:平衡 QPSK

系统参数	DS-FDD CDMA	MC-FDD CDMA	TDD CDMA
检测	导频辅助相干检测	导频辅助相干检测	导频辅助相干检测
信道化码	正交可变扩频因子（OVSF）码	Walsh 码和长码（UL） Walsh 码或准正交码（DL）	正交可变扩频因子(OVSF)码
扰码	基于 Gold 码的长扰码和短扰码,应用多用户联合检测时用短扰码	长 m 序列码和短 PN 码	专用扰码
系统参数	DS-FDD CDMA	MC-FDD CDMA	TDD CDMA
信道编码	约束长度为 9 速率为 1/2 或 1/3 的卷积编码和约束长度为 4 速率为 1/3 的 Turbo 码	约束长度为 9 速率为 1/2、1/3、1/4 或 1/6 的卷积编码和约束长度为 4 速率为 1/2、1/3 或 1/4 的 Turbo 码	约束长度为 1/2 或 1/3 的卷积编码和约束长度为 4 速率为 1/3 的 Turbo 码
功率控制	开环和 1.6 kHz 的快速闭环功控	开环和 800 Hz 的快速闭环功控	上行为开环,下行为闭环
随机接入机制	基于功率倾斜的信息前导随机接入机制的获取指示	基本接入、功控接入、预约接入或指定接入	突发的专用随机接入信道
导频结构	上行:专用导频符号 下行:公用码分导频或专用导频符号	上行:码分专用导频; 下行:公用码分导频或公用码分导频和专用辅助导频	每个时隙和不同用户的专用 Midambles 码
基站同步	异步,同步(选项)	同步	同步

3. 无线传输增强技术

（1）WCDMA HSPA

为了满足上下行数据业务的不对称的需求,WCDMA 阵营 3GPP 组织在 Release 5 版本的协议中提出了一种基于 WCDMA 的增强型技术,即高速分组接入技术(HSPA),包括高速下行分组接入(HSDPA)和高速上行分组接入(HSUPA),其中 HSDPA 可实现最高速率达 10 Mbit/s 的下行数据传输,Release 6 版本中提出了增强的上行传输技术,可支持最高达 5.7 Mbit/s 的峰值上行速率,Release 7、8 中提出了引入高阶调制 16QAM/64QAM 和多天线传输技术,Release 9 中提出了载波聚合技术,通过载波聚合可实现上行 10 MHz 带宽的传输技术,Release 10 更进一步提出了通过载波聚合技术实现 20 MHz 的下行传输技术,可支持最高达 168 Mbit/s 的下行峰值速率。

HSDPA 新增了用于承载下行链路的用户数据的物理信道:高速下行共享信道(HS-DSCH),以及相应的控制信道。HSDPA 中没有采用 Release 99 版本中物理信道使用的可变扩频因子和快速功率控制,而是采用以下几项关键技术:自适应调制和编码(AMC)、混合自动请求重传(HARQ)、快速小区选择(FCS)、多输入多输出天线技术(MIMO)等,来保证高速数据业务的可靠传输。

1）自适应调制和编码

无线信道的一个重要特点是有很强的时变性,对这种时变特性进行自适应跟踪能够给系统性能的改善带来很大好处。链路自适应技术有很多种,AMC 就是其中之一。HSDPA 在原有系统固定的调制和编码方案的基础之上,引入了更多的编码速率和 16QAM 调制,使系统能够通过改变调制编码方式对链路的变化进行自适应跟踪,以提高数据传输速率和频谱利用率。

采用 AMC 技术,可以使处于有利位置的用户得到更高的传输速率,提高小区的平均吞吐量。同时,它通过改变调制编码方案,取代了对发射功率的调整,以减小冲突。

AMC 技术对信道情况测量误差和时延十分敏感,这对终端的性能提出了更高的要求。

2) 混合自动请求重传

ARQ 技术即为自动请求重传,用于对出错的帧进行重传控制,但是本身并没有纠错的功能。于是人们将 ARQ 与 FEC 相结合,实现了检错纠错的功能,这就是通常所说的 HARQ 技术。

HARQ 有三种方式:HARQ Type Ⅰ、HARQ Type Ⅱ和 HARQ Type Ⅲ。

HARQ Type Ⅰ就是单纯地将 ARQ 与 FEC 相结合,对收到的数据帧,先进行解码、纠错,若是能纠正其中的错误,正确解码,则接受该数据帧;若是无法正确恢复该数据帧,则扔弃这个收到的数据帧,并要求发端进行重传。重传的数据帧与第一次传输的帧采用完全相同的调制编码方式。

HARQ Type Ⅱ也称作增量冗余方案,对收到的数据帧采用了合并的方法。对于无法正确译码的数据帧,收端并不是像原来那样简单地抛弃,而是先保留下来,待重传的数据帧收到后,和刚刚保留的那个错误译码的数据帧合并在一起,然后再进行译码。为了纠错,重传时携带了附加的冗余信息,每一次重传的冗余量是不同的,而且通常是与先前传输的帧合并后才能被解码。

HARQ Type Ⅲ也是一种增量冗余编码方案,与 Type Ⅱ不同的是,Type Ⅲ每次重传的信息都具有自解码的能力。

HSDPA 中,使用的是 Type Ⅱ与 Type Ⅲ方式,用于数据的检错与重传。HSDPA 中,在物理层也引入了 HARQ 技术,改变了以往的仅在物理层以上采用 ARQ 的处理办法。这就使需要进行重传的数据量减少,时延降低,数据接入效率提高,对信道衰落明显、信噪比低的情况的改善尤其突出。

3) 快速小区选择

在 FCS 过程中,移动台根据不同小区的下行链路导频信道信号强度,以帧为单位快速选择能为它提供最佳服务质量的小区,从而达到降低干扰和提高系统容量的目的。对 HSDPA高速的数据传输系统来说,对通信系统小区快速选择的优点是更有效地利用基站的发射功率,减小下行链路干扰以及提高整个系统的吞吐量。

4) 多输入多输出天线技术

较传统的单输入单输出(SISO)系统而言,多输入多输出(MIMO)系统通过引入多个发射天线,或多个接收天线,来提高传输速率以及获得分集增益。

采用 MIMO 系统后,通过改进的天线发射和接收分集可以提高信道质量;而且不同天线可以对扩频序列进行再利用,从而提高数据传输速率。但是同时,MIMO 系统也会增加射频部分的复杂度。

由于在发射端采用多个发射天线,则存在一个如何将要传输的数据流合理地映射到各个发射天线的问题。MIMO 系统的空时二维信道特性将对最终的映射准则起决定性的作用,正如信噪比对选择自适应调制、编码系统最终的模式一样,合理的映射准则不应该是固定的,而应该是根据信道的特性自适应地调整。将自适应技术和 MIMO 技术结合在一起可以突破传统 SISO 系统的信道容量的限制,获得更高的传输速率,在下一代的高速无线传输系统中将有着广泛的应用前景。

（2）CDMA2000 1X EV-DO

CDMA2000 1X 的增强型技术 1X EV(EVolution)系统,是在 CDMA2000 1X 基础上的演进系统。1X EV 系统分为两个阶段,即 CDMA2000 1X EV-DO 和 CDMA2000 1X EV-DV。DO 是 Data Only 或 Data Optimized,1X EV-DO 通过引入一系列新技术,提高了数据业务的性能。DV 是 Data and Voice 的缩写,1X EV-DV 同时改善了数据业务和语音业务的性能。

2000 年 9 月,3GPP2 通过了 CDMA2000 1X EV-DO 的标准,协议编号为 C.S0024,对应的 TIA/EIA 标准为 IS-856。

1X EV-DO 的主要特点是提供高速数据服务,每个 CDMA 载波可以提供2.457 6 Mbit/s 扇区的下行峰值吞吐量。下行链路的速率范围是 38.4 kbit/s～2.457 6 Mbit/s,上行链路的速率范围是 9.6～153.7 kbit/s。上行链路数据速率与 CDMA2000 1X 基本一致,而下行链路的数据速率远远高于 CDMA2000 1X。为了能提供下行高速数据速率,1X EV-DO 主要采用了以下关键技术。

1）下行最大功率发送

1X EV-DO 下行始终以最大功率发射,确保下行始终有最好的信道环境。

2）动态速率控制

终端根据信道环境的好坏(C/I),向网络发送 DRC 请求,快速反馈目前下行链路可以支持的最高数据速率,网络以此速率向终端发送数据,信道环境越好则速率越高,信道环境越差则速率越低。与功率控制相比,速率控制能够获得更高的小区数据业务吞吐量。

3）自适应编码和调制

根据终端反馈的数据速率情况(即终端所处的无线环境的好坏),网络侧自适应地采用不同的编码和调制方式(如 QPSK、8PSK、16PSK)向终端发送数据。

4）HARQ

根据数据速率的不同,一个数据包在一个或多个时隙中发送,HARQ 功能允许在成功解调一个数据包后提前终止发送该数据包的剩余时隙,从而提高系统吞吐量。HARQ 功能能够提高小区吞吐量 2.9～3.5 倍。

5）多用户分集和调度

CDMA2000 1X EV-DO 同一扇区内的用户间以时分复用的方式共享唯一的下行数据业务信道。1X EV-DO 系统默认采用比例公平(Proportional Fair)调度算法,此种调度算法使小区下行链路吞吐量最大化。当有多个用户同时申请下行数据传输时,扇区优先分配时隙给 DRC/R 最大的用户,其中 DRC 为该用户申请的速率,R 为之前该用户的平均数据速率。可粗略地将其看作是多用户分集时间相等,即当用户无线条件较好时,尽量多传送数据;当用户信道条件不好时,少传或不传数据,将资源让给信号条件好的用户,避免自身的数据经历多次重传,降低系统吞吐量,并同时保持多用户之间的公平性。即为无线环境相当的用户比较均匀地分配无线资源,维持可接受的包延迟率。可以看出,每个用户的实际吞吐量取决于总的用户数量和干扰水平。

10.4.6　第四代移动通信系统

移动用户对高速率的数据业务的需求,促进移动通信系统往更高速率支持方向发展。同时,新型无线宽带接入系统,如 WiMax 的出现,给 3G 系统的设备商和运营商造成了很大的压力。因此,3GPP 组织于 2004 年底启动了长期演进(LTE,Long Term Evolution)项目,以确保 UMTS(Universal Mobile Telecommunication System)技术的"长期竞争力"。这项技术名为"演进",实则是一场技术"革命",该标准以正交频分复用(OFDM,Orthogonal Frequency Division Multiplexing)为基础,引入了若干新技术,使得 3G 演进系统能够提供数倍于 3G 系统的峰值速率。

2007 年底,国际电信联盟(ITU)为第四代蜂窝移动(4G)通信系统分配了无线频段,并给第四代蜂窝移动通信系统取了一个名称 IMT-Advanced。2009 年 10 月 20 日,ITU 共收到 6 个技术提案作为 4G 的候选技术。在这 6 个技术提案中最受关注的两个提案是 3GPP 组织提交的 LTE-Advanced 提案和 IEEE 组织提交的 802.16m。由于有大量移动运营商和设备厂商的支持,又有广泛布设的 GSM/WCDMA/HSPA 系统作为基础,LTE-Advanced 成为 IMT-Advanced 技术提案的实际标准。

下面简单介绍一下 LTE 和 LTE-Advanced 的技术目标和关键技术。

1. 第三代移动通信系统的长期演进(LTE)

LTE 重点考虑的方面包括降低传输时延、提高用户数据速率、增大系统容量和覆盖范围以及降低运营成本等。其需求指标主要包括:灵活支持 1.25~20 MHz 可变带宽;峰值数据率达到上行 50 Mbit/s、下行 100 Mbit/s,频谱效率达到 3GPP R6 的 2~4 倍;提高小区边缘用户的数据传输速率;用户面延迟(单向)小于 5 ms,控制面延迟小于 100 ms;支持与现有 3GPP 和非 3GPP 系统的互操作;支持增强型的多媒体广播和组播业务(MBMS);降低建网成本,实现从 R6 的低成本演进;实现合理的终端复杂度、成本和耗电;支持增强的 IMS 和核心网;追求后向兼容,但应该仔细考虑性能改进和后向兼容之间的平衡;取消 CS(电路交换)域,CS 域业务在 PS(包交换)域实现,如采用 VoIP;优化低速移动用户性能,同时支持高速移动;以尽可能相似的技术支持成对和非成对频段;尽可能支持简单的临频共存。

以下简单介绍 LTE 物理层方面的关键技术和其在网络架构方面的改进。

(1)关键技术

1)多址技术

LTE 选择 OFDMA 作为下行多址技术。OFDMA 是指以 OFDM 技术为基础,以二维时频格为资源单元,通过给用户分配不同的载波组作为多址接入的方式。在上行多址技术的选择上长期存在两种观点。大部分厂商考虑上行应用多载波 OFDMA 时带来的较高的峰均比(PAPR,Peak Average Power Rate)会影响手持终端的功放成本和电池寿命,主张采用具有较低 PAPR 的 SC(单载波)-FDMA 技术。另一些公司(主要是积极参与 WiMax 标准化的公司)建议在上行也采用多载波的 OFDMA 技术,并用一些增强技术解决 PAPR 的问题。经过激烈的讨论和艰苦的融合,LTE 最终选择了 SC-FDMA 作为上行多址技术。

2)多天线技术

① 下行 MIMO

下行 MIMO 的基本配置是 2×2,支持 4 天线基站。

下行 MIMO 采用的传输技术主要包括空分复用(SDM,Spatial Division Multiplexing)、预编码(Pre-coding)、波束赋形(Beamforming)及开环发射分集(主要用于控制信令的传输),其中发射分集方案包括空时/空频块码(STBC/SFBC,Space-Time/Space-Frequency Block Code)、循环位移分集(CDD,Cyclic Delay Diversity)、天线切换分集及其相互组合等。

SDM 可以分为多码字 SDM 和单码字 SDM(单码字可以看作多码字的特例)。在多码字 SDM 中,多个码流可以独立进行信道编码和 CRC 校验,也可以独立进行链路自适应(PARC, Per-Antenna Rate Control)。对于 SDM,LTE 既支持开环方式的空间复用,也支持闭环方式的空间复用,即预编码技术,其通过对发射矢量乘以适当的预编码矩阵从而进一步提高用户吞吐量。预编码矩阵可以基于非码本方式,也可以基于码本方式。

根据 TR 25.814 的定义,如果复用的数据流都发给一个 UE,则称为单用户(SU)-MIMO,如果是发给多个 UE,则称为多用户(MU)-MIMO。

② 上行 MIMO

上行 MIMO 的基本配置是 1×2 天线。即便是双天线 UE,也只有一套射频发射系统,但可以采用天线选择技术。

上行 MIMO 还采用一种特殊的 MU-MIMO 技术,即虚拟的 MIMO 技术。此项技术可以动态地将两个单天线发送的 UE 配对,进行虚拟的 MIMO 发送,这样 2 个具有较好正交性信道的 UE 可以共享相同的时/频资源,从而提高上行系统的容量。但需要 UE 发送相互正交的参考符号,以支持 MIMO 信道估计。

3) 链路自适应

链路自适应的核心技术是自适应调制和编码(AMC,Adaptive Modulation and Coding)。LTE 对下行 AMC 技术的争论主要集中在是否对一个用户的不同频率资源块采用不同的 AMC(RB-specific AMC)。理论上说,由于频率选择性衰落的影响,这样做可以比在所有频率资源上采用相同的 AMC 配置(RB-common AMC)取得更佳的性能。但大部分公司在仿真中发现这种方法带来的增益并不明显,反而会带来额外的信令开销,因此最终决定采用 RB-common AMC。也就是说,对每用户的单个数据流,在一个 TTI 内,每个来自层 2 的协议数据单元(PDU,Protocol Data Unit)只采用一种调制编码组合(MCS),但对于 SDM 的不同流之间可以采用不同的 MCS。上行链路自适应比下行包含更多的内容,除了 AMC 外,还包括传输带宽的自适应调整和发射功率的自适应调整。

4) 宏分集

下行宏分集,即多个基站对用户发送相同的信息但传输形式可以不同,用户接收合并来自不同路径的信号从而获得分集增益。由于存在难以解决的"同步问题",对单播(Unicast)业务不采用宏分集。在提供多小区广播(Broadcast)业务时,可以通过采用较大的循环前缀(CP,Cyclic Prefix)来解决小区之间的同步问题,从而使宏分集方案得以采用。而上行宏分集是指 UE 发送的上行信号被多个 eNode B 接收到进行选择性合并或软合并,其基础是软切换,这是 CDMA 系统的典型技术,但需要一个中心节点(如 RNC)来进行控制和合并,与扁平化的网络结构目标相背,因而没有被采用。

5) MBMS

LTE 的多媒体广播和组播业务(MBMS)系统可以采用两种方法实现:多小区发送和单小区发送。对于单小区发送,MBMS 业务信道映射到下行共享信道(DL-SCH,DL Shared Data Channel);对于多小区发送,多个同步的小区在同一个频率上共同发送 MBMS 信号,因此也成为单频网(SFN,Single Frequency Network),这时帧结构需要采用长 CP,UE 只需按照接收单播信号的方法接收即可。

6) 功率控制

由于在小区内不存在 CDMA 系统中的"用户间干扰",3G LTE 系统可以在每个子频带内分别进行"慢功控"。但在上行,如果对小区边缘用户进行完全的功控,可能导致出现增加小区间干扰的问题。因此目前正在考虑对边缘用户只"部分"地补偿路损和阴影衰落,从而避免产生较强的小区干扰,以获得更大的系统容量。当考虑对其他小区干扰时,小区边缘 UE 的"目标信号干扰噪声比(SINR,Signal to Interference Noise Ratio)"需要定得比小区中心 UE 的"目标 SINR"小,当然同时要考虑 UE 之间的公平性问题。

7) 同步

除了考虑基本的 UE 和 eNode B 之间的同步外,基于 OFDM 的 LTE 系统还需要考虑另外两种同步操作:一是上行同步(又称时间控制),即为了保证上行多用户之间的正交性,要求各用户的信号同时到达 eNode B,误差在 CP 以内,因此需要根据用户距 eNode B 远近调整它们的发射时间;另一个是 eNode B 之间的同步,这可以使 MBMS 业务获得更好的性能。但3GPP 系统传统上不像 3GPP2 系统那样依靠外部时钟(如 GPS)取得同步,因此除了考虑采用外部时钟提供系统同步外,还需要 eNode B 借助小区内各 UE 的报告和相邻 eNode B 作同步校准,使全系统逐步和参考基站取得同步。

8) 小区间干扰抑制

LTE 要实现频率复用因子为1,不可避免地在小区边缘就会产生较强的干扰。以下主要讨论采用干扰随机化、干扰消除和干扰协调等手段来进行干扰抑制。

干扰随机化是将小区间的干扰随机化为白噪声,因此又称为干扰白化。主要考虑采用小区加扰来实现干扰随机化,该方法可以取得最基本的小区间干扰抑制效果。

干扰消除技术可以将干扰小区的信号解调、解码,然后复制、减去来自该小区的干扰。以基于 IDMA(Interleaved Division Multiple Access)的干扰消除技术为例,可以通过伪随机交织器产生不同的交织图案,并分配给不同的小区。接收机采用不同的交织图案解交织,就可以将目标信号和干扰信号分别解出,然后进行干扰消除。但由于这一技术对 LTE 系统的其他方面提出了更高的要求,最终并没有被 LTE 所采用。

干扰协调是对下行资源管理设置一定的限制,以协调多个小区的操作。主要采用软频率复用的方法,即在小区中心的用户可采用全部的频率资源,而在小区边缘的用户可按一定的规则采用部分的频率资源,从而避免强干扰。虽然最初仿真显示干扰协调可以显著提高小区边缘性能,但随着研究的深入,在实际系统场景下的仿真表明性能增益并不大。因而最终只在上行采用基于高干扰指示和过载指示信息的干扰协调方式。

(2) 网络架构

为了达到低系统时延要求的目的,LTE 对 3GPP R6 的网络架构进行了较大的改进,仅由 E-UTRAN 基站(eNode B)和接入网关(aGW,access GateWay)组成。相对于 R6 中给出的网络结构,最突出的两点变化是:①没有了 RNC,空中接口的用户平面和控制平面的功能由 eNode B 进行管理和控制;少了一层节点,用户面的数据传送和无线资源的控制变得更加快速;②aGW 承担了接入网用户数据的分组数据汇聚子层的功能,也承担了部分核心网功能,从整体网络结构的角度看,接入网和核心网的界限开始变得模糊。

图 10.32 给出了 LTE 的网络架构,其中 eNode B(eNB)之间底层采用 IP 传输,构成 Mesh 型网络。这样的网络结构设计,主要用于支持 UE 在整个网络内的移动性,保证用户的无缝切换。而每个 eNode B 均是通过 Mesh 或部分 Mesh 型的连接形式与接入网关(aGW)连接。一个 eNode B 可以和多个 aGW 互联,反之亦然。

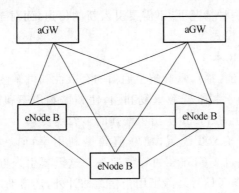

图 10.32　LTE 的网络架构

2. 第四代移动通信系统（IMT-Advanced）

IMT-ADvanced 的标准化于 2007 年 11 月开始，最终在 2009 年 9 月形成了向 ITU 提交的标准技术提案。相比 LTE 系统，LTE-Advanced 系统的目标如下。

① LTE-Advanced 将基于 LTE 平滑演进。LTE-Advanced 网络应当能够支持 LTE 终端，反之，LTE-Advanced 终端也应当能够在 LTE 网络中使用基本功能。

② 能够支持从宏蜂窝到室内环境（如家庭网络）的覆盖。

③ 优先考虑低速移动的用户。

④ 网络自适应和自优化功能应当进一步加强。

⑤ 在 3GPP 之前的各个版本支持的功能都应当在 LTE-Advanced 系统中有所体现，包括与其他类型接入网的切换、网络共享等。

⑥ 降低成本，包括网络建设、终端、功率使用效率以及骨干网的支撑等。

⑦ 降低终端的复杂度。

⑧ 频谱方面：应当同时支持连续和不连续的频谱，能够支持不超过 100 MHz 的带宽；支持 ITU 分配的无线频段，能够与 LTE 共享相同的频段。

⑨ 系统性能方面：在规定时间内满足 ITU 对 IMT-Advanced 技术的所有要求；下行峰值速率能够达到 1 Gbit/s，上行应当超过 500 Mbit/s；峰值频谱效率达到下行 30 bit/s/Hz、上行 15 bit/s/Hz，平均频谱效率达到下行 3.2 bit/s/Hz、上行 2 bit/s/Hz，边缘频谱效率达到下行 0.1 bit/s/Hz、上行 0.05 bit/s/Hz；最低天线配置要求为下行 2×2、上行 1×2；其他性能应不低于 LTE 的标准。

（1）关键技术

为了实现以上目标，LTE-Advanced 采用了如下主要的关键技术。

1）载波聚合技术

在 LTE-A 中，要求支持比 LTE 更宽的传输带宽，而且为了与 LTE 兼容，还必须可以支持 LTE 系统中的移动终端。为了达到上述要求，提出了两种方法：一种是定义新的、更宽的带宽，另一种就是载波聚合技术。

载波聚合是指 LTE-A 中的传输带宽可以是由两个或两个以上的载波单元聚合而成的，这样 LTE-A 就可以看作是 LTE 中多载波的一种扩展。在 LTE-A 中，载波的聚合不仅应该包含聚合相邻的载波，还应该可以聚合不相邻的载波，而且在聚合的载波单元中，至少有一个是符合 LTE 中载波的要求的，这样可以保证与 LTE 终端的兼容性。对于其他的聚合单元，分三种情况：与 LTE 中的载波要求完全一致、与 LTE 中的载波要求部分兼容和与 LTE 中的载波要求完全不兼容。在前两种情况下,不需要引入新的信道,而对于后一种情况,是要引入新的信道的,如新的 PDCCH 模式等。

2)增强的多天线传输技术

移动通信环境中的多径传播严重影响了通信的有效性和可靠性。而多天线技术在链路的两端使用多根天线,这相当于频带资源重复利用,使频谱利用率和链路可靠性得到极大的提高。在多天线技术的基础上,LTE-A 提出了增强的多天线技术。

在下行链路,引入 8×8 天线配置,使峰值频谱利用率可以达到 30 bit/s/Hz,这样在 40 MHz 带宽上即可提供超过 1 Gbit/s 的峰值速率。这需要引入额外的参考信号(小区专有的参考信号或用户专有的参考信号),除了用于信道估计外,还帮助进行信道质量的测量,这样才可以进行自适应多天线传输。

在上行方向上,将引入 4×4 的天线配置并允许进行空分复用,峰值频谱利用率可达到 15 bit/s/Hz。在下行链路中使用的很多空分复用技术都将被引入上行链路,如基于码书的适应信道的预编码,以提高峰值速率和小区边缘传输速率。

3)协作多点传输技术

LTE-A 中提出的协作式多点传输技术(CoMP,Coordinated Multi-Point transmission and reception),可分为分布式天线系统(DAS,Distributed Antenna System)和协作式 MIMO 两大类。

DAS 一改传统蜂窝系统中集中式天线系统的风格,将天线分散安装,再用光纤或是电缆将它们连接到一个中央处理单元进行统一的收发信号处理。这不仅使得发送功率得以降低,提高了整个系统的功率使用效率,降低了小区间的干扰,而且可以优化资源的使用、提高资源管理的灵活性和频谱效率等。

协作 MIMO 是对传统的基于单基站的 MIMO 技术的补充,它通过基站间协作的 MIMO 传输来达到减小小区间干扰、提高系统容量、改善小区边缘的覆盖和用户数据速率的目的。若干小区的基站使用光纤或电缆连接,通过协作通信与用户形成虚拟 MIMO 系统。各基站由中央处理单元进行统一的调度或联合的信号处理。该技术仅需有限的基站间信息交互,具有实现简单、系统需求较低等优势。

4)中继技术

所谓中继技术,以较简单的两跳中继为例,就是将一条基站-移动台链路分割为基站-中继站和中继站-移动台两条链路,从而有机会将一条质量较差的链路替换为两条质量较好的链路,以获得更高的链路容量和更好的覆盖。中继可以分为两种基本类型:放大转发中继方式和解码转发中继方式。

放大转发中继(A&F)中的中继节点实际上就是个直放站,它只是将接收到的信号简单地进行放大之后转发,对基站和终端来说它都是透明的,即不知道它的存在。所有的无线资源管理功能、重传功能和移动性管理功能仍然由基站处理。这种方式获得的增益小,但时延小,设备简单。

解码转发中继(D&F)中的中继节点对接收到的信号进行解码,之后重新编码进行转发。这种方式的时延较大(大于 1 ms),但是优点是噪声和干扰信号不会被转发,增益较大,并且可以根据链路的情况引入链路自适应技术。

(2) LTE-A 的网络体系架构

如图 10.33 所示,LTE-A 的网络体系架构主要包含两个部分:其一是无线接入网(RAN),其二是核心网(CN)。

核心网中包含移动管理实体(MME，Mobility Management Entity)、手机归属服务节点(HSS，Home Subscriber Service node)、服务网关(S-GW，Serving GateWay)和数据报网络网关(P-GW，Packet data network GateWay)。

MME 是 LTE-A 网络的用户控制平面节点，处理移动终端与接入网之间的操作，包括建立/释放终端的承载信道、终端从空闲到激活的转换以及密钥管理等。MME 处理的功能往往被称为是非接入层(NAS，Non-Access Stratum)的功能，以区别于在 RAN 中处理的接入层(AS，Access Stratum)功能。

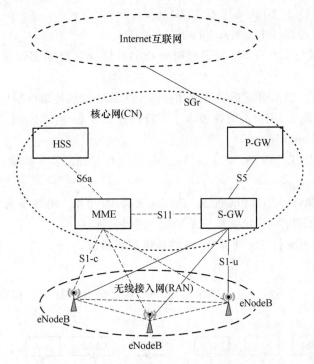

图 10.33　LTE-A 网络体系架构

HSS 是手机用户的归属服务节点，是记录手机用户信息的数据库系统。S-GW 是 LTE-A 网络的用户平面节点，起到连接核心网与 RAN 的作用。S-GW 可以看成是用户的移动性锚点，可支持用户在不同的 eNodeB 中移动，同时也可以支持连接其他 3GPP 的无线接入网，如 GSM/GPRS/HSPA 等。S-GW 除了提供移动性锚点外，也承担业务信息收集和统计处理的功能。

P-GW 是连接核心网与 Internet 的网关，负责处理移动终端与 IP 网的连接功能，包括 IP 地址的分配、根据用户等级的增强服务质量管理等。P-GW 也作为其他非 3GPP 无线接入网接入核心网的移动性锚点，如 CDMA2000。

LTE-A 中的无线接入网包括不同的 eNodeB 节点，这些 eNodeB 节点之间 X2 接口互联，形成一种扁平的网络结构。一个 eNodeB 节点负责一个或多个覆盖小区的无线相关功能，注意 eNodeB 是一个逻辑功能节点而非物理实体，常见的实现方式是一个 eNodeB 基站管理三扇区的小区。一个 eNodeB 节点可以与多个 MME/S-GW 相连，以支持多小区无线资源管理、干扰消除、负载均衡等功能。

10.4.7　第五代移动通信系统

随着移动互联网和物联网的发展，移动多媒体业务的需求和快速发展的人-机、人-物、机器-机器之间的无线连接需求,促进了第五代移动通信系统——5G 的发展。2018 年 6 月,3GPP 第 80 次全会上正式批准了第五代移动通信系统标准(5G NR)独立组网功能,与 2017 年 12 月底获批的非独立组网 NR 标准构成了 5G 第一阶段的功能化标准。

第五代移动通信系统将以人为中心的通信扩展到以人和物为中心的通信,移动通信转化为人和物提供信息和服务。为实现这个目标,5G 移动通信系统需要具备更高的灵活性和更广泛的集成能力。依据 ITU 中的 5G 愿景,5G 将主要具有支持增强的移动宽带通信(eMBB)、海量机器类通信(mMTC)和超可靠低时延通信能力(uRLLC),5G 的主要目标参数如下。

- 峰值速率:下行 20 Gbit/s,上行 10 Gbit/s。
- 频谱效率:下行 30 bit/s/Hz,上行 15 bit/s/Hz。
- 控制平面时延:<10 ms,控制平面时延指的是终端从空闲态转移到数据发送态的时延,小于 10 ms。
- 用户面时延:用户面时延指的是成功在两个无线协议层传输应用层的数据包的时间长度。对 uRLLC 业务而言,用户面时延要求上下行都在 0.5 ms 内,对 eMBB 业务而言,用户面时延要求上下行在 4 ms 以内。
- 可靠性:对 uRLLC 业务,要求在 1ms 时延内传输 32 字节数据包的误码率在 10^{-5} 以下。
- 终端电池寿命:针对 mMTC 业务,终端应支持 10 年以上电池不充电的寿命。
- 连接密度:可支持每平方功率一百万以上的海量连接。
- 移动性支持:可支持 500 千米/小时的高速列车通信。

1. 5G 网络结构

5G 网络结构是一个不断演进的网络结构,3GPP 组织 R16 标准公布的无线网络结构如图 10.34 所示。

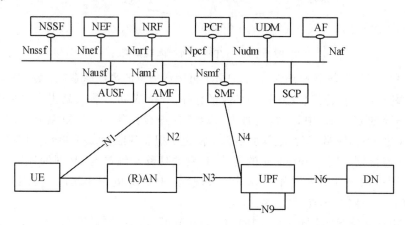

图 10.34　5G 网络结构

5G 网络也可以看成是由三部分组成的,用户终端(UE)、无线接入网(RAN)和核心网(CN)。其中核心网主要功能包括:鉴权服务功能(AUSF)、接入与移动性管理功能(AMF)、网络切片选择功能(NSSF)、网络公开功能(NEF)、网络仓储功能(NRF)、政策控制功能(PCF)、一致性数据管理功能(UDM)、会话管理功能(SMF)、用户平面功能(UPF)、应用层功能(AF)、服务通信代理功能(SCP)以及计费、网络数据分析、设备登记寄存器等。

5G 网络与 4G 网络的一个较大区别在于引入了网络切片技术,网络切片技术可通过将网络单元虚拟化,从而通过软件定义的方式为不同服务质量要求的业务定制其服务网络。5G 网络引入网络切片技术的一个很大原因在于其要支持的业务区别很大,很难在一个网络得到满意的服务质量,通过网络切片的方式虚拟化得到服务不同业务的网络,从而满足不同业务的质量要求。

2. 5G 无线接入网

5G 无线接入网(RAN)的基本结构如图 10.35 所示。

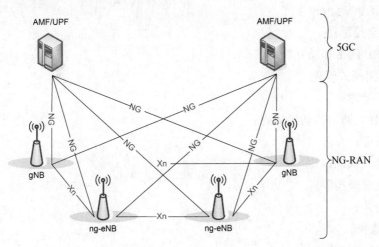

图 10.35　5G 网络 RAN 系统结构

在接入网侧,各个 gNB 节点、ng-eNB 节点通过 Xn 接口互联,同时每个节点通过 NG 接口与接入移动管理和用户平面功能模块(AMF/UPF)互联。5G 中的 NG-RAN 接入网节点包括两种,其中:

- gNB 节点提供 5G 用户平面与控制平面协议用于 UE 接入;
- ng-eNB 节点提供增强的 E-UTRA 用户平面和控制平面协议用于 UE 接入。

这两种节点提供如下功能:

- 无线资源管理功能,包括无线承载控制、无线接入控制、连接移动性控制、用户上下行资源动态分配;
- IP 报头压缩、数据加密和完整性保护;
- UE 附着时选择一个 AMF;
- 到 UPF 的用户面数据路由;
- 到 AMF 控制面信息的路由;
- 建立与释放连接;
- 调度、发送寻呼信息;
- 调度、发送广播信息(来自 AMF 或 OAM,Operation Administration and Maintenance);
- 为移动性和调度准备测量与测量报告;
- 上行标记包传输;
- 会话层管理;
- 支持网络切片;
- QoS 流控管理;
- 支持 UE 在非活动状态管理;
- NAS(Non Access Stratum)信息分布功能;

- 无线接入网络共享；
- 双链接；
- NR 和 E-UTRA 的紧耦合相互工作。

AMF 提供如下功能：

- NAS 信令；
- NAS 信令安全；
- AS 安全控制；
- 与 3GPP 网络移动互联的信令；
- UE 空闲模式管理；
- 注册区管理；
- 支持网内、网间移动性管理；
- 接入认证；
- 漫游接入认证；
- 移动性管理控制；
- 网络切片；
- SMF 选择。

UPF 提供如下功能：

- 网内、网间移动性的锚点；
- 与外部 PDN 网络的互联；
- 包路由与交换；
- 业务使用报告；
- 上行业务分类；
- 多源包的分支；
- 用户面的 QoS 处理；
- 上行业务验证；
- 下行包缓存和数据触发通知。

SMF 提供如下功能：

- 会话管理；
- UE IP 地址分配和管理；
- 选择和控制 UP 功能；
- 配置 UPF 使业务路由到目的地；
- QoS 和政策强制执行控制；
- 下行数据通知。

3. 5G 关键技术

（1）多址接入技术

5G 的业务场景之一是海量连接，支持海量连接的多址技术是关键技术。传统的 3G/4G 采用的是正交多址接入技术，每个接入信道之间是正交的，在海量接入应用中，正交多址方式需要更大的带宽来支持。因此，5G 系统的多址接入技术开始考虑非正交多址接入（NOMA）技术，如采用稀疏编码多址（SCMA）、交织多址（IDMA）等来提高单位面积的接入密度。

（2）大规模 MIMO 技术

针对 5G 需要支持更高的通信速率，除增加可用的通信带宽外，大规模多入多出天线（Massive MIMO）技术增加了可用的空间复用通道，从而可以成倍增加通信速率，提高频谱使用效率。大规模 MIMO 一般指发射器/接收机有 10 个以上的天线。

（3）毫米波技术

5G 系统标准中采用了毫米波作为通信载波，毫米波由于载频频率高，可以支持更宽的通信带宽，从而支持高的通信速率。但毫米波穿透损耗大，通常只支持直射环境下的通信场景。毫米波通信应用于 5G 系统中带来了一系列新的挑战，如信道建模、大带宽信号实时处理等。

（4）干扰与网络管理技术

5G 系统场景复杂，可以支持终端直通（D2D）业务，网络呈现密集和超密集趋势，多种不同的小区覆盖模式形成复杂的异构网络场景，因此网络中的终端之间、基站之间存在复杂的干扰情形，需要更多地采用干扰协同管理、网络负载均衡技术等提高网络的可用性。

10.4.8　移动通信新技术

无线通信应用的迅速发展，导致现有的无线频谱资源处于相对稀缺状态，包括无线协同通信、无线网络编码、认知无线电等新技术的出现，为提高无线频谱利用率提供了相关的技术支撑。本节介绍相关的新技术原理。

1. 无线协同通信

无线通信中最初提出协同通信（Cooperative Communication）技术时，主要是为了解决如何利用多个单天线用户进行相互的配合实现多天线发射带来的性能增益，或者更具体地说，即实现多天线发射时由于不同天线到接收机的衰落的独立特性带来的分集增益，在此基础上提升系统传输信息的可靠性或者覆盖等性能指标。而这其中隐含着两个条件，一个是这些相互协同的用户或终端自身无法支持多天线，其原因可能是尺寸受限，或硬件复杂度受限，或者系统整体成本受限等原因；另一个条件则是这些相互协同的用户或终端到接收机的信道衰落特性应该尽量独立，同时彼此之间可以相互通信。根据上面的这些描述，无线协同的典型应用场景主要是传感器网络或者自组织（Ad Hoc）网，这些网络中通常终端配置简单；当然，目前在蜂窝移动通信系统中，比如在移动台到基站的上行链路中，两个或多个单天线移动台也可以相互协同组成一个虚拟的多天线阵列实现 MIMO 的有关功能，这又称为 Virtual MIMO。

（1）协同通信的基本原理和分类

首先介绍一下协同通信技术的基本模型，以两用户的协同为例，如图 10.36 所示，这个基本模型可以扩展到更多用户之间的协同。

在这个模型中，移动台 MS1 和移动台 MS2 之间相互协同，使得它们自身除了可以有一条直接通向基站 BS 的链路之外，还可以通过对方将发射的信号进行某种形式的转发（中继），获得另一条链路传输带来的分集增益。这里涉及另一个重要的概念，即中继（Relay）的概念，虽然实际上协同的概念从某种程度上说起源于中继，但协同与中继还是有一定的区别的。典型的中继系统模型如图 10.37 所示，两者对比可以看出，中继系统中的中继节点通常只有单一的中继功能，而不像上面所说的协同通信中，两个移动台既是信源，又是对方的中继，两者平等、相互配合。至于 MIMO 协同中继这个概念，则通常指将单一的中继替换为多个相互协同配合的中继站群,从而实现一个虚拟的多天线中继站的功能,以进一步挖掘系统的潜力。

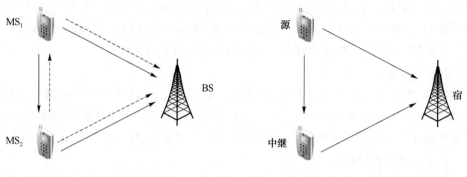

图 10.36　两用户协同通信　　　　　　图 10.37　两用户中继通信系统

当然,在分析协同通信的问题时,可以在一定条件下将其分解成中继的问题,根据协同方对发送源信息的处理方式不同,通常可以把协同的方式分为基本的三类:放大转发(AF,非再生方式),解码转发(DF,再生方式)和编码协同(CC)。放大转发即协同方把发送源的信号接收下来后(其中包含了噪声),直接放大发往接收机。解码转发则是协同方把发送源的信息接收下来后进行判决和译码(降低了噪声的影响但其中仍有可能出错),然后再发往接收机。编码协同则是将信道编码与协同结合,以典型的情况举例,相当于将原始信息进行信道编码后,不同的编码后的信息(校验信息)将根据情况在不同的链路上发往接收机,从而获得增益。

(2) 协同通信的主要特点及应用

大多数研究表明,上述三种方式在衰落信道条件下信噪比较高的时候,能够获得比不使用协同更好的差错性能,而其中编码性能虽然复杂度最高,但其性能最好,且随信噪比恶化的程度较轻;而放大转发方式最为简单,但性能相对而言最差。虽然协同通信需要更多的发射机参与进来,但在充分利用信道的分集效果后,可以从整体上降低功率的消耗,提高频谱效率和可靠性。

协同通信方面,目前研究得比较多的是如何进行信道编码的设计(针对编码协同)以及如何对通信的不同环节公平分配合适的资源(如功率、频率、时隙等)以达到性能的优化。另外如何判断哪些用户间可以进行协同以及用户组如何更新,也是很重要的。干扰问题是协同通信中需要面对的。多跳中继网络下的协同通信也是研究的热点之一。对于蜂窝系统而言,设备本身的局限必须考虑,拿上行链路来说,协同通信要求手机之间可以直接通信,这个对于传统的网络架构而言是不支持的。而相应的信令的设计以及信道信息的测量和报告机制是现实中需要仔细研究的,否则系统的效率将与理论值有很大差距。

目前,除了在终端侧的协同外,多点协同(CoMP,Coordinated Multi Point)可以看成协同通信在基站侧的一种典型应用,这种技术要求相邻的多个基站相互配合,形成一个多天线阵列,以更好地对处于它们覆盖区域边缘交叠处的用户提供高质量的服务,包括更好的覆盖和更大的吞吐量等,这都是协同通信的基本目标。

2. 无线网络编码

传统的网络中,网络节点对输入数据的处理仅限于路由、缓冲、转发,然而 R. Ahlswede 等人提出通过网络编码(NC,Network Coding),即通过增加网络节点的编码功能,可以在不增加网络带宽消耗下,提高网络流量,并且从理论上阐明网络编码可以实现网络的最大流传输,从而节省带宽资源、平衡链路负载、减少能量消耗。

　　早期网络编码研究主要针对链路质量可靠的有线网络,近年来利用无线传输的广播特性和节点侦听能力将网络编码应用于无线协同通信引起广泛关注。例如,网络编码在无线 Mesh 网、Ad hoc 网、无线传感器网络以及蜂窝无线通信系统中的实现。为了对现有无线网络的软硬件设备和相应的协议不进行大的修改,通常在高层实现网络编码。无线协同通信中,在物理层实现并与物理层技术相结合的物理层网络编码能进一步提高无线网络的吞吐量。

　　(1) 网络编码基本原理

　　所谓网络编码,是指网络中间节点不仅具有存储、转发与路由功能,同时还具有将接收到的多个信息流进行编码的功能,从而提高传输能力的技术。

　　以图 10.38 为例说明网络编码的原理。图 10.38(a)中,带箭头直线代表有向链路,假设每条链路的容量为 1,节点 1 欲将 b_1 和 b_2 两个比特分别传送给节点 6 和 7。传统的存储转发方式将在中间节点 4 和 5 之间产生排队时延,如采用如图所示的简单网络编码策略可提高带宽效率:节点 4 将接收的两个比特进行异或操作后再转发,节点 6 接收到 b_1 和 $b_1 \oplus b_2$,通过异或操作方式的解码即可恢复出 b_2。同样,节点 7 也可收到完整信息。

　　将其推广到无线领域中,如图 10.38(b)所示,引入传输半径的概念(用以节点为中心的虚线圈表示),节点 4 进行异或操作形式的网络编码,两个接收节点分别进行网络译码操作,就可接收到完整信息,并提高了传输效率。

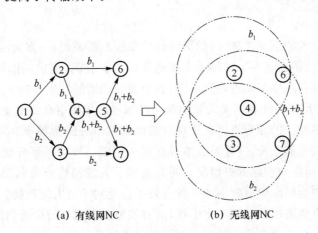

(a) 有线网NC　　　　　　　(b) 无线网NC

图 10.38　网络编码技术从有线网络到无线网络的扩展

　　有效的网络编码方案使接收点从接收到的数据中恢复出原始信息,数据传输时可能经过多次编码。中继节点发送的信息来源于接收到的信息,其信息量不会超过接收到的信息量,即信息熵是非增的,故须保证接收节点接收到足够多的不相关信息。因此,根据网络拓扑特点,建立节点间的合作机制和设计低复杂度的编码算法是网络编码技术研究的重点。

　　(2) 网络编码的优缺点

　　1) 增加网络流量

　　对于一个多发多收的多端网络,只考虑其中一个接收端时,对应此接收端有一个传输速率。网络编码的功能在于,当所有的接收端同时接收信息时,每个接收端的速率仍然可以保持,而不用网络编码时,速率一般会小于网络中只有一个接收端时的速率。换言之,当有 N 个接收端共享网络资源时,每个接收端都可以达到最大的接收速率,整个网络好像是只为这一个接收端所用。因此,网络编码有助于更好地共享网络资源。

　　2) 网络编码提高网络健壮性

网络编码后的数据包具有同等的重要性,接收端只要收到足够数量的包就可以进行解码,从而提高网络健壮性和适应性。网络编码分布式地存在于整个网络,而不是仅仅存在于信源,这种特性与典型的分布式网络特性相适应(各节点只知道整个网络拓扑结构的部分信息),使得网络编码可适用于集中式与分布式网络。

3) 网络编码带来时延以及复杂度的提高

网络编码可以带来吞吐量以及健壮性的提高,在某种程度上提高整个网络的安全性,但付出的代价就是时延和复杂度的增加。对于编码节点而言,需要缓存接收到的信息再编码,从而带来额外的处理延时,同时编码节点采取的编码算法也在某种程度上决定了整个网络运算的复杂性。对于线性网络编码,由于仅采用乘法、加法等线性运算,复杂度不高;如果采用更加复杂的编码方式,解码复杂度随之增加,故需选择合适的编解码方式。

（3）无线网络编码的发展

由于无线信道的时变衰落特性、广播特性以及噪声的干扰,无线信道不可避免会引入传输误差,此时网络编码技术带来的容量增益将大为降低。最新的研究表明,在物理层实现,并与物理层技术相结合的物理层网络编码技术能进一步提高系统容量。为提高无线信道下网络编码的性能,结合信道编码、中继协同、空时编码、正交频分复用、功率分配、调制等链路级技术的物理层网络编码研究渐入佳境。

3. 认知无线电

随着无线通信技术的迅速发展,新的无线通信系统不断涌现:一方面需要分配新的无线频率供使用,而目前无线频谱基本上已经没有新的频段可供分配,造成频谱资源稀缺局面;另一方面对目前频谱实际利用率的调查研究表明,整个无线频谱的利用率却十分低下,其平均利用率不到 15%,巨大的反差促使各国无线管理部门开始考虑如何更有效地使用无线频谱资源。

目前频谱利用率低下的部分原因在于现有的频谱共享方式为静态共享,即分配一个固定的频段给特定的无线通信系统,其他系统不得使用该频段。静态频谱分配体制带来频谱规划和管理的方便性,然而正如实际调查情况表明其造成了无线频谱资源利用的低效率,鉴于此,动态共享频谱方式作为提高频谱效率的一种有效手段受到了极大的重视。通过研究如何与现有无线通信系统共享频谱而对其不产生干扰,能有效地提高现有的频谱利用效率,缓解不断增加的频谱资源分配压力。动态共享频谱主要可以分成如下形式。

① 不授权频段多系统共享,各系统只要满足相应的功率参数,就可以自由使用该频段,典型的如 ISM 2.4 GHz 频段,IEEE802.11 与 Bluetooth 等系统共享该频段。这种共享方式需要设计合理的频谱礼仪、政策等因素,使各系统对公共频谱的共享满足一定的公平性,达到一定的频谱效率。

② 授权频段系统允许其他系统共享。这种共享方式允许原授权频段系统开放频谱第二市场,允许其他系统在不影响原系统正常使用情况下机会使用该频段,因此共享系统必须具有实时监测频谱资源状态的能力,从而获得机会共享该频谱。典型的系统如 IEEE802.22 WRAN 是对电视广播频段的机会共享。

③ 其他共享方式,如各授权频段系统联合共享、授权频段系统内频谱共享等。

为避免对现有无线通信系统产生干扰,影响其使用,动态频谱共享方式需要智能的无线电系统。J. Mitola 等于 20 世纪末提出通过构造具有认知能力的无线电系统来达到动态共享频谱的方式,成为目前动态频谱共享技术的主流方向。

认知无线电系统可以视为一个具有感知周围频谱环境、依据环境动态调整传输参数的智能无线电通信系统。图 10.39 示意了认知无线电用户感知—认知—行为的过程:接收机通过感知来自外部无线环境的信号,获取频谱状态信息,这些信息一方面被记录在相应的数据库中,另一方面认知用户可以结合存储的历史数据进行学习、推理,以获取如用户行为、频谱空洞的平均时长、信道状态等信息,认知引擎通过决策数据库对相应的感知信息、策略、规则进行统一决策,确定相应发射参数,如调制方式、编码方式、发射功率等参数,接收、发射相应的信息。

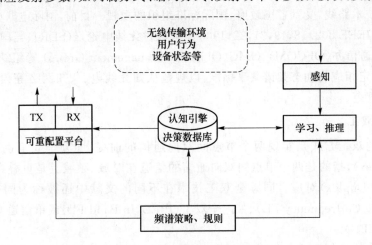

图 10.39　认知无线电系统

为实现认知无线电系统,需要解决的关键问题包括频谱感知、终端重配置、资源管理、频谱接入策略等。

(1) 频谱感知

认知无线电需要对其所在位置的频谱使用状况进行感知,获取相应的频谱使用信息,如空闲频率位置、带宽、允许的干扰功率、忙闲规律等,以支持系统高层频谱接入策略决策、资源管理等。

(2) 终端重配置

认知无线电需要根据不同的信道传输条件,自适应地选择合适的通信协议,有机地选择相应的调制、编码方式,以达到有效的通信,因此认知无线电终端需要具有通信参数、协议可重配的能力。

(3) 资源管理

由于频谱使用的动态特性,认知无线电系统需要动态维护可使用的频率资源,保证认知无线电通信系统的通信稳定性,需要相应的频谱资源管理、功率管理、协议管理等。

(4) 频谱共享策略

认知无线电基于频谱感知,动态与其他在用无线电系统共享频谱,因此需要设计良好的频谱接入、退出策略,以最大程度保证对在用无线系统造成的干扰在可接受的范围之内。

传统通信网络中,通信节点一般不具备感知、可重配功能,因此网络的自适应性差,导致网络性能达不到最优,尤其在无线通信中,由于无线传输环境的动态变化,为达到最佳通信能力,需要通信网络具有很好的自适应能力。认知无线网络是一个由众多具有认知功能的认知无线电节点组成的智能无线电通信网络,通过认知无线电节点的认知能力和认知网络的认知引擎,认知网络节点之间可以进行合作、协同完成通信任务,使网络获得更优的通信能力。

认知无线网络通过认知功能,可以提供比非认知网络更好的端对端性能,更好的网络吞吐量和更高的安全性。然而要实现这些性能提高,认知网络需要通过各节点的认知功能有机地组合在一起,需要研究相应的资源管理策略、路由策略以及媒体控制策略等;需要具备可自适配的软件、协议平台;需要对网络的不同层进行优化,这些优化往往需要同时涉及不同的协议层,才能完整地保证端对端的优化传输。因此,如何设计具有软件自适配能力、跨层优化能力的认知网络的架构与协议,是认知无线网络研究的一项重要内容。

认知无线电是近年来无线通信领域的一个热点技术,它的提出为更有效地使用频谱提供了一个可行的技术路线,受到各国政府、国际标准组织的重视。目前,国际电联(ITU)、国际电子工程师协会(IEEE 802.18,19,21,22,1900 组)、软件无线电论坛(SDR)、美国联邦通信委员会(FCC)、英国通信办(OFCOM)、OMG(Objective Management Group)等组织和政府机构都在积极研究、制定相应的动态频谱共享标准,以规范认知无线电、认知网络等频谱共享技术所应遵循的工业规范。

4. 同频全双工

采用合适的双工方式是实现两个节点间双向通信的前提,同频全双工也简称为全双工(FD,Full-Duplex),指的是两个节点间双向通信的信道在时域、频域上是重叠在一起的,与半双工(HD,Half-Duplex)对应。同频全双工技术在不同的文献中还被称为同时同频全双工(CCFD,Co-time Co-frequency FD)、带内全双工(IBFD,In-Band FD)或单信道全双工(SCFD,Single Channel FD)。

同频全双工技术与雷达有着不解的渊源,雷达需要发射脉冲信号并接收目标反射的回波,这两种收发信号在特定情况下有可能在时域和频域重叠,因此接收端需要将来自发射端的脉冲信号即自干扰从反射回波中除去。在通信领域,同频全双工的基本原理也应用在传统模拟固定电话的用户环路上,即回波抵消。回波抵消通过删除用户自己一侧输入的声音引起的回波以保证来自对方的声音能够被清晰地听到,从而使得一对双绞线可以在相同的频带上同时收发各一路音频信号。

而对于无线通信而言,同频全双工无疑比时分双工(TDD)或频分双工(FDD)具有更高的潜在容量和频谱效率,由于只使用一个频点就能实现两个节点间连续不断的双向通信,一般认为同频全双工的容量和频谱效率是时分双工或频分双工的大致两倍。然而要在无线通信中实现同频全双工,所面临的挑战也是巨大的,其解决方案往往需要较高的硬件成本和算法复杂度,实现效果一般也只适用于通信双方距离较近或发射功率较低的场景。因此,该技术在很长一段时间内的研究进展并不显著。但随着移动通信业务需求的爆炸式增长,对时域、频域、空域维度的信道容量潜力挖掘已被广泛研究,而功率维度上的信道容量潜力还有待开发,加上有关的硬件技术和信号处理算法方面的飞速进步,以及无线通信中部署场景日趋高密度化导致节点间距离的缩小,在 5G 标准化逐渐被提上日程之时,同频全双工技术引起了日益广泛的关注。

同频全双工的核心优势在于允许节点之间在单一频带上同时收发,其应用场景也非常广泛,可以说,只要是存在同一频率上同时收发的情况,就可以应用该技术,如经典的蜂窝移动通信场景和无线局域网场景等。在蜂窝移动通信场景下,相当于可以实现上下行频率的灵活、高效配置,提升了频谱使用的自由度和效率;部署时也可以有全双工基站+半双工终端、全双工基站+全双工终端等多种组合。在双向中继通信中,同频全双工可以增强双向中继的效率。在随机接入场景或无线自组织网场景下,同频全双工可以使得节点在发起接入时检测有无与其他节点信号之间的碰撞冲突,减小隐藏终端的影响,降低时延;同时增加无线自组织网络中路由选择的灵活性,即可以将某些单向路由变为双向路由,改善了组网性能。在认知无线电通信中,同频全双工可以使得节点在使用共享频谱时更及时地探测其他节点在该频谱上的活动情况,从而进一步提高频谱共享效率。

　　同频全双工的基本关键技术是自干扰删除或自干扰抑制,这也是实现它的前提条件。其基本原理如图 10.40 所示,节点 A 和节点 B 之间采用相同的频率双向同时收发,所发送的信号也会泄露至自己的接收链路,形成自干扰;而接收链路还要负责接收对方发来的信号,由于无线传播的影响,所接收的对方信号功率通常很低,而遭受的自干扰功率通常很高,有研究表明,在微蜂窝场景下两者差异可达 100 dB 左右。接收链路需要将非常强的自干扰删除或抑制后才能提取出对方发来的有用信号,而要消除这样强的自干扰,仅采用模拟域或数字域的某一种干扰删除技术是不够的,需要对整个接收链路在不同环节综合应用多种干扰删除手段。

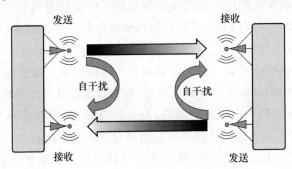

图 10.40　同频全双工基本原理示意图

　　同频全双工中的自干扰删除或抑制技术通常包含三个层面:首先是天线端的干扰删除;其次是模拟信号的干扰删除,其中包括模拟射频和中频;最后是数字信号干扰删除。天线端的自干扰删除主要是将发射天线到接收天线这个环节上的自干扰进行隔离或删除,常见的方法如下:依靠空间距离分隔收发天线,在收发天线之间设置电磁屏蔽,将收发天线的极化方式设置为正交的,利用收发天线辐射方向图的相对方位实现收发天线间解耦,收发天线采用天线阵列时将彼此至于波束的零陷中。经过天线端自干扰删除后的信号接下来进行模拟信号的干扰删除,这又可以分为有源和无源两种方案,它们一般都是基于发射链路上的信号重构自干扰,进而再将其删除;但这样的处理难以将发射天线周围散射体引入的额外干扰进行抑制,这种自干扰相当于是经过无线信道后又回到接收链路的,还需要其他手段来对其进行估计和重构。处理后的信号进一步经过模数转换,再进行数字信号的自干扰删除,这通常需要对自干扰的变化进行自适应跟踪,往往要利用训练序列测量自干扰所受到的影响,从而更为准确地重建自干扰并将其删除。上述自干扰删除的处理中,主要挑战在于设备发射出去的信号并不等同于进入接收链路的自干扰信号,因为发射链路包括数模转换、调制、放大、天线发射,发射后还可能受到周围物体的反射等影响,信号会受到线性、非线性失真以及衰落等因素的影响,并引入各种噪声。另外,将多种自干扰删除技术联合应用时,其效果通常并不是将各自的干扰删除结果简单叠加,其中原因之一是不同层面的自干扰删除对于所删除的自干扰的估计是有差异的,因此在设计时需要对接收链路整体方案进行综合考虑。

　　除了上述侧重物理层处理的自干扰删除或抑制技术,实现同频全双工还需要在 MAC 层或组网层面引入相应的方案,如与其他双工技术的组合、新的功率控制机制、同频互干扰协调等。当前,同频全双工技术的有关研究还包括:该技术与其他资源调度方案的结合,如与时域、频域、空域或码域资源调度方案的结合,特别是与空域或多天线技术的结合,受到了广泛关注。当然,在天线数更多、带宽更大、频点更高、发射功率更强、通信距离更远的场景下,同频全双工技术还面临着很多挑战,除了自干扰删除方案的基本性能外,系统的能耗、硬件尺寸、双向业务量需求不对称时的优化,对器件布局及生产工艺误差等其他非理想因素的容忍程度等,也需要更多的深入研究。

5. 无线携能通信

无线通信所依赖的电磁波媒介承载着一定的功率,其传播所消耗的能量用于传输信息。随着无线通信所能够支持的节点数不断增加以及业务量的迅猛增长,相应的能源需求也快速攀升,绿色通信的概念在这种情况下应运而生。其中,利用特定的接收电路收集周围环境中电磁波所携带的能量,就属于绿色通信的一种手段,利用这种无线功率传输可以为低功耗传感器节点提供能量。这里,收集无线电波所携带的能量属于广义能量收集(Energy Harvesting)中的一种。此后业界又提出了利用无线方式同时传输功率和信息的技术(SWIPT),其目标是实现绿色节能且能够持续工作的无线通信系统,甚至有望在特定的场合下,彻底摆脱更换电池或有线方式充电的束缚,如节点部署于偏远环境或者人体内部植入等情况,这在物联网(IoT)中非常普遍。射频标签(RFID)就是一种典型应用,其读写器在靠近标签时通过无线信道既提供能量又与标签交换信息。但 RFID 的功率低,收发距离较近,即便是高速路收费站所使用的ETC 标签,其通信距离也很有限。传统蜂窝通信场景下较大的路径损耗和较高的终端功耗也制约了无线携能通信的应用。4G 之后,随着多天线技术的不断演进以及小小区(Small Cell)这类低功率小覆盖节点的广泛部署,基站和移动台之间的路径损耗大大改善,加上部分移动节点功耗下降,这令无线携能通信的发展又迎来新的机遇。

无线携能通信相比于传统的无线通信,所研究的问题中增加了能量传输和能量管理两个方面,它们还要与无线信息传输兼顾,为相应的系统设计、实现和优化带来了很多挑战。在能量管理中,首先要考虑的是输入的无线能量的模型,这部分要与无线信息传输相互协调、配合,涉及发射功率和信道条件的分析;此外,输入的能量如何使用和存储,需要根据应用场景进行优化与平衡;在多节点组网的情况下,甚至还应考虑节点间能量的共享问题。

同时无线信息与功率传输(SWIPT)技术中,有两种典型的工作模式,即时间共享和功率划分。时间共享是指相应无线信道资源按照时间划分为功率传输的部分和信息传输的部分;功率划分则是将信息与能量同时传输,两者消耗的功率按一定的比例进行设置。时间共享模式目前更受关注,因为它可以采用不同的接收电路来处理,而接收能量和接收信息所需的接收机灵敏度往往差异很大,有的差异高达 40 dB,对信息和能量分别进行接收有助于简化系统设计并提高电路的效率,甚至可以从干扰信号中提取能量;但其不足也很明显,即信息传输的灵活性下降。功率划分模式虽然在实现上受到电路的限制,但由于支持能量传输和信息传输间更灵活的资源分配,因此具有较高的研究价值和潜力。

目前无线携能通信还在快速发展之中,下面简介其中一些主要的研究方向。首先,针对点对点的非组网场景,例如,将收发双方的技术方案进行联合优化,将无线携能与多天线技术即空间信号维度优化组合等;其次,针对多节点组网的场景,例如,根据不同的组网类型来进行资源调度,涉及传感器网络、协同通信网络、异构蜂窝网络或采用认知无线电技术的网络等。无线携能通信对信息安全的影响也受到了关注。除了理论上的研究之外,在实现上,无线携能通信往往会考虑与多种能量来源组合使用,如传统电网、电池储能及能量回收、太阳能或风能这类可再生能源等,并且需要面对引入多种非理想因素的挑战,甚至是极地、航海、航空、航天等特殊工作场景下特殊需求的挑战,这就需要大量交叉领域的工作,也意味着这项技术具有更为广阔的前景。

10.5　卫星通信系统

10.5.1　基本知识

卫星通信是现代通信技术、航空航天技术、计算机技术结合的重要成果。卫星通信在国际通信、国内通信、国防、移动通信以及广播电视等领域,得到了广泛应用。卫星通信之所以成为强有力的现代通信手段之一,是因为它具有频带宽、容量大、适于多种业务、覆盖能力强、性能稳定、不受地理条件限制、成本与通信距离无关等特点。

1. 卫星通信特点

(1) 通信距离远,通信成本与距离无关

由于卫星在离地面几百、几千、几万千米的高度,因此在卫星能覆盖到的范围内,通信成本与距离无关。以地球静止卫星来看,卫星离地 36 000 km,一颗卫星几乎覆盖地球的 1/3,利用它可以实现最大通信距离约为 18 000 km,地球站的建设成本与距离无关。如果采用地球静止卫星,只要三颗就可以基本实现全球的覆盖。

(2) 以广播方式工作,便于实现多址联接

卫星通信系统类似于一个多发射台的广播系统,每个有发射机的地球站都可以发射信号,在整个卫星覆盖区内都可以收到所有广播信号。因此只要同时具有收发信机,就可以在几个地球站之间建立通信联接,提供了灵活的组网方式。

(3) 通信容量大,传送的业务种类多

由于卫星采用的射频频率在微波波段,可供使用的频带宽,加上太阳能技术和卫星转发器功率越来越大,随着新体制、新技术的不断发展,卫星通信容量越来越大,传输的业务类型越来越多。

(4) 需要采用先进的空间电子技术

由于卫星与地面站的距离远,电磁波在空间中的损耗很大,因此需要采用高增益的天线、大功率发射机、低噪声接收设备和高灵敏度调制解调器等,并且空间的电子环境复杂多变,系统必须要承受高低温差大、宇宙辐射强等不利条件,因此卫星的设备的材料必须是特制的,能适应空间环境的。由于卫星造价高,系统还必须采用高可靠性设计。

(5) 需要解决信号传播时延带来的影响

由于卫星与地面站距离远,信号传输的时延很明显。对一些业务(如话音)来说,必须采取措施解决时延带来的影响。

(6) 需要解决卫星的姿态控制问题

由于空间的环境复杂多变,卫星轨道可能有漂移,姿态可能有偏转,由于卫星离地远,因此轻微漂移和姿态偏转可能造成地面接收的信号变化很大,因此卫星的精确姿态控制也是必须解决的问题。

此外,还必须解决星蚀、地面微波系统与卫星系统的干扰等问题,这些都是保证卫星通信系统正常运转的必要条件。

2. 卫星通信频率

卫星通信频率一般工作在微波频段,其主要原因是卫星通信是电磁波穿越大气层的通信,

大气中的水分子、氧分子、离子对电磁波的衰减随频率而变化,如图 10.41 所示。

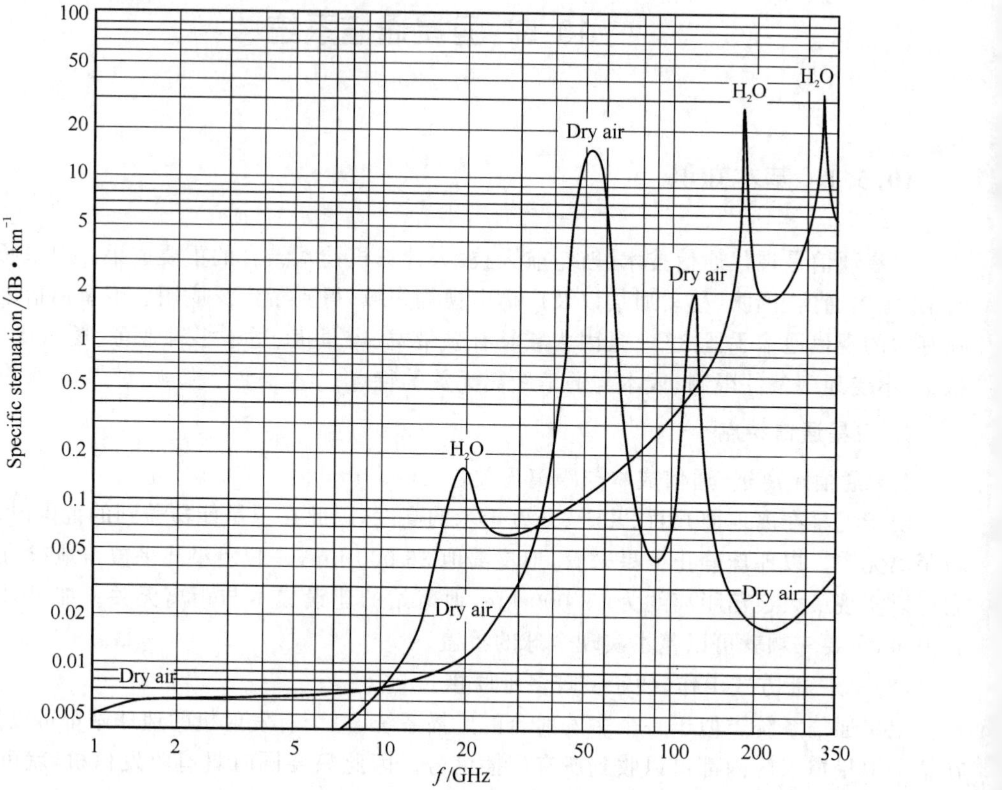

图 10.41 大气对电磁波的吸收损耗

可以看到,在微波频段 0.3～10 GHz 范围内大气损耗最小,比较适合于电波穿出大气层的传播,并且大体上可以把电波看作是自由空间传播,因此称此频率段为"无线电窗口",目前在卫星通信中应用最多。在 30 GHz 附近有一个损耗谷,损耗相对较小,常称此频段为"半透明无线电窗口"。

目前,大部分国际通信卫星尤其是商业卫星使用 4/6 GHz 频段,上行为 5.925～6.425 GHz,下行为 3.7～4.2 GHz,转发器带宽为 500 MHz,国内区域性通信卫星也多数应用该频段。

许多国家的政府和军事卫星使用 7/8 GHz,上行为 7.9～8.4 GHz,下行为 7.25～7.75 GHz,这样与民用卫星通信系统在频率上分开,避免相互干扰。

由于 4/6 GHz 通信卫星的拥挤,以及与地面微波网的干扰问题,目前已开发使用 11/14 GHz 频段,其中上行采用 14～14.5 GHz,下行采用 11.7～12.2 GHz,或 10.95～11.2 GHz,以及 11.45～11.7 GHz,并用于民用卫星和广播卫星业务。

20/30 GHz 频段也已经开始使用,上行为 27.5～31 GHz,下行为 17.7～21.2 GHz。

3. 系统组成

这里以地球同步卫星通信系统为例,说明卫星通信系统的基本构成。图 10.42 所示为通过卫星进行电话通信的系统框图。

卫星通信系统包括如下部分。

(1)控制与管理系统

它是保证卫星通信系统正常运行的重要组成部分。它的任务是对卫星进行跟踪测量,控制其准确进入轨道上的指定位置,卫星正常运行后,需定期对卫星进行轨道修正和位置保持。在卫星业务开通前、后进行通信性能的监测和控制,如对卫星转发器功率、卫星天线增益以及地球站发射功率、射频频率和带宽等基本通信参数进行监控,以保证正常通信。

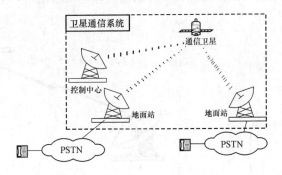

图 10.42　卫星通信系统基本组成

（2）星上系统

通信卫星内的主体是通信装置,其保障部分则有星体上的遥测指令、控制系统和能源装置等。通信卫星的主要作用是无线电中继,星上通信装置包括转发器和天线。一个通信卫星可以包括一个或多个转发器,每个转发器能同时接收和转发多个地球站的信号。

（3）地球站

地球站是卫星通信的地面部分,用户通过它们接入卫星线路进行通信。地球站一般包括天线、馈线设备、发射设备、接收设备、信道终端设备、天线跟踪伺服设备、电源设备。

4. 多址技术

（1）卫星通信体制

一个通信系统的最基本任务是传输和交换含有信息的信号。所谓通信体制指的是通信系统中采用的信号形式、信号传输方式和信息交换方式。各种通信系统及通信线路的具体组成与它们所用的通信体制有密切的关系。

卫星通信由于具有广播和大面积覆盖的特点,因此特别适合于多个站之间的同时通信,即多址通信,多址通信涉及多址连接的问题。此外如何充分利用卫星转发器的功率和频带,是卫星通信另一个重要问题,这个问题涉及卫星功率和频带的分配方式。根据卫星通信采用的基带信号形式、基带复用方式、调制方式、多址方式、信道分配及交换方式的不同划分不同的卫星通信系统。

通常基带信号可以分成模拟信号、数字信号。在卫星通信中,模拟信号的调制方式通常为调频（FM）,数字信号的调制方式通常为相移键控（PSK）调制。基带信号的复用方式根据基带信号的形式也可以分成频分复用（FDM）和时分复用（TDM）。各地球站之间的多址连接可以是频分复用多址（FDMA）、时分复用多址（TDMA）、码分复用多址（CDMA）、空分复用多址（SDMA）等。信道的分配形式可以分成信道是预定分配（PA）、按申请分配（DA）或随机占用等。

例如,目前国际卫星通信中传输多路电话用得最多的一种体制是:模拟－频分多路复用－预加重－调频－频分多址－预分配,简单记为 FDM－FM－FDMA－PA 或 FDM/FM/FDMA/PA。其中第一个 FDM 表示一个地球站内收集的多路信号的复用方式为频分复用,FM 是该地球站发射信号的调制方式,FDMA 是该地球站与其他地球站之间的多址方式为频分多址,PA 表示分配给该地球站的发射、接收频率是预先分配好的。又如另一种通信体制

TDM/PSK/FDMA/PA,表示基带信号采用时分复用(TDM)方式、地球站采用 PSK 调制、地球站之间采用时分多址(TDMA)方式进行多址连接,其中每个地球站的发送时隙是预先分配的。图 10.43 所示为 TDM/PSK/FDMA/PA 的通信体制示意图。

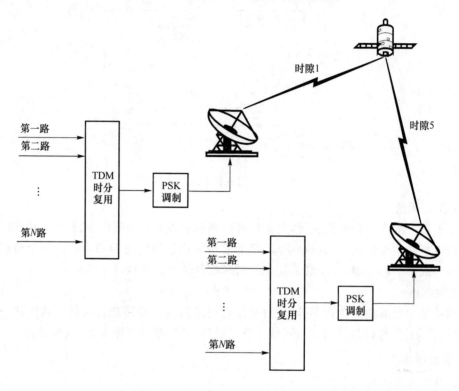

图 10.43　TDM/PSK/FDMA/PA 通信体制示意

(2) 卫星通信的多址技术

多个地球站,无论距离多远,只要位于同一颗卫星的覆盖范围内,就可以通过卫星进行双边或多边通信。多址技术是指系统内多个地球站以何种方式各自占有信道接入卫星和从卫星接收信号。目前使用的技术主要有频分复用(FDMA)、时分复用(TDMA)、码分复用(CDMA)、空分复用(SDMA)、随机多址接入(RA/TDMA),这里主要介绍卫星通信中的这些多址技术的应用。

1) FDMA 多址技术

当多个地球站共用卫星转发器时,如果根据配置的载波频率的不同来区分地球站的地址,这种多址连接方式就叫 FDMA 多址。卫星通信中采用 FDMA 多址技术主要有如下形式。

① 单址载波

每个地球站在规定的频带内可发多个载波,每个载频代表一个通信方向,如图 10.44 所示。

图 10.44 中,A 站发往 B 站的载波中心频率为 f_1,发往 C 站的载波中心频率为 f_2,每个载波代表了一个通信方向。

② 多址载波

每个地球站只发一个载波,利用基带的多路复用进行信道定向,如图 10.45 所示。

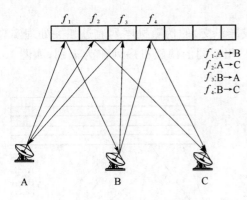

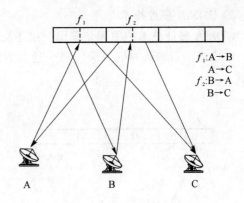

图 10.44　单址载波示意图　　　　　　　图 10.45　多址载波示意图

图 10.45 中,A 站只发送中心频率为 f_1 的载波,该载波通过频分复用方式复合了 A 站到 B 站、A 站到 C 站的信息内容,因此 B,C 站接收时通过接收共同的载波 f_1,然后各自用不同的滤波器滤出属于自己部分的信息内容。

③ 单路单载波(SCPC)

这种方式是将卫星转发器带宽分成许多子载波,每个载波只传一路话音或数据。这种方式比较灵活,适用于站址多、各站业务量小的情况。由于每个载波只有一个信号,可以根据需要给每个通信方向分配若干载波。例如,Intersat 的 SPADE(SCPC/PCM/ACCESS/DAMA/EQUIMENT)系统就采用了 SCPC 多址方式,如图 10.46 所示。SCPC 多址方式的一个缺点是由于载波多,星上的交调干扰严重,这大大降低了卫星的功率效率,因此大容量卫星系统一般不采用 SCPC 方式。

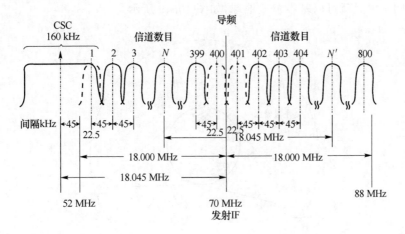

图 10.46　SCPC 多址方式的一种频率分配示意图

2) TDMA 多址技术

TDMA 的原理是用不同的时隙来区分地球站的地址,该系统中只允许各地球站在规定时隙内发射信号,这些射频信号通过卫星转发器时,在时间上是严格依次排序、互不重叠的。采用 TDMA 方式,一般需要一个时间基准站提供共同的标准时间,保证各地球站发射的信号进入转发器时在规定的时隙而不互相干扰,如图 10.47 所示。

图 10.47 中,t_1 时隙被分配为 A 到 B 和 A 到 C 站的传输时间,t_2 时隙被分配成 B 到 A 的传输时间,各站通过时间基准站调整本地时间,严格按照预定的时隙进行通信。

3）CDMA 多址技术

CDMA 多址技术的原理是采用一组正交（或准正交）的伪随机序列通过相关处理实现多用户共享频率资源和时间资源。每个通信方向采用不同的伪随机序列作为识别，如图 10.48 所示。

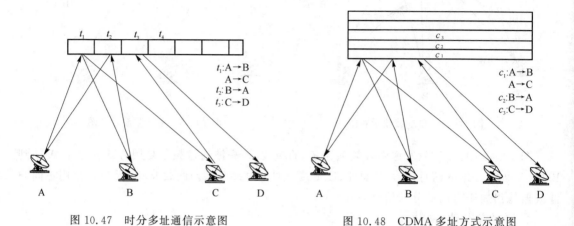

图 10.47　时分多址通信示意图　　　　图 10.48　CDMA 多址方式示意图

10.5.2　同步卫星通信系统

1. 系统的组成

同步卫星通信系统是利用定位在地球同步轨道上的卫星进行通信的卫星通信系统，原则上只要 3 颗同步卫星就可以基本覆盖地球，如图 10.49 所示。

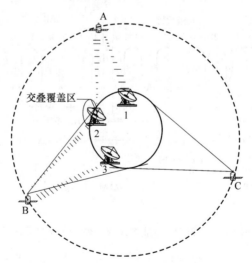

图 10.49　3 颗同步卫星覆盖全球

地球站 1 要与地球站 3 通信，由于地球站 1、3 不在同一颗星覆盖区内，因此必须通过卫星 A、B 覆盖的交叠区的地球站 2 进行中转。

同步卫星通信系统的组成包括同步卫星、地球站和控制中心。

同步卫星的组成包括卫星天线分系统、控制分系统、卫星转发器、电源分系统、跟踪遥测指令分系统，如图 10.50 所示。

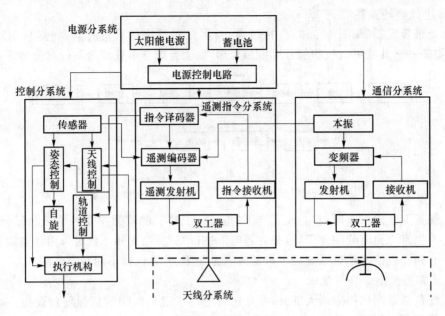

图 10.50　同步卫星

（1）卫星天线分系统

卫星天线有两类：遥测指令天线和通信天线。遥测指令天线通常采用全向天线，通信天线按其波束覆盖区大小可分为全球波束天线、点波束天线、区域（赋形）波束天线。

（2）卫星通信分系统

卫星通信分系统是通信卫星的核心部分，包括各种转发器。转发器的功能是将接收到的地球站的信号放大，然后通过下变频发射出去。转发器按照变频的方式和传输信号形式的不同可分为三种：单变频转发器、双变频转发器和星上处理转发器。

1）单变频转发器

单变频转发器（见图 10.51）将接收到的信号直接放大，然后变频为下行频率，最后经功放输出到发射天线给地球站。这种转发器适用于载波数度、通信容量大的多址联接系统。

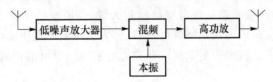

图 10.51　单变频转发器

2）双变频转发器

双变频转发器（见图 10.52）先将接收到的信号变换到中频，经限幅后，再变换为下行频率，最后经功放由天线发给地球站。双变频方式的优点是转发增益高，电路工作稳定；缺点是中频带宽窄，不适合于多载波工作。它适用于通信容量不大、所需带宽较窄的通信系统。

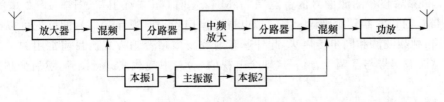

图 10.52　双变频转发器

3）星上处理转发器

星上处理转发器（见图 10.53）包括两类：一类是对数字信号进行解调再生，消除噪声积累；另一类是进行其他更高级的信号变换和处理，如上行频分多址变为下行时分多址等。

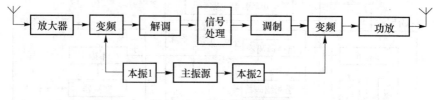

图 10.53　星上处理转发器

（3）卫星电源分系统

为了保证卫星的工作时间，必须有充足的能源，卫星上的能源主要来源于两部分：太阳能和蓄电池。当有光照时使用太阳能，并对蓄电池进行充电；当光照不到时采用蓄电池。卫星电源分系统必须提供给其他分系统稳定可靠的电源使用，并且保持不间断供电。

（4）跟踪遥测指令分系统

该系统包括遥测和指令两大部分，此外还有应用于卫星跟踪的信标发射设备。遥测设备用各种传感器不断测得有关卫星的姿态及星内各部分工作状态的数据，并将这些信息发给地面的控制中心。

控制中心根据接收到的卫星的遥测信息进行分析和处理，然后发给卫星相应的控制指令。卫星接收到指令后，先存储然后通过遥测设备发回控制中心校对，当收到指令无误后，才将存储的指令送到控制分系统执行。

（5）控制分系统

控制分系统由一系列机械或电子的可控调整装置构成，完成对卫星的姿态、轨道、工作状态的调整。

2．卫星电视广播

电视信号可以利用通信卫星进行转发，再经接收站所在地的电视广播系统和集体用户卫星接收站收转，也可以利用直播卫星直接向地面用户播送。当利用通信卫星转发时，由于通信卫星的发射功率较小，因此接收站往往需要高增益天线、高质量低噪声接收机才能正常接收；反之如果利用直播卫星直接向地面用户播送电视节目，为了使用户能使用小型天线进行接收，卫星必须具有很高的发射功率。目前卫星电视广播和直播采用的卫星都是基于地球同步轨道的。

（1）卫星电视广播

卫星电视广播的系统组成如图 10.54 所示。电视节目源通过通信线路传送到卫星电视转播站，通过卫星电视转播站发送到卫星，卫星将接收到的电视信号进行变频然后转发下去，各个卫星电视地面接收站将接收到的卫星电视信号解调下来，并通过有线电视（CATV）网络分送至各个用户。

模拟电视信号的转发采用的调制通常是调频方式，电视信号中的图像信号的带宽为 6.5 MHz（PAL 制），调频后整个图像信号的带宽在 27 MHz 左右（东方红卫星、日本 BS-2 星等），一个 36 MHz 带宽的转发器只能传输一路模拟电视图像信号。电视伴音信号的传送可以有三种方式，即单路、副载波法和同步传声法，此外还有副载波多路音频方式。目前常用的是伴音副载波法，它是图像信号与已调伴音信号（即全电视信号）对中频载波进行调频，然后变频发送的一种方式。

（2）卫星电视直播

卫星电视直播是指通过卫星直接转发电视信号，供一般用户直接收看的电视系统，是一个可以替代有线电视的系统。直播卫星(DBS)提供类似有线电视的电视节目,节目接收者采用小碟形卫星接收天线(18~24 英寸)。目前美国已经拥有 1 000 多万用户。

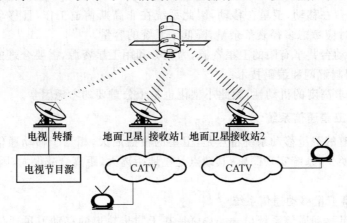

图 10.54　卫星电视转播

它与卫星电视转播不同的地方在于用户不须经过当地的电视转发中心经过分路系统接收电视信号,而是直接通过安装在家的小型卫星天线直接接收卫星电视节目。因此,卫星电视直播对卫星提出了较高的要求,它要求直播卫星具有高的发射功率,才能缩小接收卫星天线的尺寸。目前直播卫星的使用频段为 Ku 波段(12~18 GHz),由于频率高,接收天线的尺寸可以相应小一些。

DBS 的用户必须拥有 DBS 接收机、碟形天线。由于 DBS 采用实时数字视频压缩技术,因此其接收机与普通的电视接收机不同,经过压缩后,一个卫星转发器可以直播十套左右的电视节目。由于 DBS 信号是作为数字包发送的,DBS 用户可接收电视信号、图文电视、计算机数据等形式多样的信号。不过由于 DBS 系统是单向系统,因此用户反馈的数据必须经过其他网络传输到 DBS 服务中心,目前通常采用电话线传送。

10.5.3　移动卫星通信系统

移动卫星通信系统是为舰船、车辆、飞机、边远地点用户或运动部队提供通信手段的一种卫星通信系统。它包括移动台之间、移动台与固定台之间、移动台或固定台与公共通信网用户之间的通信。近年来,虽然陆地移动通信系统的发展很快,但是陆地移动通信系统的覆盖范围即便是陆地部分也是有限的,并没有覆盖全球的所有陆地部分。随着全球化经济的发展,个人移动的范围扩大,个人通信的需求也逐步增加。为了实现全球个人通信的目标,必须借助卫星通信系统的全球覆盖特点。因此未来的全球个人通信系统将是地面陆地移动通信系统、卫星移动通信系统与地面公共通信网的结合。

利用卫星提供移动通信业务按照卫星的轨道分布可以分成三种:高轨移动卫星通信系统、中轨移动卫星通信系统、低轨移动卫星通信系统。由于用户在移动或卫星在移动,移动卫星通信系统技术与固定业务的卫星通信系统有较大的不同。

① 由于围绕地球存在范·艾伦辐射带,该辐射带是带电粒子组成的高能粒子带,表现为强电磁辐射,其中 α 粒子、质子和高能粒子穿透力强,对电子电路破坏性大。范·艾伦辐射带由高度不同的内外两层圆环带组成,高度分别从 1 500 km 到 5 000 km 和 13 000 km 到 20 000 km。卫星移动通信系统的卫星轨道应尽量避免在此两个圆环内。

② 由于卫星功率有限,移动台的天线尺寸不能太大,因此在移动台 G/T 值不能太大的情况下,为保证通信质量,要求卫星具有较高的 EIRP 值,但一个移动台占用卫星功率过多又限

制了系统的容量,采用多波束卫星天线是解决此矛盾的有效途径,这意味着对卫星技术提出了更高的要求。

③ 由于移动台在移动,卫星在移动,因此系统在非高斯信道工作,且移动带来多径衰落,因此在系统设计时应考虑多径衰落余量,降低了系统的容量。

④ 众多的移动台共享有限的卫星资源,为充分利用卫星资源,需要合理的多址联接方式、信道分配方式、调制解调和编码技术。

⑤ 移动台要求高度的机动性,因此小型化也是十分重要的考虑因素。

1. 高轨移动卫星通信系统

采用同步轨道的卫星移动系统特点是,卫星的覆盖面大,相当于移动通信中的大区制,移动终端的越区切换少,系统实现简单;其缺点是星地距离大,距离衰减很大,因此地面终端不可能做得很小。

(1) 国际海事卫星移动通信系统

国际海事卫星移动通信系统(Inmarsat)是基于同步轨道的移动卫星通信系统,具有服务范围大、流动性大、用户多、业务量小的特点,海事卫星移动通信系统投入运行后,由于它覆盖面大,通信质量高而且稳定,因此具有很多用户。

Inmarsat 系统由空间段、岸站(CES)和移动终端(MES)三大部分组成,如图 10.55 所示。

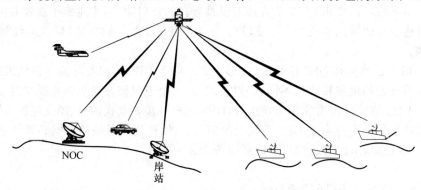

图 10.55　Inmarsat 系统组成

1) 空间段

空间段由通信卫星、网络控制中心(NOC)和网络协调站(NCS)组成。

① 通信卫星

Inmarsat 卫星分布在地球同步静止轨道上,距离地球 35 800 km。Inmarsat 现有 4 颗星重叠覆盖地球,并有备用星,其所处位置如下。

* 大西洋区东区:西经 16 度。
* 大西洋区西区:西经 54 度。
* 印度洋区:东经 65 度。
* 太平洋区:东经 178 度。

Inmarsat 通信卫星的基本功能是接收发自岸站和船站的信号,将其放大并再次传送给它们,卫星转发器执行频率转换:

* 在岸到船方向从 6 GHz 波段变频到 1.5 GHz 波段;
* 在船到岸方向从 1.6 GHz 波段变频到 4 GHz 波段。

② 网络控制中心(NOC)

网络控制中心设在伦敦国际卫星组织总部,负责监测、协调和控制网络内卫星的操作运行。依靠计算机检查卫星工作状态,同时还对各地面站的运行情况进行监督,协助网络协调站对有关事务进行协调。

③ 网络协调站（NCS）

网络协调站是整个系统的重要组成部分。在每个洋区至少有一个地面站兼作网络协调站，并由它来完成该洋区内卫星通信网络必要的控制和分配工作。网络协调站的任务包括：分配语音、数据和高速数据信道频率，在一个公共信道上转发收自地面站电传信道上的分配信息，对所有海用终端发布国际海事卫星业务通告。

2）岸站（CES）

岸站是指设在海岸附近的地球站，它既是卫星系统与地面陆地电信网络的接口，又是一个控制和接入中心，其主要功能有：

- 对从船舶、陆上和在空中来的呼叫分配和建立信道；
- 信道状态（空闲、正在受理申请、占线等）的监视和排队管理；
- 船站、陆上和航空站识别码的编排和核对；
- 登记呼叫，产生计费信息；
- 遇难信息的监收；
- 卫星转发器频率偏差补偿；
- 通过卫星的自环测试；
- 在多地面站运行时的网络控制功能；
- 对船舶、陆上核航空终端进行基本测试；
- 对卫星终端用户提供各类技术服务。

每个岸站至少分配到一个时分多路复用/时分多址接续载波用于网络协调站及卫星终端之间的信令交换。在各个洋区工作的每一个不同类型的岸站都有一个唯一与它有关的两位或三位数字接续码（如北京海事卫星地面站印度洋区 C 标准岸站的接续码为 311），世界各地的许多国家都设有国际海事卫星系统岸站，典型的岸站抛物面天线直径为 11～13 m，该天线永久地指向该洋区运转的卫星。

典型的岸站设备如下。

- 射频系统：包括天线、高功率放大器、低噪声放大器、上下变频器等。
- 接续控制部分：包括信道单元、信令转换设备、交换设备、终端授权数据库、呼叫记录处理等。
- 与公众通信网的接口：微波设备或光缆等。

3）移动终端

Inmarsat 开发了许多不同的终端支持不同的业务，用户可通过终端使信号上达卫星，在经过地面站，通过国际或国内的公众通信网与其他固定或移动用户通信，反过来，公众网等固定或移动用户也可以通过卫星与卫星终端通信。

4）Inmarsat 业务

- 在海事上的应用包括：直拨电话、电传、传真、电子邮件和数据连接。
- 在航空上的应用包括：驾驶舱语音、数据、自动位置与状态报告和旅客直拨电话。
- 在陆地上的应用包括：微型卫星电话、传真、数据和运输方向上的双向数据通信、位置报告、电子邮件和车队管理等。

（2）Thuraya 系统

Thuraya 系统是一个由总部设在阿联酋阿布扎比的区域性静止卫星移动通信系统。Thuraya 系统的卫星网络覆盖包括欧洲、北非、中非、南非大陆、中东、中亚、南亚等 110 个国家和地区，约涵盖全球 1/3 的区域，可以为 23 亿人口提供卫星移动通信服务。Thuraya 系统终端整合了卫星、GSM、GPS 三种功能，向用户提供语音、短信、数据（上网）、传真、GPS 定位等业务。

Thuraya 是阿拉伯语中"枝形吊灯"的意思,暗指系统中的星载天线系统,该天线系统可向地球表面发送大量窄波束(多于 250 个)并可改变辐射区域的轮廓和辐射强度。此外,卫星的辐射功率可在各波束之间进行灵活的再分配,这使得通信容量能够灵活变化以适应不同服务区域的实时负载。

Thuraya 系统提供话音、低速数据和导航业务,具体为:GSM 音质的话音通信,9.6 kbit/s 数据和传真,标准的二代 GSM 业务以及增强业务,所提供业务的主要特征如下。

- 语音:卫星语音通话功能(GSM 音质,MOS 分离于 3.4),语音留言信箱服务,WAP 服务。
- 传真:ITU-T G3 标准传真。
- 数据:作为调制解调器,连接 PC 进行数据传送,速率为 2.4/4.8/9.6 kbit/s。
- 短信:增值的 GSM 短信息服务。
- 定位:内置 GPS,提供卫星定位导航,提供距离和方向服务,定位精度 100 米。

1) Thuraya 系统的组成及其功能

Thuraya 系统由空间段、地面段和用户段三部分组成,如图 10.56 所示。

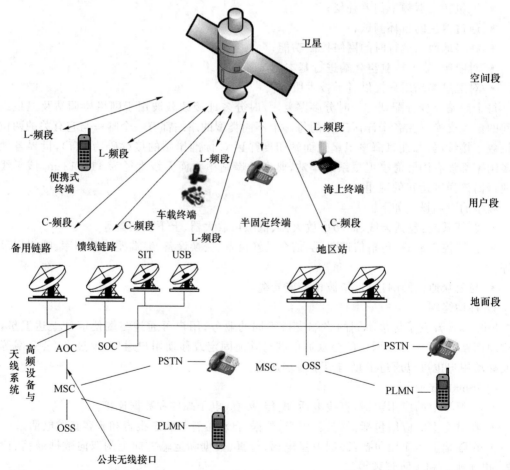

注:AOC(Advanced Operations Center)高级操作中心;MSC(Mobile Switching Center)移动交换中心;OSS(Operational Support System)技术支持系统;PSTN(Public Switched Telephone Network)公共交换电话网络;PLMN(Public Land Mobile Network)公用陆地移动通信网;SIT(Satellite In Orbit Equipment)在轨卫星测试设备;SOC(Satellite Operations Center)卫星操作(控制)中心;UBS(Uplink Beacon Station)上行信标站;PGW(Primary Gateway)主关口站

图 10.56 Thuraya 系统的体系结构

① Thuraya 系统的空间段

Thuraya 的卫星网络可为最偏远的地方提供覆盖,确保无拥塞的卫星通信始终保持连接。Thuraya 系统的空间段包括太空的卫星和地面的卫星控制设备(SCF)两部分。太空卫星由三颗相同的静止轨道卫星(Thuraya-1、Thuraya-2 和 Thuraya-3)组成,其基本信息见表 10.3。

表 10.3　Thuraya 系列卫星的基本信息

	Thuraya-1	Thuraya-2	Thuraya-3
制造商	波音公司	波音公司	波音公司
发射日期	2000. 10. 20	2003. 6. 10	2008. 1. 15
发射公司	Sea Launch	Sea Launch	Sea Launch
发射工具	天顶-3SL 火箭	天顶-3SL 火箭	天顶-3SL 火箭
轨道位置	44°E	28.5°E	98.5°E
倾角	6.3°	6.3°	6.3°

Thuraya-1:第一颗名为 Thuraya 1 的卫星位于韩国上空进行测试,由 SeaLaunch 在 Zenit 3SL 火箭上于 2000 年 10 月 21 日发射,发射时重量为 5 250 千克。

Thuraya-2:第二颗卫星由 SeaLaunch 于 2003 年 6 月 10 日发射,它位于 44 度经度的地球同步轨道上,倾斜度为 6.3 度。卫星可以同时处理 13 750 个语音呼叫。该卫星目前服务于欧洲、中东、非洲和亚洲部分地区。卫星包括两个太阳能电池板机翼,每个机翼包含 5 个面板,产生 11 千瓦的电力(寿命结束时)。卫星有两个天线系统:一个圆形 C 波段天线,直径为 1.27 米;一个 12×16 米的 AstroMesh 反射器,128 个元件的 L 波段天线,由加利福尼亚州 Carpenteria 的 Astro Aerospace 提供。这些天线支持多达 351 个独立的点波束,每个波束可配置为在使用需要时集中功率。

Thuraya-3:第三颗卫星于 2008 年 1 月 15 日成功发射。Thuraya-3 卫星在技术上与 Thuraya-2 卫星相同,但位于经度为 98.5 度的地球同步轨道上,倾斜角度为 6.3 度。

Thuraya 卫星是非常先进的大型商用通信卫星,采用双体稳定技术,设计寿命 12 年,在轨尺寸为 34.5 m×17 m,其外形如图 10.57 所示。

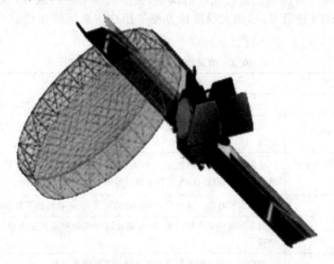

图 10.57　Thuraya 卫星

Thuraya 卫星包括平台和有效载荷两部分。卫星平台分为指向控制、姿态维持、电源和热控等部分,部分主要参数如表 10.4 所示。

表 10.4　Thuraya 系列卫星的主要参数

电源	太阳能	初期 13 kW,末期 11 kW
	电池	250 A/h
电源	尺寸在轨时	长 34.5 m,宽 17 m
	发射时	高 7.6 m,宽 3.75 m * 3.75 m
电源	重量发射	5 250 kg
	在轨	3 200 kg

有效载荷子系统指星上的通信设备,包括星载天线、数字信号处理和交换单元,具体如下。

- 12.25 米口径卫星天线:可以产生 250～300 个波束,提供和 GSM 兼容的移动电话业务。
- 星上数字信号处理:实现手持终端之间或终端和地面通信网之间呼叫的路由功能,便于公共馈电链路覆盖和点波束之间的互联,以高效利用馈电链路带宽和便于各个点波束之间的用户链路的互联。
- 数字波束成形功能:能够重新配置波束覆盖,能够扩大波束也可以形成新的波束,可以实现热点区域的最优化覆盖,可以灵活地将总功率的 20% 分配给任何一个点波束。
- 高效利用频率:频率复用 30 次。
- 系统能够同时提供 13 750 条双工信道,包括信关站和用户之间、用户与用户之间的通信链路。
- 调制方式:QPSK;FDMA 载波信道带宽:27.7 kHz;信道比特速率:46.8 kbit/s。

卫星与用户之间的连接是通过 L 频段,而卫星与关口站之间的连接是通过 C 波段。

② Thuraya 系统的地面段

Thuraya 系统的地面段融合了 GSM 和 GPS。地面段的规模包括:能够同时提供 13 750 条双工信道,能够为 175 万用户提供服务,包括信关站和用户之间、用户与用户之间的通信链路,拥有一个主信关站和多个区域性信关站,主信关站建在阿联酋的阿布扎比,其中主信关站最大提供 6 000 的信道,而区域信关站最多提供 2 000 的信道,区域信关站是根据主信关站而设计,可以根据当地的具体情况进行相应的调整,提供优质可靠的服务。地面段同时也能与 Internet、PSTN\ISDN 进行互联,很大程度地方便了用户。地面段组成部分及其主要功能见表 10.5。

表 10.5　地面段组成部分及其主要功能

组成	主要功能
信关站子系统(GS)	通过卫星向地面通信网络和用户终端之间提供实时的连接和控制
先进的操作中心(AOC)	对网络资源进行集中控制并向各个信关站分配网络资源,对整个系统的功率进行控制
网络交换子系统/操作和维护系统(NSS/OMC-S)	提供和地面电话网的接口,呼叫处理功能和用户的移动性管理,记录呼叫过程并传输给计费子系统,OMS 负责电话网的集中操作和维护控制
软件中心(测试床)	在非真实环境下进行软件和功能的测试,未来软件的开发和跟踪
客户服务和计费系统	向服务提供商提供服务,记录和处理呼叫的数据用于账单、计费和漫游合作方的结算
智能网系统	提供定制增值服务和使系统方便地扩展增值服务
短信息服务中心和语音邮件系统	提供标准的短信息业务和语音邮箱业务,包括传真和因特网之间的业务

卫星的地面控制设备可以分为三类:命令和监视设备、通信设备,以及轨道分析和决策设备。命令和监视设备负责监视卫星的工作状况,使卫星达到规定的姿态并完成姿态保持。命令和监视设备又可以分为卫星操作中心(SOC)和卫星有效载荷控制点(SPCP),SOC 负责控制和监视卫星的结构和健康,而 SPCP 负责控制和监视卫星的有效载荷。轨道分析和决策设备的主要功能是计算卫星在空间的位置,并指示星上驱动设备进行相应的操作,这主要是为了保持卫星和地球的同步。通信设备用于通过一条专用链路传输指令及接收空间状态和流量报告。

③ Thuraya 系统的用户段

Thuraya 系统的双模(GSM 和卫星)手持终端,融合了陆地和卫星移动通信两种服务,用户可以在两种网络之间漫游而不会使通信中断。Thuraya 系统的移动卫星终端包括手持、车载和固定终端等,提供商主要有休斯网络公司和 Ascom 公司。

Thuraya 系统的主要产品见表 10.6,其中 SO-2510 和 SG-2520 是 Thuraya 卫星通信公司的第二代手持终端,是目前最轻和最小的卫星手机,具有 GPS 功能、高分辨率的色彩屏幕、大的存储空间、USB 接口和支持多国语言。

表 10.6 Thuraya 系统主要产品

移动终端	固定终端				车载终端	
型号	休斯 7101	SG-2520	SO-2510	解调器	THRY-FDA	THRY-VDA
照片						
应用	提供话音、传真、网络、短信			网络接入	办公室使用	车载
特点	在款式、大小和重量方面和 GSM 手机相似,支持 GSM 和卫星模式				支持 GSM 和卫星模式	只支持卫星模式

2) Thuraya 系统的主要技术指标

Thuraya 系统能够通过手持机提供 GSM 话质的移动话音通信以及低速数据通信,其技术指标见表 10.7。

表 10.7 Thuraya 系统的技术指标

静止卫星数	2 颗
业务	话音、窄带数据、导航等
下行用户链路	1 525~1 559 MHz
上行用户链路	1 626.5~1 660.5 MHz
下行馈电链路	3 400~3 625 MHz
上行馈电链路	6 425~6 725 MHz
星际链路	不支持
信道数	13 750
信道带宽	27.7 kHz
调制方式	$\pi/4$ QPSK
多址方式	FDMA/TDMA
信道比特速率	46.8 kbit/s
天线点波束	250~300

2. 低轨(LEO)移动卫星通信系统

所谓低轨是指卫星轨道定位在 1 500 km 以下。利用低轨移动卫星实现手持机个人通信的优点在于：一方面卫星的轨道高度低、传输时延短、路径损耗小，多个卫星组成的星座可实现真正的全球覆盖，频率复用更有效；另一方面蜂窝通信、多址、点波束、频率复用技术的发展也为低轨卫星移动通信提供了技术保障。因此，LEO 系统被认为是最新、最有前途的卫星移动通信系统。典型的低轨移动卫星通信系统包括"全球星""铱星"系统。

低轨移动卫星系统也带来设计上的复杂性，由于卫星相对地面移动终端的高速运动，造成大的多普勒频移，影响接收信号的质量；另外，由于卫星高速运动，地面覆盖区域随着卫星的运动而变化，提供服务的卫星经过一段时间后必须将服务对象的业务切换到下一颗卫星。

(1) 低轨移动卫星的系统组成

低轨卫星移动通信系统由卫星星座、关口地球站、系统控制中心、网络控制中心和用户单元组成，如图 10.58 所示。

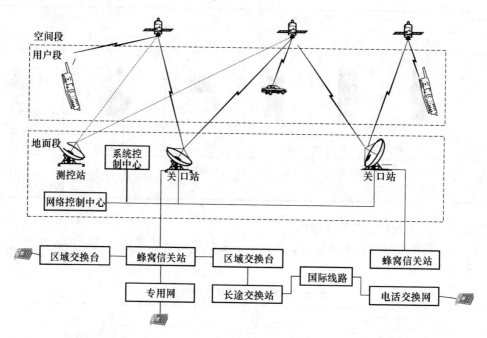

图 10.58　卫星移动通信系统

1) 空间段

空间段一般由卫星星座组成，其主要作用是提供地面段各设备收发信号之间的转换或交换。卫星之间可以有星际连接，也可以设计成无星际连接。

2) 关口地球站

关口地球站的主要作用是提供卫星移动通信系统与地面网络的互联和控制卫星移动终端的接入，并保障用户在通信过程中信号不中断。关口地球站的作用有点类似于陆地移动通信系统中的网关。

3) 系统控制中心

系统控制中心完成卫星星座的管理，如卫星轨道的修正、卫星工作故障诊断等，保障卫星在预定轨道上正常工作。

4）网络控制中心

网络控制中心类似于陆地移动通信系统中的移动交换机，其作用是管理卫星移动用户的账号、计费、监视各链路的工作状态等。

5）用户段

用户段主要是指卫星移动用户终端。通过卫星移动终端，移动用户可以在移动环境中获得话音和数据等通信服务。

10.5.4　天地一体化网络

天地一体化信息网络是以地面网络为依托、天基网络为拓展，采用统一的技术架构、统一的技术体制、统一的标准规范，由天基骨干网、天基接入网、地基节点网、地面互联网、移动通信网等多种异构网络互联融合而成的，具有多样化业务承载、异构网络互联、全域资源管理等特点。天地一体化信息网络作为国家重要的信息基础设施，对于国土安全、应急救灾、交通运输、经济发展等多个领域有着重大战略意义。

天基信息网络也叫天基信息系统，它是彼此独立或相关的卫星通信系统、卫星遥感系统、卫星导航系统、载人航天系统、空间物理探测系统、空间天文观测系统、月球和行星深空探测系统以及多种功能的临近空间飞行器系统等各种空间信息系统的总称。天基信息网络中的卫星通信系统、卫星遥感系统和卫星导航系统统称为卫星应用系统，天地一体化信息网络通常就是指这三大应用系统形成的网络。

天基网络与地面网络相比，具有高、远和广域覆盖的突出特点，对于实现海上、空中以及地面系统难以覆盖的边远地区通信有其明显优势，成为通信保障和商业应用的一个重要发展领域。然而，由于人类大部分活动仍是以地面为主进行的，因此基于各类卫星的系统和应用发展始终离不开天地一体化的基本要求。天地一体化信息网络的发展方向就是通过天基网络与地面网络的融合建设，实现地球近地空间中陆、海、空、天各类用户与应用系统之间信息的高效传输与共享应用。

1. 系统体系结构

天地一体化信息网络采用"天网地网"架构，即以地面网络为依托，以天基网络为拓展，主要由天基骨干网、天基接入网、地基节点网组成，并与地面互联网、移动通信网融合互联，图10.59 给出了天地一体化信息网络系统体系结构。

天基骨干网由布设在地球同步轨道的多个天基骨干节点组成，主要实现骨干互联、骨干接入、宽带接入、网络管控等功能。

天基接入网由布设在低轨和临近空间的若干天基接入节点组成，主要实现移动通信、宽带接入、安全通信、天基物联网等功能。

地基节点网由布设在国土范围内的多个地基骨干节点组成，主要实现天地互联、地网互联、运维管控、应用服务等功能。

天基骨干网、天基接入网、地基节点网、地面互联网、移动通信网之间通过标准的网间接口（NNI）实现互联，各自独立运行、联合运用，通过用户网络接口（UNI）提供服务。

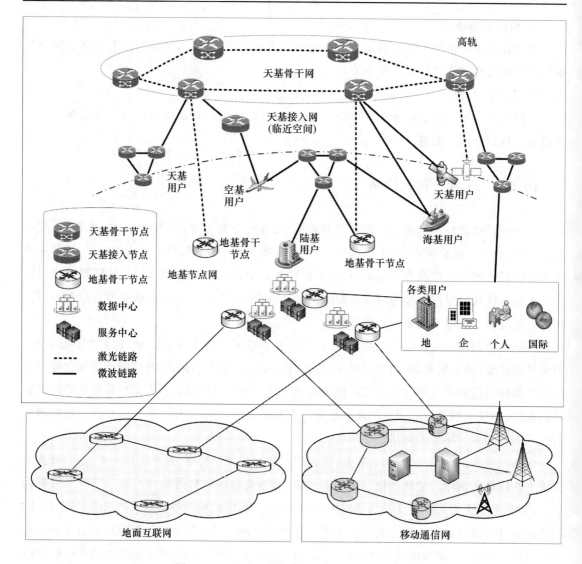

图 10.59　天地一体化信息网络系统体系结构

　　按照"网络一体化、功能服务化、应用定制化"思路,采用资源虚拟化、软件定义网络等技术,从逻辑上将天地一体化信息网络划分为网络传输、网络服务、应用系统 3 个层次。同时,立足提高体系安全防御及快速响应能力,突出安全防护、运维管理的一体化保障支撑作用,形成如图 10.60 所示的"三层两域"技术体系结构。

　　(1) 网络传输层

　　在统一的网络协议体系下,采用"分域自治、跨域互联"机制,确保各自独立运行和自主演化的天基骨干网、天基接入网、地基节点网等子网协同完成一体化网络路由、端到端信息传输,实现大时空尺度联合组网应用。

　　(2) 网络服务层

　　在统一的云平台框架下,按照"资源虚拟、云端汇聚"机制,实现天基分布式信息资源向地面信息港聚合,并以多中心形式联合提供网络与通信、定位导航授时增强、遥感与地理信息等服务,形成功能分布、逻辑一体的服务体系。

　　(3) 应用系统层

　　面向天地一体化信息网络各领域应用,将网络传输、网络服务等功能向用户端延伸,通过网络分域隔离、跨域安全控制等途径,动态构建面向不同应用系统、具有不同安全等级的业务承载网,并与本地应用组合集成,构建满足不同需求的应用系统。

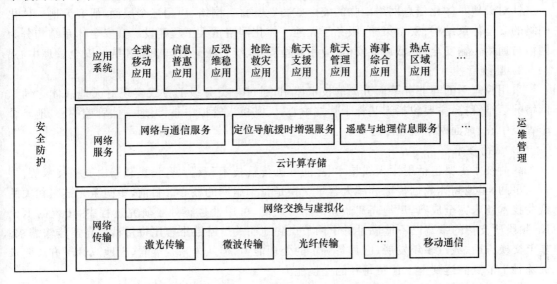

图 10.60　天地一体化信息网络技术体系结构

（4）安全防护

按照"弹性体系、内生安全"思路,强化物理安全和网络安全一体化设计,从体系结构层面建立弹性可扩展的网络体系,同时形成适应高动态网络特性,并能覆盖网络、服务、应用多层次的网络安全防护体系。

（5）运维管理

在统一的运维管理框架下,采用"分级管理、跨域联合"机制,集成综合测控、网络管理、服务管理、运维支撑手段,通过跨域联合管理,生成全网统一运行态势,支持实现全网资源跨域联合调度,为用户提供一体化运维服务。

2. 关键技术

（1）组网与网络协议

天地一体化组网协议研究受到高度关注,地面网络协议主要涉及互联网和移动网协议,目前已有成熟应用的协议体系,也有一些新的协议正在研究。因此,天地一体化信息网络工程需关注的是与天基组网相关的协议,即站在天基的角度研究天基组网和天地组网协议。

目前,已提出了针对同步轨道应用的 CCSDS /DTN/IP 融合增强协议体系,面向航天器基本采用 CCSDS 协议,高动态情况下采用 DTN 协议,面向广大陆、海、空用户（也统称地表用户）,采用 IP 增强协议实现宽带组网应用,采用专用协议或地面移动网增强协议实现窄带移动系统应用,这些协议在天基传输网络(尤其是卫星通信网络)的产品研制中已广泛实现。

最近提出了基于内容的协议（CCN）,但是否适合天基网络、适合何种天基网络需进一步研究。对于低轨星座,由于载荷受到处理能力限制且卫星相对运动,其组网协议需进一步研究。组网方面,基于 SDN 的思路从某种角度来讲更适合天基网络,可以将复杂的控制面由地面关口站等节点实现,降低星上处理压力。

（2）天地融合移动接入

天地一体化信息网络包含多种接入方式,包括固定接入和移动接入,其中移动接入又可分为卫星接入和地面移动基站接入。卫星接入具有广域覆盖的优势,适用于偏远地区以及海上和空中用户的接入,地面移动基站在人口密集地区和室内等具有优势,实现不同无线接入方式的天地融合将是天地一体化信息网络的重要特点和发展趋势。

1) 安全保密

针对天地一体化信息网络面临的安全威胁,从通信、网络、应用三个层面,研究天地一体化网络的安全体系结构、安全策略,服务于天地一体化网络重大工程建设。其安全体系结构分为网络与通信传输安全、区域边界安全、应用环境安全、统一密码管理中心和统一安全管理中心。

2) 运维管控

采用控制平面与业务平面分离的技术体制,通过分类分级的方式实现对天地一体化信息网络的运维管控,主要包括天基骨干管控中心、天基接入管控中心、天地一体管控中心、地基骨干管控中心、地面网络管控中心等。

3) 载荷技术

载荷技术主要包括射频天线技术、星间数据传输技术和超大容量星载路由交换技术等。

星间、星地高速数据传输和超大容量交换是骨干组网的核心。目前,星间激光链路相关的载荷技术还未完全成熟,星地高速激光链路可用度、可用性也正处于研究过程中,传统的 Ku、Ka 频段所支持的带宽已不能满足骨干网节点到地面关口站数十吉比特每秒的高速传输需求。星上交换方面,经过多年发展,已具备一定的处理能力,但从未来发展看,天地双骨干方式要求天基骨干节点需达到上太比特每秒的交换能力。

星上高性能计算处理能力是实现天基组网、减少对地面依赖的必要条件。当前大部分卫星星上处理能力较弱,数据处理和分析主要依赖地面节点(主要是地面数据处理中心),随着在轨处理技术的发展和组网技术的突破,在轨卫星独立完成数据处理和传输成为可能,这种情况下,多种不同卫星可通过空间直接组网,各类终端和卫星可构成复杂的分布式网络,不经地面转接就可实现信息交互。

天地一体化信息网络以解决天基薄弱环节为重点,并不意味着只解决天基相关问题,地面系统及产品是天基系统不可或缺的组成。在各项卫星工程中通常设置卫星系统、应用系统、运控系统、火箭系统、测控系统和发射场系统等六大系统,其中四大系统为地面系统,对系统应用发挥长期效能的是地面应用和运控系统。在星上处理能力不足以达到与地面信息处理与计算能力相当的很长一段时期内,地面系统及相关产品的能力直接影响着天地一体化信息网络应用水平及效能。

地面系统主要包括应用系统和运控系统。应用系统包括关口站和数据服务中心、各类用户终端;运控系统包括网络控制中心和测控中心等;产品包括芯片、终端、射频、天线、服务软件和数据等。关口站的处理能力不仅要求越来越高,而且要达到运营级,既要求高可靠又要求好的用户体验。

10.6　无线局域网

无线局域网兴起于计算机工业的发展。随着便携式计算机的迅速普及,基于无线互联共享数据的需求日益增加,为了摆脱传统基于双绞线或同轴电缆的局域网形式,无线局域网技术应时而生。

无线局域网与陆地移动通信系统等传统的电信网络不同,它源于计算机网,提供计算机终端之间的互联功能,其协议一般只包含底层与传输相关的部分。而电信网络则不同,其协议一般包括了从端到端的一切过程。然而,应当看到,随着移动智能终端和互联网的发展,传统计算机网和电信网将逐步融合。

与陆地移动通信系统的广域覆盖不同,无线局域网的覆盖范围较小,一般在 200 米以内。

无线局域网的迅速发展为移动终端提供了一种便宜、快捷的无线入网方式。本节介绍无线局域网技术，主要包括空中接口技术、组网方式。

10.6.1　无线局域网技术

1. 工作频率

无线局域网的发展初期曾出现了多种技术和标准，但发展至今，只有 IEEE 组织制定的 802.11 系列标准成为工业界的实际标准，相应产品已经在全球范围内得到广泛应用。区别于有线局域网标准 802.3，无线局域网的 802.11 系列标准制定了无线方面的空中接口标准，主要包含物理层（PHY）和媒体接入层（MAC），对应计算机网络中 OSI 标准协议模型的物理层和数据链路层。图 10.61 显示了 IEEE 802.11 系列标准的演进。

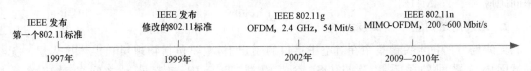

图 10.61　IEEE 802.11 系列标准的演进

可以看到，当前无线局域网的 IEEE 802.11 标准主要有四个，即 802.11a/b/g/n，其工作频段主要有两段，2.4 GHz 和 5 GHz 段。其中，802.11 b/g 工作在 2.4 GHz 频段，802.11b 是较早的标准，采用了基于直接序列扩频的技术，通信速率最高为 11 Mbit/s，802.11g 采用了 OFDM 技术，通信速率最高为 54 Mbit/s；802.11a 工作在 5 GHz 频段，采用 OFDM 技术，最高通信速率为 54 Mbit/s；802.11n 可工作于 2.4 GHz 和 5 GHz 频段，采用多天线和 OFDM 技术，最高通信速率可达 600 Mbit/s。

2.4 GHz 频段的信道频率分配和 5 GHz 频段的频率分配如表 10.8 所示。

表 10.8　无线局域网 2.4 G 频段信道频率分配

信道号	起始频率/GHz	中心频率/GHz	终止频率/GHz
1	2.401	2.412	2.423
2	2.404	2.417	2.428
3	2.411	2.422	2.433
4	2.416	2.427	2.438
5	2.421	2.432	2.443
6	2.426	2.437	2.448
7	2.431	2.442	2.453
8	2.436	2.447	2.458
9	2.441	2.452	2.463
10	2.446	2.457	2.468
11	2.451	2.462	2.473
12	2.456	2.467	2.478
13	2.461	2.472	2.483
14	2.473	2.484	2.495

美国联邦通信委员会(FCC)和欧洲电信标准化协会(ETSI)为无线局域网在5 GHz频段频率分配如图10.62所示。

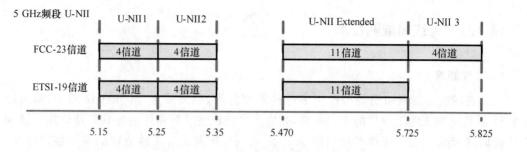

图10.62 无线局域网5 GHz频段划分

由于2.4 GHz频段是工业、科学和医疗实验频段(ISM频段),可自由使用,因此这段频谱的应用系统很多,如蓝牙、无线麦克风、微波炉等。可以看到,802.11标准在2.4 GHz频段的信道频率间是互相重叠的,每个信道占用22 MHz带宽,为避免干扰,相邻小区使用的信道频率间距应大于25 MHz。

2. 无线局域网空中接口技术

无线局域网技术关键集中在对空中接口的制定上,主要包括物理层和媒体接入层。无线局域网协议之间的关系以及与OSI参考模型、TCP/IP参考模型之间的对应关系如图10.63所示。可以看到,无线局域网协议对应的是OSI模型中的物理层和数据链路层,或TCP/IP参考模型中的网络接入层。由于TCP/IP参考模型并不具体定义网络接入层的内容,因此可以包容各种不同物理实现的网络。

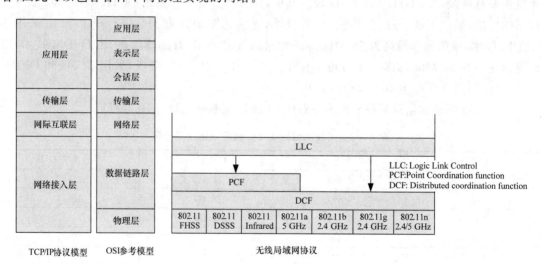

图10.63 无线局域网协议

（1）IEEE802.11

IEEE 802.11是1997年发布的无线局域网标准,共制定了三种空中接口,分别是802.11 FHSS、802.11 DSSS和802.11 Infrared,其中802.11 FHSS和802.11 DSSS都工作于2.4 GHz频段,分别采用了基于跳频扩频(FHSS)和直接序列扩频(DSSS)技术,实现了1~2 Mbit/s的通信速率。IEEE 802.11标准由于速率低,目前已经很少有相应的产品。

（2）IEEE 802.11a

IEEE 802.11a是1999年确定的无线局域网标准,工作频段为5 GHz的U-NII频段,如

图 10.64 所示该频段分成三段:第一段 5.15～5.25 GHz,带宽 100 MHz,划分成 4 个信道,每个信道带宽为 20 MHz,发射功率限制为 50 mW;第二段 5.25～5.35 GHz,带宽 100 MHz,划分成 4 个信道,每个信道带宽 20 MHz,发射功率限制为 250 mW;第三段 5.725～5.825 GHz,带宽 100 MHz,划分成 4 个带宽为 20 MHz 的信道,发射信号功率限制为 1 W。

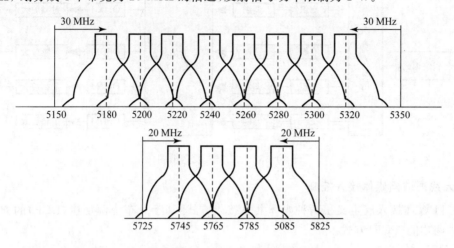

图 10.64　802.11a 使用的频率

IEEE 802.11a 采用 OFDM 技术,每个 20 MHz 信道分成 300 kHz 的 52 个子载波,其中 4 个子载波作为导频,48 个子载波携带数据信息,每个子载波的调制视信道条件可以为 BPSK、QPSK、16QAM 和 64QAM,采用卷积码作为信道编码,可支持的信息速率为 6、9、12、18、24、36、48、54 Mbit/s。

(3) IEEE 802.11b

IEEE 802.11b 是 1999 年发布的标准,是 802.11 DSSS 协议的兼容增强版,支持信息速率 1 Mbit/s、2 Mbit/s、5.5 Mbit/s、11 Mbit/s,兼容 IEEE 802.11 DSSS 标准中的 1 Mbit/s、2 Mbit/s 信息速率。802.11b 工作在 2.4～2.483 5 GHz 频段,该频段被划分成 13 个重叠的 22 MHz 带宽的信道,由于总的带宽仅有 83 MHz,因此该频段内不重叠的信道最多有 3 个。

IEEE 802.11b 采用直接序列扩频技术,码片速率为 11 Mbit/s,采用 CCK 调制方式实现扩频,可获得高达 5.5 Mbit/s、11 Mbit/s 的信息速率。

(4) IEEE 802.11g

IEEE 802.11g 是 2002 年发布的标准,是 802.11b 在 2.4 GHz ISM 频段上的扩展版本。802.11g 采用 OFDM 作为调制方式,可支持与 802.11a 一样的信息速率。为了实现与 802.11b 的兼容,802.11g 还可支持 802.11b 中采用 DSSS/CCK 的调制方式。然而,当 802.11g 的 AP 节点中同时有 802.11b、802.11g 的设备时,由于 802.11b 设备不能理解 802.11g 的信号,因此可能将其当成噪声或非 802.11b 的信号,从而发起通信,干扰正常的 802.11g 的设备通信。为避免这种情况,802.11g 利用载波侦听机制(RTS/CTS)对 802.11g 通信时进行信道保留,通知 802.11b 设备在信道保留时不发起通信,从而减小相互之间的干扰。

(5) IEEE 802.11n

IEEE 802.11n 标准是 802.11 标准的补充版本,其主要目的是提高无线局域网的空中传输信息速率。

802.11n 采用多种物理层技术来提高信息速率,主要包括:多天线技术(空时编码、空分复用、波束成型)、信道带宽可绑定至 40 MHz、LDPC 信道编码、OFDM 调制。在媒体接入层(MAC)中,802.11n 采用帧聚合、反向数据协议等技术减小信令开销,提高信息吞吐量。802.11n 的理论支持速率最高可达 600 Mbit/s。

基于空分复用的802.11n的发射机框图如图10.65所示,信息经过信道编码后并行成多路输出,然后每路信息经过交织、QAM调制、结合多天线使用模式的空时编码、OFDM调制,然后各自通过天线并行发送。

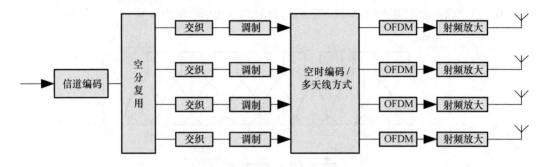

图10.65 802.11n发送框图

3. 无线局域网媒体接入控制

802.11媒体接入层定义了两种媒体共享接入方式:基于分布协调功能(DCF)的方式和基于轮询协调功能(PCF)方式。

(1) DCF方式

DCF方式是基于载波侦听/载波碰撞检测(CSMA/CA)方式的一种无线信道共享接入方式,主要工作于具有AP和多个STA的无线局域网中。DCF的工作方式是基于随机竞争使用无线信道的方式,任何STA要发送信息前,需要先侦听相应载波信道上是否已经有其他终端发送信息,当侦听到信道空闲一段时间(DIFS)后,STA终端再随机产生一个时延,如果信道仍然空闲,才占用信道进行发送。图10.66所示为4个STA之间互相竞争信道发送数据的情况。

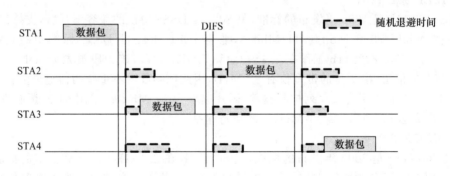

图10.66 DCF接入方式

(2) PCF方式

PCF方式是802.11定义的一种可选接入模式,不很常用。PCF方式只能工作于固定接入方式,需要AP作为协调媒体的接入。PCF有两个工作阶段:竞争阶段(CP)和非竞争阶段(CFP)。在CP阶段,各STA采用DCF方式竞争使用信道;在CFP阶段,AP通过轮询方式控制各STA的发送。

10.6.2 无线局域网的组网方式

在无线局域网的术语中,多个移动终端之间互联的企图称为基本服务集(BSS, Basic Service Set),所有的无线局域网组网围绕提供BSS服务而建立。在无线局域网中,任何一个BSS都通过服务识别标识(SSID, Service Set Identifier)来区别。无线局域网还可以通过组网提供扩展服务(ESS,Extended Service Set)。

无线局域网的组成包括接入节点(AP)和移动终端(STA),接入节点可以是一个支持802.11系列标准的无线路由器或移动终端。提供 BSS 服务形式的无线局域网组网有两种方式:一种是组成类似于移动系统中基站的固定接入方式,成为固定接入方式;另一种是组成基于自组织形式的无线网络,成为自组网(Ad-Hoc)方式。

1. 固定接入方式

基于固定接入的无线局域网组网方式如图 10.67 所示。这种组网方式包含一个中心接入节点(AP)和若干移动终端(STA),STA 之间的通信需要通过 STA 进行。移动终端 STA 之间可以通过 AP 进行数据共享或者通过 AP 连接的网络接入其他网络中。此时,AP 实际上起到了本地无线局域网的集线器功能或路由器的功能。

当 AP 提供 BSS 服务时,AP 将广播它的射频 MAC 地址,称为基本 SSID 号(也称 BSSID 号),移动终端可以通过搜寻相应的信道获得 SSID 号,从而接入无线局域网。在固定接入方式中,所有移动终端之间的通信都需要通过 AP 节点。例如,STA1 要发个文件给 STA2 的过程是 STA1 先发给 AP 节点,然后 AP 节点再转发给 STA2。因此,在固定接入方式下,STA1 与 STA2 的通信需要两跳,虽然效率不高,但固定接入方式下很容易通过 AP 实现 QoS、多播等增值服务。

2. Ad-Hoc 形式

基于 Ad-Hoc 形式的无线局域网组网方式如图 10.68 所示。这种组网可支持若干无分别的移动终端之间互联共享数据。在这种组网方式中,移动终端直接与其他移动终端通信互联,因此移动终端之间组成网状网,即每个移动终端都可直接与其他移动终端进行通信。

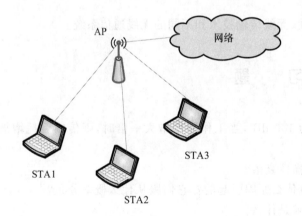

图 10.67　固定接入方式

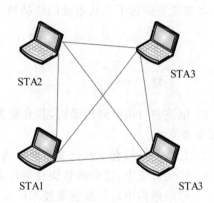

图 10.68　Ad-Hoc 接入方式

3. 扩展组网

无线局域网也可以通过组合多个固定接入方式的无线局域网,提供更大覆盖范围的无线局域网互联服务。如图 10.69 所示,AP1 与 AP2 覆盖了两个小区域的无线局域网,可以通过将它们互联组成一个扩展服务(ESS)的无线局域网,此时它们使用相同的 SSID 号。通常扩展组网中的 AP 通过有线方式将它们互联,也可以通过其他方式,其连接方式在无线局域网中称为分发系统(Distribution System),IEEE 组织推荐的标准 802.11F 制定了分发系统之间的连接协议。

随着人们对无线接入的速率要求越来越高,无线局域网的标准也在发展之中,一方面高速信息传输速率要求具有更宽的带宽,另一方面频谱资源的紧张也要求高频谱利用效率的物理层技术的研究。此外,随着无线局域网的大量采用,无线局域网之间的漫游、切换、互联、安全等问题也日益成为无线局域网研究和开发的重要领域。

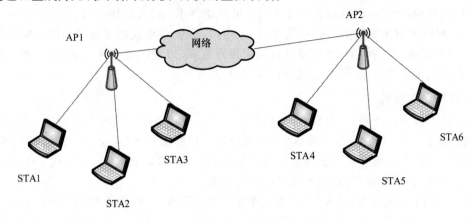

图 10.69 扩展组网方式

本 章 小 节

无线通信技术是以无线电波为媒介的通信技术,利用无线电波传播的特性,既可以组成点对点的无线传输线路,又可以形成覆盖区域的无线网络。由于电波传播环境的复杂性,在无线通信中,关键的技术是如何对抗电波的传播对信息的影响,以及如何有效利用有限的频率资源。

本章主要讲述了无线电波的传播特性、无线传输技术和不同的无线通信系统。

习　　题

1. 电波在自由空间传播时,其衰耗为 100 dB ,当工作频率增大一倍时,则传输衰耗增加或减少多少?

2. 什么是平坦衰落? 什么是频率选择性衰落?

3. 移动通信中,慢衰落和快衰落是由什么原因引起的? 它们服从什么概率分布?

4. 移动通信中对调制解调技术的要求是什么?

5. 在发送端,交织和编码是如何结合的,谁放在前面? 为什么?

6. 什么是同频干扰? 是如何产生的? 如何减少?

7. 移动通信中特有的干扰是什么? 是如何产生的?

8. 一般陆地移动通信网络由哪几部分组成? 各自的作用是什么?

9. 蜂窝移动通信系统为什么要进行位置登记?

10. 简述卫星通信的特点。

11. 卫星通信中的"无线电窗口"和"半透明无线电窗口"是指什么?

12. 简述同步卫星通信系统实现全球通信的方法。

13. 设同步卫星轨道为 36 000 km,发射功率为 18 dBW,卫星天线增益 16 dB,地面站天线增益 40 dB,接收机等效噪声温度 29 K,其他损耗 2 dB,卫星工作在 4 GHz,发射信号带宽为 36 MHz,问地面站接收端的载噪比是多少?

14. 简述低轨移动卫星通信系统的工作方式。
15. 简述无线局域网中的 DCF 接入技术。
16. 同频全双工技术中的自干扰删除通常涉及接收链路中的哪些环节？
17. 无线携能通信相比于传统的无线通信，最主要的优势是什么？
18. 简述 Thuraya 卫星通信系统的结构与业务特点。
19. 简述天地一体化的网络结构与特点。

第11章 综合业务接入技术

本章从接入网的基本概念入手,重点介绍和分析各类综合业务接入技术的系统结构、工作原理和性能特点。

11.1 接入网技术基础

众所周知,Internet 业务的爆炸式增长和通信技术的不断进步,刺激了通信网在数字化、IP 化、宽带化、智能化和个人化等方面的飞速发展。目前我国的传送网早已经实现了数字化和光纤化,交换网也实现了数字化和软交换化,而以光纤和无线接入为主的接入网正沿着数字化、IP 化、宽带化和移动化的趋势飞速发展。

11.1.1 接入网的产生和定义

1. 接入网的产生

从电话端局的交换机到用户终端设备之间的用户环路,自电话机发明以来就已经存在,其基本配置形式在大约一百年的时间里并没有发生重大变化。图 11.1 给出了早期的用户环路结构,各个线缆段由不同规格的铜线电缆组成,其中馈线电缆(主干电缆)一般为 3～5 km(很少超过 10 km),配线电缆一般为数百米,引入线则只有数十米左右。

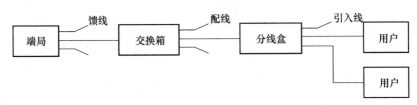

图 11.1　早期的用户环路结构

随着社会的发展,用户对业务的需求已经由单一的模拟话音业务转向包括数据、图像和视频在内的多媒体综合数字业务。受传输损耗、带宽和噪声等的影响,这种由传统铜线组成的简单用户环路结构已不能适应当前网络发展和用户业务的需要,在这种新形势下,用户环路渐渐失去了原来点到点的线路特征,开始表现出交叉连接、复用、传输和管理等网络特征。基于电信网的这种发展演变趋势,ITU-T 正式提出了用户接入网(简称接入网,即 AN)的概念。这是一个适用于各种业务和技术,有严格规定,并从较高的功能角度描述的网络概念,其结构、功能、接入类型和管理功能等在 G.902 中有详细阐述。随着 IP 业务的迅猛发展,ITU-T 随之提出了名为"IP 接入网体系结构"的 Y.1231 建议,对电信网络的 IP 化具有较好的推动作用,并对其他接入网络的总体结构产生了重要影响。

G.902 建议的接入网包含了核心网和用户驻地网之间的所有实施设备与线路,主要完成交叉连接、复用和传输功能,一般不包括交换功能。Y.1231 建议的 IP 接入网是指由网络实体组成的、在 IP 用户和 IP 业务提供者(ISP)之间提供所需 IP 业务接入能力的一个实施系统,通常具有交换能力。IP 接入网位于用户驻地网和 IP 核心网之间,包括传送、接入和系统管理三大功能。传送功能的主要任务是承载并传送 IP 业务,接入功能的主要任务是对用户接入进行控制和管理,系统管理功能的主要任务是对系统进行配置、监控和管理。它与 G.902 在定义、接口和功能等方面有所不同,限于篇幅,不再详细展开。

2. 接入网的定义

接入网(AN)是由业务节点接口(SNI)和相关用户网络接口(UNI)之间的一系列传送实体(如线路设施和传输设施)组成的为传送各种业务提供所需传送承载能力的实施系统,可经由 Q3 接口进行配置和管理。通常,接入网对用户信令是透明的,不做解释和处理。其主要功能是交叉连接、复用和传输功能,一般不包括交换功能,而且应独立于业务节点。值得说明的是,目前有些接入系统也增加了交换功能,Y.1231 建议的 IP 接入网即具有交换功能。

3. 接入网的定界

如图 11.2 所示,接入网所覆盖的范围可由 3 个接口来定界:网络侧经业务节点接口(SNI)与业务节点(SN)相连;用户侧经用户网络接口(UNI)与用户相连;管理侧则经 Q3 接口与电信管理网(TMN)相连,通常需经协调设备(MD)再与 TMN 相连。其中,SN 是提供业务的实体,是一种可以接入各种交换型和/或永久连接型业务的网络单元,如本地交换机、IP 路由器、软交换设备、租用线业务节点或特定配置情况下的视频点播和广播电视业务节点等,而SNI 即是 AN 与 SN 之间的接口。

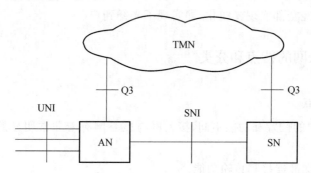

图 11.2　接入网的定界

接入网允许与多个业务节点相连,因此既可以接入分别支持特定业务的单个 SN,也可以接入支持相同业务的多个 SN,其中 UNI 与 SN 的联系,UNI 对 SN 接入承载能力的分配可通过相关协调指配功能来实现。

4. 接入网的物理参考模型

完整的接入网的物理参考模型如图 11.3 所示,其中端局至灵活点(FP)的线路称为馈线段,FP 至分配点(DP)的线路称为配线段,DP 至用户驻地网(CPN)的线路称为引入线,SW 称为交换模块,远端交换模块(RSU)和远端设备(RT)可根据实际需要来决定是否设置。RSU的作用相当于把业务节点的用户级延伸到靠近用户的地方并常常含有一定的交换功能(主要是本地交换功能),从而能够利用数字复用传输技术,用一对双绞线或光纤来代替大对数的音频电缆,达到节约投资、节省管道空间和延长距离的目的。RT 可以是数字环路载波系统

(DLC)的远端复用器或集中器,其位置比较灵活。与图11.3中的结构相比,在实际应用时,具体物理配置往往可以有各种不同程度的简化。最简单的一种就是用户与端局直接相连,这对于离端局不远的用户是最为简单的连接方式,但在多数情况下,是介于上述两种极端配置方式之间的。

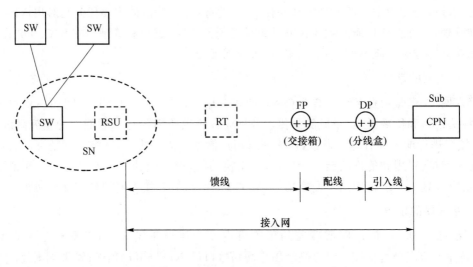

图 11.3　接入网的物理参考模型

根据如图11.3所示的结构,可以将接入网的概念进一步明确。所谓接入网,一般是指端局本地业务节点或远端交换模块至用户之间的部分,其中FP和DP是非常重要的两个信号分路点,大致与传统铜线用户环路结构中的交接箱和分线盒相对应。目前,大多数地方的馈线段、配线和引入线已经全部实现光缆化,即实现了光纤到户。

11.1.2　接入网的特点和分类

1. 接入网的特点

由于在电信网中的位置和功能不同,接入网与核心网有着非常明显的差别。接入网主要具有以下特点。

(1) 具备复用、交叉连接和传输功能

接入网主要完成复用、交叉连接和传输功能,一般不具备交换功能,但有些接入系统也增加了交换功能,Y.1231建议的IP接入网即具有交换功能。

(2) 接入业务种类多,业务量密度低

接入网的业务需求种类繁多,除接入交换业务外,还可接入数据业务、视频业务以及租用业务等,但是与核心网相比,其业务量密度很低,经济效益差。

(3) 网径大小不一,成本与用户有关

接入网只是负责在本地交换机和用户驻地网之间建立连接,但是由于覆盖的各用户所在位置不同,造成接入网的网径大小不一。例如,市区的住宅用户可能只需 1～2 km 长的接入线,而偏远地区的用户可能需要十几千米的接入线,其成本相差很大。而对核心网来说,每个用户需要分担的成本十分接近。

(4) 线路施工难度大,设备运行环境恶劣

接入网的网络结构与用户所处的实际地形有关系,一般线路沿街道敷设,敷设时经常需要

在街道上挖掘管道,施工难度较大。另外,接入网的设备通常放置于室外,要经受自然环境甚至人为的破坏,这对设备提出了更高的要求。据美国贝尔通信研究中心估计,由于电子元器件和光元器件的性能随温度呈指数变化,所以接入网设备中的元器件性能恶化的速度比一般设备快 10 倍,这就对元器件的性能和极限工作温度提出了相当高的要求。

(5) 网络拓扑结构多样,组网能力强大

接入网的网络拓扑结构具有总线型、环型、单星型、双星型、链型、树型等多种形式,可以根据实际情况进行灵活多样的组网配置。其中环型结构可带分支,并具有自愈功能,优点较为突出。在具体应用时,应根据实际情况有针对性地选择。

2. 接入网的技术分类

接入网的概念最早是从电信网中演变而来的,但经过多年的演进和发展,已经超出了传统电信网的范围,涉及移动网络、广播电视网、互联网和电网中的接入技术,因此目前更倾向于针对具体接入技术展开讨论。就目前的技术研究现状而言,接入技术主要分为有线接入技术和无线接入技术。各种方式的具体实现技术多种多样,特色各异。表 11.1 列出了目前接入网的多种接入技术,是根据媒质类型来划分的。

表 11.1 接入网的接入技术分类表(根据媒质类型划分)

接入网	有线接入网	铜线接入网	数字线对增容(DPG)
			高比特率数字用户线(HDSL)
			非对称数字用户线(ADSL)
			甚高速率数字用户线(VDSL)
		光纤接入网	光纤到路边(FTTC)
			光纤到大楼(FTTB)
			光纤到家(FTTH)
		混合光纤/同轴电缆接入网	
		电力线接入网	
	无线接入网	固定无线接入网	微波一点多址(DRMA)
			无线本地环路(WLL)
			直播卫星(DBS)
			多点多路分配业务(MMDS)
			本地多点分配业务(LMDS)
			甚小型天线地球站(VSAT)
		移动接入网	陆地移动通信
			无绳通信
			卫星通信
			集群调度
	综合接入网	光载无线(RoF)	
		PON＋WLAN	

有线接入主要采取如下措施。

① 在原有铜质导线的基础上通过采用先进的数字信号处理技术来提高双绞铜线对的传输容量,提供多种业务的接入。

② 以光纤为主,实现光纤到路边、光纤到大楼和光纤到家庭等多种形式的接入。

③ 在原有 CATV 的基础上,以光纤为主干传输,经同轴电缆分配给用户的光纤/同轴混合接入。

④ 在现有电网的基础上,利用电力线作为传输媒质,为用户提供互联网接入和远程抄表等应用。

无线接入技术主要采取微波一点多址等固定无线接入技术、陆地移动和卫星等移动接入技术。这类技术大部分已在第 10 章讲述,因此本章不再涉及。

有线和无线相结合的综合接入方式也在研究之列,如光载无线(RoF)接入技术等。

上述接入技术分类是根据传输媒质类型划分的,从业务角度看,支持互联网业务的以太网接入技术和支持综合业务的多业务传送平台(MSTP)技术近年来也得到了广泛关注和迅速发展。

以太网接入技术是随着互联网业务的迅速增长,由传统以太网技术渗透到接入网领域而形成的。它具有简单、低廉等显著特点,受到了越来越多的关注,正在得到迅速发展。这类技术同时支持固定接入和移动接入,其基本原理已在第 6 章讲述,因此本章不再涉及。

多业务传送平台(MSTP)是在 SDH 基础上发展演变而来的,基于 SDH 平台实现时分复用模式(TDM)、异步转移模式(ATM)和以太网等多种业务的接入、处理和传送,并提供统一的网管,适合作为网络边缘的融合节点技术支持混合型业务。

从目前通信网络的发展状况和社会需求可以看出,未来接入网的发展趋势是网络数字化和接入无线化,业务综合化和 IP 化,传输宽带化和光纤化。在此基础上,实现对网络的资源共享、灵活配置和统一管理。由于光纤具有容量大、速率高、损耗小等优势,光纤到户是接入网最理想的选择,目前我国的接入网已经大部分实现了光纤到户。另外,考虑到移动接入的便利性和以太网接入的业务亲和性,价格和技术等多方面因素,以及大型企事业单位、厂区、商区、人口密集和稀疏地区等众多不同应用场景,接入网将维持上述多种接入技术共存的局面。

11.2 铜线接入技术

普通用户线由双绞铜线对构成,是为传送 300~3 400 Hz 的模拟话音信号设计的,其高频性能较差,在 80 kHz 处的线路衰减达 50 dB 左右。例如,对于采用 TCM(格状编码调制)的调制解调器而言,56 kbit/s 的传输速率就已经接近香农定律所规定的电话线信道的理论容量。因此,要想在双绞铜线对上提供宽带数字化接入,必须采用先进的数字信号处理技术,实现非加感用户线对数字信号线路编码及二线双工数字传输的支持功能,达到提高传输容量和传输速率的目的,这就是铜线接入技术。它可以充分利用现有资源和有效保护既有投资,在不同程度上提高双绞铜线对的传输能力。

11.2.1 xDSL 技术

在各类铜线接入技术中,数字线对增容(DPG)技术是最早提出并得以应用的,它可实现在一对用户线上双向传送 160 kbit/s 的数字信息,传输距离达 4~6 km。由于速率太低,DPG无法满足人们对宽带业务的需求,因此目前对铜线接入技术的研究主要集中在速率较高的各种数字用户线(xDSL)技术上。xDSL 用来泛指 DSL 技术系列,其实质是在交换局和用户之间通过调制解调器实现综合业务的接入,其中 x 表示 A/H/I/M/RA/S/V 等多种不同的数据调制实现方式。xDSL 技术采用先进的数字信号自适应均衡技术、回波抵消技术和高效的编码调制技术,在不同程度上提高了双绞铜线对的传输能力,为用户提供了一种低成本的综合业务接入方式。下面将简单介绍常见的 HDSL、ADSL 和 VDSL 技术。

高比特率数字用户线(HDSL)技术是美国 Bellcore 于 1988 年提出的,ETSI 和 ANSI 的 HDSL 标准分别支持在现有的电话双绞线(2 对或 3 对)上全双工传送 E1 速率或 T1 速率的数字信号,其无中继传输距离可达 3~6 km(线径为 0.4~0.6 mm)。ITU 标准 G.991.1 和 G.991.2 分别对 HDSL 和单线对 HDSL(SHDSL)收发器做出了规范要求。

在 HDSL 系统中,主要采用了以下关键技术来实现 E1/T1 速率信号的全双工传输。

① 采用 2 对或 3 对铜线以降低线路上的比特传输速率。以 E1 速率信号为例,采用 2 对线时,每对线上的传输速率为 1 168 kbit/s;采用 3 对线时,每对线上的传输速率为 748 kbit/s(注意,线路总体速率高于 E1,其附加部分用于系统本身的组帧和维护管理)。

② 采用 2B1Q(2 Binary 1 Quarternary)或无载波幅度相位调制(CAP)等先进高效的线路编码技术提高调制效率,使线路上的码元传输速率降低到 50% 或 25%。

③ 采用数字信号自适应均衡技术和回波抵消技术来消除传输线路中的近端串音、脉冲噪声和因线路不匹配而产生的回波对信号的干扰,均衡整个频段上的线路损耗,以便适用于多种线径混连或有桥接、抽头的线路场合。

非对称数字用户线(ADSL)技术主要是针对互联网和视频点播(VOD)等业务的上下行不对称性而提出的。通过采用先进的数字信号自适应均衡技术、回波抵消技术和高效的编码调制技术,ADSL 可在现有一对电话双绞线上实现 8 Mbit/s 的下行信号传输和 1.3 Mbit/s 的上行信号传输,从而为用户提供多种宽带业务。ITU 标准 G.992.1、G.992.3 和 G.992.5 分别对 ADSL、ADSL2 和 ADSL2+收发器做出了规范要求。

甚高速率数字用户线(VDSL)技术主要是配合光纤到路边(FTTC)或光纤到大楼(FTTB)的接入方案,在其最后一段——光网络单元(ONU)到用户端之间采用 VDSL 技术实现在双绞铜线对上的高速信息传输。在传输方面,它可运行于对称或非对称速率情况下。ITU 标准 G.993.1 和 G.993.2 分别对 VDSL 和 VDSL2 收发器做出了规范要求。短距离内上下行最高速率在 G.993.1 中规定的分别是 3 Mbit/s 和 52 Mbit/s,而在 G.993.2 中则均达到了 100 Mbit/s。在信号调制方面,早期采用无载波幅度相位调制(CAP)技术和离散多音频(DMT)技术等,在 G.993.2 中则明确规定采用 DMT 技术,以最大限度地利用铜线的线路频谱。

11.2.2 ADSL 技术

在互联网的飞速发展中,出现了许多上下行数据流量不对称的业务,如远程教学、视频点播(VOD)和多点视频会议等。另外,某些业务对带宽要求较高。在这种情况下,一种采用频分复用(FDM)方式实现上下行速率不对称传输的技术——非对称数字用户线(ADSL)——应运而生。它是由美国 Bellcore 在 20 世纪 80 年代末期首次提出的,1989 年以后得到了很大发展。该技术在现有一对电话双绞线上能够支持 8 Mbit/s 的下行速率和 1.3 Mbit/s 的上行速率,可提供多种宽带业务。

1. 系统结构与工作原理

ADSL 系统的典型结构如图 11.4 所示,它主要由局端设备和远端设备组成,其中局端设备包括 ATU-C、DSLAM 和 POTS 分离器,远端设备包括 ATU-R 和 POTS 分离器。下面将分别进行介绍。

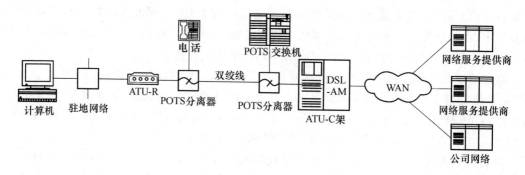

图 11.4 ADSL 典型系统结构

（1）用户接口

用户接口可以有多种不同的选择方案,常见的接口有 10 Base-T 和 25.6 Mbit/s ATM 接口(简称为 ATM-25 接口)两种。其他如通用串行总线(USB)和用于机顶盒的 V.35 接口也可以用作用户接口。

（2）POTS 分离器

POTS 分离器使得 ADSL 信号能够与普通电话信号共用一对双绞线,在局端和远端均需要有一个 POTS 分离器,它在一个方向上组合两种信号,而在相反方向上将这两种信号正确分离。

POTS 分离器基本上是一种三端口设备,包含一个双向高通滤波器和一个双向低通滤波器,滤波器由无源器件实现,因此当 ADSL 系统出现设备故障或电源中断时,正常的电话通信业务仍然能够维持。POTS 分离器可全部或部分集成到 ATU-R 和 ATU-C 中。

（3）ATU-R

ATU-R 是指远端 ADSL 收发单元,放置于用户端(家用或商用),主要完成接口适配、调制解调以及桥接等功能。从实现形式上看,ATU-R 可以是外置 Modem,例如插在 PC 机中的一块卡,在有些情况下,它也可以是大型网络设备(如路由器)的一部分。

（4）ATU-C

ATU-C 是指局端 ADSL 收发单元,放置于局端,与 ATU-R 配对使用,主要完成接口适配、调制解调以及桥接等功能。一般来说,ATU-C 是网络接入设备的一部分,由接入架的多块插卡组成。一块卡上可以有多个 Modem,也可以是几块卡共同完成一个 Modem 的功能,但在同一时刻,一个 ATU-C 只能与一个 ATU-R 连接。

（5）DSLAM

DSLAM 是指数字用户线接入复用器,可将用户线路上的业务流量整合汇聚到与骨干网交换设备相连的高速数据链路上。

（6）NSP

网络服务提供商(NSP)是实现综合服务网络的重要部分,NSP 是一个通用术语,泛指互联网服务提供商、娱乐服务提供商、公司网络或用户通过 xDSL 技术接入的任何一种类型的服务提供商。

ADSL 主要分为 ATM 和 IP 两种接入方式,即 ATM over ADSL 和 Ethernet over ADSL。两者的区别主要在于所接入的骨干网络不同,当然所使用的相关协议栈也随之不同。随着 IP 业务的爆炸式增长,互联网规模迅速扩大,Ethernet over ADSL 的应用已经占据主导地位。

2. 频谱安排

ADSL 系统采用频分复用(FDM)方式将整个频带分为 3 个部分,如图 11.5 所示。各部分分别支持不同的业务应用:

普通电话业务(POTS)信道,它占据基带,并通过 POTS 分离器与 ADSL 数字数据分开,保证二者共用一对电话线传输;

上行数字信道,它占据 10～50 kHz 之间的带宽,速率一般是 144 kbit/s 或 384 kbit/s,主要用于传送控制信息,如 VOD 应用中节目的选择、快进、快退等;

下行数字信道,它占据 50 kHz 以上的带宽,传输速率可以是 1.5 Mbit/s,3 Mbit/s,6 Mbit/s 和 9 Mbit/s 等。

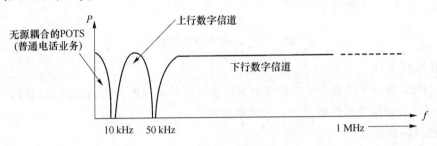

图 11.5　ADSL 频谱划分

利用上述 3 个频段,ADSL 可以向用户提供 3 种信道,即普通电话信道、双工数字信道和下行数字信道。其中双工数字信道可提供一条 ISDN 基本速率信道(144 kbit/s)或一条 ISDN H0 双向信道(384 kbit/s)。

3. 调制技术

与 HDSL 相比,ADSL 采用了更为先进的自适应均衡技术、回波抵消技术和信号调制技术来提高系统传输速率。就调制技术而言,ADSL 先后采用了正交幅度调制(QAM)、CAP 和离散多音频(DMT)调制技术。其中 DMT 是 ADSL 的标准线路编码。

一般铜线回路的衰减特性随其长度、线径、桥接等变化很大,而且噪声也与频率有关,因此铜线回路的通信容量也随之变化。DMT 技术就是利用数字信号处理技术,根据这些回路特性,自适应地调整这些参数,使误码和串音等达到最小,使任何子回路的通信容量最大。

DMT 技术是一种多载波调制技术,ADSL 的 1.1 MHz 带宽被划分为多个带宽为 4.312 5 kHz 的子信道(tone),每个子信道可分别进行正交幅度调制(QAM),如图 11.6 所示。各个子信道完全独立,通过增加子信道的数目和每个子信道中承载的比特数目可以提高传输速率。在 ADSL 系统中,通常根据信道的性能(如信噪比、噪声、衰减等),即传送数据的能力,把输入数据自适应地分配到每一个子信道上。如果某一个子信道无法承载数据,则简单地予以关闭;而对于那些能够载送数据的子信道,则根据其瞬时特性,在一个码元包络内载送 1～15 bit 信息。在一个码元间隔内,相邻子信道的载波相位正交。在 ADSL 应用中,可以通过关闭低端子信道将 0～4 kHz 留给传统模拟电话 POTS 使用。

DMT 这种动态分配数据的技术可使频带的平均频谱效率(每赫兹带宽的比特率)大大提高,从而利用现有的普通电话线即可向用户提供一些宽带业务。其主要参数如下。

(1) 传输速率

理论上,对 DMT 而言,每 4.312 5 kHz 为一子信道,如果上下行按 32 和 256 个子信道计算,则上下行传输速率可达 2 Mbit/s 和 15 Mbit/s。

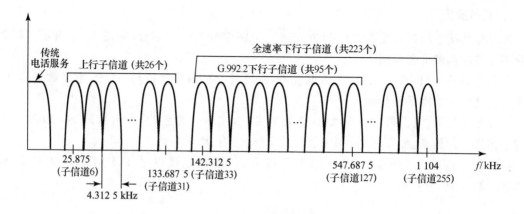

图 11.6　DMT 频带划分原理

（2）抗噪声干扰

因为 DMT 所划分的多个子信道可根据信噪比来动态分配传送的信息,具有纠错功能,所以它能动态地适应线路条件而得到最大的吞吐量。

（3）自适应功能

自适应功能就是随着线路的自身条件(如线路距离、线径信噪比等因素)来自动地调整传输速率。DMT 技术具有自适应功能,根据 T1.413 的规定,DMT 技术的最小适应步长值为 32 kbit/s。

（4）线路驱动功率

当技术应用于实际线路时,线路上驱动功率能否使集中于同一电缆内线路承受得起,显得至关重要,它直接影响产品的大规模应用。DMT 技术由于各种功能机理的实现复杂性,无疑提高了线路的驱动功率,高达 1 W 左右。同时,DMT 大的线路驱动功率,使得线路串扰加大,将会对其他业务(如电话、ISDN 等)产生干扰,因此需要进一步地改进和完善。

11.2.3　ADSL2 和 ADSL2＋技术

随着技术的发展和用户需求的提高,ITU 组织在 ADSL 之后又陆续推出了 ADSL2 和 ADSL2＋标准。

1. ADSL2 技术

ADSL2 技术是在第一代 ADSL 技术的基础上发展起来的,其下行频谱与 ADSL 相同,最高下行速率理论上可以达到 12 Mbit/s,支持距离接近 7 km 的应用场合。和 ADSL 相比,其主要改进和完善之处如下。

（1）速率和距离的改善

铜线上的高频信号在长距离情况下衰减更加明显,导致信道承载能力明显下降,因此 ADSL2 将 ADSL 的发送功率按照频段进行了不同的配置,将高频段中一半的子信道关闭,同时提高低频段的发送功率谱密度,从而提高了铜线的长距离传输特性。相对于 ADSL,在相同传输距离下,ADSL2 可以获得 50 kbit/s 的速率改善;在相同传输速率下,ADSL2 可以使传输距离延长近 200 米。传输性能的改善主要是通过提高调制解调性能和减小开销等手段实现的。

（2）增强的功率管理

第一代 ADSL 标准中仅有满功率一种模式(L0 模式)，ADSL2 标准引入了两种新的功率管理模式:低功耗状态(L2 模式)和休眠状态(L3 模式)。正常工作时处于 L0 满功率传输模式;在用户不进行数据传输的间隔，会快速进入 L2 低功耗模式;当在一定时间内，用户一直没有发出数据传输时，会进入 L3 休眠模式，进一步降低发射功率。根据线路上的数据流量，发送功率可在 L0、L2 和 L3 之间灵活切换，且切换时间在 3 秒之内，可保证业务不受影响。

（3）增强的抗噪声能力

对于铜线接入来说，噪声来源多样、影响动态，因此抗噪声能力是最重要的指标之一。ADSL2 使用了以下技术来克服噪声的影响:①更快的比特交换(Bit Swap)，即一旦发现某个传输子信道受到噪声影响，就快速将其承载的比特转移到信号质量好的子信道;②无缝的速率调整(SRA)，即根据噪声情况自动调整连接速率;③子通道(Tone)的禁止，即关闭噪声干扰特别大的子信道，提高系统稳定性;④增强的子信道排序，即接收端根据各子信道噪声大小进行重新排序，然后进行 trellis 编码，从而将噪声影响降到最小;⑤动态的速率分配(DRR)，即各个通信业务的速率可以根据数据量情况进行实时动态分配。

（4）增强的故障诊断和线路测试能力

ADSL2 系统可在初始化、过程中及结束后提供对线路的测试和故障诊断能力，测试数据通常包括线路噪声、线路衰减、信噪比等。

（5）提供信道化的业务

ADSL2 可根据不同业务需要提供信道化的线路连接，即根据具体业务对时延和误码率等性能指标要求的不同，将带宽分割为不同类型的信道，以便于灵活有效地开展多样化业务。例如，ADSL2 可以向用户提供 CVoDSL(Channelized Voice over DSL)业务，即利用 ADSL2 子信道同时传输多路语音和数据信号，而不需要将语音承载到 ATM 或 IP 等高层协议中。

（6）多 ADSL 线路的捆绑

与第一代 ADSL 相比，ADSL2 支持绑定两条甚至更多线对的物理端口，以形成一条ADSL 逻辑链路，从而为用户提供 $n \times$ ADSL 的高速数据接入服务。

2. ADSL2＋技术

ADSL2＋是在 ADSL2 的基础上发展起来的，其核心内容是拓宽使用频带，提高传输速率。在 ADSL2＋中，频带从 1.1 MHz 增加到 2.2 MHz，支持的子信道由 256 个增加到 512个，因此其下行传输速率大大提高，理论上可达 24 Mbit/s。另外 ADSL2＋在减少串话等方面也有所改进。

在上述铜线接入技术中，HDSL 系统的接入能力有限，仅支持 2.048 Mbit/s 或以下业务，因此 ADSL 及其系列技术是较为理想的选择。它无须改动现有铜缆网络设施，利用一对双绞铜线对即可向用户提供互联网、电话、视频点播等宽带业务，尤其适用于铜线网络完善、用户居住分散的国家。

11.3　光纤接入技术

尽管人们采取了多种改进措施来提高双绞铜线对的传输能力，但是由于铜线本身存在频带窄、损耗大、维护费用高等固有缺陷，因此各种铜线接入技术只能作为接入网发展过程中的临时性过渡措施。光纤具有频带宽、容量大、损耗小、不易受电磁干扰等突出优点，早已成为骨干网的主要传输手段。随着技术的发展和光缆、器件成本的下降,光纤技术已经渗透到接入网应用中,并在 IP 网络业务和各类多媒体业务的需求推动之下,得到了极为迅速的发展。

所谓光纤接入技术,是指在接入网中采用光纤作为主要传输媒质来实现用户信息传送的应用形式。光纤接入网(OAN)即指采用光纤接入技术的接入网。它最主要的优点是支持宽带业务,有效解决接入网的"瓶颈效应"问题,而且传输距离长、质量高、可靠性好;但也存在着成本高、网管复杂和远端供电困难等不利因素。总的来说,我国目前的接入网已经大部分实现了光纤到户,成为信息网络的主要基础设施。

11.3.1 光纤接入网的基本结构

光纤接入网与传统意义上的光纤传输系统不同,它是一种针对接入网环境所设计的特殊光纤传输网络。图 11.7 给出了一个与具体业务应用无关的光纤接入网的参考配置,根据分路方式的不同可分为无源光网络(PON)和有源光网络(AON),前者采用无源光分路器(POS),后者采用有源电复用器(如 PDH、SDH 或 ATM 设备)。

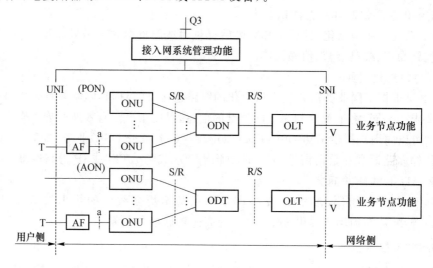

图 11.7 光纤接入网的参考配置

下面以 PON 为例,描述光纤接入网的基本结构。从图 11.7 中可以看出,光纤接入网包含 4 种功能模块,即光线路终端(OLT)、光分配网络(ODN)、光网络单元(ONU)和适配功能(AF);5 个主要参考点:光发送参考点 S、光接收参考点 R、与业务节点间的参考点 V、与用户终端间的参考点,即 T 和 AF 与 ONU 间的参考点 a;3 个接口,即网络维护管理接口 Q3、用户节点接口 UNI 和业务节点接口 SNI。由于目前业务节点处理的信号和用户发送接收的信号均为电信号,因此在光纤接入网的网络侧和用户侧都要进行光/电和电/光转换。

1. 光线路终端

光线路终端(OLT)的作用是为光纤接入网提供与网络侧业务节点之间的接口,它通过 ODN 与用户侧的一个或多个 ONU 通信。OLT 的任务是分离不同种类的业务,管理来自 ONU 的信令和监控信息,为 ONU 和自身提供维护和指配功能。OLT 内部由业务部分、核心部分和公共部分组成,其中业务部分主要指业务端口,要求至少应能携带 ISDN 一次群速率,至少支持一种或多种业务;核心部分为网络侧与 ODN 侧的可用带宽之间提供交叉连接功能,为在 ODN 的业务通路上提供必要服务而提供传输复用功能,同时为支持各类光纤提供一系列物理光接口,并完成电/光和光/电转换;公共部分主要提供供电和维护管理功能。

OLT 通常位于网络侧业务节点接口处,也可设置在远端。在物理上,它一般是独立设备。

2. 光网络单元

光网络单元(ONU)位于 ODN 和用户设备之间,提供与 ODN 的光接口和与用户侧的电接口。ONU 内部也由业务部分、核心部分和公共部分组成,其中业务部分主要指用户端口,要求提供 $n \times 64$ kbit/s 适配及信令转换等功能;核心部分为来自不同用户的各类信息提供复用功能,为在 ODN 的业务通路上提供必要服务而提供传输复用功能,同时为支持各类光纤提供一系列物理光接口,并完成电/光和光/电转换;公共部分主要提供供电和维护管理功能。

ONU 的位置具有很大的灵活性,目前大多设置在分配点(DP)或灵活点(FP)处,最终的目标是放置在用户家中或办公室内。根据 ONU 的具体位置,可将光纤接入网分为不同的应用类型。

3. 光分配网络

光分配网络(ODN)是位于 OLT 与 ONU 之间的无源光分配网络,通常采用树型分支结构,由若干段光缆、光纤接头、活动连接器和光分路器等组成,其主要功能是完成 OLT 与 ONU 之间光信号的传输和功率分配,同时提供光路监控等功能。

4. 适配功能

适配功能(AF)为 ONU 和用户设备提供适配功能,具体物理实现时可以包括在 ONU 内,也可以完全独立。

综上所述,从逻辑意义上来说,光纤接入网可看作是由光接入传输系统支持的,共享相同网络侧接口的一系列接入链路组成。它由一个 OLT、至少一个 ODN、至少一个 ONU、AF 以及 OAM 组成,其中 OLT 与 ONU 之间的传输连接既可以是一点对一点方式,也可以是一点对多点方式。

在有源光网络中,采用有源设备或网络系统(如 SDH 环网)的光配线终端(ODT)代替无源光网络中的 ODN,传输距离和容量将大大增加,易于扩容,但是供电和维护困难。

11.3.2　光纤接入网的种类

根据不同的分类原则,OAN 可划分为多个不同种类。

(1) 按照接入网的网络拓扑结构划分,OAN 可分为总线型、环型、树型和星型等,这几种结构组合派生出总线型-星型、双星型、环型-总线型、双环型、树型-环型等多种应用形式。它们各有优势,互为补充。在实际应用中应根据具体情况综合考虑、灵活运用。

(2) 按照接入网的室外传输设施中是否含有有源设备,OAN 可以划分为无源光网络(PON)和有源光网络(AON)两种。两者的主要区别是:PON 采用无源光分路器分路,而AON 采用有源电复用器分路。其中,PON 因其成本低、对业务透明、易于升级和管理等突出优势而备受欢迎,目前标准化工作已经完成,商用系统已经投入网络运行。

(3) 按照接入网能够承载的业务带宽情况,OAN 可划分为窄带 OAN 和宽带 OAN 两种。窄带和宽带的划分通常是以 2.048 Mbit/s 速率为界限,速率低于 2.048 Mbit/s 的业务称为窄带业务(如电话业务),速率高于 2.048 Mbit/s 的业务称为宽带业务(如 VOD 业务)。

(4) 按照 ONU 的位置不同,OAN 可以划分为光纤到路边(FTTC)、光纤到大楼(FTTB)、光纤到小区(FTTZ)、光纤到家(FTTH)或光纤到办公室(FTTO)等多种类型。图 11.8 给出了其中的 3 种典型应用类型。

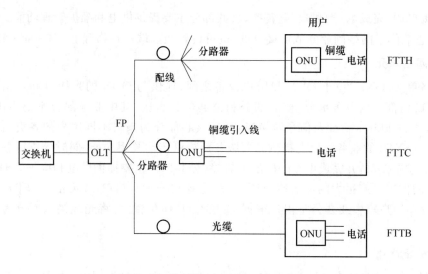

图 11.8　光纤接入网的典型应用类型

① 在 FTTC 结构中,ONU 一般放置在路边的分线盒或交接箱处,即 DP 点或 FP 点,从 ONU 到用户之间仍然采用双绞铜线对。FTTC 主要适用于要求高服务质量的多媒体分配型业务。

② 在 FTTB 结构中,ONU 放置在用户大楼内部,ONU 和用户之间通过楼内的垂直和水平布线系统相连。它实际上是 FTTC 的一种变形,其光纤线路更接近用户,因此更适用于高密度住宅小区及商用写字楼。

③ 在 FTTH 结构中,ONU 放置在用户家中,即网络侧业务节点和用户之间全部采用光纤线路,为用户提供最大可用带宽。它是接入网的理想解决方案,目前我国已在大多数地区部署了这一方案。

11.3.3　无源光网络中的多址接入和双向传输技术

下面主要介绍无源光网络(PON)系统设计中的多址接入技术和双向传输技术。

1. 多址接入技术

在 PON 中,OLT 至 ONU 的下行信号的传输过程较为简单,通常 OLT 采用时分复用(TDM)方式将送往各个 ONU 的信号复用后送往馈线光纤,由光分路器以广播形式送出,各个 ONU 收到信号后分别取出属于自己的信息。但是各个 ONU 至 OLT 的上行信号的传输过程较为复杂,需要采用多址技术来解决上行信道的竞争问题。下面着重讨论各种多址接入技术。

(1) 时分多址(TDMA)

时分多址接入的工作原理是将上行传输时间分为若干时隙,在每一个时隙内只允许一个 ONU 以分组形式向 OLT 发送分组信息,各个 ONU 要严格按照 OLT 规定的顺序依次向上游发送,如图 11.9 所示。由于各个 ONU 与 OLT 之间的距离各不相同,因此在上行传输时,必须解决以下两个关键技术问题。

1) 相位问题

由图 11.9 可知,为了防止各个 ONU 向 OLT 发送的信号在无源光分路器(POS)处出现碰撞,OLT 必须在测定它与 ONU 距离(即测距)的基础上对 ONU 进行严格的发送定时。各个 ONU 的定时信号是从 OLT 发送的下行信号中提取出来的,因此在频率上可以实现同步。但是由于传输距离的不同,造成各个 ONU 的上行信号到达 OLT 时相位并不完全一致,因此在 OLT 端必须具备快速比特同步电路,即在到达的每一个分组信号的开始几个比特信号时间内就要迅速建立同步。

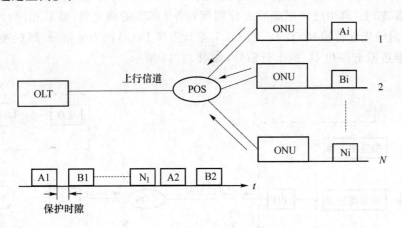

图 11.9　TDMA 工作原理示意图

2) 幅度问题

由于各个 ONU 与 OLT 之间的距离各不相同,它们各自的分组信号到达 OLT 时不仅相位不一致,幅度也存在着不同程度的差异,因此在 OLT 端不能采用判决门限固定的常规光接收机,只能采用突发模式的光接收机,即根据到达的每一个分组信号的开始几个比特信号的幅度大小迅速建立合理的判决门限,以正确还原出该分组信号。

TDMA 方式所用器件简单、技术相对成熟,但在实际组网时,必须具备完善的测距手段、快速比特同步能力以及突发模式的光接收技术才能真正实用化,这也使得其电路实现部分相当复杂。另外,这种方式还存在上行速率低、升级困难等缺点。

(2) 波分多址(WDMA)

波分多址接入的工作原理是采用波分复用技术,将各个 ONU 的上行传输信号分别调制为不同波长的光信号,送至 POS 后耦合到馈线光纤,到达 OLT 端后利用 WDM 器件取出属于各个 ONU 的光信号,再经过工作于相应波长的光探测器(PD)转换为电信号,如图 11.10 所示。

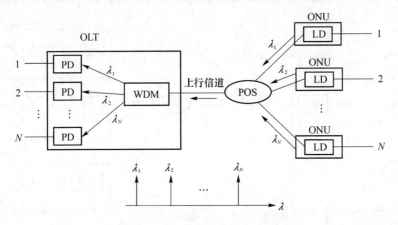

图 11.10　WDMA 工作原理示意图

WDMA 充分利用了光纤的低损耗波长窗口,每个上行通道完全透明,能够以不同方式支持不同业务的传输,而且扩容和升级方便。它的主要缺点是对光源的波长稳定度要求较高,上行通道数有限,各 ONU 只能共享光纤线路而不能共享 OLT 光设备,成本较高等。

（3）副载波多址（SCMA）

副载波多址接入的工作原理是在电域内将各个 ONU 的上行信号调制到不同频率的射频波/微波（副载波）上，再用已调副载波去分别调制各 ONU 的激光器（波长相同），已调光信号经 POS 合路后经光纤传输到 OLT。在 OLT 端首先经 PD 转换为电信号，然后通过不同的滤波器和鉴相器还原出各 ONU 的上行信号，如图 11.11 所示。

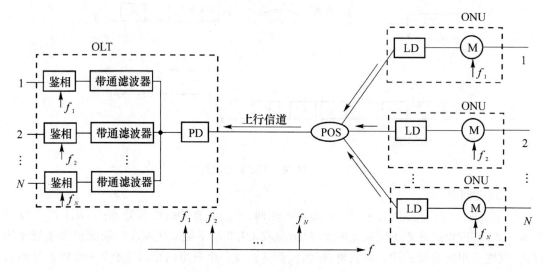

图 11.11　SCMA 工作原理示意图

SCMA 主要利用成熟的射频/微波技术，具有器件简单、信道独立、易于升级和经济性好等优点，但是当 OLT 接收到的相邻信道的信号功率由于传输距离因素而相差很大时，容易引起严重的相邻信道干扰，影响系统性能。

（4）码分多址（CDMA）

码分多址接入的工作原理是给每一个 ONU 分配一个多址码，各个 ONU 首先将自己的上行信号与多址码进行模二加，然后去调制具有相同波长的激光器，经 POS 合路后传输到 OLT。在 OLT 端经过 PD、放大器和模二加等电路后还原出各 ONU 的上行信号，如图 11.12 所示。

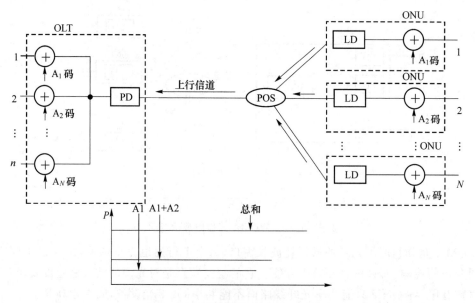

图 11.12　CDMA 工作原理示意图

CDMA 方式具有用户地址分配灵活、抗干扰能力强、保密性好、接入灵活等优点；其主要缺陷是系统容量受限，频谱利用率较低。

2. 双向传输技术

双向传输技术是指上行信号和下行信号的传输复用技术，主要有以下几种。

（1）空分复用（SDM）

在采用 SDM 方式进行双向传输的 PON 系统中，上行信号和下行信号分别通过不同的光纤进行传输。采用这种方式的系统设备简单、可靠性强，但是上下行信道不能共享光纤线路与光器件。

（2）波分复用（WDM）

在采用 WDM 方式进行双向传输的 PON 系统中，上行信号和下行信号被调制为不同波长的光信号，在同一根光纤上传输。通常上行信号采用 WDMA 技术，使用 1 310 nm 波段；下行信号采用 TDM 技术，使用 1 550 nm 波段，在下行信号衰减大的场合，可采用掺铒光纤放大器（EDFA）进行功率补偿。

（3）副载波复用（SCM）

在采用 SCM 方式进行双向传输的 PON 系统中，上行信号和下行信号被调制到不同频率的射频波/微波（副载波）上，然后调制为相同波长的光信号，在同一根光纤上传输。

（4）码分复用（CDM）

在采用 CDM 方式进行双向传输的 PON 系统中，上行信号和下行信号分别与不同的多址码进行模二加，然后调制为相同波长的光信号，在同一根光纤上传输。

（5）时间压缩复用（TCM）

在采用 TCM 方式进行双向传输的 PON 系统中，上行信号和下行信号分别在不同的时间段内以脉冲串的形式在同一根光纤上轮流传输。OLT 将送往各 ONU 的下行信号经时分复用组成下行脉冲串，利用某个时间段传至 POS，再以广播方式送至各个 ONU；各个 ONU 收到后取出属于自己的信号，接着在相邻的时间段内，各 ONU 依次向 OLT 发送分组信号，形成上行脉冲串；待其发送完毕后，OLT 又向下游发送下一个下行脉冲串，如此循环往复，形成所谓的"乒乓传输"，如图 11.13 所示。TCM 方式具有共纤传输和设备简单等优点，但是电路部分复杂、传输速率低。

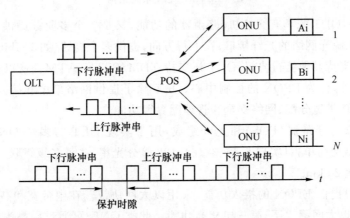

图 11.13　TCM 工作原理示意图

上述复用技术在实际应用时，通常并不单独使用，而是根据具体情况混合使用。例如，在采用 TDM＋FDM＋WDM 的 PON 中，利用 1 310 nm 波段传送 TDM 方式的窄带业务（如多路电话),而利用1550 nm波段传送FDM方式的宽带业务(如多路电视)。

11.3.4 以太网无源光网络接入技术

在光纤接入技术中,由于无源光网络(PON)具有成本低、对业务透明、易于升级和管理等优势得到了大力发展和推广应用,正在接入网中扮演着越来越重要的角色。概括来讲,根据接入协议的不同,PON分为基于ATM的APON、基于Ethernet的EPON和基于GEM(GPON封装格式)的GPON三种类型。近几年来随着IP业务的迅速增长,作为承载IP数据包最佳载体的以太网技术越来越受欢迎。由以太网与PON结合而产生的以太网无源光网络(EPON)因为同时具备以太网和PON的优点,成为FTTH中的热门技术。

1. EPON的系统结构

EPON采用点到多点的网络拓扑结构,在PON上传送以太网帧,利用光纤实现语音、数据和视频等多媒体全业务的接入。图11.14是一个典型的EPON树型分支结构,主要由光线路终端(OLT)、光分配网络(ODN)和光网络单元/光网络终端(ONU/ONT)三部分组成。其中OLT位于局端,ONU/ONT位于用户端。ONU与ONT的区别为:ONT直接位于用户端,而ONU与用户间还有其他的网络,如以太网。

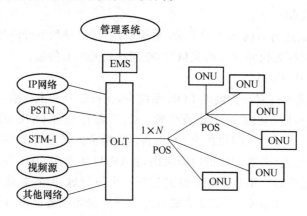

图11.14　EPON系统结构

在EPON中,OLT既具有交换机/路由器的功能,又是一个多业务提供平台。在下行方向,它提供面向无源光网络的光纤接口;在上行方向,提供多个高速(如1 Gbit/s和10 Gbit/s)以太网接口。为支持其他流行协议,OLT还支持TDM/PSTN、ATM、FR以及SDH/SONET的接口标准。另外,作为EPON的控制中心,OLT除了提供网络集中和接入功能外,还可以根据用户要求实现带宽分配、网络安全和管理配置等功能。

ODN由无源光分路器(POS)和光纤组成,用于实现OLT与多个ONU之间的连接。POS无须电源、结构简单,可实现8、16、32、64、128等分光率,并可多级级联。一般从OLT到ONU的距离可达20 km。

ONU为用户提供EPON的接入功能,采用以太网协议。在中带宽和高带宽的ONU中实现了低成本的以太网第二层、第三层交换功能。此类ONU可通过层叠为多个最终用户提供很高的共享带宽。由于使用共同的以太网协议,在通信过程中不需要协议转换,因此可实现对用户数据的透明传送。同时,ONU也支持其他传统的TDM协议,而且不增加设计和操作的复杂性。对上述不同类型协议的支持可通过配置多个以太网和T1/E1接口实现。

EPON 中的 OLT 和所有 ONU 由网元管理系统(EMS)管理,EMS 提供与业务提供者核心网络运行的接口,可实现性能管理、配置管理、计费管理、故障管理和安全管理等功能。

2. EPON 的工作原理

在 EPON 中,根据 IEEE 802.3 以太网协议,传送的是可变长度的数据包,最长可达 1 500 字节。系统采用下行广播发送、上行时分多址接入(TDMA)的工作机制,其原理如图 11.15 所示。

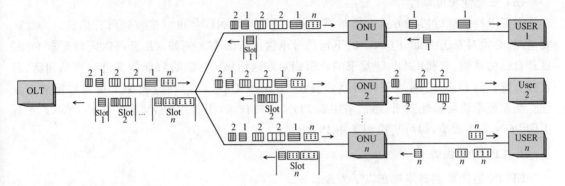

图 11.15　EPON 上下行传输原理示意图

当 OLT 启动后,它会周期性地在本端口上广播允许 ONU 接入的时隙等信息。ONU 上电后,根据此信息发起注册请求,OLT 为其分配一个唯一逻辑链路标识符(LLID)。

在 EPON 下行方向上传输的是由多个数据帧组成的连续信息流,每帧以统计时分复用的方式携带多个长度可变的数据包。每个包的包头中含有目的地 ONU 的标识符,即前述 ONU 注册时由 OLT 分配得到的逻辑链路标识符。此外,有些包可能要传输给所有 ONU(广播)或者指定的一组 ONU(组播)。下行信息流会传输到每一个 ONU,各 ONU 只接收属于自己的数据包而丢弃其他的数据包。

在 EPON 上行方向上,利用 TDMA 技术,各个 ONU 的上行数据包在 OLT 指定时隙内通过无源光分路器进入共用光纤,以 TDM 形式复用成连续信息流传送到 OLT。ONU 在指定时隙内可发送多个长度可变的数据包,其带宽是由 OLT 配置的,若采用动态带宽调整技术,则 OLT 根据指定的带宽分配策略和各个 ONU 的状态,给每一个 ONU 动态分配带宽。由于各个 ONU 只在各自的指定时隙内发送数据包,不会发生碰撞,因此不需要带有冲突检测的载波监听多路访问(CSMA/CD)机制,从而可以充分利用带宽。

3. EPON 的关键技术

EPON 的关键技术问题包括 TDMA 技术所存在的共性问题,如 OLT 端的突发同步和突发接收技术、ONU 端的突发发送技术,为避免各个 ONU 的上行信息发生碰撞而必须采用的高精度测距技术等。这些内容在前一小节已有介绍,下面简单讨论 EPON 中的其他几个关键技术。

(1) 上行带宽分配

上行带宽的分配是由 OLT 控制决定的。带宽分配与分配给 ONU 的窗口大小和上行传输速率有关,分为静态和动态两种:静态带宽分配是指为每个 ONU 分配固定大小的发送窗口;动态带宽分配则是根据 ONU 的需求,由 OLT 动态指定窗口尺寸。其中的关键技术问题包括如何为不同 ONU 动态分配发送窗口、最大发送窗口应为多大、发送窗口的间隔多长合适、以太网帧是否进行分割等。

（2）实时业务传输质量

实时业务（如语音和视频）对传输时延和抖动的要求较为苛刻，而以太网的固有机制使其难以在端到端延时、丢包率、带宽控制等方面提供支持和保证。如何确保实时业务的服务质量是 EPON 的关键问题之一。目前主要有两种技术方案：一种是采用服务类型（TOS）字段，该字段提供 8 层优先级，从而可以实现对实时业务的优先传送；另外一种技术称为带宽预留，即提供一条开放的高速通道，不传输数据，专门用来传输语音业务，从而为服务质量提供保证。

（3）安全性和可靠性

由于下行信息以广播方式发送给所有 ONU，每个 ONU 都可以接收到所有信息。为保证安全性，必须对发送给每个 ONU 的下行信号单独进行加密。例如，OLT 可以定时要求 ONU 更新自己的密钥，它利用 ONU 发来的新密钥对发送给该 ONU 的数据信息进行扰动加密，只有握有密钥的 ONU 才可以正确解密恢复出 OLT 发给自己的信息，确保了用户数据的安全性。在保证系统可靠性方面，通常采用双 PON 系统技术，用备用 PON 保护工作 PON。一旦工作 PON 发生故障，即可切换到备用 PON 上。

4. EPON 的优势

EPON 的优势主要体现在以下方面。

（1）与现有以太网的兼容性。以太网技术是目前最成功和最成熟的局域网技术。EPON 只是对现有 IEEE802.3 协议作一定的补充，基本上是与其兼容的，因而互联互通容易。随着 EPON 标准的制定和 EPON 的使用，在 WAN 和 LAN 连接时将减少烦琐复杂的协议转换。

（2）长距离、高带宽。根据目前的技术现状，EPON 的下行信道为 1 Gbit/s 和 10 Gbit/s 的广播方式，而上行信道为用户共享的 1 Gbit/s 和 10 Gbit/s 信道，同时传输距离可达 20 km 并正在向更高速率和更长距离演进。和目前其他接入方式相比，如 ISDN、ADSL 和 APON（下行 155/622 Mbit/s，上行共享 155 Mbit/s），EPON 在距离和带宽方面具有明显优势。

（3）低成本、易维护。EPON 提供较大的带宽和较低的用户设备成本。由于采用 PON 结构，使 EPON 网络减少了大量的光纤和光器件以及维护成本，从而降低了设备资金和运行成本。另外，以太网本身在器件和安装维护方面的价格优势也为低成本提供了保证。

（4）灵活的多业务平台。EPON 可以同时提供 IP 业务和传统的 TDM 业务，还为灵活供应和快速服务重组提供了方便。运营商可以通过在 EPON 体系结构上开发广泛而灵活的服务来增加收入，如管理防火墙、语音支持、虚拟专用网和因特网接入等。

11.3.5 吉比特无源光网络接入技术

EPON 由于和 IP 协议的天然亲和性受到了业界的普遍关注，但是它在传送实时业务和网络维护管理方面还存在一些不足，因此几乎与其同时出现了吉比特无源光网络（GPON）。它具有吉比特速率、支持多业务透明传输、提供 QoS 保证和电信级网络维护管理，在链路层上定义了专有的 GPON 封装方法（GEM）。

1. GPON 的系统结构和工作原理

GPON 的系统结构和 EPON 类似，由 OLT、ODN 和 ONU/ONT 三部分形成点到多点的 PON 接入方式。系统同样采用下行 TDM 广播发送、上行 TDMA 的工作机制，不同之处在于 PON 上传送的不是以太网帧，而是 ATM 信元和 GEM 帧，即在 GPON 中用 ATM 信元和 GEM 帧来承载语音、数据和视频等多媒体业务。GEM 是 GPON 传输汇聚层的最大特色，可以实现多种变长或定长数据的简单、高效的适配封装,并提供端口复用功能,提供和 ATM 一样的面向连接的通信。需要注意的是,GEM 封装功能在 GPON 内部终结,即 GPON 以外的系统无法看到 GEM 帧。

GEM 帧由帧头和净负荷两部分组成,如图 11.16 所示。帧头包括四个部分,分别是净负荷长度指示(PLI)、端口 ID(Port ID)、净负荷类型指示(PTI)和头差错校验(HEC)。PLI 指示的是帧头后面净负荷的字节长度,其本身长度为 12 比特,因此所能指示的最大净负荷长度为 4 096 字节。当用户数据超过该长度时,必须采用分片机制进行传送。Port ID 用于支持多端口复用,其本身长度为 12 比特,因此最多能够支持 4 096 个不同的端口。PTI 指示的是净负荷的内容类型和相应的处理方式,其本身长度为 3 比特,其中最高位指示净负荷是数据帧还是 OAM 帧,数据帧的最低位比特指示在分片情况下是否为帧的末端,次低位比特则指示是否有拥塞发生。HEC 提供帧头的检错和纠错功能,其本身长度为 13 比特,是 BCH 码和一个奇偶校验比特的组合。净负荷可以承载多种类型的用户数据,图 11.16 中给出了承载 TDM 帧和以太网帧的示例。

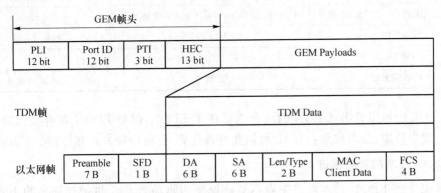

图 11.16　GEM 帧结构

2. GPON 的关键技术和主要特点

GPON 的关键技术包括传输汇聚层 GEM 技术、媒质接入控制技术、动态带宽分配技术、测距和时延补偿技术、突发发送和接收技术等,这些关键技术的基本原理和解决思路均已在前面内容中涉及,此处不再赘述。

GPON 的主要特点如下。

① 传输汇聚层采用 GEM 成帧协议,可对不同类型、不同速率的业务进行统一封装和传送。

② 网络覆盖范围广,ONU 的物理距离和逻辑距离分别可达 20 km 和 60 km。

③ 可支持对称和不对称的各种速率,可达 10 Gbit/s,并正在向更高速率演进。

④ 电信级的网络监视和管理能力,可以提供明确的服务级别和服务质量保证。

11.3.6　EPON 和 GPON 的技术演进

GPON 和 EPON 均采用下行 TDM 广播发送、上行 TDMA 的工作机制,是 PON 系统中两个非常有吸引力的千兆级技术方案,因此受到了广泛关注并得以不断发展和演进。先是演进到各自的 10 Gbit/s 版本 XG-PON 和 10G EPON,仍以时分复用为主要特征,实现了单波长 10 Gbit/s 的上下行速率,并分别与现有的 GPON 和 EPON 兼容;然后进一步向更高速率和更为灵活的下一代 PON 演进,目前已经提出了与之对应的 NG-PON2 和 NG-EPON 方案。下面对其进行简要介绍。

1. GPON 和 EPON 的比较

表 11.2 给出了 GPON 和 EPON 这两种技术千兆级方案的参数比较。

表 11.2　GPON 和 EPON 的技术参数(千兆级方案)

	GPON	EPON
下行线路速率/Mbit·s^{-1}	1 244/2 488	1 250
上行线路速率/Mbit·s^{-1}	155/622/1 244/2 488	1250
线路编码	NRZ	8B/10B
分路比	64~128	32~64
最大传输距离/km	60	20
TDM 支持能力	TDM over ATM/GEM	TDM over Ethernet
上行可用带宽/Mbit·s^{-1}(传输 IP 业务)	1 100(在上行 1 244 Mbit/s 速率情况下)	760~860
封装开销	约为 5.8%	约为 7.4%
OAM	有	有
下行数据加密	ASE 加密	ASE 加密

从表 11.2 中可以看出,GPON 的综合指标优于 EPON,但是 EPON 具有实现简单、定时要求宽松、成本低廉、技术成熟和对 IP 数据友好等优势,目前两种方式都得到了实际应用。

2. EPON 技术的发展演进

IEEE 主导的 EPON 技术演进主要以更高速率为驱动力。21 世纪初提出的 10G EPON 是对 EPON 技术的延伸,致力于将单波长速率提升至 10 Gbit/s,并与 EPON 良好兼容。10G EPON 支持上行 1 Gbit/s 和下行 10 Gbit/s 的非对称模式(10/1G BASE-PRX)和上下行 10 Gbit/s 的对称模式(10G BASE-PR)。在关键技术方面,10G EPON 和 EPON 的主要区别包括:采用 64B/66B 的线路编码方式和(255,233)的前向编码纠错(FEC)方式;新增光功率预算等级,以支持非对称和对称的数据传输模式,并支持最小 1:32 的分光比;下行中心波长采用 1 575~1 580 nm 以保证兼容性等。另外,还为非对称和对称 10 Gbit/s 数据速率提供了协调子层和物理编码子层等,提高了 10 Gbit/s 能力的通告和协商机制。这些技术在提高网络性能的同时保证了与现有 EPON 方案的兼容,10G EPON 的 ONU 可以与 1G EPON 的 ONU 共存在一个 ODN 下,最大限度地支持了现有光接入网基础设施的重用。

10 EPON 的下一代演进方案称为 NG-EPON。在标准制定初期考虑了 25 Gbit/s、50 Gbit/s 和 100 Gbit/s 三种数据速率体系,后来考虑到 100G EPON 在当前水平下,技术上难以实现或者说会导致成本非常高昂,只保留了 25 Gbit/s 和 50 Gbit/s 两种速率,二者在单根光纤上分别支持下行速率 25 Gbit/s 和 50 Gbit/s,上行速率小于或等于 25 Gbit/s 和 50 Gbit/s。同时在功率预算等级和波长规划方面与现有 10G EPON 兼容,以支持与 10G EPON 的共存。

3. GPON 技术的发展演进

ITU-T 主导的 GPON 技术演进在以更高速率为驱动力的同时,还致力于以全新场景为牵引,考虑 TDM PON 以外的可用技术,为此针对下一代 PON 技术提出了 NG-PON1 和 NG-PON2 两个发展阶段。21 世纪初提出的 10 Gbit/s XG-PON 属于 NG-PON1 阶段的技术方案。XG-PON

分为支持上行 2.5 Gbit/s 和下行 10 Gbit/s 的非对称模式(XG-PON1),以及上下行 10 Gbit/s 的对称模式(XG-PON2),最终 XG-PON1 被 ITU-T 标准采纳。在关键技术方面,XG-PON1 和 GPON 的主要区别包括:在物理层方案上进行了一些扩展,新增了多种光功率预算参数;支持分光比扩展至 1∶256,并在支持的光纤长度上有所扩展;同时上下行波段与 10G EPON 相同,可以此共享规模化效益。另外 XG-PON1 的线路编码方式和现有 GPON 使用的线路编码方式同样都是非归零码(NRZ),ODN 拓扑也和 GPON 完全一样,因此与 10G EPON 的演进类似,XG-PON1 的 ONU 可以与 GPON 的 ONU 共存在一个 ODN 下,实现二者的良好兼容。

XG-PON 的下一代演进方案称为 NG-PON2,其特点是除了升级数据速率外,还在现有的时分复用技术外引进了其他复用技术。在标准制定过程中,提出了 TDM-PON、WDM-PON、OFDM-PON 和 TWDM-PON 四种方案。WDM-PON 系统的 OLT 包含多个不同波长通道的光收发器,其收发彼此独立;各 ONU 在上行方向上通过不同波长与 OLT 通信;还要求 ONU 实现无色,即 ONU 的发射机可以发出不同波长的光信号。OFDM-PON 利用正交频分复用技术实现多用户复用,同时可以根据接入距离、用户类型与服务的不同,实时动态地调整 OFDM 中各个子载波所承载的比特数、所使用的调制格式以及发射功率,但系统复杂度高,实用化受限。最终 TWDM-PON 被确定为 NG-PON2 的首选技术方案,PtP WDM-PON 作为可选方案,推荐应用于移动回传等场景。TWDM-PON 利用时分复用和波分复用接入机制,每个波长由多个 ONU 共享使用。TWDM-PON 使用 4~8 个 TWDM 通道对,支持从一个已部署的通道对开始逐个部署通道对,即可以按需扩容。每个通道下行速率为 10 Gbit/s,上行速率支持 10 Gbit/s 和 2.5 Gbit/s。最大分光比至少达到 1∶256,可灵活支持速率、距离及分光比的多种配置组合。另外,TWDM-PON 使用无色 ONU,由可调谐收发器实现。TWDM-PON 可将多个 XG-PON1 通过波分复用方式共用 1 个 ODN,每个 XG-PON1 子网的 ONU 工作波长互不相同,互不干扰,因此其后向兼容能力强大,可有效降低成本,具有广阔的应用前景。

11.4　混合光纤/同轴电缆接入

目前,有线电视(CATV)网大多采用由光缆和同轴电缆共同组成的树型分支结构向广大用户提供广播式模拟电视业务,具有频带宽、覆盖面广等特点,但信号的传送是单向的。如何利用这一现有网络解决电视、电话和数据业务的综合接入问题呢?人们由此提出了混合光纤/同轴电缆(HFC)接入技术,它是宽带接入技术中最先成熟和进入市场的,巨大的带宽和相对经济性使其对有线电视公司和新成立的电信公司很具吸引力,尤其是在同轴电缆网络完善的国家和地区内有着广阔的应用前景。

11.4.1　系统结构

HFC 接入网是一种综合应用模拟和数字技术、同轴电缆和光缆技术以及射频技术的高分布式接入网络,是电信网和 CATV 网相结合的产物。它实际上是将现有光纤/同轴电缆混合组成的单向模拟 CATV 网改造为双向网络,除了提供原有的模拟广播电视业务外,利用频分复用技术和专用电缆调制解调器(Cable Modem)实现话音、数据和交互式视频等宽带双向业务的接入和应用。

HFC 系统的典型结构如图 11.17 所示,它由馈线网、配线网和用户引入线 3 部分组成。

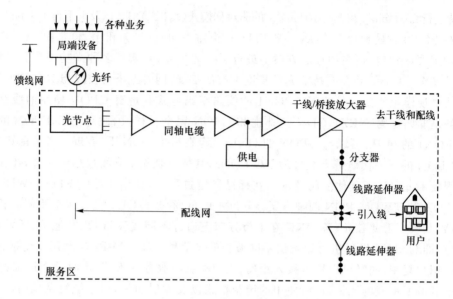

图 11.17　典型 HFC 网络结构

① 馈线网是指从前端(局端)至光节点之间的部分,大致对应 CATV 网的干线段。它由光缆线路组成,多采用星型结构。

② 配线网是指从光节点至分支点之间的部分,类似于 CATV 网中的树型同轴电缆网,但其覆盖范围可扩大到 5~10 km。

③ 用户引入线是指从分支点至用户之间的部分,其中分支点的分支器负责将配线网送来的信号分配给每一个用户;引入线则负责将射频信号从分支器送给用户,通常传输距离仅几十米左右。与传统 CATV 网不同的是,HFC 系统的分支器允许交流电源通过,以便为用户话机提供振铃电流。

图 11.18 给出了 HFC 技术的一个典型应用示例,它采用调制技术和模拟传输技术实现话音、数据和视频业务的综合接入。以下行信号为例,其工作原理是:各种业务经不同的编码处理调制到相应的副载波上(其中数字话音或数据采用 QPSK 调制方式;数字视频信号首先经 MPEG 编码,然后采用 QPSK 或 64QAM 调制方式;模拟广播电视信号采用 AMVSB 调制方式),复用后经电/光转换形成调幅(AM)光信号,经馈线光纤送至光节点;信号在光节点经光/电转换形成射频电信号,由同轴配线电缆送至分支点,再经用户引入线到达用户端;用户端的射频信号经解调器和解码器后还原出业务信号。通常下行的话音或数据占据 710~750 MHz 的频段,数字视频信号占据 582~710 MHz 的频段,模拟广播电视信号占据 45~582 MHz 的频段。

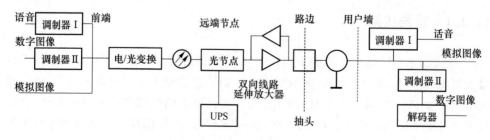

图 11.18　HFC 系统原理示意图

11.4.2　频谱安排

HFC 网络采用副载波频分复用方式,将各种图像、话音和数据信号通过调制后同时在线路上传输,因此合理的频谱安排非常重要。实际 HFC 系统所用标称频带为 750 MHz、860 MHz 和 1 000 MHz,目前用得最多的是 750 MHz 系统。图 11.19 给出了一种典型的 HFC 网频率安排。

图 11.19　HFC 系统的频谱安排

低频端的 5~42 MHz 安排为上行信道(回传信道),主要用来传送电话、非广播业务(如 VOD 控制信息)等;50~750 MHz 均用于下行信道,其中 50~550 MHz 频段主要用于传输广播式模拟电视信号,由于每一通路带宽为 6~8 MHz,因此可传 60~80 路电视信号;550~750 MHz 频段主要用来传输 VOD、电话及数据业务,如果采用 64QAM 调制方式,大约可以传输 200 路 MPEG-2 格式的 VOD 信号;高频端的 750~1 000 MHz 频段已明确仅用于各种双向通信业务,如个人通信业务。

11.4.3　交互式数字视频

目前有些地方还无法实现 FTTH 的一步到位,这种情况下,交互式数字视频(SDV)是一种较好的综合解决方案。它实际上是一种 FTTC+HFC 的组网方式,由一个数字 FTTC 系统和一个单向模拟 HFC 系统重叠组成。如图 11.20 所示,主干系统采用共缆分纤的方式分别由 FTTC 传送双向数字信号(包括交互式数字视频和语音等),由 HFC 传送单向模拟视频信号。两种信号在设置于路边的 ONU 中分别恢复成各自的基带信号,其中话音信号经双绞线送至用户,数字和模拟视频信号经同轴电缆送至用户,其中 ONU 由 HFC 的同轴电缆负责供电。

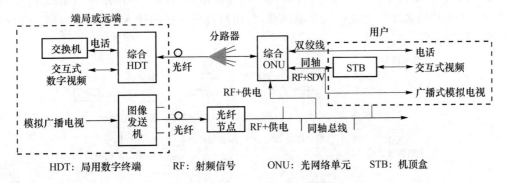

图 11.20　SDV 结构原理图

这种解决方案的优点是:可以充分利用现有 HFC 有线电视网络,共享光缆、管孔等基础设施,兼容数字和模拟视频业务,并较好地解决 FTTC 的供电问题。其缺点是:成本较高,只有 SDV 业务的用户超过一定比例时,才能充分体现出其经济性。

需要说明的是,用 SDV 作为一种接入技术或系统的名称并不是很贴切。首先,它不是一种独立的系统结构,而只是 FTTC+HFC 组合网络的一种业务和应用方式,其基本技术和系统结构是 PON;其次,它不是一种全数字化系统,而是数字和模拟兼容系统,支持多种数字和模拟业务,而不仅仅支持交互式数字视频业务。

HFC 是从传统的有线电视(CATV)网发展而来的,与当前的用户设备兼容性好,而且频带宽、成本低,是一种支持各类数字和模拟业务的全色网。其存在的主要问题是:上行信道频带窄,树型结构导致上行信道的漏斗噪音严重,而且难以保证数据业务的安全性;另外,现有 CATV 网络中的同轴电缆的带宽一般仅为 450 MHz 左右,与 HFC 所需求的 750 MHz 带宽差距较大,改造费用高;在当前网络数字化的趋势面前,HFC 的模拟传输方式显得不太协调,需要加以改进和升级;网络融合时代的到来也对 HFC 系统提出了新的问题和挑战。

11.5 电力线接入技术

电力线接入是电力系统特有的接入方式。由于电力线最初并不是为通信而设计的,而且配电网有其独特的拓扑结构和负载设备,因此电力线接入在传输和组网方面需要解决的问题比较特殊,是学术界和工业界长期关注的研究重点。

11.5.1 电力线接入技术的基本概念

电力线接入是指利用电力线通信(PLC,Power Line Communication)技术将用户终端接入网络中,发送端将信息调制到高频载波上,把载有信息的高频信号加载到电力线上,通过电力线进行传输,接收端采用专用的电力调制/解调器将高频信号从电力线上分离出来,送至局端或用户终端,实现信息的传递。

从电压等级的角度来说,电力线通信可分为高压、中压和低压电力线载波通信。高压 PLC 技术以 35 kV 以上高压电力线为传输媒质,以变电站和发电厂等为终端,主要为传输电力调度等电力专网信息服务,如图 11.21 所示。中压 PLC 技术利用 10 kV/30 kV 中压电力线作为传输媒质,为接入骨干网、配电网自动化和用户需求侧管理等应用服务。低压 PLC 技术利用 220 V/380 V 低压电力线作为传输媒质,为用户提供互联网接入、家庭局域网、远程抄表和智能家居等应用。

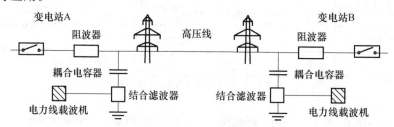

图 11.21 高压电力线通信系统

从占用频率带宽的角度来说,电力线通信可分为窄带和宽带电力线载波通信。确定电力线通信能够使用的频谱需要从三方面的因素考虑:适合电力线本身的高频特性;避免 50 Hz 工频的干扰;减少载波信号的辐射对无线电广播及无线通信的影响。窄带 PLC 的载波频率范围为 3~500 kHz,具体由各个国家和地区规定。美国为 50~450 kHz,欧洲为 3~149.5 kHz(95 kHz以下用于接入通信,95 kHz 以上用于户内通信),中国为 40~500 kHz。宽带 PLC 的载波频率范围为 2~30 MHz,具体同样由各个国家和地区规定。美国为 4~20 MHz(HomePlug Specification v 1.0),主要用于户内通信;欧洲为 1.6~10 MHz(接入)和 10~30 MHz(室内),这是欧洲电信标准协会(ETSI)标准,欧洲电工标准协会(CENELEC)标准的接入应用和室内应用的分界点为 13 MHz,欧盟委员会从 2002 年开始协调统一;中国尚无宽带 PLC 的标准。窄带 PLC 易于实现,但传输速率低,抗干扰能力弱;宽带 PLC 传输速率高,可承载业务多,但单跳通信距离受限。

从技术演进的角度来看,高压 PLC 发展早,主要支持电话和远动控制信号等业务,所用频带窄,通常也称为窄带电力线载波通信。后期发展的中、低压 PLC 除了支持窄带业务外,常用来支持宽带数据业务,因此也称为宽带电力线数据通信。普通民用宽带 PLC 的应用主要有两种模式。其一是家庭内部联网模式,利用遍布各个房间的电力线组建计算机网络,将电源插座作为网络接口,无须重新布线。该模式只提供家庭内部设备之间的联网,户外访问使用其他传统的通信方式。美国的低压配电变压器一般为单相,平均为 5~6 个用户提供供电服务,适合采用这种模式。另一种模式是面向欧洲和亚太市场的电力线接入模式,这些地区的低压配电网一般由一台配电变压器为 200~300 个住宅用户提供供电服务,适合采用这种模式为用户提供互联网宽带接入等服务。如图 11.22 所示,基于 PLC 的接入技术为宽带网络运营商提供了新的入户解决方案,速率可达 45 Mbit/s。

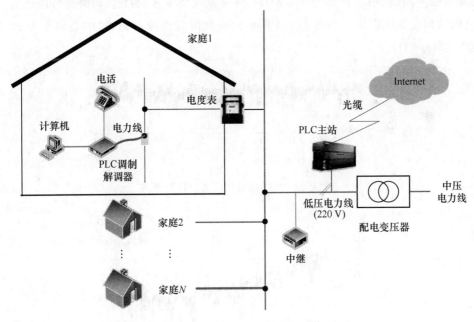

图 11.22　PLC 宽带接入典型应用

11.5.2　低压电力线的信道特性

低压配电网是指低压配电变压器出线侧的用电网络,接入用户数量多,负载设备多样,拓扑结构复杂、分支多,存在反射、折射、散射、驻波和谐振等多种现象,导致其信道环境恶劣。低压电力线的信道特性主要体现在噪声、阻抗和衰减三个方面。

1. 信道的噪声特性

低压电力线通信的干扰噪声来源于电力线上的负载,大致可以分为如下 5 类:有色背景噪声、窄带噪声、与工频异步的周期性噪声、与工频同步的周期性噪声和突发性噪声。

(1)有色背景噪声:主要来源于网络上众多的功率较低的噪声源,如大量的家用设备,其频谱很宽,但功率谱密度不高,随着频率增加而减小,变化缓慢。

(2)窄带噪声:主要由中短波广播所致,其功率谱密度在频段内几乎保持不变,白天高,晚上低。

(3)与工频异步的周期性噪声:来源于电力线上的一些电子设备,如计算机和电视机等,脉冲噪声的频率是离散的,和设备的扫描频率有关,主要分布在 50~200 Hz。

(4)与工频同步的周期性噪声:由工作在电网频率的开关器件造成,如开关电源,其噪声频率为工频或其整数倍,一旦发生将持续很长时间,但单个脉冲的持续时间短,为微秒量级,频域覆盖范围广,功率大,功率谱密度随频率增加而降低。

(5)突发性噪声:主要由线路上电器的瞬间开关造成,多表现为突发性,脉冲持续时间在几微秒到几毫秒之间,功率谱密度高,可高出背景噪声 50 dB 以上。

前 3 类为背景噪声,在较长时间内相对保持不变,将各个噪声谱线相加可得到它们的总噪声谱线,其平均功率较小,频谱很宽,持续存在,有可能部分或完全覆盖信号频谱。如图 11.23 所示的背景噪声曲线,中心频率为 4.2 MHz,频带宽度为 8.4 MHz。后两类可以认为是冲激噪声,它们的幅度变化很快。如图 11.24 所示的低频突发性噪声曲线,中心频率为 17.8 Hz,频带宽度为 35.6 Hz。

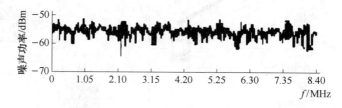

图 11.23 电力线通信信道的背景噪声

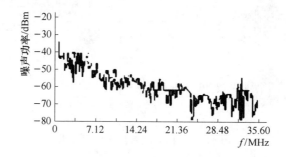

图 11.24 电力线通信信道的低频突发性噪声

由于噪声种类繁多且特性各异,需要研究如何对其进行建模分析。有色背景噪声通常可建模为由白噪声源通过整形滤波器而生成。目前多采用自回归滑动平均(ARMA)模型,整形滤波器在 z 平面上的传递函数表示如下:

$$H(z) = \frac{B(z)}{A(z)} = \frac{1 + \sum\limits_{i=1}^{m} b_i z^{-i}}{1 + \sum\limits_{i=1}^{n} a_i z^{-i}} \tag{11.1}$$

式中，$A(z)$ 和 $B(z)$ 分别表示的是自回归部分和滑动平均部分，a_i 和 n 为自回归部分的加权系数和阶数，b_i 和 m 为滑动平均部分的加权系数和阶数。

窄带噪声一般可建模为由 N 个正弦波相叠加而生成，表示如下：

$$n_{\text{narrow}} = \sum_{i=1}^{N} A_i(t) \sin(2\pi f_i t + \varphi_i) \tag{11.2}$$

其中，$A_i(t)$、f_i、和 φ_i 分别表示第 i 个正弦波的幅度、频率和相位。为简化起见，幅度可以设定为恒定值，而忽略其时变性；相位可以在 $[0, 2\pi]$ 之间任意选择，是随机的。

与工频同步的周期性噪声在时域具有周期特性，而在频域与有色背景噪声相似，因此，此类噪声可建模为对有色背景噪声的幅度进行周期矩形脉冲加权而生成。

与工频异步的周期性噪声和工频同步周期性噪声特性类似，所以通常采用和工频同步周期性噪声相似的建模方法。另外，由于其频率高、频谱宽，也可简化为有色背景噪声来建模处理，只需将其功率谱密度略做提高。

突发性噪声除了持续时间短以外，最大的特点是突发性强、随机分布。因此通常采用随机模型来模拟，如马尔科夫链模型。

2. 信道的阻抗特性

低压电力线上的输入阻抗是表征低压电力线传输特性的重要参数，其好坏对高频信号的传输影响很大，但由于情况复杂，对其特性的研究通常是借助测量而得到的。理想情况下，电力线在没有负载时的输入阻抗随频率增大而减小，当电力线有负载时，所有频率的输入阻抗都会减小。在实际中，由于线路情况复杂，输入阻抗的变化不完全符合随频率增大而减小的规律（平均从 $2\,\Omega$ 到 $100\,\Omega$），甚至与之相反。这主要是因为信道上的负载会随机接入或断开，导致输入阻抗发生较大幅度的变化，使其具有随时间和地点变化的特点。另外，电力线可看成是连接有各种复杂负载的传输线，这些负载以及电力线本身可组合成许多谐振回路，一般配电网的谐振频率在 $40\,\text{kHz}$ 以上，所以在此谐振频率及其附近频率容易形成低阻抗区。总的来说，由于电力线信道的电参数往往随频率、时间和地点变化，信道输入阻抗也相应发生急剧变化，造成发送端的输出阻抗和接收端的输入阻抗均容易发生失配现象。

3. 信道的衰减特性

低压电力线是由电阻、电容和电感组成的传输线，其配电网直接面向用户，使得其网络拓扑和负载均呈现多样化，同时负载的接入与切断也具有很强的随机性，这导致电力线信道在某些节点发生阻抗失配或近似短路等情况，从而使载波信号在传输过程中发生反射、折射、散射、驻波和谐振等多种现象，呈现出复杂的衰减特性，主要如下。

① 信号衰减与频率有关，这是由电抗性负载和传输线效应引起的，其中传输线效应包括反射和多峰抵消等。信号衰减随频率上升而增加，但并不一定是单调的。一般来说，传输信号在 $100\,\text{kHz}$ 以下衰减相对稳定，在 $10\sim200\,\text{kHz}$ 之间近似以 $0.25\,\text{dB/kHz}$ 的比例线性增长，但在某些频率点会出现减少的情况。

② 信号衰减与距离有关，通常随距离增大而增加，但并不一定是单调的。由于信号传输中会出现反射、驻波和散射等复杂现象，导致有可能近距点比远距点衰减大。

③ 信号衰减与时间有关,由于电力网络负载的频繁接入和切断等各种随机事件,信道表现出很强的时变性,在 1 s 内对某一频率信号的衰减变化可达到 20 dB,1 s 内的信噪比变化也可达到 10 dB 左右。

④ 信号衰减包括线路衰减和耦合衰减。线路衰减包括由于多径传输和线路损耗等引起的衰减;此外,配电变压器会阻碍信号通过,其原边和副边的信号损耗可达到 $60\sim100$ dB,次级间也会有 $20\sim40$ dB 的损耗。耦合衰减是由发送端和接收端与电力线的阻抗不匹配引起的。三相电力信道间的信号损耗可达 $10\sim30$ dB。载波信号一般只能在单相电力线上传输,不同耦合方式导致信号的损耗也不同,线-地耦合比线-中线耦合损耗少 10 dB 左右。同时,不同相位的耦合也会引起损耗,同相传输比跨相传输损耗少 10 dB 左右。

4. 信道模型

电力线信道呈现无法预知的多径传输和反射等特征,表现为时变频率选择性衰落信道,这与无线信道的传播类似,信道容量和误码率会受到多径衰落的影响。如图 11.25 所示,电力线信道模型主要从 5 个方面描述:发送端输出阻抗匹配性、信道衰减、噪声干扰、接收端输入阻抗匹配性、干扰的时变性。噪声被看作随机干扰过程,除此以外,所有的损耗都可用时变线性滤波器来表征。信道模型的传递函数可以用 N 条传输路径的叠加表示如下:

$$H(f) = \sum_{i=1}^{N} g_i A(f, d_i) \exp(-j2\pi f \tau_i) \tag{11.3}$$

其中 f 表示载波频率,g_i、A、d_i 和 τ_i 分别表示路径 i 的加权系数、衰减、距离和延时,A 的方程表示如下:

$$A(f, d) = \exp(-a(f)d) = \exp(-(a_0 + a_1 f^k)d) \tag{11.4}$$

式中参数 a_0、a_1 和 k 可由实际信道的测量得到。图 11.26 给出了 4 种典型的低压地埋电力线信道的传递函数幅度特性,大量的测试表明电力线的衰减在 $200\sim300$ m 的相对短距离内是可以接受的,长电缆的衰减非常大,使用时需要配备中继器。

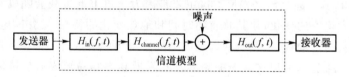

图 11.25　PLC 信道模型

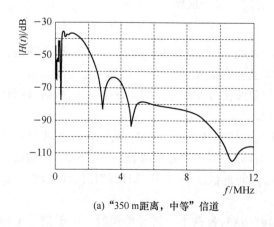

(a)"350 m 距离,中等"信道

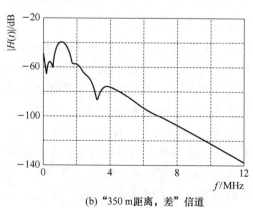

(b)"350 m 距离,差"信道

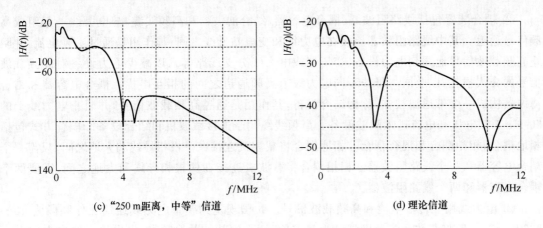

(c) "250 m距离，中等"信道　　　　　　　(d) 理论信道

图 11.26　4 种典型信道的传递函数幅度特性

11.5.3　电力线接入系统

如前所述,电力线通信可分为窄带和宽带两种类型,其中高压电力线主要用于电力专网的窄带通信,低压电力线主要用于终端用户的宽带通信,它们的系统结构与所依托的电网结构密切相关。

1. 窄带电力线专网通信系统

高压电力线上有工频大电流通过,载波通信设备必须通过高效安全的耦合设备才能与电力线相连。这类耦合设备既需要保证载波信号的有效传送,又要不影响工频电流的传输,还需要能方便地分离载波信号与工频电流。此外,耦合设备还必须防止工频电压和电流对载波通信设备的损坏,确保其安全性。因此,系统设计需要考虑电力线特有的耦合设备、电磁干扰和50 Hz 工频谐波干扰。

窄带电力线专网通信系统主要由电力载波机、电力线和耦合设备组成,如图 11.27 所示。

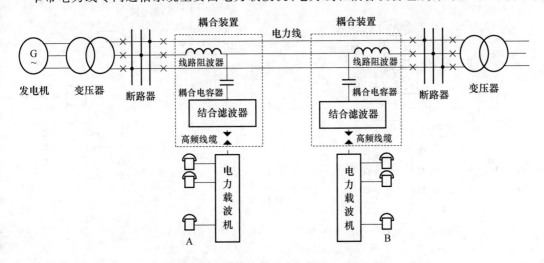

图 11.27　窄带 PLC 通信系统组成

① 电力载波机主要实现对用户原始信息的调制与解调,并满足通信质量的要求。载波机一般放置在发电厂或变电站内,采用频分多路(FDM)和单边带幅度(SSB)调制方式;为保证信噪比,一般发射功率较大。

② 耦合装置包括线路阻波器、耦合电容器、结合滤波器和高频线缆,与电力线一起组成高频信号通道。其中线路阻波器串接在电力线和变电站母线之间,其作用是通过工频电流,并阻止高频载波信号泄漏到电力设备(变压器或电力线分支线路等),以减少电力设备对高频载波信号的介入损耗,以及同一母线不同电力线上高频通道之间的相互串扰。耦合电容器和结合滤波器构成一个带通滤波器,称为结合设备,其作用是通过高频载波信号,并阻止电力线上的50 Hz工频电压和电流进入载波设备。高频线缆用于连接载波机和结合设备。耦合方式包括相地耦合、相相耦合和混合耦合。相地耦合将载波机连接在一根相导线和大地之间,只需一个耦合电容器和一个线路阻波器。相相耦合将载波机连接在两根相导线和大地之间,需要两个耦合电容器和两个线路阻波器。

③ 电力线用于传输电能和高频载波信号。我国规定的窄带电力线通信工作频段为 40～500 kHz。一般将载波频率范围划分为基本单元,称为基本载波频带,提供给一路单方向电力线载波通路传输信息。基本载波频带的具体选择由不同国家或地区分配,通常为 4 kHz,有的国家选用 2.5 kHz 或 3 kHz。由于采用频分多路方式,一台电力载波机单方向载波通路所用带宽为基本载波频带或其整数倍,通信速率为 1 200 bit/s 或更低。这类系统主要用于传输电话、自动化信息和电力线保护信号等电力专网业务。

2. 宽带电力线接入网

低压电力线接入网的核心称为通信基站,负责将电力线接入系统连接到骨干通信网中。接入网的结构和通信基站的位置相关,图 11.28 给出了两种方案示例。图 11.28(a) 的方案将通信基站设置在变压器的位置,接入网的结构和低压供电网的拓扑结构一致。图 11.28(b) 的方案将通信基站设置在接近接入网用户的地点或其他任何位置,接入网的拓扑不同于低压供电网的拓扑结构,这种情况下通信基站的位置只能沿着已经存在的低压供电网移动。这样,在网络中改变的仅仅是基站和用户之间的距离。因此低压电力线接入网的拓扑一般是保持不变的,基本保持树型结构。

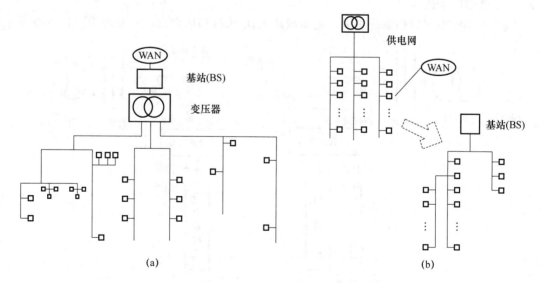

(a)　　　　　　　　　　　(b)

图 11.28　宽带电力线接入网络的拓扑结构

整个低压供电网可以配置成一个电力线接入网,也可以配置成多个电力线接入网,即将供电网分成多个部分,每一部分配置一个独立的通信基站,每个通信基站覆盖一个接入网。这种方式降低了接入网的最长距离,从而可以减小信号发射功率;同时网络用户的数目降低,可以为每个用户提供更大带宽。

实现高速电力线接入的一个关键是引入正交频分复用(OFDM)技术。与无线传输中的 OFDM 思想类似,宽带电力线接入网中的 OFDM 技术也是将可用信道带宽划分为若干正交子信道,每个子信道都可近似看作理想信道。利用子载波之间的正交性,可使用多个子载波传输一定速率的数据,总速率等于各个子载波传输速率的总和。在任何失真的信道中都可以采用 OFDM 技术,特别是在频率选择性衰落的信道中。OFDM 能够独立选择各信道的功率分配及每个符号包含的比特位,遵循保证每个子信道的误码率均衡的原则,对于较低信噪比(SNR)的子信道,采用较低的调制阶数,而对于较高 SNR 的子信道,则采用较高的调制阶数。当某个子载波受到强干扰影响,致使接收信号的 SNR 达不到正确接收信号的要求时,则放弃使用该子载波传输数据。根据信道条件,采用优化的调制阶数和功率分配可以实现 10 Mbit/s,甚至 100 Mbit/s 的高速数据传输。

图 11.29 和表 11.3 分别为 G3-PLC 标准中基于 OFDM 调制的物理层结构框图和系统参数,与无线 OFDM 收发机类似。发送的数据信息首先进行加扰处理,然后经过 Reed-Solomon (R-S)编码器和卷积编码器组成的内外编码。R-S 编码提供冗余比特,使接收端在由于背景噪声和脉冲噪声造成比特丢失的情况下自行纠错。编码后的信息进行交织处理,使成块的突发错误随机化,以便接收端通过译码进行纠错。交织处理后的数据信息映射为复值信号点,通过 IFFT 产生 OFDM 符号。这些信号点由不同的相位调制产生,被分配到不同的子载波上。每个 OFDM 符号都要插入循环前缀(CP),选择合适的循环前缀长度,以对抗多径时延干扰。插入循环前缀的 OFDM 符号要经过加窗处理,G3_PLC 系统采用升余弦窗函数,并且相邻符号首尾 8 个采样点叠加覆盖。最后经过数模转换,将 OFDM 数字信号转换为模拟信号后发送出去。接收端的处理与发送端类似,是逆操作的过程,并且要考虑符号同步和信道估计等。

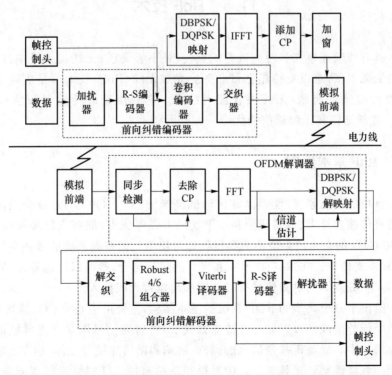

图 11.29　G3-PLC 系统中基于 OFDM 的物理层结构框图

表 11.3　G3-PLC 系统 OFDM 参数

参数	参数说明	参数值
N_c	有用子波长个数	36
N_{st}	起始载波序号	23
N_{ft}	终止载波序号	58
N_{FFT}	FFT 点数	256
N_{cp}	循环前缀采样点数	30
N_{window}	加窗覆盖采样点数	8
N_{pre}	前导符号数	9.5
N_{FCH}	帧控制头符号数	13
N_{DATA}	数据段符号数	可选 12～252
L_{FCH}	FCH 域信息长度	39 bit
f_S	采样频率	400 kHz
B_f	帧信号带宽	54.687 kHz
f_L	起始频率	35.938 kHz
f_H	终止频率	90.652 kHz
f_0	基带信号中心频率	63.282 kHz
Δf	子载波频率间隔	1.563 kHz

11.6　RoF 技术

光纤接入具有传输速率高和距离远等优点,但是不够灵活;无线接入简单方便,但是在低频区域的频谱资源紧张,难以支持超宽带业务。光载无线(RoF)技术即是应高速大容量无线通信需求而发展起来的有线/无线融合接入技术。它利用光纤传输射频信号(Radio over Fiber),融合了光纤通信和无线通信的优势。

11.6.1　RoF 基本原理

由于低频区域的频谱紧张,使得高频区域的毫米波(30～300 GHz)备受关注。毫米波无线通信系统具有传输容量大、设备轻便和抗干扰能力强等优点,能够支持多种超宽带业务,而且其中 40～60 GHz 的毫米波频段不需要授权即可使用。但是毫米波信号在空气中的损耗很大,难以实现长距离传送。在 RoF 技术中和光纤通信相结合,则可以拉远基站、减小基站覆盖范围,实现大容量、低成本的射频信号有线传输和超宽带无线接入。

图 11.30 给出了一个典型的 ROF 系统的基本结构,主要由中心局 CO、基站 BS、光纤网络以及用户端四个部分组成。以射频光纤传输方式(即将射频信号调制在光载波信号上)为例,说明其工作原理。中心局负责基带信号的调制、解调和网络连接等工作,如发送时将数字基带信号通过射频副载波调制到光载波上。中心局和基站通过光纤网络进行双向光通信,注意其光载波上承载的是射频信号。基站位于用户的接入点附近,将中心局发来的光信号通过光电转换恢复出射频信号,放大后通过天线发送给用户;同时将用户发来的信号调制到光载波上,

再通过光纤网络送回中心站。

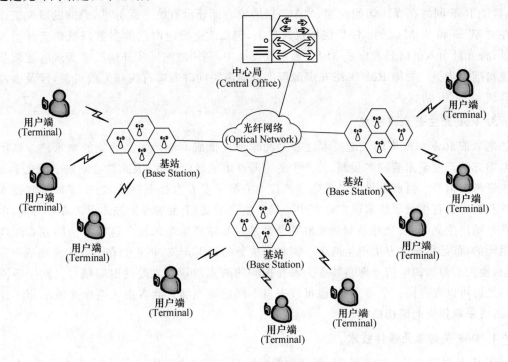

图 11.30　RoF 系统的基本结构

　　根据对光载波进行调制的信号的频率不同,可以将 RoF 系统分为基带光纤传输系统、中频光纤传输系统和射频光纤传输系统三种。其中前两者可以不同程度地利用现有的射频和数学信号处理器件,但它们都需要在基站进行频率变换。后者将复杂昂贵的射频设备置于中心局,由多个远端基站共享,可减少基站功耗和成本;同时,光纤传输的射频信号提高了无线带宽;由于射频信号经天线发射后在空中损耗很大,因此要求蜂窝结构向微微小区转变,而基站结构的简化有利于增加基站数目来减小其覆盖面积,从而使得组网更为灵活,减小了移动环境的复杂性,多径衰落的影响以及多径引起的码间干扰也会减小;另外,光纤作为传输媒质具有低损耗、高带宽和防止电磁干扰的特点。因此射频光纤传输系统最能体现 RoF 的技术优势,受到了学术界的广泛关注。

11.6.2　RoF 关键技术

1. RoF 网络体系结构技术

　　结合 RoF 和其他热点技术(如 WiFi、PON)的特点构建新型 RoF 网络体系结构,是 RoF 走向实用化需要首先考虑的关键问题之一。目前主流的看法是将 RoF 网络体系结构分为三层,由下往上分别是以基站为主的无线接入层、以光交换节点为主的光网络层和以中心局为主的中心集总层。同时,随着低成本 WiFi 的大范围覆盖、光纤到家的大规模部署、物联网应用的迅速普及和可见光通信的新兴发展,结合这类新技术新应用的 RoF 具体网络架构成为研究的热点。

2. RoF 网络智能资源管理技术

　　智能化资源管理是任何一个网络都需要解决的关键问题之一。在 RoF 网络中,智能化的资源管理主要体现为如何在低能耗和高效率的约束条件下实现资源的发现、共享和调度。例如,智能 RoF 网络在媒体访问控制(MAC)层协议方面还没有统一的标准,目前的研究工作集中在对 WiFi 和 WiMax 的 MAC 层协议改进上,包括改进响应时间等参数以抵消光纤引入的时延;将光纤引入的时延考虑进 MAC 层协议设计中,利用时间同步补偿技术实现各远端基站的逻辑准同步等。智能 RoF 网络在资源调度方面需要同时考虑有线和无线资源,涉及多种路由算法和 MAC 协议。

3. RoF 光生毫米波技术

毫米波 RoF 系统中的关键技术之一是简单而又低成本地产生高性能的毫米波。利用传统电学方法产生毫米波成本很高,且产生的信号在电域难以处理,因此普遍倾向于用光学方法产生毫米波信号。目前常见的光生毫米波技术方案主要有直接调制技术、上变频调制技术和光外差技术。直接调制技术通常是在中心局产生毫米波;上变频调制技术可以在中心局,也可以在基站产生毫米波;光外差调制技术则通常是在基站产生毫米波。这些方法的基本原理都是相同的,都是用光学方法产生两个不同频率成分的相干光波,将它们在平方律探测器中进行拍频,检测后得到的电信号即是频率为参与拍频的两光波频率之差的射频信号。两个不同频率的光波可以来自同一个激光器,也可以来自不同的激光器。后者由于两个光波的相干性较差,需要采取相应的锁相措施。

4. RoF 关键单元器件技术

在 RoF 射频光纤传输系统中,复杂功能配置和重要的光电域转换(如光生毫米波)在中心局完成,因此需要相关的关键单元器件技术。例如,通过研究光调制格式(如单边带调制 SSB、双边带调制 DSB 和光载波抑制 OCS)和电调制格式(如正交频分复用 OFDM),为不同 RoF 提供合适的解决方案;通过研究微波和光波的两级滤波方式,结合数字信号处理技术实现 RoF 信号的频谱感知;通过研究抽样、量化和编码均在光域进行的全光模数转换器,克服传统电域模数转换器在性能和复杂度方面的缺陷;通过研究改进天线结构设计实现波束赋形,为智能天线提供技术支撑等。

5. RoF 色散致功率衰落效应

在 RoF 系统中,色散不仅会导致脉冲展宽和出现码间干扰,还会造成射频信号功率随传输距离发生周期性衰落的现象。在小信号调制情况下,射频或中频信号对光波进行强度调制后,通常为双边带调制。经过光纤网络传输后,在接收端进行光电变换,这时光载波和两个一阶边带会在平方律探测器中进行拍频。理论推导证明光电探测后的一次谐波信号(即频率为射频或中频的信号)的功率随传输距离呈现周期性衰落,其衰落周期与射频或中频信号的频率平方成反比,即频率越高,接收端检测出的电信号功率衰落周期越明显。这点对于射频光纤传输系统的影响尤为明显,需要进一步研究改善。

11.7 MSTP 技术

多业务传送平台(MSTP)是在 SDH 基础上发展演变而来的,基于 SDH 平台实现时分复用模式(TDM)、异步转移模式(ATM)和以太网等多种业务的接入、处理和传送,并提供统一的网管。MSTP 设备适合作为网络边缘的融合节点支持混合型业务,特别是以 TDM 业务为主的混合业务。

11.7.1　MSTP 基本原理

多业务传送平台(MSTP)自问世以来经历了一系列的发展历程:第一代 MSTP 仅提供以太网点到点透传功能;第二代 MSTP 引入了以太网二层交换功能以提高带宽利用率和用户接入能力;第三代 MSTP 融合了弹性分组环(RPR)技术,在以太网和 SDH 之间引入多协议标记交换(MPLS)技术和 RPR 来处理以太网的按需带宽(BoD)和 QoS 等要求,并引入虚级联和链路容量调整规程(LCAS)来增加虚容器带宽分配的灵活性和效率。MSTP 充分利用了 SDH 技术对传输数据流提供的强大保护恢复能力和较小的延时性能,并结合了网络二层乃至三层的数据业务处理能力,即将传送节点与各种业务节点融合在一起,构成业务层和传送层一体化的多业务节点。

1. MSTP 的功能模型

除了具有标准的 SDH 处理功能外,MSTP 还增加了 ATM 处理模块和以太网处理模块,但其核心模块仍然是基于 SDH 的虚容器通道。MSTP 的功能模型如图 11.31 所示,各类业务信号首先映射进 SDH 的虚容器 VC 中,然后以 VC 为单位实现交叉连接等功能。

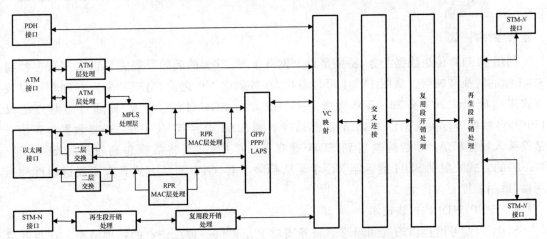

GFP:通用成帧规程　PPP:点到点协议　HDLC:高级数据链路协议
LAPS:链路接入规程　RPR:弹性分组环 MPLS:多协议标记交换
图 11.31　MSTP 的功能模型

能够支持的三类业务及其到 VC 的映射处理方法如下。

(1) TDM 业务

包括传统的 PDH 接口和 SDH 接口(STM-N)。PDH 信号按照传统的 SDH 复用映射过程映射进 VC。

(2) ATM 业务

ATM 信号经过 ATM 层处理后可以直接映射进 VC,也可以再经 MPLS 处理层和/或 RPR 处理层后封装成 GFP 或 PPP/HDLC 或 LAPS 帧,最后映射进 VC。

(3) 以太网业务

可以经多种处理方式映射进 VC。①以太网数据直接封装成 GFP 或 PPP/HDLC 或 LAPS 帧,然后映射进 VC;②以太网数据经过二层交换处理后封装成 GFP 或 PPP/HDLC 或 LAPS 帧,然后再映射进 VC;③在上述两种方式基础上增加 MPLS 和/或 RPR 层的处理功能,以提高带宽分配的灵活性和效率。

2. MSTP 的特点

① 具有强大的业务接入能力,并能提供 QoS 保障。MSTP 支持 TDM 业务、ATM 业务和以太网业务。

② 增强了带宽管理能力和流量控制机制。MSTP 通过引入虚级联和链路容量调整规程(LCAS)来增强带宽分配的灵活性和效率;还可以利用内嵌分组网协议的统计复用技术和流量控制机制,支持流量工程,进一步提高带宽利用率。

③ 提供多种保护和恢复机制。MSTP 在不同的网络层次可以采用不同的业务保护功能,并可对不同层次的保护机制进行协调,进一步提高网络生存性。

④ 具有灵活的组网能力和高可扩展性。MSTP 可适应多种网络拓扑,具有良好的可扩展性。

11.7.2　MSTP 关键技术

从体系结构上来看,MSTP 的关键技术包括封装协议、级联方式和链路容量调整规程(LCAS)三个方面。

1. 封装协议

利用 MSTP 传送数据业务,特别是以太网业务时,首要的问题是要完成以太网数据帧到 SDH 帧的转换和映射。从图 11.31 可以看出,在映射进 VC 之前,MSTP 采用三种数据封装方式来适配以太网业务和 ATM 业务:一是 IP over SDH(POS)方式,即通过点对点协议(PPP)将数据包转换成 HDLC 帧结构,然后映射到 SDH 虚容器 VC 中;二是将数据包转换成链路接入规程(LAPS)结构映射到 SDH 虚容器 VC 中;三是将数据包通过通用成帧规程(GFP)的方式映射到 SDH 虚容器 VC 中。从趋势上看,GFP 封装方式具有协议透明性和通用性,适用程度更为广泛。

(1) PPP/HDLC 封装技术

SDH 为业务网提供的端到端通道服务实质上是提供一种点到点的物理链路。在承载以太网业务时,需要采用数据链路层协议来完成以太网数据帧到 SDH 之间的帧映射,其中PPP/HDLC 是早期采用的一种封装协议,即先采用 PPP 进行封装,再采用 HDLC 成帧,最后以字节流方式映射到 SDH 帧。

首先,点对点协议(PPP)为在点对点连接上传输多协议数据包提供封装功能,并能提供比较完整的传输服务功能,以太网数据被封装到 PPP 包中,由 PPP 协议提供多协议封装、错误控制和链路初始控制。然后,PPP 包按照 HDLC 协议组帧。最后,PPP/HDLC 帧以字节流方式排列到 SDH 的同步净荷封装(SPE)中,再映射进 VC。由于 PPP/HDLC 帧长可变,允许 PPP 帧跨越 SDH 高阶 VC 的边界。

(2) LAPS 封装技术

LAPS 是我国武汉邮电科学研究院提出并获批的标准方式。它是一个直接面向互联网核心层和边缘层的 SDH 承载 IP 方案,可以完全替代 PPP/HDLC 协议,可提供数据链路层服务及协议规范,并可对 IP 数据包进行封装,以便对封装后的以太网帧进行定界。

(3) GFP 封装技术

GFP 是由朗讯公司提出的简单数据链路(SDL)协议演化而来,ITU-T G. 7041 对 GFP 进行了详细规范。GFP 提供了一种通用的将高层客户信号适配到字节同步物理传输网络的方法。采用 GFP 封装的高层数据协议既可以是面向协议数据单元(PDU)(如 IP/PPP 或以太网 MAC 帧)的,也可以是面向块状编码的,还可以是具有固定速率的比特流。

GFP 由通用部分和与客户层信号相关的部分组成。通用部分与 GFP 的通用处理规程相对应,负责到传输路径的映射,适用于不同的底层路径,主要完成 PDU 的定界、数据链路同步、扰码、PDU 复用以及与业务无关的性能监控等功能。客户层相关的部分与 GFP 的特定净荷处理规程相对应,负责客户层信号的适配和封装,功能因客户层信号的不同而有所差异,主要包括业务数据的装载、与业务相关的性能监控、管理和维护等。

GFP 帧分为客户帧和控制帧两类。客户帧用于传送 GFP 基本净荷,由帧头(Core Header)和净荷区两部分构成。它可分为客户数据帧和客户管理帧两种,其中数据帧用于承载业务净荷,管理帧用于装载 GFP 连接起始点的管理信息。控制帧是一种不含净荷区的 GFP 帧,用于控制 GFP 的连接。

GFP 帧有两种映射模式:透明映射(GFP-T)和帧映射(GFP-F)。透明映射模式帧长固定或比特率固定,可及时处理接收到的业务流量,而不用等待整个帧都收到,适合承载实时业务。帧映射模式帧长可变,通常接收到完整的一帧后再进行处理,适合承载 IP/PPP 帧或以太网帧。例如,以太网 MAC 帧向 GFP 映射时,以太网 MAC 帧的所有字节都被完整地映射到 GFP 的净荷区,字节的次序和字节内的比特标识也被保留下来,避免对业务信号的部分终结。

GFP 的通用处理规程适用于所有业务,主要包括三个处理过程,以下是发送端的处理过程,接收端进行相反的处理过程。

① 帧复用:GFP 复用单元使用统计复用的方式逐帧处理来自多个用户的 GFP 帧,复用时可根据业务的性质设置优先级。在没有客户帧时,插入 GFP 空闲帧。

② 帧头部扰码:便于实现 GFP 帧的定界。

③ 净荷区扰码:为了防止用户数据净荷与帧同步扰码字重复。

经过 GFP 通用处理规程处理后,具有恒定速率的连续 GFP 字节流被作为 SDH 虚容器的净荷映射进 STM-N 中进行传输。接收端实施相反的处理过程。

与 PPP/HDLC 技术相比,GFP 的映射过程更直接,转换层次更少,开销低,效率高,并能与 IP/PPP/HDLC 兼容。GFP 业务对象更为广泛,支持多路统计复用,带宽利用率高。另外,除了支持点到点链路,GFP 还支持环网结构。因此 GFP 的应用最为广泛。

2. 级联方式

为了增强对业务的接入和梳理能力,MSTP 引入了级联(Concatenation)技术。级联是将多个虚容器组合起来形成一个更大容量的组合容器。级联分为连续级联(或相邻级联)和虚级联两种,目前的 MSTP 系统多采用虚级联方式。

连续级联是将同一 STM-N 数据帧中相邻的虚容器级联并作为一个整体在网络中传送。它所包含的所有 VC 都经过相同的传输路径,因此各 VC 之间不存在时延差,降低了接收侧信号处理的复杂度,提高了信号传输质量,但是 VC 相邻这一信道要求难以满足,而且容易出现 VC 碎片,使得带宽分配不够灵活,资源利用率不高。

虚级联是将多个独立的不一定相邻的 VC 在逻辑上连接起来,各 VC 可以沿着不同的路径传输,最后在接收端重新组合成连续的带宽。虚级联使用灵活,带宽利用率高,对于基于统计复用和具有突发性的数据业务适应性好,但不同 VC 之间可能会出现传输时延差,实现难度大。总体来说,虚级联更为先进,目前 MSTP 大多采用该方式。

级联通常用 VC-n-X c/v 表示。其中,VC 表示虚容器;n 表示参与级联的 VC 级别;X 表示参与级联的 VC 数目;c 表示连续级联,v 表示虚级联。以 100 Mbit/s 以太网业务为例,对于连续级联,需要用一个 VC-4 来容纳,利用率为 67%;如果采用虚级联技术,则采用 VC-3-3v,即用三个无须相邻的 VC-3 来容纳,利用率为 100%。

注意 SDH 的复用映射结构中并没有 VC-n-X c/v 这样的虚容器,实际是分配到 X 个实际的 VC-n 中传送的,只是在 MSTP 中被当作一个整体进行处理和传送。另外,对于连续级联,通常以 VC-n-X c/v 中第一个 VC-n 的通道开销(POH)作为级联后整体的 POH,其他 VC-n 的 POH 位置则填充固定比特。

3. 链路容量调整规程(LCAS)

链路容量调整规程(LCAS)是基于虚级联的链路容量的自动调整策略,是对虚级联技术的扩充。LCAS 的实施是以虚级联技术的应用为前提的,允许无损伤地调整虚级联信号的链路容量,而不中断现有业务或预留带宽资源。调整原因可以是链路状态发生变化(失效),或者是配置发生变化。例如,可以对一天或者一星期中的不同时间段配置不同的带宽,实现资源的按需动态调整。

另外,针对虚级联中不同 VC 可以沿不同路径传输的特点,LCAS 能为虚级联业务的多径传输提供软保护与安全机制。若某条路径发生故障,LCAS 可以将发生故障的 VC 从虚级联中删除,等故障排除后再添加进去,因此故障期间只需改变虚级联的链路容量,而无须中断业务,提高了虚级联业务的健壮性。

本 章 小 结

目前,整个通信网络正朝着数字化、IP 化、宽带化、智能化和个人化方向飞速发展,处于核心网外围边缘的接入网也同样处于数字化、IP 化、宽带化和移动化的演进过程中,由此产生了多种综合业务接入技术。本章在介绍接入网基本概念的基础上,对各类综合业务接入技术的系统结构、工作原理和性能特点进行了重点介绍和分析,主要包括铜线接入技术、光纤接入技术、光纤/同轴电缆接入技术、电力线接入技术、光载无线技术以及多业务传送平台技术。总的来说,各类光纤接入技术是目前接入网的主流技术,而无线接入技术因其组网方便、使用灵活和成本较低等特点,将和光纤接入互相补充,共同构成有线和无线共存的宽带综合业务接入网。

习 题

1. 接入网的概念是怎么来的? 它有哪些特点? 与核心网的区别是什么?
2. 接入网的定义是什么? 它由哪些接口来定界?
3. 接入网的主要功能有哪些?
4. 从传输媒质的角度,接入网可划分为哪些种类?
5. 铜线接入技术有哪些种类? 它们的业务支持能力如何?
6. 铜线接入技术中 DMT 技术的特点是什么?
7. ADSL 有哪些特点? 适用于哪些应用环境?
8. 光纤接入系统中 OLT 和 ONU 的含义是什么? 在系统中起什么作用?

9. 光纤接入网有哪些种类？

10. 简要分析 EPON 的关键技术。

11. PON 中常用的多址接入技术有哪些？其工作原理是什么？

12. 试描述 EPON 的上下行工作原理。

13. 试从技术因素方面对比 EPON 和 GPON。

14. 和 GPON 相比，TWDM-PON 的特征是什么？

15. HFC 和 CATV 的关系是什么？其频谱是如何划分的？

16. 电力线接入可分为哪几类？

17. PLC 的关键技术与无线蜂窝通信有什么区别？

18. 典型 RoF 系统的工作原理是什么？有什么优点？

19. MSTP 是如何支持以太网业务接入的？

20. 简述 MSTP 关键技术。

第五篇

协同融合通信与网络技术

　　前面各篇分别从业务与终端、交换与路由、接入与传送等信息通信网络的各个层面分析了相关的技术原理与特征,近年来,随着大数据、云计算、移动应用、社交网络、网络安全、高效节能等新需求的不断涌现,仅仅依靠某种单一技术方式已难以满足多元化的用户需求。为能更好地服务用户,多种新型的信息通信网络技术应运而生,其典型特点是多种技术的协同融合。本篇介绍其中有代表性的几种协同融合通信与网络技术,如有线网络与无线网络协同融合、通信与计算协同融合等,总体反映了未来信息通信网络技术的发展趋势。

第 12 章 协同融合通信与网络技术

本章主要介绍几种有代表性的协同融合通信与网络技术，每种都会涉及多种技术的交叉互动与协同融合。主要包括：有线网络与无线网络协同融合、通信与计算协同融合、软件定义与光通信协同融合、通信与人工智能协同融合、移动互联网、物联网、量子密钥分发网络等。

12.1 有线网络与无线网络协同融合

有线网络（如光纤网络等固定网络）和无线网络（如移动通信等移动网络）各有技术优势与特点，将其协同融合，可以更好地发挥各自技术优势，满足多样性与高要求的业务需求。

12.1.1 固定网络与移动网络协同融合

固定网络与移动网络融合（FMC，Fixed Mobile Convergence）的目的是能够发挥各自技术特点，让用户不论在固定环境中，还是在移动环境中，都能得到相同的服务，使用户感觉不到有多个网络存在，同时降低网络建设的总成本。用户可以在固定网络和移动网络之间实现无缝漫游，允许用户使用同一终端，从任何网络接入，最终享受相同的业务服务，实现"在任何时间、在任何地点、和任何人、以任何方式获取任何信息"的通信目标。

FMC 具有不同的体现形式（如组网技术的融合、接入方式的融合、业务层面的融合、终端层面的融合、管理控制的融合等），图 12.1 给出了一种采用 IP 多媒体子系统 IMS 实现的 FMC 基础网络体系架构。IMS 与接入方式无关，采用统一的会话控制和用户数据、开放和统一的应用平台，支持用户漫游和用户数据的集中管理等特性；在核心承载层采用全 IP/多协议标记交换（IP/MPLS）技术，在业务层采用统一开放的业务提供架构，在接入层支持固定、移动、窄带、宽带等各种接入技术，终端采用多模化和智能化终端。FMC 的主要特点如下。

① 业务与用户位置无关：用户能够根据自己所在的物理位置，灵活地选择采用不同的接入技术，满足自己的需求，如固网通信（ADSL、EPON、GPON 等）、移动通信（GSM、CDMA、WCDMA、CDMA2000、TD-SCDMA、TD-LTE、FDD-LTE、5G 等）或其他方式（WiFi、WiMax 等）。

② 信号切换的连续性：采用无缝连接与平滑切换，使不同网络间的信号切换不会中断业务或导致服务质量受损。

③ 业务体验的一致性：不论用户采用的是哪种接入方式及哪种使用终端，都应该能够获得一致的业务体验。

固定网络与移动网络在其各自的演进过程中，路由、MAC 层和物理层解决的问题不尽相同，存在诸多差异，这就对协同融合提出了更高的技术要求，主要涉及如下关键技术。

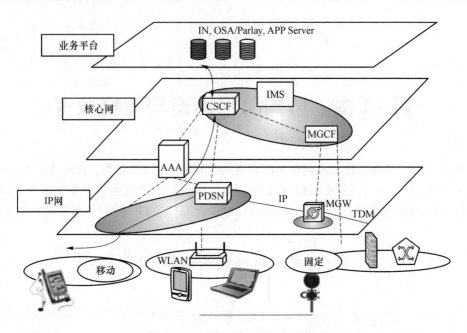

图 12.1　固网与移动网络融合基本结构

（1）FMC 的管控技术

固定网络和移动网络管理控制层的协同融合是指不同网络运行维护等方面彼此协商共同管理的融合，要求对跨网络、跨业务的运营支撑系统进行协同融合。具体技术包括：应用层和控制层分离，使业务与用户的物理位置无关；控制层与传输层分离，使呼叫/会话的控制独立于承载的控制，基于不同的承载提供相同的控制能力；传输层和接入层完全分离，使无论何种终端、何种接入方式都可以共享同一承载网络，充分利用网络资源，降低网络的复杂性。

（2）多模终端技术

多模终端是指能够连接多种网络的智能终端，可以提供固定网络和移动网络的连接。例如，用户可以使用固定终端来实现语音服务和互联网接入服务，通过移动终端来实现移动语音服务和基本的数据服务（如微信、短信等）；而新的多模融合终端，能够让用户使用一个终端就完成以前用多个终端才能实现的应用，能够让用户方便地在不同的网络间切换。

（3）业务融合技术

业务融合是指固定网络和移动网络支持相同的全部业务，可以分为初级的业务捆绑和深层次的业务融合两个阶段。业务捆绑是一种以客户需求为目标的初级融合，其方式是将固定和移动的业务进行捆绑，使固网的传统优势演变为全新的业务模式，并最大可能地使传输网、接入网实现最佳组合。例如，可使固网体系下的宽带互联网业务与移动互联网业务充分融合，为用户提供宽带视频和多媒体、IPTV 等综合业务。业务捆绑只是部分满足了用户统一接入、统一服务、统一账单的简单需求，还不具备深层次满足用户固定、移动融合需求的能力。而业务融合是指通过统一的业务创建/传送平台，为不同接入类型的用户提供统一的业务和应用，可以实现用户的统一号码、统一用户服务、统一语音信箱、统一话单以及统一的个人信息管理等应用。

固定网络和移动网络是通信网络的两种重要形式，拥有各自的技术优势与特点。随着移动互联网的不断发展，终端的多样化以及服务的个性化使得业务的呈现不再单一地依靠某一种单一的网络形式。因此，固定网络和移动网络协同融合更多的是从业务的统一提供和呈现角度出发，实现固定网络和移动网络业务的融合与协同。

12.1.2　光通信与无线接入协同融合

随着虚拟现实、物联网等新业务的不断发展,无线接入网络(RAN)在数据速率、传输时延、时延抖动、灵活性、可扩展性等方面面临着诸多的挑战,迫使 RAN 架构发生改变,从而引发了光通信与无线接入的协同融合:一方面利用光通信的高带宽和低时延等特点实现无线基带信号的传输,另一方面通过灵活的光交换技术实现虚拟化基带处理单元(BBU,Baseband Unit)与远端无线单元(RRU,Remote Radio Unit)的灵活组网,从而达到资源的高效适配目的。具体表现为从 2G/3G 时代的"分布式无线接入网(D-RAN)"到 4G/5G 时代的"集中式无线接入网(C-RAN)",再到 5G/后 5G 时代的"基带功能分离的下一代无线接入网"等发展阶段(见图 12.2)。

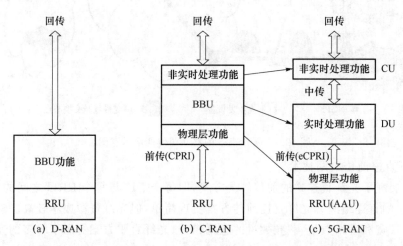

图 12.2　无线接入网络演进过程

① 图 12.2(a)中 2G/3G 的"集成化 BBU-RRU"部署场景:一般通过建设高塔形成宏基站,将 BBU 与 RRU 功能紧耦合,集成在基站内部,通过短距离铜缆进行连接。然而随着用户数量和负载的不断增加,宏基站的规模逐渐增大,能耗与成本等大幅度增加。因此,将部分基站功能分离并进行集中处理可有效解决这一问题。

② 图 12.2(b)中 4G 的"云化 BBU"部署场景:将 BBU 从传统宏基站功能中剥离出来,进行集中式部署形成 BBU 池,通过 CPRI 接口和光纤互联。同时引入虚拟化技术,实现 BBU 资源的高效利用。在虚拟化的 BBU 池中,虚拟 BBU 由位于同一物理实体的 BBU 资源或者分布于多个物理实体的 BBU 资源组成,RRU 能够可以与任意虚拟 BBU 相连,同时虚拟 BBU 之间允许灵活的资源迁移,可有效提升基站基带处理能力的统计复用增益。但"云化 BBU"技术使得 BBU 与 RRU 之间传输的信息量过大,时延要求也更加严格。

③ 图 12.2(c)中 5G 的"功能分离"部署场景:5G 的无线接入网络将从 4G/LTE 网络的 BBU-RRU 两级结构演进到 CU-DU-RRU 三级结构,将原 BBU 的非实时处理部分分割出来,重新定义为集中单元(CU,Centralized Unit);将 BBU 的部分物理层功能与原 RRU 功能和射频天线功能合并为新的 RRU(也称 AAU);将 BBU 的剩余功能重新定义为分布单元(DU,Distribute Unit),负责处理物理层协议与实时服务。前传部分的接口从 CPRI 演变为基于功能分割的 eCPRI / NGFI 接口,之间由光纤互联。

图 12.3 给出了一种应用场景示例,其中 BBU 与 RRU(或者 5G 中的 DU 与 RRU)之间的

连接称为移动前传(Fronthaul),主要面临的挑战是:大带宽与低时延传输、灵活前传光层组网、深度智能化的管控机制等,不同类型的光通信技术也试图解决上述问题,从而形成了不同类型的技术方案。

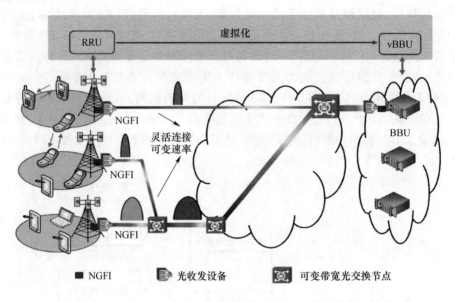

图 12.3　灵活高效的移动前传网络示意图

(1)光纤直连前传组网技术

图 12.4 展现了光纤直连式的前传解决方案,即每个 DU 与每个 RRU 之间的端口全部采用光纤点对点的直连组网。光纤直连前传方案实现简单,但光纤资源成本较高。5G/后 5G 时代,随着前传带宽和基站数量、载频数量的急剧攀升,光纤直驱方案占用了较多的光纤资源。

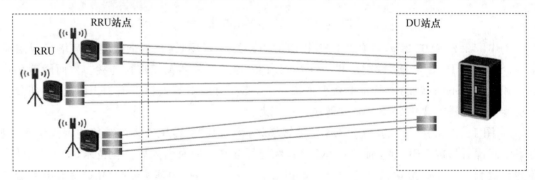

图 12.4　光纤直驱移动前传组网示意图

(2)TDM-PON 前传组网技术

时分复用无源光网络(TDM-PON,Time Division Multiplexing Passive Optical Network)是经济效益较高的一种移动前传解决方案(图 12.5 所示),可以通过几个光接口就能够支持数十个 RRU 的连接。但 TDM-PON 方案必须解决两个问题:即同步和时延。例如:TDM-PON 系统运行需要 OLT 和 ONU 之间的准确同步,并且通过将 TDM-PON 系统同步到 BBU,以实现 BBU 和 RRU 之间所需的同步精度;在传输时延层面,上行链路如果采用动态带宽分配 DBA 技术则会引入更多的时延,因此需要采用优化合理的时延调度技术才能满足前传网络需求。

（3）WDM/OTN 移动前传组网技术

无源波分方案是通过波分复用（WDM）技术,将多波长光模块安装在无线设备（RRU 和 DU）上,通过无源的合/分波器完成 WDM 功能,利用一对甚至一根光纤可以提供多个 RRU 到 DU 之间的连接,如图 12.6 所示。根据采用的波长属性,该方案可以进一步区分为无源粗波分（CWDM, Coarse Wavelength Division Multiplexing）方案和无源密集波分（DWDM, Dense Wavelength Division Multiplexing）方案。

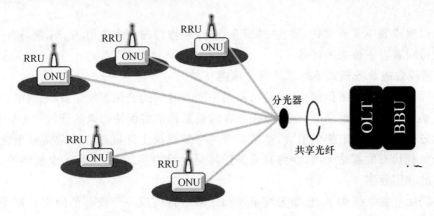

图 12.5　TDM-PON 移动前传组网示意图

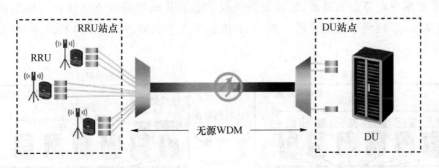

图 12.6　无源 WDM 移动组网示意图

有源波分方案是在 RRU 站点与 DU 机房配置城域接入型 WDM/OTN 设备,前传信号通过 WDM 技术共享光纤资源,通过 OTN 开销实现管理与保护,提供质量保证。接入型 WDM/OTN 设备与无线设备采用标准灰光接口对接,WDM/OTN 设备内部完成 OTN 承载、端口汇聚、彩光拉远等功能。相比于无源波分方案,有源波分/OTN 方案组网方式更为自由,可支持点对点及环网两种组网场景（如图 12.7 所示）。

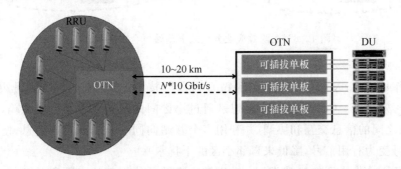

图 12.7　有源 WDM/OTN 移动前传组网示意图

光波与无线协同融合网络中存在着多元异构资源,主要体现在三种资源形式:无线(微波)资源、光波资源以及基带处理资源。这些多维多域资源相互交织,加剧了不同资源管理域调配的实现难度。同时,各种资源管控独立,难以达到全网按需分配资源的目标。因此,如何实现多域资源统一管控以及高效适配,是光波与无线协同融合所面临的关键挑战之一。

12.1.3 典型应用场景示例

下面以潮汐效应业务模式下的基站聚合、多点协作传输两个应用场景示例,进一步说明光波与无线协同融合所带来的优势。

(1)潮汐效应业务模式下的基站聚合示例

在实际运营的移动通信网络中,基站利用率随着时间的变化而发生波动。例如,当用户从一个地点移动到另一个地点时,他们原来所在地的基站仍将保持原来的开启状态(但实际上并未承载业务),从而导致电能的浪费,基站聚合可有效解决上述问题。所谓基站聚合是指将多个处于低负载状态的基站关闭,并将其业务迁移到少量的基站中,从而减少基站的总体能耗,提高基站的利用效率。

在协同融合网络架构下,整个无线接入和光网络将构成一个统一的网络控制平面。控制平面监控基站的状态,通过设计能耗最小化的基站聚合启发式算法,保证基站之间的最小业务迁移,最终实现在业务量较低时,将大量低负载状态下基站中的业务迁移到其他基站中,并关闭低负载基站,以达到节能的目的。图12.8展示了一个在潮汐效应业务模式下基站聚合方案示意图。

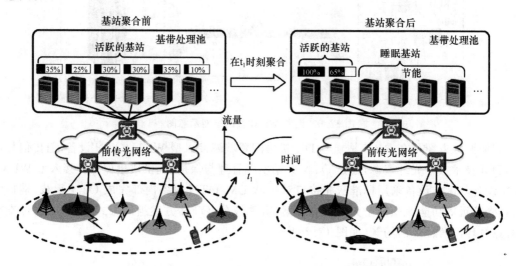

图 12.8 潮汐效应业务模式下基站聚合方案示意图

(2)多点协作传输示例

多点协作传输(CoMP,Coordinated Multi-Point)技术是无线接入网中提升边缘网络服务质量的一种有效手段。CoMP 的核心思想是通过小区间的联合调度和协作传输,通过不同小区/扇区基站之间的信息交互和协调,并利用多个基站向同一个用户发送信息,使小区边缘用户的干扰信号变为有用信号,降低来自邻小区的干扰水平。

根据服务于协作小区的基站类型,将 CoMP 流量可分为基站内部流量(Intra-BBU)和基站间流量(Inter-BBU)。如图 12.9 所示,对于移动用户 1,协作的基站通过波长 λ_1 连接到

BBU_1,将这种 CoMP 流量称为 Intra-BBU 的 CoMP。同时,协作基站连接到不同 BBU(如移动用户 2 的场景)称为 Inter-BBU 的 CoMP。由于 Inter-BBU 的 CoMP 需要 BBU 之间的信息交换,这将导致额外的处理负载和更高的系统延迟,为 BBU 之间的链路带来巨大的开销,因此,对于 CoMP 服务,应尽可能提高 Intra-BBU 处理的比例,以提高 CoMP 的总体性能。

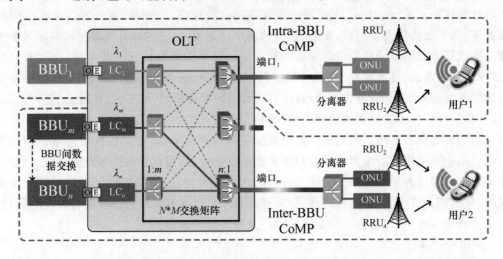

图 12.9　基于 TWDM-PON 的移动前传网络中的 Intra-BBU CoMP 和 Inter-BBU CoMP

如图 12.10 所示,利用前传光网络的动态波长重构(WR,Wavelength Reconfiguration)技术,可将属于不同 BBU 的多个协作基站重新关联到同一个 BBU 上,在进行 WR 之前,移动用户 U_1 和 U_2 由 Inter-BBU 的 CoMP 服务,将导致大量的 BBU 交换,造成网络资源浪费。通过将小区的波长从 λ_2 重构到 λ_1,组成了与 BBU_1 相连的服务于 U_1 和 U_2 的 CoMP 小区,实现网络资源的高效利用。

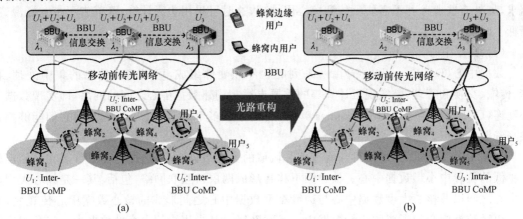

图 12.10　最大化 Intra-BBU CoMP 流量的波长重构技术

12.2　通信与计算协同融合

通信与计算协同融合是指将云计算、边缘计算等新兴计算技术融入通信网络中,可以有效缓解通信网络的带宽压力,解决用户设备资源不足,降低网络传输时延,提升用户服务质量,提高网络整体性能水平。

12.2.1　云计算、边缘计算与数据中心

（1）云计算

云计算(Cloud Computing)是一种对可配置的计算资源（如网络、服务器、存储、应用程序和服务等）共享池提供无处不在、便捷、按需的网络访问模式，这些计算资源可以在尽可能少的管理工作或服务提供者干预下进行获取和释放。云计算主要包括五个基本特征（按需自助服务、多样化网络接入、资源池化、高效伸缩、可计量服务）、三个服务模型（软件即服务(SaaS)、平台即服务(PaaS)、基础设施即服务(IaaS)）以及四种部署模型（私有云、社区云、公共云、混合云）等。将云计算技术应用于通信网络，能够动态地将不同位置、实时产生的大规模数据分配到最合适的数据中心处理。通过云计算对资源进行合理的分配，可以优化信息通信网络的带宽占用。由于在网络核心位置处设有很多大型的数据中心，因此计算资源十分丰富，一般用来处理资源密集型任务请求。基于上述云计算的几大技术特征，使得用户可以随时随地按需访问网络，使用相关资源；对于运营商而言，云计算技术可以使其对用户访问进行方便的管理，同时由于计算资源位于云端，也可减少其软硬件及相关维护成本。

（2）边缘计算

边缘计算(Edge Computing)是指在靠近业务端或数据源端的一侧，采用网络、计算、存储、应用核心能力为一体的开放平台，数据不必传到很远的云端，而是就近提供服务，其应用程序在边缘侧发起，形成更快的网络服务响应，满足行业在实时业务、应用智能、安全与隐私保护等方面的基本需求，在一些业务的实时数据分析与智能处理等方面具有优势。

云计算和边缘计算各有特点与适用场景，例如，云计算可以解决核心网（骨干网）或资源密集型任务请求等面临的一些关键问题，但由于与用户距离较远，难以满足时延敏感的特殊业务需求，另外有些业务并不需要上传到核心网处理，这时可采用边缘计算，既节省了带宽资源，又降低了时延。

（3）数据中心

数据中心(DC,Data Center)由一系列的软件和硬件组成，可以实现信息的集中处理、存储、传输、交换和管理，是实现云计算等的重要支撑。构建数据中心之间的网络，即实现数据中心互连(DCI,Data Center Interconnect)可以将两个或多个数据中心连接起来使它们能够相互共享资源。

如图 12.11 所示，云计算可部署在核心城域的大型数据中心，边缘计算可部署在城域汇聚或更低的位置中小型数据中心。核心网下移将形成两层云互联网络，包括：其一是核心大型数据中心之间以及核心大型数据中心与边缘小型数据中心之间形成的核心数据中心传送网，其二是边缘数据中心间形成的边缘数据中心互联网络。其中边缘的中小型数据中心将承担边缘计算、内容分发网络(CDN,Content Delivery Network)等功能。

数据中心网络包括有物理网络层面和逻辑网络层面的相关技术，要实现不同地区数据中心之间的互联，有多种方式，如直接互联、专线互连、光纤直连等。同时要增强加密手段，防止传输的数据泄露。

随着资源密集型应用的增加，由于用户设备处理能力以及电力的限制，需要将某些任务上传到数据中心执行，低一级数据中心处理不了的，还要传输到更高级别的数据中心执行，从而需要数据中心之间的连接；同时，各数据中心之间需要进行信息的交互，例如，用户由于移动离开了某个数据中心的服务范围，切换到下一个数据中心时，需要传递相关用户信息，也同样需

要数据中心间的连接。

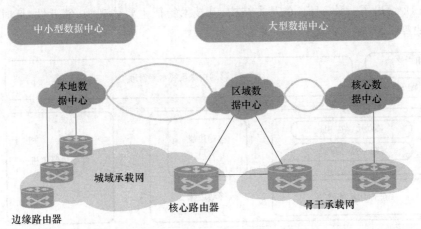

图 12.11　云数据中心网络基本架构图

数据中心网络的建设要求主要如下。

① 距离：数据中心网络的规模和范围可能有很大差异，需要连接的数据中心可以分散在一个城市、一个国家甚至世界各地，数据中心传送网络必须能够将数据传输到距离最远的数据中心。此外，当数据中心距离较远时，延迟就会相应增加，通过选择最短路径优先等传输方式可以降低传输引起的延迟。

② 容量：数据中心负责存储数据和交付应用需求，进入或离开数据中心的数据集可达到几百吉比特、太比特级别甚至更大。因此，网络设备必须提供可靠、大容量、具有可伸缩性的连接，以快速处理不断变化的数据流量。

③ 安全：数据中心存储着大量的敏感信息，财务交易、人事记录等公司数据都是至关重要的且具有高度机密性。因此，数据中心网络连接必须是可靠和安全的，必要情况下还要进行加密，以避免数据的泄露与丢失。因此，加密技术和严格的数据访问规则非常重要。

④ 运转：数据中心通过人为操作不仅缓慢且容易出错，可以通过开放 API 使用脚本或自定义的程序实现自动化操作。两个数据中心之间的连接必须快速且可靠地启用，在管理每个连接的过程中应当尽量避免人为参与，以提高效率及减小误差。

⑤ 成本：随着网络流量的逐年增加，进入和离开数据中心的大数据流必须尽可能实现低成本高效传输。

12.2.2　无线接入网与移动边缘计算协同融合

移动边缘计算（MEC，Mobile Edge Computing）是指在移动网络的边缘、无线接入网络（RAN）内和移动用户附近提供计算等服务，MEC 将原本位于云数据中心的服务和功能从核心网"下沉"到移动网络的边缘，在移动网络边缘提供计算、存储、网络和通信资源。MEC 直接靠近用户，从而减少了网络操作和服务交付的时延。同时，通过 MEC 技术，移动网络运营商可以将更多的网络信息和网络拥塞控制功能开放给第三方开发者，用于减少延迟、确保高效的网络操作和服务交付，改善用户体验。因此，无线接入网与移动边缘计算融合后，一方面，部署在汇聚节点、接入节点乃至用户侧的计算能力使 MEC 能够快速响应请求，解决了时延问题；另一方面，MEC 将内容与计算能力下沉，实现业务本地化，和内容在本地缓存，使部分区域性业务不必上传到核心网云端处理,大大提升了传送网带宽利用率。

图 12.12 给出了一种 MEC 的基本结构,其技术特征主要体现为:邻近性、低时延、高宽带和位置认知等。

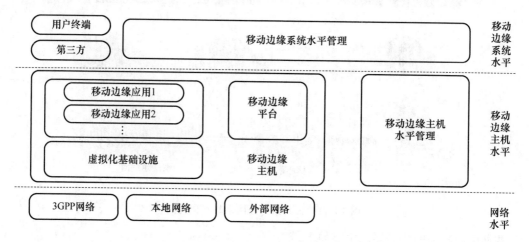

图 12.12　MEC 基本结构示意图

① 邻近性:边缘计算服务器的布置靠近信息源,适用于捕获和分析大数据中的关键信息,边缘计算还可以直接访问设备,容易直接衍生特定的商业应用。

② 低时延:MEC 服务靠近终端设备或者直接在终端设备上运行,大大降低了延迟,使得反馈更加迅速,改善用户体验,降低网络在其他部分中可能发生的拥塞。

③ 高带宽:MEC 服务器靠近信息源,可以在本地进行简单的数据处理,不必将所有数据或信息都上传至云端,使得核心网传输压力下降,减少网络堵塞。

④ 位置认知:网络边缘是无线网络的一部分,无论是 WiFi 还是蜂窝,本地服务都可以利用相对较少的信息来确定每个连接设备的具体位置。

MEC 系统的基本组件包括路由子系统、能力开放子系统、平台管理子系统及边缘云基础设施,所涉及的核心功能与关键技术如下。

① 网络开放:MEC 可提供平台开放能力,在服务平台上集成第三方应用或在云端部署第三方应用。

② 能力开放:通过公开 API 方式为运行在 MEC 平台主机上的第三方应用提供包括无线网络信息、位置信息等多种服务。能力开放子系统从功能角度可以分为能力开放信息、API 和接口,API 支持的网络能力开放主要包括网络及用户信息开放、业务及资源控制功能开放。

③ 资源开放:资源开放系统主要包括 IT 基础资源的管理(如 CPU、GPU、计算能力、存储及网络等),能力开放控制以及路由策略控制。

④ 管理开放:平台管理系统通过对路由控制模块进行路由策略设置,可针对不同用户、设备或者第三方应用需求,实现对移动网络数据平面的控制。

⑤ 本地转发:MEC 可以对需要本地处理的数据流进行本地转发和路由。

⑥ 移动性:终端在基站之间移动、在小区之间移动和跨 MEC 平台移动。

MEC 的应用场景可以分为本地分流、数据服务、业务优化三大类。本地分流主要应用于传输受限场景和降低时延场景,包括企业园区、校园、本地视频监控、VR/AR 场景、本地视频直播、内容分发网络(CDN)等;数据服务主要包括室内定位、车联网等;业务优化主要包括视频 QoS 优化、视频直播和游戏加速等。

在实际部署上,MEC 系统一般是基于 IT 通用硬件平台构建,由一台或者多台 MEC 服务器组成,主要包括宏基站场景和微蜂窝基站场景两种部署方式。

① 宏基站场景部署:宏基站的服务范围较广,本身具备一定的计算和存储能力。此场景主要将 MEC 平台直接嵌入宏基站中。拥有 MEC 功能的宏基站能够很好地支持室外的大区域范围的各类垂直行业应用,如车联网、智慧城市等。

② 微蜂窝基站场景部署:微蜂窝基站的覆盖范围较小,基站的硬件资源也有限制。此场景部署主要以本地汇聚网关的方式出现,即多个微蜂窝基站共同连接到同一个 MEC 平台,通过在 MEC 平台上布置多个业务应用实现特定区域内的运营支撑,如企业、学校内部高效资源访问,商场等室内场所的物联网网关汇聚和数据分析等。

另外,在综合应用时,可结合实际情况有效利用云计算和移动边缘计算的各自特点。如图 12.13 所示,大型云位于网络核心位置,MEC 部署在城域汇聚或更低的位置。云计算与边缘计算在信息通信网络中相互协同,相得益彰。其中,云计算把握整体,聚焦于非实时、长周期数据的大数据分析,能够在周期性维护、业务决策支持等领域发挥特长,对进入传送网的资源进行高效分配;边缘计算则专注于局部,聚焦实时短周期数据的分析,能够更好地支撑本地业务的实时智能化处理与执行,使区域性业务能够在本地完成,减少传送网中不必要的带宽耗费。

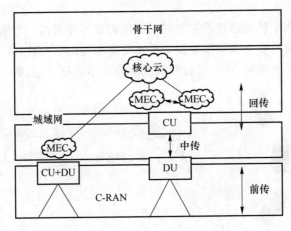

图 12.13　移动通信网络的云架构

12.2.3　典型应用场景示例

下面以视频优化加速、车联网、增强现实三个应用场景示例,进一步说明通信与计算协同融合所带来的优势。

(1) 视频优化加速

采用移动边缘,可以计算降低移动视频延迟,实现跨层视频优化。在移动视频流量呈爆发增长时,网络延迟大大降低了移动视频用户的观感。移动视频停滞和缓冲对于运营商及其客户来说仍然是一个大问题。通过不断扩容网络带宽来保证业务体验的成本非常巨大,这时则需要通过边缘部署一定的存储直接提供服务(图 12.14),从而换取骨干带宽资源。

① 本地缓存:由于移动边缘计算服务器是一个靠近无线侧的存储器,可以事先将内容缓存至移动边缘计算服务器上。当存在观看移动视频需求时,即用户发起内容请求,移动边缘计算服务器立刻检查本地缓存中是否有用户请求的内容:如果有就直接服务;如果没有就去网络

服务提供商处获取,并缓存至本地。在其他用户下次有该类需求时,可以直接提供服务。这样便降低了请求时间,也解决了网络堵塞问题。

② 跨层视频优化:此处的跨层是指"上下层"信息的交互反馈。移动边缘计算服务器通过感知下层无线物理层吞吐率,服务器(上层)决定为用户发送不同质量、清晰度等的视频,在减少网络堵塞的同时提高线路利用率,从而提高用户体验。

③ 用户感知:由于移动边缘计算的业务和用户感知特征,其可以区分不同需求的客户,确定不同服务等级,实现对用户差异化的无线资源分配和数据包时延保证,合理分配网络资源提升整体的用户体验。

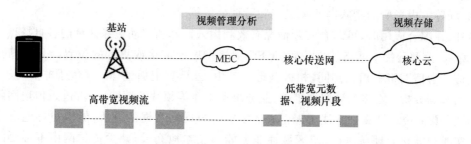

图 12.14　视频优化加速示意图

(2) 车联网

近年来,车辆之间、车辆与路边设施之间的联网需求逐年增加。车辆和路边传感器的通信旨在通过交换一些关键的安全和操作数据来提高交通系统的安全性、效率和便利性。此外,车联网还可以提供丢失车辆找回、车位寻找和娱乐服务等增值服务(见图 12.15)。

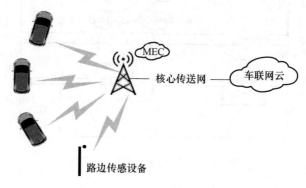

图 12.15　车联网部署示意图

随着连入车联网的车辆数量的增加,所需传输数据量增加,对时延的要求也更高。对于某些应用数据可以在核心网区域集中存储和处理,对于一些时延敏感数据或是在本地易于处理的数据,则可以在边缘进行处理。移动边缘计算可以用于将连接的汽车云扩展到高度分布式的移动基站环境中,并使得数据和应用程序能够在车辆附近被处理,从而减少数据的往返时间。通过移动边缘计算可以直接从车辆和路边传感器中的应用程序接收本地消息并进行分析处理,然后向该区域的其他汽车传达危险警告和其他对延迟敏感的消息。这使得附近的车辆能够在毫秒之内接收数据,从而允许驾驶员立即做出反应。

(3) 增强现实(AR)

增强现实(AR)是真实世界环境的视图和辅助计算机生成的声音、视频、图形或 GPS 等数据的组合。增强现实有较为广泛的应用场景,例如,当游客参观博物馆、美术馆或是观看音乐会、体育赛事时,可以通过相机捕捉兴趣点图片并通过应用程序在特定设备上呈现与兴趣点图片的背景、历史、作者等相关信息。这需要应用程序需要通过定位技术或相机视图获取用户的位置和他们面对的方向,而用户移动后需要应用程序进行信息刷新。由于与兴趣点有关的补充信息通常是高度本地化的,所以与核心云相比,MEC 平台更适合托管增强现实的信息数据并提供服务(见图 12.16),以根据用户的位置和方向向用户的设备快速实时推送正确信息(例如,在美术馆中,面对仅间隔几米的展品,系统可以根据用户视图角度快速提供每件作品的艺术家信息),并减少核心传送网带宽资源占用。

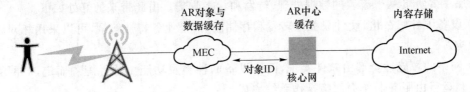

图 12.16　增强现实应用示意图

　　云计算、边缘计算、移动边缘计算等技术的出现,为信息通信网络面临的问题带来了新的解决方案。在未来应用场景中,这些技术主要应用在大带宽、低时延业务等场景,在传送网现有高速传输速率的基础上,根据任务的性质将其分配到核心或边缘云进行处理,通过对用户请求的合理分配,提高带宽利用效率,节省带宽资源,缓解用户的设备和运营商的成本压力。

12.3　软件定义与光通信协同融合

　　为解决现有复杂而僵硬的网络架构、新的网络功能和新的业务类型难以快速部署、设备的升级成本高等问题,业界提出了软件定义网络(SDN,Software Defined Network)和网络功能虚拟化(NFV,Network Function Virtualization)技术,其中 SDN 是通过将网络设备控制面与数据面分离,摆脱硬件对网络架构的限制,可以像升级软件一样对网络架构进行修改,而底层的硬件则无须替换,为核心网络及应用的创新提供了良好的平台,节省大量成本的同时,网络架构迭代周期将大大缩短。NFV 是将传统网络实体进行软硬件分离和解耦,通过借用信息技术的虚拟化技术形成虚拟机(Virtual Machine),然后将传统的通信业务部署到虚拟机上,对网络功能进行软件化,实现网络硬件资源的共享,从而促成了网络功能的快速部署及业务容量的按需灵活分配。

12.3.1　软件定义光网络

1. SDN 和 NFV 技术

　　SDN 的设计理念是将网络的控制平面与数据转发平面进行分离,通过集中控制器中的软件平台,实现对底层硬件的可编程化控制,路由协议交换、路由表生成等功能均在统一的控制面完成,从而实现对网络资源灵活地按需调配。

　　与传统网络相比,SDN 的基本特征如下。

　　① 控制与转发分离。转发平面由受控转发的设备组成,转发方式以及业务逻辑由运行在分离出去的控制面上的控制应用所控制。

　　② 控制平面与转发平面之间的开放接口。SDN 为控制平面提供开放可编程接口。通过

这种方式,控制应用只需要关注自身逻辑,而不需要关注底层更多的实现细节。

③ 逻辑上的集中控制。逻辑上集中的控制平面可以控制多个转发面设备,也就是控制整个物理网络,因而可以获得全局的网络状态视图,根据该全局网络状态视图实现对网络的优化控制,方便运营商和科研人员管理配置网络和部署新协议等。

如图 12.17 所示,SDN 的典型架构共分三层:最上层为应用层,包括各种不同的业务和应用;中间的控制层主要负责处理数据平面资源的编排,维护网络拓扑、状态信息等;最底层的基础设施层主要负责基于流表的数据处理、转发和状态收集。由此带来的好处如下。

① 设备硬件归一化,硬件只关注转发和存储能力,与业务特性解耦,可以采用相对便宜的商用架构。

② 网络的智能性全部由软件实现,网络设备的种类及功能由软件配置而定,对网络的操作控制和运行由服务器作为网络操作系统完成。

③ 解放手工操作,减少了配置错误,对业务响应相对更快,可以定制各种网络参数,如路由、安全、策略、QoS、流量工程等,并实时配置到网络中,缩短开通具体业务的时间。

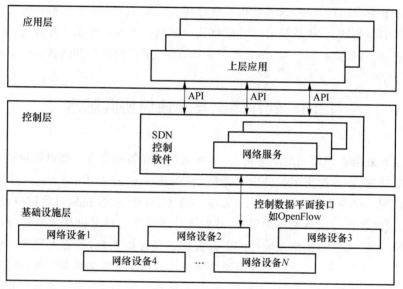

API:应用程序编程接口

图 12.17 SDN 基本架构

SDN 的基本架构由下到上(也称为由南到北)分为数据平面、控制平面和应用平面,控制平面与数据平面之间通过 SDN 控制数据平面接口进行通信,具有统一的通信标准,目前主要采用 OpenFlow 协议,负责将控制器中的转发规则下发至转发设备。OpenFlow 最基本的特点是基于流(Flow)的概念来匹配转发规则,每一个交换机都维护一个流表(Flow Table),依据流表中的转发规则进行转发,而流表的建立、维护和下发都是由控制器完成的。

控制平面与应用平面之间通过 SDN 北向接口进行通信,它允许用户根据自身需求定制开发各种网络管理应用。SDN 中的接口具有开放性,以控制器为逻辑中心,南向接口负责与数据平面进行通信,北向接口负责与应用平面进行通信,应用程序通过北向接口编程来调用所需的各种网络资源,东西向接口负责多控制器之间的通信,使控制器具有可扩展性,为负载均衡和性能提升提供了技术保障。

NFV 将通信网元功能分层解耦,改变现有通信网络设备软硬件一体化部署模式。在实现方式上,通过高性能、大容量的服务器、交换机和存储设备,采用标准的虚拟化技术实现网络功能,并将其软件化。

图 12.18 给出了一种采用 NFV 前后的系统基本架构对比,在一个数据中心机房中的各虚拟通信网元,通过统一的虚拟资源层,部署到共享的通用云资源池。NFV 使得通信网络功能运行在标准服务器虚拟化软件上,不同设备的控制平面基于虚拟机,虚拟机基于云操作系统,从而达到控制平面与具体设备分离的目的。当需要部署新业务时,只需要在开放的虚拟机平台上创建相应的虚拟机,然后在虚拟机上安装相应功能的软件包即可,可以根据需要安装、移动到网络中任意位置,而不需要部署新的硬件设备。

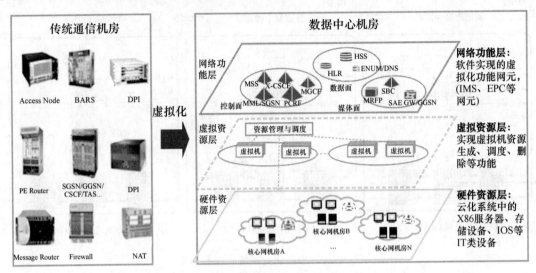

图 12.18　虚拟化前后的系统基本架构对比示例

2. 智能化光网络技术演进

前面第 9 章介绍了 OXC、OADM、ROADM 等光网元设备,随着其逐步成熟并得到实际应用,光层网络化已经逐渐实现了一定程度的灵活性,同时人们对光网络的智能化又提出了更高的要求和期望。例如,希望光网络能够进行实时的流量工程控制,根据业务需求实时、动态地调整网络的逻辑拓扑结构以避免拥塞,实现资源的最佳配置,同时保证相当的服务质量;希望光网络具有更加完善的保护和恢复功能;希望光网络能够快速、高质量地为用户提供各种带宽服务与新型应用,如"波长批发""波长出租"及"光虚拟专网(OVPN,Optical Virtual Private Network)"等业务。其中由于 IP/数据业务量本身的突发性和不确定性,对网络带宽的动态分配要求显得尤为迫切,传统的人工或半永久性的网络连接配置方式难以满足业务拓展和市场竞争的需要,智能化的光网络成为业界一直努力的方向,总体来说,已经历了自动交换光网络(ASON,Automatically Switched Optical Network)、基于路径计算单元(PCE,Path Computation Element)、软件定义光网络(SDON,Software Defined Optical Network)等重要的发展阶段(见图 12.19)。

(1) 自动交换光网络(ASON)

ASON 是指在信令网控制之下完成光网络连接自动交换的网络技术,其基本思想是在光传送网中引入控制平面以实现网络资源的实时按需分配,从而实现光网络的智能化。具体实现时采用 GMPLS,将拓扑发现、路径计算、资源分配、连接控制等功能从管理平面剥离出来,形成分布式控制平面,利用分布式的智能实现连接的动态建立、删除以及快速故障恢复,从而实现网络资源的按需分配。基于分布式的 ASON/GMPLS 是一种"链型结构"的控制平面模式,每个光网络传输与交换单元都有各自的控制平面(CP)系统,维护着与其他网络节点的控制信令的互通。然而随着光通信技术的不断发展,需要引入业务感知、损伤分析、层域协同、资源虚拟等新的策略与规则,而 ASON/GMPLS 的网络控制功能比较复杂,各控制平面节点之间的信息互通越来越大,尤其是随着网络规模的扩大,ASON 在大规模网络的路径计算、异构网络的互联互通等方面存在明显不足,并且 GMPLS 协议过于复杂,在实际应用中的局限性较大。

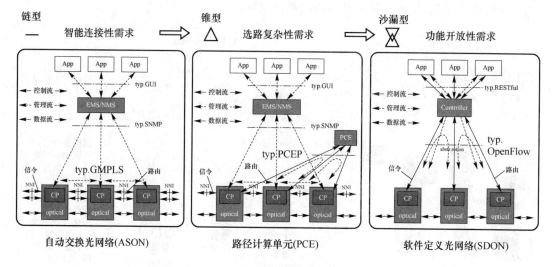

图 12.19　智能化光网络的技术演进

（2）基于路径计算单元(PCE)的光网络

基于 PCE 的光网络是将复杂约束条件下的路径计算和流量工程功能从传统控制平面独立出来,作为网络中专门负责路径计算的功能实体,PCE 基于已知的网络拓扑结构和约束条件,根据路径计算客户(PCC)的请求计算出最佳路径。采用相对独立的 PCE 专门负责路径计算,有利于增强网络规模及路由机制的可扩展性,同时减轻大量计算需求对网络设备的冲击。但 PCE 功能比较单一,需要与其他技术协同应用。

（3）软件定义光网络(SDON)

SDON 是指光网络的结构和功能可根据用户或运营商需求,利用软件编程的方式进行动态定制,从而实现快速响应请求、高效利用资源、灵活提供服务的目的。SDON 可以为各种光层资源提供统一的调度和控制能力,根据用户或运营商需求,利用软件编程方式进行动态定制,重点解决功能扩展的难点,满足多样化、复杂化的需求,其核心在于光网络元素的可编程特性,包括业务逻辑可编程、控管策略可编程和传输器件可编程,并支持弹性资源切片虚拟,因此更加适合多层域多约束的光网络控制,可有效提高运维效率并降低成本。

3. 软件定义光网络基本架构与主要特点

软件定义光网络(SDON)是将软件定义网络(SDN)概念和技术应用于光网络中,如WDM/ROADM、OTN、PTN、EOT 等,通过控制功能和传送功能分离,对网络资源和状态进行逻辑集中控制和监视,通过开放控制接口将抽象后的传送网资源提供给应用层,实现传送网络的可编程性和自动化网络控制,构建面向业务应用的灵活、开放、智能的光传送网络体系架构。

将 SDN 架构应用于光网络的主要目的是：提供多域、多厂商光传送网络的统一控制功能、实现多层多技术的连接控制；提升光传送网络的兼容性和互通性，降低网络成本，提高网络的运维效率，简化网络管理维护复杂度；通过集中式的资源控制和路由计算，引入集中式的恢复功能，能够支持跨分组、电路、光层的多层网络的全局资源、路径、流量的高效调度、配置和优化；通过使用网络虚拟化以及提供开放统一接口等手段，向业务应用开发传送网服务功能。

SDON 的典型架构主要包括传送平面、控制器平面、管理平面和应用平面 4 个部分（见图 12.20）。

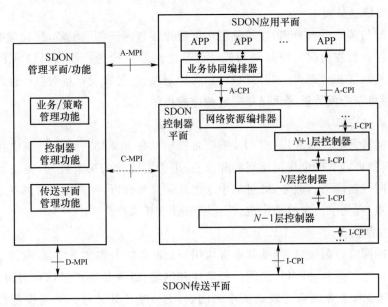

图 12.20　SDON 典型架构示意图

（1）传送平面

SDON 传送平面在控制器平面的控制下实现业务的映射、调度、传送、保护、OAM、QoS 和同步等功能，可以采用前面讲述的 SDH、WDM、OTN、PTN、ROADM 等系统。传送平面由传送网元组成，传送网元可以通过传送控制接口（D-CPI）受控制器平面的控制，自主完成部分功能，如链路自动发现、网络故障下的恢复等。此外，传送平面还可通过带内开销方式提供控制通信通道，用于控制器平面控制命令的传送。

（2）控制器平面

SDON 控制器平面的主要功能是通过南向接口控制传送平面的转发行为，并通过北向接口向应用平面开放网络能力，支持在多域、多技术、多层次和多厂商的传送网中实现业务和连接控制、网络虚拟化、网络优化、集中以及提供第三方应用的能力，并支持跨多层网络的控制能力，实现多层的资源优化。SDON 控制器可以由分布在不同物理平台上的软件模块实现，当采用分布的软件模块实现 SDON 控制器时，应保证各组件之间信息和状态的同步和一致性。

（3）管理平面

SDON 管理平面的主要功能是完成传统网络资源静态管理。虽然 SDON 控制器平面采用标准化接口和资源抽象等技术实现了部分原来由管理平面实现的功能，如拓扑收集、连接和业务控制等，但仍需要管理平面执行特定的管理功能。管理平面通过管理接口对传送平面、控制器平面、应用平面和 DCN 进行管理，实现配置、性能、告警、计费等功能。

（4）应用平面

SDON 应用平面的主要功能是通过标准开放的接口使控制器平面能够提供所需的逻辑网络能力和服务,支撑更多的业务应用(App)。应用平面可包含各种运营商应用和客户应用,根据具体的应用场景提供不同的功能,如光虚拟网络业务、按需带宽业务、故障分析、流量分析等。

SDON 的主要技术特点体现在:控制与传送分离、逻辑集中控制和开放控制接口、可扩展性和异构性等方面。

（1）控制与传送分离

通过将控制与传送设备分离,在控制层中屏蔽光传送网设备层细节,简化现有光传送网络复杂和私有的控制管理协议。控制层和传送设备之间通过传送控制接口(D-CPI)进行通信。对于一些需由控制层和传送设备共同执行(如保护倒换、自动发现),且对执行性能有较高要求的功能,控制层可以指派传送网元设备完成相应的控制功能。

（2）逻辑集中控制

为达到全网资源的高效利用,SDON 需要将控制功能和策略控制进行集中化。与本地控制相比,集中控制可以掌握全局网络资源和信息,进行更优化的决策控制,提高光传送网络的智能调度和协同控制能力。此外,通过集中的数据采集和分析,对网络资源的状态进行逻辑集中的控制和监视,有利于快速故障定位,简化网络管理和维护。

（3）开放控制接口

通过标准的网络控制接口,向外部业务应用开放网络能力和状态信息,允许业务应用层开发软件来控制传送网资源,并对传送网进行监视和调整,以满足光传送网业务灵活快捷提供、网络虚拟化、网络和业务创新等发展需求。例如,支持基于开放接口的可编程传送网资源控制,向客户或业务应用提供网络资源控制能力;允许客户或业务应用在一定策略控制条件下,操作网络资源以实现其业务目标等。

（4）可扩展性

支持传送网划分控制域,以实现运营商传送网扩展性,包括网络中的节点数量、域数量和地域的扩展。支持控制器层次化嵌套,以实现灵活的控制层部署。

（5）异构性

屏蔽传送网络底层技术细节,支持与具体传送技术无关的连接控制,使得不同应用客户通过协同控制器或者业务编排器使用不同传送网技术的网络资源,支持与现有的业务和网络管理系统,以及其他传送网络控制域共存。

4. 软件定义光网络的关键技术

软件定义光网络的关键技术主要包括:层次化控制技术,接口技术,虚拟化技术,保护和恢复增强技术等。

（1）层次化控制技术

为实现软件定义光网络架构的扩展性,SDON 控制器平面支持控制器之间通过分层迭代方式构成层次化控制架构。由下层控制器分别控制不同的网络域,并通过更高层次的控制器负责域间协同,实现分层分域的逻辑集中控制架构。各层控制器是客户与服务层关系,各层控制器之间的接口通过控制器层间接口(I-CPI)进行交互。控制器的层次化架构应支持多层控制模式、$M:1$ 层次化控制模式、$1:N$ 层次化控制模式三种基本模式,灵活组合应用这三种基本模式可实现多层多域网络的协同控制管理。

（2）接口技术

在 SDON 架构中，层与层之间的接口技术也是关键技术之一，主要分为南向、北向以及东西向接口技术，其中主要的接口包括：传送控制接口（D-CPI）、控制器层间接口（I-CPI）、应用控制接口（A-CPI）、传送管理接口（D-MPI）、控制管理接口（C-MPI）、应用管理接口（A-MPI）等。

（3）虚拟化技术

光网络资源虚拟化功能根据特定客户或应用需求，将实际网络资源映射为虚拟网络资源。网络虚拟化功能可在每个网络控制层次得以应用，即虚拟化网络或网络分片可以被高层控制器进一步虚拟化。虚拟网络具有自身的拓扑、连接、地址和安全性等控制需求，控制器应对于不同用户的虚拟网络提供资源划分、网络视图、业务和连接控制、状态管理等方面的功能隔离。

（4）保护和恢复增强技术

在 SDON 中，基于控制器的保护和恢复机制可为客户和虚拟网络运营商提供一种更灵活的、不需要占用网络专用保护资源的网络生存性技术选择。特别是在跨多层、多域的 SDON 递归控制架构情况下，不同网络域采用不同的控制器控制，端到端业务经过的传送路径层面及其保护方案有较大差异的场景，可采用基于控制器的多域分段保护与动态恢复相结合的网络生存性方案。具体实现时可分为基于传送平面的网络保护技术、基于控制器的网络保护技术、基于 ASON/GMPLS 的恢复/保护和恢复结合技术和基于控制器的集中式网络恢复技术等。

12.3.2　软件定义 IP 层与光层协同融合

传统骨干网由独立的 IP 网络和光网络来满足业务需求，其中在业务部署时是通过光网络提供静态的端到端的光通道，由 IP 网络调整业务的流向去适配网络，在业务响应、网络投资、运营成本、网络管理、资源利用等方面的问题日渐突出，传统的网络架构已经难以满足需求，迫切需要网络具备灵活调整、高效利用、快速响应业务变化的能力。

通过 IP 层与光层的协同融合形成先进的光互联网（也称 IP over WDM、数据光网络、光因特网等），主要是指能够高效承载 IP 业务的多波长光网络。其内涵是将光层传输高速性与 IP 网络业务灵活性相融合，以光纤为传输媒介、以 WDM/OTN 等为传输技术、以 IP 为网络通信协议，并在此基础上承载各种业务。

（1）IP 层与光层协同融合网络的基本结构与主要特点

IP 层与光层协同融合网络的基本结构与主要特点为：可支持多种业务；具有巨大的可持续扩容的链路容量；IP 为主导的上层通信协议，但不完全排除其他通信协议；具有网络和业务生存性强，巨大的带宽潜力，减少了网络各层之间的冗余部分网络设备与网管的复杂性、特别是网络配置的复杂性等特点；额外开销低，传输效率高，可以大大节省网络运营商的成本，是一种直接、简单、经济的网络体系结构（见图 12.21）。其协议参考模型如图 12.22 所示，其中 IP 业务层负责进行数据封装处理和路由功能（IP 主干业务子层负责数据打包、生产报头和 IP 路由等；IP 适配子层负责数据报的差错检测、服务质量控制、分组定界等），光网络层负责进行数据传输（光网络适配子层负责固定的带宽进行复用并提供保护和故障定位等，光复用子层负责数据格式的转换并提供带宽管理和连接确认等功能，光传输子层负责光纤上的数据传输并限定光接口的特性）。

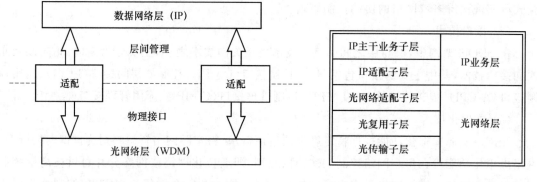

图 12.21　光互联网的基本结构　　　　图 12.22　光互联网协议参考模型

组网技术包括三种组网方式:重叠模型、对等模型和增强模型。重叠模型的特点包括:采用各自独立的寻址机制和信令协议,相互不交换拓扑信息;支持多用户层信号,IP 层和光层独立演进,易于实现;扩展性不高(见图 12.23)。

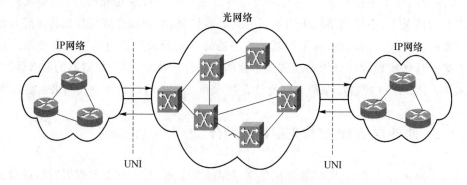

图 12.23　光互联网重叠模型

对等模型的特点包括:采用统一控制平面;OXC 与路由器关系对等;UNI 和 NNI 区别不明显;通过统一的寻址机制和信令协议,相互交换拓扑信息;扩展性好;实现较难;难以支持非 IP 业务;光网信息为路由器所知,层间有大量的状态和控制信息需要交换(见图 12.24)。

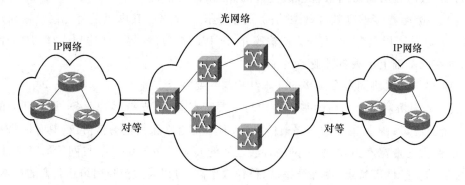

图 12.24　光互联网对等模型

增强模型的特点包括:将重叠模型和对等模型结合起来;在 IP 域和光域都存在着单独的路由实体,相互交换路由信息;采用统一寻址机制,光网络的拓扑对 IP 网络是部分可见的,增强模型也适合于拥有自己光骨干网基础设施的 ISPs;利用现有的基于 IP 的协议,短期内易实现。在光互联网中,高性能路由器取代传统的基于电路交换的 ATM 和 SDH 电交换与复用设备,通过光 ADM 或 WDM 耦合器直接连接至 WDM 光路中,光纤内各波长链路层互连。从实现技术看,涉及路由器＋WDM 光网络组网技术、IP over 光适配技术、基于标签的光交换技术、多粒度交换技术、光节点技术、智能控制技术、保护恢复技术等。

(2) 基于 SDN 的 IP 层＋光层协同融合

将 SDN 概念与技术应用于 IP 层＋光层,形成了一种新型的网络型态(见图 12.25),可分为应用平面、控制平面、转发平面三大部分,其各层功能划分如下。

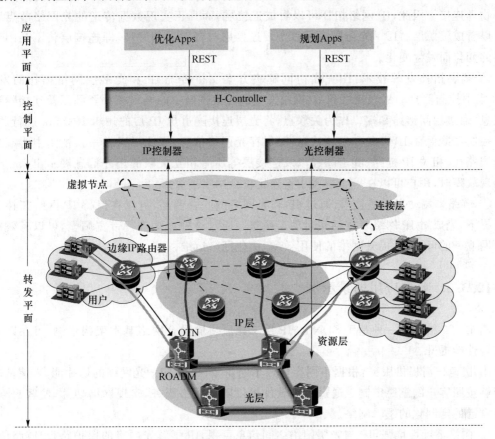

图 12.25　基于 SDN 的 IP 层＋光层协同融合网络基本架构

① 应用平面:包括各种 App 服务器和 App 应用客户端,通过调用控制平面对转发平面进行操作,支持与控制平面的 REST 接口。

② 控制平面:主要由层次化控制器(Hierarchical Controller)、IP 控制器(IP Controller)和光控制器(Optical Controller)组成,支持业务自动化、能力开放、策略管理等功能。感知网络拓扑实时变化。基于网络实时拓扑,计算业务转发路径。实现具体网络的实时、智能的控制。北向支持开放 API 接口,南向支持 BGP-LS/IGP/PCEP/NETCONF 等接口,管理和控制IP 网络和传送网络。

③ 转发平面:由网络设备组成,具体可以分为两个子网络,即 IP 子网络和传送子网络。IP 子网络主要由路由器组成,传送子网络由传送设备组成。IP 设备之间通过标准的 MPLS协议进行交互,传送设备之间通过标准的 GMPLS 协议进行交互。转发平面能够提供基于策略的业务转发、OAM、保护和同步等功能。

基于 SDN 的 IP＋光层协同融合网络主要包括以下关键技术。

① 资源池化技术:资源池主要包含两部分,即路由器资源和光网络资源。路由器的端口池去除了每个物理端口的方向性,每个物理端口都可以被多个方向的 IP 连接所使用,控制器

能调度每个方向的 IP 连接所占用的端口资源,从而形成路由器端口资源池。光网络资源池通过 OTN 实现子波长级别业务的调度,通过控制器调度每个方向占用的波长资源,从而把光网络整体作为一个资源池,按需满足 IP 层的连接需求。控制器获取全网的资源信息,灵活调度路由器的端口及光网络资源,实现 IP+光整体通道的按需建立与维护。

② 分层解耦技术:在 IP+光协同架构下,IP 链路的存在是逻辑性,其对应于光网络中的一条物理连接。因此,IP 网络拓扑可以看成连接层,而真正实现数据传送的光网络节点和链路可以看成资源层。IP+光协同后可以实现连接层与资源层的解耦,即连接层将不会因为资源层的变化而发生变化。

③ 多层拓扑发现技术:IP+光协同解决方案支持传统 IP 和光多层网络拓扑的发现。SDN 集中控制器自动从光网络和 IP 网络发现和收集现网中的网络拓扑资源以及连接隧道资源信息,通过层间链路和端口作为关联点,将光层连接隧道与 IP 层的逻辑 IP Link 进行关联。由于控制器既保存 IP 设备和拓扑信息,又保存光网络信息,因此可以在一张视图中将端到端的光层路径、相关 IP 链路、隧道路径以及连接层等所有相互关联的拓扑信息展示出来。当资源出现故障时,用户可以在一个视图中快速定位全网物理故障。

④ 链路带宽动态调整技术:通过 IP 和光网络的联合调度,可以在保持 IP 网络拓扑不变的前提下,完成对 IP 网络带宽的实时动态调整。通过这种方法进行带宽调整,可以有效提高互联网业务的可用性,提升网络的使用效率,简化网络运维。

12.3.3 典型应用场景示例

图 12.25 给出了一种基于 SDN 的 IP 层+光层协同融合网络基本架构示例,可在以下方面实现性能提升。

① 快速按需提供服务:根据不同客户或不同业务,提供 IP+光网络的切片能力,使基础网络能够按照客户的意愿定制。通过应用软件提供随选网络服务,实现网络切片,使客户/业务拥有自己的定制化的逻辑网络。

② 网络健壮性增强:IP 与光层网络之间信息可视,IP 了解光网络的保护路径/链路信息,光网络了解 IP 业务的优先级;通过引入协同保护,避免光层故障时引发的业务双断问题,减少 IP 和光多次冗余保护,降低网络成本;利用光层旁路(Bypass),当主备路径同时出故障时,自动创建光层直达链路,避开故障点,增强网络可靠性,减轻运维压力。

③ 敏捷开放性提升:网络的拓扑和资源可以快速适应流量的变化,打破了固定静态的资源配置模式,实现网络资源可以通过软件重配置;光网络和 IP 网络的控制平面通过互动,完成 IP 层驱动光层资源进行动态重新分配。

④ 网络资源利用率高:IP 层和光层协同优化,减少了各层规划时预留的业务带宽裕量;而网络敏捷性的提升,避免了依据业务峰值的资源预留,从而实现了网络资源的利用效率。

12.4 通信与人工智能协同融合

信息通信网络是复杂的交互系统,技术灵活多样,系统与网络的更新、升级或服务部署变得愈来愈复杂。传统网络的刚性资源调度以及以人工方式为主的网络运维模式已经不能满足未来网络大带宽、低成本、高灵活等重大需求;使用智能化手段来重构或优化信息通信网络,使网络具有自感知、自适应、自调整等智能化能力，以此来提升运维效率，节省资源，保证用户体验，成为未来网络智能化通信的重要趋势。

12.4.1　通信网络中的人工智能

通信网络中的智能化技术涉及人工智能、机器学习、深度学习等技术。

人工智能（AI，Artificial Intelligent）是研究、开发用于模拟、延伸和扩展人的智能的理论、方法、技术及应用系统的一门技术科学，能够通过运算，对大量复杂且关系不够清晰的信息进行分析处理，以获得反映其内部关系并做出决策的能力。人工智能具有感知能力并与环境进行交互，对特定问题作出相应的决策，例如，在处理问题时主要包括感知（具有感知能力的智能体对外部环境进行监测）、挖掘（对感知到的外部信息进行分类和分析）、预测（基于系统经验获得概率模型）以及推理（使用一定的策略解决问题，在不确定的环境中做出决策）等元素。

机器学习（ML，Machine Learning）是人工智能的核心之一，它主要探索如何通过构建适宜的算法对数据进行学习和预测，可以很好地应用在通信网络中的数据分析领域。机器学习最基本的做法是使用算法来解析数据并从中学习，然后对真实世界中的事件做出决策和预测。与解决特定任务、硬编码的传统算法不同，机器学习是用大量的数据来"训练"，通过各种算法从数据中学习如何完成任务。

深度学习（DL，Deep Learning）属于机器学习下的一类算法，它充分运用了分层次抽象的思想，从较低层次的概念中学习得到较高层次的概念。这一分层结构常常使用贪婪算法等逐层构建而成，并从中选取有助于机器学习的更有效的特征。

信息通信网络与人工智能协同融合，具有非常突出的优势和特点，主要如下。

① 数据分析与融合：如今数据已成为信息时代重要的资源，在通信网络中存在着大量的数据资源，而这些信息及特征却很难用过一个精准的模型进行描绘分析；同时网络中数据类型有多种，希望能够通过数据融合的方式，将多个系统中的数据进行组合以挖掘更多的信息。

② 学习能力：人工智能具有超强的学习能力，可以利用少量的场景学习新的概念。因此，机器系统能够利用已有的训练数据通过数据挖掘来处理未来的海量数据，能够通过对低层次信息的学习、分析和推理等环节，提升相关概念的层次和等级获取更有价值的信息。

③ 智能决策与协同：由于网络的范围和规模都在不断增长，网络结构复杂性也在快速增长，这给网络技术管理提出了更高的要求，如果仅对网络进行单一化的管理，则难以解决网络结构复杂的问题。因此，不得不处理诸如网络节点之间的任务分布、通信与协作等问题。利用人工智能的非线性协作能力可以有效地协调网络中的不同层级的关系，实现网络各层之间的协同管理。

④ 智能管理：面对网络中大量复杂的数据，人工智能可实现对不清晰数据的分析、运算、归类等，利用其特有的推理、协作能力和模糊逻辑处理方式，将网络中的数据与问题简单化。通过人工智能的方式可以将那些难以全面掌握的不清晰数据、以人工方式难以解答的问题等进行智能管理与计算，简化网络操作。

⑤ 降低成本：在对计算机网络信息进行解析时，一般都是通过不同的搜索算法得以实现。但由于被控对象随着规模的增长会导致计算量的增加，进而影响了网络管理的整体速度。而人工智能技术所采用的控制算法可以快速、高效且一次性完成最优的计算任务，不但节省了计算资源，还可以实现对计算机网络管理的高效处理。

12.4.2 通信与人工智能协同融合的基本结构与关键技术

图 12.26 给出了一种结构,可以在信息通信网络的不同层面中引入人工智能,以支持网络的重构能力。网络从下至上可以分为基础设施层、运营及编排层、网络业务及控制层,在不同层级均可以引入适宜的 AI 能力。

（1）基础设施层

基础设施层功能主要包括非虚拟化的基础设置、云基础设施硬件等,其计算力需求较低、数据量较小、实时性较高;AI 技术可以帮助改进网络设备的配置和操作、光学性能监视、调制格式识别、光纤非线性缓解和传输质量（QoT）估计等。例如,在发射器和激光器的优化中使用 AI 技术时,结合期望最大化（EM）的贝叶斯滤波框架,可准确表征激光幅度和相位噪声;在放大器中使用 AI 技术时,利用多层感知器神经网络自主调整 EDFA 级联放大器工作点,可通过最小化传输系统的噪声系数和频率响应的纹波来优化链路的性能;在性能监控中使用 AI 技术时,可监控分析预测变链路性能参数（光信噪比、非线性因子、色散等）。

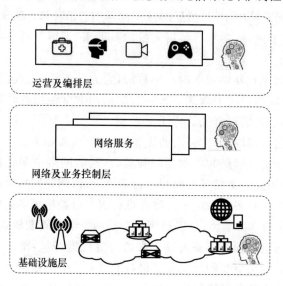

- 计算力需求高、数据量大、实时性较低
- 部署AI大数据平台,提供高性能训练、推理

- 计算力需求中,数据量较大是、实时性较高
- 轻量级AI训练,推理满足变化快,实时性较高的业务控制需求

- 计算力需求低、数据量较小、实时性较高
- 引入内嵌式AI加速器,实现网元级AI策略执行

图 12.26　通信与人工智能协同融合网络示意图

（2）网络及业务控制层

网络及业务层功能主要包括多维度的融合智能统一管控。通过搜集当前的网络状态和历史数据,结合 AI 进行预测和估计,能够为网络规划和网络资源的动态管控提供自动化操作和智能决策的机会。上述智能化的操作和决策可以包括连接建立、自我配置、网络自我优化以及网络安全等问题。

（3）运营及编排层

运营及编排层主要包括业务和资源的设计、调度及管理,如全局业务编排、全局资源编排、运营支撑相关的组件等,同时也包括专用的数据集中管理平台,如大数据系统,负责数据统一采集、统一存储、数据智能挖掘分析等。对于该层面的 AI 使能策略,可以考虑部署融合的大数据和人工智能平台产品。例如,在大数据系统引入 AI 引擎,对运营支撑系统和业务支撑系统的数据做更深度、智能化的挖掘,指导运维和运营,实现设备层面、网络层面、业务层面、用户终端层面、运营层面及异厂家跨制式的全方位数据感知与分析,最终提升运营智能化。

人工智能技术具有自适应以及基于"训练"完成后模型可快速求解的优势,由于通信网络环境复杂,网络元素繁多等因素,人工智能技术应用于通信网络仍存在一些挑战。例如,由于网络环境复杂性,人工智能算法需要大量数据进行"训练",以此保证模型的准确性;通信网中业务复杂多样,网络资源呈现高动态性,而人工智能算法获取数据不足,且泛化迁移能力有待提高。另外,网络环境复杂,数据繁多,数据类型的选取对于人工智能算法的"训练"也尤为重要。网络元素繁多,网络中存在大量元素,如节点、物理拓扑、逻辑拓扑等,如何将这些网络元素进行抽象为数据类型输入人工智能算法也是目前通信网络智能化的关键问题。

12.4.3　典型应用场景示例

下面以机器学习在通信网络和数据中心网络中的两个应用场景示例,进一步说明通信与人工智能协同融合所带来的优势。

（1）机器学习在通信网络中的应用示例

随着人们对于网络服务需求的增加,通信网络需要满足不同用户的多样化需求。传统的网络运行模式单一,即在一张网络上运行所有的业务,网络切片的出现有效解决了这一问题。即将网络切片定义为端到端的虚拟网络,包括和核心网和接入网。运营商可以为不同的网络切片定制不同的服务并分配端到端的网络资源,并将切片分给不同的租户以满足其不同的网络需求。为降低成本并改善网络性能,可以根据实时服务要求动态调整分配给租户的网络资源。此外,由于城市地区大量公民的日常活动具有高度可预测性,可以利用基于机器学习进行流量感知:在流量需求更大的高峰期,给网络动态分配更多的网络资源如带宽、网络处理能力等,而在网络资源需求量少的情况下,动态减少其资源分配。因此,利用机器学习的方法设计流量感知动态切片框架,可以进行高精度流量预测,并动态分配网络资源,有效降低阻塞概率和延迟。

如图 12.27 所示的机器学习融合网络切片框架是一个典型的基于 SDN 的分层网络框架,分为数据平面、控制平面和编排器。数据平面负责分组转发包括 RRU、传输网络及云等网络设备;控制平面功能负责系统配置、管理和交换路由表信息;编排器是基于机器学习来执行数据收集分析,并提供多域控制来按需协调网络资源提升网络性能。

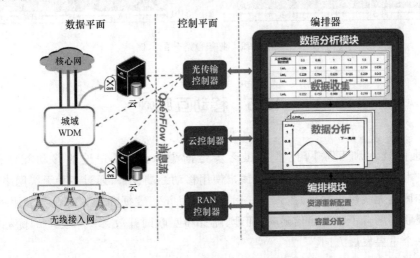

图 12.27　信息通信网络中的机器学习

（2）机器学习在数据中心网络中的应用示例

在数据中心网络中,针对多样化的业务请求,流量信息的预测与高效利用是网络资源智能、高效管理的核心需求。云数据中心网络的流量主导全球数据流量,智能灵活地提升网络容量和资源利用率,成为缓解流量不足的有效手段。人工智能可协助实现网络的智能控制与管理功能,这些功能包括灵活资源分配、故障检测、网络性能检测等。在众多的人工智能技术中,机器学习是最优选的学习、分类/识别和预测技术。通过智能的网络流量预测对降低网络时延、提升网络吞吐量、通过预测下一时间段的流量均衡整个网络流量的全局调度具有重要的意义。

图 12.28 为机器学习在数据中心网络提供资源分配的一个场景,利用特定应用信息和请求可预测或准确的知识,如保持时间、带宽、历史流量和时间延迟等,解决流量的智能聚合问题。由于数据流的动态多样化,场景中采用机器学习中的长短期记忆网络(LSTM,Long Short Term Memory)模型预测随时间变化的流量和连接的阻塞率趋势。

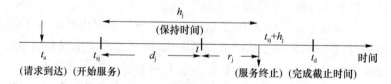

图 12.28　应用请求的多种流量参数

图 12.29 展示了频域与时域中,考虑频谱碎片整理的频谱分配示例:根据预测到的流量和阻塞率的趋势,在动态连接建立与拆分场景中,采用基于碎片整理的频谱分配策略,可提高资源利用率,降低业务阻塞率。

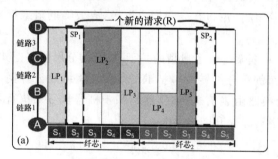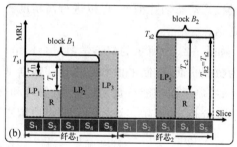

图 12.29　业务频谱分配示例

12.5　移动互联网

移动通信技术和互联网技术正在逐步走向融合,形成先进的移动互联网(Mobile Internet)技术。广义的移动互联网是指用户使用移动终端设备,通过各种无线网络(包括移动无线网络和固定无线接入网等)接入互联网中,获得话音、数据和视频等业务和服务的新兴业态。移动互联网融合了移动通信随时、随地、随身和互联网开放、共享、互动的优势,代表了未来网络的一个重要发展方向。

移动互联网主要体现于终端、软件和应用三个方面。终端包括智能手机、平板电脑、手持阅读器和可穿戴设备等;软件包括操作系统、中间件、数据库和安全软件等。应用包括休闲娱乐类、工具媒体类、商务财经类等不同应用与服务。移动互联网不是固定互联网在移动网上的复制，而是一种新能力、新思想和新模式的体现，将不断催生出新的产业形态和业务形态。例如，Web 2.0 颠覆了传统的以新闻门户网络平台为中心的信息发布模式，催生出"个人媒体"，从而实现个体制造信息、个体发布、个体传播并扩散到尽可能多的其他个体。

12.5.1　移动互联网的基本结构与主要特点

从层次上看，移动互联网可分为终端/设备层、接入/网络层和应用/业务层，其最显著特征是多样性。应用或业务的种类是多种多样的，对应的通信模式和服务质量要求也各不相同，接入层支持多种无线接入模式，但在网络层以 IP 协议为主，终端也是种类繁多，注重个性化，一个终端上通常会同时运行多种应用。

世界无线研究论坛（WWRF）认为移动互联网是自适应的、个性化的、能够感知周围环境的服务，它给出的移动互联网参考模型如图 12.30 所示。各种应用通过开放的应用程序接口（API）获得用户交互支持或移动中间件支持，移动中间件层由多个通用服务元素构成，包括建模服务、存在服务、移动数据管理、配置管理、服务发现、事件通知和环境监测等。互联网协议族主要有 IP 服务协议、传输协议、机制协议、联网协议、控制与管理协议等，同时还负责网络层到链路层的适配功能。操作系统完成上层协议与下层硬件资源之间的交互。硬件/固件则指组成终端和设备的器件单元。

移动互联网支持多种无线接入方式，根据覆盖范围的不同，可分为无线个域网（WPAN）接入、无线局域网（WLAN）接入、无线广域网（WWAN）接入和卫星接入，如图 12.31 所示。各种技术客观上存在部分功能重叠的现象，但更多的是相互补充、相互促进的关系，具有不同的市场定位。

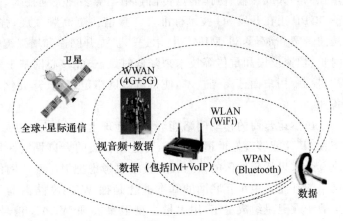

图 12.30　移动互联网的参考模型　　　　　图 12.31　移动互联网的接入方式

WPAN 主要用于家庭网络等个人区域网场合，以 IEEE 802.15 为基础，被称为接入网的"最后 100 米"。蓝牙（Bluetooth）是目前最流行的 WPAN 技术，其典型通信距离为 10 m，带宽为 3 Mbit/s。低功耗蓝牙 BLE（Bluetooth Low Energy）协议使用相同的 2.4 GHz 非授权频率，可降低通信速率至 125 kbit/s，但扩展通信距离至 500 m，较传统蓝牙省电 90%，主要面向极低功耗的物联网链接。其他技术，如超宽带（UWB）技术侧重于近距离高速传输，而 Zigbee 技术则专门用于短距离的低速数据传输。

WLAN 主要用于商务休闲和企业校园等网络环境,以 IEEE 802.11 标准为基础,被广泛称为 WiFi(无线相容性认证)网络,支持静止和低速移动,其中 802.11g 的覆盖范围约 100 m,带宽可达 54 Mbit/s,而 802.11n 的支持速率理论上可高达 600 Mbit/s。借鉴蜂窝网的 OFDMA、MIMO 和载波聚合等技术,考虑高密度部署场景和更高的频谱效率需求,802.11ax 可支持 160 MHz 带宽,8 天线,下行速率可达约 1 Gbit/s。WiFi 技术成熟,目前处于快速发展阶段,已在机场、酒店和校园网等场合得到广泛应用。

WLAN 的主要问题是不能提供 QoS 保证和可靠传输。对于有 QoS 需求,但无力从政府购买授权频谱的用户,如工业用户,可以选择 MulteFire 技术。MulteFire 的主要思想是将 LTE 技术移植到尚无管制的 5 GHz 非授权频段,为用户提供比 WLAN 更高的用户容量,更大的覆盖范围,更高的组网密度,但同样的简单部署。用户只需要购买类似于 WLAN 接入点的节点设备,并将其连入光纤或者毫米波网络。MulteFire 独立运行于非授权频谱中,不需要在授权频谱中有一个"锚点"。在使用 5 GHz 非授权频谱时,MulteFire 空口尽量拷贝 LTE 技术,频谱方面采用梳状频段,即将在 1 MHz 带宽(5 GHz 非授权频谱功率度量单位)分配的功率压缩到 180 kHz(1 个 LTE 子载波),由此获得更高的功率谱密度。MAC 层使用与 WLAN 相同的 Listen-Before-Talk 协议,避免对同样工作在 5 GHz 的 WLAN 设备产生干扰,以及不同 MulteFire 网络之间的共存。测试证明,MulteFire 的传输距离比 WLAN 远 50%,室外覆盖面积大 2 倍。

WWAN 是指利用现有移动通信网络(如 3G 和 4G)实现互联网接入,具有网络覆盖范围广、支持高速移动性、用户接入方便等优点。3G 网络的基站覆盖范围可达 7 km,在室内、室外和行车环境中能够分别支持至少 2 Mbit/s、384 kbit/s 以及 144 kbit/s 的传输速度。目前三种主流 3G 制式分别是 WCDMA、CDMA2000 和 TD-SCDMA,已在世界范围内展开应用,其共同目标是实现移动业务的宽带化。4G 移动通信系统统称为 IMT-Advanced,采用载波聚合、增强的多天线传输、协作多点传输和中继等多种关键技术,其下行峰值速率可达 1 Gbit/s。当前 3GPP 正在开发 5G 技术标准,5G 频谱往更高频发展,强调更大带宽,5G 空口通过增大单载波带宽和 Massive MIMO 技术进一步提升网速和增强覆盖,通过 Short TTI、灵活改变 TTI 时长、快速反馈和重传等技术来降低时延。5G 核心网基于服务化、软件化架构,并通过网络切片、控制/用户面分离等技术,使得可以网络定制化、开放化和服务化,以面向万物互联和各行各业。

虽然运营商的移动网络能够覆盖地球上 90% 以上的人口,但考虑到蜂窝网基站覆盖的经济性,其仅能够较好地覆盖约 10% 地球表面的人口稠密区域,卫星互联网的提出就是为了解决其余人口稀疏地区的接入,5G 技术也考虑把卫星互联网作为地面固定基站和地面移动通信网络的补充。卫星互联网的基本概念是把 WLAN 路由器放在近地轨道卫星上,通过几百甚至数千颗卫星组成星座,用大量小型卫星实现 WLAN 信号的强度和覆盖面。卫星互联网的关键在于频谱和轨位,这些都是全球性的稀缺资源。对于卫星频谱,各个国家之间分配的方式是先到先得。根据 ITU 空间频率轨道资源分配规则,哪个国家优先向国际电联申报,就可以获得优先使用权。卫星轨位是在卫星运行中必须占据某个轨道位置,其中有位于赤道上空的对地静止轨道,有近地轨道和遥远的中轨道等。如今,卫星制造、地面站和接收天线、运载火箭发射技术都已经比较成熟和廉价,卫星互联网已成为可能,但尚处于发展初期。

综上所述,移动互联网的关键技术特征包括以下方面。

① 移动性管理:支持全球漫游,移动对终端和移动子网是透明的。

② IP 透明性:网络层使用 IP 协议族,对底层技术不构成影响。

③ 多种接入方式:允许终端接入方式的多样性。

④ 寻址与定位:保证各用户通信地址的唯一性,能够全球定位,以提供与位置相关的服务。

⑤ 个性化服务:提供用户指定信息。

⑥ 安全性和服务质量保证。

12.5.2　移动互联网的关键技术

作为近几年出现的新兴网络融合技术,移动互联网尚面临许多挑战和困难。涉及的关键技术包括移动性管理、无线资源管理、业务服务质量、网络规划与优化、安全与隐私等多个方面。

为更好地支持新的高宽带、低时延移动互联网应用,支持"互联网＋"和云计算服务等新兴产业,最近又提出业务与网络的深度融合和网络能力开放需求。业务将不仅由云端提供,也可以使能"智能管道"和"业务感知",由网络直接提供;同时,网络开放自身的接口,第三方开发者通过调用接口产生新的应用,为用户提供更多的业务。这涉及移动边缘计算技术(MEC)、网络功能虚拟化(NFV)技术和软件定义网络(SDN)技术。具体讲,就是基于 SDN/NFV 实现虚拟化,进行扁平化扩展与增强,将核心网用户面功能下沉到基站。

(1) 移动性管理技术

移动性管理是移动互联网中最具挑战性的关键技术之一,包含位置管理和切换管理,使得网络能够对移动终端进行定位以传递呼叫,并在移动过程中保持连接。位置管理包含位置注册、更新和呼叫传递,涉及的技术包括移动代理发现、转交地址的形成与使用、移动侦测和绑定更新等;而切换管理解决终端在同一小区内或不同小区之间的信道切换问题,涉及的技术包括同一网络内的水平切换和不同网络间的垂直切换等。

对移动性的支持需要通过不同层的协议来实现,考虑到移动互联网的网络层均采用 IP 协议,因此对 IP 的移动性管理将有助于实现异构网中的各种移动性支持。IETF 提出的移动 IP 协议是实现这一目标的核心技术。移动 IP 的基本原理是让移动主机使用一对 IP 地址(本地地址和转交地址)实现对移动性的支持,其中引入了本地代理和外地代理这两个实体,并使用了隧道技术。隧道是指将一个数据包封装在另一个数据包的净荷中进行传送的路径,建立在本地代理和外地代理之间。当移动主机在本地网络时,使用本地地址及标准 IP 协议和对端通信主机进行通信。当移动主机移动到外地网络时,其基本通信流程如图 12.32 所示,具体如下。

① 移动主机通过外地代理获得一个转交地址,并向本地代理发送消息注册该地址。

② 对端通信主机通过标准 IP 路由机制,向移动主机的本地地址发送 IP 数据包。

③ 移动主机的本地代理截取该数据包后,将其进行封装,通过隧道技术将它们转发给外地代理或移动节点本身。

④ 移动主机收到数据包后,用标准 IP 路由机制与对端通信主机建立连接。

移动 IP 存在的主要问题是"三角路由"问题,即对端通信主机发给移动主机的数据包必须经过本地代理,而移动主机发给对端通信主机的数据包则直接发送,导致效率降低。另一个是切换问题,即当移动主机远离本地代理时,若隧道对应的位置信息过时则引起包丢失。还有一个问题即域内频繁移动带来频繁地切换,由此导致大量注册信息传输而影响网络性能。针对上述问题,目前已有移动 IPv6 和微观移动 IP 等多种改进和完善技术方案。

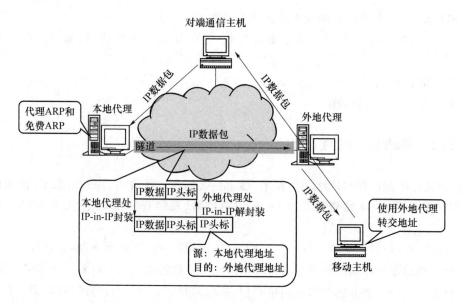

图 12.32　移动主机在外地网络时的基本通信流程

（2）无线资源管理技术

无线资源管理一般是指通过一定的策略和手段对无线网络资源（时间、频率和功率等）进行控制、调度和管理，以充分利用有限资源，提高频谱利用率，防止网络拥塞和保持低的信令负荷，最大限度地保障服务质量，满足不同用户和业务的需求。涉及的技术主要包括功率控制、切换控制和拥塞控制等。功率控制的目的是在保证服务质量的前提下，将上行和下行链路的传输功率调整到所需的最低程度，在实际中需要综合考虑和速率控制的折中问题。切换控制的目的主要是实现移动过程中的无缝切换，减少切换带来的时延、停顿和数据丢失等，维持上层业务的连续性。拥塞控制的目的是灵活分配和动态调整传输部分和网络的可用资源，保证网络的连通性和服务质量，涉及的技术包括呼叫准入控制、信道分配、调度技术、QoS 保证、资源预留和自适应编码调制等。

（3）移动安全技术

移动互联网安全可以归纳为 4 个部分：终端安全、网络安全、应用和平台安全、信息与内容安全。

移动互联网终端软硬件技术的安全性比固定互联网好，首先表现在目前移动终端的平台不统一，平台不兼容性限制了恶意代码的传播，并且现阶段操作系统漏洞不多，其次硬件处理能力低，无线带宽有限，可限制恶意代码传播。移动终端安全有其特殊性，例如，always-on 特性会招致更多的窃听和监视问题，其个性化特性容易引发涉及隐私和金融等恶意代码的攻击，移动互联网用户缺乏安全意识，另外其病毒传播途径多样化，如短信、彩信、互联网、蓝牙和存储卡等。同时，移动终端对用户的重要性日益增加，已经如身份证一样不可或缺，使得攻击价值增大，危险度和严重性增加。

移动互联网采用扁平网络，其核心是 IP 化。但是，由于 IP 网络与生俱来的安全漏洞，IP 自身带来的安全威胁也在向移动核心网渗透。僵尸主机与蠕虫、病毒和攻击行为等结合，不仅威胁到公众网络和公众用户，也越来越多地波及承载网络的核心网。特别是移动互联网的控制数据、管理数据和用户数据同时在核心网上传输，使终端用户有可能访问到核心网，导致核心网不同程度地暴露在用户面前。移动互联网多主张封闭性更强的"围墙花园"模型和有差别的服务，网络中可以部署关键控制点，便于实现可管可控。除了可以使用 IP 地址作为位置和身份标识,移动互联网还可以采用 SIM 卡信息作为用户标识,精确定位终端及其位置。

　　移动互联网承载的业务多种多样,部分业务可由第三方的终端用户直接运营,特别是众多手机银行、移动办公、移动定位和视频监控等移动数据业务,虽然丰富了手机应用,也带来了更多安全隐患。移动互联网用户基数大,节点自组织能力强,并且涉及大量的私密信息和位置信息,因此有可能引发大规模的攻击和信息发掘,包括拒绝服务攻击和对于特定群组的敏感信息搜集等。

　　不同于传统运营商"以网络为核心"的运营模式,移动互联网转移到"以业务为核心"的运营模式,并且逐渐集中到"内容为王"模式。移动互联网服务过程发生大量用户信息(如位置、消费、通信、计费、支付和鉴权信息等)的交换,用户隐私保护面临巨大挑战。

　　移动互联网的安全通信框架参考 ITU-T 的 X.805 框架,如图 12.33 所示。该安全框架按照 3 个层次(基础设施安全层、服务安全层、应用安全层)、3 个平面(管理平面、控制平面、最终用户平面)和 8 个维度(访问控制、认证、不可否认性、数据机密性、通信安全、数据完整性、可用性、隐私保护)搭建,保证终端、网络和业务方面的安全。为了便于管理,通常将系统划分成多个安全域。安全域是指同系统内有相同的安全保护需求和安全等级,相互信任并具有相同的安全访问控制和边界控制策略的子网或网络,相同的安全域共享一样的安全策略。划分安全域可以限制系统中不同安全等级域之间的相互访问,满足不同安全等级域的安全需求,从而提高安全系统的安全性、可靠性和可控性。

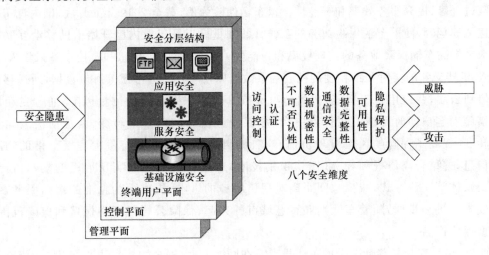

图 12.33　ITU-T X.805 安全框架

12.5.3　典型应用场景示例

　　互联网产业发展的进程可以分为三个阶段,分别是 PC 互联网、移动互联网和物联网。2002—2006 年,基于无线应用协议(WAP)的移动互联网,借鉴互联网的经验,将一部分内容直接移植到手机上,受网络带宽和终端处理能力有限,只能提供如文本等简单业务。2006—2010 年,实现手机与互联网的连接,用户属性多元化,网络带宽和终端处理能力增强,各类互动应用层出不穷,呈现终端业务一体化。2011 年以后,全球移动通信用户已多于固定通信用户和互联网用户,数据业务量也早已超过话音业务量,这进一步促使网络带宽和终端处理能力不断取得突破,不再成为业务瓶颈。目前,移动互联网基于用户统一的身份认证,为之提供多层面和深入日常生活的各类信息服务,已形成新的产业核心力量。

根据应用场合和社会功能的差异,移动互联网的业务可分为社交型、效率型和情景型。根据提供方式和信息内容的不同,移动互联网的业务还可大致细分为以下 6 种类别。

① 移动公众信息类:主要包括为公众进行普遍服务的生活信息、区域广告、紧急呼叫、合法跟踪等。

② 移动个人信息类:主要包括移动网上冲浪、移动 E-mail、城市导航、移动证券(信息)、移动银行(信息)、个人助理等。

③ 移动电子商务类:主要包括移动证券(交易)、移动银行(交易)、移动购物、移动预定、移动拍卖、移动在线支付等。

④ 移动娱乐服务类:主要包括各类移动游戏、移动 ICQ、移动电子宠物。

⑤ 移动企业虚拟专用类:主要应用在企业用户的移动办公方面。

⑥ 移动运营模式类:主要包括移动预付费、移动互联网门户等。

下面以移动金融和移动新媒体两个应用场景为例,进一步说明移动互联网技术对新业态和新业务的支持和推动。

(1) 移动金融

随着移动互联网速度和稳定性等性能的提升,以及云计算、大数据和人工智能(AI)等技术的落地,各类金融业务得以通过这些新技术,改变传统的信息采集来源、风险定价模型和投资决策过程等,提升服务效率和智能性。以车辆保险为例,截至 2019 年 6 月底,国内汽车保有量已达 2.5 亿辆,使得车辆保险业务的工作日益加重。近几年业内已开始借助移动互联网等新技术来提高车辆保险业务的处理效率和智能性。在保险前台,传感和监控设备采集人-人交互和人-机器交互的实时和细粒度的社会场景数据以及客户行为习惯等海量数据,通过移动互联网传到云端,并应用人工智能、机器学习等技术分析识别和精确测量风险,通过主动风险管理措施向客户即时反馈。在保险中台,承保业务由事前向事中转变,由被动决策向主动干预转变,提高了保险的风险管理价值。在保险后台,理赔业务将最大程度上借助物联网采集信息,并结合高清视频和 AI 图像识别技术,通过移动互联网实现远程勘察,再借助移动社交媒体等交流方式,减少空间距离对理赔服务的影响,提供更为精准的理赔服务,缩减理赔成本。进一步地,随着车联网和智慧城市的兴起,保险公司可调整保费和保障范围,设计新型保险产品。

此外,信息安全是移动金融的关注重点。在网络方面,安全的接入认证可以防范潜在的信令风暴和分布式拒绝服务攻击(DDos),安全认证框架需要支持各种应用场景下的双向身份鉴权,建立统一的密钥系统。多层次的网络切片可以分割不同的安全域,防止本切片内的资源被其他切片中的网络节点非法访问。此外,还需要保证海量的智能设备安全和用户数据安全。代表性风险有多种,如数据泄露风险、恶意程序风险、第三方软件开发工具包(SDK)风险、违规索权的隐私泄露风险和安全加固不足风险等,需要从应用层、平台层、接入层和终端层等多个层次架构进行安全设计,具体可参考相关标准采取相应安全保护措施。

(2) 移动新媒体

相对于报刊、户外、广播和电视四大传统媒体,在新的互联网和移动互联网技术支撑体系下出现的媒体,如网络视频、数字杂志/报纸、数字广播、移动电视、触摸媒体等被称为"第五媒体",简称新媒体。到 2017 年,新媒体在媒体总产业占比已升至 66%。其中,新媒体以视频为主流形式,围绕着图像分辨率、视场角和交互三条主线提升用户体验。

图像分辨率由高清发展到 4K、8K,各类视频对通信网络带宽的要求如表 12.1 所示。

表 12.1　各类型视频的传输速率

	编码方式	回传码率	分发码率
标清(SD)	MPEG2	8~10 Mbit/s	3.2~4.8 Mbit/s
高清(HD)	AVS+/H.264	18~24 Mbit/s	8~12 Mbit/s
4K 平面/VR	AVS2+/H.265	60~75 Mbit/s	30~36 Mbit/s
4K(100P)	Dual Layer	100~120 Mbit/s	50~60 Mbit/s

视场角由单一平面视角向虚拟现实(VR)和自由视角发展,通过沿线部署多台摄像机,VR 视频追随特定运动员或演员的脚步,观众可以以第一视角体会现场情况,这有可能成为未来主要的视频观看方式。

利用增强现实(AR)技术能有效地提升交互体验,如游客通过线上操作,直观了解餐馆、民宿情况,实现一步点餐、订房;也可以通过手机扫描景点图案标识,直观感受景点情况,观看宣传视频;还可以参加景点打卡签到、文物追踪、虚拟签名墙等活动。

结合 5G 通信、移动边缘计算(MEC)和云服务,移动互联网技术成为高清媒体的直播和制播的主要支撑技术。为支持 AR 交互类业务的毫秒级时延和大带宽的要求,可通过 5G 移动网络将部分渲染工作交给云计算完成,进一步还可以全部下沉到 5G 边缘云。同时,通过网络切片,可针对不同业务场景提供网络控制功能和性能保证,实现按需组网;此外,可基于软件定义网络/网络功能虚拟化(SDN/NFV),为切片提供相对应的 QoS 服务。

未来随着大数据、人工智能(AI)、云计算和 5G 技术的进展,基于虚拟化、云化的 ICT 融合技术革命正在推动着网络重构与转型。高速上网和万物互联将产生呈指数级上升的海量数据,这些数据需要云存储和云计算,并通过大数据分析和人工智能产出价值,由此带来新的应用,包括互联网汽车、互联网医疗、互联网金融、云 AR/VR、工业智能制造、智能能源、个人 AI 辅助、基于位置的服务等。

<h1 align="center">12.6　物 联 网</h1>

物联网(Internet of Things)的概念早在 1999 年就已经提出,在经历了多年的发展演变后,现在较为普遍的理解是,物联网是将各种信息传感设备,如射频识别(RFID)装置、红外感应器、全球定位系统、激光扫描器、家用电器、安防设备等,按约定的协议与互联网连接起来而形成的一个巨大网络。在物联网中,人、机、物之间可以相互通信,进行信息的感知、交换和处理,从而实现智能化识别、定位、跟踪、监控和管理,最终为人们提供无所不在的全方位主动服务。

12.6.1　物联网的基本结构与主要特点

一般来说,物联网的典型架构如图 12.34 所示,从层次上可分为信息感知层、接入/网络层和应用服务层。信息感知层由各类传感器节点组成,主要包括传感器模块、处理模块、通信模块和独立电源等,用来收集和传送周围环境等信息。节点种类繁多,在大小、成本、复杂性方面差异性很大,通信方式也因具体应用不同而异。接入层主要由中间节点或汇聚节点组成,用来收集一组传感器节点的信息,并实现与其他汇聚节点、控制中心或上层骨干网络之间的通信。

网络层由骨干网络设施组成,可以是当前的电信网、互联网、广播电视网或多个网络的融合,未来则普遍认为由下一代核心网络承担网络层的交换和传送任务。中间件完成大量传感数据的收集和处理工作,而应用平台为某个具体行业应用提供服务,如物流供应、环境监测、农业控制、灾害预警、远程医疗、智能交通和军事战争等。

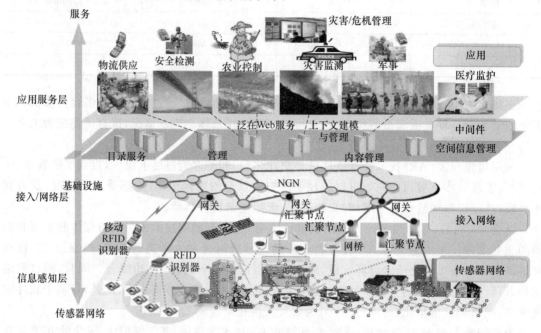

图 12.34 物联网的典型架构

物联网的主要特征是透彻的信息感知、广泛的互联互通和深入的智能服务,具体表现如下。

① 传感器节点体积小,配备的资源有限,如内存小、带宽低、能量不足等。

② 传感器节点数量大、种类多,根据应用要求需适应不同的环境条件。

③ 接入方式多种多样,在传输速率、覆盖范围和移动性支持方面各不相同。

④ 网络形态功能各异,其异构性、动态性、自治性和协同性特征明显。

⑤ 物物互连透彻感知,产生的信息数据量大,要求智能化传输、存储和处理。

⑥ 应用需求差异性大,在节点部署、接入组网和感知处理等方面要求相应的支持。

⑦ 安全隐私容易泄露,需要安全可靠的机制策略和支撑技术来保障。

12.6.2 物联网的关键技术

在物联网中,任何人、机、物可以在任何时间和任何地点、通过任何网络获取任何服务。它和以往传统通信网络的最大不同在于提出了智能物体、物物互联的概念。通过安装在各类物体上的二维码、电子标签、传感器等与无线/有线网络相连,从而给物体赋予智能,实现人、机、物之间的沟通和交流。简而言之,未来的物联网将实现物理世界、虚拟世界和人类社会的交互融合。在实现过程中所面临的关键技术主要包括网络体系架构、传感器节点的微型化与能量管理、异构网络融合和自治、数据融合和信息处理、服务搜索和发现、安全可靠性保障等多个方面。

(1) 物联网体系架构

物联网的最终目标是通过智能物体的互联,在社会生活的各个方面为人们提供主动服务,为此需要一个公认的物联网理论体系和模型架构来支撑其发展和应用。目前参考泛在传感网的结构,将物联网分为信息感知、接入/网络和应用服务三个层次。信息感知层负责物体识别和信息采集,包括二维码标签和识读器、射频识别(RFID)标签和读写器、摄像头、GPS、传感器、终端、传感器网络等;接入/网络层负责信息的接入、传送和交换,包括接入网、核心网或行业专网的物理设备、信令路由和控制管理等;应用服务层负责信息处理和服务提供,包括各类中间件、应用平台和行业服务软件等。

不同行业的物联网应用在功能要求、结构特征和关键技术等方面存在很大差异,但在研究建立体系架构时必须满足如下共性需求:①异构互联性需求,即必须考虑终端(或节点)异质性、接入多样性和网络异构性等特点;②时空相关性需求,即必须考虑节点和网络在时间、空间和能耗等方面的需求;③融合处理性需求,即必须考虑数据信息在重组、融合和理解等方面的要求;④服务智能性需求,即必须考虑服务提供在适应动态环境变化方面的要求;⑤安全可靠性需求,即必须考虑用户对网络安全、信息安全和隐私安全等方面的要求。

(2) 传感器节点的微型化与能量管理

传感器节点要高度集成化,保证对目标系统的特性不会造成影响,由此涉及的关键技术包括微型标签和传感器、嵌入式读取终端、片上集成射频、多波段射频天线、纳米材料以及与其他材料的整合等。

能量管理是物联网必须首先面对的问题,这里主要指信息感知层的传感器网络的能量管理问题。传感器节点体积小,通常只能携带能量十分有限的电池。同时,由于节点数目多、分布区域广、环境复杂等因素,通过更换电池的方式补充能量是不现实的。如何进行高效能量管理来最大化网络生命是传感器网络面临的最大挑战之一。

能量管理与节点和网络两个方面有关。从节点角度看,能量管理主要分为降低能耗和能量获取两大类。除了低功耗芯片组可以节约能耗外,节点操作系统中的动态能量管理和动态电压调节模块可以更有效利用资源。动态能量管理是指没有感兴趣的事件发生时,节点部分模块处于空闲状态。动态电压调节指节点微处理器负荷较低时,通过降低微处理器的工作电压和频率来降低处理能力,从而节约能耗。能量获取指节点通过太阳、生物、化学、震动等方式获得从其他形式的能量转化来的电能,无线能量传输也是能量获取的研究方向之一。从网络角度看,主要是指通过设计能量有效的路由通信协议和数据收集机制等降低能耗,延长整个网络的生命周期。研究表明目前传感器节点的绝大部分能量消耗在通信模块上(见图 12.35),因此如何让节点在不需要通信时尽快进入睡眠状态是网络通信协议需要考虑的问题。另外,减少路由广播信息,在满足通信连通度的前提下尽量减少单跳通信距离等都是目前正在研究的解决方案。

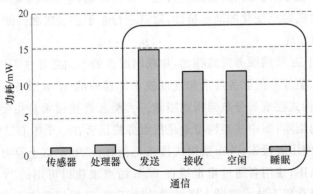

图 12.35　传感器节点能量消耗情况

（3）异构网络的融合和自治

异构网络的融合和自治是物联网的最显著特征之一。由于应用需求和网络技术的多样性，在物联网的架构下将是多种网络同时共存的局面，包括用于感知信息在内的个域网、有线和无线形式的局域网、城域网和广域网等。这些性能特征各异的网络是相互补充、相互促进的，如何实现它们之间的无缝融合和自治管理，更加有效灵活地满足用户需求是物联网面临的重要技术挑战之一。

异构网络的融合和自治从技术上讲主要包括海量地址和数据的管理，接入机制的选择和异构资源的自治管理等方面。首先，在物联网中，由于物体数目巨大带来的海量地址空间的分配和管理、物体地址和标示之间的映射、海量数据的传输和存储等成为异构网络首先需要解决的问题。其次，由于各种网络性能特征各异，采用传统的单目标决策理论很难找到真正最优的接入选择方案。因此需要引入多目标决策理论，在有限资源和各用户要求的多个目标之间找到平衡点，达到多目标最优化目的。最后，由于物联网资源的异构性、网络的动态性等特点，资源的自治管理是研究的重点内容。在以自组织为主要形式的信息传感层中，关键是自感知与自配置的核心协议，包括时间同步协议、分布式定位协议、拓扑控制协议、自组织路由协议和能量管理协议等。在接入/网络层中，为支持用户和节点的移动性，除了需要在同一网络内不同小区间的水平切换技术之外，还需要从一种网络到另一种网络的垂直切换技术。由于异构网络在数据速率、频谱、QoS等方面的差异性，垂直切换所需要的精确位置测定和快速切换机制将更加复杂。同时，在异构环境中，基于上下文感知技术，进行分布式频谱（带宽）的自感知动态分配也是资源管理的趋势之一。多无线电协作（MRC）是实现上述资源管理的一项关键技术，它是指在单一节点配备多个独立的无线电系统，各无线电系统可以使用不同的接入技术及不同信道。由于一个节点可以同时与不同的接入系统建立连接，也可以同一时刻与一个接入系统保持多个连接，因而有助于实现快速垂直切换和动态资源分配。

（4）数据融合和信息处理

物联网中的节点具有数目多、体积小、能量有限、数据海量等特点，因此从提高信息准确度和降低能耗角度出发，需要有效的数据融合和信息处理技术。这些技术渗透在物联网的各个层次中。在信息感知层，可以通过移动中继、节点分组轮流工作、选取代表性上报节点、压缩感知等机制达到节能目的，同时又保证了信息的完整性和准确性；在接入/网络层，主要是通过汇聚处理和各种路由控制协议来进行数据重组和融合，减少数据传输量；在应用服务层，则主要是利用分布式数据库技术，对收到的数据进行进一步的筛选，达到数据融合的目的；同时，根据用户和环境数据信息随时空变化的动态特性，对其进行基于多层次融合的上下文感知处理。

（5）服务搜索和发现

和传统的电信网、互联网服务模式相比，物联网服务的不同之处在于强调服务的主动性提供，因此需要更高级、更复杂的服务搜索和发现技术。目前的Web服务搜索和发现技术主要有直接搜索、集中架构式搜索和分布架构式搜索三大类。直接搜索是指使用者向服务提供者直接索要服务描述的副本；集中式架构搜索是指服务提供者在一个中心目录中注册服务、发布服务公告及引用，供使用者检索；分布架构式搜索是指在Web站点上存有对服务提供者提供点处的服务描述的引用，使用者通过指定检查Web站点来获得可用的Web服务。物联网服务的搜索和发现需要在以上技术基础上增加主动性环节，即根据用户需求，自动搜索、发现和组装合适的服务，并在动态变化的异构网络环境中实现服务的可靠传送和主动提供。

（6）安全可靠性保障

物联网中的安全可靠性保障主要体现在网络安全和信息安全两方面。网络安全包括硬件平台、操作系统、应用软件在内的系统安全和系统连续可靠正常运行、网络服务不中断的运行安全。信息安全则是指对信息的精确性、真实性、机密性、完整性、可用性和可控性的保护。和传统的互联网相比，由于节点的微型化和能量能力的受限化，在物联网中需要着重考虑的是算法计算强度和安全强度之间的权衡问题，即如何通过更简单的算法和更低能耗实现尽量强大的安全性。

12.6.3　5G 物联网

5G 通信技术的发展为物联网提供了新的解决方案，因此 5G 时代被看作物联网的时代。传统物联网主要工作在非授权频谱（<1 GHz，2.4 GHz 等 ISM 频段），受限于发射功率，仅能够覆盖几百米的小范围，而且容易受到干扰，不能提供可靠的传输。在 4G 技术发展末期，网络运营商提出了低功耗广覆盖（LPWA，Low Power Wide Area）的物联网技术，以期提供更经济的物联网服务。结合工业物联网的需求，5G 技术进一步将物联网应用归纳为两类：海量机器类通信（mMTC，massive Machine Type Communication）主要面向大规模的低成本物联网业务；超可靠低时延（URLLC，Ultra-Reliability and Low Latency Communication）机器类通信主要面向无人驾驶、工业自动化等需要低时延、高可靠连接的业务。

窄带物联网（NB-IoT，Narrow Band Internet of Things）是具有代表性的 mMTC 技术，支持待机时间长、对网络连接要求较高设备的高效连接，一个扇区能够支持 10 万个连接，设备电池寿命可以达到 10 年，提供全面的室内蜂窝低速率数据连接覆盖。工作在 6 GHz 以下的授权频段，可采取带内（利用单独的频带，适合用于 GSM 频段的重耕）、保护带（利用 LTE 系统中边缘无用频带）或独立载波（利用 LTE 载波中间的任何资源块）三种部署方式，允许运营商根据不同的频谱条件灵活部署。一个 NB-IOT 基站可以覆盖 10 km 的范围，较 GSM 覆盖提升 20 dB 的增益，能覆盖到地下车库、地下室、地下管道等信号难以到达的地方。

针对物联网通信场景，NB-IoT 对原有的 4G 网络特性和终端特性进行了适当地平衡，在距离、移动性、速率、能耗、成本、时延等性能指标中，优先保证距离、能耗和成本，一定程度地降低移动性、时延和速率。

NB-IoT 系统占用 180 kHz 带宽，与 LTE 帧结构中一个资源块的带宽一样，适合用于重耕 GSM 频段。这是因为 GSM 的信道带宽为 200 kHz，刚好为 NB-IoT 的 180 kHz 带宽辟出空间，且两边还有 10 kHz 的保护间隔。NB-IoT 上行使用单载波频分多址（SC-FDMA）技术，上行要支持单频（Single Tone）传输，子载波间隔除了原有的 15 kHz，还新制订了 3.75 kHz 的子载波间隔，共 48 个子载波。15 kHz 为 3.75 kHz 的整数倍，对 LTE 系统干扰较小。对于 15 kHz 的子载波，NB-IoT 的上行帧结构与 LTE 相同，帧长 10 ms，每帧包含 20 个 0.5 ms 的时隙（slot）；对于 3.75 kHz 的子载波，NB-IoT 新定义了 2 ms 的窄带时隙，每个窄带时隙包含 7 个符号，每帧包含 5 个窄带时隙。如图 12.36 所示。NB-IoT 下行采用正交频分多址（OFDMA）技术，子载波间隔 15 kHz，下行的帧结构与 LTE 相同，每帧在频域上包含 12 个连续的子载波，如图 12.37 所示。上下行最高支持 250 kbit/s。

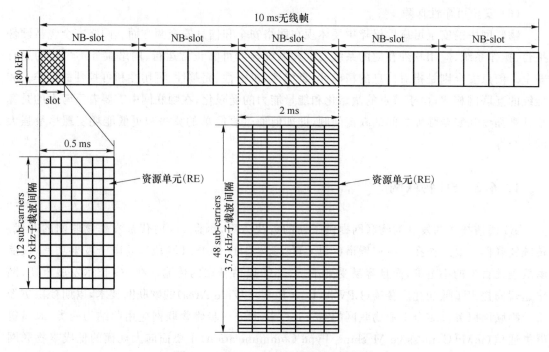

图 12.36 NB-IoT 上行帧结构与资源块

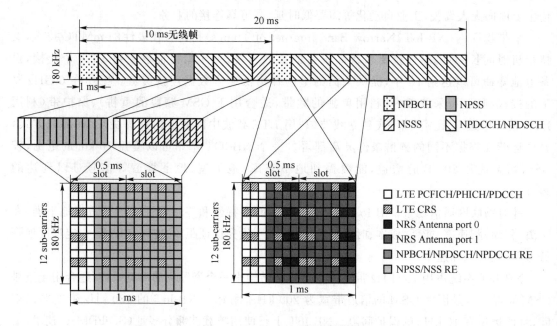

图 12.37 NB-IoT 下行帧结构

NB-IoT 支持常规覆盖、扩展覆盖和极端覆盖三个等级。为了增强信号覆盖,在 NB-IoT 下行无线信道上,通过重复向终端发送控制和业务消息,再由终端对重复接收的数据进行合并,来提高数据通信的质量。在 NB-IoT 的上行信道上,同样也支持数据重传。此外,终端信号在更窄的 LTE 带宽(3.75 kHz)发送,从而增强单位频谱上的信号功率谱密度,提升了上行无线信号在空中的穿透能力。通过上行、下行信道的优化设计,NB-IoT 的耦合损耗(Coupling Loss)最高可以达到 164 dB。仿真表明可保证 99% 的可靠性,相应地,允许时延约为 10 s,但实际在最大耦合损耗环境可以达到 6 s 左右。

　　NB-IoT 有两种省电模式,即省电模式(PSM,Power Saving Mode)和扩展的不连续接收(eDRX,extended Discontinuous Reception)模式,可以使通信模块只在约定的一段很短暂的时间段内,监听网络对其的寻呼,其他时间则都处于关闭的状态,如图 12.38 所示。

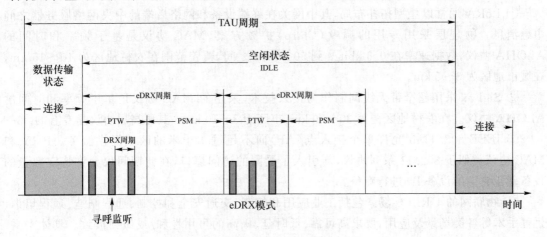

图 12.38　NB-IoT 低功耗机制

　　在 PSM 模式下,终端设备的通信模块会关闭其信号的收发以及接入层的相关功能,网络只能在每个跟踪区更新(TAU,Tracking Area Update)最开始的时间段内寻呼到终端。PSM 适用于几乎没有下行数据流量的应用,大多数情况下,终端超过 99% 的时间都处于休眠的状态。

　　eDRX 模式的运行不同于 PSM,在一个 TAU 周期内,包含多个 eDRX 周期,以便网络更实时性地向其建立通信连接(寻呼)。eDRX 的一个 TAU 包含一个连接状态周期和一个空闲状态周期,空闲状态周期中则包含了多个 eDRX 寻呼周期,每个 eDRX 寻呼周期又包含了一个寻呼时间窗(PTW,Paging Time Window)周期和一个 PSM 周期。PTW 和 PSM 的状态会周期性地交替出现在一个 TAU 中,使得终端能够间歇性地处于待机的状态,等待网络对其的呼叫。

　　NB-IoT 最初就被设计为工作于移动性支持不强的应用场景,不支持连接态的移动性管理,包括相关测量、测量报告、切换等,因此可简化终端的复杂度,降低终端功耗。

　　出于低成本考虑,NB-IoT 终端仅支持单天线,仅支持 FDD 半双工模式,这意味着上行和下行在频率上分开,终端不会同时处理接收和发送。只需一个切换器去改变发送和接收模式,比全双工所需的元件少。NB-IoT 业务低速率的数据流量,使得通信模组不需要配置大容量的缓存,低带宽则降低了对均衡算法和均衡器性能的要求。NB-IoT 系统性地简化了 LTE 协议栈,使得通信单元的软件和硬件也可以相应地降低配置,终端可以使用低成本的专用集成电路,来实现协议简化后的功能。

　　针对物联网业务的需求特性,NB-IoT 核心网定义了用户面功能优化和控制面功能优化两种方案。用户面功能优化引入无线资源控制的挂起/恢复(Suspend/Resume)流程,减少终端重复进行网络接入的信令开销。当终端和网络之间没有数据流量时,网络将终端置为挂起状态,但在终端和网络中仍旧保留原有的连接配置数据。控制面功能优化包括两种消息传递路径,终端不必在空口建立网络业务承载,就可以直接将业务数据传递到网络。

　　增强性机器通信(eMTC,enhanced MTC)技术是 3GPP 定义的另一类 mMTC 技术,可以直接接入现有的 LTE 网络,与 NB-IoT 最大的区别在于支持 1.4 MHz 的射频和基带带宽,支持上下行 1 Mbit/s 的峰值速率,属于中速率物联网,成本只有 Cat1 芯片的 25%,相比于 GPRS 速率要高 4 倍。

其他非 3GPP 的低功率广覆盖物联网技术都工作在吉赫兹以下非授权频谱,主要如下。

① LoRA 通常以星型拓扑布局,其中网关在终端设备和网络后端的中央网络服务器之间中继消息。物理层采用专用的啁啾(Chirp)扩频方案,MAC 协议是基于频率和时间的 ALOHA 协议,数据速率在 0.3 kbit/s 到 50 kbit/s 之间,覆盖范围在农村地区为 10～15 km,在城市地区为 3～5 km。

② SigFox 采用超窄带无线调制作为接入技术,采用的 MAC 协议是基于频率和时间的 ALOHA 协议。在农村地区覆盖 30～50 km,市区为 3～10 km。其更高层协议是专有的。

③ IEEE 802.11ah 允许单个接入点(AP)向不超过 1 千米的区域提供服务。PHY 和 MAC 协议类似于 802.11 系列协议,新引入了受限的访问窗口,在此期间仅允许特定数量的设备基于它们的设备 ID 进行竞争。

5G 物联网的 URLLC 场景包括工业应用和控制、交通安全和控制、远程制造、远程培训、远程手术等各类场景及应用,要求高可靠、低时延、极高的可用性和/或做到极致。具体来讲,根据 ITU 要求,在大量小数据包(32 字节)的基础上统计,空口时延应小于 1 ms,丢包率小于 10^{-7}。该时延是指成功传送应用层 IP 数据包/消息所花费的时间,时延适用于上行链路和下行链路两个方向,具体从发送方 5G 无线协议层入口点,经由 5G 无线传输,到接收方 5G 无线协议层出口点的时间,包括缓存、终端和基站信号处理等非协议因素。此指标主要针对工业控制场景,车联网场景需单独考虑。

5G 的 URLLC 实现基于新无线(NR,New Radio)技术,NR 无须考虑后向兼容。URLLC 的指标包括时延、可靠性和有效性,从系统设计的角度来看,三个指标单个实现都不难,困难的是同时满足低时延和高可靠。总的原则是以资源换时间、可靠性和有效性,这些资源包括时间域、频率域、编码域和空间域的资源。可以将这些资源设立为专用的资源池,预留给 URLLC 业务用,也可以不做任何预留,URLLC 业务发生时直接以高优先级在增强移动宽带(eMBB,enhanced Mobile BroadBand)资源中打孔(Puncture)。

降低系统时延的主要技术如下。

① 采用更宽带的子载波,如 30 kHz 和 60 kHz,子载波间隔越大,时隙越短。同时,NR 采用快速解码,可以降低时延和往返时间。

② 引入更小的时间资源单位,如 mini-slot。每个 5G 时隙中通常包括 7 个或者 14 个符号,每个 mini-slot 包含 2 个符号,穿插到其他传输的时隙中,与其他宽带业务有效复用。

③ 上行接入采用免调度许可(Grant Free)机制,多用户之间可共享或独占资源。

④ 支持异步过程,以节省上行时间同步的开销。

⑤ 采用快速的混合自动请求重传和快速动态调度等。

在提升系统可靠性方面,可采用的技术如下。

① 采用更鲁棒的多天线发射分集机制和所有分集级别,在所有天线振子/站上进行分集编码,在更多频率和带宽上进行发送。

② 单时隙传送时,采用鲁棒性强的编码和调制阶数,选择非常低的码率和低的调制星座图,以便在给定 SINR 下,提供非常低的误块率,以降低误码率。

③ 多时隙传送时,在频域和时域中重复传送。

④ 采用超级鲁棒性信道状态估计,尤其是在 SINR 较低时。

⑤ 在不同频率和不同无线接入技术上建立多连接,在站内或者站间移动中连接永远存在。

此外,URLLC 还需要支持基于 IEEE 1588 v2 的时间同步技术,在多个设备协调和运动控制场景下,在由多个设备所组成的通信组中,通过无线接口实现亚微秒级别的高精度时间同步。

12.6.4 典型应用场景示例

物联网是典型的应用和商业需求驱动的市场,本节讨论的 NB-IoT、eMTC、LoRa 和 Sigfox 等技术都属于 LPWA 范畴,解决 5G 定义的大连接物联网需求。它们的共同特征是主要采用超窄频率带宽、重复传输和精简网络协议等设计,牺牲速率、时延和移动性等性能,以实现低功耗(电池寿命 10 年)和广域覆盖,达到减少运维成本和覆盖成本的目的,其对比如表 12.2 所示。与 NB-IoT 相比,eMTC 支持语音和移动性,更适合可穿戴设备,而 LoRa 和 Sigfox 更适合局部区域的行业独立组网,且无后续资费问题。

表 12.2　LPWA 技术方案对比

	NB-IoT	eMTC	LoRa	Sigfox
信道带宽/kHz	200	1 400	7.8~500	0.1
峰值速率	< 200 kbit/s	< 1 000 kbit/s	< 50 kbit/s	< 100 bit/s
最大耦合损耗/dB	164	156	157	146
网络部署	复用蜂窝网基站		私有网络,独立建站	
移动性	低速或静止	支持移动性	低速或静止	低速或静止
终端电池寿命	> 10 年	10 年	> 10 年	20 年
频谱	授权频谱 (保护带,带内,独立)	授权频谱 (LTE 带内,独立)	非授权	非授权
干扰	网络规划,干扰可控		无牌照,安全性低	
模组成本	< 5 美元(预计)	5~10 美元(预计)	2 美元	1~2 美元
网络使用成本	月租费		无	

当前最成熟的应用是水表与电表的自动抄表应用,其他应用如路灯、停车场、自动贩卖机和物品跟踪等也在迅速增加。基于此,NB-IoT 技术也继续演进,主要是增强低功耗和覆盖、提高峰值速率、支持定位、支持多播业务和唤醒信号。

① 提高峰值速率主要通过更高的频谱效率(如高阶调制)和更宽的带宽实现,借鉴载波聚合原理,NB-IoT 定义锚点载波(Anchor Carrier)和非锚点载波以增加上行带宽,多载波还能够减少异频小区数和节省公共信道开销。

② 多媒体广播多播业务(MBMS)的引入主要是为支持物联网终端的固件更新和下行批处理。

③ 定位功能是为了支持物品跟踪类业务,尤其是室内和低功耗需求定位,如仓储、共享单车和电动汽车,支持增强小区 ID 和到达时间差(OTDOA)定位方法,并通过定义更多的定位参考信号,在 7 个基站可见的条件下可以达到 50 m 的定位精度。

④ 唤醒信号(Wake-up Signal)是为了支持低功耗的下行业务,比如单个水/电表的读取、共享单车的开锁和丢失物品的定位等。

物联网是由多学科高度交叉形成的新兴前沿研究热点领域,目前在国际上备受关注。除了最早应用在军事领域外,已经日趋广泛地应用在工业、农业、环境、医疗、数字家庭、绿色节能、智能交通和智能电网等多种传统和新兴领域。例如,RFID 技术用于物流产业,可以实现食品溯源、物体追踪等应用;传感器技术应用于交通管理,可以实现智能调度、实时导航等应用。物联网被认为是将对 21 世纪产生巨大影响的技术之一,是继计算机、互联网与移动通信网之后的世界信息产业第三次浪潮,未来将催生万亿级信息产业,使用户享受到无处不在的主动型新业务服务。

12.7　量子密钥分发网络

在互联网无处不在的信息社会中,国家和民众对信息的安全性给予了越来越多的重视。现有保密通信根据加解密方式的不同,主要分为对称和非对称两种密码体制。在对称密码体制中,用于加密和解密的是由通信双方共享的一组比特序列,称为密钥。该体制具有加解密速度快、密钥长度短以及难以破解等优点,但是难以解决密钥分发的问题,因此实际中多与非对称密码体制结合使用,从而使系统的整体安全性取决于非对称密码所使用的公钥系统的算法复杂度。随着计算技术的高速发展,依赖计算复杂度的公钥系统面临越来越严峻的挑战,需要找到更好的技术方案。量子密钥分发(QKD,Quantum Key Distribution)技术恰好解决了对称密钥的分发难题,由于量子密钥具有信息理论上的安全性,因此近些年来备受青睐,包括我国在内的几个主要国家都已经开始投入实验网络的搭建和研究。本部分将介绍 QKD 系统的基本原理、QKD 组网关键技术及其应用前景。

12.7.1　QKD 系统的基本原理

1. QKD 的产生

光既有波动性又有粒子性,即波粒二象性。通常意义上的光通信技术大都是利用了光的波动性,而利用光的粒子性进行通信的新技术,即量子通信技术,在最近的几十年里得到了飞速发展。

1900 年,普朗克在研究黑体辐射问题时首次提出了"量子"假设,即物体吸收或发射电磁能量时,只能以"量子"(不连续)的方式进行。1905 年,爱因斯坦在此基础上进一步提出了"光量子"的概念,即认为光束是由光量子(或称光子)组成的,一束频率为 ν 的光的能量聚集在能量为 $h\nu$ 的光量子上,其中 h 为普朗克常数。这一假说将作为一个"粒子"的光量子的能量和动量与电磁波的频率和波长不可分割地联系在一起,充分体现出光的波粒二象性,不久即被实验证实。这之后许多科学家们对量子理论进行了持续和深入的研究,其中薛定谔在德布罗意的物质波假设的基础上找到了描述粒子状态随时间变化规律的运动方程,即著名的薛定谔方程;海森堡的测不准原理(或称不确定性原理)指出粒子的一对非对易物理量,如坐标和动量,不能同时具有完全确定的值;玻恩提出了"概率波"的概念,即波函数的模的平方代表了粒子在该空间附近单位体积内出现的概率;玻尔的互补性原理认为波动与粒子描述是两个理想的经典概念,每一个概念都有一个有限的适用范围,但其中的任何单独一个都不能对涉及的实验现象给出完整的说明。这些工作为量子理论奠定了良好的基础,促使其在一百多年里得以不断地发展和完善。

量子通信是近几十年来量子理论、通信理论和信息理论相结合的产物,它是利用量子态作为信息载体来实现信息交互的通信技术。一个微观粒子的量子态由波函数来描述,可以抽象

为希尔伯特空间中的一个矢量,记为 $|\varphi\rangle$,它随时间的演化遵从薛定谔方程。在量子通信中,信息传输是指量子态在量子信道中的传送,信息处理则是指量子态的幺正变换。用量子态表示的量子信息单元称为量子比特(qubit)。经典的信息单元比特(bit)可以看作是一个两态系统,如 0 或 1。与经典比特只能处于 0 或 1 中的一个逻辑态不同,量子比特以两个逻辑态(或称本征态)相干叠加的方式存在,表示为 $|\varphi\rangle=a|0\rangle+b|1\rangle$,其中 a 和 b 是复数,并满足 $|a|^2+|b|^2=1$ 的条件,$|0\rangle$ 和 $|1\rangle$ 表示一对意义相反的逻辑态,可以表征经典通信中的二进制比特 0 和 1。经典比特的两个逻辑态则可以看作是量子比特在 $a=0$ 或 $b=0$ 时的特例。由此可见,选择适当的参数 a 和 b,就可以在一个量子比特上对无穷多的信息进行编码。量子比特可以由多个物理量来实现,一般采用的是光子的正交偏振态或相位信息。

理想的量子通信有直接和间接两种典型方式。直接通信方式是将所需传递的经典信息转换到粒子的量子态上,以光纤或自由空间作为物理信道直接将粒子传递到对端。此外,两端还需要通过经典信道协商量子态的测量方法,从而获得所传递的经典信息。间接通信方式利用量子纠缠效应来进行信息传递,其原理是处于纠缠态的两个粒子无论相距多远,只要一个发生变化,另外一个也会瞬间发生变化。具体来说,就是通信双方共享一对处于量子纠缠状态的粒子,发送端利用需发送的信息对发送端的粒子进行测量,并通过经典信道告诉接收端它所使用的测量方式(某种幺正变换),则接收端用对应的反幺正变换可从其在本地测到的另一个粒子的状态恢复出发送端的待发送信息,从而实现信息的传递。值得注意的是,无论是直接还是间接通信方式,都需要通过经典信道上的经典通信来进行测量辅助或测量协商,因此不能用来实现超光速通信。

量子通信现阶段最为典型的应用形式是量子密钥分发(QKD),即以量子信息理论安全的方式在位于两处的用户之间分发(或称共享)密钥。QKD 既可由直接量子通信方式实现,也可由间接量子通信方式实现,目前前者的实用化程度较高,后者还处于实验室阶段。除非特别说明,本节以下内容均以直接量子通信方式的 QKD 为对象。

2. QKD 安全性的物理基础

与现有密码的安全性依赖于计算复杂度不同,QKD 的安全性是由如下量子力学的测量塌缩原理、海森堡不确定性原理和量子态不可克隆原理来保证的。

测量塌缩原理是指对粒子的测量会导致该粒子的波函数塌缩成粒子的一个本征态。量子力学的可观测量可以表示成一组本征态的相干叠加形式,在对粒子可观测的量子态进行测量时,该量子态将以一定的概率投影到其本征态上,即对量子态进行测量会导致其波函数塌缩。因此除非该量子态本身即为可观测量的本征态,否则测量将会导致最初叠加形式的量子态塌缩到其某一个本征态上。

海森堡不确定性原理是指量子的一对非对易物理量,如坐标和动量,不能同时具有完全确定的值,即不可能同时确定一个粒子的位置和动量。如果要以尽可能高的精度测量一个粒子的精确位置,那么测量用的光波长需要越短越好,这意味着光量子携带的能量也越大,因而对该粒子的动量将造成越大的影响。反之,如果想要获取粒子的动量,则测量用的光波长需要越长越好,这又会导致粒子位置的测量精度下降。

不可克隆原理可以认为是测量塌缩原理和海森堡不确定性原理的推论。即对于一个未知态的粒子,想要在不改变其原来的量子态的情况下复制出完全一样的粒子是不可能的。这一特性决定了单次测量所得到的结果只能是原量子态的多种可能状态之一,除非该量子态本身即为可观测量的本征态,否则无法通过单次测量确切得知其原来状态。因此如果发送端每次发送的粒子所携带的都是不同的量子比特,则窃听者无法通过测量来确切获知每个量子比特的状态,也就无法复制出完全相同的量子比特。

由此可见这三大物理原理保证了量子密钥在传输过程中的安全性,因此 QKD 的安全性被称之为"信息理论安全"(或称"理论上无条件安全"),具体是指在公开信道中分发量子密钥时,由于任何窃听行为会引起系统误码率的上升,因此可被通信双方发现,从而避免量子密钥的泄露。如果将 QKD 技术与香农的"一次一密"(OTP)进行结合,则可实现具备信息理论安全的保密通信。

3. QKD 系统的工作原理

QKD 系统采用量子态来对信息进行编码,通过对量子态的制备(或称调制)、传输和检测(或称解调)来实现密钥(即随机数系列)分发的目的。图 12.39 给出了一个典型的 QKD 系统结构,Alice 和 Bob 分别作为 QKD 系统的发送端和接收端。系统以单光子作为量子比特的载体,采用光子的正交偏振态进行调制,并以光纤作为传输信道。传输信道由量子信道和经典信道组成,量子信道传输量子比特信号,即经过调制的单光子信号;经典信道传输除了量子信号之外的其他信号,包括同步信号、协商信号和数据信号等。Alice 利用原始密钥信息对单光子进行调制,然后通过量子信道进行传输,Bob 接收到后对其进行解调,得到其所携带的原始信息,实现密钥分发。

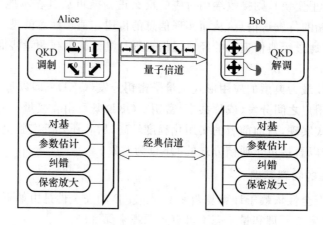

图 12.39 典型的点对点量子密钥分发系统

上述过程需要特定的协议来对量子态的制备、传输和测量方法做出约定,称为 QKD 协议。最早也是最具代表性的 QKD 协议是 1984 年提出的 BB84 协议,下面以此为例说明 QKD 系统的工作原理。

为了保证安全性,系统需要选取光子的 4 个偏振态来组成两组共轭基,要求每组基的两个偏振态相互正交,通常由{0°,90°}构成一组水平垂直基,由{+45°,−45°}构成一组斜对角基,两组基之间是非正交的。收发双方约定 0°和−45°代表比特 0,而 90°和+45°代表比特 1。

Alice 产生一个二进制的随机序列,对光子进行偏振调制,调制时随机选取一组基,以此确定光子的偏振态。Bob 在测量时同样是随机选取一组基来测量该单光子的偏振态。如果收发双方使用的是相同的一组基,Bob 会得到正确的测量结果,否则,根据测量坍缩原理,Bob 得到的结果将是随机的,即有 50%的概率得到正确的偏振结果。例如,Alice 针对比特 1 选取的是斜对角基,那么对应光子的偏振态将被调制为+45°。若 Bob 选取的是斜对角基,则将会准确测量到该偏振态,代表比特 1。若 Bob 选取的是水平垂直基,测到偏振态为 0°和 90°的概率各为 50%,也即代表比特 1 的概率为 50%,此结果是不可信的,需要丢弃。

表 12.3　BB84 协议对基原理

Alice 产生的随机序列	1	0	0	1	1	1	0	0
Alice 随机选取的共轭基	+	×	+	+	×	×	×	+
偏振态	↑	↖	→	↑	↗	↗	↖	→
Bob 随机选取的共轭基	×	+	+	×	×	+	×	+
Bob 测量	↗	↑	→	↗	↗	↑	↗	→
双方对基结果	丢弃	丢弃	保留	保留	保留	丢弃	保留	保留
共享的随机序列			0	1	1		0	0

表 12.3 给出了 BB84 协议的一个实例。Alice 按表中所列使用相应的基和偏振态调制一段随机序列 10011100,并发送给 Bob。Bob 使用表中所列的基进行测量,最终双方协商得到的密钥为 01100。具体过程可分为以下 6 个步骤。

① 规则约定:即 Alice 和 Bob 约定好用何种共轭基中的何种偏振态代表比特 1,何种共轭基中的何种偏振态代表比特 0。

② 量子态制备:Alice 产生随机序列和一系列光子;随机选择水平垂直基或斜对角基;根据随机序列和选定的基,完成对单光子的偏振态调制。

③ 信息传输:经过偏振态调制的光子经量子信道由 Alice 发送给 Bob。

④ 信息测量:Bob 端随机选取一组基,对接收到的光子进行测量。

⑤ 公开对基:Alice 和 Bob 通过经典信道对所选共轭基进行比对,如果两者选择共轭基相同,则保留发送结果和测量结果;如果两者所选共轭基不同,则均需抛弃本次发送和测量的结果。

⑥ 密钥确定:对保留下的结果,Alice 和 Bob 按照步骤①中约定的偏振态与比特 0 和 1 的对应关系,确定双方各自的密钥序列。

对基后的密钥称为筛后密钥,后续还需经过参数估计、纠错和保密放大才能得到最终安全的密钥。这是因为若窃听者 Eve 复制光子或者测量光子再重发给 Bob,都会改变光子的状态。此时即使 Alice 和 Bob 选择了相同的基,双方得到的筛后密钥也不一致。通常双方将在筛后密钥中随机选取一部分公布进行比对,由该部分密钥的误码率估计出整个筛后密钥的误码率,再据此选择合适的纠错码进行纠错。从误码率等参数的估计过程还可以计算出筛后密钥中泄露给窃听者的信息量的上界。进一步地,在保密放大过程中,双方根据此上界选择压缩比例合适的泛哈希函数族,从中随机选择一个哈希函数对纠错后的密钥进行压缩,从而可清除窃听者所掌握的信息,最终得到安全的密钥。

4. QKD 系统的分类

上述典型 QKD 系统是以单光子为载体,以光纤为信道,采用 BB84 协议实现的。除此以外,人们已经提出了多种 QKD 系统实现方案。根据信息载体的不同,可以分为离散变量和连续变量两类。根据传输信道的不同,可以分为光纤类、自由空间类、星地类等。根据实现方案的不同,可以分为制备-测量类、纠缠分发类、测量设备无关类等。根据协议的不同,可以分为 BB84 协议、E91 协议、诱骗态协议、测量设备无关协议、双场协议等。随着实现方案的持续改进和完善,QKD 系统的性能也得到了不断提升。

12.7.2 QKD 网络及关键技术

点对点 QKD 系统的性能已经取得了长足进步,但它仅能够满足两个用户之间的需要,靠搭建 $N(N-1)/2$ 的全连网络来实现 N 个用户之间的通信是不现实的,因此网络化是 QKD 技术走向实用化的关键,一直以来受到世界各国的广泛关注。

1. QKD 网络的分类

QKD 网络是指以多个 QKD 设备及链路为物理设施,以提供高安全的密钥分发服务为主要业务的网络。根据 QKD 网络中间节点的不同,可以划分为三类:基于光节点的 QKD 网络、基于可信中继的 QKD 网络和基于量子中继的 QKD 网络。

(1) 基于光节点的 QKD 网络

此类 QKD 网络依靠光开关或无源光学器件(如光分束器和波分复用器等)连接网络中的各个用户节点,其结构包括树型、总线型和星型等。

采用光分束器连接一个 Alice 发送端和多个 Bob 接收端的方案简单易行,可以实现一对多的量子密钥分发,但其缺点也很明显:一是效率较低,如果 Bob 用户数目为 n,则各用户的码率都下降到原先单用户码率的 $1/n$;二是该网络严重依赖 Alice,若其发生故障,便无法进行量子密钥分发;三是光分束器不具备路由功能,光子经由分束器后到达哪个 Bob 完全是随机的,因此无法控制 Alice 将光子发送给某个指定的 Bob。

采用光开关代替分束器可以实现多个用户之间的量子密钥分发。铌酸锂($LiNbO_3$)、微机电系统(MEMS)和平面光波导(PLC)等多种类型的光开关都可以使用,影响 QKD 性能的主要是其插入损耗。该方案灵活性高,和现有光网络兼容性好。

采用波分复用器也可以实现一对多或多对多用户之间的量子密钥分发,即不同用户之间使用不同的波长进行通信,称为波长寻址。通常一对多采用总线结构,多对多采用网状网结构。这类方案效率较高,但灵活性和可扩展性有待改善。

综上,基于光节点的 QKD 网络通过时分、空分或波分复用的多路量子信道来实现多个用户之间的量子密钥分发,但这类方案无法突破链路损耗带来的传输距离限制,可扩展性受限。

(2) 基于可信中继的 QKD 网络

此类 QKD 网络由可以信任的网络节点连接而成,其工作原理是利用"一次一密"将密钥通过多个可信任中继节点进行转发传递,从而实现远距离多用户之间的密钥分发。

如图 12.40 所示,Alice 与节点 1、节点 1 与节点 2、节点 2 与 Bob 之间可以进行量子密钥 K_1、K_2 和 K_3 的分发,但是 Alice 与 Bob 之间由于距离远而无法直接进行分发。为此,将节点 1,2 和 3 设计为可信任的,那么 Alice 与 Bob 之间的密钥分发可以采用以下方式实现:

① Alice 产生一组随机序列,即 Alice 与 Bob 之间将要分发的密钥 K,称为逻辑密钥;

② Alice 使用量子密钥 K_1 采取"一次一密"的方式对逻辑密钥 K 加密,得到 $S_1=K_1 \oplus K$;

③ Alice 通过经典信道将 S_1 发送给节点 1;

④ 节点 1 使用与 Alice 所共享的量子密钥 K_1 对 S_1 进行解密并获得 K,即 $K=K_1 \oplus (K_1 \oplus K)$;

⑤ 节点 1、节点 2 重复上述过程;

⑥ Bob 从经典信道接收到加密信息 S_3,并使用 K_3 解密获得逻辑密钥 K,即 $K=K_3 \oplus$

$(K_3 \oplus K)$，至此 Alice 和 Bob 实现了密钥 K 的分发。

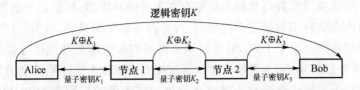

图 12.40　基于可信中继的 QKD 网络中的密钥分发示例

基于可信中继的 QKD 网络理论上可以实现相隔任意距离的两点或多点之间的密钥分发，但要求密钥传输的中继节点必须可信。

（3）基于量子中继的 QKD 网络

此类 QKD 网络利用纠缠交换、纠缠纯化和量子存储等技术进行量子态的中继转发，从而实现长距离的密钥分发。这种基于量子中继的 QKD 网络无须中继节点可信，属于理论意义上的全量子网络，但目前仍处于理论研究阶段。

2. QKD 组网关键技术

在 QKD 网络的初期小规模实验阶段，为了避免量子信号受到经典光信号的干扰，大多选择铺设专用光纤用于量子信号的传输，而且单根光纤中只传输一路量子信号，这样系统容量很低，会带来极大的成本浪费。因此，未来向广域大规模组网应用发展的一个趋势是将 QKD 与现有 WDM 光网络融合。图 12.41 给出了一个 QKD 和 WDM 网络的融合架构示例。在融合网络中，量子信号与经典信号（指现有 WDM 光网络中的光信号）将共同使用光纤链路和交换节点，但由于量子信号具有功率极低、不可克隆、需要绕行光放大器、中继困难等特点，在融合组网中尚面临多方面的挑战，下面将从传输、交换、中继和控制这四个方面介绍其中的关键问题和现有方案。

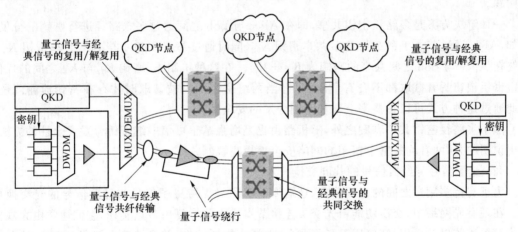

图 12.41　QKD 和 WDM 网络融合架构示例

（1）量子信号与经典信号的共纤传输技术

量子信号与经典信号的共纤传输是指二者通过波分复用的方式共用同一根光纤，这样可以大幅提高系统容量和节约资源，但必须考虑量子信号与经典信号在光功率方面存在的巨大差异。以 1 Gbit/s 的 C 波段开关键控（OOK）经典光调制信号为例，它的功率一般约为 0 dBm，相当于每个光脉冲含有 800 万个光子。而出于安全性考虑，用于生成密钥的量子信号均为单光子量级，实际应用中大约为每脉冲含有 0.4 个光子。这一特性使得量子信号极易受到经典信号的干扰,为量子信号与经典信号的共纤传输带来了挑战。

在量子信号与经典信号共纤传输系统中存在多种噪声类型,根据产生机制的不同,量子信道受到的干扰噪声主要有相邻信道串扰噪声、放大器自发辐射噪声、散射噪声以及四波混频噪声。相邻信道串扰噪声是由于 DWDM 器件隔离度不够导致部分经典信号的光子泄漏到量子信道中产生的,属于带外噪声,这种噪声可以通过提高 DWDM 器件隔离度的方法来降低。自发辐射噪声只存在于配置了光纤放大器或半导体光放大器的长距离 DWDM 系统中,虽然自发辐射噪声具有较宽的频谱能够对量子信号造成干扰,但是目前针对这一噪声已经提出了较为有效的抑制方案,如"放大器绕行"方案等,通过以上措施能够基本去除 ASE 噪声对量子信号的干扰。散射噪声是在传输过程中经典信号与光纤的相互作用产生的,包括瑞利散射、布里渊散射以及拉曼散射。其中瑞利散射和布里渊散射产生的噪声频谱仅存在于泵浦光附近 10 GHz 左右的范围,而 DWDM 系统的频谱间隔通常为 50~200 GHz,因此不会对量子信号造成干扰。而拉曼散射噪声具有较宽的频谱,对于 C 波段的量子信号与经典信号波分复用系统,拉曼散射噪声会覆盖量子信道波长范围,因而对量子信号造成干扰。四波混频是泵浦信号在传输过程中引起光纤折射率扰动而产生的一种光纤非线性效应,该效应会产生多种新频率的噪声信号,可能会与量子信道的频率相同,从而影响量子密钥分发系统的性能。

综上,在量子信号与经典信号波分复用的共纤传输系统中,拉曼散射噪声与四波混频噪声为带内噪声,无法通过滤波器滤除,因此成为影响 QKD 系统性能的主要干扰因素。目前研究发现可以通过合理的为量子信号与经典信号选择波长来降低这两类噪声的干扰,但在可扩展性、动态适应性和计算复杂度方面尚需进一步的完善。

(2) 量子可信中继的安全性增强技术

目前远距离的量子密钥分发主要采用的是可信中继技术,但是密钥在可信中继节点中已经失去了量子特性,不再受物理原理的保护,因此如何增强可信中继的安全性是需要解决的关键问题。

一种解决方案是多路径密钥共享,即在 Alice 与 Bob 之间通过多条路径进行密钥的分发。例如,Alice 通过节点 1 和 2 与 Bob 共享密钥 K_{12};同时通过节点 3 和 4 与 Bob 共享密钥 K_{34},最终在 Alice 与 Bob 之间共享的密钥为 $K_{12} \oplus K_{34}$。在这种机制下,密钥 K_{12} 与 K_{34} 之间的任何一组密钥被窃听者截取都不会有危险,只有当两组密钥同时被窃取时才存在密钥泄露问题。因此通过这种方式可以在概率上增加密钥分发的安全性。

除了多路径密钥共享方案之外,随机路由也是增强基于可信中继密钥分发安全性的方法。值得说明的是,两者均是基于概率的网络安全性提高机制。

(3) 量子信号与经典信号的共同交换技术

为了支持多用户之间的密钥分发,还需要能够同时支持量子信号与经典信号的光交换技术。在现有光网络中,交换功能由光交叉连接节点或光分插复用节点实现,它们通常由大规模的光开关矩阵以及复用/解复用设备组成,一般插入损耗较大,并且端口之间存在串扰,这些将对 QKD 系统的性能产生较大影响。因此仍需进一步研究如何实现低损耗、低串扰的量子信号交换并增强其灵活性。

(4) QKD 和 WDM 网络融合中的控制技术

控制技术是支撑 QKD 和 WDM 融合网络能够实现灵活性、智能性和高效性的关键,主要体现为路由和波长资源的控制管理。对于 QKD 来说,一般使用密钥生成率、密钥缓存量和密钥消耗量等参数来描述链路的状态和评估链路质量。网络以此信息和其他传统网络信息为依据,按照最短路径优先、链路质量优先或综合评价指标优先等策略进行路由选择;同时使用噪声抑制算法、首次命中算法或光通道着色图算法等进行波长分配。理论上,路由和波长分配是一个不可分割的问题,但由于这一问题对于大型网络来说太过复杂,通常被拆分成两个独立问题来解决。除了常用的按规则顺序选择、遍历式最优选择和启发式满意选择等方法外,如何利用机器学习进行路由和波长的控制管理正在成为目前的一个研究热点。

12.7.3　典型应用场景示例

与现有的密钥分发技术相比,量子密钥的这种"生成分发一体化"特点和"信息理论安全"特点,极大地提高了对称密钥远程分发的自动化程度和安全性。进一步地,QKD 技术与"一次一密"加密方案和 Wegman-Carter 认证方案相结合,可形成具备信息理论安全性的量子保密通信系统,该安全性与计算复杂度无关,因此具有重要的学术意义和应用前景。

下面以数据中心的数据备份为例,说明 QKD 如何支持其安全性。

随着大数据时代的到来和数据成为生产要素,数据中心得到了蓬勃发展,其安全性也受到了日益关注,QKD 可以为之提供安全传输的解决方案。如图 12.42 所示,三个异地的数据中心之间需要定期或不定期地进行数据备份,数据的加密由量子加密机采用量子密钥和"一次一密"的加密方式完成,所需量子密钥由 QKD 设备按需提供。量子密钥、加密数据和无须加密的明文都通过同一个网络来传送,支持量子信号和经典信号的共同传输和共同交换。在长距离传输场合,采用可信任中继节点的方式实现远距离用户之间的量子密钥分发。在这种应用场景中,量子密钥的"信息理论安全"特点可极大地提高数据传输的安全性,满足企业和用户的高安全需求。

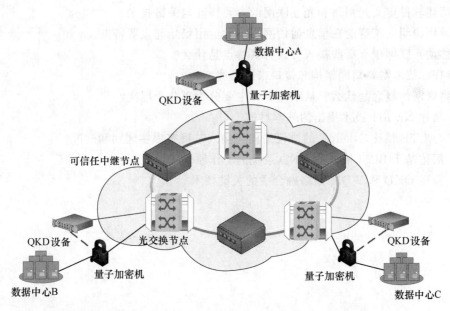

图 12.42　基于 QKD 的数据中心安全数据备份应用场景

作为一种新的密钥分发功能组件,QKD 可以与现有 ICT 技术结合应用。例如,和 OSI 参考模型不同层的协议结合,包括应用层、传输层、网络层和数据链路层等,提高各层的安全性,从而提高整个信息网络的安全性。从行业应用来看,近期 QKD 技术主要集中在数据中心的数据备份和政企专网的信息加密等对安全性要求较高的场合;未来随着 QKD 技术走向规模化和网络化,还将拓展到电信骨干网和接入网、移动终端和云存储等更为广阔的应用场景中。

本 章 小 结

通信与信息系统是构建现代信息社会的重要基石,随着网络的快速发展和信息技术向社会各个行业的广泛渗透,网络中新业务类型(如增强移动带宽、高可靠低时延通信、大规模物联网)的不断涌入和通信技术本身的发展日新月异,其正在朝着网络泛在化、系统智能化、通信绿色化、应用普适化和网络可信化等方向迈进,并深刻地影响着社会生活的方方面面。尤其是以协同融合为特征的新型信息通信网络技术,解决了某一种单一技术在组网应用时存在的局限性,代表了未来发展方向,如有线网络与无线网络协同融合、通信与计算协同融合、软件定义与光通信协同融合、通信与人工智能协同融合、移动互联网、物联网、量子密钥分发网络等新型信息通信网络,为人类社会、信息世界和物理世界的全面连通并相互融合发挥重要作用。

习　　题

1. 简述未来网络发展的趋势、作用与关键技术。
2. 举例说明固定移动融合技术的主要特点。
3. 简述通信与计算协同融合的应用场景与主要特点,举例说明其优势。
4. 什么是软件定义网络?其主要特点和实现技术是什么?举例说明其原因场景。
5. 简述软件定义光网络和光互联网的主要特征与关键技术。
6. 举例说明人工智能在信息通信网络中的应用场景与主要特点。
7. 移动互联网中有哪些接入方式?其特点是什么?
8. MEC 技术对蜂窝网架构和接口带来哪些变化?
9. 物联网的概念是什么?从结构上讲主要分为哪几个层次?
10. 简述 NB-IoT 技术提出的基本目的。
11. 与 LTE 相比,NB-IoT 的协议架构和接入过程有哪些区别和改进?
12. 简述基于 BB84 协议的 QKD 系统的工作原理。
13. 简述 QKD 和 WDM 网络融合中的关键技术。

参 考 文 献

[1] 刘少亭,卢建军,李国民. 现代信息网[M]. 北京:人民邮电出版社,2000.

[2] 陈显治,等. 现代通信技术[M]. 北京:电子工业出版社,2001.

[3] 及燕丽,王友村,沈齐聪,等. 现代通信系统[M]. 北京:电子工业出版社,2001.

[4] 毛京丽,李文海. 现代通信网[M]. 北京:北京邮电大学出版社,1999.

[5] 黄孝建. 多媒体技术[M]. 2版. 北京:北京邮电大学出版社,2010.

[6] 管善群. 电声技术基础[M]. 修订版. 北京:人民邮电出版社,1988.

[7] Pohlmann K G. 数字音频原理与应用[M]. 苏菲,译. 北京:电子工业出版社,2002.

[8] 蔡安妮,等. 多媒体通信技术基础[M]. 4版. 北京:电子工业出版社,2017.

[9] 金惠文,陈建亚,纪红,等. 现代交换原理[M]. 3版. 北京:电子工业出版社,2011.

[10] 陈锡生,糜正琨. 现代电信交换[M]. 北京:北京邮电大学出版社,1999.

[11] 纪红. 7号信令系统[M]. 修订版. 北京:人民邮电出版社,1999.

[12] 张宏科,苏伟. 路由器原理与技术[M]. 北京:高等教育出版社,2010.

[13] 唐雄燕,庞韶敏. 软交换网络——技术与应用实践[M]. 北京:电子工业出版社,2005.

[14] 赵强,张成文,左荣国,等. 基于软交换的 NGN 技术与应用开发实例[M]. 北京:人民邮电出版社,2009.

[15] 毕厚杰,李秀川. IMS 与下一代网络[M]. 北京:人民邮电出版社,2006.

[16] 赵慧玲,叶华,等. 以软交换为核心的下一代网络技术[M]. 北京:人民邮电出版社,2002.

[17] 郎为民. 下一代网络技术原理与应用[M]. 北京:机械工业出版社,2006.

[18] CHAN H J, LIU B. High Performance Switches and Routers[M]. John Wiley & Sons, Inc., 2007.

[19] 纪越峰. SDH 技术[M]. 北京:北京邮电大学出版社,1999.

[20] 韦乐平. 光同步数字传送网[M]. 北京:人民邮电出版社,1998.

[21] 中国通信标准化协会. 中华人民共和国通信行业标准:同步数字体系(SDH)网络节点接口:YD/T 1017—2011[S]. 北京:中华人民共和国工业和信息化部,2007.

[22] 中国通信标准化协会. 中华人民共和国通信行业标准:同步数字体系(SDH)设备功能要求:YD/T 1022—2018[S]. 北京:中华人民共和国工业和信息化部,2018.

[23] 纪越峰. 现代光纤通信技术[M]. 北京:人民邮电出版社,1997.

[24] 顾畹仪,黄永清,陈雪,等. 光纤通信[M]. 2版. 北京:人民邮电出版社,2011.

[25] 顾畹仪,李国瑞. 光纤通信系统[M]. 3版. 北京:北京邮电大学出版社,2013.

[26] 杨祥林. 光纤通信系统[M]. 2版. 北京:国防工业出版社,2009.

[27] 李玲,黄永清. 光纤通信基础[M]. 北京:国防工业出版社,1999.

[28] 李乐民,赵梓森,等. 数字通信传输系统[M]. 北京:人民邮电出版社,1986.

[29] 纪越峰,顾畹仪,李国瑞. 光缆通信系统[M]. 北京:人民邮电出版社,1994.

[30] Agrawal G P. Fiber-Optic Communication Systems[M]. John Wiley & Sons, Inc, 1992.

[31] 张海懿,赵文玉,李芳,等. 宽带光传输技术[M]. 北京:电子工业出版社,2014.

[32] 李世银,李晓滨,等. 传输网络技术[M]. 北京:人民邮电出版社,2018.

[33] 原荣. 海底光缆通信[M]. 北京:人民邮电出版社,2018.

[34] Senior J M. Optical Fiber Communications Principles and Practice. Prentice Hall,2008.

[35] 黄章勇. 光纤通信用光电子器件和组件[M]. 北京:北京邮电大学出版社,2001.

[36] 王明鉴,施社平. 新编电信传输理论[M]. 北京:北京邮电大学出版社,1996.

[37] 纪越峰. 光波分复用系统[M]. 北京:北京邮电大学出版社,1999.

[38] Palais J C. 光纤通信[M]. 5 版. 北京:电子工业出版社,2011.

[39] 中国通信标准化协会. 中华人民共和国通信行业标准:光传送网 OTN 总体技术要求: YD/T 1990—2009[S]. 北京:中华人民共和国工业和信息化部,2009.

[40] 中国通信标准化协会. 中华人民共和国通信行业标准:光传送网 OTN 测试方法:YD/T 2148—2010 [S]. 北京:中华人民共和国工业和信息化部,2010.

[41] 中国通信标准化协会. 中华人民共和国通信行业标准:光传送网体系设备的功能块特性:GB/T 20187—2006 [S]. 北京:中华人民共和国工业和信息化部,2006.

[42] 中国通信标准化协会. 中华人民共和国通信行业标准:分组传送网 PTN 总体技术要求:YD/T 2374—2011 [S]. 北京:中华人民共和国工业和信息化部,2011.

[43] 赵永利,张杰,纪越峰. 频谱灵活光网络[M]. 北京:人民邮电出版社,2013.

[44] 啜钢,常永宇. 移动通信原理与系统[M]. 北京:北京邮电大学出版社,2009.

[45] 姚彦,梅顺良,高葆新,等. 数字微波中继通信工程[M]. 3 版. 北京:人民邮电出版社,1993.

[46] 傅海阳,赵品勇. SDH 微波通信系统[M]. 北京:人民邮电出版社,2000.

[47] 吕海寰,蔡剑铭,甘仲民,等. 卫星通信系统[M]. 2 版. 北京:人民邮电出版社,1994.

[48] 国际通信卫星组织. 数字卫星通信技术[M]. 朱乃昭,译. 北京:地震出版社,1997.

[49] 张乃通,张中兆,李英涛,等. 卫星移动通信系统[M]. 2 版. 北京:电子工业出版社,2000.

[50] PAULAJ A, NABAR R, GORE D. Introduction to Space-Time Wireless Communications [M]. Cambridge University Press,2003.

[51] AHLSWEDE R, CAI N, LI S Y R, et al. Network information flow[J]. IEEE Transactions on Information Theory,2000,46(4):1204-1216.

[52] LI S Y R, YEUNG R W, CAI N. Linear network coding[J]. IEEE Transactions on Information Theory,2003,49(2):371-381.

[53] YEUNG R W, LI S Y R, CAI N, et al. Network Coding Theory[M]. Hanover: Now Publishers Inc. ,2006.

[54] PAUL T,OGUNFUNMI T. Wireless Lan comes of age:Understanding the IEEE 802.11n amendment[J]. IEEE Circuits and Systems Magazine,First quarter,2008,8 (1):28-54.

[55] IEEE. IEEE Standard 802.11n. Wireless Lan Medium Access Control and Physical Layer Specifications[S]. 2009.

[56] 3GPP. TR 38.913, Study on Scenarios and Requirements for Next Generation Access Technologies[S]. 2018.

[57] 3GPP. TS 38.104, Base Station (BS) Radio Transmission and Reception[S]. 2018.

[58] 3GPP. TS 38. 300, NR and NG-RAN Overall Description[S]. 2018.

[59] 3GPP. TS 23. 502, Procedures for the 5G System[S]. 2019.

[60] 3GPP. TS 23. 501, System Architecture for the 5G System[S]. 2019.

[61] OSSEIRAN A, MONSERRAT J F, MARSCH P. 5G 移动无线通信技术[M]. 陈明, 缪庆育, 刘愔, 译. 北京:人民邮电出版社,2017.

[62] DAHLMAN E, PARKVALL S, SKOLD J. LTE/LTE-Advanced. 影印版. 南京:东南大学出版社,2012.

[63] 沈荣骏. 我国天地一体化航天互联网构想[J]. 中国工程科学,2006(10):19-50.

[64] 闵士权. 我国天地一体化综合信息网络构想[J]. 卫星应用,2016(1):27-37.

[65] 吴巍,秦鹏,冯旭,等. 关于天地一体化信息网络发展建设的思考[J]. 电信科学,2017, 33(12).

[66] 孙晨华. 天基传输网络和天地一体化信息网络发展现状与问题思考[J]. 无线电工程, 2017(47):1-6.

[67] 李凤华,殷丽华,吴巍,等. 天地一体化信息网络安全保障技术研究进展及发展趋势 [J]. 通信学报,2016(37):156-168.

[68] 陈锋,叶展,潘小飞. GEO 卫星移动通信系统发展现状与趋势分析[C]. 中国卫星通信 广播电视技术国际研讨暨新设备展示会,2011.

[69] 卢炳忠. Thuraya 地区个人卫星通信系统[J]. 电信技术研究,2000(12):42-47.

[70] 刘悦. 国外地球静止轨道移动通信卫星技术发展综述[C]. 中国卫星通信广播电视技术国际研讨会,2013.

[71] 谢智东,边东明,孙谦. Thuraya 和 ACeS 系统(上)[J]. 数字通信世界,2007(5): 86-88.

[72] 谢智东,边东明,孙谦. 卫星通信系列讲座之三——Thuraya 和 ACeS 系统(下)[J]. 数字通信世界,2007(6):88-89.

[73] 焦秉立,马猛. 同频同时全双工技术浅析[J]. 电信网技术,2013(11):29-32.

[74] 徐强,全欣,潘文生,等. 同时同频全双工 LTE 射频自干扰抑制能力分析及实验验证. 电子与信息学报,2014,36(3):662-668.

[75] LIU G, YU F R, JI H, et al. In-band full-duplex relaying: A survey, research issues and challenges[J]. IEEE Communications Surveys & Tutorials, 2015, 17(2): 500-524.

[76] Zhang Z S, Long K, Vasilakos A V, et al. Full-duplex wireless communications: challenges, solutions and future research directions[J]. Proceedings of the IEEE, 2016, 104(7): 1369-1409.

[77] Amjad M, Akhtar F, Rehmani M H, et al. Full-duplex communication in cognitive radio networks: A survey[J]. IEEE Communications Surveys & Tutorials, 2017, 19 (4): 2158-2191.

[78] Nwankwo C D, Zhang L, Quddus A, et al. A survey of self-interference management techniques for single frequency full duplex systems[J]. IEEE Access, 2018, 6: 30242-30268.

[79] Sharma S K, Bogale T E, Le L B, et al. Dynamic spectrum sharing in 5G wireless networks with full-duplex technology: Recent advances and research challenges[J]. IEEE Communications Surveys & Tutorials, 2018, 20(1): 674-707.

[80] Ku M，Li W，Chen Y，et al. Advances in energy harvesting communications：Past，present，and future challenges[J]. IEEE Communications Surveys & Tutorials，2016，18(2)：1384-1412.

[81] Krikidis I，Timotheou S，Nikolaou S，et al. Simultaneous wireless information and power transfer in modern communication systems[J]. IEEE Communications Magazine，2014，52(11)：104-110.

[82] Huang K B，Zhong C J，Zhu G X，et al. Some new research trends in wirelessly powered communications[J]. IEEE Wireless Communications，2016，23(2)：19-27.

[83] 纪越峰. 综合业务接入技术[M]. 北京：北京邮电大学出版社，1999.

[84] 韦乐平. 接入网[M]. 北京：人民邮电出版社，1997.

[85] 钱宗珏,区惟煦,寿国础,等. 光接入网技术以及应用[M]. 北京：人民邮电出版社，1998.

[86] Rauschmayer D J. ADSL/VDSL 原理[M]. 杨威,王巧燕,译. 北京：人民邮电出版社，2001.

[87] 王毅. ADSL2＋技术特点与标准简介[J]. 电子测试，2003(10)：87-89.

[88] 雷维礼,马立香. 接入网技术[M]. 2 版. 北京：清华大学出版社，2006.

[89] 张中荃. 接入网技术[M]. 2 版. 北京：人民邮电出版社，2009.

[90] Ethernet Passive Optical Networks. http://www.metroethernetforum.org.

[91] 赵晓蕴,陈雪. GPON 的关键技术——传输汇聚层 GEM. 电信网技术，2004(11)：10-14.

[92] 陈雪,许明,马壮,等. 下一代光接入技术简述[J]. 信息通信技术，2012(2)：31-35.

[93] 杨刚,等. 电力线通信技术[M]. 北京：电子工业出版社，2010.

[94] 齐淑清. 电力线通信(PLC)技术与应用[M]. 北京：中国电力出版社，2005.

[95] 马强,陈启美,李勃. 跻身未来的电力线通信(二)电力线信道分析及模型[J]. 电力系统自动化，2003(04)：72-76.

[96] 苏岭东. 低压电力线通信信道噪声特性及消除研究[D]. 北京：华北电力大学，2016.

[97] 电力线载波通信详解. https://wenku.baidu.com/view/517aab5f3d1ec5da50e2524de518964bcf84d22b.html.

[98] 李建岐,刘伟麟,陆阳,等. 多入多出(MIMO)电力线通信[M]. 北京：中国电力出版社，2019.

[99] 王杰强. 基于 OFDM 电力线载波通信系统设计及 FPGA 实现[D]. 重庆：重庆大学，2012.

[100] 李建岐,陆阳,高鸿坚. 基于信道认知在线可定义的电力线载波通信方法[J]. 中国电机工程学报，2015，35(20)：5235-5243.

[101] 谢虎. 电力线通信系统中脉冲噪声信道的性能分析[D]. 南京：南京理工大学，2018.

[102] 卡塞勒. 电力线通信技术与实践[M]. 刘斌,崔晓曼,方箭,等,译. 北京：机械工业出版社，2011.

[103] 吴修利. 基于 IMS 的交换网络融合分析研究[C]. 大学生论文联合库，2013.

[104] 张云勇. FMC 技术研究[J]. 电信技术，2007(6)：27-30.

[105] 陈灿峰. 宽带移动互联网[M]. 北京：北京邮电大学出版社，2005.

[106] 网络融合技术. https://www.docin.com/p-349702522.html.

[107] 李成. 浅析融合通信时代业务网发展策略[J]. 中国新通信，2016，18(20)：162-163.

[108] 国家发改委经济体制与管理研究所电信体制研究课题组. 中国电信市场结构与有效

监管研究[R]. 北京:国家发改委经济体制与管理研究所,2008.

[109] Hwang K, Fox G C, Dongarra J J. Distributed and Cloud Computing:From Parallel Processing to the Internet of Things[M]. 北京:机械工业出版社,2012.

[110] 中国电信 CTNet2025 网络重构开放实验室. 5G 时代光传送网技术白皮书[R]. 北京:中国电信,2017.

[111] Yang H, Zhang J, Ji Y, et al. C-RoFN:multi-stratum resources optimization for cloud-based radio over optical fiber networks[J]. IEEE Communications Magazine, 2016,54(8):1-5.

[112] Kani J, Kuwano S, Terada J. Options for future mobile backhaul and fronthaul[J]. Optical Fiber Technology, 2015,26:42-49.

[113] CPRI Common Public Radio Interface (CPRI) Specification v6.0. http://www.cpri.info.

[114] Chitimalla D, Kondepu K, Valcarenghi L, et al. 5G fronthaul-latency and jitter studies of CPRI over Ethernet[J]. IEEE/OSA Journal of Optical Communications and Networking, 2017,9(2):172-182.

[115] 李俊杰. 面向 5G 的光传送网承载[J]. 高科技与产业化,2017(10):59-61.

[116] Industry leaders confirm August release for the new CPRI Specification for 5G. http://www.cpri.info/press.html.

[117] Lasserre M, Kompella V. Virtual private LAN service (VPLS) using label distribution protocol (LDP) signaling[R]. RFC 4762, January, 2007.

[118] Shibata N, Kuwano S, Terada J, et al. Dynamic IQ Data Compression Using Wireless Resource Allocation for Mobile Front-Haul With TDM-PON[J]. Journal of Optical Communications and Networking, 2015,7(3):A372-A378.

[119] Zhang J, Ji Y, Xu X, et al. Energy efficient baseband unit aggregation in cloud radio and optical access networks [J]. Journal of Optical Communications and Networking, 2016,8(11):893-901.

[120] 麻倩,马涛. LTE 标准化演进及 R10 版本关键技术分析[J]. 无线互联科技,2013(6):82-83,111.

[121] Hogan M D, Liu F, Sokol A W, et al. NIST-SP 500-291, NIST Cloud Computing Standards Roadmap[R]. Gaithersburg:NIST Pubs, 2011.

[122] 李子姝,谢人超,孙礼,等. 移动边缘计算综述[J]. 电信科学,2018(1):87-101.

[123] 李佐昭,刘金旭. 移动边缘计算在车联网中的应用[J]. 现代电信科技,2017(03):41-45.

[124] HU YC, PATEL M, SABELLA D, et al. Mobile Edge Computing-A Key Technology Towards 5G[R]. ETSI White Paper, 2015.

[125] 中国通信标准化协会. 中华人民共和国通信行业标准:软件定义分组传送网(SPTN)总体技术要求:YD/T 3415—2018 [S]. 北京:人民邮电出版社,2018.

[126] 中国通信标准化协会. 中华人民共和国通信行业标准:软件定义分组传送网(SPTN)控制器层间接口技术要求:YD/T 3416—2018 [S]. 北京:人民邮电出版社,2018.

[127] NFV 网络功能虚拟化基本原理及应用. https://wenku.baidu.com/view/fab35ec205a1b0717fd5360cba1aa81144318fca.html.

[128] 崔丽华,闫伯元,赵永利. 边缘计算与云计算协同的 SOON 实现机制(特邀)[J]. 光通信研究,2018,210(06):42-45,69.

[129] 徐立冰. 云计算和大数据时代网络技术揭秘[M]. 北京:人民邮电大学出版社,2013.

[130] 中国通信标准化协会. 中华人民共和国通信行业标准:软件定义光网络(SDON)总体技术要求:YD/T 3401—2018 [S]. 北京:人民邮电出版社,2018.

[131] 中国通信标准化协会. 软件定义光网络(SDON)性能指标和评估测试方法研究[R]. 2018.

[132] 纪越峰,张杰,赵永利. 软件定义光网络(SDON)发展前瞻 [J]. 电信科学,2014,30(8):19-22.

[133] 中国通信标准化协会. 中华人民共和国通信行业标准:软件定义光传送网(SDOTN)控制器层间接口技术要求:YD/T 3417—2018 [S]. 北京:人民邮电出版社,2018.

[134] Yazici V, Sunay M O, Ercan A O. Controlling a Software-Defined Network via Distributed Controllers[C]. //Istanbul:Proceedings of the 2012 NEM Summit,2012.

[135] 张吉兴. 基于 SDN 的控制器集群技术的研究[D]. 成都:电子科学大学,2014.

[136] 徐云斌. 软件定义光传送网北向接口进展分析[J]. 通信世界,2017(29):21.

[137] Zhang J, Ji Y, Song M, et al. Dynamic virtual network embedding over multilayer optical networks[J]. Journal of Optical Communications and Networking, 2015, 7(9):918-927.

[138] Cisco Overlay Transport Virtualization Technology Introduction and Deployment Considerations[R]. 2012.

[139] 王威丽,何小强,唐伦. 5G 网络人工智能化的基本框架和关键技术[J]. 中兴通讯技术,2018(2):38-42.

[140] 葛裴. 人工智能在计算机网络中的应用[J]. 电信网技术,2018(5):6-8.

[141] Zhao Y, Hu L, Zhu R, et al. Crosstalk-aware spectrum defragmentation by re-provisioning advance reservation requests in space division multiplexing enabled elastic optical networks with multi-core fiber[J]. Optics Express, 2019, 27 (4):5014-5032.

[142] Li R, Zhao Z, Zhou X, et al. Intelligent 5G:When cellular networks meet artificial intelligence[J]. IEEE Wireless communications, 2017, 24(5):175-183.

[143] Bergman K, Cho P B, Samadi P, et al. Dynamic Power Pre-adjustments with Machine Learning that Mitigate EDFA Excursions during Defragmentation[C].// Optical Fiber Communications Conference & Exhibition. IEEE, 2017.

[144] Mata J, Miguel I, Durán R J, et al. Artificial intelligence (AI) methods in optical networks:a comprehensive survey. Optical Switching Networking, 2018, 28:43-57.

[145] Singh S K, Jukan A. Machine-learning-based prediction for resource (Re)allocation in optical data center networks[J]. Optical Communications and Networking, 2018, 10(10):D12-D28.

[146] 廖祝华,刘建勋,刘毅志,等. Web 服务发现技术研究综述[J]. 情报学报,2008,27(2):186-192.

[147] 谢希仁. 计算机网络[M]. 6 版. 北京:电子工业出版社,2013.

[148] NTT DOCOMO. Advanced C-RAN Architecture for LTE-Advanced. Mobile World Congress (MWC), 2014.

[149] ITU-T X.805. Security architecture for systems providing end-to-end communications. 2003.

[150] Cisco. VNI global fixed and mobile internet traffic forecasts[R]. 2017.

[151] IMRAN A，ZOHA A. Challenges in 5G：How to empower SON with big data for enabling 5G [J]. Network IEEE，2014，28(6)：27-33.

[152] DRAFT NEW REPORT ITU-R M. Minimum requirements related to technical performance for IMT-2020 radio interface(s). 2017.

[153] 曹原,赵永利,郁小松,等. 基于量子密钥分发的可信光网络体系架构[J]. 信息通信技术,2016(6):48-54.

[154] Zhang J, Zhao Y, Yu X, et al. Energy-efficient traffic grooming in sliceable-transponder-equipped IP-over-elastic optical networks ［invited］[J]. Optical Communications & Networking IEEE/OSA Journal of, 2015，7(1)：142-152.

[155] NB-IoT 技术详解. https://wenku. baidu. com/view/85efb51ff342336c1eb91a37f111f 18582d00c65. html.

[156] Zhang J, Ji Y, Zhang J, et al. Baseband unit cloud interconnection enabled by flexible grid optical networks with software defined elasticity[J]. Communications Magazine，IEEE，2015，53(9)：90-98.

[157] Software-Defined Networking：The New Norm for Networks. https://wenku. baidu. com/ view/74cbdf1ac281e53a5802ffa7. html.

[158] 刘云浩. 物联网导论[M]. 2 版. 北京:科学出版社,2013.

[159] 戴博,袁戈飞,余媛芳. 窄带物联网(NB-IoT)标准与关键技术[M]. 北京:人民邮电出版社,2016.

[160] 郑凤,杨旭,胡一闻,等. 移动互联网技术架构及其发展[M]. 修订版. 北京:人民邮电出版社,2015.

[161] 张传福,刘丽丽,卢辉斌,等. 移动互联网技术及业务[M]. 北京:电子工业出版社,2012.

[162] 闫长江,吴东君,熊怡. SDN 原理解析——转控分离的 SDN 架构[M]. 北京:人民邮电出版社,2015.

[163] 俞一帆,任春明,阮磊峰,等. 5G 移动边缘计算[M]. 北京:人民邮电出版社,2017.

[164] 曾谨言. 量子力学[M]. 4 版. 北京:科学出版社, 2007.

[165] 陈巍. 光纤量子密钥分配的实验研究[D]. 合肥:中国科学技术大学,2008.

[166] 孙咏梅,牛佳宁,纪越峰. 量子信号与经典光信号共纤传输中的噪声抑制技术[J]. 电信科学,2018,34(09):37-47.

[167] 中国通信标准化协会. 量子保密通信技术白皮书[R]. 2018.

[168] Bennett C H, Brassard G. Quantum cryptography：Public key distribution and coin tossing［C］. IEEE International Conference on Computers，Systems and Signal Processing，1984：175-179.

后　记

　　人类为实现相互的交流,首先通过各种感官来感知现实世界,并获取信息,然后通过通信来传递信息,通过不同的通信网络构架来实现连接与交互,因此可以说,通信的基本形式是在信源(始端)与信宿(末端)之间通过建立一个信息传输(转移)通道(信道)来实现信息的传递,而所谓现代通信技术则正是构建在这一基础之上并采用了新方式、新手段、新技术。

　　随着人类社会信息化时代的到来与不断发展,人们在满足通信基本需求的情况下,已对通信网络的带宽和容量等方面提出了更高的要求。回顾 1876 年贝尔发明电话作为电信网络演变历史的起点,综观这 100 多年来的不断变化、更新换代与发展演变,直至今天以高速、宽带、智能、融合、泛在为典型特征、可提供多种业务的现代信息网络,人们对通信的价值重视已经从"有无、时间、距离"等简单方式逐步向"个性、互联、服务"等多元化转变。在这种情况下,学习和掌握现代通信技术就显得愈来愈重要。

　　本书根据通信网络分层结构,从端到端全程全网和网络融合的角度讲述了各类先进的通信技术,旨在使各种通信技术与通信网络能够有机地结合,并能够清晰地显现出各种通信技术在网络中的位置与作用,从而使读者能够从全局的角度出发,加强对现代通信技术的认识与理解,掌握整体概念和技术与组网的相互关系,进而对现代通信技术有比较全面和深入的理解。从 2002 年编写本书第一版,到现在编写第五版,我们一直秉承上述理念,并不断更新内容,提升质量。感谢广大读者的使用、关心与支持,感谢所提出的意见、建议与鼓励,我们将继续努力,不断进步。

　　通信技术与信息网络为人类文明和社会生活带来了翻天覆地的变化,现已渗透到全社会的每个地方和每一个人,今后将会发挥更大的作用,意义重大,影响深远。

作　者
2020 年 1 月